Justus von Liebig

Briefe an Vieweg

Justus von Liebig

Briefe an Vieweg

Herausgegeben und bearbeitet
von
Margarete und Wolfgang Schneider

Springer Fachmedien Wiesbaden GmbH

Die Portraits von Liebig und Vieweg auf den Seiten XII und XIII sind Wiedergaben von Drucken aus dem Verlagsarchiv:
J. v. Liebig, Stich nach einer Zeichnung von Trautschold, 1845
E. Vieweg, Mezzotinto von Bruckmann

Ursprünglich erschienen bei Friedr. Vieweg & Sohn Verlagsgesellschaft mbH, Braunschweig 1986
Softcover reprint of the hardcover 1st edition 1986

Buchbinderische Verarbeitung: W. Langelüddecke, Braunschweig

ISBN 978-3-528-08494-3 ISBN 978-3-663-19706-5 (eBook)
DOI 10.1007/978-3-663-19706-5

Vorwort

Mit biographischen Arbeiten beschäftigt, versuchten wir (um 1950), in Verlagshäusern aufschlußreiche Quellen zu finden. Am nächsten lag uns der Verlag Vieweg im heimischen Braunschweig, und ein Besuch seines Archivs übertraf alle Erwartungen. Was uns besonders fesselte, war der große Bestand an Liebig-Briefen. Der früheste stammte vom Jahre 1823, der letzte von 1872. Was für eine Vorstellung, hier mit ganz persönlichen Zeugnissen beinahe die volle Lebenszeit des berühmten Chemikers verfolgen zu können! Der Versuch einer flüchtigen Durchsicht brachte nicht viel ein, teils wegen des Umfangs des Bestandes mit fast 500 Schriftstücken, teils wegen Schwierigkeiten bei der Entzifferung. Außerdem machten andere Arbeiten eine eingehendere Beschäftigung mit dem Thema zu diesem Zeitpunkt unmöglich. Erst im Jahre 1965 konnten wir darangehen, die Briefe nach und nach abzuschreiben. Der Verlag Vieweg kam uns insofern entgegen, als wir jeweils 20 dieser wertvollen Belege mit nach Hause nehmen durften. Frau Emma Schlecht im Vieweg-Archiv war eine freundliche Helferin dabei; die Fertigstellung des Manuskriptes für den Druck besorgte in gewohnt zuverlässiger Weise Frau Henriette Lange. Die Arbeiten zogen sich über viele Jahre hin und wurden gerade zu dem Zeitpunkt fertig, als der Verlag Vieweg mit dem Archiv von Braunschweig nach Wiesbaden übersiedelte (1975).

Die intensive Beschäftigung mit diesen Briefen hat uns sehr bereichert. Justus Liebig, 1845 in den erblichen Freiherrnstand erhoben, wurde für uns ein Begleiter, den man fast als Freund bezeichnen kann. Wir lernten seine Probleme kennen, die Art, sie anzugehen, seine Persönlichkeit, bis hin zu kleinen Dingen des Lebens. Wir erlebten damit einen liebenswürdigen Menschen, der in Eduard Vieweg einen auf seine Weise kongenialen Partner hatte.

Am wertvollsten scheinen uns im vorliegenden Quellenmaterial die Hinweise auf den Werdegang Liebigscher Bücher zu sein, die – wie besonders die „Agrikulturchemie" – weltweite Bedeutung für Wissenschaft und Menschheit hatten und für ihre Geschichte behalten werden. Hinzu kommen viele Namensnennungen, bis hin zu eingehenden Charakterisierungen, von berühmten und von weniger bekannten Autoren und Mitarbeitern, und vor allem die Klarstellung der Bedeutung von Liebigs Verlegern für sein Wirken; es ist deutlich erkennbar, welcher Platz Eduard Vieweg in der Wissenschaftsgeschichte des 19. Jahrhunderts gebührt.

Bei der Wiedergabe der Briefe wurde allein auf den Inhalt Wert gelegt, die Schreibweise daher heutigen Verhältnissen angepaßt, vor allem auch bei Groß- und Kleinschreibung der Wörter und in der Zeichensetzung. Abkürzungen Liebigs, deren voller Wortlaut bedenkenlos gedeutet werden konnte, sind durch diesen ersetzt. Vermutungen oder Zufügungen der Herausgeber stehen in eckigen Klammern. Die Wortstellung in den Briefen blieb unverändert. Einige Schriftstücke Viewegs, die als Kopien erhalten geblieben sind, wurden, wenn der Inhalt wichtig erschien und die stark verblaßten Durchschläge entziffert werden konnten, beigefügt.

Die Liebig-Briefe des Verlagsarchivs waren chronologisch geordnet und numeriert. In einigen Fällen war es nötig, die Reihenfolge zu ändern, so bei undatierten Briefen, die dem Inhalt nach an einen anderen Platz gehörten.

Unsere Edition ist nach Kalenderjahren in Abschnitte geteilt. Jedesmal ist nach der Jahreszahl der Inhalt aller Briefe des Abschnitts durch Stichwörter angedeutet. Sie beziehen sich auf den Briefschreiber, d. h. Liebig (so bedeutet „Reisepläne": Liebigs Reisepläne); andere Bezugspersonen werden besonders genannt (z. B. „Papierfabrik von Vieweg").

Die Bücher Liebigs, von denen in den Briefen die Rede ist – sie bilden naturgemäß das Schwergewicht der Korrespondenz – tragen in den Inhaltsnotizen stets die gleiche Leitbezeichnung, auch wenn sie im Brieftext nicht vorkommt (z. B. „Agrikulturchemie", wenn Liebig etwas von seiner „organischen Chemie" im Briefe schreibt). Diese Leitbezeichnungen sind im Anhang bibliographisch nachgewiesen. Ihnen folgen „Sachhinweise", die nach den Inhaltsnotizen der einzelnen Jahre zusammengestellt sind und die u. a. erkennen lassen, in welchen Briefen von den einzelnen Büchern oder sonstigen Problemen die Rede ist. Das Personenregister wurde nach den Briefen so vollständig wie möglich angefertigt.

Auf weitergehende Kommentierung haben wir verzichten müssen, teils wegen des ohnedies beträchtlichen Umfanges der Publikation, teils aus Altersgründen, die ein zu langes Verweilen bei diesem Thema in Hinblick auf andere, noch zu erledigende Arbeiten nicht ratsam erscheinen ließen. Wir sind froh, den Abschluß in der vorliegenden Weise nach so vielen Jahren geschafft zu haben und dies zu einem Zeitpunkt, an dem der Verlag Vieweg in Hinblick auf sein 200. Jubiläum Interesse für eine Publikation zeigen konnte. Zweifellos ergänzt diese die bereits zahlreich vorhandenen, im einzelnen jedoch weniger umfangreichen Briefeditionen in besonderer Weise: Viele neue Gesichtspunkte zur Beurteilung des Wirkens und der Person Liebigs und seiner Umwelt werden ebenso deutlich wie die bisher im Schatten der Geschichtsschreibung gebliebene wichtige Rolle, die Eduard Vieweg im Leben Liebigs gespielt hat.

Braunschweig, im Januar 1986

Margarete und Wolfgang Schneider

Inhalt

Die Zusammenstellung der Briefinhalte ist chronologisch geordnet und befindet sich für die einzelnen Jahre auf den Seiten

Die Herausgeber

Margarete Schneider geb. Jacob (5. 10. 1911 in Münster/Westf.) wuchs in Berlin auf und wurde Apothekerin. Beim Studium lernte sie (1933) Wolfgang Schneider (geb. 31. 7. 1912 in Berlin) kennen. Sie heirateten 1937, kurze Zeit bevor er bei Carl Mannich, dem Direktor des Pharmazeutischen Instituts Berlin-Dahlem, zum Dr. rer. nat. promovierte. Sie zogen 2 Töchter auf, die beide Apothekerinnen wurden. Er schlug nach dem Kriege an der TH Braunschweig die Hochschullehrerlaufbahn ein. Nach seiner Habilitation (1954) für die Fächer pharmazeutische Chemie und Geschichte der Pharmazie gründete er 1958 das Pharmaziegeschichtliche Seminar der TH Braunschweig und institutionalisierte damit erstmals dieses Fach im deutschen Hochschulbereich. 1960 zum Professor ernannt, lehrte er in Braunschweig analytische Chemie und Geschichte der Pharmazie und Chemie bis zur Versetzung in den Ruhestand (1977). Er verfaßte mehrere Standardwerke, so das „Lexikon alchemistisch-pharmazeutischer Symbole" (^{1}1962, ^{2}1982), das „Lexikon zur Arzneimittelgeschichte" (7 Bände, 1968–1975), das Wörterbuch „Geschichte der Pharmazie" (1985). Außerdem schrieb er eine „Geschichte der Deutschen Pharmazeutischen Gesellschaft" (1965), eine „Geschichte der pharmazeutischen Chemie" (1972); die Ergebnisse seiner Paracelsus-Forschungen erschienen 1977 gesammelt unter dem Titel „Mein Umgang mit Paracelsus und Paracelsisten". Er ist Ehrenpräsident der Internationalen Gesellschaft für Geschichte der Pharmazie, deren Präsident er von 1970–1981 war. Unter den zahlreichen Ehrungen des In- und Auslandes ragt heraus, daß er 1978 als erster Pharmaziehistoriker in die Deutsche Akademie der Naturforscher Leopoldina zu Halle/Saale aufgenommen wurde.

Einführung

Schon im Jahre 1823 waren der 20jährige Justus Liebig (geb. 12. 5. 1803 in Darmstadt) und der 26jährige Eduard Vieweg (geb. 15. 7. 1797 in Berlin) befreundet. Der erstere befand sich seit 1822 mit einem Stipendium seines Landesherrn, des Großherzogs Ludwig I. von Hessen, in Paris. Er sollte sich in der jungen chemischen Wissenschaft dort fortbilden, wo sie ein Weltzentrum hatte, wo Lavoisier einst wirkte und nach ihm viele berühmte Forscher, wie zur Zeit Gay-Lussac. Der Nutzen dieses Aufenthaltes war enorm. Schon ein Jahr später wurde Liebig durch Alexander von Humboldt, der ihn in Paris kennen und schätzen gelernt hatte, empfohlen und von seinem Großherzog als Chemieprofessor in die Landesuniversität Gießen eingewiesen. Dort hat er eine ungeheure, aber auch kräftezehrende Wirksamkeit entfaltet, bis er 1852 durch König Maximilian II. nach München berufen wurde, zum Ruhme der dortigen Akademie der Wissenschaften. Hier verbrachte er seinen Lebensabend, erfolgreich bis zu seinem Tode (am 18. 4. 1873) an Problemen für das Wohl der Menschen arbeitend.

Eduard Viewegs Lebensweg war durch seinen Vater geprägt, den bedeutenden Buchhändler und Verleger Friedrich Vieweg, der zunächst in Berlin, dann (seit 1799) in Braunschweig wirkte. Dorthin hatte ihn Herzog Carl Wilhelm Ferdinand geholt, um seinem Lande einen weiteren und besonderen kulturellen Impuls zu verleihen – ein glücklicher Entschluß, denn das Braunschweiger Verlagshaus, das über eigene Druckerei, Schriftzeichengießerei und später auch Papierfabrik verfügte, wurde weithin bekannt und im Laufe des 19. Jahrhunderts zu einem der führenden in Deutschland. Friedrich Vieweg ließ seinem Sohn Eduard eine gründliche Ausbildung zuteil werden, zunächst als Lehrling im eigenen Haus, dann in der Buchhandlung Hoffmann und Campe in Hamburg und auf jahrelangen Reisen im In- und Ausland. Als Eduard 1825 Teilhaber des väterlichen Betriebes wurde, der dann „Friedrich Vieweg und Sohn“ firmierte, besaß er alle Voraussetzungen für eine fundierte und schwungvolle Unternehmensleitung, die ihm 1834 vom Vater, der ein Jahr später starb, allein anvertraut wurde und die er bis zu seinem Lebensende (1869) mit höchstem Arbeitseinsatz und viel Geschick bewältigte. Auch er hatte das Glück, einen begabten Sohn zu haben: Heinrich Vieweg (geb. 17. 2. 1826), der die Tradition des Hauses fortführen konnte, nachdem er eine gutdurchdachte Ausbildung genossen hatte.

Anfänge

Auf seinen Studienreisen der Ausbildungszeit hatte Eduard Vieweg in Paris den jungen Chemiker Liebig um Rat gebeten, die Herstellung von Firnis betreffend. Sicherlich war, abgesehen von persönlichen Sympathien, die Erwartung Viewegs, Unterstützung bei Betriebsproblemen chemisch-technischer Art finden zu können, ein wichtiger Grund für Befestigung der Freundschaft, und es gab keine Enttäuschung. Das zeigt sich besonders deutlich, als Vieweg 1836 den Plan verfolgte, eine eigene Papierfabrik einzurichten. Liebig, inzwischen weltberühmt geworden, lieferte detaillierte Beobachtungen aus englischen und französischen Papierfabriken, die ihm bereitwilligst die Tore öffneten; danach wurde dann 1838 die Fabrik gebaut. Vieweg hatte dazu mit seinem Bruder, dem Landwirt Carl Vieweg, das Gut Wendhausen bei Braunschweig gepachtet; es ging 1873 unter Heinrich Vieweg in den Besitz der Firma über.

Noch auf andere Weise machte sich Liebig nützlich. Er begutachtete Bücher, die dem Verlag angeboten wurden, und schlug selbst Autoren vor. Diese Zusammenarbeit durchzieht den gesamten Briefwechsel. An sich selbst dachte er zunächst nicht. Ende 1830 äußerte er noch: „das Schreiben eines Buches wäre mein Tod", jedoch schon zwei Jahre später trat er mit einem eigenen Plan an Vieweg heran. Er bot ihm die Verlegung eines Handwörterbuches der Chemie an, das er mit dem gleichfalls berühmten Chemiker und Physiker Johann Christian Poggendorff (Hamburg 1796–1877 Berlin) zusammen verfassen wollte. Vieweg zögerte längere Zeit und sagte erst nach einem Ultimatum Liebigs (25. 12. 1832) zu.

Wie überall gab es bei diesem Projekt Licht und Schatten! Liebig deutete das Zögern Viewegs damit, daß dieser außer Übersetzungen bisher noch keine naturwissenschaftlichen oder chemischen Werke verlegt hatte, und er fand es ganz natürlich, daß das Neue an dem Unternehmen den Entschluß Viewegs unbestimmt und schwankend machte. Daß die Zusage dann zur Sternstunde für den Verlag wurde, war noch nicht abzusehen, aber tatsächlich wurden Bücher dieser Art zukünftig zu einer der wichtigsten Sparten des Vieweg-Verlages, und zahlreiche Werke, die Geschichte gemacht haben, sind aus Braunschweig gekommen – an erster Stelle solche von Liebig.

Dennoch gab die Entwicklung zunächst den Bedenken Viewegs recht, denn, obgleich der Verlag schließlich auf seine Kosten kam, waren die Jahre bis zum Abschluß des ersten Bandes des Handwörterbuchs (1842) voll von Problemen. Daß der ursprüngliche Zeitplan nicht eingehalten werden konnte, lag an beiden Autoren. Poggendorff war, wie Liebig mehrfach beklagt, „faul" und er selbst zu gründlich. Viele Stichwörter regten ihn zu Nachprüfungen an, da er nur sichere Fakten bringen wollte. Seine Absicht, alles allein schreiben zu wollen, was er als seinen Anteil mit Poggendorff verabredet hatte, geriet bald ins Wanken. Mitarbeiter wurden hinzugezogen, vor allem Friedrich Wöhler, der schon in den letzten Lieferungen von Band I als Mitherausgeber zeichnete.

Manche Artikel strengten Liebig so an, daß er krank wurde, an Schlaflosigkeit litt. Seine Lehr- und Laboratoriumstätigkeit in Gießen stellte gleichfalls höchste Anforderungen, so daß ihm die Arbeit für das Handwörterbuch, mit großem Elan begonnen, mehr und mehr zur Last wurde und er sie schließlich, nach Fertigstellung des ersten Bandes, stark einschränkte. Dieser erste Band aber wurde der entscheidende, der die einträgliche Zukunft des ganzen Projektes bestimmte. Seine wichtige Rolle in der Lebensgeschichte Liebigs haben erst die Briefe an Eduard Vieweg aufgedeckt! Letzterer ging geradezu rührend auf Wünsche Liebigs ein, die oft genug zum Verzweifeln hätten Anlaß geben können, so wenn der Autor, kurz vor dem abschließenden Druck, dringende Textänderungen für notwendig hielt. Dies war eine Unart, die sich mit den Jahren noch verstärkte, die aber leicht aus Liebigs Wesensart, stets das Beste geben zu wollen, zu erklären ist und aus der Tatsache, daß sich der Wissensstand durch eigene und fremde Erkenntnisse fortwährend änderte.

Auf seine Ausführungen zum Stichwort „Analyse, organische" war Liebig besonders stolz, und dies zu Recht, hatte er doch selbst, durch Erfindung des „Kalikugelapparates" zur genauen und bequemen Kohlenstoffbestimmung, der Forschung einen Impuls gegeben, der zur rasanten Entwicklung der organischen Chemie führte. Als der Artikel, nach vielfältigen Umarbeitungen, endlich im September 1836 fertig war und Anfang 1837 mit den ersten Lieferungen des Handbuches in Druck ging, regte Liebig die Herstellung eines Sonderdrucks davon an („. . . alles, was darin vorkommt, ist so gut als neu . . . Die ganze Chemie bewegt sich eben um die organische Analyse"). Das Büchlein erschien bald darauf als „Anleitung zur Analyse organischer Körper" und mußte 1853, umgearbeitet und vermehrt, noch einmal gedruckt werden.

Zu Band II des Handwörterbuchs, der noch im gleichen Jahr wie Band I (1842) erscheinen konnte, hat Liebig nur noch wenige Beiträge geliefert und dann die Fortführung und Fertigstellung (bis Band IX, 1864) anderen überlassen; bis Band VI zeichnete er noch, neben Poggendorff und Wöhler, als Herausgeber, alle drei dann bis zum Schluß als „Begründer". (Die Redaktion lag seit Band III in den Händen von Hermann Kolbe; seit Band VII trat Hermann von Fehling hinzu, der schließlich den letzten Band IX allein redigierte. Ein Supplementband war bereits 1850 erschienen.).

Daß Vieweg diese Entwicklung gutheißen konnte, lag daran, daß Liebig seit 1840 als sein Verlagsautor ganz besonderes geleistet hatte, damit beweisend, daß man dem Genie nicht durch Kleinarbeit, wie sie das Handwörterbuch in reichem Maße erforderte, Zügel anlegen durfte.

Höhepunkte

Überraschend hatte Liebig im Brief vom 17. 3. 1840 mitgeteilt, daß er ein Manuskript übersenden werde: „Es ist für Dich geschrieben und wird großes Aufsehen erregen"; diese erste Auflage war ein Geschenk für Eduard Vieweg, ohne Honoraransprüche. Der Titel des im August gleichen Jahres fertiggestellten Buches lautete: „Die organische Chemie in ihrer Anwendung auf Agricultur und Physiologie"; es hat als Liebigs „Agrikulturchemie" Geschichte gemacht. Dieser Kurztitel befestigte sich erst allmählich. Liebig bezeichnete das Werk anfangs oft als seine Physiologie, auch als Tierchemie, wobei zu wissen ist, daß damals, seit dem Lehrbuch der Chemie von Berzelius vom Anfang des 19. Jahrhunderts, der Begriff organische Chemie als Chemie der Organismen, als Tierchemie, verstanden wurde; die Definition „Organische Chemie" als Chemie der Kohlenstoffverbindungen kam erst gegen Mitte des 19. Jahrhunderts auf.

Einzelheiten zur Entwicklung dieses Werkes sind insofern von hohem Interesse, als es den Beginn einer neuen Ära in der Ernährung der Menschheit bildete: Einführung der wissenschaftlich fundierten künstlichen Düngung, gefolgt vom Aufbau einer Großindustrie, die den Erzeugern, besonders in Deutschland, ebenso wie den Verbrauchern, hier weltweit, unermeßlichen Nutzen brachte und bringt.

Justus Liebig

Nach einer Zeichnug vom
Prof. Trautschold vom Jahre 1845.

Verlag v. Fr. Vieweg u. Sohn
in Braunschweig.

MEZZOTINTO BRUCKMANN

Hans Heinrich Eduard Vieweg

GEB. 15. JULI 1796 – GEST. 1. DEZEMBER 1869

Liebig hat es selbst im Vorwort zu seinem Werke, das er Alexander von Humboldt widmete, festgehalten, daß der Plan dazu auf einen, 1837 in Liverpool abzustattenden Bericht „über den Zustand unserer Kenntnisse in der gesamten Chemie“ zurückging. Der Briefwechsel mit Vieweg im Zusammenhang des Handwörterbuchs zeigt die Bedeutung dieser lexikalischen Arbeiten für Liebig auch hierfür. Er empfand das Buch als Kommentar zu einigen Lexikonartikeln (z. B. über Gärung, Atmen der Pflanzen, Humus), um die Ansichten, die im Lexikon vorgetragen wurden, zu belegen (Brief vom 17. 3. 1840). Zu dem bibliographischen Problem, ob die „Agrikulturchemie“ zuerst in französischer Ausgabe erschien (Paoloni S. 74), ist Liebigs Brief an Vieweg bedeutsam, in dem er schreibt: „Das Buch erscheint gleichzeitig in Paris bei Crochard und in London, aber erst nach der deutschen [Auflage], wenigstens zwei Monate später.“

Die 2. Auflage der Agrikulturchemie kam als unveränderter Nachdruck 1841 heraus, die 3. und 4. Auflage im Jahre 1842. Eine Neubearbeitung folgte 1843, als 5. Auflage, mit dem veränderten Titel „Die Chemie in ihrer Anwendung. . .“. Die Abkehr von der „organischen Chemie“ in der Überschrift begründete Liebig mit dem hohen Gehalt an Mineralchemie in der neuen Auflage (Brief vom 6. 8. 1843).

Kaum war das Buch 1840 in den Handel gekommen, wurde Liebig bestürmt, einen zweiten Teil der „Organischen Chemie“ bzw. der „Tierchemie“ zu schreiben; er machte Vieweg am 21. 10. 1840 darauf aufmerksam und folgte den Anregungen mit Plänen, die im folgenden Jahr Gestalt annahmen. Bis Dezember 1841 war die Arbeit im wesentlichen abgeschlossen. Es sollte eine Tierphysiologie werden, in Form von sechs oder sieben Vorlesungen. Am 28. 1. 1842 schrieb er: „Das Buch über Tierphysiologie heißt oder soll betitelt werden: Die organische Chemie in ihrer Anwendung auf Physiologie und Pathologie.“ Mitte des Jahres (1842) erschien es unter diesem Titel. Für die 2. Auflage, die schon 1843 nötig wurde, änderte Liebig den Titel zu „Die Thier-Chemie oder die organische Chemie in ihrer Anwendung. . .“ (bei der Kurzbezeichnung „Tierchemie“ ist es dann, gegenüber der „Agrikulturchemie“, geblieben). Von diesem Werk erschien eine dritte deutsche Auflage noch 1846/47 (insgesamt außerdem zahlreiche Ausgaben in anderen Sprachen).

Liebig hat auch mit dieser Publikation Grundlegendes geschaffen und eigentlich die Biochemie ins Leben gerufen. Daß er überwiegend nur Anregungen zur weiteren Forschung geben konnte, ist beim Betreten von solchem Neuland nicht zu verwundern: Chemie und Medizin waren zu dieser Zeit noch zu weit davon entfernt, den Rätseln der „Tierchemie“ wirklich auf die Spur kommen zu können.

Die Briefe an Vieweg zeigen, daß Liebig noch einen dritten Teil der angewandten organischen Chemie schreiben wollte, bei dem es um die Nahrungsmittel gehen sollte (Brief vom 6. 1. 1842). Eine Fülle von Analysen ließ er dazu in seinem Gießener Laboratorium ausführen. Dieser Plan war wiederum zu früh für jene Zeit. Er erstickte in der Fülle der Probleme, die nur unzulänglich angegangen werden konnte, brachte jedoch auch wertvolle Ergebnisse, die Liebig in den Annalen der Chemie und Pharmazie veröffentlichte.

Diese Zeitschrift, in den Briefen an Vieweg oft „das Journal" genannt, war für Liebig äußerst bedeutsam. Sie hatte eine wechselvolle Vorgeschichte und ging zurück auf das „Magazin für Pharmacie", das 1823 von Georg Friedrich Hänle gegründet und nach seinem Tode (1824) von Philipp Lorenz Geiger fortgeführt war. Liebig trat in die Redaktion 1831 ein, ein Jahr später kam Rudolph Brandes hinzu, und der Titel wurde in „Annalen der Pharmacie" geändert. Nach Geigers Tod 1836 arbeitete Liebig in der Redaktion mit Johann Bartholomä Trommsdorff und Emanuel Merck zusammen, bis er 1840 den Titel „Annalen der Chemie und der Pharmacie" einführte. So blieb er bis zu Liebigs Tod (danach, bis zur Gegenwart: Justus von Liebigs Annalen der Chemie).

Diese Zeitschrift hatte Liebig zu einem Instrument seiner Fachpolitik gemacht, die darauf abzielte, die Chemie, und zwar besonders die organische in Deutschland, zur echten Wissenschaft zu läutern. Dazu gehörte scharfe Kritik, auch an sich selbst. Er befleißigte sich einer „Experimentalkritik", wie der Titel des Magazins der Pharmazie 1831, nach Eintritt Liebigs in die Redaktion, wörtlich auswies. Sie bestand darin, daß der Redakteur eingereichte Arbeiten nachprüfte und den Aufsätzen in seiner Zeitschrift seine Ergebnisse anfügte; dieses Verfahren setzte er in den „Annalen" fort. So wurde dieses Periodikum bald weltweit beachtet, zumal Liebigs Originalarbeiten, oft mit Wöhler zusammen verfaßt und entscheidende neue Erkenntnisse bringend, hier erstmalig erschienen. Eigene Untersuchungen, die im Gefolge der Arbeit am Handwörterbuch entstanden, publizierte er hier ebenso wie besonders wichtige Belege und Abschnitte der Agrikultur- und Tierchemie, so auch seine Untersuchungen über Fleisch, von denen 1847 ein Sonderdruck entstand: „Chemische Untersuchung über Das Fleisch und seine Zubereitung zum Nahrungsmittel." Hier beschrieb er u. a. eine Herstellung von Fleischextrakt, die einstweilen jedoch wenig Beachtung fand.

Liebigs Annalen erschienen in der Akademischen Verlagshandlung von C. F. Winter, Heidelberg. Der Besitzer, Anton Winter, war somit ein weiterer Verleger, der in Liebigs Leben eine große Rolle spielte, schon seit den Zeiten, als das Verhältnis zu Vieweg noch nicht so eng wie später war. Daraus ergaben sich häufig Probleme, die sich im Schriftwechsel Liebigs mit Vieweg niedergeschlagen haben. Letzterer konnte es nicht gern sehen, wenn Neuerscheinungen Liebigs bei Winter herauskamen, so das „Handbuch der Chemie" (1843) als Neubearbeitung des 1. Bandes von Philipp Lorenz Geigers „Handbuch der Pharmacie", von dem vier Auflagen seit 1824 bei Winter erschienen waren. Liebig hat diese übernommene Aufgabe Eduard Vieweg gegenüber mehrfach beklagt, da sie viel Zeit beanspruchte. Er führte sie aus Treue zu seinem Freunde Geiger aus, um dessen Witwe finanziell zu unterstützen.

Auch die berühmt gewordenen „Chemischen Briefe" hatte Winter in seinem Verlag. Liebig schrieb die ersten 1842 für die Augsburger Allgemeine Zeitung; 1843 erschienen sie gesammelt in England und USA, seit 1844 in Deutschland, hier zunächst 26 an der Zahl. Das Geschäft damit übertraf alle Erwartungen. Bis 1859 waren es, in 4. Auflage, 50 Briefe geworden, die 1865 und 1878 erneut bei Winter in Heidelberg herauskamen. Übersetzungen, meist auch in mehreren Auflagen, gab es außer in England und USA in Belgien, Dänemark, Frankreich, Holland, Italien, Polen, Rußland und Spanien.

Das Jahr 1848 war eine politisch besonders bewegte Zeit, bei deren Unruhen Eduard Vieweg in Braunschweig durch einen Steinwurf verletzt wurde und um sein Augenlicht fürchten mußte; es brachte auch dem Heidelberger Verlag eine Krise. Winter wurde zahlungsunfähig, und Liebig kam mit seinen Annalen in Bedrängnis, jedoch regelte sich die Angelegenheit noch einmal.

Der Vieweg-Verlag hatte solche Schwierigkeiten nicht. Er war, schon vom Vater in eine bedeutende Stellung gehoben, vom Sohn Eduard zur Spitze gebracht worden, und dies in erster Linie durch seine Zuwendung zu den Naturwissenschaften und dabei besonders zur Chemie. Justus Liebig hatte Entscheidendes dazu beigetragen. Nicht nur durch das Einbringen seiner umwälzenden Bücher, auch durch Vermitteln erstklassiger Autoren. Viewegs Anteil am Erfolg war die Qualität der Arbeit. Liebig findet immer wieder große Worte zum Lobe der Güte des Papiers, des Druckes, der Holzschnitte usw., dazu für die geschickte Geschäftsführung Viewegs, von Liebig rückhaltlos bewundert. So bestand das beiderseitige Verhältnis aus ständigem Geben und Nehmen - die verläßlichste Basis einer Freundschaft.

Ausklang

Dies änderte sich auch nicht nach der Zeit, die für Liebig einen gewaltigen Einschnitt brachte: Seine Berufung nach München im Jahre 1852. Liebig war des Hochschulunterrichts und sogar der chemischen Experimentalforschung müde geworden – kein Wunder, wenn man bedenkt, was er bis dahin für Anstrengungen auf sich genommen hatte. In München bekam er ein Institut gebaut, das zur Akademie der Wissenschaften gehörte. Eine Verpflichtung zur Ausbildung von Chemikern im Praktikum hatte er nicht mehr, was ihn besonders erleichterte (Brief vom 30. 6. 1852). Seine Vorlesungen wurden berühmt. Der König machte ihn zum Vorstand des Generalkonservatoriums in der Akademie sowie des Max-Ordens-Kapitels, ging auf Wünsche und Anregungen ein, wollte er doch auch die Landwirtschaft seines Landes verbessert sehen.

Trotz der nach außen glänzenden Stellung war das erste Jahrzehnt für Liebig in München von vielen Sorgen belastet, ganz abgesehen von körperlichen Beschwerden, unter denen der unglückliche Sturz (1859) mit Bruch der Kniescheibe besonders gravierend war. Der Kauf eines Landgutes in Starnberg für seinen Sohn Hermann brachte ihn in finanzielle Schwierigkeiten, auch die drohende Pleite (1854) seines Verlegers Winter.

Bei dieser Gelegenheit wurde das Verhältnis Liebigs zu Vieweg stark strapaziert. Liebig wollte dem Braunschweiger Haus jetzt den Verlag der Annalen und der Chemischen Briefe zukommen lassen, womit sich ein Traum Viewegs zu erfüllen schien, aber nach längerem Hin und Her fand Anton Winter einen Weg zur Erfüllung seiner finanziellen Verpflichtungen, und obwohl Liebig mehrfach sehr konkret Zusagen an Vieweg gemacht hatte, blieb schließlich alles beim alten – einschließlich der Freundschaft Viewegs mit Liebig.

Starken Belastungen war Liebig wegen seiner Agrikulturchemie ausgesetzt. Die einstweilen letzte Auflage des Buches erschien 1846. Das Für und Wider um Liebigs Theorien schlug hohe Wellen, wobei die Verhältnisse in England eine besondere Rolle spielten. Hier hatte man sich für die neuen Lehren viel früher interessiert als in Deutschland, und man hatte Liebig vielfältig gefeiert. Seine Reise nach England im Jahre 1842 ist geradezu als Triumphzug bezeichnet worden. Dies änderte sich Mitte des Jahrhunderts, besonders durch den englischen Großgrundbesitzer und Düngerfabrikanten John Bennett Lawes, der nachwies, daß der von Liebig propagierte Kunstdünger nicht die erwartete Wirkung gehabt hatte. Liebig fand später den Grund für das Versagen. Am 7. 6. 1857 schreibt er an Vieweg: „Wir haben geglaubt, und ich habe seit 20 Jahren gelehrt, daß die Pflanzen ihre Nahrung aus einer Lösung empfangen. Das ist *falsch*. Phosphorsauer Kalk, in kohlesaurem Wasser gelöst, kieselsaures Kali, werden von jedem *fruchtbaren Erdreich* vollständig der Lösung beim Durchfiltrieren entzogen". Nun änderte Liebig seine Düngemittel-Rezepturen und konnte schließlich so viele Erfolge vorweisen, daß seine abschließende Neufassung der Agrikulturchemie, 1862 in zwei Bänden erscheinend, den endgültigen Sieg seiner Ideen, auch in England, brachte.

Über diesen Arbeiten und Belastungen war Liebig alt geworden. Für eine erneute Bearbeitung der Agrikulturchemie, die schon 1863 ins Auge gefaßt werden mußte, zog er (1868) seinen Schüler Philipp Zöller hinzu, der ihn jedoch nicht zufrieden stellen konnte. So unterblieb die Ausgabe, bis sie 1876, nach Liebigs Tode, nunmehr doch von Zöller bearbeitet, erscheinen konnte.

Es waren jetzt andere Themen, die Liebig interessierten. Seinen alten Plan, einen dritten Teil angewandter organischer Chemie den Büchern über Agrikulturchemie und Tierchemie folgen zu lassen, hatte er aufgegeben (einige Kapitel davon sind in die Chemischen Briefe eingegangen), doch blieb er dem Lebensmittelthema treu. Er erfand eine Ersatznahrung für Muttermilch; nach Aufsätzen darüber in den Annalen brachte Vieweg ein Extrabändchen in zwei Auflagen „Suppe für Säuglinge" 1866 heraus – wieder eine zukunftsträchtige Anregung, die Liebig nicht mehr einbrachte als den Ruhm, einen neuen Industriezweig begründet zu haben.

Einen gewissen Gewinn konnte er aus der Erfindung des Fleischextraktes ziehen. Nach der bereits erwähnten Publikation von 1847 war eine Produktion in kleinerem Rahmen in der Münchner Residenz-Apotheke, erst unter Xaver Pettenkofer, dann unter seinem Neffen Max Pettenkofer (dem später so berühmt gewordenen Hygieniker) angelaufen. Letzterer hatte bei Liebig einst in Gießen gearbeitet, jetzt beschäftigten sich beide zusammen mit Verbesserungen zur Herstellung. Als sich der Umsatz ausweitete, stimmte Liebig zu, das Produkt zukünftig „Liebigs Fleischextrakt" zu nennen. Dann tauchte 1862 der Hamburger Kaufmann Giebert auf, der mehrere Jahre in Uruguay zugebracht hatte; er organisierte die Gründung der Extract of Meat Company Fray Bentos und erreichte, daß nur Fabrikate dieser Gesellschaft „Liebigs Fleischextrakt" genannt werden durften; die Qualitätsüberwachung der südamerikanischen Fabrikate behielten sich Liebig und Pettenkofer vor. Zum finanziellen Gewinn, der verhältnismäßig dürftig war, gesellte sich wiederum der Weltruf, einen neuen Industriezweig begründet zu haben.

Andere Untersuchungen Liebigs galten der Brotbereitung; er erfand ein Backpulver als Treibmittel anstatt Hefe. Er ging sogar mit dem Gedanken um, ein Kochbuch zu schreiben.

Die Anfangsentwicklung mit dem Fleischextrakt hat Eduard Vieweg noch erlebt, er konnte sich auch selbst von Güte und Nützlichkeit des Produkts überzeugen. Dann jedoch erlitt er, nach einem Besuch in München, bei dem ihn bereits Schwindelanfälle geplagt hatten, Ende November 1866 einen Schlaganfall, der ihn halbseitig lähmte. Liebigs letzter im Verlagsarchiv erhalten gebliebener Brief an ihn wurde am 18. 1. 1867 geschrieben, dann gingen die Briefe nur noch an Heinrich Vieweg. Am 1. 12. 1867 ist Eduard Vieweg gestorben, Liebig folgte ihm am 18. 4. 1873 in die Ewigkeit.

Beide Männer haben Großes geleistet. Was dabei Liebig angeht, ist dies weltweit bekannt und in die Geschichte der Chemie und sogar in die Weltgeschichte eingegangen. Eduard Viewegs Anteil daran ist weniger bekannt, die Briefe Liebigs machen ihn deutlich. Der große Chemiker hatte schon 1838 an Friedrich Mohr, im Blick auf seine Annalen-Zeitschrift geschrieben: „Ich habe ein großes und schönes Ziel mit Aufopferung meiner selbst verfolgt, und dieses Ziel ist erreicht. Die chemische Literatur Deutschlands ist selbständig geworden und nicht mehr wie früher dem Hohn und der Verachtung des Auslandes preisgegeben, bei meinem zweijährigen Aufenthalt in Paris habe ich darunter gelitten, es wird kein Deutscher mehr darunter leiden." Literatur der Fachzeitschriften – durch Eduard Vieweg auch die Literatur der Chemiebücher! Schritt für Schritt läßt sich am Schriftwechsel Liebigs mit Vieweg verfolgen, wie der Braunschweiger Verlag seine beherrschende Stellung in Deutschland gewann, die das Ausland nicht mehr übersehen konnte.

Über Liebig ist geschrieben worden, daß man ihn am besten aus seinen Briefen kennenlernt – und liebgewinnen muß. Diese Briefe werfen auch Licht auf die Empfänger. Dabei ist in Eduard Vieweg ein Freund zu finden, der Wesentliches dazu beigetragen hat, daß Liebig und die Chemie in Deutschland ihre Weltgeltung erringen konnten.

1823–1832

1823

29. 8. Tätigkeit in Paris; Laboratorium von Vauquelin – Versuche über Leinölfirnis

1829

31. 7. Chemiebuch von Gay-Lussac – Physikbuch von Pouillet – Kupferstecher Rauch

1830

12. 8. Über Bräunung von Papier – Chemiebuch von Gay-Lussac – Reiseplan

o. D. Beurteilung eines Manuskripts über Stöchiometrie

31. 12. Bemerkungen zur Reise – Empfehlung eines Verlagsprojekts: Mathematikbuch von Umpfenbach

1831

8. 2. Zu Buch Umpfenbach – Geburt eines Sohnes (Hermann Liebig)

1832

3. 11. Rückkehr von der Reise – Chemiebuch und Probierbuch von Gay-Lussac – Über gebräuntes (verdorbenes) Papier – Plan des Handwörterbuchs, Vorschlag als Verlagsprojekt

28. 11. Auskünfte über geplantes Handwörterbuch: Druckbuchstaben, Format, Absatzmöglichkeiten, Auflagenhöhe, Preis, Termine – Bearbeitung des Lehrbuchs von Berzelius – Chemiebuch und Probierbuch von Gay-Lussac

17. 12. Entscheidung über Handwörterbuch wird bald gewünscht – Probierbuch von Gay-Lussac

25. 12. Handwörterbuch: Ultimatum wegen Entscheidung zur Verlagsübernahme; Ablehnung, dazu ein Gutachten von Gay-Lussac einzuholen – Probierbuch von Gay-Lussac

Paris, den 29. August 1823

Lieber Freund!

Mit Vergnügen erhielten wir vor etlichen Monaten Deinen Brief, und unsere gemeinschaftliche Antwort wird Dich wohl noch in London getroffen haben. Mein in dieser Antwort Dir gegebenes Versprechen, nämlich noch einen besonderen Brief, welcher den bekannten Firnis angehen sollte, nach Braunschweig zu schicken, bin ich soeben im Begriff zu lösen, und ich wünsche weiter nichts, als daß die Lösung Dich befriedigen möge. Vor allen Dingen habe ich mich aber zu entschuldigen und Dein biegsames, asbestenes usw. Herz um Nachsicht mit der Langsamkeit zu bitten, mit welcher ich die Ausführung Deines Wunsches betrieben habe. Doch einiges habe ich noch anzuführen, was dazu beitragen kann, Dich noch günstiger für mich zu stimmen, und ich fange am A. an. Nach Deiner Abreise von Paris, weißt Du, daß ich sehr beschäftigt war, doch durch meine Arbeit mich nicht befriedigen konnte, da mir ein Laboratorium fehlte. Ich verschob also alle praktischen Arbeiten und auch die Deinige bis auf die Ferien. Diese haben nun seit etlichen Wochen ihren Anfang genommen, nur auf eine für mich sehr sehr angenehme Weise vergehen sie mir schnell. Ich habe nämlich durch das Mitwirken Thénards das alte Laboratorium von Vauquelin zu meiner Disposition, arbeite darin nach Herzenslust und habe auch schon ein Memoire zu Tage gefördert, welches Gay-Lussac dem Institut vortrug und dessen Inhalt allgemein, zu meiner Freude, approbiert wurde. Während ich diese Versuche machte, unterließ ich nicht, an Dich zu denken, und das Resultat derselben werde ich suchen, Dir so kurz als möglich, und so deutlich, wie ich es kann, Dir vorzulegen.

1. Der Zweck der Behandlung des Öls ist, daß es durch irgend ein Mittel einen Teil seines schmierigen oder öligen Wesens verliert, ohne welches dasselbe bei dem Drucke von der Farbe sich sondert und fließt; alle Veränderungen bezwecken also eine Verwandlung der öligen in eine mehr harzähnliche Substanz.

2. Schon lange ist es bekannt, daß alle fetten Öle durch Aufnahme von Sauerstoff, das ist durch Oxydation, in den Zustand der Harze können übergeführt werden. Schon seit langer Zeit wurde dieses empirisch von den Druckern verrichtet, indem sie das Öl in einer höheren Temperatur, das ist durchs Kochen, in den tauglichsten Zustand überführten, doch die Gefahr, die oft dabei stattfindet, macht, daß Du in mir die Chemie zu Hilfe zu nehmen suchst.

3. Vorerst stellte ich einen Versuch an, das Öl mit gasförmigem Sauerstoff in Berührung zu bringen, und dieses tat ich, indem ich Sauerstoffgas aus oxichlorsaurem Kali entwikkelte und dieses durch heißes Öl streichen ließ. Nach einiger Zeit färbte sich das Öl braun, behielt aber seine Flüssigkeit; durch einmaliges Aufkochen dieses Öls wurde es zähe und dick. Da diese Methode aber nicht im Praktischen angewendet werden kann, so nahm ich

4. 5 Pfund Leinöls und mischte damit 8 Unzen Mennig (rotes Bleioxid) und ließ es ungefähr $^1/_2$ Stunde kochen. Der Mennig enthält ungefähr 2 mal Sauerstoff mehr als die Bleiglätte; es ließe sich also davon ein Erfolg erwarten. In der Tat, nach dem Erkalten bildete das Öl eine Masse, wovon ein Teil in dem mit Nr. I bezeichneten Glase enthalten ist. Es trocknete außerordentlich schnell und schien mehreren Buchdruckern sehr tauglich, allein mich konnte es nicht vollkommen befriedigen, weil die Mennige sehr den Preis erhöht, obgleich dieser dadurch kompensiert wurde, daß das Öl durch das Brennen nichts verlor. Ich behandelte nach diesem

5. 3 Pfund Leinöl mit 3 Unzen rotem Quecksilberoxid. Der Erfolg war der nämliche, allein im großen kam es immer zu teuer.

6. Anstatt wie im Versuche 3. den Sauerstoff aus dem oxichlorsauren Kali (chlorate de potasse) zu entwickeln und bloß durchstreichen zu lassen, so nahm ich 1/2 Unze dieses Salzes, welches in einer höheren Temperatur eine Menge Sauerstoffs fahren läßt – mischte es feingepulvert mit 5 Pfund Leinöl und erhitzte das Ganze bis zu dem Kochen und fuhr ungefähr 1 Stunde damit fort. Vorher muß ich aber bemerken, daß alle diese Versuche in Glasgefäßen vorgingen, und da die Flüssigkeiten in Glasgefäßen sehr schwer kochen, so mischte ich mit dem Öle eine Menge feinen Eisendrahtes, um das Kochen zu erleichtern. Zu gleicher Zeit mit diesem Versuche stellte ich eine gleiche Quantität Leinöls über das Feuer und setzte diesem bloß Eisendrähte zu, damit der Unterschied sich mir desto klarer zeige. Nach einer Stunde also nahm die Flüssigkeit eine grüne Farbe an und kochte sehr ruhig mit leisem Aufwallen, ohne daß ein Aufsteigen stattfand, welches auch schon durch die Drähte vollkommen verhindert wurde. Da es die gehörige Konsistenz noch nicht hatte, so fuhr ich mit dem Erhitzen fort. Das Feuer war aber nie so stark, daß die Dämpfe sich entzünden konnten, und wenn ich dieses befürchtete, so fuhr ich mit einem nassen Lappen über den Hals der Retorte, welches die Dämpfe vollkommen genug abkühlte. Durch Hineintauchen mit einem Stäbchen und nachherigem Erkalten dieses Stäbchens konnte ich vollkommen urteilen, um wieviel die Konsistenz zugenommen hatte. Nach einer Stunde, also nach zwei Stunden von dem Anfange an, entbannte sich ein Geruch und ein Gas, welches bei dem Atmen sehr viel Beschwerde und Unannehmlichkeit verursachte, und in dieser Zeit ließ ich meine beiden Gläser erkalten. In der einen Retorte war das Öl vollkommen steif geworden und hatte eine grünliche Farbe angenommen, wie Nr. II Dir zeigen wird. Nr. III stellt eine Probe des Öls dar, welches zu gleicher Zeit behandelt wurde, und zwar ohne das chlorate de potasse, sondern bloß mit Hilfe der Metalldrähte; mit dem letzteren wurde mit dem Erhitzen noch eine Stunde lang fortgefahren, und die Konsistenz, welche es besitzt, macht es vielleicht zum Gebrauche ebenso tauglich wie Nr. II. Nach dem Urteil aller Drucker sind beide Proben vollkommen tauglich und können sich den besten Firnissen zur Seite stellen.

Diesen Versuch wiederholte ich noch einmal im größeren, und der Erfolg entsprach immer meiner Erwartung und so, daß ich ihn als sicher Dir anempfehlen kann. Zu diesem Behufe glaube ich Dir einige Bemerkungen zu eurem gewöhnlichen Verfahren hinzufügen zu müssen. Die Blase darf nur 1/3 ihres Inhalts Leinöl enthalten. In das Leinöl wird eine beliebige Menge feiner Eisendraht geworfen, je mehr desto besser, welcher eine Ewigkeit dienen kann. Zu gleicher Zeit wird auf 100 Pfund Leinöls 1/2 Pfund chlorate de potasse (oxydiert salzsaures Kali) feingepulvert hinzugesetzt. Im Anfang wird gelindes Feuer gegeben und damit eine Stunde lang angehalten, dann aber bis zum Kochen verstärkt. Das Öl steigt nicht, woran es der Eisendraht verhindert; es darf sich nicht entzünden, um keine große Menge davon zu verlieren. Zu diesem Behufe wird der Hals und übrige freie Teil der Blase mit feuchten Tüchern, Lappen usw. umlegt. Sobald das Öl die gehörige Konsistenz angenommen hat, welches man leicht durch herausgenommene kaltgewordene Proben bemerkt, wird es erkalten lassen, ohne es zuzustopfen, es ist schlechterdings nichts dabei von Überlaufen zu befürchten. Voila das experimentum crucis.

Ich rate Dir noch einen Versuch zu machen, um das chlorate zu sparen und ganz das nämliche Verfahren zu beobachten, wie angegeben ist, ausgenommen der Zusatz des Salzes. Ich glaube, daß, wenn man eine Stunde lang mit dem Kochen anhält, der Erfolg der nämliche sein wird, indem die Eisendrähte hier den Prozeß außerordentlich begünstigen. Der Kessel muß bei jedesmaligem Gebrauche vollkommen von seinem Satze gereinigt werden, weil dieser sehr nachteilig während dem Kochen ist, das Öl färbt, sich verkohlt usw., das Steigen befördert etc. Ich nahm zu allen meinen Versuchen Leinöl, doch zweifele ich nicht, daß auch das Nußöl dazu dienen kann. Die bezeichneten Proben werde ich Treutel [?] und Wurz übergeben, und es hängt also bloß von Dir ab, sie so schnell als möglich kommen zu lassen. Das ganze Verfahren mit den anderen weitläufigeren Versuchen wünschte ich bekannt zu machen, da ich Dir aber damit ein Geschenk gemacht habe, es also Dein Eigentum ist, so muß ich Dich umgehend vorher um die Erlaubnis dazu bitten. Schreibe mir bald und vergiß nicht Deinen

Dr. Justus Liebig
Rue de Harlay Nr. 29

Gießen, den 31. Juli 1829

Liebster Freund!

Deine werten Briefe vom 27. Juni und 26. Juli sind mir richtig zugekommen. Die Beantwortung des ersteren hat mich ein anhaltendes Unwohlsein verhindert und zugleich noch der Umstand, daß ich mit Gay-Lussac die näheren Bedingungen des deutschen Verlages seiner Chemie verabreden mußte. Leider habe ich von ihm bis jetzt noch keine Nachricht und konnte Dir deshalb nichts Bestimmtes über sein Honorar mitteilen. Ich glaube aber nicht, daß es 1200 Franken übersteigen wird, wofür er aber eine Vorrede schreibt und Dir die Kupfer- und Holzschnitte leihweise überläßt. Ich bin ferner mit einem meiner Eleven, dem Dr. Buff, welcher jetzt in Paris ist und in Gay-Lussacs Laboratorium arbeitet, in Unterhandlung wegen der Übersetzung getreten, die, wie Du einsehen wirst, unendlich schneller erscheinen kann, wenn sie in Paris selbst auf die Korrekturbögen gemacht wird, während ich die Verarbeitung, die Zusätze und die Ausfeilung besorge. Vor der Konkurrenz eines anderen sind wir dadurch völlig gesichert, und andererseits läßt sich eine andere als Nachdruck bezeichnen, indem es Gay-Lussac ist, der sie im Deutschen herausgibt und ich nur als Bearbeiter auf dem Titelblatt erscheine.

Der Druck von Pouillet, Physik, ist sehr schön, die Übersetzung aber holperig und französisch; ich würde den lateinischen Lettern den Vorzug geben. Als Honorar für die Übersetzung und Bearbeitung wirst Du Fr. 15 für den Bogen hoffentlich nicht zu hoch finden. Die übrigen Bedingungen sind sekundärer, über die wir wohl einig werden.

Rauch lebt in Darmstadt, ist seit 2 Jahren verheiratet, allein bis jetzt noch ohne Nachkommen; er hat ziemlich viel zu tun, nur ist heute der Verdienst eines Kupferstechers immer gering wie jeder Erwerb durch die Hände.

Mit den freundlichsten Grüßen

ganz Dein Dr. Justus Liebig

Gießen, den 12. August 1830

Liebster Freund!

Vor allen Dingen wegen des Papiers; ich bin ganz Deiner Meinung, daß nicht der Druck, sondern ein Fehler in der Behandlung der Papiermasse an der so üblen Eigenschaft sich zu bräunen Schuld ist. Was diese Meinung unterstützt, ist der Umstand, daß die Farbe des feuchten Papiers in Schwefelwasserstoffgas dunkler wird. Diese dunklere Färbung durch diesen Körper deutet auf einen Metallgehalt des Papiers, welcher Blei oder Eisen sein kann. Blei, wenn die Papiermasse in einem bleiernen Ständer gebleicht und nicht sorgfältig ausgewaschen ist; Eisen, wenn ein unreiner Alaun beim Leimen des Papiers angewendet wurde. Der ganze Bogen reichte nun zu einer unwiderleglichen Ausmittelung des Bleis nicht hin, Eisen habe ich aber viel darin gefunden. Der Bogen gab eingeäschert nur $^{1}/_{20}$ Quentchen Asche, diese Quantität ist zu einer solchen Untersuchung zu gering.
Der Ort, wo das Papier gelegen hat, muß ausweisen, daß die Färbung nicht von einer Art Fäulnis oder Deterioration durch feuchte Luft herrührt, ich glaube das letztere schon aus dem Grunde nicht, weil das Papier, in etwas verdünnte Schwefelsäure gelegt, sogleich weiß wird; alles dieses deutet auf Metall. Jeder Apotheker in Braunschweig wird Dir die wenigen Versuche, die ich hier andeute, vor Deinen Augen machen können, ich halte sie für entscheidend genug. In einer Auflösung von Chlorkalk bekommt das Papier allerdings braune Flecke. Dies läßt auf die Gegenwart von Mangan schließen, welches von dem Braunstein herrühren würde, der beim Bleichen gebraucht wird. Entscheiden kann ich aber darüber nicht, weil wie gesagt die geringe Menge Asche, die ich aus dem Papier erhielt und welche alle diese Metalle, die bekanntlich nicht flüchtig sind, enthalten muß, mir nicht erlaubte, meine Versuche so auszudehnen, als es die Wichtigkeit des Gegenstandes erfordert.
Was das Buch betrifft, so bin ich darüber in Verlegenheit. Ich habe gehofft, daß es dies Jahr erscheinen würde, allein da Gay-Lussac die Stelle von Vauquelin an der Münze bekommen hat, so haben sich seine Arbeiten in einem Grad vermehrt, daß er sich mit dem Buch dies Jahr nicht beschäftigen kann. Ich glaube kaum, daß es nach Verlauf von einem Jahr erscheinen wird, und wir müssen es wohl abwarten; glaube übrigens nicht, daß uns irgendein anderer vorzukommen imstande wäre.
Ich habe die Absicht nach Hamburg zu gehen. Wenn der Umweg nicht zu bedeutend ist, so komme ich über Braunschweig, ich freue mich alsdann sehr, Dich wiederzusehen. Von ganzem Herzen

Dein Justus Liebig

[ohne Datum]

Lieber Freund!

Dein letzter Brief nebst Beilagen sind mir richtig zugekommen. Die Analyse des Papiers bin ich gezwungen, bis nach meiner Zurückkunft von Hamburg aufzuschieben. Sollte ich über Braunschweig kommen, so werde ich mir sicherlich das Vergnügen nicht versagen, Dich zu sehen. Über das Manuskript hat einer meiner Freunde, nachdem er es mit Aufmerksamkeit durchgelesen hat, folgendes gesagt: Die Vorrede flicht Vorurteil gegen den Verfasser ein. Einleitung, schlechter Stil. Die gewöhnlichen Ansichten sehr verwirrt dargestellt.

Die vordere Abteilung Mathematik ist nicht besser und selbst schlechter abgehandelt als man es anderswo findet, demnach überflüssig.
Zweite Abt. Stöchiometrie 1. Kap. Entwicklung der Grundsätze deutlich und mag für einen Pharmazeuten hinreichen, der, wie der Verfasser sagt, nichts Vollständiges zu wissen nötig hat.
2. Kap. Entwickelung multipler Proportionen. Bestimmung der relativen Anzahl der Atome: ganz ohne Wert.
3. Kap. Sättigungskapazität.
4. Kap. Bestimmung der Basismengen, welche von Säuren neutralisiert werden. Viele einfache, für sich leicht faßliche Sachen durch Buchstaben zusammengesetzt und unklar gemacht. Der Verfasser hat durchaus keinen Begriff und [richtiger wohl: von] der Benutzung der Verhältniszahlen.
Bei der Berechnung der Bestandteile eines organischen Körpers ist die Reduktion des Stickstoffs und der Kohlensäure auf eine Normaltemperatur und einen Normalthermometerstand nicht einmal erwähnt?!!! Seite 8h. werden einige Begriffe nachgeholt, die früher vergessen waren. Er sucht die Äquivalente aus den Verhältniszahlen herzuleiten und scheint kaum zu ahnen, daß eigentlich doch erstere den letzteren zum Grunde liegen. Voller unnötiger Buchstaben.
In wissenschaftlicher Beziehung ist die stöchiometrische Abteilung nichts wert, denn niemand wird dadurch in den Stand gesetzt werden, in die Philosophie der Chemie einzudringen. In praktischer Hinsicht scheint der Verfasser einen an sich einfachen Gegenstand in ein sehr schwieriges Studium verwandelt zu haben.
Die zweite Hälfte der 2. Abt. enthält alle möglichen Arten von Aufgaben, durch viele zum Teil ganz passende Beispiele erläutert, aber ohne Ordnung und alles durch Buchstaben verdorben. Aus diesem Urteil wirst Du entnehmen etc. etc.

freundlichst Dein Justus Liebig

Gießen, den 31. Dezember 1830

Liebster Freund!

Ich habe es sehr bedauert, Dich auf meiner Reise nach Hamburg nicht besuchen zu können, Ich reiste in Gesellschaft einiger Heidelberger Kollegen, welche ich nicht verlassen durfte. Das Manuskript über Stöchiometrie ist Dir wohl wieder zugekommen. Mit den Versuchen über das Papier konnte ich mich leider seither nicht beschäftigen, ich habe es mir aber in den ersten Tagen des neuen Jahres vorgenommen, diese Untersuchung zu meinem ersten Geschäfte zu machen.
Mein Gegenwärtiges hat die Absicht, Dir einen Verlagsartikel angelegentlich zu empfehlen, aber nicht von mir, denn das Schreiben eines Buches wäre mein Tod, sondern von Kollegen Prof. Umpfenbach, den ich Deinetwegen seinem gewöhnlichen Verleger abspenstig gemacht habe. Umpfenbach ist ordentlicher Professor der Mathematik und Dir durch seine verbreiteten Schriften hinlänglich bekannt. Zum Gebrauche seiner Zuhörer und für die Eleven der hiesigen Forstakademie hat er ein Lehrbuch der ebenen und sphärischen Trigonometrie und Polygonometrie entworfen, welches 16 Bogen stark werden wird. Umpfenbach verlangt für den Bogen 8 Taler Preußisch Courant mit der Bedingnis, nicht über 1200 Exemplare zu drucken etc. etc., 15 Freixemplare.

Wenn Du dieses Buch in Verlag zu nehmen gedenkst, so kannst Du noch in Anschlag bringen, daß Du hier jährlich 50 bis 60 Exemplare absetzt, denn es sind etwa 70 Kameralisten hier, welche diese Vorlesung hören müssen. Du wirst mich verbinden, wenn Du mir von Deinem Entschluß bald Nachricht gibst.

Von ganzem Herzen

Dein Justus Liebig

Ich wünsche Dir 1000 der einträglichsten Verlagswerke zum neuen Jahr.

Gießen, den 8. Februar 1831

Liebster Freund!

Meinen Brief in Beziehung auf das mathematische Werk meines Kollegen Umpfenbach hast Du wahrscheinlich empfangen. Da Kollege Umpfenbach nur auf mein dringendes Verlangen so lange gewartet hat und Deine Antwort ausbleibt, so bitte ich Dich, mir mit einer Zeile zu sagen, ob Du genanntes Werk in Verlag nehmen willst oder nicht, damit ich Umpfenbach nicht länger vergebens zu Verzögerungen veranlasse.
Auch habe ich das Vergnügen, Dir mitzuteilen, daß meine Frau gestern mit einem gesunden und starken Knaben glücklich entbunden worden ist und daß beide vollkommen wohl sind.

Ganz Dein Justus Liebig

Gießen, den 3. November 1832

Lieber Freund!

Dein wertes Schreiben vom 20. September früher zu beantworten, hat mich eine sechswöchentliche Ferienreise nach Berlin etc. zeither verhindert, gestern zurückgekommen beeile ich mich, Dir sogleich Nachricht zu geben.
Gay-Lussacs Handbuch der Chemie wird nicht herauskommen, und das kleine Buch über Probierkunst erhalte ich vor allen anderen, so daß Dir der Verlag nicht entgehen kann. Wann es aber erscheinen wird, darüber schreibt mir Gay-Lussac nichts Gewisses. Er hält sich im Augenblick zu Limoges auf seinem Gute auf, und vor seiner Zurückkunft nach Paris werde ich nichts Näheres erfahren können.
Was Deine Anfrage wegen des verdorbenen Papiers betrifft, so läßt sich aus der chemischen Analyse kein juridischer Beweis über die Ursache der Verderbnis führen, denn der Papierfabrikant wird sich leicht von einer Menge anderer Fabrikanten ein Gutachten verschaffen können, wonach das Bleichen mit Chlor auf eine Veränderung des Papiers keinen Einfluß hat, und aus der Veränderung selbst einen Fehler in dem Bleichprozeß nachzuweisen, würde sehr schwer sein und vor dem Richter nicht gelten. Man hat aber die positivsten Erfahrungen, daß feuchtes Papier an Orten, wo wenig Luftwechsel ist, sich färbt, und obgleich ich die Färbung des in Frage stehenden Papiers keineswegs für Sporflecken halte, so ist es dennoch möglich, daß bei der Fabrikation dieses Papiers ein

Fehler in dem Trocknen begangen worden ist, welcher die Hervorbringung der Färbung nach dem Druck veranlaßt hat. Es wird beiden beteiligten Parteien gleich unmöglich sein, einer dem anderen den Fehler nachzuweisen, der hierbei zum Grunde liegt. Du wirst auf der einen Seite alle Drucker, der Papierfabrikant das Gutachten aller Papierfabrikanten für sich haben, und auf diese Weise wird es einen Prozeß geben, der nie ein Ende nehmen wird, da es einen technischen Gegenstand betrifft, auf welchen in den Gesetzbüchern kein Kapitel bezogen werden kann.

Während meines Aufenthaltes in Berlin habe ich mit meinen dortigen Freunden den Plan eines großen Werkes besprochen, dem ich mich nur deshalb unterzogen habe oder unterziehen will, weil ich die feste Überzeugung gewonnen habe, daß er gelingen wird. Dies betrifft nämlich die Herausgabe eines Hand-Wörterbuchs der Chemie und Physik, zu welcher sich Prof. Poggendorff (der Herausgeber der Annalen der Physik und Chemie) mit mir vereinigt hat. Dieses Werk soll in 4 Bänden, jeder Band zu 50 Bogen, erscheinen, und seine Bearbeitung in der Art des Konversationslexikons gründlich, aber kurz und gedrängt abgefaßt sein. Es soll den Standpunkt der Wissenschaft, so wie er in dem Augenblick sich gestaltet hat, angeben, und zwar nicht geschichtlich oder literarisch, weil dies das Buch zu weitläufig machen würde, sondern mehr kritisch. In dieser Art existiert über Physik und Chemie kein ähnliches Werk, und was das Merkantilische, den Absatz betrifft, so mag die Verbreitung der Journale, an deren Spitze Poggendorff sowie ich stehen, für die gute Aufnahme des Buches wohl bürgen. Ich habe Poggendorff veranlaßt, nicht eher an seinen Verleger, an Barth, sich zu wenden, als bis ich an Dich geschrieben haben würde, und ich frage Dich deshalb an, ob Du zu dem Verlag dieses Werks Neigung hast und ob Deine übrigen Unternehmungen Dir erlauben, Dich damit zu beschäftigen. Wir verlangen ein sehr hohes Honorar für den Bogen, nämlich fl. 44; wenn Dir dies zu bedeutend sein sollte, so sei so gut, mich umgehend davon zu benachrichtigen, ich bin weit erntfernt, es Dir übel zu deuten.

Der Druck dürfte nicht vor einem halben Jahr und nicht eher anfangen können, als bis Material zu den ersten 50 Bogen vorgearbeitet ist, und wir können uns über die Zeit, wo das Buch beendigt sein soll, nicht eher fest erklären, als bis die Artikel des ersten Buchstabens ausgearbeitet vor uns liegen. Alle diese detaillierteren Bestimmungen, Format, Druck, Papier, Größe der Auflage etc. sind erst dann des Besprechens wert, wenn wir Kenntnis von Deinem Entschlusse haben werden. Ich bitte Dich deshalb dringend, mich darin nicht in Ungewißheit zu lassen. Ich wiederhole es, daß eine abschlägige Antwort, wenn sie nur nicht lange hingehalten wird, mir durchaus nicht verdrießlich ist und in unseren freundschaftlichen Verhältnissen durchaus nichts ändern wird.

Ganz Dein Dr. Justus Liebig

Gießen, den 28. November 1832

Lieber Freund!

In Beantwortung Deines Schreibens vom 24., aus dem ich ersehe, daß Du nicht abgeneigt bist, den Verlag unseres projektierten Wörterbuchs zu übernehmen, kann ich Dir über Format und Druck nicht eher etwas Bestimmtes sagen, als bis ich darüber mit Poggendorff konferiert habe. Wir hatten engen lateinischen Druck in Großoktavformat verabredet. Als Muster können wir Dir später ein Werk angeben, wenn Du nicht selbst

einen zweckmäßigen Vorschlag darüber zu machen hast. Es ist aber Bedingung, daß die Leute auf dem Bogen auch etwas haben. Das Werk soll die ganze Chemie, also den pharmazeutischen, physikalischen und technischen Teil, in einer kurzen und gedrängten Sprache umfassen. Da die reine Chemie immer vorherrschend ist, so würden dadurch die Handbücher von Berzelius und Gmelin ziemlich entbehrlich gemacht werden.
Die einzelnen Artikel sollen nach Art des Konversationslexikons abgefaßt werden, einem Jeden verständlich und zugänglich. Es soll kein Repertorium sein, denn wir wollen den historischen Mist, nämlich die Versuche, die zu einer Zeit angestellt sind, wo man noch keine Beobachtungen zu machen wußte, davon entfernt halten.
Es soll nicht literarisch abgefaßt werden, weil die Titel der anzuführenden Bücher allein $^1/_5$ des Ganzen zum Nachteil der Käufer und zu unserer großen Last hinwegnehmen würden.
Es soll ein treues und scharfes Bild von dem Stand der Wissenschaft unserer Zeit und ihrer Entwicklung sein.
Dadurch unterscheidet es sich nun wesentlich von Brandes Repertorium, welches ohne Kritik aus dem Straßenkehricht zusammengewürfelt ist. Es hat ferner in dem Gegenstand und in der Behandlung keine Ähnlichkeit mit Gehlens Wörterbuch, wo die Kristallographie allein in 15 Bogen abgehandelt wird, wozu wir vielleicht 5 Seiten brauchen.
Was den Absatz betrifft, so kannst Du einigermaßen die Abonnenten unserer Journale zum Maßstab nehmen. Unsere Annalen der Pharmazie haben 680 Abonnenten; Winter glaubt aber, daß mit dem nächsten Jahr die Anzahl auf 750 steigen wird. Wieviel Poggendorff hat, weiß ich nicht genau, unter 500 Abonnenten hat er aber gewiß nicht. In jedem Fall aber wird die Anzahl der Käufer größer gesetzt werden können, da bei einem Buche es nicht wie mit Journalen gehalten wird, die, in Lesezirkeln verteilt, die Anzahl der Käufer verringern.
Ich glaube, daß Du anfänglich auf eine Auflage von 1500 Exemplaren reflektieren mußt und daß der Preis im höchsten Fall fl. 24 nicht überschreiten darf. Berzelius und Gmelins Handbücher kommen noch höher. Man könnte das Buch in Lieferungen von 10 zu 10 Bogen erscheinen lassen, wovon jede fl. 1.12 oder 16 ggr. kosten würde, doch das letztere ist ein Gegenstand, den du besser verstehst als wie ich, immer aber wird es gut sein, wenn der Preis auf 15 Taler gesetzt wird, daß die Anschaffung den Käufern durch partielle Lieferungen erleichtert wird.
Was die Zeit betrifft, in welcher es erscheinen kann, so läßt sich darüber nicht eher etwas bestimmtes festsetzen, als bis wir den ersten Buchstaben, mit dem wir beschäftigt sind, vollendet haben. Es mag immer zwei Jahre dauern, bis daß es ganz erschienen ist. Du mußt bedenken, daß dieses Buch uns außer der Arbeit mit der Feder noch zu zahllosen Versuchen zwingt, da wir nur Zuverlässiges geben wollen. Ich habe jetzt schon drei Leute im Laboratorium dastehen, die lediglich für das Wörterbuch arbeiten, aus diesem Grunde konnte ich Dir gleich anfänglich das Honorar nicht niedriger setzen.
Auf Deinen Vorschlag wegen Bearbeitung des Berzelius'schen Lehrbuches konnte ich nicht eingehen, weil ich mit Berzelius und Wöhler zu sehr befreundet bin. Die neuen Bearbeitungen, die Du meinst, sind abscheulich, ich bedaure den Buchhändler, der sie im Verlag hat.
Gay-Lussac hat sein Werk nicht aufgegeben, er kann sich aber jetzt, wo er in der Kammer sitzen muß, damit nicht abgeben. Gay-Lussacs Sohn, der seit einem Jahre in meinem Laboratorium arbeitet und der morgen von hier nach Paris abreist, habe ich dieses

Buches wegen noch besondere Instruktionen gegeben, so daß es Dir, wenn es erscheint, nicht entgehen wird. Die Probierkunst ist nicht der Mühe wert, ein kleines Publikum und höchstens 10 Bogen stark.
Ich freue mich umsomehr, daß Du Dich mit uns verbinden willst, da wir gewiß sind, daß Du es an der äußeren Ausstattung nicht fehlen läßt. Alle Deine Sachen sind durch Druck und Papier ausgezeichnet.

Ich erwarte bald Deine Antwort, und ich wünsche deshalb, daß Dich dieser Brief zu Hause finden möge und nicht auf Reisen.

Ganz Dein Justus Liebig

Gießen, den 17. Dezember 1832

Lieber Freund!

In Beziehung auf unsere Vorschläge hinsichtlich des chemischen Wörterbuchs bitte ich Dich, uns umgehend zu unterrichten, was Du zu tun gedenkst. Deine abschlägige Antwort ist uns nur insofern unangenehm, wenn Du uns lange Zeit damit hinhältst und uns dadurch hinderst, Propositionen einzugehen, die uns von anderen Seiten her gemacht worden sind. Damit ich über Deine Annahme oder Nichtannahme nicht im Zweifel bleibe, werde ich mich vom 28. Dezember an, bis zu welchem Du mir auf den gegenwärtigen Brief antworten kannst, aller Verbindlichkeiten erledigt betrachten.
Ich hörte gestern von Gay-Lussac, daß die Instruction sur les essais à la voie humide unter der Presse ist. In 8 bis 14 Tagen werde ich die ersten Aushängebogen erhalten, und Du kannst alsdann sogleich mit dem Druck beginnen. Ich hoffe, für die Kupfertafeln die Platten von Gay-Lussac bekommen zu können.

Ganz Dein Justus Liebig

Gießen, den 25. Dezember 1832

Lieber Vieweg!

Nachdem Du mich 4 Wochen auf Deine Antwort hast warten lassen, ist sie ebenfalls so unbestimmt wie Dein erster Brief ausgefallen. Es liegt wohl am Tage, daß ich nicht im Stande bin, Dir die Berechnung zu machen, ob und in welcher Art das Unternehmen für Dich annehmbar ist oder nicht. Ich meine aber, daß Du als Buchhändler genau die Grenze kennst, in welche die Bedingungen eingeschlossen sein müssen, wenn es Dein Vorteil sein soll, Dich damit zu befassen. Von allen diesem enthält nun Dein Brief vom 21. Dezember nichts.
Ich habe Dir die Stärke der Auflage (1500) angegeben und den Preis, zu welchem das Buch verkauft werden soll. Mit dem Honorar und den Druckkosten, die Dir beide bekannt sind, kannst Du Dir einen ganz scharfen Kalkül entwickeln. Format etc. alles übrige sind zu Deiner Berechnung ganz untergeordnete Dinge. Die Bezahlung des Honorars kann heftweise oder bogenweise angenommen werden. Der Entwurf zu der

Ankündigung ist den Grundzügen nach in meinen beiden vorhergehenden Briefen enthalten, das Konzept zu einem Kontrakt muß von Dir ausgefertigt werden. So bald wir mit dem Verleger im Reinen sind, will ich in den Annalen der Pharmazie und Physik einen Artikel drucken und eine Probe in der Weise bekannt machen, wie wir die einzelnen Gegenstände zu behandeln gedenken.
Du wünschst, ehe Du Dich zu diesem Unternehmen entschließt, zuerst ein Gutachten darüber von Gay-Lussac in Händen zu haben. Ich verdenke Dir dieses nicht, allein es würde mich nur lächerlich machen und es heißt, meine Stellung gänzlich verkennen, wenn ich darüber an Gay-Lussac schreiben wollte. Ich habe Dir schon geschrieben, daß Gay-Lussac seinen Sohn ein Jahr lang zu mir nach Gießen getan hat, um sich in meinem Laboratorium auszubilden. Ich will aber Gay-Lussac veranlassen, uns einige Artikel zu bearbeiten, Berzelius wird dasselbe tun.
Du hast außer Übersetzungen noch keine naturwissenschaftlichen oder chemischen Werke verlegt. Es ist ganz natürlich, daß das Neue in diesem Unternehmen Deinen Entschluß unbestimmt und schwankend macht. In jedem Fall ist es mithin besser, wenn Du diese Sache, in welcher Du weniger Erfahrungen als in anderen Verlagswerken Dir zu erwerben Gelegenheit gehabt hast, aufgibst, als wenn Du uns ferner so herumziehst, so wie es seit 8 Wochen geschehen ist. Dieses Buch hat seinen Verleger in dem Augenblick, wo ich von Dir mit Gewißheit weiß, daß Deine übrigen Unternehmungen Dir nicht erlauben, Dich damit zu befassen. Ich habe, indem ich mich in dieser Sache an Dich gewendet habe, keinen anderen Zweck gehabt, als Dir einen Vorzug zu verschaffen. Wir sind keinen Augenblick in Beziehung auf einen Verleger in Verlegenheit. Wenn Du dies berücksichtigst, wirst Du wohl einsehen, wie wenig ich disponiert bin, eine Ablehnung der Sache Dir übel zu deuten. Um so unangenehmer muß es für mich sein, nach 8 Wochen über die Hauptpunkte mit Dir noch im Dunkeln zu sein.
Bis zum 3. Januar kann ich von Dir Antwort erhalten. Du wirst es der Natur der Sache angemessen finden, wenn ich unsere zeitherigen Verhandlungen von diesem Datum an für mich und Prof. Poggendorff für unverbindlich halte.
Wie ich Dir in meinem letzten Briefe geschrieben habe, erwarte ich jeden Tag die Druckbogen von Gay-Lussacs neuen Verfahren in der Probierkunst und werde sie sogleich hier übersetzen lassen.

Mit den freundschaftlichsten Grüßen

Dein Justus Liebig

Ich lege des Druckes und Formates wegen ein Blatt aus Gmelins Handbuch bei. Die Schrift muß in jedem Fall lateinisch und das Papier von der Qualität sein, wie der Probebogen, den Du mir zugesandt hast. Das Blatt bitte ich mir gelegentlich wieder zurück.

1833

16. 1. Übernahme des Handwörterbuchs durch Vieweg – Probierbuch von Gay-Lussac; Kupferstichplatten dafür; Honorar

19. 2. Übersendung des übersetzten Vorworts zum Probierbuch von Gay-Lussac – Notwendigkeit, besondere Lettern mit chemischen Zeichen für den Verlag zu besorgen – Mitarbeiter am Handwörterbuch; Aufteilung der Arbeit zwischen Liebig und Poggendorff – Pläne für Buchstaben A; Ankündigung des Handwörterbuchs; Register; Korrekturlesen – Tabellen zum Probierbuch für die Umrechnung von französischen in deutsche Gewichte

10. 3. Absendung des restlichen Manuskripts zum Probierbuch von Gay-Lussac – Probedruck für das Handwörterbuch; Beschaffung von Lettern mit chemischen Zeichen; Werbung in Fachpresse

19. 3. Kupferstichplatten für das Probierbuch von Gay-Lussac; Verzögerung der Abholung in Paris

24. 4. Gründe für die Verzögerung [siehe Brief vom 19. 3.] – Schrift- und Satzproben für das Handwörterbuch; Werbung

29. 5. Titel des Probierbuchs von Gay-Lussac – Entscheidung über Schriftart des Handwörterbuchs – Konkurrenz durch ein Wörterbuch von Gehlen – Werbung; Honorar; Papier – Vieweg soll einen Verlagsvertrag entwerfen

13. 6. Zur Abrechnung des Probierbuchs von Gay-Lussac; Einführung des Buches in den preußischen Münzen – Reiseabsicht

3. 7. Honorarabrechnung für Probierbuch von Gay-Lussac – Vertrag zum Handwörterbuch, Änderungswünsche; Arbeitstermine; Drängen zur Fertigstellung eines Prospekts – Absatz für das Probierbuch von Gay-Lussac in Rußland – Reisepläne

22. 8. Eingang von Freiexemplaren des Probierbuchs von Gay-Lussac und eines Wechsels, der eingelöst ist – Kritik an Honorarabrechnung – Reiseplan – Vertragsentwurf zum Handwörterbuch; Druckbeginn – Möglichkeiten für breitere Einführung des Probierbuchs

9. 9. Von der Reise – Zum Vertrag für das Handwörterbuch; künftiger Verkaufspreis – Pamphlet gegen Liebig aus Zürich

18. 11. Bauarbeiten im Gießener Laboratorium – Fortgang der Arbeiten am Handwörterbuch; Beschäftigung mit dem Prospekt dafür; Atomzahlen – Freiexemplare des Probierbuchs von Gay-Lussac – Plan zur Gründung eines Journals für Naturwissenschaft und Mathematik, möglicherweise ein Verlagsprojekt

Gießen, den 16. Januar 1833

Lieber Vieweg!

Deinen letzten Brief, welcher mich vollkommen zufrieden gestellt hat, habe ich erhalten, wir werden uns jetzt ununterbrochen mit dem Werk beschäftigen.
Beiliegend übersende ich Dir das Werk über die Silberprobe auf nassem Wege von Gay-Lussac; es besteht, wie Du siehst, hauptsächlich aus Kupfern. Ich würde Dir raten, das Buch ebenfalls in Oktav erscheinen zu lassen, der Kupfer wegen. Über das Honorar von fl. 18 per Bogen sind wir einverstanden. Ich hoffe, Dir noch den Vorteil verschaffen zu können, daß Du die Kupferplatten umsonst oder wenigstens die Erlaubnis bekommst, Deine Anzahl Exemplare davon in Paris abziehen zu lassen. In diesem Fall könnte das Buch schon in 6 Wochen übersetzt und gedruckt sein. Es kann Dir so leicht niemand zuvorkommen, da das Buch auf Kosten des französischen Gouvernements erschienen ist und nicht in den Buchhandel kommt. Da dieses Probierverfahren, wie ich bestimmt weiß, in Preußen eingeführt wird, so habe ich einstweilen bei Gay-Lussac um 1000 Abdrucke von jeder Platte, mithin 6000 im Ganzen, nachgesucht. Die Kosten des Drucks und Papiers, sowie den Transport von Paris wirst Du natürlich gerne übernehmen. Ich werde Dich sogleich davon in Kenntnis setzten, sowie ich Gay-Lussacs Antwort erhalte. Es ist nicht mehr als billig, wenn Du dem Honorar noch 10 Karolin extra zulegst, im Fall ich von Gay-Lussac die Erlaubnis erhalte, die Abdrucke machen zu dürfen.

Herzlichst grüßend

Dein Just. Liebig

Schicke mir das Buch sobald als möglich zurück, die Kupfer kannst Du herausschneiden und dort behalten für den Fall, [daß] Du sie stechen oder lithographieren lassen mußt.
[auf Rückseite des Briefes, Titel des Buches]
Instruction sur l'essai des Matières d'Argent par la voie humide; par M. Gay-Lussac, membre de l'institut de France. Publié par la commission des Monnaies et Medailles.

Gießen, den 19. Februar 1833

Lieber Freund!

Im Begriff, Dir die letzten Bogen der Übersetzung heute zuzusenden, erhalte ich Dein Schreiben vom 16. Februar und die Nachricht des unglücklichen Sturzes, dessen Folgen hoffentlich nicht von Bedeutung sein werden.
Ich habe der Übersetzung ein Vorwort beigefügt, welches ich in diesen Brief einschließe und das Deinen Wünschen gemäß, wie ich hoffe, abgefaßt ist. Es scheint mir am besten, dieses Buch als eine deutsche Ausgabe ins Publikum zu bringen, Gay-Lussac ist davon unterrichtet und wird nichts dagegen haben. Es erscheint mithin unter Gay-Lussacs Namen, ich selbst habe mich in dem Vorwort nur als Besorger und als Bürgschaft der deutschen Ausgabe genannt, was hinreichend ist. Die Kupfer hast Du jetzt wohl erhalten.

Dem Druck der Probearbeiten sehe ich mit Sehnsucht entgegen, Du wirst es nicht vermeiden können, eine ganze Sippschaft von neuen Lettern, welche als chemische Zeichen gebraucht werden, anzuschaffen, wenn Du sie noch nicht besitzt. Alle Drucker in Berlin, sowie die Druckerei unserer Annalen der Pharmazie, bedienen sich derselben, woraus sich wohl schließen läßt, daß sie von den Schriftgießern schon fertig zu haben sind.

Die Einrichtung wegen der Redaktion zwischen mir und Poggendorff ist sehr einfach. Wir haben alle Artikel unter uns verteilt, und die meinigen, welche vollendet sind, schicke ich an Poggendorff, er schickt mir umgekehrt die seinigen, und alsdann erst gelangen sie in der Reihenfolge an Dich, in welcher sie gedruckt werden sollen. So umfaßt das A 400 einzelne Artikel.

Du wünschst ferner zu wissen, welche Gelehrte wir noch für das Unternehmen gewonnen haben. Ich habe diesen Punkt mit Poggendorff nach allen Seiten hin überlegt, und wir sind zu dem Schluß gekommen, daß wir soviel als möglich fremde Hilfe vermeiden müssen, wenn der Gang des Werks nicht leiden soll. Die Artikel, welche Fremde liefern, werden nie nach unserem Geschmack sein und zu unserem Plan passen, eine Umarbeitung derselben nach unserem Sinn werden sie sich nicht gefallen lassen. Wir wollen uns zuletzt nicht in die unangenehme Lage setzen, bittend bei diesen Leuten aufzutreten, wenn es ihrer Bequemlichkeit nicht gefällt, die Artikel zu der Zeit zu liefern, wo wir sie nötig haben. Da es Dir aber darum [geht], noch einige Leute bei dieser Sache genannt zu sehen, so sei so gut, mich zu unterrichten, auf welchen Namen in der Welt der Buchhändler und Bücherkäufer der meiste Wert gelegt wird. Du kannst sicher darauf rechnen, daß alle die, welche Du auch nennen magst, mit Vergnügen ihre Mitwirkung versprechen, wenn sie auch später nicht dazu gezogen werden oder zu faul sind, um das in der Kürze und Gedrängtheit zu leisten, was wir von ihnen verlangen sollten. Glaubst Du, daß Dir daraus Nutzen erwächst, so versäume nicht, mich davon in Kenntnis zu setzen, damit ich an die Bezeichneten schreiben kann.

Der Buchstabe A wird unter allen am stärksten werden. Er enthält die wichtigsten und weitläufigsten Gegenstände, Analyse, Alkohol, Aether, Antimon, Arsenik, etc., die mir unendlich viel Arbeit machen. Ich glaube nicht, daß es zweckmäßig sein wird, Holzschnitte in den Text zu drucken, wenn sie nicht ausgezeichnet schön sind. Es wird besser sein, die Apparate in besonderen Platten und nicht heft-, sondern bandweise zu liefern. Bei dem ersten Heft wünschte ich aber, daß die Apparate zur organischen Analyse, welche neu sind, dem ersten Heft beigegeben werden, denn dieser Teil der Chemie erregt in der neueren Zeit das meiste, beinahe das ausschließliche Interesse, und diesen Anforderungen muß man nachgeben.

Die Ankündigung und Bekanntmachung des Plans scheint mir jetzt bei weitem nicht so dringend als unser gegenseitiges festes Arrangement, was einer Ankündigung vorhergehen muß. Doch hat alles dieses keine Eile, da mit dem Druck, vor Beendigung des ersten Buchstabens, das heißt vor Ostern, doch nicht angefangen werden kann, und bis dorthin hast Du vielleicht soviel neue Unternehmungen, daß Dir dieses größere Werk vielleicht zur Last ist und daß Du alsdann Dich freust, Dich nicht gebunden zu haben; das hält uns natürlich nicht ab, uns fleißig damit zu beschäftigen.

Ein streng alphabetisch geordnetes Wörterbuch bedarf keines systematischen Registers, denn der Körper oder die Verbindung, die man sucht, muß leicht, unter welchen Namen es auch sei, gefunden werden können.

Die Korrektur ist allerdings eine große Schwierigkeit. Eine Erleichterung wäre allerdings die Wahl eines anderen Druckorts, allein es ist bei uns Bedingung, daß es in Deiner

Offizin gedruckt werden muß. Es versteht sich von selbst, daß Poggendorff oder ich die Revision vor dem Abdruck unternimmt. Die Sache, um die es sich bei der Korrektur hier handelt, ist für uns beide zu wichtig, als daß wir uns nicht dieser Mühe unterziehen sollten. Freilich wird der Druck dadurch außerordentlich verlangsamt, unangenehm und kostspielig, was läßt sich aber anderes tun? Eine mündliche Beratung wäre sehr zweckmäßig, vielleicht könnten wir uns an einem bestimmten Tage nach der Ostermesse in Kassel treffen, noch angenehmer würde es für mich sein, Dich bei mir zu haben. In jedem Fall läßt sich dieses Rendezvous noch mehr überlegen.
Ich habe es für nötig gehalten, wie Du aus dem Vorwort ersiehst, eine Reduktionstabelle von französischem Gewicht in deutsches Probiergewicht beizufügen und habe dazu das preußische Loth und Gran angenommen; es ist wohl keine Frage, daß Du diese Tabelle ebenso zweckmäßig findest wie ich.

Mit dem herzlichen Wunsche Deiner baldigen Wiederherstellung

ganz Dein Justus Liebig

Gießen, den 10. März 1833

Lieber Vieweg!

Du erhältst hiermit den Rest des Probierbuches, nämlich die Reduktionstabellen. Für die französischen Tabellen, die Du auch verlangst, habe ich mit Absicht Dir das Buch wieder zugesandt, weil die Übersetzung nur den Kopf jeder einzelnen enthält und in den Zahlen nichts zu übersetzen ist. Es wäre mir lieb, wenn Du mir einige Freiexemplare auf schönem Papier zukommen lassen wolltest.
Den Probedruck des Wörterbuches habe ich immer noch nicht erhalten. Was die Zahlen über den zum Probedruck zugesandten Artikel betrifft, so ist es nötig, sie gedruckt zu sehen, damit man sieht, wie sich diese neue Form ausnimmt. Ich habe sie gewählt, um den Text nicht zu entstellen und um ihn abzukürzen. Wegen der chemischen Zeichen habe ich nach Frankfurt geschrieben, um Dir gleich ein Alphabet zusenden zu können, sie sind aber dort nicht zu haben. Du kannst sie aber in 3 Wochen haben, Wenter läßt sie ebenfalls gießen, sonst könntest Du sie von Berlin bekommen.
In dem 2. Heft der Annalen der Pharmazie habe ich einige Probeartikel des Wörterbuches gegeben, was sich monatlich wiederholen wird, so daß das Publikum nach allen Gegenden hin mit der Art der Bearbeitung bekannt und davon unterrichtet ist, wann der Prospectus und die erste Lieferung erscheint. Dies ist gewiß viel praktischer als die Versprechungen und hochtrabenden Redensarten im Prospectus, unter denen sich die Leute doch nichts Positives vorstellen können. Auch Poggendorff wird dieselben oder andere Artikel in seinen Annalen der Physik abdrucken. Wenn Du glaubst, daß es Dir nützlich sein kann, in den Annales de chimie von Gay-Lussac davon Lärm und Spektakel zu machen, so will ich es auch tun.

Ich freue mich, Dich bald in Gießen zu sehen. Vergiß doch nicht, an Poggendorff zu schreiben.

Freundlichst Dein Justus Liebig

Gießen, den 19. März 1833

Lieber Vieweg!

Ich erhalte soeben folgende Zeilen von Gay-Lussac hinsichtlich der Kupfer, Paris vom 13. März. Nous attendons encore la personne qui doit passer à la maison au sujet du tirage des planches de l'instruction. Nous ne savons où l'aller chercher, car nous ne connaissons point son adresse.
Du siehst, daß Dein Kommissionär sich den Teufel um diese Angelegenheit bekümmert hat. Gebe doch einem andern den Auftrag, denn ich bin gewiß, daß Du alsdann die Kupfer in 14 Tagen in Braunschweig hast. Ich habe mich beeilen wollen, Dich davon zu benachrichtigen.

Freundlichst Dein J. Liebig

Gießen, den 24. April 1833

Lieber Vieweg!

Ich habe, wie Du Dir denken kannst, sogleich nach Empfang Deines letzten Schreibens den einliegenden Brief von Campe in Paris an Gay-Lussac gesandt, um diesem zu gleicher Zeit die Adresse des Besorgers in die Hand zu geben. Ich begreife durchaus nicht die Ursache des Aufenthaltes, denn ich bin gewiß, daß von seiten Gay-Lussacs alles getan worden ist, um den Abdruck zu beschleunigen. Auf Deinem Brief war die Nummer der Wohnung von Campe nicht angegeben, dies ist unstreitig auch der Grund, warum Dein erster Brief nicht an seine Adresse kam. Die Schrift- und Satzproben habe ich erhalten, und die Wahl ist mir sehr schwer geworden. Ich habe zeither Dir keine Nachricht darüber gegeben, weil ich mit Poggendorff darüber noch nicht einig bin. Nr. III, die kleinste Schrift, so schön sie auch ist, so ist doch das Urteil aller, denen ich sie vorgelegt habe, dahin ausgefallen, daß sie die Augen zu sehr angreife und Käufer deshalb abschrecke. Nr. I ohne Durchschuß ist nicht schön, weil die Lettern zu nahe aufeinander sitzen, hingegen hat Nr. II allgemein gefallen, und an dieser Schrift werden wir wohl stehenbleiben. Wie gesagt, erwarte ich definitive Antwort von Poggendorff, um Dir darüber Entscheidendes zu sagen. Wenn übrigens das Buch denselben Schneckengang geht wie seither, so ist es in 4 Jahren noch nicht fertig; es macht mir eine grenzenlose Arbeit. Wenn das Papier, was gewählt wird, der Schrift entspricht, so gibt es auch typographisch ein sehr schönes Buch. Deutsche Schrift geht durchaus nicht, weil chemische Werke in allen Ländern gelesen und gekauft werden und für Franzosen und Engländer die Frakturschrift ebenso schwer zu lesen ist wie griechische. Über unser Unternehmen findest Du in den Annalen der Pharmazie 1833, 2. und 3. Heft, einige Artikel. Auch wird Gay-Lussac in seinen Annales de chimie einige Worte darüber sagen.

Freundlichst Dein Justus Liebig

Gießen, den 29. Mai 1833

Lieber Freund!

Deinem Wunsche gemäß sende ich Dir den Titel des Probierbuchs umgehend zurück. Ich glaube, daß der veränderte „Vollständiger Unterricht über das Verfahren, Silber auf nassem Wege zu probieren“ den früheren, der Dir nicht gefällt, am besten ersetzen wird. Den versprochenen Exemplaren sehe ich entgegen.
Von Poggendorff habe ich nun Nachricht erhalten, er hat sich ebenfalls für Nr. II entschieden, darüber wären wir also im reinen.
Gehlens Wörterbuch schadet uns nichts, auch wenn der angekündigte Auszug früher kommt als die ersten Hefte unseres Wörterbuchs, es ist rein physikalisch, das unsrige rein chemisch. Die Abnehmer unseres Wörterbuchs sind Apotheker, Ärzte, Fabrikanten und Schulmänner, die Abnehmer des Gehlenschen aber lediglich die letzteren. Die vorläufige Anzeige in den Annalen der Pharmazie und Annalen der Physik ist hinreichend, Schweigger-Seidel wird in seinem Lehrbuch darüber einige Worte sagen, Trommsdorff und die anderen auch, dies ist genug, um die Leute aufmerksam zu machen.
Vorlagen sind nicht nötig, es reicht hin, wenn das Honorar nach dem Erscheinen eines jeden Heftes berichtigt wird. Du verbindest mich, wenn Du in einem Deiner nächsten Briefe mir ein Blatt von dem Papier zusendest, welches für das Lexikon bestimmt ist. Als wohlbefähigter Landstand und Gesetzesgeber ist Dir die Entwerfung eines Kontrakts eine Kleinigkeit, für uns ist es ein unbekanntes und schwieriges Geschäft, das viel Kopfbrechen verursacht.
Ich wünsche, daß Dein Plan, nach Gießen zu kommen, nicht so wie Dein früherer vereitelt werden möge.

Freundlichst Dein Justus Liebig

Gießen, den 13. Juni 1833

Lieber Vieweg!

Ich erhalte soeben einen Brief von Gay-Lussac, worin er mir sagt, daß er die Kosten des Druckes und Papiers mir anrechnen würde. In einem früheren Brief sind diese Kosten folgende: 6000 Abdrucke à 1 fr. 50 cent. [im Brief ist das folgende Wort „macht“ ausgestrichen] fr. 90. Dazu das Papier fr. 140. [im Brief sind diese fr. 90 und fr.140 zu fr. 230 aufgerechnet]. Zu diesen fr. 230, entsprechend fl. 107,20, kommen nun noch 10 Carolin 110=fl. 217,20 und das Honorar für die Übersetzung, was ich nicht berechnen kann, indem ich noch kein Exemplar davon in Händen habe. Vergiß nicht, für die Berechnung der hinzugefügten Reduktionstabellen fl. 22 hinzuzufügen. Ich werde in 4 Wochen mit meiner Familie nach Baden ins Bad gehen, es wäre mir lieb, wenn bis dahin diese Lappalie ausgeglichen wäre. Den Entwurf des Kontrakts über das Wörterbuch sowie die schon lange angezeigten Exemplare des Probierbuchs erwartend, bin ich

ganz Dein Justus Liebig

Dr. Frick in Berlin, Sohn des Direktors der Porzellanfabrik und Münzeleve, hat das Probierbuch ebenfalls übersetzt, er hat aber seine Übersetzung unterdrückt, nachdem ich ihm geschrieben hatte, daß die unsrige schon erschienen wäre. Die seinige ist auf Veranlassung des Geh. Rat Beuth, Chef des Ministeriums des Inneren, wahrscheinlich unternommen worden. Ich habe nun auch an Beuth geschrieben, so daß das Buch in den Preußischen Münzen eingeführt werden wird. Wie willst Du es nun mit dem eigentlichen Probierbuch von d'Arcet halten, von welchem ich auch die Kupfer bekomme? Ich habe große Lust, diese an Frick zur Entschädigung seiner Arbeit zu geben. Was soll ich tun?

Gießen, den 3. Juli 1833

Lieber Freund!

Ich beeile mich, Dir den pünktlichen Empfang Deines Schreibens vom 29. Juni nebst eingeschlossenem Wechsel auf Heyder u. Co. im Betrag von fl. 343, ferner die Ankunft der 12 Freiexemplare und den Kontraktentwurf anzuzeigen. An der Berechnung habe ich weiter nichts zu erinnern, als daß Gay-Lussac nicht 4500, sondern 6000 Abzüge hat machen lassen. Dies ist ohne meine Schuld geschehen. Es ist freilich auch nicht die Deinige, allein es ist billig, da diese 1500 Exemplare zu Deiner Disposition stehen, daß Du mir sie auch vergütest, indem ich sie auch in Paris bezahlen muß. Doch sind die paar Gulden, um die es sich handelt, nicht der Rede wert. Ich erwähne es nur in der Voraussetzung, daß Du es übersehen hast.
An dem Kontrakt habe ich nichts auszusetzen. Sollte es nicht gut sein, um jede Unzufriedenheit, die möglicherweise entstehen könnte, zu entfernen, zu bemerken, wie es mit der Korrektur gehalten werden soll, wie mit den Kupfern oder Holzschnitten? Auch befürchte ich, daß vor Ostern des nächsten Jahres der erste Band noch nicht fertig sein wird, obgleich bis dahin wohl 30–40 Bogen erschienen sein können. Ich habe unsägliche Arbeit damit, und jetzt, wo ich auf 4–6 Wochen in das Bad mit meiner Familie gehe, wird doch während dieser Zeit auch nichts daran getan werden. Poggendorff wird freilich fortarbeiten, aber in jedem Fall würde ich die Zeit, wo der erste Band erschienen sein soll, nicht fixieren. Bei einem so großen Unternehmen hat es nichts auf sich, wenn es auch 3–4 Jahre dauert. Es erscheinen in jedem Hefte der Annalen der Pharmazie Artikel aus dem Wörterbuch, aus denen Du entnehmen kannst, daß es immer vorwärts damit geht, wenn auch langsam.
Ich sende den Entwurf des Kontrakts heute nach Berlin. In 14 Tagen können wir damit im Reinen sein. Ich wünsche sehr, daß Dein Prospectus bald erschiene. Jeden Augenblick erhalte ich von anderen Buchhändlern Briefe, wegen diesem Buch, Briefe, die ich nicht beantworten kann, teils weil ich nichts mit ihnen zu tun haben will, teils weil ich noch nicht sagen kann, daß wir definitiv im Reinen sind. Ich lege Dir den jüngsten bei, den ich mir wieder retour erbitte. Hinsichtlich des Probierbuchs hast Du insbesondere auch nach Rußland Absatz zu erwarten; Cancrin, der russische Finanzminister, will die neue Probiermethode dorten einführen.
Leider kann ich nicht nach Kassel kommen. Ich muß meine Vorlesungen, meiner Reise wegen, schon jetzt verdoppeln, um nur einigermaßen fertig zu werden. Gehe ich nach Kassel, so verliere ich 16 Stunden, und ich ziehe mir von seiten des Ministeriums, unter diesen Verhältnissen, einen Verweis zu. Du kannst aber vielleicht hierherkommen.

Suche es möglich zu machen, wenn auch nur auf einen Tag; ohne Poggendorff ließe sich aber dennoch nichts abschließen. Es wäre sehr gut gewesen, wenn ich deshalb den Entwurf zum Kontrakt 14 Tage früher gehabt hätte. Heute die herzlichsten Grüße

Dein Justus Liebig

[seitlich am Briefrand] Wenn Du Dich entschließt, hierher zu gehen, so bitte ich Dich, vor Deiner Abreise den Herrn Prof. Wöhler zu besuchen und ihn zu bitten, wenn er etwas an mich zu besorgen habe, es Dir aufzutragen. Auch wohnt mein Schwager Moldenhauer in Kassel, der Dir gerne seinen Wagen geben wird.

Gießen, den 22. August 1833
[muß 22. Juli gewesen sein]

Lieber Freund!

Es scheint, da ich auf den Brief, den ich Dir Deinem Wunsche gemäß poste restante nach Kassel schrieb, keine Antwort erhielt, daß Deine Reise durch unvorhergesehene Umstände gehindert worden ist. Ich habe Dir darin den Empfang der Freiexemplare und des Wechsels angezeigt und heute, wo ich Nachricht erhalte, daß der Wechsel in Erfurt [?] sogleich ausbezahlt worden ist, wollte ich Dich hauptsächlich von dem Eingang der fl. 343 in Kenntnis setzen. Ich bitte Dich, sogleich nach Kassel an die Postdirektion zu schreiben und den Brief zu reklamieren, der unter Deiner Adresse dorten liegt.
Deine Berechnung ist hinsichtlich der Kupfer, von der Gay-Lussac 1000 Exemplare hat abziehen lassen, und in Beziehung auf die Reduktionstabelle mangelhaft. Bedenke, daß ich letztere habe rechnen und drei Mal nachrechnen lassen, eine nicht schwere, aber horrible und langweilige Arbeit, und daß ich Dr. Buff dafür doppelt honorieren muß.
Ich reise den 30. von hier ab, bleibe 3 Tage in Darmstadt und bin gegen den 4. August in Baden, wo ich 4 Wochen bleiben werde. Ich hoffe, noch vorher den Kontraktentwurf wegen dem Wörterbuch von Berlin zurückzuerhalten und werde Dir ihn noch vor meiner Abreise senden können. Mit dem Druck könnten wir nach meiner Zurückkunft anfangen und Du würdest im Anfange etwa 8 Bogen und dann regelmäßig wöchentlich 2 Bogen bekommen. Die Vorarbeiten für das A sind soweit beendigt.
Ich hoffe, daß die Probiermethode von Gay-Lussac auch im Darmstädtischen eingeführt werden wird, doch ist gerade deshalb in diesem kleinen Staate kein namhafter Absatz zu hoffen, aber in Rußland wird man sie, wie ich von Erfurt [?] höre, ebenfalls einführen, worauf ich Dich aufmerksam machen will.

Freundlichst Dein Justus Liebig

Darmstadt, den 9. September 1833

Lieber Freund!

Ich bin 6 Wochen in Baden gewesen und im Augenblick in Darmstadt, wo ich noch einige Wochen bleiben werde. Ich habe hier Briefe von Prof. Poggendorff vorgefunden und mit diesen den Kontraktentwurf zurückerhalten. Die Bemerkungen, die wir beide anzufügen uns veranlaßt gesehen haben, sind in dem Entwurf einzuschalten. Ich hoffe, daß wir mit diesem Unternehmen im Reinen sind. Sobald ich den Kontrakt zurückerhalte, will ich den Prospectus und Ankündigung entwerfen und Dir soviel Material zusenden, daß das erste Heft gedruckt werden kann. Ich hoffe, daß Du den Preis nicht zu hoch setzen wirst, damit dieses Buch einem jeden zugänglich ist.
Schreibe mit sogleich, ob Du mit den Zusatzartikeln einverstanden bist, damit ich in den Ferien, die wir jetzt noch haben, mich umsomehr mit unserem Unternehmen beschäftigen kann.
Es ist ein Pamphlet gegen mich in Zürich herausgekommen. Ich wünsche sehr, daß es recht verbreitet wird. Es rührt von einem Freunde her, der sich seine Braten aus fremden Küchen holte und dem ich deshalb einen Tritt gab. Dafür pißt er nun meinen Stiefel an und glaubt, der Stiefel wäre Ich. Ich habe einige Bemerkungen nicht dagegen, sondern bloß zur Erläuterung drucken lassen, sie liegen bei.

Freundlichst Dein Justus Liebig

Adressiere Deine Antwort unter meiner gewöhnlichen Adresse nach Darmstadt.

[Zusatzbemerkung:] Am 20. 9. geantwortet und die Zusätze zum Kontraktsentwurf definitiv angenommen.

E. Vieweg

Gießen, den 18. November 1833

Lieber Vieweg!

Ich muß Dich wegen meines langen Schweigens um Entschuldigung bitten. Eine dreimonatliche Abwesenheit von Gießen hat mir nach meiner Zurückkunft soviel Arbeiten aufgeladen, daß ich noch jetzt das wichtigste beseitigen konnte. Eine gänzliche Revolution im Laboratorium, Neubauten und veränderte Einrichtungen haben alle meine übrige Zeit absorbiert. Dem Himmel sei Dank, alles ist jetzt fertig. Ich habe jetzt, neben großer Bequemlichkeit in meinen Arbeiten, die Annehmlichkeit, einen oder zwei Freunde bei mir aufnehmen zu können, was ich früher, ohne im Raum aufs äußerte beschränkt zu sein, leider nicht konnte. Wenn Du also wieder einmal in unsere Nähe kommst, so ist Dein Absteigquartier bei mir. Du würdest mir eine große Freude machen, wenn Du diese Hoffnung realisieren würdest. Nun zu unserem Unternehmen.
Alles leidet an der fürchterlichen Langsamkeit und Bequemlichkeit Poggendorffs. Wir haben auf 10 Bogen hinlänglich Manuskript, allein vorige Woche mußte ich ihm alles, was er mir zugesandt hatte, wieder zurückschicken, weil manche seiner Artikel mir zu lang, wiewohl äußerst gründlich und gediegen, aber für unseren Plan nicht ganz gut

berechnet scheinen. Ich muß nun seine Zurücksendung erwarten und will mich jetzt mit einem ausführlichen Prospectus beschäftigen und unseren Plan dem Publikum entwikkeln. Wir können denselben den Annalen der Pharmazie und den Annalen der Physik, zwei oder drei Heften hintereinander, beibinden. Ich werde denselben aber Dir und Poggendorff vorher zusenden.
Die neue Bezeichnung der Atomzahlen findest Du in Poggendorffs Annalen Bd. 29, S. 133 ausgeführt. Ich werde sie ebenfalls in den Annalen der Pharmazie einführen, und ist das Publikum einmal daran durch die Journale gewöhnt, so fällt es [undeutlich zu lesen: außer? nachher?] beim Wörterbuch nicht mehr auf und jedermann ist alsdann damit bekannt. Besondere chemische Zeichen haben wir demnach nicht nötig.
Den Kontrakt sende ich heute noch an Poggendorff. Wegen der Kupfer wollen wir uns mit Mitscherlich nicht einlassen. Erstens gibt er sie uns nicht, und es wäre mir eine abschlägige Antwort unangenehm, und dann ist das Unterbrechen des Textes unangenehm. Doch wollen wir sehen.
Wenn Du an Buchner in München (Hofrat Dr., Carlstr. Nr. 20), Hofrat Dr. Kastner in Erlangen, Professor Christian Gmelin in Tübingen Exemplare von Gay-Lussacs Schrift senden willst, so wird es Dir von Vorteil sein. Ich werde übrigens an das Ministerium des Inneren in Berlin, Wien, München, Stuttgart, an jedes 1 Exemplar dedizieren [?].
Ich möchte Deine Meinung über einen Plan kennenlernen, der uns von Wichtigkeit zu sein scheint. Die Leipziger Literarische Zeitung und Becks Repertorium werden dieses Jahr mit Tod abgehen, und ich habe die Absicht, ein neues kritisches Journal für die speziellen Fächer der Naturwissenschaften und Mathematik zu gründen. Dahin gehören Physik, Chemie, Botanik, Mineralogie, Geologie, Pharmazie, ein Teil der Medizin, Naturgeschichte. Eine Literaturzeitung dieser Art fehlt gänzlich und würde unter Apothekern, Ärzten etc. ein zahlreiches Publikum finden. Ich meine, wenn wöchentlich ein Bogen oder vielleicht monatlich 6 Bogen in Oktav erscheinen, so wäre dies genug. Rezensionen über die Fächer sind zeither nur in pharmazeutischen Journalen erschienen und waren mehr oberflächliche Lobhudelungen als gründliche Beurteilungen. Ich glaube zwar nicht, daß der pekuniäre Vorteil für den Buchhändler bedeutend wäre, allein die Kosten würden wie ich glaube gedeckt und der moralische Vorteil für ihn und das Publikum sehr groß. Was hältst Du davon? Für tüchtige Mitarbeiter habe ich keine Besorgnis. Ich werde sie finden, ich will aber eher keinen Schritt tun, als bis ich von Dir weiß, ob die Sache haltbar ist oder nicht. Sage mir Deine Meinung unumwunden und nehme durchaus keine Rücksicht darauf, ob Du den Verlag unternehmen kannst oder nicht. Ich frage deshalb nicht, um Dir den Verlag anzutragen, glaubst Du aber, daß Du Deine Rechnung dabei findest, so bist Du natürlich der erste, welcher gewählt werden würde.
Für eine baldige Antwort würde ich Dir sehr verbunden sein.

Ich grüße Dich herzlichst

Dein Justus Liebig

Beiliegend contra Löwig, Du hast ihn völlig charakterisiert.
Das naturwissenschaftliche und mathematische Publikum hat zeither an kritischen Instituten gar keinen Anteil genommen, weil diese Literaturzeitungen meistens mit langweiligen Schulschriften, philologischen und theologischen Rezensionen angefüllt waren.

1834

12\. 2. Weiteres zum geplanten Journal – Arbeiten am Handwörterbuch; Schwierigkeiten dabei; Inhalt des ersten Hefts; Organisation des Korrekturlesens; Papierwahl; Prospekt – Zum Probierbuch von Gay-Lussac; Freiexemplare – Bestellung von Kinderschriften

6\. 3. Ausstattung des Handwörterbuchs; Prospekt dafür; Fortgang der Arbeiten; Hilfskräfte – Dank für Büchergeschenk; Besorgung weiterer Literatur

16\. 3. Absendung des fertigen Prospekts – Handwörterbuch: Preisgestaltung; Gewinnchancen; Erbschaftsfragen und Kontrakt – Reisepläne – Privileg gegen den Nachdruck

15\. 5. Rückkehr von der Reise – Über den Buchprospekt mit Änderungen von Poggendorff; Anregungen für den Versand der Prospekte – Umfang des ersten Teils des Handwörterbuchs – Anfrage wegen Kreditwürdigkeit einer Heidelberger Buchhandlung

27\. 6.: Bemerkungen Viewegs über Fortschritt des Drucks und über die Heidelberger Buchhandlung

5\. 9. Reiseabsichten – Stand der Arbeiten am Handwörterbuch – Schlechter Gesundheitszustand

22\. 10.: Bemerkungen Viewegs. Anfrage wegen Annalen der Pharmazie; Letternmetall

26\. 10. Fertige Artikel des Handwörterbuchs; Preisgestaltung – Liebigs Annalen der Pharmazie können nicht in Viewegs Verlag übergehen – Analyse von Letternmetall

20\. 11. Absendung von Manuskripten zum Handwörterbuch

25\. 11.: Bemerkungen Viewegs über chemische Zeichen im Handwörterbuch

28\. 11. Chemische Zeichen im Handwörterbuch – Untersuchung von Ätherschwefelsäure – Vorgesehener Buchpreis

9\. 12.: Viewegs Frage, wer die einzelnen Artikel verfaßt hat; Bemerkungen zu den chemischen Zeichen und zur Preisgestaltung – Übernahme der Annalen durch Vieweg

11\. 12. Über Ätherschwefelsäure – Fertigstellung anderer Artikel für das Handwörterbuch

17. 12.	Zusendung von Manuskripten zum Handwörterbuch	
	30. 12.:	Bemerkungen Viewegs zu Korrekturbogen, Buchformat, Autorenbezeichnung, Kupferstichplatten
29. 12.	Zusendung neuer Manuskripte zum Handwörterbuch – Vorschlag, weitere Mitarbeiter hinzuzuziehen; über deren Bezahlung	

Gießen, den 12. Februar 1834

Lieber Vieweg!

Ich habe zwei Deiner Briefe zu beantworten. Was den ersteren und hauptsächlich unsere neue kritische Unternehmung betrifft, so kannst Du wohl denken, daß ich meine Zeit mit Rezensieren nicht auszufüllen brauche. Allein ich wünsche ein Unternehmen entstehen zu sehen, welches mit wahrhaft kritischem Geiste das Gute vom Schlechten sichtet und wirklichen Nutzen bringt, indem es die Richtung der Zeit zu wirklicher gediegener Forschung zu lenken sucht. Um nun bei einem solchen Unternehmen ohne Unbescheidenheit ein entscheidendes Wort mitsprechen zu können, gibt es keinen anderen Ausweg, als mich selbst an die Spitze zu stellen. Von diesem Gesichtspunkte aus mußt Du mich dabei beteiligt betrachten. Übrigens werde ich mir die Kritik der Journalliteratur vorbehalten. Ich bin im Moment zu sehr mit Versuchen zu Artikeln unseres Lexikons beschäftigt, als daß ich mich mit Ruhe und Muße mit der Gestaltung des Literarischen Blattes beschäftigen könnte, auch ist alles nur noch Projekt. Die Hauptsache ist, daß es ausgeführt wird, wenn es zur Ausführung kommen sollte.
Es ist mir sehr lieb, daß Du Poggendorff gesehen und gesprochen hast. Der Einfluß von Barth wird unserem Unternehmen hoffentlich jetzt nicht mehr hinderlich sein. Du kannst darauf rechnen, daß ich es auf alle Art voranzubringen suche, allein jeder Artikel, der einigermaßen wichtig ist, macht mir unsägliche Arbeit. Du findest in dem ersten Hefte der Annalen der Pharmazie eine Arbeit über Aether, die, veranlaßt durch das Lexikon, mich zu Versuchen zwang, die mich 3 Monate lang beschäftigten. Der Himmel wird es fügen, daß es bei anderen Artikeln nicht ebenso geht, obgleich gerade der Umstand, daß ich alle Tatsachen durch das Experiment zu prüfen suche, indem sie mich zwingen, mich mit Sachen zu beschäftigen, mit denen mich meine gewöhnlichen Arbeiten nicht zusammenbringen, gerade der anziehendste und angenehmste Teil meiner Aufgabe ist, freilich auch der, welcher den größten Aufenthalt verursachen konnte. Doch bin ich schon bei E [unleserliches Wort] nicht ausgearbeitet aber durch Versuche vorgebahnt.
Ich wünsche, daß in dem ersten Hefte, welches erscheint, jedenfalls Aether, Antimon und Analyse oder überhaupt einige Artikel aufgenommen werden, welche von mir verfaßt sind, selbst wenn das Heft 15 oder 20 Bogen stark werden sollte. Denn die physikalischen Artikel sind, gerade anfangs A, langweilig und für viele vielleicht abstoßend. Ich meine hier Apotheker, Ärzte, Fabrikanten etc., welche doch die Hauptmasse der Käufer ausmachen werden, und für die die Artikel Auflösung, Anziehung, Adhäsion die Anziehung nicht haben, wie für den Chemiker und Physiker ex professo.

Was die Korrekturen betrifft, so ist dies eine schlimme Sache. Wir müssen es so einrichten, daß diejenigen Bogen, welche vorzugsweise Gegenstände von mir enthalten, nach Gießen, und umgekehrt die, welche dem größten Teil nach von Poggendorff verfaßt sind, nach Berlin geschickt werden, so daß die letzte Korrektur im Grunde nur von einem besorgt wird. Ich sehe ein, daß, wenn beide korrigieren sollen, und der eine ist fertig und der andere noch zurück, so gibt dies einen zu störenden Aufenthalt. Ich weiß es nicht anders zu machen.
Ich hoffe übrigens, daß Dein Papier dem in dem Probedruck gesandten nicht nachsteht. Ein nett und elegant gedruckter Titel und ein hübscher Umschlag sind Sachen, die nicht viel kosten und die einen sehr günstigen Eindruck machen. Den Prospectus will ich entwerfen. Ich will nur noch eine Untersuchung beendigen, und nach derselben soll mich nichts mehr vom Bücherschreiben abhalten.

Schweigger-Seidel hat in einem der letzten Hefte seines Journals Gay-Lussacs Silberprobe gehörig herausgestrichen, die anderen werden nicht zurückbleiben. Hast Du an Hofrat Dr. Kastner, Professor der Chemie und Physik in Erlangen, der das Archiv der Meteorologie herausgibt, ein Exemplar der Silberprobe gesandt, ebenso an Hofrat Buchner in München?
Ich wünschte für meine Kinder die Campeschen Kinderschriften, die Du im Verlag hast, zu kaufen, schreibe mir doch was sie kosten und wieviel Bände es sind, oder schicke mir sie geradezu durch eine Buchhändlergelegenheit. Ich hoffe, daß Du mir sie so billig gibst, wie den Buchhändlern selbst.

Ich grüße Dich herzlichst

Dein Justus Liebig

Gießen, den 6. März 1834

Lieber Vieweg!

Ich erhalte soeben Poggendorffs Antwort auf Dein Schreiben an ihn, so wie letzteres selbst. Danach sind wir mit Deinen Vorschlägen einverstanden. Poggendorff wird Dir selbst darüber geschrieben haben, und ich wiederhole deshalb das Detail nicht. Ich glaube übrigens, daß wir darin Deinem Geschmack und Deiner Erfahrung über das, was typographisch für schön gehalten wird, eher zu folgen haben, als Vorschläge zu machen. Davon abgesehen scheint es mir aber, als ob bei dem schmalen Rand die Seite der Probe zu lang ist. Wenn sich 2 oder 3 Zeilen abschneiden lassen, sieht der Satz im Verhältnis der Länge zur Breite besser und zwar viel besser aus. Die Schrift und insbesondere das Papier sind außerordentlich schön. Besondere chemische Zeichen haben wir keine nötig. Wegen den Kupfern werde ich noch mit Poggendorff kommunizieren; es versteht sich von selbst, so wenig als möglich und nur die ganz unentbehrlichen.
Wegen dem Prospectus bitte ich Dich, mir nur noch 14 Tage Zeit zu lassen. Er kommt alsdann immer noch früh genug, um vor der Leipziger Messe dem Publikum bekanntzuwerden. Ich bin jetzt gerade beschäftigt, eine Arbeit zu Papier zu bringen, die in mir keinen anderen fremden Gedanken aufkommen läßt. Du kannst übrigens damit rechnen, daß ich von Ostern an, so lange bis das Buch erschienen sein wird, keine ausgedehnte Arbeit im Labor mehr unternehmen werde. Ich habe mit zwei geschickten Apothekern, die sich zeither bei mir ausgebildet haben, einen Kontrakt abgeschlossen, wonach alle praktischen Arbeiten, die das Buch nötig machen dürfte, von ihnen ausgeführt werden. Ich behalte auf diese Weise freie Hand und Zeit übrig, um mit dem Druck gleichen Schritt halten zu können. Ich habe an Poggendorff geschrieben, sich ebenfalls einen oder zwei mechanische Genies für die Berechnungen und Tabellen, die fürchterliche Zeit fressen, anzunehmen. Ich rechne darauf, daß er es tun wird.
Du hast mich und besonders auch meine Frau sehr angenehm mit dem Geschenk überrascht, was Du meinen Kindern bestimmt hast, ich bin Dir dafür herzlichen Dank schuldig. Es ist doppelt angenehm, da es von dem Enkel des Verfassers und des Vaters kommt, der sich durch diese Schriften in eine so herzliche und belehrende Beziehung zu den Kindern zu setzen wußte. Meine Intention ist übrigens gewesen, da wir in fortlaufender Gegenrechnung stehen werden, alle Bücher, deren ich zu dem Lexikon bedarf,

wenn sie mich nicht teurer kommen, als ich sie hier beziehen kann, von Dir zu nehmen. Wenn Dir dies angenehm sein sollte, so benachrichtige mich gelegentlich davon. Mit bekannten freundschaftlichen Gesinnungen

Dein Justus Liebig

Gießen, den 16. März 1834

Lieber Vieweg!

Ich habe gestern meine Arbeit beendigt und heute meinem Versprechen gemäß einen Prospectus entworfen, den ich Dir zusende, um von Dir umgehend zu erfahren, ob er Deinem Wunsche entspricht. Er ist für Dich als Buchhändler entworfen, um Dein Unternehmen in merkantilischer Hinsicht zu sichern. Aus diesem Grunde mußt Du einigen Bombast nicht auf Rechnung meiner Individualität schreiben, wenn Du überhaupt Bombast darin finden solltest. Er enthält, was wir zu leisten gesonnen sind.
Ich bitte Dich, lieber Freund, meiner Ansicht zu folgen und den Preis des Buches so niedrig als möglich zu setzen. Die Pfennigmagazine etc. haben der Buchhändlerwelt eine wichtige Erfahrung verschafft, denn sie haben bewiesen, daß der Gewinn nicht in dem hohen Preis, sondern in der Größe des Absatzes besteht. Je höher eine Ware versteuert werden muß, desto geringer ist die Kosumtion, sie nimmt in ungeheurem Verhältnis mit der Verminderung des Preises zu. Probiere es mit den ersten Heften, Du kannst immer ohne Nachteil für Dich in die Höhe gehen. Ich glaube aber, daß kein Buch von solcher Stärke mehr gekauft werden wird und in dem Moment größeres Bedürfnis ist, als ein Wörterbuch der Chemie. Du wendest ein großes Kapital auf, und es ist natürlich, daß Dein Gewinn dem Risiko entsprechend ist, das bei Dir auf der Waage steht. [unleserlich] ist billiger, allein Du wirst zugeben, daß ich, indem ich das Buch schreibe, meine Lieblingsneigung zum Opfer bringe. Man hat mir Verdienste zugeschrieben, ohne ein Buch bekannt gemacht zu haben. Das Wörterbuch wird mich nicht höher stellen, nur das Laboratorium ist in der Naturwissenschaft die Quelle des Rufs. Ich werde meine besten Kräfte und eine Zeit, die, wenn sie meine Person betrifft, besser angewendet werden kann, zum Opfer bringen müssen. Gesetzt nun, das Buch ist fertig und ein halbes Jahr später sterbe ich, wer hat nun den wirklichen Gewinn? Ich rechne zu dem reellen pekuniären Nutzen die späteren Auflagen, die ich aber vielleicht nicht erleben werde. Ich habe noch vor Abschluß des Kontrakts mit Poggendorff darüber kommuniziert, daß, wenn einer von uns stirbt, Frau und Kinder desselben von einer jeden neuen Auflage $^1/_4$ des Honorars in Anspruch zu nehmen hätten. Er hat Dir den Kontrakt ausgeliefert, ohne auf meinen Zusatz Rücksicht zu nehmen. Für Dich ist dieses wie ich glaube gleichgültig, denn Du kannst unmöglich auf den Tod des einen von uns rechnen wollen, weil Dein Gewinn dadurch nicht größer wird, indem Deine Ausgabe die nämliche bleibt. Ich wünsche nun, daß dieser Artikel als Zusatzartikel dem Kontrakt noch einverleibt werde. Ich werde für das Buch alles tun was ich vermag, allein ich schreibe es nicht meinetwegen, sondern meiner Familie wegen. Ich verlange, daß ihr der Nutzen oder ein billiges Teil davon gesichert bleibe. Ich hoffe, Du bist damit einverstanden und wirst die Gründe, die mich dazu bestimmen, anerkennen, denn sie sind den Vorteilen, die Du Dir vorbehalten hast, nicht im Wege und schmälern sie nicht.

Ich wünsche von Dir hinsichtlich des Prospectus eingehend Antwort zu erhalten. Ich reise den 24. März von hier ab, später wird mich Dein Brief nicht treffen. Ich habe den Zweck, alle Fabriken in Rheinpreußen und Belgien, die Eisenschmelzen in Siegen und Lüttich in diesen Osterferien kennenzulernen. Ich habe diese Partie in dem Wörterbuch zu bearbeiten und habe nicht Verstand genug, etwas zu beschreiben, was ich nicht gesehen habe. Ich kann deshalb diese Reise nicht aufschieben, wenn Du auch mit dem Druck des Buches 4 Wochen dadurch aufgehalten bist. In keinem Fall darfst Du es erscheinen lassen, ohne Dir in Württemberg ein Privilegium verschafft zu haben. Ich weiß, daß man nur darauf wartet, um es dort nachzudrucken. Die paar Artikel in den Annalen der Pharmazie haben die Aufmerksamkeit dieser Räuber darauf gelenkt. An meinem Prospectus darf, wenn es nicht den Stil betrifft, auf den ich keine große Aufmerksamkeit verwenden konnte, nichts geändert werden, das heißt nichts eingeflickt, er muß entweder umgeschmolzen oder ganz verworfen werden. Geflickt mit zweierlei Stil darf er nicht gedruckt werden. Sende sogleich eine Abschrift davon an Poggendorff und bitte ihn um schleunige Entschließung, entweder Annahme oder Entwurf eines anderen, ich kann der Entfernung wegen seine Antwort hier nicht mehr erwarten, Du wirst Dich mit ihm über alles andere benehmen. Gegen den 18. April bin ich wieder hier.
Nochmals, lieber Vieweg, meinen besten Dank für die schöne Ausgabe der Campe'schen Schriften. Du beschämst mich zweifach, indem Du das Geschenk auch noch frankierst. Ich lebe und webe in nichts als in dem Wörterbuch. Der Himmel gebe seinen Segen dazu, daß etwas tüchtiges daraus wird. Ich bin jetzt fest entschlossen und bin nicht gewohnt, etwas halb zu tun.

Ich grüße Dich aufs herzlichste

Dein Justus Liebig

Gießen, den 15. Mai 1834

Lieber Vieweg!

Ich bin seit 14 Tagen von meiner Reise zurückgekehrt. Sie ist mir in Beziehung auf das Wörterbuch und hinsichtlich meiner Gesundheit sehr nützlich gewesen. Ich erhalte gestern den Prospectus von Poggendorff. Er hat ihn gehörig ins Breite geschlagen; ich habe nichts daran zu ändern gefunden, obgleich es besser wäre, wenn er um die Hälfte kürzer wäre, doch was liegt im Grunde daran. Lasse ihn nun drucken, schicke aber vorher die Korrektur nach Berlin, ich will sie nicht sehen. Du wirst dem Prospectus am besten mittel Oktavformat geben. Schicke unter der Adresse „Herrn Professor Dr. Geiger nach Heidelberg" 700 Abdrucke, damit er unseren Annalen der Pharmazie beigeheftet werden kann. Du hast ferner 500 Abdrucke für Poggendorffs Annalen und 600 für Erdmanns und Schweiggers Journal nötig. Eine kurze Anzeige in dem Zentralblatt wird nützlich sein, alle übrigen Anzeigen in Zeitungen halte ich für überflüssig. Was nun den Druck betrifft, so würde ich an Deiner Stelle so vorsichtig sein, nicht eher damit fortzufahren, als bis der Buchstabe A im Manuskript fertig ist. Poggendorff ist ganz entsetzlich faul. Du bist in einer unangenehmen Lage, wenn Du Dich auf ihn verläßt. So brauchbar und vortrefflich auch seine Arbeit ausfallen wird, so habe ich mich über seine Langsamkeit schon fürchterlich geärgert.
Was den Zusatzartikel zu dem Kontrakt betrifft, so erwarte ich von Dir nähere Erörterung.

Da das Wörterbuch heftweise erscheinen wird, so ist es Dir wahrscheinlich gleichgültig, ob es 20 oder 25 Bogen mehr gibt als wie 200. Schreibe mir darüber, damit ich mich in dem technologischen und pharmazeutischen Teil danach richten kann. Ich halte übrigens durchaus nicht auf diese Vermehrung, sondern will es gänzlich Deinem Gutdünken überlassen.

Freundlichst Dein Liebig

[Beigeklebter Zettel] Ich bitte Dich dringend und angelegentlich, mir ein Wort über den Kredit zu sagen, den die Wintersche Buchhandlung in Heidelberg genießt. Es handelt sich für mich um einige tausend Gulden, und Du wirst wohl fühlen können, wieviel Gewicht ich auf dasjenige legen werde, was ich von Dir erfahre.

[Auszug aus Kopiebuch Vieweg, Brief an Liebig vom 27. 6. 34. Durchführung des Druckes macht schlechte Fortschritte, weil Poggendorff zu säumig ist. Winter in Heidelberg genießt sehr guten Kredit, Vieweg hält ihn für einen sehr soliden Mann].

Gießen, den 5. September 1834

Lieber Vieweg!

Im Begriff, eine Reise nach Stuttgart und der Schweiz zu unternehmen, will ich von hier nicht weggehen, ohne einen Brief von Dir zu beantworten, den ich seit langem schon hier liegen habe. Es sind jetzt etwa 8 gedruckte Bogen Manuskript fertig, von denen ich Dir 4 sogleich senden könnte, wenn es sich der Mühe lohnte, sie ohne die anderen zu drucken. Ich bin durch eine Arbeit über die Äpfelsäure, welche erst jetzt in Paris erschienen ist, außerordentlich aufgehalten worden, denn ich konnte diesen Artikel, ohne die neuen Versuche darüber zu berücksichtigen, nicht abfassen. Er ist nun beendigt, und Aether, Alkohol, Ammoniak – Artikel, die mir ungeheuer Arbeit gemacht haben – sind bis zum Abschreiben fertig. Ich hoffe mit Bestimmtheit, daß bis zur Ostermesse 2 Hefte, jedes von 12 Bogen, erschienen sein werden, besonders da sich Poggendorff jetzt fleißiger damit beschäftigt. Der zeitherige Aufenthalt ist für den Erfolg des Lexikons von großem Nutzen gewesen, denn es sind seither sehr viele wichtige Entdeckungen gemacht worden, welche zufällig in das A gehören. Es würde uns außerordentlich geschadet haben, wenn sie der Käufer des Buchs darin nicht gefunden hätte.
Ein anhaltendes Unwohlsein, welches ich durch die Reise ganz zu beseitigen die sehnlichste Hoffnung habe, ist bei meinen Arbeiten von sehr hinderndem Einfluß gewesen. Der Himmel gebe, daß der Winter besser vorübergeht als der Sommer, und in diesem Fall wirst Du Dich über mich nicht mehr beklagen können. Sei fest überzeugt, daß ich keine angelegentlichere Sorge als das Vorwärtsbringen unserer Unternehmung kenne, denn ich fühle wohl, wie lächerlich es aussehen mag, in jedem Hefte der Annalen und in anderen Zeitschriften von dem Buch sprechen zu hören, während man im Publikum nichts davon sieht.

Mit den herzlichsten Grüßen

Dein Justus Liebig

[Auszug aus Kopiebuch Vieweg, Brief an Liebig vom 22. 10. 34. Vieweg hofft, daß Liebig gestärkt und wohl von seiner Reise nach der Schweiz zurückgekehrt ist. Poggendorff ist wiederum säumig gewesen. Liebig soll sich über den Preis der Bogen äußern. Anfrage, wie Liebigs Verhältnis zu Winter in Heidelberg bezüglich Annalen der Pharmazie ist. Bei eventuellem Wechsel des Verlegers würde Vieweg die Annalen gern übernehmen. Anfrage: Welches Mittel gibt es, Letternmetall vor der Leichtflüssigkeit zu hüten? Vieweg fügt einige Proben des Metalls zur Analyse bei.]

Gießen, den 26. Oktober 1834

Lieber Vieweg!

Dein wertes Schreiben vom 22. veranlaßt mich, Dir vorläufig das vorrätige Manuskript von Poggendorff zum sofortigen Abdruck zuzusenden. Meine Hauptartikel Aether, Ammoniak, Alkohol, Arsenik und Antimon sind bis zur Reinschrift fertig. Gebe der Himmel, daß ich so wohl bleibe wie jetzt, und es soll Dir an Manuskripten nicht fehlen. In 4 Tagen sende ich Dir Ackererde, Aconitin, Aconitsäure, Äpfelsäure, diverse Salze, Aethal, und in 14 Tagen erhältst Du Aether.

Wenn Du den Preis einer Lieferung von 10 Bogen auf fl. 1,12. setzest, so käme das ganze Werk auf fl. 24. Dieser Preis wäre ganz außerordentlich billig, wenn man das Format und das schöne Papier berücksichtigt, er verbürgt einen großen und ausgedehnten Absatz. Ich bin fest überzeugt, daß Du durch die größere Anzahl der abgesetzten Exemplare mehr gewinnst als wenn Du den Preis erhöhst, wodurch der Absatz sehr eingeschränkt werden wird. Überlege die Sache, ich weiß, daß Gmelin von seinem Handbuch 1800 Exemplare verkauft hat, und wenn ich nicht irre, kam das Buch auf 28 fl. und ist ebenfalls 200 Bogen stark.

Was das Journal betrifft, so haben wir uns schon in diesem Jahr von Brandes getrennt, weil wir unserem Kontrakt nach verbunden wären, alle seine Arbeiten aufzunehmen, was zum gänzlichen Verfall desselben hätte führen müssen. Seine 6 Bogen starke meteorologische Abhandlung in dem ersten Jahrgang kostete uns 50 Abonnenten. Ich bin allerdings mit Winter nicht zufrieden, und über kurz oder lang sehe ich einen Bruch voraus. Wenn Du nur, anstatt in Norddeutschland zu wohnen, uns etwas näher wärest, so hätte es sich vielleicht schon früher gemacht. Übrigens hat Winter nur 400 Taler rohen Nutzen, so splendid ist also das Journal nicht, denn er bezahlt uns bei 550 Abonnenten 27 fl. per Bogen, bei je 50 mehr 3 fl. mehr etc. Ich habe zuletzt noch alle mögliche Angst, daß es dem Journal schaden und beträchtlich schaden dürfte, wenn wir den Verleger wechseln.

Das Matrizenmaterial wird analysiert, das andere kann nur durch Versuche ausgemittelt werden. Warum nimmst Du nicht Gips oder etwas ähnliches, da es nicht darauf ankommen kann, ob die Form von Metall oder etwas anderem ist? Willst Du denn nur die Bestandteile des Matrizenmetalls wissen oder wieviel von jedem darin enthalten ist? Die Ausmittelung des letzteren dauert länger und es gehört dazu etwa 1 Lot mehr.

Meine Frau so wie ich nehmen den herzlichsten Anteil an dem großen Verlust, der Dich und Deine Familie betroffen hat. Deine Mutter lebt fort in dem Andenken aller guten Menschen, und bis in ferne Zeiten wird dieses Andenken segenbringend sein.

Ich bin von ganzem Herzen

Dein Justus Liebig

Von dem Prospectus habe ich leider nichts als meinen alten Entwurf gefunden. Soviel ich weiß, habe ich den Poggendorffschen Dir zugesandt, doch will ich nochmals nachsehen. Sende mir die 2. Korrektur der Poggendorffschen Bogen, damit ich in die Sache selbst besser eingehen kann. Ich kann Deine Schrift durchaus nicht entziffern.

Gießen, den 20. November 1834

Lieber Vieweg!

Ich sende Dir eine Partie Manuskripte; es fehlt nur der Artikel Ackererde. Ich werde heute noch an Poggendorff schreiben, damit er sich beeilt, ihn zu liefern. Ich bin noch mit einigen Versuchen beschäftigt über Aethertheorie. Ich hoffe aber in 8 Tagen damit fertig zu sein, so daß der Druck nicht aufgehalten wird. Aetherische Öle sind auch fertig, so daß es, wenn Poggendorff nicht zögert, rasch vorwärtsgeht.

Herzlichst Dein Justus Liebig

[Auszug aus Kopiebuch Vieweg, Brief an Liebig vom 25. 11. 1834. Vieweg schickt den Artikel Äpfelsäure zurück, weil darin unvorhergesehene chemische Zeichen vorkommen.]

Gießen, den 28. November 1834

Lieber Vieweg!

Ich habe die Zeichen einstweilen gestrichen. Du kannst den Bogen immer setzen lassen. Bis daß er rein abgezogen wird, kann ich mich mit Poggendorff verständigen. Ich bedauere, daß wir die Berzeliusschen Zeichen auslassen müssen, denn, wenn jemand in einem Buch ein Zeichen sieht, dessen Bedeutung er nicht kennt, so sollte das Lexikon doch Aufschluß geben können. Wir müssen nur zu Ende des Buchs ein Register über die Bedeutung der Zeichen von Berzelius und ihren Zusammenhang mit den unsrigen geben, was überflüssig geworden wäre, wenn wir die von Berzelius neben unseren sogleich gegeben hätten. Anstatt $\bar{M}$ $\bar{M}$ lasse vorläufig M setzen, im Fall Du den Strich darüber nicht anbringen kannst.
Ich bin bei Aetherschwefelsäure wieder in eine verfluchte Untersuchung hineingekommen, weil ich ihre Zusammensetzung nicht für richtig hielt, was sich nun auch bestätigt hat. Du mußt mir, wenn der Satz und Druck des Gesandten schneller gehen sollte als meine Arbeit, wenigstens 8 Tage lassen, um sie zu beendigen.

Dein J. Liebig

Die Korrektur meiner Artikel geht an mich. Gmelin verlegte sein Handbuch selbst. Wegen dem Preis halte ich fl. 1,30 zu hoch, da es sicher 25 Hefte gibt, setze fl. 1,20, Du wirst um so mehr verkaufen.

[Auszug aus Kopiebuch Vieweg, Brief an Liebig vom 9. 12. 1834. Vieweg sendet den Bogen 7 des Wörterbuchs zur Korrektur. Er wünscht ein Verzeichnis der Artikel zum Buchstaben A mit Angabe, ob Liebig oder Poggendorff ihn verfaßt. Er drängt sehr darauf, daß die Manuskripte flüssiger eingehen. Bezüglich der überstrichenen Zeichen hat er Rat geschaffen, nur die durchstrichenen Buchstaben „genieren" ihn. Die erscheinenden Hefte sollen 10 Bogen stark werden. Für das 1. Heft braucht er noch Titel, Vorwort und Plan des ganzen Werkes. Er macht weitere Ausführungen über den künftigen Preis. Zur Übernahme der Annalen in seinen Verlag wäre er auf jeden Fall bereit. Anfrage, was aus Gay-Lussacs Handbuch der Chemie werden wird.]

Gießen, den 11. Dezember 1834

Lieber Vieweg!

Ich bin in Verzweiflung, daß ich Deinen Wünschen mit dem besten Willen nicht ganz so schnell als Du verlangst entsprechen kann. Seit 14 Tagen mit der verfluchten Arbeit über die anderen Aetherschwefelsäuren beschäftigt, bin ich erst gestern damit zum Ziel gelangt. Der Name Weinschwefelsäure hat sich in Aetherschwefelsäure verwandelt. Ferner bekommt die als a/Aetherschwefelsäure bezeichnete ganz einfach den Namen Aetherschwefelsäure, und die ehemaligen Aetherschwefelsäuren heißen jetzt Aetherunterschwefelsäuren.
Der Buchstabe a/ bleibt also beim Druck hinweg. Ich habe jetzt nur noch den Artikel ins reine zu arbeiten.
Ich bemerke mit Schrecken, daß die aetherischen Öle vor Aetherschwefelsäure kommen müssen, daß nach diesen Aetherol und alsdann erst Aetherschwefelsäure kommt. Es wäre mir leid, wenn der Bogen jetzt schon fertig gesetzt wäre, aber durch Veränderung einiger Namen ist es gelungen, gerade das erste Heft zu einem der wichtigsten des Unternehmens zu machen, so daß die darin enthaltenen Artikel jedermann in dem Augenblick interessieren. Die Artikel, welche fehlen, sollen aufs schleunigste geliefert werden. Ich fühle nur, wie sehr die Eile der Sache schadet.
Was hilft es Dir, wenn ich Dir die fertigen Artikel zusende, wie Ammoniak, Analyse, da diese erst in 6 Wochen zum Druck kommen. Treibe nur Poggendorff, damit er nicht zurückbleibt. Das Verzeichnis der Artikel erhältst Du beifolgend teilweise. Habe nur Geduld, es geht langsam, aber hoffentlich gut.
Der Preis ist mäßig, aber das Format ist unvernünftig manuskriptfressend. Da Gmelin weiß, daß wir ein Wörterbuch herausgeben, so wird sobald (wie er mir in Stuttgart sagte) keine neue Auflage erscheinen, er will aber Nachträge herausgeben, die kein Mensch mehr kaufen wird.

Freundlichst Dein J. L.

Ich bitte Dich, von dem 8. Bogen nichts weiter setzen zu lassen, da noch Aetheroxalsäure, Aetheroxamid zwischen Aetherphosphorsäure und Aetherschwefelsäure kommt. Sei doch so gut nachzusehen, ob Du Aetheroxalsäure schon hast, Aetheroxamid habe ich Dir, wie ich glaube, schon zugesandt.

[Zusatz Vieweg:] Aetheroxalsäure fehlt noch, Aetheroxamid ist da.

Gießen, den 17. Dezember 1834

Lieber Vieweg!

Du erhältst hiermit hoffentlich genug, um den 7. Bogen zu füllen. Das Format ist in der Tat fürchterlich, an jedem dieser Bogen wird nicht mehr verdient, als wenn ich für einen Advokaten kopiert hätte.
In 8 Tagen sende ich Dir wieder. Die Zahlen, welche in den Berechnungen fehlen, laß nur beim Druck offen. Ich will sie entweder nachsenden oder in der Revision nachtragen. Wärst Du nicht so gut, den Revisionsbogen auf 8 einzelnen Blättern mit sehr breitem Rand abziehen zu lassen?

Herzlichst Dein Justus L[iebig]

Aethiops antimonialis
mart[ialis]
merc[urialis]
min[eralis]
vegetab[ilis]
Aetzbarkeit
Affinieren
After
Afterkohle
Afterkristalle
Afterschörl
Agalmatholyt etc.

[Auszug aus Kopiebuch Vieweg, Brief an Liebig vom 30. 12. 34. Übersendet Korrekturbogen. Bemerkung, daß das große Format von Liebig und Poggendorff selbst vorgeschlagen war.] Wir haben nun nur noch fürs erste Heft 2 Bogen nötig; ich bitte Dich daher um Aufsuchung des Prospektes sowie um Entwurf des vollständigen Titels und der Vorrede zu denken.
[Braunschweig, den 1. 1. 35: Vieweg übersendet auch die zweite Korrektur, die Dr. Otto besorgt hat. Anfrage, ob Liebig seine Artikel mit J. L. bezeichnet haben will, da Poggendorff die seinigen mit P. bezeichnet hat. Liebig soll bei Wöhler zu erfahren suchen, wer die Kupfer zur neuen Ausgabe des Berzeliusschen Handbuchs gestochen hat, wo der Künstler wohnt und was die Platten kosten.] Sie sind hübsch gemacht, und ich möchte unsere zum Wörterbuch wohl von demselben stechen lassen.

Gießen, den 29. [12. 34]

Lieber Vieweg!

Ich sende Dir heute wieder einige Manuskripte. Ich habe einige Artikel bearbeitet, welche eigentlich Poggendorff hatte liefern sollen, hauptsächlich deshalb, damit Du nicht nötig hast, bei Schließung des 8. Bogens auf ihn zu warten. Ich bin zu der Überzeugung gekommen, daß Poggendorff und ich selbst nicht im Stande sind, Dir fortlaufend so viel Manuskript zu liefern, als Du bedarfst, um ungehindert im Druck zu sein, und habe Poggendorff vorgeschlagen, uns in Prof. Fechner in Leipzig und Prof. Marx in Braunschweig Hilfe zu werben. Beide sind fleißig; der letztere würde alle mineralogischen Artikel und Fechner einen Teil von Poggendorffs Artikeln übernehmen. Bei diesem Arrangement, d. h. wenn beide darauf eingehen, kann das Unternehmen rasch vorwärts gehen. Da Fechner und Marx nur gute vollständige Exzerpte und keine theoretischen Ausarbeitungen zu liefern haben, so wollen wir Marx 15 Taler Preußisch Curant und Fechner 18 bis 20 Taler Honorar per Bogen anbieten; das heißt, Poggendorff und ich werden ihnen dieses Honorar bezahlen.

Du siehst wohl ein, daß mich die Handlangerartikel gerade so viel Zeit kosten als wie die Hauptartikel, nur mit dem Unterschied, daß sie mich unendlich ennujieren. Diese Leute können sie gerade so gut liefern als wie ich. Fechner ist gewandt und geübt und wird uns nicht stecken lassen. Die fremden Bearbeitungen werden natürlich von uns aufs genaueste kontrolliert. Ich hoffe, Du hast gegen dieses Arrangement nichts einzuwenden. Ich wünsche Dir zum nächsten Jahre 2 Auflagen der 6 ersten Hefte.

Freundlichst Dein Justus Liebig.

1835

27. 1. Manuskripte des Handwörterbuchs bedürfen der Überprüfung; Warnung vor Überstürzung – Mitarbeiterfragen

7. 2. Dank für erhaltene Bücher und Zeitschriften – Fragen zu Mitarbeitern am Handwörterbuch; Bedenken gegen bekannte Forscher (Rose, Gmelin, Magnus, Döbereiner) – Für Marx vorgesehene Artikel – Fertigstellung und Versand der ersten Hälfte – Mitarbeit von Sprengel – Ansichten über Rübenzuckerfabrikation

21. 2.: Bemerkungen Viewegs über Manuskriptsendungen

5. 3. Verzögerungen von Manuskriptsendungen zum Handwörterbuch; bis ‚Amid' liegt alles bei Vieweg vor; das zweite Heft kann bald abgeschlossen werden – Zu Artikeln von Poggendorff und Otto

11. 3.: Bemerkungen Viewegs

14. 3. Protest Poggendorffs gegen Mitarbeiter – Neue Erkenntnisse über Ätherverbindungen machen Textänderungen im Handwörterbuch notwendig

1. 4.: Ausführliche Stellungnahme Viewegs zum Fortgang der Arbeiten am Handwörterbuch

7. 4. Absendung überarbeiteter Handwörterbuch-Artikel, Äther und Alkohol betreffend – Honorar für Mitarbeiter – Hinweis auf ein juristisches Lehrbuch von Müller

16. 4.: Prioritätsbescheinigung durch Vieweg für eine Entdeckung Liebigs im Zusammenhang mit Äther

1. 5. Über Manuskripte von Artikeln von Otto, Fechner und Schweigger-Seidel

6. 5.: Bemerkungen Viewegs über Mitarbeiter am Handwörterbuch

14.6. Reisepläne – Arbeit am Artikel ‚Analyse'

13. 8.: Bemerkungen Viewegs

24. 11. Rückforderung von Handwörterbuch-Manuskripten, um sie zu verändern

25. 11. Mündliche Besprechung mit Poggendorff hat stattgefunden – Schlechter Gesundheitszustand erfordert Pause in der Arbeit am Handwörterbuch bis zum kommenden Frühjahr

o. D. Gay-Lussacs Chemiebuch – Ansichten über Rübenzuckerfabrikation; Warnung vor einem solchen Geschäft – Kaffeesurrogat

Gießen, den 27. Januar 1835

Lieber Vieweg!

Ich schreibe Dir heute sogleich, um Dich Deiner Unruhe wegen dem Manuskript zu entreißen. Ich habe es zurückbehalten, um vor dem Abdruck der Artikel, die es enthält, einige Angaben durch Versuche zu prüfen. Wie es dann zu gehen pflegte, ein Versuch gab den andern, so daß zuletzt eine Untersuchung daraus wurde. Dr. Otto wird Dir sagen, daß die Chlorweinsäure in dem Artikel Aether eine Rolle spielt, ich konnte den Artikel Aethertheorie nicht zum Abdruck kommen lassen, ohne zu wissen, was Chlorweinsäure ist, es hat sich, währenddem das Manuskript noch in Gießen blieb, herausgestellt, daß dieses Ding nicht existiert, sondern daß der sog. chlorweinsaure Kalk ein Doppelsalz von essigsaurem Kalk mit Chlorcalcium ist. Dieses Resultat ist nun mehr wert, als wenn das Heft 14 Tage früher vom Stapel gelaufen wäre. Überhaupt, lieber Vieweg, ist es gut, wenn Du mich in dem ersten Hefte nicht übereilst. Wenn ich daran denke, daß von dem ersten Heft der Erfolg der ganzen Unternehmung abhängig sein wird, so kommt mir kein Versuch zuviel vor. Ist das Heft einmal erschienen, so wollen wir überall Mitarbeiter werben. Jeder kann sehen, wie und in welcher Art wir die Artikel bearbeitet zu sehen wünschen. Ich bin jetzt an dem Artikel Alaunfabrikation sowohl am Schreibpult als im Laboratorium beschäftigt, alle übrigen bis zu Alkoholaturen sind fertig, mit dem Rest, was Du noch hast, wird es hoffentlich 2 Bogen geben, so daß meine nächste Sendung, die in 8 Tagen erfolgen soll, das Heft schließen soll.

Ich habe von Poggendorff wegen Fechner noch keine Antwort. Es scheint demnach, daß er nicht will, allein ihm ist Hilfe am allernötigsten, und ich werde darauf fest bestehen. An Marx habe ich nicht der Chemie, sondern der mineralogischen Artikel wegen gedacht. Ich bin weit entfernt, darauf zu halten. Was Dr. Otto betrifft, so sehe ich an der Korrektur, daß ich mir glückwünschen kann, ihn zum Korrektor zu haben. Er ist ein junger Mann von Talent und Fähigkeiten. Ich möchte ihn gerne an dem Lexikon beschäftigen, allein ihn darum anfragen hieße mich binden und ihn beleidigen, wenn seine Artikel nicht nach Wunsch ausfallen. Wie wäre es, wenn Du ihm vorschlügest, die Artikel Aloe, Aloebitter, Aloesäure, Althaein, Amidin, Ammolin zu bearbeiten, damit man sieht, wie er sich macht. Die Hauptsache ist, daß er alle literarischen Hilfsmittel in Braunschweig vorfindet, um sie benutzen zu können. Nur die Annalen von Poggendorff, die Annales de chimie und die wichtigsten Zeitschriften dürfen als Autorität angenommen werden. Alles muß sorgfältig verglichen, und Widersprüche müssen, wenn sie nicht erklärt werden können, scharf hervorgehoben werden. Keine Meinung darf übergangen, alle Erfahrungen müssen mit Unparteilichkeit geprüft werden. Dies soll die Hauptrichtschnur seiner Bearbeitung sein. Ich überlasse es Deiner diplomatischen Gewandheit, die natürlichsten Wege zu wählen, ohne uns zu kompromittieren. Wenn Dr. Otto als Schriftsteller länger bekannt wäre, so bedürfte es dieser Umwege nicht, allein wenn ich auch weiß, daß er ein gründlich gebildeter Chemiker ist, so habe ich doch die Gewißheit nicht, um seine Erfahrung seinen Kenntnissen gleichzusetzen. Ich hoffe, wir verstehen uns, und bemerke nur, daß Dr. Otto durchaus nicht beleidigt werden darf.

Werde nur nicht ungeduldig, wenn ich Dich gerade im Anfange so aufhalte. Wenn Du erwägst, daß ich diesen ganzen Winter an einer quälenden Schlaflosigkeit leide, die meine Kräfte aufreibt, so wirst Du mich noch loben müssen.

Freundlichst Dein J. Liebig

[Zusatz von Vieweg] Am 3. 2. ausführlich geantwortet. Über Mitarbeiter, Dr. Otto, seinen Brief an mich Liebig geschickt, Anfrage wegen Dr. Rose in Berlin, wegen [unleserlich] –
Liebigs Schlaflosigkeit. 1 Sprengel Zeitschrift 1–4 1834 gesandt, 1 Marx physikal. Sammlung

Gießen, den 7. Februar 1835

Lieber Vieweg!

Ich habe gestern Dein Schreiben vom 3. Februar und das Paket mit Büchern erhalten, für die letzteren meinen freundlichen Dank. Das Journal scheint mir ein sehr zweckmäßiges Unternehmen zu sein. Die Aufsätze sind mannigfaltig und interessant, besonders haben mich die von Dr. Otto interessiert. Ich habe mich durch sie überzeugt, daß wir an ihm einen sehr guten Mitarbeiter am Lexikon gewonnen haben. Man sieht, daß Druck und Papier von Vieweg sind.
Mit anderen Mitarbeitern ist es eine eigene Sache. Ich bin durchaus nicht dagegen, so viel gute zu nehmen als wir nur bekommen können. Ich bin selbst vollkommen gewiß, daß die beiden Rose, die Gmelins, Magnus, Doebereiner etc. mir augenblicklich zusagen, Artikel zu liefern. Ich gebe Dir aber folgendes zu bedenken: 1. werden sie die Artikel wählen wollen, 2. werden sie sie nach ihrer Bequemlichkeit liefern und nach ihren speziellen Ansichten bearbeiten wollen. Das erstere kann und das letztere darf nicht sein. Wenn wir uns hingegen auf die Hauptartikel beschränken und lassen durch andere die größere Masse von weniger wichtigen bearbeiten, und zwar durch Leute, über die wir disponieren können, so geht es sicher nicht minder schnell und das Ganze wird ein Guß. Ist mir ein Artikel von den letzteren zu lang, so sind sie nicht böse, wenn ich ihn beschneide, ist er zu kurz, so bequemen sie sich zu einer neuen Bearbeitung. Es handelt sich ja nicht darum, neue Ansichten zu liefern, wozu wir die Großen nicht entbehren könnten, sondern die zuverlässigsten Tatsachen zu geben, und dazu können wir die Kleinen ebenso gut brauchen. Das Lexikon soll ein Buch für Jedermann und nicht bloß für Gelehrte sein, ein Spiegel der Wissenschaft in der Zeit wo wir leben. Es gehört also keine stupende Gelehrsamkeit dazu, auf welche man überhaupt in der Chemie wenig gibt. Aus allen diesen Gründen sind die Kleinen besser als die Großen; ich werde jedenfalls noch einige andere hinzuziehen. An Poggendorff habe ich heute deshalb geschrieben.
Wenn Du Herrn Marx die Artikel Amazonenstein, Amblygonit, Amethyst, Amiant, Amorph, Amphibole, Amphodelit aufgeben willst, ohne uns aber verbindlich zu machen, so wird Poggendorff ausnehmend erleichtert werden, wenn er (M)[Marx] sie so bearbeitet, daß sie in das Lexikon passen. Die Hauptsache ist durchaus nicht die mineralogische Beschreibung, sondern die chemische Zusammensetzung und technische Anwendung. Es soll kein mineralogisches, sondern chemisches Wörterbuch sein. Du kannst ihm die früheren mineralogischen Artikel als Muster anführen, Agat, Aequinolith, Aerosit und andere.
Ich sende Dir Manuskripte für die zwei zum Schluß des ersten Heftes fehlenden Bögen; mit den Artikeln von Poggendorff werden sie hinreichen. Was Deine Frage wegen der Zeit des Erscheinens des zweiten Heftes betrifft, so bemerke ich folgendes: Wenn Otto einschlägt und Poggendorff nicht zu faul ist, so kann es bis Ostern erscheinen und versen-

det sein. Ich habe einen ungeheuren Artikel für dieses zweite Heft, nämlich Analyse organische und unorganische zu liefern, aber er ist bis auf die Ausfeilung fertig. Es ist gewiß sehr zweckmäßig, wenn Du das erste Heft ganz kurz vor dem zweiten verschickst. Die Leute haben mehr zur Beurteilung vor sich, und dann wird es eine günstige Meinung über die Schnelligkeit erwecken, mit der die anderen Hefte nachkommen werden, und so wie sich die Sache ansieht, wird uns der Himmel und die Mitarbeiter helfen, diese Hoffnung der Käufer zu realisieren. Schreibe nur jetzt an Poggendorff, daß er nicht zurückbleibt. Ich lege die Artikel bei, die er zu liefern hat. Schicke ihm die Bearbeitung der mineralogischen Artikel von Marx zu, damit er sich entschließen kann, er ist es nämlich, der diese zu liefern hat.

Wenn ich einmal nach Braunschweig komme, so werde ich Deinem Whisky zusprechen, vorläufig meinen herzlichen Dank für Dein freundliches Anerbieten. Ich fürchte, da die Schlaflosigkeit von Verdauungsstörungen herrührt, daß die geistigen Stimulantien nicht gut sind. Doch will ich es vorerst mit Rum oder Kognak probieren.

Ließe sich Herr Sprengel nicht bereden, den Artikel Analyse der Ackererde [, Analyse der] Bodenarten zu bearbeiten, er dürfte aber nicht länger als zwei Seiten werden; den Artikel Agrikulturchemie hat Poggendorff übernommen, ich glaube aber, es geschieht ihm ein Gefallen, wenn ihn Sprengel ebenfalls übernimmt, letzterer hat Platz genug auf 1/2 Seite.

Über Zement werden wir hauptsächlich nur das Chemische, nämlich die Theorie, geben. In den Annalen der Pharmazie Band V, S. 241 habe ich früher einiges darüber mitgeteilt, was Du nachlesen kannst.

Adieu, lieber Vieweg, ich schreibe Dir ganz in kurzem wieder.

Dein Justus Liebig

Wenn Herr Dr. Otto sich nicht ganz ausschließlich mit der Runkelrübenzuckerfabrikation beschäftigen kann, so rate ihm, sich davon zu lassen. Ich bin im Auftrag unserer Regierung vor einigen Jahren im nördlichen Frankreich gewesen, kenne sie ganz genau und weiß, daß ganz unendliche Schwierigkeiten zu überwinden sind, ehe mit Vorteil in Deutschland (Böhmen ausgenommen) Zucker aus Rüben dargestellt werden kann. Mache ihn übrigens auf den Aufsatz von Dr. Kodweiß in den Annalen der Pharmazie Tomus XII aufmerksam. Kodweiß hat sich in dem hiesigen Laboratorium ausgebildet und ist ein sehr gediegener Chemiker. Er hat auf meine Empfehlung die Direktion einer großen Fabrik bei Konigsaal (Böhmen) erhalten, und ihm ist mit Vorteil gelungen, was andere zu Grunde gerichtet hat. Dieses also beiläufig und in Beziehung auf Dr. Ottos Aufsätze in der L w. F. Zeitschrift; ich vermisse übrigens auch die neuen Methoden. [an den Rand zu diesem Nachsatz geschrieben:] Das Nebige unter uns.

Sollte Dr. Otto nicht über die vollständige Literatur disponieren können, so bist Du wohl so gut, ihm die nötigen Anschaffungen an Büchern zu erleichtern.

[Auszug aus Kopiebuch Vieweg, Brief an Liebig 21. 2. 1835. Vieweg hat die Manuskriptsendung erhalten, ebenso Manuskripte von Poggendorff. Er stellt fest, daß gewisse Überschneidungen vorkommen und macht den Vorwurf, daß der Gesamtplan des Lexikons nicht genügend untereinander abgesprochen sei. Er wünscht die Aufstellung eines möglichst vollständigen Verzeichnisses aller

Artikel mit Angabe, wer sie zu liefern hat. Da eine solche Absprache auf schriftlichem Wege schwierig ist, schlägt er ein Treffen zwischen Liebig und Poggendorff vor, an dem auch er teilnehmen will; es könnte in Braunschweig stattfinden.]

Gießen, den 5. März 1835

Lieber Vieweg!

Einige Versuche, zu denen mich die Revision des 9. Bogens veranlaßte, sowie der Wunsch, gleichzeitig Manuskripte mitzuschicken, haben die Verzögerung der Sendung verursacht. Was an dem Artikel Alaunstein zu streichen ist, habe ich getan. Meinen Artikel Afterkristall schicke mir wieder retour. Poggendorff hatte vergessen, daß ich, um den Druck nicht aufzuhalten, diese Artikel geliefert habe, obgleich sie ihm ursprünglich zugeteilt gewesen sind. Du irrst Dich, wenn Du daraus schließest, daß wir über die Artikel, die jeder zu bearbeiten hat, zweifelhaft sind. Sollte aber die Folge ergeben, daß eine persönliche Zusammenkunft nützlich ist, so bin ich nicht entgegen.
Du hast jetzt von mir Manuskripte bis zum Artikel Amid, welcher so wie die Artikel bis Ammoniak in 8 Tagen folgen sollen. Ammoniak hat Dr. Otto übernommen, so daß ich mit Ruhe den wichtigsten aller Artikel, nämlich Analyse, bearbeiten kann. Wenn Du nun Poggendorf gehörig treibst, so kann in 4 Wochen Manuskript genug in Deiner Hand sein, um das zweite Heft zu schließen. Eine große Masse neuer Tatsachen, deren Publikation ich selbst bis nach Erscheinen des Lexikons [darüber geschrieben: Hefte] in unserem Journal verzögern werde, machen es wie ich hoffe doppelt interessant. Die Beschreibung von Darstellungsmethoden habe ich so ausgeführt, daß jeder danach arbeiten kann, denn ich kenne die Liebhaberei der Apotheker, die doch unser größtes Publikum ausmachen werden, sich den Brei ins Maul schmieren zu lassen. Dagegen habe ich bei Beschreibungen von Eigenschaften mich so kurz als möglich zu fassen gesucht. Gebe der Himmel, daß der verdammte Buchstabe A über Bord wäre, denn das Antimon und Arsenik sind heftige Gifte, welche sehr nachteilig auf den Magen wirken.
Es ist sehr zweckmäßig, wenn Du Poggendorff darauf aufmerksam machen wolltest, daß es für den Leser unseres Buches gar nicht gut ist, wenn in den ersten Heften zuviel verwiesen wird, denn es sollte eigentlich nur bei Synonymen sein, und eine Hauptbequemlichkeit des Lexikons ist dadurch vernichtet. Ottos Artikel Agrikulturchemie wollen wir aufnehmen. Es versteht sich von selbst, daß Poggendorff regelmäßig gleichzeitig auch die Korrekturen derjenigen Bogen bekommt, die ich bearbeitet habe, aber ohne Manuskript, bloß zur Einsicht.

Freundlichst Dein Justus Liebig

[Auszug aus Kopiebuch Vieweg. Brief an Liebig 11. 3. 35. V. übersendet Bogen 9 und bittet um umgehende Rücksendung. Er will Poggendorff nach Möglichkeit antreiben, seine zugehörigen Artikel rasch zu liefern, will ihn auch auf die Unannehmlichkeit der vielen Verweisungen aufmerksam machen. Er hofft, daß es möglich wird, die beiden ersten Hefte bis zur Messe zu vollenden, wodurch in merkantiler Hinsicht viel gewonnen würde. Anfrage, ob beide Hefte zu gleicher Zeit ausgegeben werden sollen.]

Gießen, den 14. März 1835

Lieber Freund!

Beifolgend ein Brief von Poggendorff. Da er seinen Zurücktritt gleichsam notifiziert, wenn Mitarbeiter, die er nicht will, angenommen werden, so wollte ich Dich schleunig davon benachrichtigen, um wegen Otto für die Zukunft einzuleiten. Alles hängt natürlich davon ab, wie die Artikel ausfallen werden, die er (Otto) übernommen hat. Laß aber vorläufig fallen, daß Poggendorff gegen Mitarbeiter protestiere. Sollte der Bogen, worin Aetherverbindungen steht, noch nicht ganz abgezogen sein, so bitte ich Dich angelegentlichst und dringendst einzuhalten. Eine Arbeit, die ich über den Aether oder über ein besonderes Produkt des Aethers angestellt habe, gibt ein neues und entscheidendes Licht über seine Zusammensetzung. Es wäre mir fatal, wenn diese Sache nicht aufgenommen würde. Ich will es machen wie Poggendorff und will den Bogen oder die Bögen auf eigene Rechnung umdrucken lassen. Vielleicht gelingt es aber durch Einschaltung eines anderen Namens, die Sache zu verbessern. Den Brief von Poggendorff bitte ich mit Deinem Gutachten umgehend retour zu senden. Was soll geschehen?
Der letzte Bogen, der 10., ist an Dich vor 8 Tagen, über Berlin, abgegangen.

Dein Justus Liebig

[Auszug aus Kopiebuch Vieweg. Brief an Liebig 1. 4. 35. V. nimmt Bezug auf Briefe von L. und P.]
Prof. Poggendorff hat, nach meiner Meinung, in der berühmten Sache zum Teil Recht, zum Teil Unrecht. Du und er habt beide mit mir einen Kontrakt über die Herausgabe des Wörterbuchs abgeschlossen, in welchem Ihr Verpflichtungen in bezug auf die Zeit übernommen habt.
[V. beklagt sich, daß die erste Lieferung ursprünglich schon vor der Ostermesse 1834 beendigt sein sollte. Jetzt steht die Ostermesse 1835 vor der Tür, und noch ist nicht einmal die erste Lieferung von 10 Bogen vollendet. Als Verleger kann er sich solche Verzögerungen nicht leisten. Wenn es so weitergeht, würden die 4 Bände wenigstens 10 bis 15 Jahre Zeit erfordern. Bei der rasch fortschreitenden Wissenschaft sind die ersten Bände dann veraltet. Poggendorff hat deshalb nicht recht, wenn er auf rasche Fertigstellung so wenig Gewicht legt. Recht hat er in bezug auf die Wichtigkeit der Arbeit, wegen des hohen Rufes, den die Vollendung bringen kann, auch darin, daß die Leute vom Fach gerade in einer solchen lexikographischen Arbeit viel Gediegenes suchen: Aber sie wollen auch Vollendung der Arbeit, und ein langsam hinschleppendes Werk der Art ist halbtot geboren. Das Problem der Mitarbeiter treibt P. auf die Spitze. V. empfiehlt, es doch mit Fechner und Otto zu versuchen. Er faßt zusammen]
1. Wenn Ihr so fort arbeitet wie jetzt, könnt Ihr die Sache nicht so forttreiben, als sie getrieben werden muß, wenn sie Erfolg haben soll. Ihr müßt daher andere Einrichtungen treffen und Euch:
2. entweder der Arbeit ausschließlich selbst widmen, oder
3. Mitarbeiter zulassen. Diese sind zu wählen
4. aus Leuten ersten Ranges, oder
5. aus Leuten zweiten Ranges, unter Eurer speziellen Leitung.
[Er schlägt Abschluß der beiden ersten Lieferungen vor, die dann nur das Werk von L. und P. sind. Er bezweifelt nicht, daß sie hohen Beifall finden werden.

Dann sollten beide 4 oder 5 Mitarbeiter zu gewinnen suchen oder ihre literarische Tätigkeit allein dem Lexikon widmen. Als Laie ist V. der Meinung, daß ein solches Lexikon ein Repertorium der Wissenschaft auf dem Standpunkt sein soll, auf dem sie sich eben befindet.]
Ihr müßtet daher nach meiner Ansicht die Gegenstände so schildern und darstellen, wie sie dermalen sind. Wenn Du aber noch immerfort laborierst und jeden Zweifel, der Dir noch bei der Bearbeitung dieses oder jenes Artikels aufstößt, ganz beseitigen willst, so werdet Ihr nie fertig.
[Er schlägt vor, gleich von vornherein ein Supplementheft vorzusehen. Am Ende wird ein Gesamtregister alles zusammenfassen. Die Rücktrittsabsichten von P. nimmt V. nicht ganz ernst. Er wiederholt den Vorschlag, ein persönliches Treffen, vielleicht zu Pfingsten in Dresden, durchzuführen.]

Gießen, den 7. April 1835

Lieber Freund!

Du erhältst hierbei die neuen und umgetauften Artikel, welche nach Alchemie einzuschalten sind. Sei so gut, Dir das Datum des Empfanges zu bemerken, indem es denkbar ist, daß noch vor der Publikation des Lexikons ein anderer Chemiker auf die nämliche Untersuchung verfällt und mir ein lästiger Prioritätsstreit daraus erwachsen könnte. Ich bin froh, daß nun alles, was Aether und Alcohol betrifft, auf eine befriedigende Art ins Reine gebracht ist. Deinen letzten Brief beantworte ich mit nächstem ausführlich. An Fechner (Professor Dr.) kannst Du allerdings schreiben und ihm bemerken, daß er etwa 30–40 Bogen bekäme zu 20 Talern per Bogen. Sobald wir in Kenntnis gesetzt sind, daß er teilnehmen will, wollen wir uns mit ihm in Relation setzen. Dasselbe bitte ich Dich, Herrn Prof. Dr. Schweigger-Seidel in Halle zu proponieren à 15 Taler pro Bogen, er kann auf ebensoviel Bogen rechnen. Dr. Otto will ich auf mein Risiko beibehalten.
Prof. Dr. Müller, ord. Prof. des Rechts hier, will ein Lehrbuch des deutschen gemeinsamen Zivilprozesses herausgeben. Es wird 30–36 Bogen stark, er will 15 fl. pro Bogen. Wenn Du Lust hast, so sage mir ein Wort darüber.

Herzlich Dein Justus Liebig

In dem Anfang der nächsten Woche schreibe ich Dir und Dr. Otto wegen seinem Manuskript.

[Auszug aus Kopiebuch Vieweg. Brief an Liebig 16. 4. 1835. Bescheinigung betr. Priorität der Entdeckung eines neuen Produkts im Aether.]

Gießen, den 1. Mai 1835

Lieber Vieweg!

Ich sende Dir die fehlenden Artikel zu dem letztgesandten Manuskript. Das beifolgende Paket an Dr. Otto enthält seine mir gesandten Artikel. Ich habe sie in dem Sinne, wie ich wünsche, daß er die späteren abfassen möchte, umgearbeitet. Ich bin nun auf die folgenden begierig, die er mir schicken wird. Dr. Otto muß auf die kleinsten Artikel die nämliche Sorgfalt und Aufmerksamkeit verwenden, wie auf die wichtigsten, jedermann muß sehen, daß die Artikel durchdacht und der Gegenstand wohl erfaßt ist. Wir dürfen der Kritik, und hauptsächlich der böswilligen, keinen Vorteil einräumen, Sie wird wohl auf unser Buch keinen Einfluß üben können, es ist aber doch gut, wenn wir mit aller Vorsicht und Gründlichkeit zu Werke gehen. Ich habe auf Dein letztes Schreiben kaum etwas hinzuzufügen. Poggendorff gibt zu, daß Fechner und Schweigger-Seidel in Halle Anteil nehmen (nach der Erscheinung der beiden ersten Hefte). Beide sind flinke und gewandte Arbeiter, Poggendorff und ich werden mit beiden kaum gleich Schritt halten können, doch soll das mögliche geschehen. Wenn beide zutreten, was Du vielleicht jetzt schon weißt, wirst Du an Manuskript nie Mangel haben.

Freundlichst Dein Justus Liebig

[Auszug aus Kopiebuch Vieweg. Brief an Liebig 6. 5. 1835. Prof. Fechner hat den Antrag abgelehnt, von Schweigger-Seidel liegt noch keine Antwort vor. Poggendorff wird das Unternehmen ruinieren, wenn er so weitermacht, V. ist über sein Verhalten indigniert. Zur Übernahme des juristischen Buches von Prof. Müller ist V. bereit.]

Gießen, den 14. Juni [1835]

Lieber Freund!

Ich will Dich hiermit benachrichtigen, daß ich morgen nach Salzhausen abreise, um das dortige Solenbad zu gebrauchen. Ich habe alle Veranstaltungen getroffen, daß mir die Briefe und Korrekturen, welche von Dir an mich gelangen könnten, nachgeschickt werden. Ich hoffe und wünsche sehnlichst, daß diese Reise mir einigermaßen Erleichterung verschafft. So wie es zeither gegangen ist, halte ich es nicht lange mehr aus, die fürchterlichste Schlaflosigkeit reibt mich ganz auf. Ich habe noch den Artikel Analyse fertigzumachen, mit welchem das zweite Heft des Lexikons gefüllt sein wird. Der größte Teil ist vorgearbeitet, und wenn Poggendorff nicht zu säumig ist, wird der Druck nicht aufgehalten werden. Ich grüße Dich aufs freundlichste.

Dein Justus Liebig

[Auszug aus Kopiebuch Vieweg. Brief an Liebig 13. 8. 35. V. hat mit P. in Berlin verhandelt und ihn von der Nützlichkeit und Notwendigkeit der Maßregeln überzeugt; P. ist auch bereit, Mitarbeiter anzunehmen. L. wird dringend um Manuskript gebeten.]

Gießen, 24. November 1835

Lieber Freund!

Ich bitte Dich mit Gegenwärtigem, mir umgehend mein Manuskript über Ameisensäure und Aluminium, Aluminiumchlorid zusenden zu wollen, indem ich einige Veränderungen vor dem Druck daran zu machen habe.

Freundlichst Dein Just. Liebig

Gießen, den 25. November 1835

Lieber Vieweg!

Ich beantworte Deinen Brief vom 10. sogleich, um Dir zu sagen, daß Poggendorff bei seiner Rückreise von Bonn mehrere Tage bei mir gewesen ist und wir zusammen unser Unternehmen aufs ernstlichste besprochen haben. Du wirst von Berlin aus schon jetzt wieder Manuskript zu einigen Bogen erhalten haben, oder es muß dies ganz in der Kürze geschehen. Ich habe Poggendorff den ganzen Abschnitt Analyse, der wohl 3 volle Bogen füllen wird, mitgegeben, so daß wir mit dem, was er selbst zu liefern hat, mehr als genug haben, um die beiden Hefte zu füllen.
Was mich betrifft, so ist es mir von allen Ärzten, die ich konsultiert habe, aufs strengste untersagt, mich irgendeiner Arbeit, weder einer literarischen noch chemischen, in diesem Winter hinzugeben. Ich fühle selbst, daß, wenn ich diesen Winter mich nicht sehr ruhig halte, daß ich mich gründlich ruiniere und sehe voraus, daß im entgegengesetzten Fall im nächsten Jahre sich meine Kräfte vervierfachen werden. Ich muß, um schlafen zu können, selbst die geringste Aufregung vermeiden, und ohne Schlaf keine Reproduktion. Aber im nächsten Frühling bin ich wieder hoffentlich bei der Hand.
Poggendorff hat alle meine Artikel zu dem dritten Heft übernommen. Er wird, um ganz ungestört arbeiten zu können, dieses Semester keine Vorlesung halten.

Herzlichst Dein L. Liebig

Rauch ist noch in D. aber soviel mir bekannt, ist [er] nicht Professor. Dies ist Felsing [?].

[ohne Datum]

Lieber Freund!

Beikommend die Bogen 11, 12 retour. Ich bitte Dich, mir umgehend den Rest des Manuskripts über Ameisensäure zuzusenden. Poggendorff wird Dir Alkoholometer zugesandt haben.

Dein Justus Liebig

Du kannst darauf rechnen, daß Du jedenfalls Gay-Lussacs Chemie, mit Kupfern und allem, in Verlag erhältst, wenn es nämlich erscheinen wird. [Es folgt ein unverständlicher, nicht zu Ende geführter Satz].

Einer meiner ehemaligen Schüler, Dr. Kodweis, ist Direktor einer Rübenzuckerfabrik in Prag auf den Gütern der Fürsten von Wallenstein. Er würde, glaube ich, recht gerne sich dazu verstehen, einen jungen Mann, der etwas Chemie versteht, in dieser Fabrikation gründlich zu unterweisen. Bei Euch, wo man keine oder nur eine geringe Auflage auf Zucker setzt, ist diese Fabrikation noch nicht fortgeschritten genug, um auf großen Gewinn zu rechnen, es müßte denn sein, daß ein Gutsbesitzer, der seine Rüben selbst baut, sich damit beschäftigen wollte. In diesem Fall würde er, wenn er anstatt Weizen Zucker baut, einen Gewinn haben, der dem von fg. [?] für 208 Zt. Weizen gleich käme. Eine Fabrik, die etwa 250–300 Ztr. Zucker liefert, kostet in der Anlage etwa 3500–4000 fg.
Der Hauptbestandteil des neuen hiesigen Kaffeesurrogats ist Korn (geröstet). Man macht hier übrigens nicht soviel daraus als man in Braunschweig glaubt, das Ding ist erst im Werden.

Ich bin von der hessischen Regierung vor 5 Jahren nach Frankreich geschickt worden, um alle bestehenden Rübenzuckerfabriken anzusehen und kenne diese Fabrikation ziemlich genau. Ich wollte Dir hiermit nur sagen, daß Du Dich in ein solches Geschäft nicht einlassen sollst, im Fall es Gegenstand einer Spekulation werden soll. Nur Gutsbesitzer und zwar allein nur diese, welche ihre ganze unausgesetzte Aufmerksamkeit darauf verwenden können, können mit Vorteil ein solches Geschäft treiben. Dies nur beiläufig.

1836

7. 2.	Tod Geigers – Juristisches Buch von Sell – Chemiebuch für Liebig
26. 2.	Buch von Sell – Stellungnahme zu Viewegs Absicht, eine Papierfabrik einzurichten – Arbeit am Handwörterbuch
25. 4.	Über einige Artikel des Handwörterbuchs – Zum Prospektentwurf – Zur Papierfabrik Viewegs
3. 5.	Mitarbeiter am Handwörterbuch (Poggendorff, Schweigger-Seidel) – Über Kühn vom Pharmazeutischen Zentralblatt
1. 6.	Kühn kommt als Mitarbeiter am Handwörterbuch nicht in Frage – Über Schweigger-Seidel und andere Mitarbeiter (z. B. Mohr) – Gute Aussichten für das Handwörterbuch – Wünsche von Geigers Witwe, das Handbuch der Pharmazie betreffend – Zur Fertigstellung der ersten Handwörterbuchartikel – Papierfabrik Viewegs
o. D.	Weitere Verbesserungen an den ersten Heften des Handwörterbuchs; Verkaufspreis – Vorbereitung einer französischen Ausgabe
7. 9.	Mitarbeit am Handwörterbuch; Vorschuß für Schweigger-Seidel
16. 9.	Weiteres über das Handwörterbuch und über Schweigger-Seidel – Papierfabrik Viewegs
26. 12.	Über das dritte Heft des Handwörterbuchs; Bearbeitung von Artikeln darin

Gießen, 7. Februar 1836

Lieber Vieweg!

Beifolgend die Korrektur des Bogens X. Ich wünsche die Revision dann nochmals zu sehen.
Geiger ist vor 14 Tagen gestorben. Ich bin deshalb gezwungen gewesen, eine Reise nach Heidelberg zu machen, was mich abhielt, Dir die Bogen früher zu senden. Das 23.[?] Heft wird doch hoffentlich zu Ostern erscheinen können?
Dr. Sell, einer unserer besten juristischen Privatdozenten, der nächstens Professor werden wird, ersuchte mich, ihn Dir zu empfehlen. Ich meine, Du kannst das Buch wohl nehmen. Du wirst sicher so viel davon verkaufen, um Deine Kosten zu decken und erhältst Dir für die Folge einen gediegenen Autor, von dem sich die hiesige juristische Fakultät sehr viel verspricht. Schreibe mir darüber einige Worte. Mit Jungen muß man anfangen, wenn man sich die Alten im Nest erhalten will.

Herzlichst Dein Justus Liebig

Schicke mir das Buch von [Name nicht entziffert] gelegentlich retour. Wenn nur jemand ein kleines Lehrbuch der Chemie für mich schreiben wollte! Vielleicht entschließt sich Herr Dr. oder Professor Otto dazu, er müßte aber nach meiner Methode und nach einem genau vorgeschriebenen Plane verfahren. Ich habe im Durchschnitt ca. 70–80 Zuhörer, von denen ich unerträglich wegen einem solchen Ding von Leitfaden geplagt werde.

Gießen, den 26. Februar 1836

Lieber Vieweg!

Ich habe Herrn Dr. Sell die ihn betreffenden Nachrichten mitgeteilt. Er will Dir selbst schreiben und ist froh, mit einem so gediegenen Verleger in Verbindung zu treten. Ich habe ihm gesagt, daß Du gewiß keinen Anstand haben würdest, ihm einige Exemplare mehr zu geben als sonst gewöhnlich ist, da er auf Honorar verzichtet. Da sein Opus ein Beitrag zur Geschichte des alten Völkerrechts ist und als solches sowohl von Juristen als Philologen und Historikern gekauft werden dürfte, so hofft er, daß Du keinen Nachteil von dem Verlage haben würdest. Man verspricht sich sehr viel von Dr. Sell, und ich bin gewiß, daß Du dasjenige, was Du mit seinem ersten Werke wagst, in Zukunft mit Zinsen wiedererhältst. Ein Anfang muß immer gemacht werden.
Was die Papierfabrik betrifft, so ist dies zwar ein Gegenstand, den ich praktisch nie getrieben habe, von dem ich aber die vollkommenste Überzeugung hege, daß es kaum einen anderen Fabrikationszweig gibt, der, mit Einsicht und Kenntnis getrieben, mehr Vorteil gewährt. Wenn ich kein Chemiker wäre, so würde ich Papierfabrikant sein. Namentlich in Norddeutschland herrscht darin die größte Finsternis, aber auch bei uns entstehen fortwährend neue Etablissements und alle arbeiten mit Nutzen. Vor zwei Jahren hat Geheimer Hofrat Gmelin in Heidelberg (Prof. der Chemie) eine Papierfabrik bei Schriesheim [?] angelegt, und nach allem, was er mir über den Gang dieses Geschäftes sagt, ist er zufrieden. Mein lieber Vieweg, eine Hauptbedingung aber, um ein Geschäft

mit Vorteil zu betreiben, ist 1. daß man es vollkommen kennt, 2. daß man es selbst betreibt und überwacht; man ist sonst das Spielwerk von gewinnsüchtigen Projektmachern oder von Blutigeln, die man als Geschäftsführer anstellt. Ich bin an manchen Fabriken beteiligt und weiß, von dieser Sorte Menschen zu erzählen. Was die verlangten Notizen betrifft so will ich geradezu an Gmelin schreiben. Ich denke, er wird keine Schwierigkeiten machen und mir alles mitteilen, was Dir zu wissen nötig ist. Es arbeitet eben in meinem Laboratorium der Sohn eines Fabrikanten aus Pforzheim (Beigieser[?]) und der Sohn eines Fabrikanten aus Thann bei Mühlhausen. Ich habe beide gebeten, nach Hause zu schreiben und ihre Eltern in meinem Namen um Erkundigung wegen des Preises der bezeichneten Maschinen, Holländer etc. zu ersuchen. Du kannst darauf rechnen, daß ich nichts versäumen werde, um Dir möglichst genaue Auskunft zu verschaffen. Wäre ich übrigens an der Stelle Deines Bruders, ich würde vor allen Dingen eine Reise in diese Gegenden machen und selbst die Maschinen in Augenschein nehmen, damit er ihre Zweckmäßigkeit beurteilen kann. Für den Anfang eines Geschäftes würde ich nicht eine Maschine wählen, die Papier ohne Ende liefert, sondern ich würde mit Bütten, also mit Schöpfern, arbeiten. Ich würde in den ersten Jahren nur gewöhnliche ungeleimte Papiere, hauptsächlich Druckpapiere liefern. Die Einrichtungen zu Schreibpapier sind einfach, aber ist das eine einmal vollkommen in Gang, so kommt das andere von selbst hinein, ohne daß man doppeltes oder dreifaches Lehrgeld bezahlt. Entschuldige meine Freimütigkeit mit meinem aufrichtigen Wunsche, Dir wahrhaft nützlich zu sein. Ich hoffe, Dir in 4–5 Tagen weitere Nachrichten geben zu können.

Mit den freundschaftlichsten Grüßen

Dein Justus Liebig

Der Gedanke an das Wörterbuch ist für mich sehr peinigend. Poggendorff ist zu entsetzlich faul. Ich sehe ein, daß wir ohne Mitarbeiter nicht weit kommen, laß uns aber nur die beiden Hefte fertigmachen, damit man den Plan etc. daraus entnehmen kann. Ich habe an Poggendorff dringend geschrieben.
Ich bitte mich Dr. Otto zu empfehlen und mich bei ihm wegen der Verzögerung meiner Antwort auf seine freundlichen Briefe entschuldigen zu wollen. Seine Anzeige wird in den Annalen eben gedruckt.
Ich schäme mich, diesen beschmutzten und in großer Eile geschriebenen Brief fortzuschicken.

Gießen, den 25. April 1836

Lieber Vieweg!

Ich erhalte soeben Dein Schreiben vom 20. April und habe sogleich den Ammoniakartikel nach Braunschweig abgesandt. Herr Dr. Otto hat noch einige Zusätze zu machen, er kann aber dies während des Druckes tun, so daß dieser nicht aufgehalten werden wird. Sei so gut, sogleich an Poggendorff zu schreiben, daß er die kleinen Artikel Amorph, Amphibien, Amphibole, Amphidsalze, Amphigen, Amphodelit, Amyloxium, Amylum (hinzuweisen auf Amidon), Anaklastisch und die Einleitung zu dem Artikel Analyse anorganische, welchen Artikel er von mir in Händen hat, sendet.

Den Entwurf zu meinem ersten Prospectus hast Du von mir erhalten. Sei so gut, ihn an Poggendorff zu senden, damit er ihn zum zweitenmal bearbeitet. Ist denn jetzt schon eine Vorrede nötig und sagt denn der Prospectus nicht alles, was wir geben wollen? Beurteilungen des Wörterbuchs werden ihm weder etwas nutzen noch schaden. Das Publikum, worauf wir zählen können, liest die Literaturzeitungen nicht. Dieses wird am besten durch unsere Journale davon in Kenntnis gesetzt. Mache dies wie Du es für Dein Bestes hält.
Wegen Mitarbeitern bin ich mit 4–5 in Korrespondenz getreten.
Ich grüße Dich aufs freundlichste

Dein J. Liebig

Von den Papierfabrikanten in Pforzheim und Colmar habe ich noch keine nähere Nachricht. Gmelin wünscht sehnlichst, daß Du und Dein Bruder ihm seine schöne Fabrik abkaufen möchten. Er meint, es wäre gleichgültig, ob ihr euer Papier in der Bergstraße oder in Braunschweig fabriziert.

Gießen, den 3. Mai 1836

Lieber Freund!

Ich fühle recht gut, daß es mit dem Lexikon nicht so fortgehen kann wie bisher, und bin auch wegen Mitarbeitern nicht mehr verlegen. Lasse nur einmal die beiden Hefte erschienen sein. Alles wird sich dann nach Deinem Wunsche gestalten, auch in Hinsicht der Ausdehnung des Buches. Poggendorff spinnt sich so in seine Artikel hinein, daß er kein Ende findet. Dies muß sich natürlich ändern, wenn er die Artikel zugemessen erhält. An Schweigger-Seidel ist mir allerdings etwas gelegen, er will auch mit teilnehmen. Ich sende Dir seinen Brief, worin er seine Bereitwilligkeit zu erkennen gibt, sprich aber ihm gegenüber nicht von seinem Brief. Mache sogleich mit ihm einen schriftlichen Kontrakt, damit er nicht wieder entschlüpft. Es scheint mir aber dennoch nicht, als ob er mit Erdmann wirklich brechen wird, ich halte es mehr für eine Demonstration. Das erste Heft seines und Erdmanns Journals für 1836 ist erschienen, und sein Name steht auf dem Titel. Schweigger-Seidel ist übrigens nur ein sehr fleißiger Kompilator, eine unschätzbare Eigenschaft in meinen Augen, auf sein Urteil legt man aber, weil er zu wenig in die Sachen selbst hineingesehen hat, wenig Gewicht. Jedenfalls bleibt mir bei seinen Artikeln noch manches zu tun übrig. Sei so vorsichtig, ihm zu sagen, daß nur, Gleichförmigkeit und Harmonie in das Buch zu bringen, bei streitigen Ansichten die Majorität der Redaktoren über die zu folgende entscheiden muß. Ich bin nun sicher, daß Poggendorff meinen Ansichten sich konformiert. Ich habe Schweigger-Seidel 20 Thlr. P. C. per Bogen zugesagt. Vergiß dies nicht mit in den Kontrakt zu bringen.
Kühn ist gar nicht übel. Versuche es immerhin, mit ihm anzuknüpfen. Sage ihm recht viel von meinen freundschaftlichen Gesinnungen für ihn. Er wird zwar nicht daran glauben, es wird aber doch ein Köder für ihn sein. Kühn ist anfänglich sehr arrogant aufgetreten, und bei seinen geringen Erfahrungen gab er viele Blößen, die ich scharf in meinem Journal habe rügen müssen. Ich sage dies zur Nachricht für Dich, damit Du ihm

gegenüber den geeigneten Ton triffst. Du kannst sagen, wenn er davon sprechen sollte, daß es Dir wahrscheinlicher sei, diese Kritiken seien von anderen ausgegangen. Kühn ist, soviel ich weiß, an Fechners Stelle Redakteur des Diebsblattes (Pharma[zeutisches] Centralblatt), was uns großen Schaden zufügt. Vielleicht läßt sich auch damit eine für uns weniger nachteilige Einrichtung treffen. Öffentlich kann ich nicht gegen ihn auftreten, da er sich nicht als Redakteur nennt.
Ich wünsche, daß Du alles dieses zu unseren Gunsten arrangieren möchtest.

Dein J. Liebig

Gießen, den 1. Juni 1836

Lieber Freund!

Einen solchen arroganten Burschen wie Herrn Kühn können wir für das Lexikon nicht brauchen, der Himmel soll uns vor einer so eitlen Selbstüberschätzung bewahren. Das Lexikon soll keine Arena für einen solchen Kampfhahn werden. Ich bin wahrhaft erschrocken, als ich seinen Brief gelesen hatte. Das Bestehende zu untergraben und lächerlich zu machen, ist in jeder Wissenschaft eine Kleinigkeit, allein etwas Anderes und Besseres an die Stelle zu setzen, das ist nicht so leicht. Ich will Dir mit zwei Worten meine Meinung sagen: Ich bin überzeugt, daß die atomistische Theorie, worauf unser System beruht, falsch ist, daß eine Zeit kommen wird, wo man die Zahlen von Berzelius verwerfen und zu reinen Equivalentzahlen greifen wird. Ich hätte letztere schon jetzt für das Lexikon wählen können und habe es nicht getan, weil sie nur die Meinung eines Individuums ausgedrückt haben würde und nicht die Meinung meiner Zeitgenossen. So muß es mit allem gehalten werden, ohne den Sternen des Unwahren zu folgen. Du siehst, wie wenig Kühn für uns paßt.
Ich danke Dir für Deine klare und scharfe Charakteristik L's [?] und Schweigger-Seidels. Letzterer ist ein ausgezeichneter Gelehrter, kein Chemiker. Die Masse seines Wissens übertrifft bei weitem die meinige. Er ist zu tausend Arbeiten geschickt, wozu mir Anlage und Neigung fehlt. Er wird die Meinungen und Ansichten aller zusammentun, geschickt und klar geordnet; welche den Vorzug verdient, in dieser Hinsicht kommt er nachher zu mir. Schweigger-Seidel ist ein armes Tier, dem Barth ein Anlehen von 200 Thlr. abschlug, daher die Erbitterung. Es schien mir kleinlich von Barth zu sein, insbesondere da er Schweigger-Seidel durch das Journal in seiner Hand hatte. Doch dies sind Sachen, über die mir eigentlich kein Urteil zusteht.
Außer Schweigger-Seidel können wir auf Erdmann rechnen, ferner auf Dr. Moldenhauer in Darmstadt, Dr. Buff in Kassel, Dr. Mohr in Koblenz. Ich denke, mit diesen wird es rasch genug gehen, wenn nur einmal erst die Leute durch die Erscheinung der beiden Hefte sehen, was wir bringen und was wir wollen. Gay-Lussac wird nichts tun, ohne mich in Kenntnis zu setzen, sei ganz außer Sorgen.
Ich habe stets die lateinischen Namen den Artikeln beigefügt, wenn sie nämlich von den deutschen abweichen, siehe Ameisensäure (Acidum formicum, Acide formique). Es ist aber möglich, daß es bei einzelnen vergessen wurde. Dies wird Schweigger-Seidel ändern, dazu wird er mit hinangezogen, und es soll sich nicht mehr ereignen.
Wentel [?] von Heidelberg war gestern hier, er sagt, Du hättest jetzt das einträglichste Unternehmen in Deutschland mit dem Lexikon im Gange; er wäre gewiß, Du könntest 3000 Exemplare absetzen. Der Himmel gebe seinen Segen dazu und [Du] setztest 6000 ab.

Ich bin in einer sehr peinlichen und dummen Lage. Du weißt, daß Geiger gestorben ist, mein intimer Freund und Mitredakteur der Annalen. Seine Witwe bittet mich, um des Andenkens an ihren Mann und ihrer Kinder willen, die neue Ausgabe des Handbuchs der Pharmazie, welche Winter in Verlag hat, zu besorgen. Sie hat einen Anteil an den künftigen Auflagen zugesichert erhalten und fürchtet, daß dieser Anteil immer kleiner und zuletzt aufhören werde, wenn es in die Hand eines Mannes kommt, der das Buch verdirbt. Ich habe ihr und Winter mein Verhältnis mit Dir auseinandergesetzt, die zahllosen Unannehmlichkeiten in der Bearbeitung meiner Artikel berührt, die meine Gesundheit mir sehr mühsam und peinlich macht. Alles dieses hat keinen Eindruck gemacht, ich erhalte die kläglichsten Briefe und habe nun vorgeschlagen, das Buch durch andere bearbeiten zu lassen und will mich zur Durchsicht verstehen. Dr. Probst in Heidelberg, der Nachfolger Geigers, soll den anorganischen Teil bearbeiten, und wenn Dr. Otto durch das Lexikon nicht zu sehr beschäftigt ist, so habe ich die Absicht, ihn für die Organische Chemie vorzuschlagen. Sein Ammoniakartikel ist etwas breit, aber sonst ganz gut.

Vor einigen Tagen habe ich die beiden Bogen 19 und 20 an Poggendorff abgeschickt und vor dem Reinabziehen sie nochmals durchgelesen. Auch habe ich ihm einen Entwurf zu dem Prospectus gesandt. Die Zahlen und das Papier in dem Lexikon sowie die Lettern sind admirable.

Es wird höchst zweckmäßig sein, auf den Umschlag eines jeden einzelnen Heftes den Inhalt, d. h. die Namen der Artikel, aber nicht nebeneinander, sondern untereinander abdrucken zu lassen.

Was die Papierfabrik betrifft, so habe ich nicht mehr erfahren, als was Du schon weißt. Die Maschinen in Pforzheim, die in Rixheim sind alle von Köchlin. Wegen der Wasserkraft in der Erdmannschen Fabrik habe ich geschrieben, aber noch keine Antwort.

Mein lieber Vieweg, ich wünschte, ich wäre ganz gesund. Nichts würde mir mehr Freude machen, als wenn alle 4 Wochen ein Heft von 10 Bogen erscheinen könnte.

Aufrichtig Dein Justus Liebig.

[ohne Datum]

Lieber Freund!

Ich bin seit 4 Wochen in Nauheim, um das Soolenbad zu gebrauchen, und habe die letzten Abdrucke des Wörterbuchs erst in dieser Woche erhalten, nachdem mich ein Brief von Poggendorff benachrichtigt hatte, daß alles bis zur Versendung fertig ist. Ich komme nun jetzt nach, um Dich dringend und angelegentlichst zu bitten, eine gewisse Anzahl Kartons drucken zu lassen und die beiliegenden Blätter durch das neueste zu berichtigen und zu vervollständigen. Es ist ein Leid, daß dies aufs neue Dich in Kosten bringt, allein es soll nicht wieder nötig sein. Tue mir den Gefallen und entschließe Dich wenigstens zu den wichtigsten Verbesserungen, die Seiten 304, 192, 188, 137, auf die anderen lege ich geringeren Wert.

Was den Preis betrifft, so beziehe ich mich auf meinen früheren Brief. Wenn Du nicht anders kannst, so wird der Unterschied von 20 gro. und 16 Dir zwar in dem Absatze schaden, allein vielleicht ist Dein Gewinn bei 20 gro. dennoch größer, als wenn Du zu 16 gro. 500 Exemplare mehr absetzest. Ich würde es mit einem Subskriptionspreis auf

folgende Weise probieren: Diejenigen, die sich gleich in dem ersten halben Jahr subskribieren, würde ich das ganze Werk die Lieferung zu 16 gro. geben, allen anderen, welche später kommen, wird der Ladenpreis zu 20 gr. berechnet.
Professor Pelouze von Paris ist eben bei mir. Er hat den Auftrag von einem Pariser Buchhändler, eine Übersetzung des Wörterbuchs zu vermitteln. Er glaubt, daß derselbe ein Opfer von einigen 1000 fr. bringen würde, wenn wir uns entschließen wollten, die Revision der einzelnen Artikel zu übernehmen. Ich habe ihm gesagt, daß das Buch Dein Eigentum geworden sei und daß der Buchhändler mit Dir deshalb zu kontrahieren habe. Vielleicht denkst Du selbst daran, es gleichzeitig in Paris erscheinen zu lassen. Berzelius bekommt für die Durchsicht seines Handbuches, soviel ich weiß, 3000 fr. Soviel glaube ich von dem, was uns Pelouze sagt, entnehmen zu können, daß es in Frankreich mit empressement erwartet wird. Ich kenne zwei Leute, ganz tüchtig zum Übersetzen. Da die Artikel im Französischen in einer ganz anderen Ordnung aufeinanderfolgen, so könnte es in Paris nicht eher erscheinen, als bis es ganz vollendet ist, dies hindert aber natürlich die Übersetzung nicht.
Ich wünsche die Revision der Kartons zu haben. Je schneller sie gedruckt sind, desto eher kann es vom Stapel laufen. An dem Register ist nichts auszusetzen, als Aldehyde und Aetherweinsäure noch hineinzubringen. Die Kupfer sind herrlich. In großer Eile herzlichst

Dein J. Liebig

Den 6. September bin ich wieder in Gießen.

Gießen, 7. September 1836

Lieber Vieweg!

Beifolgend ein Brief von Schweigger-Seidel, den ich Dir zusende, damit Du nicht in spezielle Berührung wegen dieser Sache mit ihm kommst, im Fall Du ihm keinen Vorschuß leisten willst. Ich habe ihm geschrieben, daß es mir nicht auffallend sein würde, wenn Du ihm nicht willfahren konntest, da Deine Unternehmungen Dir nicht oder nur schwerlich erlaubten, Deine Fonds aus Deinem Geschäfte zu ziehen. Verfahre übrigens nach Deinem Gutdünken. Zinsen wird er sich berechnen lassen, und es ist mir nicht im entferntesten bange, daß er die 300 Thlr. in 3 Monaten heruntergearbeitet hat. Es wäre vielleicht selbst gut, ihn in dieser Beziehung nicht in seiner Not stecken zu lassen. Ich glaube, selbst 100 Thlr. sind ihm sehr willkommen. Schreibe mir darüber jedenfalls einige Worte, die ich ihm zusenden kann, und schicke mir seinen Brief wieder retour.

Herzlichst Dein Justus Liebig

[Gießen,] den 16. September 1836

Lieber Vieweg!

Ich bin Dir wahrhaft verpflichtet für die Bereitwilligkeit, mit der Du auf die Verbesserungen eingegangen bist, um so mehr, da sie mit nicht unbedeutenden Aufopferungen verbunden sind. Ich konnte auf den Kartons nicht genau auf die Druckfehler sehen, und ich bitte Dich ganz besonders, Herrn Otto darauf aufmerksam zu machen. Wegen dem Preise bin ich gewiß, daß Du durch großen Absatz eine hinlängliche Entschuldigung findest. Der französische Buchhändler wird sich selbst an Dich wenden. Pelouze glaubt, daß man dorten 2000 Exemplare absetzen könnte. Ich habe an Prof. Otto wegen der noch fehlenden Artikel vor Analyse geschrieben, er wird sie ungesäumt liefern.
Wegen Schweigger-Seidel ist mir die ganze Geschichte unangenehm, allein, sein ewiges Klagen und Lamentieren abgerechnet, ist er ein solider Arbeiter und für alles, was System betrifft, Pünktlichkeit und Ordnung, in jeder Beziehung achtungswert. Tatsache ist, daß es ihm schlecht geht. Darüber kann kein Zweifel sein, alle seine Unleidlichkeiten stammen von dieser Wurzel und können ihm verziehen werden, weil er unglücklich ist. Sein Verhältnis mit Barth kenne ich von Erdmann genau. Er verlangte von ihm auf eine unpassende Weise den in Rede stehenden Vorschuß, worüber sich Barth ärgerte und es zum Zank und Bruch kommen ließ. Ich habe ihm heute geschrieben, daß Du auf meinen Wunsch ihm einen Vorschuß von 100 Thlr. machen wolltest, daß er diese 100 Thlr. abverdient durch seine zu liefernden Artikel, [daß er] jedesmal einen neuen Vorschuß von 50 Thlr. bekommen könnte. Dies wird ihn anfeuern, so schnell als möglich zu arbeiten. Da er weiß, daß ich ihm auf dem Nacken sitze, so wird er sich vor Hudeleien wohl hüten. Ich denke, Du bist damit einverstanden. Ich fürchte, wenn dem armen Teufel eben nicht geholfen wird, wo seine Not am größten scheint, so wirft er sich einem anderen in die Arme und läßt uns sitzen, was dann sehr unangenehm wäre. Mit 5 Bogen hat er diese 100 Thlr. schon abverdient. Ich habe ihm ein Verzeichnis von Artikeln geschickt, an dem er jetzt beschäftigt ist, und in 5 Wochen bist Du gänzlich gedeckt.
Es wäre zweckmäßig, wenn Du zur Vorbereitung des dritten Heftes Dir etwas Zeit nähmest, damit Du hinsichtlich der Auflage Dich danach richten kannst.
Wenn Du nach dem Elsaß gehst, so ist Dein Weg über Gießen. Ich freue mich sehr, Dich nach so langer Zeit wieder zu sehen und bin begierig, ob wir unsere Personen wiedererkennen oder sehr verändert finden. Dein Vorsatz, vor der Anlage die wichtigsten Papierfabriken zu sehen, ist das, was ich für unumgänglich nötig halte. Ich wünschte, ich könnte mich mit Euch assoziieren, aber die Entfernung ist zu groß.

Herzlichst Dein Justus Liebig

Nach Deinem Wunsche habe ich einige Mitarbeiter noch zugefügt.

Gießen, den 26. Dezember 1836

Lieber Vieweg!

Die Zeit, welche seit Deiner Abreise von Gießen verflossen ist, läßt mich vermuten, daß Du jetzt wieder bei Deinen Penaten bist, und ich sende Dir meinem Versprechen gemäß den ganz aus[-] und umgearbeiteten Artikel Analyse und die fehlenden vorhergehenden Artikel. Ich wünsche, daß sogleich und ungesäumt mit dem Druck fortgefahren werden möge. Es kommen zwei Platten mit Figuren zu dem dritten Heft. Wo sollen sie gestochen werden? Es ist von rechter Wichtigkeit für Dich, wenn das 3. Heft noch vor der Ostermesse versendet wird. Du wirst durch die Versendung desselben genau erfahren, wieviel von den beiden ersten abgesetzt worden sind, denn diejenigen, welche die beiden ersten behalten haben, nehmen auch das dritte. Was die Hoffnungen hinsichtlich des Absatzes betrifft, so sende ich Dir hierbei zwei Briefe von zahllosen, die mir Schmeichelhaftes sagen. Obwohl ich weiß, daß es von den meisten um den Bart gestrichen ist, so ist dies doch besser, als wenn sie schweigen. Die Leute sind ganz verrückt mit dem Buch. Auch erhältst Du ein Verzeichnis der Bearbeiter der folgenden Artikel. Sage Herrn Otto, daß ich den Artikel Antimon als den ersten eines Metalls selbst bearbeiten wolle. Ich erwarte binnen 14 Tagen die Korrektur des ersten Bogens der Analysen. Ich hoffe, Du bist mit Deiner Reise zufrieden.

Herzlichst Dein Justus Liebig

Meine freundlichsten Wünsche zum neuen Jahre. Möchten wir 1/2 Dutzend Auflagen erleben, und Du das Honorar für die folgenden erhöhen. Die verdammten Bogen fressen unvernünftig Manuskript, damit Zeit, und verursachen eine ungeheure Arbeit.

1837

11. 1. Abdruck der ersten beiden Handwörterbuch-Hefte – Honorarfragen – Zu bearbeitende Artikel, besonders in Hinblick auf Schweigger-Seidel – Besprechungsexemplare – Sonderdruck vom Artikel ‚Organische Analyse'

12. 1. Nachdruck der ersten Handwörterbuch-Hefte – Honorarwünsche – Sonderausgabe der Organischen Analyse – Zur französichen Ausgabe des Handwörterbuchs – Möglichkeiten für englische und russische Übersetzungen

13. 2. Antwort auf voriges Schreiben wird dringend gewünscht, besonders in bezug auf die Handwörterbuch-Hefte und den Sonderdruck Organische Analyse

o. D. Handwörterbuch-Artikel ‚Antimon' wird abgeschickt, Vollendung des dritten Heftes ist damit in Aussicht – Korrespondenzen mit Mitarbeitern (Schweigger-Seidel, Otto)

o. D. Zum Handwörterbuch-Artikel ‚Anorganische Analyse' – Risiko des Autors – Dänische Übersetzung – Sonderdruck Organische Analyse als selbständiges Buch

26. 2. Titel-Vorschlag für die Sonderausgabe Organische Analyse – Ankündigung für das dritte Handwörterbuch-Heft; Subskriptionspreis

10. 3. Schwierigkeiten mit Handwörterbuch-Mitarbeitern – Artikel ‚Amygdalin' – Freiexemplare – Verschiedenes, darunter zum Artikel ‚Arsen'

8. 4. Arbeit am 3. Handwörterbuch-Heft; Abbildungen – Freiexemplare

24. 4. Rechentabellen für die Organische Analyse – Druckfehlerberichtigungen für das dritte Handwörterbuch-Heft – Honorar für Schweigger-Seidel – Bitte um einige Sonderabdrucke

17. 5. Kupferplatten für Handwörterbuch-Abbildungen, Korrekturen darauf – Stickstoffbestimmungsmethode

1. 6. Bitte um Zusendung fertiger Bogen des dritten Handwörterbuch-Heftes

10. 6. Antwort von Vieweg wird dringend erbeten – Honorarwünsche wegen Reisefinanzierung

16. 6. Absendung von Manuskripten für das dritte Handwörterbuch-Heft; Abbildungen – Honorar – Sonderdrucke der Organischen Analyse

17.6. Dank für Honorar – Poggendorffs Säumigkeit – Gestaltung der Kupfertafeln vom Handwörterbuch – Absatz des Handwörterbuchs – Beschleunigung des Druckes – Klagen über Poggendorff – Leserwünsche – Schwierigkeiten der Arbeit am Handwörterbuch – Beliebtheit von Berzelius' Handbuch – Probleme mit den Mitarbeitern; Zukunftsaussichten – Vertrauliche Behandlung der Briefe durch Vieweg erbeten

2. 7. Verschiedenes in Kürze: Sonderdruck Organische Analyse; Handwörterbuch-Artikel ‚Arsenik' für das vierte Heft, Abbildungen dazu aus Roses Handbuch der analytischen Chemie

7. 9. Beobachtungen in Papierfabriken Irlands, Schottlands und Englands: Wasserklären, Lumpenreinigung, Leimen

3. 10: Anfragen Viewegs in bezug auf alle Stufen der Papierfabrikation

11. 10. Versand von Freiexemplaren des Handwörterbuchs nach Paris hat nicht geklappt

3. 11. Weitere Einzelheiten über Papierfabrikation: Wasserklären, Lumpenreinigen, Bleichen, pergamentähnliches Aussehen, Leimen

Gießen, den 11. Januar 1837

Lieber Vieweg!

Ich freue mich, daß Du von dem Erfolg Deiner Reise befriedigt bist, und wünsche von Herzen, daß in dem neuen Jahre alle unsere Wünsche in Erfüllung gehen möchten. Was Deinen Vorschlag betrifft, einen Abdruck von den beiden ersten Heften zu veranstalten, so halte ich dies ebenfalls für nötig. Schwerlich werden viele von den versandten Exemplaren, nach allem, was ich weiß, daß [sie] in unserer Gegend abgesetzt werden, zurückkommen, und jedenfalls wird das, was zurückkommt, mit dem was Du dazudruckst, im Verlaufe eines Jahres verkauft werden. Ich bin aber nicht für die Erhöhung des Honorars pro rata [=anteilweise], sondern [=besonders] da Du von den folgenden Heften jedenfalls eine größere Auflage zu machen hast. Ich schlage vor, uns für 2500 Exemplare der Auflage pro Bogen fl. 60 zu geben. Dies ist etwa 1/12 mehr, dies pro rata berechnet, und wahrlich, es ist sauer verdient. Wir sind wahrhaft unglücklich, mit einem so trostlosen Menschen wie Schweigger-Seidel zu tun zu haben. Was von meiner Seite geschehen kann, um die Sache zu fördern, soll nicht vernachlässigt werden, allein das Unmögliche kann ich nicht. Ich kann die Artikel bis Antimon nicht übernehmen, den Antimonartikel selbst will ich aber bearbeiten. Für die übrigen muß Poggendorff sorgen, wenn Schweigger-Seidel zur Arbeit nicht gebracht werden kann. Was die mit M (Moldenhauer) bezeichneten Artikel betrifft, so sind sie für das ganze A fertig. Du brauchst nur Poggendorff benachrichtigen, wenn Du sie nötig hast, um sie sogleich zu erhalten. Ich bitte Dich, umgehend an Schweigger-Seidel zu schreiben und ihn zu fragen, ob er in 14 Tagen die aufgegebenen Artikel bis Antimon bearbeiten will oder nicht. Schreibe ihm, ich hätte Dir geraten, Dich wegen Deines Vorschusses, den er Dir auf falsche Versprechungen hin abgelobt hat, sogleich an die Gerichte zu wenden, wenn Dir nicht von ihm unmittelbar eine zusagende Antwort [unleserliches Wort] erteilt würde. Benachrichtige auch Poggendorff von der Verlegenheit, in der wir uns befinden.

Es ist notwendig, daß an einige Zeitschriften das Buch versendet wird. Ich mache Dich namentlich auf Buchner (Hofrat Prof. Dr.) in München, Prof. Erdmann in Leipzig, Prof. Christian Gmelin in Tübingen, Hofrat Dr. Kastner in Erlangen, den Württembergischen Apothekerverein in Stuttgart aufmerksam. Sie werden sogleich in die Posaune stoßen, sobald wir unsere Höflichkeit gegen sie erfüllt haben. Du siehst, das Buch ist verkauft, und noch ist keine Rezension darüber erschienen. Das dritte Heft wird wohl zum großen Absatz beitragen. Ich habe darin alle meine Geheimnisse und alle Handgriffe in der organischen Analyse preisgegeben zum Nutzen der Wissenschaft und dem Deinigen. Von dem Artikel Organische Analyse bitte ich, für mich 20 Extraabdrucke mit besonderer Seitenzahl und Titel zu machen, ich werde Dir Deine Unkosten vergüten. Mache nur, daß die Kupfer so schön werden als die vorigen.

Herzlichst Dein J. Liebig

[Auf der Rückseite des Briefes ist vermerkt:] Die mit diesem Briefe eingegangenen zwei Zeichnungen (Kupfertafeln zur 3. Lieferung) habe ich hierbehalten, so wie auch die von Moldenhauer für A gelieferten 16 Artikel, die ungefähr 4 Kolumnen geben. Dehlke kann indeß noch keinen Gebrauch davon machen.

Gießen, den 12. Januar 1837

Wie ich Dir gestern geschrieben habe, halte ich es, lieber Vieweg, ebenfalls für nötig, daß Du noch 500 Exemplare abdruckst. Sei unbesorgt wegen des Absatzes. Ehe der erste Band beendigt ist, werden wir eine zweite Auflage nötig haben. Von den hiesigen Buchhändlern sind alle Exemplare verkauft worden, und sie könnten noch mehr absetzen, wenn sie tätiger wären. So wird es denn auch bei anderen sein. Ich hoffe, Du läßt uns an dem glücklichen Erfolge des Buches ebenfalls partizipieren und gibst uns nach meinem Vorschlage, anstatt die mehr abzudruckenden Exemplare uns pro rata zu berechnen, für eine Auflage von 2500 Exemplaren pro Bogen fl. 60. Dies ist etwa $^1/_{12}$ mehr als Du vorschlägst und wahrlich für unsere Arbeit nicht zu viel. Mehr wie 500 Exemplare wünsche ich nicht, daß Du drucken mögest, denn sonst wird eine zweite Auflage zu weit hinaus verschoben, was mir sehr unangenehm wäre, indem ich viele Änderungen zu machen habe, welche nur nützlich für den künftigen Absatz sein können. Ich bitte Dich, folgenden Vorschlag in Erwägung zu ziehen. Lasse von meinem Artikel Analyse Organische 1000 Extraabdrucke machen mit besonderer Seitenzahl und Titel, und mache in Deiner Anzeige bekannt, daß diejenigen Abnehmer des Buches, die ihn doppelt zu haben wünschen, ihn für 54 x [Kreuzer] pro Exemplar mit den Kupfern haben könnten, für Nichtkäufer des Lexikons aber zu fl. 1,12. Alle welche sich mit organischer Analyse beschäftigen, werden ihn gerne für ihre Laboratorien doppelt haben mögen, sicher werden die 1000 Exemplare abgesetzt werden. In kleinerem Formate wird er vielleicht noch anständiger aussehen, doch ist es die Frage, ob dies dem Absatz des Lexikons nicht schadet. Ein Berliner Buchhändler hat mir für eine vollständige Beschreibung meines Verfahrens der organischen Analyse pro Bogen 10 Fr'd'or angeboten, und dies ist der Grund, der mich glauben läßt, daß große Nachfrage danach stattfindet. Überlege dies reiflich, denn es kostet Dich ein spezielles Honorar an mich von 20 Fr'd'or als Zuschuß zu meiner englischen Reise.

Ich sehe nach allem, was Du von dem erbärmlichen Subjekt schreibst, daß uns nichts übrig bleibt, als Hand auch an den unbedeutendsten Artikel anzulegen; ich mag auch den Ruf des Buches nicht aufs Spiel setzen. Der Himmel gebe mir nur Gesundheit, und alles übrige wird gut gehen. Hinsichtlich der französischen Ausgabe wage ich Dir gar keinen Rat zu geben. Ich halte die französischen Buchhändler im ganzen für Spitzbuben, obwohl ich einsehe, daß Du einen großen Gewinn machen kannst, wenn Du so glücklich bist, die Spekulation mit einem ehrlichen auszuführen. In England wird von Dr. Gregory in Edinburg eine Übersetzung veranstaltet, welche sicher gut wird, auch daran könntest Du vielleicht partizipieren. Heß, Mitglied der Petersburger Akademie, hat ebenfalls eine Übersetzung im Auge. Alles dies sind keine schlechten Prognostiken. Du siehst nun, was die Literaturzeitungen für einen Einfluß haben. Es dreht sich in der Chemie um einen Namen, auf den die Leute vertrauen, und nicht auf dergleichen Beurteilungen. Ich habe noch keine Rezension zugeteilt bekommen, und die Auflage ist vergriffen. Vergiß aber dennoch nicht, an die gestern bezeichneten Redaktoren Exemplare zu schicken, sie könnten in der Folge doch schaden. So lange ich freilich das Heft, nämlich die Redaktion des Journals in Händen habe, werden sie es nicht wagen, allein wenn das Buch so fortgehenden Beifall findet, so muß ich die Redaktion aufgeben, um mich ganz ausschließlich damit zu beschäftigen. Ich weiß zwar nicht, ob dies klug gehandelt sein würde, ich bin sehr im Zweifel darüber.

Mache nur, daß die neuen Kupfer nicht schlechter ausfallen als die alten, dies würde einen bösen Effekt machen.
Ich bin von ganzem Herzen

Dein J. Liebig

Die Blätter mit den Veränderungen sende ich Dir.

Gießen, den 13. Februar 1837

Lieber Vieweg!

Ich erwarte von Dir die Entscheidung über meine in meinen letzten Briefen gemachten Vorschläge und kann nicht begreifen, warum Du mich ohne Antwort läßt. Willst Du einen neuen Abdruck machen oder damit warten, bis die Messe vorüber ist? Im ersten Fall müßten wir die begehrten [?] Hefte mit Aufmerksamkeit durchsehen, um einige Fehler zu verbessern. Ich wünsche, daß Du die beiliegende Zeichnung lithographieren und in den Text bei Organische Analyse einbinden läßt. Die dadurch verursachten Kosten sind unbedeutend, und auf die Platte läßt sich der Apparat nicht mehr bringen. Tue mir den Gefallen und laß mir 50 Abzüge des Artikels Organische Analyse, mit besonderer Seitenzahl und Titel und mit den Kupfern, machen. Ich will einen Teil davon mit nach England nehmen und werde Dir die verursachten Kosten gerne ersetzen. Mein Antimonartikel ist fertig, er wird $1^1/_2$ Bogen geben. Von Schweigger-Seidel habe ich nicht das Geringste in Händen und auch nichts von ihm gehört. Er lügt, wenn er Dir schreibt, er habe ein Manuskript gesandt.

Herzlichst Dein J. Liebig

Es hat einen unangenehmen Eindruck gemacht, daß Du Müller zur Deckung des Honorars für sein Buch einen Drei-Monat-Wechsel gegeben hast, auch wäre es mir leid, wenn Du D. Sch[?] die paar Freiexemplare, die er mehr haben will, bezahlen ließest, da er auf Honorar verzichtet hat.

J. L.

[ohne Datum]

Lieber Vieweg!

Beifolgend mein Antimonartikel, er wird $1^1/_2$ Bogen geben. Wir bedürfen also mit dem, was eben im Druck ist, noch $3^1/_2$ Bogen, um das 3. Heft zu vollenden. Wenn Du mit diesem Briefe noch keine Antwort von Schweigger-Seidel hast, so schreibe augenblicklich an Poggendorff, damit er selbst mithilft, um uns aus der Verlegenheit zu ziehen. [Es folgt ein durchgestrichener Satz „Schicke mir die Abschrift der Artikel, welche für“, anschließend in Klammern: „(ich habe die Artikel gefunden)“]. Dr. Otto ist wohl so gut, die paar Artikel zwischen Analyse und Antimon zu übernehmen, wäh-

rend ich den weitläufigen Artikel Arsenik beendige. Ich bitte in Beziehung auf den Artikel Antimon die kleinen Papierschnitzel zu beachten.
An Schweigger-Seidel habe ich gestern geschrieben und ihm seine Unrechtlichkeit vorgehalten. Er hat den freien Willen zurückzutreten, wenn er Dich bezahlt hat, allein uns in dem Glauben zu erhalten, daß er Beiträge liefern würde und unser Unternehmen aufzuhalten, dieses Recht besitzt er nicht. Es ist mir leid, daß ich an dem Zuziehen dieses Lumps, so wie Du ihn mit allem Rechte bezeichnest, Schuld bin. Ich werde kein Opfer scheuen, um uns von ihm loszumachen. Beifolgend auch die Korrekturen, da Du keine ausführlichen zuläßt.

Herzlichst Dein J. Liebig

[ohne Datum]

Lieber Vieweg!

Es ist mir leid genug, daß ich in Beziehung auf den Artikel Anorganische Analyse, insbesondere Mineralwasser, so viel Aufenthalt und Kosten habe machen müssen. Allein als ich ihn schrieb, war ich krank, Poggendorff nahm ihn von hier aus mit, um ihn zu bearbeiten, wie es aber mit diesen Leuten geht, so war es auch: Ich bekam den Artikel ganz so, wie ich ihn ausgearbeitet hatte, ohne daß ein Federzug hinzugefügt war. Es soll, wenn ich gesund bleibe, nicht mehr vorkommen. Du wirst mich gewiß entschuldigen, wenn Du meine Stellung erwägst und die unsinnigen Erwartungen, die man sich überall von dem Buche macht. Ich kann nichts stehen lassen, was dem Buche nachteilig und mir zur Unehre gereicht. Die Menschen sind wahrhaft wahnsinnig. Ich erhalte von England Briefe, daß ich die Absendung von mehr Exemplaren veranlassen möge, Oerstedt will in Kopenhagen eine Übersetzung veranlassen. Alles dies ist zum verzweifeln. Es ist unmöglich, ein Buch fehlerfrei zu machen. Man wird die Fehler später finden, und wird alsdann das Geschrei der Schwachen und Niederträchtigen nicht um so größer sein, wird man nicht der Fehler halber das Gute, was darin sein kann und wie ich glaube drin ist, als ein Kind mit dem Bade ausschütten?
Was den besonderen Abdruck des Artikels Organische Analyse betrifft, so habe ich ebenfalls an den möglichen Nachteil gedacht, den er dem Lexikon bringen könnte. Bedenke aber, alles, was darin vorkommt, ist so gut als neu. Die verfluchten pharmazeutischen Journale werden ihn abdrucken und ausziehen, wenn er nicht besonders zu haben ist, und dieser Nachteil wird eintreten, wenn wir ihn nicht besonders erscheinen lassen. Die ganze Chemie bewegt sich eben um die organische Analyse. Dies ist der Grund, warum ich einen besonderen Abdruck in Vorschlag bringe. Da dieser Artikel $2^1/_2$ volle Bogen in dem Lexikon, vielleicht auch drei, ausfüllt, so kannst Du durch Veränderung der Form jedenfalls 4 daraus machen, und mit den schönen Kupfern muß es sich gut ausnehmen. Es muß in einer kleinen Vorrede gesagt werden, daß der besondere Abdruck ausschließlich für Laboratorien bestimmt ist. Die kleine Tafel ist für das Lexikon mit Tafel IV, für den besonderen Abdruck mit Tafel III zu bezeichnen, denn es ist in den beiden ersten Heften ja schon eine Tafel I.
Mit der Fixierung des Honorars wollen wir es also bis nach der Messe lassen. Mein Antimonartikel ist fertig. Ich sende ihn morgen oder übermorgen. Dies ist ein echter

Apothekerartikel, ich habe ganz besondere Sorgfalt darauf verwandt. Mit dem verfluchten Schweigger-Seidel sind wir übel dran, ich nehme jetzt einen jungen Mann hier an (von Ostern an), der mir diese Artikel unter meinen Augen machen soll; man kann sich auf niemand verlassen. Ich will [unleserlicher Name] und Müller gehörig zurechtsetzen.

Herzlichst Dein J. L.

Es wird nicht nötig sein, die korrigierten Bogen 23 etc. nochmals hierhergehen zu lassen, ich erwarte also nur 23a und 24a und b.
Wie ist es denn mit den Exemplaren für die Journale?
Die Korrekturen für den Nachdruck sende ich in dieser Woche.

Gießen, den 26. Februar 1837

Lieber Vieweg!

Ich glaube, der folgende Titel ist für den besonderen Abdruck passend:

Das
Verfahren zur Analyse organischer Körper
von
Dr. Justus Liebig
Ord. Prof. der Chemie an der Univ. zu Gießen
des Großherz. Hessisch. Ludwigsordens Ritter, der Königl. Akademie der Wissenschaften zu Berlin, der Kaiserl. Ak. der W. zu St. Petersburg etc. etc. correspondierendes Mitglied.
Br. bey E. V.
Besonderer Abdruck aus dem Handwörterbuch der Chemie von Poggendorff und Liebig.

In dem besonderen Abdruck wird es gut sein, soviel Absätze mit Überschriften als möglich zu machen, d. h. die einzelnen Verfahrungsweisen nicht so ineinander zu schachteln, wie es für das Lexikon nötig war. Dr. Otto wird die Sache so gut ordnen können wie ich, so daß es nicht nötig ist, die Bogen nochmals hierherzusenden. Eine Vorrede besorge ich.
In der Ankündigung bitte ich einen Satz, worin mein Name vorkommt, auf folgende Weise zu ändern: „Die dritte Lieferung, u. a. die Artikel Analyse Organische, Antimon etc. enthaltend, erscheint zur Ostermesse". Anstatt Apotheker-Gehülfen bitte ich zu setzen: die Herren Pharmazeuten. Ferner anstatt: wir laden die Herren Chemiker, Pharmazeuten und Fabrikanten, zu sagen: „Um die Anschaffung des Handwörterbuchs auch wenig bemittelten möglich zu machen, haben wir uns, und zwar nur auf den ausdrücklichen Wunsch der Herren Herausgeber, zur Festsetzung des ungewöhnlich billigen ersten Subskriptionspreises entschlossen. Wir machen die Herren Chemiker, Fabrikanten und Pharmazeuten darauf aufmerksam, sich denselben durch rechtzeitige Bestellung zu sichern, da etc."

Bei der Tätigkeit, die Du entwickelst und die ich bewundere, da sie von dem kleinlichen Verfahren anderer Buchhändler so sehr abweicht, ist ein ungünstiger Erfolg des neuen Abdrucks nicht denkbar.

Herzlichst Dein Justus Liebig

Wie ist es mit den Exemplaren an die aufgegebenen Adressen? Dr. Turner in London ist vor 14 Tagen gestorben, also dorthin ∅ [=nicht]. Schreibe mir, ob die Anzeige auf ein besonderes Blättchen gedruckt und den Annalen beigeheftet werden soll.

Gießen, den 10. März 1837

Lieber Vieweg!

Das ist allerdings ein impertinenter Schurke [Schweigger-Seidel], erst borgt er das Geld und verspricht, es in Beiträgen zu bezahlen, und nun verweigert er die Beiträge. Du mußt ihm gehörig zu Leib gehen, auch ich schreibe ihm heute. Das Verklagen wird nichts helfen, doch muß es angedeutet werden. Er scheint auf dem Punkt zu sein, sich bankrott zu erklären. Wenn es also eingeklagt wird, so ist er der Beiträge ledig und Deine Forderung kommt in die Masse. Seine Beiträge, welche folgen, sind aber gut, und wenn dieser trostlose Mensch gehörig angegangen wird, so liefert er sie am Ende auch, auf den Titel darf er auf keinen Fall. Aus dem beigeklebten Zettel siehst Du, was Alexander von Humboldt etwa denkt. Dies darf nicht geschehen.
Schicke mir doch den fertigen Abzug von Amygdalin – ich habe ihn nötig, da ich diese Geschichte in den Annalen publizieren will –, auch einige Exemplare des 2. Abdruckes der beiden ersten Hefte. Vergiß dies nicht. Ich gehe nächste Woche auf einige Tage nach Darmstadt, die Korrekturbogen werden mir nachgeschickt, dies soll keinen Aufenhalt machen. Vergiß doch nicht die Versendung der Freiexemplare an die Journale, an Gay-Lussac, Pelouze, Erdmann etc.

Freundlichst Dein J. Liebig

Deine ausgezeichneten Drucke verdienen mehr wie einen Orden. Berühmt bist Du schon unter den Autoren und im Publikum, warum sollte dies eine Regierung nicht anerkennen?
Das Ding, die technische Lehranstalt [es folgt ein unleserliches Wort], soll in den Annalen angezeigt und gepriesen werden.
Den Artikel Arsen kann ich Herrn Otto nicht überlassen. Es ist ein Hauptartikel, bei welchem man erwartet, daß ich und kein anderer ihn bearbeitet; diese Erwartung darf nicht getäuscht werden. Ich glaube gewiß, daß er ihn ebensogut, vielleicht besser macht wie ich, allein das Publikum ist wunderlich, und der Erfolg des Buches darf nicht aufs Spiel gesetzt werden, so oft würde ich es gerne tun.

Gießen, den 8. April 1837

Lieber Vieweg!

Soeben schickt mir Poggendorff die dritte Kupfertafel (die zweite für das 3. Heft) zur Korrektur. Da ich eben die Bogen 23 bis 24 nicht habe, so bin ich in dieser Arbeit aufgehalten. Sei so gut, mir umgehend alles, was bis zum 26. Bogen gedruckt ist, zuzusenden, gleichgültig ob geglättet oder nicht; Bogen 21, 22 und 1/2 Bogen von 23 habe ich. Wenn die zweite Hälfte des Bogens 25 (also 25^{x}) noch nicht abgezogen ist, so schicke sie mir wieder zu, es sind S. 396 zwei Figuren angegeben, während sich auf der Tafel nur eine befindet. Sollte es zu spät sein, so muß für dieses Blatt ein Karton gedruckt werden. Wenn aber auf der zitierten Seite auf der 4. Linie von oben nur eine Figur angegeben ist, so kann es unterbleiben.
Was die Versendung der Freiexemplare betrifft, so versteht es sich von selbst, daß jeder Mitarbeiter, also alle die, welche in der Vorrede genannt sind, ein Exemplar erhält. Außer diesen noch folgende Redakteure von Journalen: Hofrat Kastner in Erlangen, Hofrat Buchner in München (Geheimer Hofrat Gmelin hat eins von Dir erhalten?), Professor Christian Gmelin in Tübingen. Versende sie nur bald, denn ich merke schon böses Blut bei Buchner. Versäume nicht, mir umgehend die mir fehlenden Bogen zu schicken.
Die Anzeige habe ich erhalten, an Winter etc., sowie das Buch an Linde besorgt.

Herzlichst Dein Justus Liebig

Gießen, den 24. April 1837

Lieber Vieweg!

Ich sende Dir heute mit den Korrekturen eine Anzahl Tabellen, die ich für den besonderen Abdruck des Artikels Organische Analyse habe berechnen lassen. Ich wünsche, daß die Zahlen auf etwas stärkeres Papier und zwar für jedes Exemplar doppelt gedruckt werden, so daß sich die Käufer einen Abdruck davon auf Pappdeckel können aufziehen lassen. Man kann für Wasserstoff, Kohlenstoff und Stickstoff die Zahlen in zwei Kolumnen auf jeder Seite, nicht zu nahe beieinander, drucken, und zwar wäre es zweckmäßig,

H	H_{20}	C	C_{20}	
H_2		C_2	C_{21}	etc.
		C_x		

wenn nur eine Seite gedruckt und die andere, also die hintere, leer gelassen würde. Sie sind numeriert in der Ordnung, wie sie aufeinander folgen.
Sodann müssen für das 3. Heft des Lexikons die beifolgenden Druckfehler, die sich erst bei Vergleichung der Figuren mit dem Text herausgestellt haben, auf ein besonderes Blättchen gedruckt und dem Hefte vorgebunden werden, weil ohne ihre Berichtigung die Figuren, oder einige davon, unverständlich sind, statt Fig. II ist z. B. Fig. 2 gedruckt etc.
Für den besonderen Abdruck wünsche ich, daß die Seiten, worauf diese Zahlen vorkommen, umgedruckt werden, weil es bei diesen weniger Arbeit macht.
Es folgen ferner die Artikel Aqua Binelli und Aqua regis und der Anfang des Artikels Arsen.

Morgen fangen meine Vorlesungen an. Ich bin dadurch in den ersten 14 Tagen so beschäftigt, daß ich nichts anderes denken und treiben kann. Bis dahin soll der Rest des Artikels Arsen nachfolgen.
Schweigger-Seidel hat, wie Du weißt, einige Artikel geliefert, zeitig genug, um sie zu drucken. Er hatte sie in Auftrag und sie müssen ihm bezahlt werden. Da aber Poggendorff, ohne darauf Rücksicht zu nehmen, die nämlichen Artikel, und zwar ohne sie bei Schweigger-Seidel abzustellen, bearbeitet hat, so können sie ihm nicht gutgeschrieben werden. Er hat sich dies selbst zuzuschreiben, umsomehr, da die Artikel von Schweigger-Seidel meiner Meinung nach brauchbar waren. Die Differenz von dem was Schweigger-Seidel bekommt und seinem Honorar muß ihm natürlich vergütet werden. Ich habe Schweigger-Seidel für den Bogen 30 Thlr. zugesichert.
Beifolgend ferner einige Briefe, Schweigger-Seidel betreffend.
Schicke mir doch einige gute Abdrucke des Lexikons und von den Tabellen 50 Extraabdrucke, die Du mir berechnest zu 12 Kreuzer pro 8 Stück. Ich werde sie meinen Freunden geben, die sie an die Eleven des Laboratoriums verkaufen sollen. Ein paar Abdrucke des Extraabdrucks der Organischen Analyse schenkst Du mir sicher.
Ich hoffe, daß Du gute Nachricht von Leipzig mitbringst.

Freundlichst Dein J. Liebig

Gießen, den 17. Mai 1837

Lieber Vieweg!

Ich habe in langer Zeit nichts von Dir gehört. Ich hoffe, daß Du in Leipzig Ursache hattest, mit dem Wörterbuch zufrieden zu sein, daß unsere Hoffnungen nicht getäuscht worden sind.
Poggendorff schreibt mir gestern wegen der Kupferplatten, er will, daß bei den einzelnen Figuren die Seitenzahlen angegeben werden, wo davon die Rede ist. Dies ist sehr bequem, wird sich aber nicht machen lassen, weil sonst die Platten zu dem besonderen Abdruck nicht passen, wenn Du nicht die Absicht hast, diese Zahlen verändern zu lassen. Sodann ist auf der Tafel IV des Lexikons, Taf. III des Abdrucks, ebenfalls auf Seitenzahlen verwiesen, auch diese müssen gestrichen werden, wenn dasselbe für beide passen soll. Ich meine, man sollte diese Seitenzahlen auf beiden hinweglassen.
Ich habe seither wie ein Pferd an meiner neuen Methode, den Stickstoff zu bestimmen, gearbeitet und bin so glücklich gewesen, eine vortreffliche zu finden. Die Beschreibung derselben ist kurz, es bedarf weiter nichts, als daß die Seiten 385 und 386 des Lexikons und die Seiten 347 bis 350 des besonderen Abdruckes umgedruckt werden; man kann Kartons einschieben. Ich erwarte sehnlichst Antwort von Dir.

Herzlichst Dein Justus Liebig

Könnte man nicht vielleicht auf einem Oktavblättchen die Nummern der Figuren und die Seitenzahlen, wo sie vorkommen, angeben und darauf die Druckfehler in dem Text verbessern?
Die Tafel III von dem anderen Berliner Kupferstecher kann man gar nicht sehen neben den anderen.

Gießen, den 1. Juni 1837

Lieber Freund!

Ich bitte Dich, mir umgehend die fertigen Bogen des dritten Heftes, namentlich die eine Antimon, zuzusenden, ich habe sie zur Bearbeitung des Geigerschen Handbuchs nötig. Schiebe diese Sendung nicht auf, wie seither alles.

Herzliche Grüße

Dein J. Liebig

Gießen, den 10. Juni 1837

Lieber Freund!

Ich habe seit 14 Tagen und länger vergebens auf Nachricht und Antwort von Dir gewartet. Du weißt, daß ich Deine Meinung über die Kupfer etc. wissen muß, um die Korrektur etc. an Poggendorff ausführen zu lassen. Ich bitte Dich, meine Briefe durchzulesen und nicht zu versäumen, mir die gestellten Fragen zu beantworten. Lasse Dich übrigens nicht abhalten, darin ganz nach Deiner Bequemlichkeit zu verfahren, denn ich bin nicht dabei interessiert, ob das dritte Heft morgen oder in einem Jahr erscheint, vielleicht nur insofern, als die darin enthaltenen Sachen den Reiz der Neuheit verlieren dürften. Nur in einer Hinsicht wäre mir eine Antwort und zwar eine umgehende angenehm. Du weißt, daß ich den 1. August von hier nach England abreisen will, und zwar denke ich die Reise zu bestreiten mit dem Honorar für meine Beiträge zu den drei Heften und dem Honorar für den Extraabdruck des Artikels Organische Analyse. [Wenn] Dich es nicht geniert, so wäre es mir lieb, das Honorar gegen den 15. Juli hier zu bekommen, also entweder mit einem Wechsel auf dahier auf Sicht oder auf Zahlung auf den 15. Juli. Im Fall aber bei Deinen großen Unternehmungen, Papierfabrik etc., Dir es lieber sein sollte, mir das Honorar erst bei Beendigung des Bandes zu bezahlen, so ist mir dies auch recht. Nur muß ich darüber eine bestimmte Antwort in der Kürze von Dir haben, damit ich darauf denken kann, mir das Geld von anderer Seite her zu verschaffen. Sobald ich über die übrigen Fragen Nachricht von Dir habe, erhältst Du die Vorrede zu dem besonderen Abdruck und die Veränderungen, die ich auf einem Blatt des Lexikons vorzunehmen mich gezwungen sah.

Freundlichst Dein Justus Liebig

[An den Verlag]
Ich bitte, dem Herrn Vieweg den eingeschlossenen Brief nach Leipzig zu schicken, wenn er von da noch nicht zurückgekehrt sein sollte.

Justus Liebig

Gießen, den 16. Juni 1837

Lieber Vieweg!

Du erhältst hiermit alles, was Du von meiner Seite zur Beendigung des 3. Heftes bedarfst. Die Abdrucke sind zur Korrektur nach Berlin gegangen. Der neue Apparat Fig. 11 b Taf. III ist eingezeichnet worden, so daß der Karton nicht fehlen darf.
Wenn ich mich in meiner Berechnung nicht geirrt habe, so beträgt mein Honorar für 3000 Exemplare a/bb pro Bogen fl. 1100.

Dr. J. Liebig

Ich bitte mir 30 Extraabdrucke des besonderen Abdrucks der Organischen Analyse aus, die Du mir natürlich berechnest. Willst Du nicht noch 50 Exemplare meinen Assistenten in Verlag geben? Auch wäre es mir angenehm, noch 6–8 Abdrucke der ersten Hefte Velin zu haben.

Gießen, den 17. Juni 1837

Es ist mir leid, lieber Vieweg, daß ich Dir wegen dem Honorar geschrieben habe, da ich erst Deinen heutigen einen Wechsel auf Herder u. Co. auf 800 fl. erhalte, und mithin eine Erinnerung umso unnötiger war, was ich denn auch eigentlich nicht beabsichtigte. Ich danke Dir einstweilen herzlich für diese Sendung und bitte Dich, den Rest von dem, was ich vielleicht noch zu bekommen habe, später zu verrechnen. Ich gehe sogleich an unsere Geschäfte. Poggendorff ist zu sehr Konfusionarius, als daß Du auf eine pünktliche Ausführung einer Vorschrift rechnen dürftest, Du wirst stets besser tun, wenn Du mir jedes Mal schreibst, wie verfahren werden soll, ich will es ihm alsdann schon andeuten; dies bezieht sich natürlich auf die Kupfer. Wie es damit gehalten werden solle, wußte ich nicht. Auch Poggendorff schrieb mir Deine Instruktion nicht, er schrieb mir bloß, daß ich die Seitenzahlen auf der Platte angeben solle, was er ebensogut hätte tun können, da er ein korrigiertes Exemplar des Artikels von mir in Händen hatte. Ich hielt diese Angaben der Seitenzahlen für unnötig und überflüssig um so mehr, da die Kupfer auf zweierlei Weise gebraucht werden sollten. Wenn ein Blättchen mit Angabe der Seitenzahlen dem Hefte beigebunden wird, so ist der nämliche Zweck erreicht, und auf den Platten bedarf es alsdann lediglich die Nummern der Figuren. Dies war in unserem Falle um so zweckmäßiger, da einige Figurenbezeichnungen falsch sind, die man auf den nämlichen Blättchen berichtigen könnte. Du hast alles von mir jetzt in Händen, was dazu nötig ist. Willst Du übrigens, daß die Seitenzahlen auf die Platten kommen, so darfst Du nur das Blättchen, was sich auf das Lexikon bezieht, an Poggendorff senden, ich meine aber, mein Vorschlag wäre besser. Für den besonderen Abdruck ist kein Blatt der Art beigelegt. Du kannst dies übrigens von einem Deiner Leute ausziehen lassen, wenn Du das für das Lexikon entworfene zu Grunde der Angaben legst. Diese Sache wäre damit also abgemacht.
Es war für mich die angenehmste Nachricht, daß Du mit dem Absatz zufrieden bist und zum wenigsten Deine Kosten gedeckt siehst. Dies ist natürlich kein kleiner Sporn, um mit Kraft und Eifer auf dem eingeschlagenen Wege fortzufahren. Was die Beschleunigung des Druckes betrifft, so ist unser großes Unglück, daß ich Poggendorff und nicht

einen anderen gewählt habe. Ich kann nicht daran denken, ohne mich schwer zu ärgern. Von Januar bis Mai habe ich unausgesetzt an dem dritten Hefte gearbeitet und es beinahe allein vollendet. In diesen 4 Monaten hätte er recht gut ebensoviel an dem 4. Hefte arbeiten können, und er hat keine Zeile geschrieben. Dies ist doch zum Verzweifeln, wenn man bedenkt, daß er nicht wie ich mit laufend anderen drückenden und zeitraubenden Geschäften gequält ist. Bis jetzt hat der Druck durch mich noch keinen Monat gestockt und doch habe ich gleichzeitig 30 Bogen von Geigers Handbuch bearbeitet, und diese sind ebenfalls gedruckt. Alle Welt klagt ferner über seine verdammten Artikel Absorbtion und Alkohol, jeder findet sie gut, aber unangemessen für unser Buch. Poggendorff besitzt eine stupende Gelehrsamkeit, aber kein Urteil. Daher kommt es, daß er das zu verarbeitende Material nicht zu sichten weiß, sondern daß er alles, was vorliegt, mit hinein bringt. Man will in der Welt der Mühe überhoben sein, sich aus dem Vorhandenen ein Urteil zu bilden; dies allein wird gesucht, geschätzt und bezahlt. Die große Mehrzahl der Menschen mit aller Fähigkeit zu denken, ist zu faul dazu, andere übernehmen diese Mühe. Wie bei Volksbewegungen gibt es Leithammel in der Wissenschaft; was sie sagen ist Gesetz, was sie verwerfen ist verworfen, dabei befriedigen sich die Leute. Es kommt nun alles darauf an, ob das, was sie sagen, der Ausdruck der Ideen der Zeit ist oder nicht, ob es die Wahrheit der Zeit ist oder ein Irrtum der wissenschaftlichen Epoche: Dieses macht nun die Arbeit für mich sehr schwer und für Poggendorff unmöglich, da es mit dem Zusammenschreiben nicht getan ist. Ein jeder Artikel kostet mich ein Stück von meinem Leben. Der Artikel Antimon hat mich so angegriffen, daß ich mehrere Wochen ganz unfähig zu irgendeiner anderen Arbeit war, und noch jetzt bin ich nicht ganz hergestellt. Du siehst daraus, wie wenig Du darauf rechnen kannst, daß das Buch selbst von meiner Seite, selbst wenn Poggendorff nicht so ungeheuer faul wäre, schnell in den Buchhandel kommt. Ich gebe zu, daß es schneller gehen könnte, wenn ich Mitarbeiter zuzöge, allein dies wäre zu Deinem und meinem entschiedenen Nachteil. Nach dem, was ich oben gesagt habe, wirst Du mich vollkommen verstehen. Man will keine zusammengeschriebenen Artikel. Ich kann die von Dr. Otto, die sehr gut für viele andere Bücher sind, nicht ansehen, ohne mir Vorwürfe zu machen, daß ich sie nicht selbst bearbeitet habe; so ist es dann bei allen anderen.

Du bist nicht ausschließlich Kaufmann, sondern der unterrichtetste und intelligenteste Buchhändler, den ich in meinem ganzen Leben kennengelernt habe. Ich bin überzeugt, daß Du vollkommen einsiehst, warum Berzelius' Handbuch einen so kolossalen Debet hat. Du weißt, daß alle chemischen Tatsachen in diesem Buch in allen anderen stehen. Dies kann die Ursache nicht sein, warum es mehr als die anderen gesucht wird. Diese liegt darin, daß er seine Meinungen durchdacht und klar gegeben hat, daß er für andere gedacht und diese des Denkens überhoben hat, dies allein will man. Hätten an seinem Buch andere Leute Anteil, so würde es an Wert verlieren. So ist es mit unseren sogenannten Mitarbeitern. Man hat den Mut zu sagen, es sei wahr, weil ich es gesagt, allein weil dies oder jenes von Otto, von Erdmann etc. gesagt wurde, gilt für keinen Beweis. Dies ist nun einmal so. Du würdest in einer kurzen Zeit einige tausend Taler verdienen, wenn es nach Deiner Idee bearbeitet und schnell ins Publikum gebracht wird. Ich verbürge Dir aber eine zehnmal größere Einnahme auf viele Jahre hinaus, wenn Du mich fortfahren läßt, so wie ich angefangen habe. Es geht in der Folge, wo ich den Geiger vom Halse habe, rascher. Vor allem muß ich auf Wiederherstellung meiner Gesundheit bedacht sein, ohne die alles andere Nichts ist. Dazu soll mir nun die Reise nach England verhelfen wie ich hoffe, und tausend nützliche Sachen werde ich für das Lexikon von da mitbringen. Wie wenig ich mich darin täusche, daß man die Mitarbeiter nicht will, kann ich Dir durch 60 oder 80 Briefe beweisen, die an mich geschrieben wurden, lediglich um bei den ersten Heften, wo die Artikel nicht unterzeichnet waren, zu erfahren, welche Artikel von mir und welche nicht von mir bearbeitet wären! Für das 4. Heft will ich, damit es nicht zu lange dauert, übrigens mehrere Mitarbeiter zuziehen. Ich denke, das dritte, was jetzt erscheint, soll vieles gut machen, den Mut und das Vertrauen der Käufer beleben. Poggendorffs Artikel will ich die Flügel beschneiden, ich lese [?] dafür, daß sie nicht mehr so lang werden. Da hast Du nun meine Theorien über die Fabrikation des Lexikons, Deine Praxis wird Dir sagen, was zu tun ist. Ich bitte Dich schließlich, alle meine Briefe, worin so viele Urteile über fremde Personen vorkommen, Urteile, die ihnen zum Teil schaden könnten, nicht in die gewöhnlichen Repositorien, sondern in besonderen Verschluß zu nehmen. Sage mir ein Wort darüber, damit ich nicht nötig habe, deshalb in Unruhe zu sein.

Von ganzem Herzen

Dein J. Liebig

Gießen, den 2. Juli 1837

Lieber Vieweg!

Ich habe gehofft, noch vor meiner Abreise einige Exemplare des Abdrucks der Organischen Analyse, um sie mitnehmen zu können, zu erhalten. Vielleicht kannst Du mir einige – 5 sind genug – nach London [schicken] unter der Adresse Dr. R. D. Thomson, Gowerstreet 22. London, Redactor of the British Annals of Medicine and Pharmacy.

Beikommend erhältst Du den Arsenik-Artikel, mit welchem das 4. Heft anzufangen ist. Ich habe Poggendorff hinsichtlich des übrigen instruiert, ich hoffe, er wird es an nichts fehlen lassen. Ich lege ferner einen Artikel von einem sehr intelligenten Kattunfabrikanten über Beizen bei; zur Revision wird man ihm den Bogen nach Aarau senden müssen. Deinen Aufträgen nach England oder Paris sehe ich entgegen. Ich kann durch die Briefpost noch Antwort von Dir haben, da ich erst den 31. Juli abreise.
In dem Arsenartikel sind 5 Apparate beschrieben, die sich auf Holzschnitte in Roses Handbuch der Analytischen Chemie beziehen. Ich hoffe sie für das Lexikon von Rose zu erhalten und lege einen Brief an Poggendorff bei, damit ihn dieser nochmals darum angeht. Sollte Rose, was ich mir kaum denken kann, sie uns verweigern, so wäre es gut, sie kopieren zu lassen.

Von ganzem Herzen

Dein Justus Liebig

Ich glaube, es würde Poggendorff sehr angenehm sein, das Honorar zu erhalten, er bemerkte es wenigstens in seinem letzten Brief.

Glasgow, den 7. September 1837

Lieber Vieweg!

Ich beantworte Dein Schreiben vom 6. August jetzt noch, nachdem ich Gelegenheit hatte, die wichtigsten Papierfabriken Irlands, Schottlands und Englands zu sehen. Ich habe nichts versäumt, um Deinen Wünschen zu genügen und glaube, Dir auf alle Deine Fragen die befriedigendsten Antworten geben zu können.
1. Wasserklaren. Darauf ist in allen Fabriken eine außerordentliche Sorgfalt verwandt. In einer sehr schönen Fabrik in der Nähe von Dublin war das Wasser eines Baches in drei Behältern, die miteinander in Verbindung standen, gesammelt, in einem jeden setzte es sukzessive alle Unreinigkeiten ab. Die Wände der Deiche waren nicht von Stein, also nicht gemauert, sondern gewöhnlicher festgestampfter Letten (Ton).

Das erste Bassin hatte 30 Schritte im Quadrat, die anderen waren kleiner. Das Wasser war Quellwasser und an und für sich schon sehr klar und rein. Aus dem dritten floß es in die Fabrik. Die Röhre, wo es ausfloß, war mit einem wollenen weiten Sack überbunden, so daß nur durch die Poren der Wolle das Wasser ausfließen konnte, es war also ein förmliches Filtrieren. Bei einer Fabrik 2 Stunden von Edinburg (Cowen u. Comp.) war das Bachwasser an und für sich unrein, es wurde auf folgende Weise filtriert.

Zwei Bassins aus Erde und Letten, in der Mitte durch eine Mauer getrennt, standen durch die eiserne Röhre a miteinander in Verbindung. Das Bassin A wurde mit Wasser gefüllt, das Wasser filtrierte durch die verschiedenen Kiesschichten und kam von unten rein in B. Alle diese Bassins waren unbedeckt.
2. Lumpenreinigung. Sortieren wir gewöhnlich unter den Lumpen zu dem feinsten Papier, sah ich ganz grobe Leinen, feine Leinen und baumwollene Lumpen, alles durcheinander. Nachdem sie wie gewöhnlich mit Lauge gekocht waren, kommen sie in den Holländer, in welchem die Messer weit auseinandergestellt waren, so daß die Lumpen nur wenig zerrissen wurden. Die großen Stücke waren vorher durch Kinder mit Hilfe der aufrechtstehenden Messer in 2 Zoll breite und 6–8 Zoll lange Fetzen zerrissen. Bei dieser Operation floß beständig reines Wasser zu, das unreine Wasser floß ab. Sobald das Wasser in dem Holländer klar, also alle Unreinigkeiten entfernt waren, wurden die Lumpen wie gewöhnlich aber nicht ganz fein verkleinert, in der Art, daß sie zollange feine Fasern bildeten. In diesem Zustande werden sie gebleicht.
Frage a) Die Lumpen werden also nicht durch besondere Vorrichtungen gewaschen, sondern die Bewegung des Holländers dazu benutzt.

b) Die Flachs- und Hanfhülsen fließen mit dem trüben Wasser ab.
c) Das Kochen mit Soda und Kalk (d. h. einer Ätzlauge) geschieht in allen Fabriken mit Wasserdampf, der in die Flüssigkeit strömt, worin die Lumpen verteilt sind. Dampf ist natürlich dazu nicht nötig und freies Feuer tut es auch, da aber in einer jeden Fabrik die bewegende Kraft Dampf ist, so ist es für diese Fabrikation bequem.
d) Die noch nicht ganz in Papiermasse verwandelten Zeuge kommen in Behälter aus Sandstein, mit einer schwachen Auflösung von Chlorkalk zusammen, bis daß sie blendend weiß sind. In keiner einzigen Fabrik wird Chlor, sondern in allen Bleichkalk angewendet. Bei Tennant in Glasgow, dem größten Fabrikanten von Bleichkalk in der Welt, kostet die Tonne [zu] 2200 Pf. 28 Pf. Sterling. Die gebleichten Zeuge kommen nun wieder in die Holländer und werden vollkommen zerkleinert. Vorher wird die gebleichte Masse unter eine Presse gebracht und alle rückständige Chlorkalklösung durch hydraulische oder andere Pressen entfernt. Bei der weiteren Bearbeitung in dem Holländer werden die Messer nicht eher enge gestellt, als bis durch zu- und abfließendes Wasser die Papiermasse von aller anhängenden Bleichlauge aufs sorgfältigste ausgewaschen worden ist; alsdann also erst tritt der weitere Verkleinerungsprozeß ein. Ich habe ein Gefäß mit der Masse mitgenommen, was ich Dir senden werde.
e) Pergamentartiges Aussehen. Nur die dicken Packpapiere können ein pergamentartiges Aussehen erhalten, alle dünnen Papiere sehen so aus wie unsere, von einer besseren Verfilzung als wie bei unseren Papieren ist keine Rede, alles dieses ist nur Schein und durch den Glättungsprozeß hervorgebracht. Dieser besteht darin, daß jedes einzelne Blatt Papier zwischen zwei Walzen heiß gepreßt wird. Die eine Walze ist Eisen, sechs Zoll im Durchmesser und 4 bis $4^1/_2$ Fuß lang, so daß zwei Personen nebeneinander vor derselben sitzen können. Die andere Walze ist 18–24 Zoll im Durchmesser, der innere Teil von Holz, der äußere ist Papier. Manche dieser Walzen bestehen ganz aus Papier. Zwei bis drei Ballen Papier werden naß aufeinander gesetzt, durch eine ungeheure Kraft so zusammengepreßt, daß das Papier so hart wie Holz wird, alsdann abgedreht; die äußere Oberfläche besteht also aus Blättern, die neben und nicht aufeinander liegen. Der Zweck ist, der einen Walze, nämlich der Oberfläche, einen gewissen Grad von Elastizität zu erteilen; die kleine Walze wird durch Dampf geheizt. Jeder einzelne Bogen muß, während sich die Walzen drehen, zwischen beiden durchpassieren. Man hat einmal, zweimal und dreimal gepreßtes Papier, das dreimal durchpassierte ist wie Elfenbein. Du erhältst von allen Proben.
Leimen
Nur das ordinäre Papier wird in der Bütte, das heißt ehe die Papiermasse das Sieb der Maschine erreicht, geleimt. Alle feinen Papiere werden wie bei uns geleimt, mit Leim und Alaun. Ich werde Dir eine Vorschrift zu der Harzseife schicken, die man zum Leimen in der Bütte anwendet.
Färben und Blauen stets mit Kobalt, nicht mit Berliner Blau.
Eine Maschine zum Papier ohne Ende kostet mit den Zylindern 700 Pf. Sterling.
Wenn ich mich nicht irre, so enthält das Vorstehende die Beantwortung aller Deiner Fragen. Solltest Du noch etwas in petto haben, so schreibe mir nur. Ich denke, in der Umgebung von London in diesem Fall noch einige Fabriken zu besuchen, und will dem, was Du noch zu wissen wünschest, eine besondere Aufmerksamkeit zuwenden. Ich kann mir übrigens recht gut denken und bin beinahe gewiß darüber, daß Dir alles obengesagte durch die französischen Fabrikanten bekannt ist, allein in Deiner Stellung handelt es sich hauptsächlich darum, zu wissen, ob Du im Niveau mit den englischen Fabrikanten bist

oder nicht, ob sie nämlich besondere Verfahrungsweisen haben, die Dir unbekannt sind. Ich denke, sie haben keine, und meine, Du müßtest im Stande sein, Papier hervorbringen zu können von derselben Schönheit wie die englischen. Sicher ist es, da Cowen und Comp. eine große Masse Papier nach Leipzig und Hamburg senden.

[Rest des Briefes ist abgeschnitten].

[Antwort auf diesen Brief von E. Vieweg, Braunschweig, den 3. 10. 1837]

Lieber Freund!

Durch Deinen letzten Brief hast Du mir eine große Freude und viel Belehrung verschafft. Ich bin Dir recht sehr dankbar für die Aufmerksamkeit, die Du einem sehr wichtigen Industriezweige widmest, kann Dich aber auch versichern, daß Du mir einen sehr wesentlichen Dienst leistest, wenn Du Dich genau instruiert, und die Fragen, welche ich zur Ergänzung Deiner Mitteilung noch an Dich richte, möglichst genau zu beantworten suchst, indem Du aus der Praxis der englischen Fabriken schöpfst. Du hast mir keine Adresse für London angegeben, und ich muß daher diesen Brief an Deine Frau schicken und sie bitten, ihn weiterzubefördern. Sollten Dich jedoch diese Zeilen nicht mehr in London treffen, so bitte ich Dich [unleserliches Wort], Deine Forschungen in den besten französischen Fabriken, namentlich denen in der Nähe von Paris, fortzusetzen. Ich erkenne immer mehr, daß die Anlage einer Papierfabrik nach dem neuen Modus und nach den jetzigen Anforderungen ein sehr großes und sehr schwieriges Unternehmen ist, aber auch ein sehr lohnendes werden kann. Entschuldige mit dieser Überzeugung die Mühe, welche ich Dir verursache, aber ich bin sicher, daß nur wenige so richtig in dieser Beziehung sehen werden als Du, und daß wohl niemand so sehr die Mittel zu Gebote stehen, die besten englischen und französischen Fabriken zu studieren, als Dir. Ebenso mußt Du es entschuldigen, wenn ich Dich mit Details in meinen Fragen behellige, aber gerade in der Kenntnis der Einzelheiten, die oft wie Schwierigkeiten aussehen, liegt der Schlüssel des Gelingens. Man kann die Prinzipien, nach denen verfahren werden muß, recht erkennen, wird aber doch nicht zum Ziel kommen, wenn man nicht die genaue Kenntnis der Spezialitäten besitzt. Ich will Deine Mitteilungen hier nochmals Punkt für Punkt durchgehen und daran meine weiteren Fragen knüpfen.

1. Wasserklären. Was Du mir darüber sagst ist sehr interessant und vollkommen verständlich. Doch wünsche ich namentlich bei der zweiten und sicher besten Methode, wo nämlich das Wasser aus dem ersten Becken durch Schichten von Steinkohlenasche, feinem Kies und groben Kies vermittels einer eisernen Röhre in das zweite darunter liegende Becken sintert, zu wissen, wie diese Ausflußröhre angebracht ist. Ich vermute, daß das erste Becken ein Quadrat bildet (von welcher Größe?) und daß die Abzugsröhre mit der Mitte in das zweite Becken übergeht. Etwa so

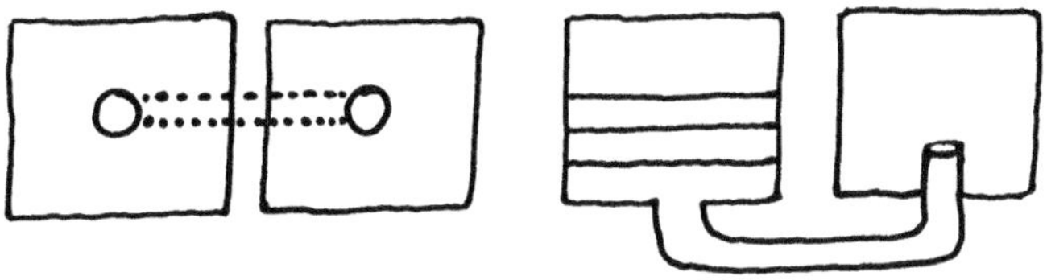

Das Kapitel der Klärungen ist sehr wichtig, und es wird höchst interessant sein zu hören, wie die besten Einrichtungen der Art in Frankreich sind.

Lumpenreinigen. Fragen:

a) Werden die Lumpen, nachdem sie zerrissen sind und vor dem Kochen in Lauge, nicht in Becken mit lauwarmem Wasser einige Zeit, etwa 20 Stunden, eingeweicht, durchgearbeitet und durch mehrmaligen Wechsel des Wassers von den groben Schmutzteilen gereinigt?

b) Werden die Laugen niemals, auch wenn sie sehr fest sind, also noch viel Pflanzenteile enthalten, einer angehenden Fäulnis ausgesetzt, und wenn so, bis zu welchem Grad und wie lange? Ich möchte glauben, daß bei geringer harten Lösungen, besonders bei der [unleserliches Wort] diese Fäulnis nötig ist, und wenn dem so, geschieht sie erfolgreicher vor oder nach dem Lauchen oder Kochen mit Ätzlauge.

c) Bei einem Lauchapparat hängt auch viel von der Konstruktion der Kufen [?] und Dampfrührer ab, weswegen es sehr wichtig ist, das ganze [unleserliches Wort] und die Form und Einrichtung der Geschäfte genau zu kennen.

d) Welches ist die beste Ätzlauge, welche zum Lauchen verwandt wird? Geschieht das Auslauchen in Kalkmilch, welcher Soda zugesetzt ist, oder in ätzender, vom Kalk gelöschter Lauge? Zieht man Soda der Pottasche wegen des geringeren Preises oder der besseren Wirkung wegen vor, oder welches andere Ätzverfahren wird beim Auskochen der Lumpen angewendet, und wie moduliert es sich bei den verschiedenen Sorten von Laugen? Du führst nun an: Die Lumpen werden wie gewöhnlich in Lauge gekocht; [es folgt ein unleserlicher Satz]. Ich glaube, daß feine weiße Lumpen vielleicht gar nicht mit Ätzlauge, sondern mit schwarzer Seife gekocht werden.

2. Bleichen. Ich hatte es erwartet, daß die Engländer nur mit Chlorkalk bleichen, da die Anwendung von Chlorgas mir unter allen Umständen gefährlich und auf die Masse zerstörend wirkend erscheint. Es ist daher sehr wichtig, die genauesten Details über die Anwendung des Chlorkalkes zu bekommen.

a) Wird die Chlorkalkauflösung geklärt oder im milchigen Zustand angewendet, und wird ihr keine Schwefelsäure oder wieviel zugesetzt?

b) Wird nach dem Chlorbad nicht unter Umständen ein Schwefelsäurebad gegeben, in der Art, wie es bei dem Bleichen der Baumwolle geschieht?

c) Läßt man auf die Behandlung mit Chlor kein Sodabad folgen?

d) Sucht man die letzte Spur des Chlors nicht zu zersetzen, z. B. durch [unleserliches Wort] schwefligsauren Kalk?

e) Wird das gebleichte Halbzeug nicht noch mehrere Male mit Wasser in oder außer den Holländern gewaschen, bevor es trocken gepreßt wird?

f) Ist eine scharfe (starke) Pressung nötig, um das Halbzeug nach der Behandlung mit Chlor auszupressen, oder genügt es nicht, ihn in Haufen zu schlagen und die Bleichreste durch die eigene Schwere der Masse auslaufen zu lassen? Ich fürchte, daß, wenn das gebleichte Halbzeug nach der Bleiche durch hydraulische Pressen ausgepreßt wird, es schwer wieder zu zerteilen ist, vielleicht auch mit Händen auseinandergerissen werden muß, ehe es zum Feinmahlen wieder in die Holländer kommt.

g) Wie lange wird das Halbzeug in den Sandsteingefäßen in der Chlorkalkauflösung gebleicht, und wieviel Chlorkalk wird auf ein gegebenes Quantum von Lauge nach dem Gewicht genommen?

h) Werden die bunten Kattun- und Leinenlumpen auf dieselbe Weise wie die weißen gewaschen und gebleicht, oder werden noch mehrere Operationen zu ihrer Entfärbung vorgenommen?

i) Wendet man Chlorometer zur Bestimmung der Stärke der Chlorkalkauflösung an?

k) Sind die gußeisernen Holländerträger wegen der Anwendung des Chlorkalks in den Holländern mit Blei ausgefüttert oder nur mit Ölfarbe oder Ölfirnis überzogen, und wie schützt man die Messerwalze und die unterliegenden Stahlmesser gegen die Einwirkung des Chlors und dadurch hervorgebrachten Rost, oder wirkt das Chlor nicht so zerstörend auf die Messer?

l) Woraus mag der Kitt bestehen, mit welchem die Sandsteintröge zum Bleichen gedichtet und zusammengefügt werden?

3. Pergamentartiges Ansehen.

Darin kann ich nicht Deiner Ansicht sein, daß dieses eigentümliche Wesen der englischen Papiere nur bei ganz dicken Papieren vorkomme und Folge der äußeren Appretur sei. Ich halte dafür, daß ein großer Teil dieses pergamentartigen Wesens in dem vortrefflichen Mahlen der Holländer begründet ist, wodurch ein eigentümliches Verkleben der Fäserchen stattfindet. Du kannst dieselbe Eigenschaft auch bei ganz dünnen englischen Papieren erkennen, selten aber bei französischen und noch seltener bei deutschen. Einer meiner Bekannten, ein sehr tüchtiger deutscher Papierfabrikant, ist der Meinung, daß die feinen englischen Papiere, bei denen man dieses pergamentartige Wesen erkennt, aus nur wenig gefaulten [?] Lumpen ohne alle Beimischung von Farbe bereitet würden, und daß sie dadurch jenes Ansehen erhielten. Er legt großen Wert darauf, den Grund dieser auffallenden Erscheinung zu erfahren. Besieh Dir z. B. das Papier, auf welchem die besseren englischen Romane gedruckt werden, und Du wirst dieselbe Erscheinung, freilich im geringeren Grade als bei den feinen, über Hand geschöpften Postpapieren finden. Es ist sehr wichtig zu wissen, wie sie die feinen Druckpapiere appretieren, denn diese können doch nicht wie die guten Post- und Zeichenpapiere bogenweise geglättet werden. Sonst wurden die Postpapiere sortiert (glazed), indem sie zwischen polierte Kupferplatten gelegt und durch ein Walzwerk von zwei genau abgedrehten eisernen Walzen gingen. Was Du mir jetzt meldest, sind s. g. [unleserlich] Walzen, und es interessiert mich sehr zu wissen,

a) ob diese Methode des Glättens jetzt allgemein ist.

b) Ob beide Seiten des Papiers gleich glänzend werden, oder ob die der Papierwalze anliegende matter ist.

c) Wer diese Glättwalzapparate am besten fertigt und was sie kosten.

Ich bat Dich in meinem letzten Briefe, mir womöglich Auskunft zu verschaffen, wie in der Kartonfabrik der Herren de la Rue u. Co. in London die Spielkarten geglättet wurden, vielleicht auf dieselbe Weise. Du wirst mich sehr verbinden, wenn Du mir hierüber Gewißheit verschaffst.

4. Leimen. Dieses ist ein wichtiges Kapitel. Ich kann nicht der Meinung sein, daß alle feinen Papiere mit tierischem Leim und Alaun wie bei uns geleimt werden und nur die geringeren in der Bütte. Ich glaube vielmehr, daß fast alle Maschinenpapiere in der Bütte geleimt werden, weil sonst ein großer Teil des Vorteils der Maschinenfabrikation verloren ginge. Dieser besteht darin, daß das Papier in wenig Stunden vom rohen Breistoffe zum trockenen geleimten Papiere gebracht

werden kann, daß man die ganze Operation des Leimens der einzelnen Bogen, des Wiederaufhängens und Trocknens, des Pressens etc. nicht nötig hat, und für das Trocknen nach dem Leimen keine Trockenböcke bedarf, und nicht von Wetter, Kälte, Jahreszeit etc. abhängig ist. Allerdings glaube ich, daß die feinen geschöpften Post-, Schreib- und Zeichenpapiere nachher geleimt werden, die Maschinenpapiere aber dürften wohl fast alle in der Bütte geleimt werden.
Auf die Güte und richtige Behandlung dieses Leims und der ganzen Prozedur kommt viel an, und die genaueste Kenntnis des Verfahrens im Detail, dessen sich die besten englischen und französischen Fabriken beim Leimen ihres Stoffes in der Bütte bedienen, ist von der allerhöchsten Wichtigkeit für mich. Einmal steht fest, daß alle Schreibpapiere, welche auf der Maschine gemacht werden, auch gleich im Stoffe und nicht erst nach beendigter Fabrikation geleimt werden, sodann aber auch wieder, daß diese im Stoff geleimten Papiere die Tinte leicht einsaugen, wenn der Leim und die beim Leimen angewendete Methode nicht gut ist. Ebenso wichtig ist's, daß der Leim gut und nicht zu teuer ist. Nun gehört zu den Bestandteilen des sogenannten Büttenleims: Alaun, Harz, Erdäpfelmehl und ein Auflösungsmittel, wie z. B. Soda oder Pottasche. Es hängt die Bereitung eines guten Leims vorzüglich auch von der Wahl des Harzes ab und den quantitativen Verhältnissen der Auflösungsmittel und Mischungen. Ob dabei noch etwas weiteres angewendet wird, ist mir nicht bekannt; sehr gern möchte ich aber die genaue Bereitung des englischen Leims, der bis in die Schweiz versandt wird, kennen, und eine ganz genaue Beschreibung des Verfahrens besitzen. Ebenso wünsche ich zu wissen, ob für halbgeleimte Papiere etwas mehr als Alaun gebraucht wird? Bekanntlich findet ohne Alaun keine gute Leimung statt; es wäre aber sehr interessant zu wissen, wie die Engländer und Franzosen den Alaun verwenden und welche Sorte? Endlich: auf welche Art Packpapiere am wohlfeilsten geleimt werden können. Da mehrere Sorten Harz angewendet werden, wäre es wichtig zu wissen, welches die beste ist und woher sie bezogen wird, auch wären Proben sehr viel wert. Ebenso wichtig ist es zu wissen, welche Quantitäten des Leims und Alauns, je 100 Pfund trockenen Stoff oder Zeug, zugesetzt werden, ob die Leimung in dem Holländer oder nur in der mit dem Rührwerke versehenen Bütte, welche den Stoff den Maschinen gibt, geschieht, wie lange im ersten Falle der Stoff nach dem Leimen noch mahlen muß und wie das [unleserliches Wort] des Leims geschieht.
5. Farbe. Allerdings wird die gewöhnliche Bläue der englischen Papiere jetzt wohl meistens aus dänischer Schmalte und Kobaltblau bestehen; doch ist diese sehr teuer, und es wäre daher sehr erwünscht, sowohl den besten Modus der Färbung mit Schmalte oder Kobaltblau zu kennen, als auch gute und wohlfeilere Färbungen zu erfahren, falls es deren gibt. Ist die Auflösung von Indigo in Schwefelsäure nicht zum Bläuen des Papiers in Anwendung?
Und nun noch einige andere Fragen, mein lieber Freund. Was Du mir über das Waschen der Lumpen, über das Bleichen des Halbzeuges in steinernen Gefäßen mit Chlorkalk, und das nachherige Auspressen vor dem Vermahlen zu feinem Stoffe sagst, weicht in mancher Beziehung von dem bisher im südlichen Deutschland und Frankreich üblichen Verfahren ab, und wird wesentlich auf die innere Einrichtung des Holländer Gehäuses [?] und die Stellung und Ausleerung der Holländer zueinander und der Auskoch-Bottiche sowie der Bleichbottiche

[Einfluß] haben. Es würde mir sehr wichtig sein, könntest Du mir über die innere Einrichtung und Stellung der Holländer in dieser Beziehung sagen, wie es in den besseren Fabriken damit ist, und einen kleinen Grund- und Standriß hinzufügen. Sehr wichtig ist mir auch die Beantwortung meiner Frage wegen der neuen Glättwerke, weil ich diese noch nicht bestellt habe und das beste wählen will. Glättet man auf diese Weise auch die feineren Druckpapiere?
Ferner höchst wichtig für mich ist es, mit Sicherheit zu erfahren, ob und wie man in Vorrat gemahlenes Halbzeug, und wie lange, aufbewahren kann, ob dieses vor oder nach der Bleiche geschieht, ob man den halbgemahlenen Stoff zum Aufbewahren wieder ausgepreßt und vielleicht sogar lufttrocken macht. In den meisten Fabriken und so auch bei uns hat man Winters und Frühjahrs Überfluß an Wasser, während es im Sommer und Herbst fehlt. Es ist von der äußersten Wichtigkeit, diese Zeit des starken Wassers zu nutzen, um Vorrat von Halbzeug zu mahlen – nur gehört dazu, daß man ihn auch zu erhalten weiß.
Hoffentlich kommst Du bald zurück, und zwar durch und durch wohl. Von dem Separatabdruck Deiner Organischen Analyse habe ich Exemplare an die Herren Black u. Armstrong, Tavistoc Street, Coventgarden, nach London und an die Herren Brockhaus u. Avenarius nach Paris gesandt. Du findest an beiden Orten Exemplare zu Deiner Verfügung. – Nimm den herzlichsten Dank für die Güte und Freundlichkeit, mit welcher Du die mir so wichtigen Beobachtungen an den Papierfabriken anstellst, und glaube, daß Du mir damit sehr wesentliche Dienste leisten kannst.

Von ganzem Herzen

Dein E. V.

Paris, den 11. Oktober 1837

Lieber Vieweg!

Ich bin seit 2 Tagen in Paris angekommen und in großer Verlegenheit, da ich bei keinem meiner Freunde die Bücher vorfinde, die ich Dich gebeten habe, an sie zu adressieren; keiner derselben, Gay-Lussac etc., hat das Lexikon erhalten oder nur gesehen. Schreibe mir doch umgehend, woran dies liegt, Dein Brief wird mich noch hier treffen. Kann ich Dir in irgend einer Weise hier nützlich sein, so sage es, ich werde tun, was ich kann, um Deine Wünsche zu erfüllen. Meinen Brief von Glasgow hast Du erhalten?

Herzlichst

Dein Justus Liebig

Gießen, den 3. November 1837

Lieber Vieweg!

Ich bin vorgestern hier von meiner Reise glücklich wieder zurückgekehrt und schreibe Dir sogleich, um Deinen Brief vom dritten Oktober, den ich erst in Paris erhielt, zu beantworten. Ich bin von Paris abgereist, ohne die Bücher zu erhalten, die Du mir zugesandt hast, was mich in nicht geringe Verlegenheit setzte; Herr Pelouze wird sie nun in Empfang nehmen müssen. Ich gehe sogleich zur Beantwortung der Fragen über, die Du mir hinsichtlich der Papierfabrikation noch vorgelegt hast.
Wasserklären. Die Oberfläche des ersten Bassins beträgt etwa 800 Quadratyards und besitzt die Form eines Parallelogramms, die Oberfläche des zweiten ist etwas geringer. Die Einrichtung ist folgende:

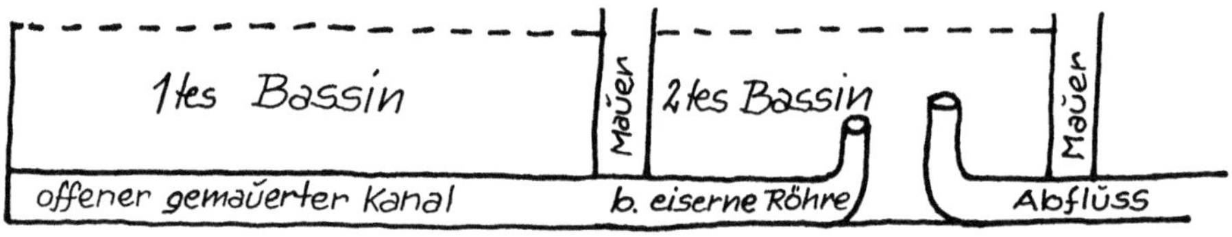

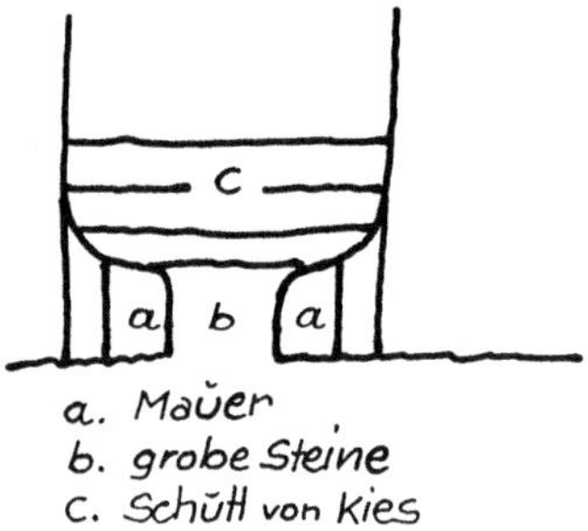

Lumpenreinigen. a) Die Lumpen werden nicht eingeweicht und gewaschen, sondern der ganze Wasch- und Reinigungsprozeß geht beim Zerreißen in dem Holländer vor; diejenigen Lumpen, welche breiter sind als $1^{1}/_{2}$ Zoll und länger als 8 Zoll, werden durch Kinder und Weiber auf Tischen vermittels feststehender Messer zerrissen.
b) Nie geht eine Fäulnis vorher, weil das Papier bei nachfolgendem Bleichen mit Chlorkalk sonst zu mürbe wird.
c) Das Brühen mit Pottasche geschieht nur deswegen mit Dampf, weil in allen Fabriken, die ich gesehen habe, ein Dampferzeuger da ist, der die Maschine treibt, und von dem aus eine Röhre in den Brühapparat geht. In Dampf zu kochen, wenn man keine Dampfmaschine hat, ist ebensowenig ökonomisch als zweckmäßig, freies Feuer in diesem Fall unendlich bequemer und weniger kostspielig. Die Kessel sind etwa 5 Schuh hoch und oben ebenso breit, in denselben ist ein Rührer angebracht, den man während des Siedens um seine Achse dreht. Das Auskochen geschieht mit Lauge, Pottasche, ganz so wie sie in den Seifensiedereien bereitet wird, oder vermittels Soda und Kalk, die man im gehörigen Verhältnis mischt und klar absetzen läßt. Pottaschelauge wird vorgezogen, weil sie stärker wirkt als Sodalauge.

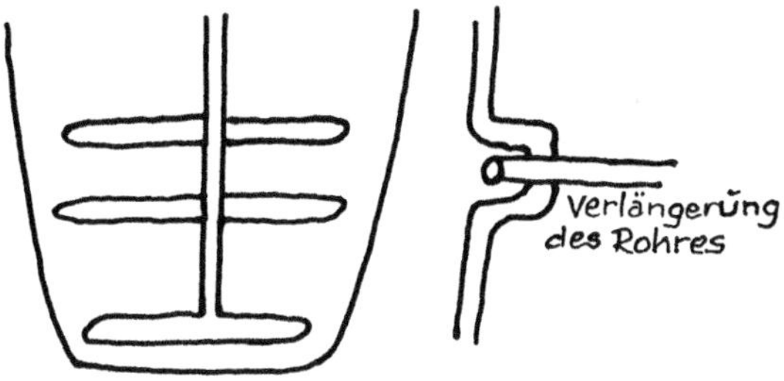

Bleichen. Nie werden die ganzen Lumpen, sondern stets das beinahe in Papiermasse verwandelte Zeug gebleicht. Es geschieht mit a) in ganz klarer Chlorkalklösung (den wohlfeilsten Chlorkalk beziehen die Fabrikanten von Charles Tennant in Glasgow, leider habe ich die Notiz mit dem ungemein billigen Preis verlegt), nie wird hierbei Schwefelsäure zugesetzt, nie ein Schwefelsäurebad angewendet. Von einem Sodabad habe ich nichts gehört noch gesehen, doch mag es nach dem Auswaschen des Chlorkalks ganz gut sein, wenn es sehr verdünnt angewendet wird, weil es das Metall in dem Holländer vor dem Rosten schützt. Salmiak und schwefligsaurer Kalk werden bestimmt nicht angewendet.

In die steinernen Tröge kommt zuerst das Halbzeug, es wird bedeckt mit einer verdünnten Auflösung von Chlorkalk, sie wird abgelassen und mit neuem ersetzt, sobald sie, mit Salzsäure vermischt, kein Chlor mehr entbindet, und so fortgefahren, bis das Zeug blendend weiß ist; die letzte Flüssigkeit enthält zuweilen noch etwas Chlor, sie kommt in diesem Fall auf frisches Halbzeug. Die Tröge werden, nachdem die Flüssigkeit abgelaufen ist, mit Wasser angefüllt, das gebleichte Zeug 24 Stunden damit stehen gelassen, alsdann wieder abgelassen, sodann herausgenommen und gepreßt. Die Bleichung dauert oft 12 Tage, daher in jeder Fabrik eine große Anzahl Tröge, in manchen 12–15 Tröge, 4 Fuß im Quadrat.

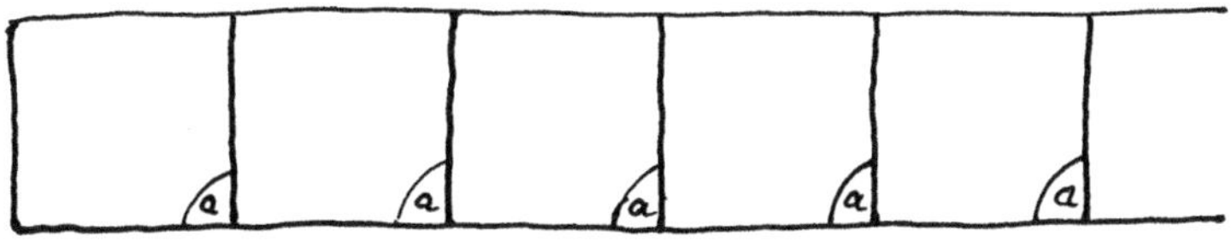

aaaaa sind Röhren von Eisendraht, um das Abfließen des Wassers zu erleichtern.
Die Pressung nach dem Bleichen und Auswaschen ist ziemlich stark, das Zeug verteilt sich im Wasser wieder mit großer Leichtigkeit, indem es aufquillt.
h) Bunte Lumpen habe ich in keiner Fabrik gesehen.
i) Man wendet Chlorometer zur Prüfung des Chlorkalks an.
Ich habe die Holländer nie mit Blei ausgefüttert gesehen, selbst nicht mit Ölfarbe überstrichen, auch scheinen die Messer nur dann zu leiden, wenn freies Chlor zur Bleichung angewendet wurde. Der Kitt ist Glaserkitt oder auch Brunnenkitt, dessen sich die Brunnenmacher bedienen.
Pergamentähnliches Aussehen. Du kannst Dich aufs bestimmteste darauf verlassen, daß dieses nur bei dicken Papieren eine Folge heißer Pressung entweder zwischen Walzen oder zwischen Eisenplatten ist. Du wirst ungepreßtes und gepreßtes Papier von mir

erhalten, leider ist meine Kiste von England noch nicht da. Alles beruht auf dem sorgfältigen Mahlen der Papiermasse, alle Faserchen etc. bleiben in den feinen Sieben zurück, durch die das fertige Zeug fließt, ehe es auf die Maschine kommt. Nie werden in England gefaulte Lumpen angewandt, Dein Freund kann also nicht Recht haben, wenn er von wenig gefaulten Lumpen spricht. Das Appretieren gewöhnlicher Papiere ist nie etwas anderes als ein langes wiederholtes Pressen zwischen heißen Platten, namentlich die Druckpapiere. Die Methode des Pressens dicker Papiere zwischen heißen Walzen ist ganz allgemein, das Papier geht dreimal oder zweimal durch die Walze. Die Bogen werden jedesmal gewendet, so daß beide Seiten glänzend werden. Leider weiß ich nicht, wo diese Walzen verfertigt werden, sie sind nicht teuer.
Leimen. Ich wiederhole es, alle feinen Papiere werden mit tierischem Leim und Alaun wie bei uns geleimt, es geht außerordentlich schnell. Der Vorteil der Maschine besteht auch bei feinen Papieren nicht darin, daß das Papier in wenig Stunden vom rohen Breistoff zum trocknen geleimten Papier, sondern nur zum trocknen Papier gebracht wird; in allen Fabriken sah ich weitläufige Trockenböden, so daß eine Täuschung von meiner Seite gar nicht möglich ist.
Beifolgend die Vorschrift zum Leimen in der Bütte, aus der größten französischen Papierfabrik, sie ist die nämliche wie die englische. Das Färben mit Kobaltblau ist zu einfach als daß eine Beschreibung nötig wäre. Die französischen Fabriken wenden jetzt auch Ultramarin an, wovon das Pfund 30 Fr. kostet, man braucht aber nur $^1/_{20}$, um denselben Farbton hervorzubringen, und dieses Blau macht die Fäden nicht stumpf. Indigo in Schwefelsäure macht das Papier mürbe. Auf der anderen Seite [des Briefes] ein unvollständiger Plan hinsichtlich der Stellung der Holländer etc., der eben dem Prinzip nach in allen Fabriken derselbe ist. Das englische Verfahren des Waschens der Lumpen erspart Raum und Zeit, und der Bleichungsprozeß ist der rationellste und vollkommenste, den man nur denken kann.
[ohne Schluß und Unterschrift].

1838–1839

1838

3. 4. Warnung vor einem Autor – Papierfabriken

1839

19. 3. Arbeit am Handbuch von Geiger – Bedauern über den langsamen Fortgang der Arbeiten am Handwörterbuch

29. 7.: Auszug aus Brief Viewegs in Sachen Papierfabrik, Suche nach einem Direktor dafür aus Frankreich

11. 8. Mitarbeiter am Handwörterbuch – Laboratoriumsbau

Gießen, den 3. April 1838

Lieber Vieweg!

Ich schreibe Dir in Eile eine Zeile, um Dich darauf aufmerksam zu machen, daß Prof. Weiß in sich selbst und in seiner Stellung hier keine Bürgschaft für ein gutes oder gediegenes Werk gibt. Ich rate Dir nicht dazu und habe Herrn Otto einstweilen gebeten, den Kontrakt, den er bei sich trägt, bis auf weiteres von Dir aufzuheben. Weiß hat gar keine Zuhörer, er gilt für einen Viel-, aber nicht für einen Tiefwisser.
Die Empfehlungen besorge ich für Deinen Bruder. Manchester hat kein klares Wasser in seiner Umgebung und damit auch keine Papierfabriken, aber in Edinburg und Dublin sind vortreffliche. Ob Dein Bruder Eingang findet ist hypothetisch, doch muß man versuchen. Über alles andere später

Dein Justus Liebig.

Gießen, den 19. März 1839

Lieber Vieweg!

Du bist in der Tat in einem Irrtum befangen. Ich bearbeite immer noch das Handbuch von Geiger und bin mit den ersten 10 Bogen des zweiten Heftes fertig geworden, welche den Anfang der organischen Chemie enthalten. Eine andere organische Chemie schreibe ich nicht, ich will froh sein, mit diesem Buche, was zu meiner Plage existiert, fertig zu sein, um mich ganz der Bearbeitung des Lexikons hinzugeben. Es ist wahr, daß alle Leute Grund zu Beschwerden haben und daß ich es nicht Dir gegenüber und dem Publikum verantworten könnte, wenn es aus Leichtsinn oder anderen ähnlichen Motiven geschähe. Allein mein Herz hängt an dem Lexikon, und ich kann die Zeit nicht erwarten, wo ich wieder daran fortarbeiten kann. Einliegend einige Zeilen an Dr. Nowiak [?]. Ich wünsche, daß Du Deine Zwecke erreichen möchtest.

Herzlichst Dein Justus Liebig.

[aus einem Brief Viewegs an Liebig vom 29. 7. 1839:]
Was den ersten Punkt betrifft, so schreibt mit Prof. de C[onink], daß es ihm nicht möglich sei, meinen Wunsch zu erfüllen. Die Papierfabrikation blühe jetzt mehr als je in Belgien und es sei unausführbar, einen Directeur für mich zu gewinnen. Ist es Dir möglich und macht es Dir nicht zu viel Mühe, so wendest Du wohl noch einen Brief für mich daran und fragst bei dem französischen Chemiker an, der Teil an der Direktion der großen Papierfabrik bei Paris hat – Du nanntest mir seinen Namen, aber ich habe ihn im Augenblick nicht im Kopfe –, ob dieser mir nicht einen tüchtigen, wo möglich ausgezeichneten Mann für meinen Zweck empfehlen kann. Ich will keinen Directeur für immer, sondern nur jemand, der vielleicht auf ein paar Monate zu mir kommt, um meine Fabrik so einzurichten, daß sie von vorneherein den besten Fabriken an die Seite treten kann. Wir sind

jetzt eigentlich ganz fertig mit der Anlage und in letzten Stadien der Aufstellung der Maschinen begriffen. Wasserklären, Bleich- und Kochvorrichtungen, alles ist ganz genau nach Deinen Angaben gemacht und wir hoffen, Ehre mit der Anlage einzulegen. Aber ein Gewinn wäre es, wenn wir einen Mann fänden, der uns nun mit vollkommen sicherer und geübter Hand über die ersten Schwierigkeiten der Fabrikation hinwegbrächte und der Anlage gleich im Anfange den Stempel der höheren Vollendung aufdrückte. Ein gewöhnliches Individuum, wie es uns die besseren deutschen Fabriken bieten könnten, dient uns nicht, wir wollen nur jemand haben, der uns gleich au niveau mit den besten französischen Fabriken brächte, da unsere Anlage in der Ausführung keiner nachsteht. Ein solcher Mann könnte, wenn er zu finden wäre, nur einen Urlaub von 6 Wochen bei seiner Fabrik nehmen und ginge dann, nachdem er uns instruiert, zurück. Unsere Konkurrenz kann den Franzosen nicht schaden, und vielleicht wäre es Deinem Pariser Freunde bei seiner Stellung zu der französischen Fabrik möglich, ein soches Individuum nachzuweisen. . .

Gießen, den 11. August 1839

Lieber Vieweg!

Ich fühle wie Du die Pein, die Dir das Nichterscheinen des 4. Heftes des Lexikons verursacht, allein mit Poggendorff geht es nicht. Ich bin unglücklich, daß gerade er, der neben allen Fähigkeiten die meiste Zeit und größte Faulheit [hat], mein Mitredactor ist. Ich bitte Dich dringend, den Prof. Fechner in Leipzig dafür zu gewinnen. Sein Hauslexikon ist fertig und er zeigt [sich] vielleicht geneigt, darauf einzugehen, er versteht, die Leute anzutreiben und herbeizuschaffen. Wir wollen soviel Mitarbeiter nehmen als wir nur bekommen können, und ich bin gewiß, daß wir in 2 Jahren das ganze fertig haben, wenn er zum Beitritt zu bewegen ist.
Wegen einem Herrn Contremarter werde ich an d'Arcet schreiben oder an Herrn Payen. Eine Annonce in ein französisches Journal würde Dir vielleicht zuerst und am schnellsten zu Deinem Zwecke verhelfen; man kann sich, wenn sich einer meldet, bei seinem früheren Dienstherrn nach ihm erkundigen.
Wegen dem Lehrbuch kannst Du auf mich zählen. Das Journal von Winter wegzunehmen, wäre unrecht, da ich keine Ursache zu klagen habe; wie gern möchte ich es Dir geben.
Ich freue mich so wie Sell, Dich hier zu sehen. Nach Pyrmont kann ich nicht gehen, da ich ein Laboratorium im großen Stil baue und die Ferien zur inneren Einrichtung benutzen muß. Ich hoffe, daß Du in Marienbad die Zwecke für Deine Gesundheit im Umfange erreichen möchtest.

Von Herzen Dein Justus Liebig

Beiliegend die Empfehlung, ändere daran und streiche nach Gutdünken, das Buch ist vortrefflich und Du bist der eleganteste [eloquenteste?] Buchhändler im Deutschen Reiche.

1840

18. 2. Zusammenarbeit mit Wöhler und Buff beim Handwörterbuch – Gründe, warum erst das Handbuch von Geiger (Paoloni Nr. 383) fertig werden muß – Plan eines kleinen Lehrbuchs der Chemie – Schwierigkeiten beim Papierbleichen; Verwendung von Chlorkalk – Persönliches
Beigefügter Druckzettel über Postbeförderung

17. 3. Ankündigung eines Manuskriptes zu einem neuen Buch (Agrikulturchemie); Honorarfragen; Arbeitstitel

15. 4. Schrifttypen und Umfang des neuen Buches (Agrikulturchemie) – Absendung einiger Handwörterbuch-Artikel

16. 4. Persönliches – Auflagenhöhe des neuen Buches (Agrikulturchemie), Titel, Zusendung von Manuskriptbögen, Schrifttypen – Mitarbeiter am Handwörterbuch – Zur Chlorkalkfabrikation – Honorar für das neue Buch; es wird auch in Paris und London erscheinen

27. 4. Auf hervorragende Ausstattung der Agrikulturchemie wird Wert gelegt – Mahnung zur Eile, das Manuskript ist fast fertig – Manuskripte für das vierte Heft des Handwörterbuchs werden bald folgen

6. 5. Zur Herausgabe der Agrikulturchemie – Übersetzung ins Englische und Französische

8. 5. Zur Fertigstellung der Agrikulturchemie; es wird zur Eile gedrängt

17. 5. Es geht zu langsam mit dem Druck der Agrikulturchemie voran – Artikel über Zustand der Chemie in Preußen als Vorläufer für das neue Buch

21. 5. Klagen über Fertigstellung der Agrikulturchemie – Fortgang der Arbeiten am Handwörterbuch

28. 5. Artikel für das Handwörterbuch – Reinigung von Kupfer in Frankreich – Herausgabe der Chemie in Preußen – Wunsch nach einer Schnupftabaksdose als Honorar – Briefpapier

11. 6. Preisfestsetzung der Agrikulturchemie; Leserkreis – Chemie in Preußen – Persönliches

12. 6. Dank für die Schnupftabaksdose – Chemie in Preußen – Handwörterbuch-Artikel – Vermittlung eines neuen Autors

19. 6.	Absendung der Vorrede zur Agrikulturchemie
3. 7.	Handwörterbuch-Artikel – Kein Vorwort für die „kleine Schrift" (wahrscheinlich Chemie in Preußen) – Besondere Anzeige für die Agrikulturchemie ist unnötig; Leserkreis
3. 7.	Bitte um Freiexemplare des 1. Teils der Agrikulturchemie zu Werbezwekken
5. 7.	Kapitelüberschriften der Agrikulturchemie – Handwörterbuch-Artikel ‚Aura'
13. 7.	Handwörterbuch-Artikel – Klage über Poggendorff
25. 7.	Lob für Ausstattung der Agrikulturchemie – Korrektur des Titelblattes – Druckfehler – Freiexemplare
4. 8.	Agrikulturchemie-Exemplare für Gießen; Honorar; Druckfehler – Chemie in Preußen
11. 8.	Druckfehler in der Agrikulturchemie – Großzügiger Versand von Freiexemplaren – Zum Absatz der Chemie in Preußen; Exemplare für Gießen – Kritik am letzten Bogen des Handwörterbuchs
15. 8.	Bewunderung für Buch-Holzschnitte aus Viewegs Verlag – Exemplar der Agrikulturchemie für A. v. Humboldt – Dank für Sonderdrucke der Chemie in Preußen – Werbe-Freiexemplare der Agrikulturchemie
23. 8.	Übersendung von Briefen an Vieweg, die dieser mit je einem Exemplar der Agrikulturchemie und der Chemie in Preußen an Bekannte, z. T. genannte Persönlichkeiten, versenden soll
7. 9.	Reiseroute; Aufforderung an Vieweg zur Begleitung
21. 10.	Persönliches – Zu Viewegs Plan eines Konversationslexikons zur Naturwissenschaft – Liebig will sich ganz dem 2. Teil der Tierchemie widmen (siehe hierzu die Anmerkung zu Brief vom 24. 11.) – Mögliche Mitarbeiter für Viewegs Lexikon
26. 10.	Neuer Abdruck der Agrikulturchemie – Absatz des Buches – Verbesserungen in der neuen Ausgabe – Kritiken zur Chemie in Preußen
31. 10.	Korrekturen im Neudruck der Agrikulturchemie
18. 11.	Neues Kapitel für die Agrikulturchemie über Nahrungsstoffe – Porträts von Liebig – Plan, eine Organische Chemie, angewandt auf Medizin und Therapie (=Tierchemie), zu schreiben

24. 11. Beschäftigung mit neuer Auflage der Agrikulturchemie; auch neue englische Ausgabe – Frage nach Umsatz der Tierchemie (hier und auch im Brief vom 21. 10. hat dieses Wort noch nicht den späteren Sinn, sondern ist als Synonym von „Organische Chemie" zu betrachten: Die organische Chemie in ihrer Anwendung auf Agrikultur und Physiologie; gemeint ist also hier die Agrikulturchemie. Ihre 1. englische Ausgabe erschien wie die 1. deutsche 1840 – Paoloni Nr. 301)

27. 11. Empfangene Briefe – Neuer Mitarbeiter für das Handwörterbuch (Schödler) – Absendung von neuen Manuskripten für die Agrikulturchemie – Plan der Tierchemie – Gmelins Handbuch – Buch über Dampfwaschapparat – Zum Liebig-Porträt

18. 12. Freiexemplare der neuen Ausgabe der Agrikulturchemie, an wen zu versenden – Berufung nach Wien – Russischer Orden

31. 12. Anhangskapitel über Nahrungsstoffe zur Agrikulturchemie wird immer umfangreicher, wächst zur Tierchemie aus – Berufung nach Wien – Zum russischen Orden

Gießen, den 18. Februar 1840

Mein teurer Vieweg!

Sei ohne Sorgen wegen dem Wörterbuch, ich habe mit Prof. Wöhler in Göttingen und Prof. Buff hier die Übereinkunft getroffen, daß wir gemeinschaftlich das Werk fortsetzen, ohne uns um Poggendorff weiter zu bekümmern. Wir haben schon angefangen, eine Teilung der Artikel vorzunehmen, und alles hängt nun jetzt an der Beendigung des Geigerschen Buches, was ich schlechterdings nicht liegen lassen kann. Ich kann nicht, weil der Teil der organischen Chemie in Frankreich und England als selbständiges Werk erscheint und weil ich so verzweiflungsvoll gebunden bin, daß ich z. B. für je 4 Wochen Verzögerung in der Ablieferung des Manuskriptes von Ostern 1840 an den französischen Buchhändler 500 Frs. bezahlen muß, dafür gibt er mir aber im ganzen 6000 Frs. Honorar. Du siehst aus diesem Stand der Sache, daß das Buch fertig wird, und nichts als ein Lehrbuch, was ich alsdann Deinetwegen schreiben wollte, wird mich abhalten, mit aller Kraft ans Wörterbuch zu gehen. Was mich dazu verführt, ist die tiefe Überzeugung, daß man kein Lehrbuch, wie es sein soll, besitzt, d. h. ein Buch, was als Leitfaden zum Unterricht und nicht dafür bestimmt ist, um dem Autor Gelegenheit zu geben, zu zeigen, daß er ein kenntnisreicher Mann ist und vieles verstanden hat. Daran laboriert Graham und Otto und so viele, und dies ist der Grund, warum Wöhlers in 4 Wochen zusammengeschriebenes Ding, zu dem ich die Stöchiometrie auf zwei Seiten geschrieben habe, jetzt die 6. Auflage erlebt, man muß dem Lehrer etwas zu sagen und zu erklären übrig lassen. Ich meine ein Schulbuch und für Universitäten. Du bist ein so seltener Phönix unter den Buchhändlern, daß ich gewiß bin, Du wirst mich nicht mißverstehen. Ich will es aber von Dir abhängen lassen, ob es geschrieben werden soll, vorher oder nachher.

Daß Du mit dem Bleichen Schwierigkeiten hast, nimmt mich kaum Wunder, da Du den Chlorkalk so schwach nimmst. Auf die rohe Masse nehmen sie in England bis 15 p.c. Wenn das Bleichen einmal angefangen hat, ziehen sie die Flüssigkeit ab, auf frisches Rohzeug, und nehmen verdünnte frische Chlorkalklösung auf das erste. Sei in dieser Beziehung nicht zu ökonomisch aus Behutsamkeit und Sorgfalt für Deine Papiermasse, erwäge, daß keine Spur von Chlor verlorengeht, da kein gebrauchter Chlorkalk weggeschüttet wird, ohne daß seine Bleichfähigkeit gänzlich erschöpft ist. Du wirst doch die Lumpen vor dem Bleichprozeß gehörig mit kaustischer Sodalauge kochen, d. h. entfetten, und nach dem völligen Auswaschen erst verwenden. Wenige Fabrikanten behandeln die entfetteten Lumpen nach dieser Operation mit verdünnter Schwefelsäure allein und ziehen damit schon vielen Farbstoff aus. Sie bringen das Zeug alsdann ein oder zweimal mit Wasser abgespült in den Chlorkalk, wodurch das Bleichen allerdings ausnehmend beschleunigt wird, doch auf Kosten der Stärke des Papiers, es wird aber weißer und leichter zu glätten von dem Gips, der sich in den Fasern bildet. Die absolute Entfernung alles Chlors nach dem Bleichen wird ganz Deine Aufmerksamkeit beschäftigen müssen. Du kannst durch Gipszusatz Dein Papier schwerer und schöner machen, aber auch brüchiger. Talk, den die Tapetenfabrikanten zum Glätten benutzen, wird in England auch angewendet, d. h. unter die Masse geworfen, allein er macht das Papier fließen. Mit den Flachshülsen haben die Engländer wenig zu tun, da sie großenteils nur Baumwollumpen verarbeiten, dieses Zeug wird nicht weich und muß durch mechanische Operation entfernt werden.

Ich schicke Dir hiermit etwas gebleichtes Zeug, aus der Flüssigkeit genommen, die, auf die Maschine gelassen, das ungeleimte Papier Nr. I und das geleimte und geglättete Nr. II liefert. Das ganz dünne ist aus alten Stricken, Seilen und Kordelabfällen gemacht und dient in den Porzellanfabriken zum Auftragen der Desseins. Chlorwasser ist höchst widerwärtig und Chlorkalk ebenso wirksam, wenn auch langsamer. Es ist für dich von großem Wert, wenn Du Deinen Chlorkalk in flüssiger (nicht in fester) Form selbst darstellst; eine Retorte von Blei ist die ganze Ausgabe, mit 100 Talern kannst Du die ganze Geschichte abmachen. Was das Glaubersalz dabei tun soll, sehe ich nicht ein, sicher wohl nur, um ein Äquivalent Gips zu bilden, das, die Faser bedeckend, eine große Weiße bewirkt. Probiere doch das Ding, das Glaubersalz kostet so wenig. Verlasse die steinernen Gefäße nicht und erwäge, daß das Chlor auf das Holz gerade so wirkt wie auf die Holzfaser, die wir Papier nennen. Du verlierst nach und nach mit der Zerstörung der Kufen eine große Menge Chlor, was in diesem Fall natürlich nicht zum Bleichen dient.

Ich beklage Dich innig des Unglücks wegen, was Deiner Familie durch die Leiden Deiner Schwester und die trübe Aussicht auf ihre Genesung verursacht wird, doch soll man nicht verzagen. Meine Frau und Frau Prof. Sell, die gerade bei uns ist, bitten mich, ihre herzliche Teilnahme auszudrücken.

Was Marryat, Boz etc. betrifft, so sind meine Frauenzimmer wie versessen darauf, und wenn Du dergleichen gerne abgibst, so wirst Du Dir dankbare Herzen eröffnen. Sell ist eben in Bonn, so daß ich Dir nichts von ihm schreiben kann. Du bekommst, wie ich bemerke, nach und nach das ganze Gießen unter Deine Herrschaft. Heyer ist wütend auf mich, weil Müllers Buch soviel Beifall gefunden, dies läßt mich natürlich sehr ruhig schlafen.

Lebewohl mein Teurer, ich liebe Dich herzlich,

Dein Justus Liebig

Apropos Otto: Laß Dir doch den Brief zeigen, den ich ihm gestern geschrieben habe. Ich denke, er wird in seiner Verlegenheit von selbst zu Dir kommen, deshalb verlange ihn nicht geradezu.

[Dem Brief ist ein gedruckter Zettel, 4×7 cm, beigegeben, mit folgendem Text:]
Haben Sie die Güte auf die Adresse aller an mich gerichteten Briefe „Chemische Wissenschaften“ und Ihren Namen zu schreiben, in welchem Falle sie im Umfange des Thurn und Taxischen Lehenspostbezirks franko an mich gelangen.

Gießen, den 17. März 1840

Lieber Vieweg!

Du erhältst binnen 8 Tagen Manuskript zu einem Buche von etwa 12–14 Bogen. Es ist für Dich geschrieben und wird großes Aufsehen erregen. Ich habe darin eine auf Versuche und Beobachtungen gegründete Theorie der Ernährung der Pflanzen, Einfluß des Humus und Düngers und eine Theorie der Wein- und Bierbereitung entwickelt, welche in den herrschenden Ansichten eine Revolution hervorbringen dürfte. Ich habe an der hiesigen Universität auch die hartnäckigsten Humusanbeter bekehrt und sie zu meinen eifrigsten Anhängern gewonnen.

Die erste Auflage erhältst Du als Gegengeschenk für den Marryat von Deinem Freunde, in der zweiten Auflage zeigt er Dir aber den Pferdefuß, indem er Dir zumutet, 600 Taler dafür zu bezahlen, und Dich für die erste Auflage auf 500 Exemplare nebst 30 Freiexemplaren, die zweite auf 1 500 Exemplare, einschränkt. Er verlangt ferner einen sehr eleganten Druck und schönes Papier (wie bei der Einleitung zur Analyse), überläßt Dir den Preis so hoch zu machen (für die erste Auflage) als Du nur denkst, daß es geht, für die zweite aber einen ermäßigten. Er verlangt ferner, daß Du ihm gestattest zu sagen, daß das Buch den Kommentar zu einigen Artikeln aus dem Lexikon [an dieser Stelle eingeschoben: Gärung, Atmen der Pflanzen, Humus etc.] enthalte, welcher vorausgesendet werde, um die Ansichten, die darin ausgesprochen sind, zu belegen.
Das Buch soll heißen „Die letzten Metamorphosen organischer Verbindungen und ihr Einfluß auf das Leben" oder „Die Metamorphosen der Organismen nach dem Tode und ihr Einfluß auf das Leben" oder sowas ähnliches. Ich schreibe Dir heute schon, um Dich zu bitten, für Papier und Lettern zu sorgen, damit bis zur Ostermesse das Buch fertig wird. 7/8 des Manuskripts liegen zur Absendung bereit, es müssen wöchentlich zwei Bogen gedruckt werden. Sprengel wird gewaltige Gesichter schneiden. Ich bitte Dich, sorge dafür, daß alles zum Anfangen bis dahin bereit ist.

Dein Justus Liebig

Wie geht es Deiner Schwester, es sind hier einige Personen, Dr. Lambrecht und seine Frau, die sie persönlich kennen und sich sehr für sie interessieren, so wie wir auch.

Gießen, den 15. April 1840

Lieber Vieweg!

Ich lege Dir die Schrift bei, welche mir am besten gefällt. Richte es so ein, daß drei von meinen geschriebenen Bogen (also 12 Seiten) einen Druckbogen geben, sonst wird das Ding zu dünn. Es wird Dir an Manuskriptseiten nicht fehlen, lasse deshalb den Druck so sehr wie möglich beeilen. Mit dem Beiliegenden rechne ich auf 6 Bogen, also auf 14 bis 18 Lagen Futter.
Von den Artikeln des Lexikons lege ich auch einige bei, der Artikel Atmen ist nahe fertig.
Sell ist nach Bonn abgereist.

Herzlichst Dein Justus Liebig

Gießen, den 16. April 1840

Lieber Vieweg!

Obwohl wir Deine Schwester nicht gekannt haben, so hat uns dennoch die Nachricht von ihrem Tode sehr erschüttert. Wir alle fühlen, wie schwer und groß der Verlust für Dich und Deine Familie bei der Liebe und Zuneigung sein muß, die ihr für ein so vor-

treffliches Wesen gehegt habt. Auch Dr. Lambrecht bittet mich, seine und seiner Frau wärmste Teilnahme für ihn auszudrücken.
Ich kann Deinen Vorschlägen vernünftigerweise nichts entgegen setzen und nehme sie an, um der Sache nicht zu schaden. Um Dir aber jedenfalls meine Absichten zu bestätigen und Dich einigermaßen für den Verlust an Schweigger-Seidel zu entschädigen, bitte ich dich, die erste Auflage 1500 Exemplare stark zu machen. Sei unbesorgt, Du wirst sie absetzen, das Buch wird vom Chemiker, Apotheker, den Ärzten und Ökonomen gekauft werden, dies ist ein großes Publikum. Wie dem auch sein mag und auf die Gefahr hin, daß wir keine zweite Auflage erleben, drucke 1500 Exemplare. Ich bitte Dich, Dir die Mühe zu machen, mein schlecht geschriebenes Manuskript mit Aufmerksamkeit zu lesen, Du wirst mit mir der Meinung sein, daß es großen Eindruck nicht verfehlen wird. Des Titels wegen, welcher „Die organische Chemie in ihrer Anwendung auf Agricultur (Landwirtschaft ist vielleicht besser?) und Physiologie" heißen soll, müßte ich die Bearbeitung von 8 Bogen noch einmal machen. Dies ist nun geschehen, Du erhältst heute für etwa 2 Druckbogen Manuskript, welche Du sogleich anfangen wirst. In drei Tagen erhältst Du noch für 7 Bogen und in etwa 14 Tagen den Rest. Es gibt etwa 48 von meinen geschriebenen Bogen, 37 Bogen sind völlig fertig, darunter 29, welche das Ende bilden, zwischen diesen und dem Anfang fehlen nur noch 11 Bogen. Du kannst wöchentlich recht gut zwei Bogen liefern. Es ist mir außerordentlich viel daran gelegen, es bald gedruckt zu sehen, da es eine Menge Versuche, Erfahrungen und Beobachtungen enthält, die ich, wenn es zu lange dauert, in meinem Journal drucken müßte. Die Cicero antiqua Schrift ist sehr schön, doch wären mir deutsche Lettern von gleicher Größe und Schönheit lieber. Sende mir keine Schriftproben mehr, sondern wähle nach Deiner Einsicht. Aus dem Manuskript wirst Du den ganzen Umfang leicht berechnen und Dich danach richten können. Auf eine erlesen schöne Ausstattung darf ich wohl rechnen.
Was das Lexikon betrifft, so soll das Mögliche geschehen. Ich kann zwar vor Vollendung des Geigerschen Handbuchs selbst nicht tätig sein, allein ich kann mich fremder Hilfe bedienen, die ich so glücklich bin, hier zu meiner Verfügung zu haben. Ich wünsche, daß Prof. Wöhler in Göttingen und Prof. Buff hier noch dazutreten möchten. Beide haben mir zugesagt, allein es ist nötig, um sie festzuhalten, daß Du selbst an beide schreibst. Da sie beide überaus tüchtig sind, so kann Poggendorff nichts einzuwenden haben, schreibe ihm aber darüber vorher und sage ihm, daß ich auf Beiden bestehen müsse, auf Buff, um ihm, und auf Wöhler, um mir die Sache zu erleichtern.
Ich habe wegen dem Chlorkalk nach Thorn, wo Herr Kestner ihn im Großen fabriziert, geschrieben, habe aber noch keine Antwort. Die Sache ist übrigens sehr einfach. Destillierapparat und Röhren von Blei, und Kalkmilch, weiter brauchst Du ja nichts dazu. An Otto will ich gelegentlich schreiben. Grüße ihn freundlich einstweilen. Ich bekomme doch 30 Exemplare Abdrücke von der ersten Auflage?
Mit herzlichster Zuneigung

Dein Justus Liebig

Auf der Fuhrpost habe ich keine Portofreiheit, kann dir also das Paket mit bis zur Grenze frankieren.
Die Schrift Cicero antiqua ist also gewählt, wenn Du eine deutsche von gleicher Eleganz nicht vorziehst oder hast.

Otto wird in Beziehung auf die Bierbrauerei für seine 2. Auflage des Lehrbuchs gut tun zu warten, bis er in unserem kleinen Buch meine Theorie der Untergärung des Biers kennen gelernt hat, sie ist neu und auf positiven Tatsachen begründet.
[Bemerkung am Rande der Briefvorderseite:]
Für die erste Auflage sowie die folgenden 300 Taler Honorar und 30 Freiexemplare für die erste. Das Buch erscheint gleichzeitig in Paris bei Crochard und in London, aber erst nach der deutschen, wenigstens zwei Monate später.

Gießen, den 27. April 1840

Lieber Vieweg!

Ich habe kürzlich Gelegenheit gehabt, ein Buch in die Hand zu bekommen, dessen Anordnung, Druck, Papier mir außerordentlich gut gefällt. Es heißt Erdkunde, Geologie von Dr. A. Petzhold, Leipzig, bei Weber. Da meine kleine Physiologie die Runde bei den höheren Potentaten machen soll, so wünsche ich sehnlichst, daß Du hierauf Rücksicht nähmest. Ich habe seit 8 Tagen täglich einen Korrekturbogen erwartet, woran liegt denn die Verzögerung? Ich werde es hier ins Englische übersetzen lassen und brauche die gedruckten Bogen höchst nötig für den Übersetzer, der meine Handschrift nicht lesen kann. Ich bitte, schiebe doch den Druck nicht auf. Ich bin in etwa 14 Tagen völlig fertig und werde Dir alsdann den ganzen Rest des Manuskriptes schicken, mit dem nächsten Korrekturbogen erhältst Du alles, was zum Lexikon zum 4. Heft noch fehlt.
Laß doch bald etwas von Dir hören

Dein J. Liebig

Von den fertigen Bogen bitte ich jedesmal zwei zu schicken.

Gießen, den 6. Mai 1840

Lieber Vieweg!

Du erhältst anliegend einige Zusätze und Noten zu dem Manuskripte, was sich im Druck befindet, ich hoffe, daß Du die Stellen findest, wo sie hingehören.
Es ist mir sehr daran gelegen, zu der Versammlung der Naturforscher in Erlangen die Physiologie im Buchhandel zu wissen. Es wird auch für Dich von Nutzen sein, wenn das Buch zu einer Zeit im Publikum ist, wo es in einem großen Kreise besprochen werden wird.
Ich erbitte mir von jedem Korrekturbogen 2 Exemplare aus, das eine werde ich behalten, das andere zurückschicken. Von den fertigen abgesetzten Bogen sei so gut, mir jedesmal drei zu schicken, den einen behalte ich, die anderen gehen nach London und Paris, wo sie übersetzt werden.
Die Korrektur des Wörterbuchs und alle Artikel, die zur Beendigung des 4. Heftes fehlen, folgen auch. Beeile nur den Druck der Physiologie.

Herzlichst Dein J. Liebig

Gießen, den 8. Mai 1840

Lieber Vieweg!

Wenn in jeder Woche nur ein Bogen fertig wird, so ist es rein unmöglich, daß die Physiologie vor Oktober erscheint. Dies wäre mir nun höchst fatal, und leicht ist es für Dich, den Druck zu beschleunigen, wenn es Dir nicht an Lettern fehlt. Ich versichere Dich, daß kein Moment Aufenthalt durch Mangel an Manuskript entsteht; das ganze Buch ist fertig, ich lasse es nur abschreiben, dies allein ist der Grund, warum ich den Rest zurückbehalte.
Von jedem fertigen Bogen sei so gut mir vier Exemplare zu schicken.
In den zweiten Bogen gehört eine Anmerkung, die ich Dir in meinem vorletzten Briefe zugesandt habe. Wenn Du sie verlegt hast, so muß ich sie noch einmal schreiben, was mir um so unangenehmer wäre, da sie eine Beobachtung enthält, deren Konzept ich verloren habe.
Wenn Herr Hartig ein redlicher Mann ist, so hat die Mitteilung der Bogen wohl keinen Nachteil. Du mußt dies besser wie ich ermessen.
Die Bräune mit Silber [es folgt ein unleserliches Wort] ist sehr lächerlich.
Habe die Gefälligkeit, lieber Freund, die letzte Korrektur selbst ein wenig durchzusehen.
Für Herrn Hartig die Beilagen.

Dein J. Liebig

Gießen, den 17. Mai 1840

Teurer Freund!

Du setzt mich in eine wahre Verlegenheit, obwohl Du weißt, wie sehr mir an der Beschleunigung des Druckes der chemischen Physiologie gelegen ist. Seit 10 Tagen habe ich keinen Bogen gesehen. Woran liegt es denn? So aber habe ich einen zwei Bogen langen Artikel in meinem Journal abgedruckt, über den Zustand der Chemie in Preußen, und in Folge derselben über den Zustand der Medizin, Physiologie, Agrikultur und Geognosie. Ich habe es für nötig gehalten, ihn als Vorläufer vorangehen zu lassen. Es ist darin gesagt, daß das kleine Buch in einigen Wochen erscheinen wird, allein Du wirst die Ursache sein, daß mein Artikel vergessen ist, wenn es in der Tat erschienen ist. Ich bitte Dich, sage mir die Ursache dieser Verzögerung.

Herzlichst Dein J. L[iebig]

Gießen, den 21. Mai 1840

Lieber Vieweg!

Es geht höchst langsam mit der Physiologie, die Korrekturen sind ohne Sorgfalt gemacht und auf einem der letzten Bogen war eine Seite des Manuskriptes ausgelassen. Das Papier ist wundervoll, nie ist in Deutschland schöneres fabriziert worden, der Weiße und Reinheit des Stoffes nach. Kann Dir denn Dr. Otto nicht einen so einfachen Apparat angeben, wie man braucht, um flüssigen Chlorkalk zu machen?

Ich bitte Dich, Bester! Das zum vierten Hefte fehlende, von meiner Seite zu liefernde Manuskript für das Wörterbuch muß ja seit 3 Wochen schon in Braunschweig sein. Ich bin sehr froh, daß wir Wöhler haben. Es wird und muß nun rasch vorwärtsgehen. Ich sende Dir das Verzeichnis der Artikel, die ich hier bearbeiten lasse. Das ganze B ist damit untergebracht. Es ist mir unendlich leid, daß Du so großen Schaden mit dem Buche hast, aber alles soll sich wieder ausgleichen. Ich liebe Dich

Dein J. Liebig

Vergiß nicht Poggendorff zu sagen, daß ich darauf bestehe, daß Buff die Artikel liefere, die in Elektrizität einschlagen. Wahrlich, ich wünschte beinahe, er träte ab, doch ist er sehr nützlich, nur ungeheuer langsam.

Gießen, den 28. Mai 1840

Mein Teurer!

Aura, Aurade, Aurantis, Auswurfmaterie hatte Poggendorff übernommen, Azulmin und Azulminsäure soll sogleich geliefert werden, auch die vorerwähnten, wenn sie von Poggendorff noch nicht da sind.

Für jedes Werk in den Naturwissenschaften, das im Ausland erscheint, habe ich hier gründlich gebildete und tüchtige Leute, die sich mit der Herausgabe beschäftigen können und sie gern übernehmen. Sende mir nur zu, was Du glaubst, daß es für Deinen Verlag paßt.

Das Kupfer wird in Frankreich ganz einfach durch Zusammenschmelzen mit $^{1}/_{400}$ Zink gereinigt, mit dem es zwei bis drei Stunden im Fluß erhalten wird, eine entsprechende Portion Messing tut es auch. Die Anwendung beruht darauf, daß das Kupferoxydul, was das Kupfer spröde und hart macht, durch den Zink hinweggenommen wird. Es ist eine wichtige Entdeckung, die gelegentlich in England zu meiner Kenntnis kam. Bei verschiedenen Kupfern muß das Verhältnis von Zink natürlich noch ausgemittelt werden.

Mein Aufsatz über den Zustand der Chemie in Preußen wird vielleicht der beste und zweckmäßigste Prospectus für unsere chemische Physiologie. Mache eine kleine Broschüre daraus und versende 2–3000 Exemplare davon zu 4 ggr. per Stück in alle Reiche der Erde und Du wirst völlig Deinen Zweck erreichen. Zeige auf dem Umschlag die Physiologie an und jedermann wird über die Sendung [Tendenz?] nicht ungewiß sein. Bitte sage mir Deine Ansicht.

Da Du eben in Leipzig bist, wo es wunderschöne silberne Pulverdosen gibt und ich ein starker Schnupfer bin, so könntest Du mir als Honorar für diese Broschüre eine schicken, schwarz in Niello, ohne äußere Verzierung, sie darf nicht über 20 Taler kosten, sonst nehme ich sie nicht. Ich wiederhole es, ich nehme sie nicht, wenn ein Bild oder sonst etwas auf dem Deckel ist, ich will sie zum täglichen Gebrauch haben, wozu mir eine andere nicht dient.

Ich werde versuchen, den Aufsatz über den Zustand der Chemie in Preußen ins Morgenblatt und in die Allgemeine Zeitung zu bringen, so daß Spektakel genug in der Welt darüber entstehen wird.

Hartig hat nun auch Feuer gefangen, auch er glaubt nun, daß meine kleine Physiologie eine Art von Revolution bewirken wird. Wenn das Papier, was zum Buche gewählt worden, gut geleimt ist, so müßte es ein wunderschönes Postpapier abgeben. Ich begreife nicht, daß Deine Anhänglichkeit an Dein blaues Briefpapier so groß ist, was so leicht durchschlägt, daß man die Hinterseite kaum lesen kann. Bessere Dich doch auch in Deinem Briefpapier!

Herzlichst Dein Justus Liebig.

Gießen, den 11. Juni 1840

Lieber Vieweg!

Es wird noch zwei Bogen zur Physiologie geben, so daß sie ohne Titel und Vorrede etwa 20 Bogen stark wird.
Was den Preis betrifft, so erwäge, daß das Buch in viele Hände kommen soll und daß vielleicht fl. 4.24 (2 1/2 Thlr) zu hoch ist. Du mußt auf ein höchst ausgedehntes Publikum rechnen. Denke Dir Pharmazeuten (die gerne kaufen), Agronomen, Mediziner und auch Gewerbsleute. Ich hoffe, daß Du noch in diesem Jahre eine Auflage machen kannst, aber ein Hindernis wäre ein zu hoher Preis, setze 2 Taler, dies ist genug. Das Buch ist keine Anleitung zum praktischen Ackerbau oder zur praktischen Physiologie oder für Branntweinbrenner, Wein- und Bierproduzenten, sondern es ist darin nur die Linie gezogen, der Weg gezeigt, welcher allein die Erreichung des Zieles verbürgt. Diesen Weg mit Steinen zu befahren, die Steine zu klopfen, die Gräben zu ziehen und mit Alleen zu bepflanzen, dazu reichen 20 Bogen nicht aus. Das Buch wird zu Forschungen führen und soll diese erwecken und leiten, allein es wird in dem Grade entbehrlich werden, als diese Umfang gewinnen.
Den Satz für die preußische Chemie bitte ich noch einige Tage stehen zu lassen, da ich mehrere Änderungen anzubringen wünsche. Schicke mir doch die Abzüge, für die fertigen läßt sich freilich nichts mehr machen. Ich hoffe aber, daß Du gegen das Einschieben eines oder zwei Kartons nichts sagst. Winter wird einen fürchterlichen Spektakel anfangen, allein ich kann ihm nicht helfen.
Den vollen Titel des Buches in der Note ist nicht nötig, Du kannst ihn ja auf den Umschlag setzen ohne weitere Empfehlung für das Publikum. Für die Buchändler werde ich aber genau angeben, an wen sie das Buch zu verkaufen rechnen, also zusenden können. Ich finde es höchst verständig, daß Du Deinen Ältesten studieren läßt, und namentlich Naturwissenschaften, dies wird Dir für Dein Geschäft von großem Nutzen sein. Du mußt Dich einmal wieder entschließen, eine kleine Tour nach Gießen zu machen, wo Du, wie Du weißt, herzlich willkommen bist. Deinen Sohn wirst Du mir hoffentlich in die Lehre geben, wenn er etwas weiter ist, eine gute Gewerbeschule dürfte ihm nach dem Besuche des Gymnasiums besonders nützlich sein, alsdann die Universität. Der Korrekturbogen folgt heute.

Herzlich Dein Justus Liebig.

Den Preis 36 Kreuzer für die Broschüre finde ich ganz angemessen. Ich würde 2000 Exemplare drucken lassen und mehr, ich wünsche aber ein paar Dutzend davon zu haben.

Gießen, den 12. Juni 1840

Lieber Vieweg!

Meinen herzlichsten Dank für die wunderschöne Dose, sie ist viel kostbarer als sie sollte, sie wird als Dein Geschenk in Ehren gehalten werden.
Was den Abdruck der drei Bogen über die preußische Chemie betrifft, so warte damit noch einige Tage. Ich habe von Berlin und Kassel noch Zusätze oder Berichtigungen zu erwarten, die ich gerne hineinbringen möchte. Der Aufsatz hat einen weit größeren Spektakel gemacht als ich hoffte, alle Mathematiker, Schulmänner, Philologen sind höchst aufgebracht über die, wie sie behaupten, schnöde Weise, womit sie behandelt werden. Da aber Ansichten eines Naturforschers von seinem Standpunkte aus sich anders ausnehmen müssen als wie die eines Schneiders oder Schuhmachers, so kann mir daraus vernünftigerweise kein Vorwurf erwachsen.
Die Artikel Aura etc. werden hier gemacht, auch habe ich schon vor 8 Tagen es Poggendorff angezeigt, auch Azobenzid etc., Barometer hat Buff in Arbeit.
Sell läßt Dich herzlichst grüßen. Dein Brief trifft mich nicht mehr in Bonn. Das Journal wird erst nächsten Winter erscheinen können, da er zu viel mit sich und seinen neuen Verhältnissen zu tun hat. Ich schreibe Dir in großer Eile, denn gestern Abend erst bin ich hier angekommen. Ich liebe Dich von Herzen

Justus Liebig.

Ich habe Dir in Schnitthammer einen guten Autor geworben, das nächste, was er herausgibt, will er Dir geben, es ist ein höchst tüchtiger Mann.

Gießen, den 19. Juni 1840

Lieber Freund!

Beifolgend erhältst Du die Vorrede, sie kann gesetzt, darf aber nicht eher abgedruckt werden, als bis ich Antwort von Herrn von Humboldt erhalten habe. Ich schreibe ihm heute noch und gebe Dir sogleich Nachricht. Die Bogen wirst Du nun haben, und nichts steht der Sendung nach Kopenhagen im Wege. Schicke mir doch einige Exemplare des ersten Teils.

Dein J. Liebig.

Gießen, den 3. Juli 1840

Mein teurer Freund!

Ich sende den Prospectus heute noch nach Göttingen, von wo aus Du ihn umgehend empfängst. Den Artikel Auswurfmaterie besorgt Wöhler, die anderen empfängst Du morgen oder übermorgen, sie sind bis auf einen fertig. Zu der kleinen Schrift erwarte kein Vorwort, sondern lasse sie, wie sie ist, vom Stapel laufen. Eine besondere Anzeige der Physiologie halte ich für unnötig. Schreibe oben darüber, für Chemiker [darüber 1], Pharmazeuten [darüber 5], Agronomen [darüber 4], Physiologen [darüber 2] und Botaniker [darüber 3] und Ärzte [darüber 6]. Der Bogen folgt erst morgen.

Dein treuer J. Liebig.

Gießen, den 3. Juli 1840

Lieber Vieweg!

Sei doch so gut, mir etwa 6 Exemplare des ersten Teils der Physiologie, geheftet, zuzusenden, ich will sie an unsere Direktion des Landwirtschaftlichen und Landesgewerbevereins schicken, so daß noch vor dem Erscheinen des Buchs das Publikum von seinem Zweck und Inhalt klar unterrichtet ist. Ich habe in den Annalen den Abschnitt Dünger und Wechselwirtschaft abgedruckt und auch mein Publikum darauf aufmerksam gemacht. Ich hoffe, daß wir die erste Auflage in drei Monaten verkaufen und sogleich zu einer zweiten schreiten können.
Ich habe einen der Artikel für das Wörterbuch umarbeiten lassen müssen, deshalb kommen sie erst morgen, sie füllen keinen viertel Bogen.

Herzlichst Dein J. Liebig.

Gießen, den 5. Juli 1840

Lieber Vieweg!

Statt des Prospectus der Physiologie lasse bei der Ankündigung die Überschriften der einzelnen Kapitel mit abdrucken, also unter dem Titel.

Inhalt.

Die Bestandteile der Vegetabilien. Der Ursprung des Kohlenstoffs etc. etc. Als letzte Überschrift füge noch hinzu: Organische Gifte, Contagien, Miasmen. Dies ist das Kapitel, was ich eben bearbeite und Dir in etwa 8 Tagen zusenden werde.

Dein J. Liebig

Den Artikel Aura konnte ich nicht machen lassen, weil ich gar nicht weiß, was er bedeutet, und in keinem Buche etwas darüber finde. Poggendorff, der ihn aufgegeben hat, wird ihn am besten selbst machen müssen.

Gießen, den 13. Juli 1840

Mein Bester!

Beifolgend wieder etwas Manuskript, der Rest, d. h. das Ende, kommt übermorgen. In Poggendorffs Artikel Atmosphäre müssen die angestrichenen Stellen herausgenommen und kassiert [?] werden. Ich bin Otto sehr dankbar, daß er mich darauf aufmerksam gemacht hat. Poggendorff ist ganz erschrecklich kleinlich und engherzig, sein ungeheures Wissen raubt ihm alles Urteil.
Mache mit dem Kupfer, was Dir gut dünkt, ich weiß nicht einmal, ob es ein Geheimnis ist.
Alles übrige besorge ich.

Herzlich Dein J. Liebig.

Gießen, den 25. Juli 1840

Mein Teurer!

Unsere Physiologie ist, was die Ausstattung betrifft, die Bewunderung von allen, die es sehen. Es hat bei den hiesigen Buchhändlern wahre Sensation gemacht, ein Freund von mir, der eins der gesandten Exemplare erhielt, zeigte es ihnen. In der Tat ist in Deutschland noch keins erschienen, was ihm gleicht, und Du nicht nur der nobelste Buchhändler, sondern auch der geschmackvollste Drucker, Schriftgießer und Papierfabrikant. Ich rechne es mir zur Ehre, Dein Freund zu sein.
Auf den Titel der Physiologie muß noch Professor der Chemie eingeschaltet werden, Ehrenbürger der Stadt Gießen, sodann nach der Mitgliedschaft der Royal Society muß kommen: Ehrenmitglied der British Association for Advancement of Science.
Ich sende Dir noch Zusätze zum Buch. Morgen bekommst Du eine enorme Liste von Druckfehlern, die anzuzeigen sind.
Die Vorrede hast Du im Besitz und kannst nun das Ganze fertig machen. Ich bitte, mir 6 Exemplare bei Deinem empfohlenen Buchhändler einfach aber geschmackvoll binden zu lassen. Von den anderen mußt Du mir wenigstens 15 Exemplare hierherschicken, die anderen kannst Du von dort aus verschicken. Es ist gut, wenn wir gegen Journalredaktionen freigiebig sind, denn diese vermitteln einen rapiden Absatz.

Herzlichst Dein J. Liebig

Gießen, den 4. August 1840

Lieber Vieweg!

Es ist ein Anliegen meiner Zuhörer, noch vor dem Beginn der Ferien die Physiologie zu haben, und ich bitte Dich demzufolge, wenn es nicht anders sein kann, durch die Fahrpost, etwa 40 Exemplare an die hiesigen Buchhändler zu verteilen. Ich werde den 5. September schließen. Vergiß nicht, mir die bestellten Exemplare von einem vortrefflichen Buchbinder binden zu lassen. Ich erwarte den letzten Korrekturbogen mit Sehnsucht zurück (ich erhalte ihn eben).
Was das Honorar für die Physiologie betrifft, so ist es mir am liebsten, wenn es bei Dir stehen bleibt und Du mir es zu 5 p.c. verzinst, wir wollen es in Zukunft mit den anderen auch so machen. Schicke mir anstatt Geld einen Wechsel auf dich selbst auf 2 Monate nach Präsentation.
Die Vorrede, d. h. die Anrede, muß in der Mitte der Seite anfangen und so fortlaufen; obwohl Du dies von selbst so gemacht hättest, wollte ich es doch erwähnen.
Ich hatte einige Abdrucke des Zustandes der Chemie in Preußen erwartet, warum sind sie noch nicht erschienen, da sie schon längst gedruckt und zum Versenden bereit sind?

Dein treuer J. Liebig.

Die Druckfehler finde ich nicht dabei, wie soll es damit gehalten werden, viele davon könnte man vielleicht dem Leser zur Verbesserung überlassen, jedenfalls ist das Verzeichnis für die Zukunft gut. Hier noch einer: Seite 23 Zeile 8 v. u. l. Meyen statt Meyer.

Gießen, den 11. August 1840

Mein Teuerster!

Ich bin durch die Masse Druckfehler in unserer Physiologie sehr gedrückt, es ist nicht recht von Otto, daß er so wenig Aufmerksamkeit auf die Korrektur verwandte. Ich hoffe, es gibt bald eine neue Ausgabe, allein wir dürfen bei der ersten nicht sparsam sein, namentlich nicht an die Journalredaktoren und an die Häupter der Schulen der Agronomen und Physiologen, für die es bestimmt ist. Durch meine jungen Chemiker ist das Erscheinen des Buches überall verbreitet, so daß ich mit Anfragen geplagt und überlaufen werde, wann es erscheinen würde. Auch die preußische Chemie wird mit wahrer Ungeduld erwartet. Der Herzog von Sachsen-Gotha hat einen Oberlehrer seines Realgymnasiums hierhergeschickt, um sich bei mir über Vortrag und Methode im Unterricht zu belehren. Er sagte mir, daß das ganze Herzogtum in eine Art Aufregung geraten sei, und der Auszug, der im Allgemeinen Anzeiger erschien, an die Behörden in Extraabdrucken verteilt worden sei. Wenn unser Schriftchen beizeiten im Buchhandel gewesen wäre, würde es längst verkauft und abgesetzt sein. Schicke namentlich nach Darmstadt und Mainz etwa hundert Exemplare, sie werden dorten reißend Absatz finden. Für mich bitte ich auch um 10–15 Extraabdrucke desselben. Ich rechne sehr darauf, daß die angezeigte Stelle in der Vorrede ausgemerzt wird, lasse doch im Notfall einen Karton drukken.

Vor allen Dingen schicke bald ein halbeshundert Exemplare hierher, denn in drei Wochen werden alle Studenten von hier ausgeflogen sein. Durch diese kommt es von den Universitäten in das größere Publikum, und eine baldige Zusendung wird der Zukunft Vorschub leisten. Den zuletzt zugesandten Bogen des Wörterbuchs verstehe ich gar nicht, es finden sich darin Kraut und Rüben durcheinander, das Ende eines Barometer-Artikels, von dem ich den Anfang gar nicht gelesen habe.

Herzlichst Dein Justus Liebig.

Gießen, den 15. August 1840

Mein teurer Freund!

Ich schreibe Dir eigentlich nur, um Dir meine Bewunderung der prachtvollen Holzschnitte auszudrücken, die ich in dem Prospectus zu Ottos Lehrbuch der landwirtschaftlichen Gewerbe gesehen habe, sie übertreffen in der Tat bei weitem die besten englischen. Du bist die Krone der Buchhändler. Tue mir doch den Gefallen und schicke die Physiologie, wenn das Buch gebunden ist, selbst, in meinem Auftrag, an Humboldt und drücke in ein paar Zeilen Deine Gefühle für ihn aus. Ich weiß nicht, ob ich Dir geschrieben habe, daß ich Deinen vorletzten Brief ihm zugeschickt habe. Ich weiß, daß er ihm Freude machen wird. Ich habe ihn gebeten, Dir, meinem biederen Freunde, gelegentlich sein Urteil über die Ausstattung des Buches, in dem sein Name an der Spitze steht, zu sagen, und habe ihm noch viel von Deinen Verdiensten erzählt und was Du für ein seltener Mann unter den Buchhändlern bist. Ich wünschte wahrhaft, daß eine Staatsregierung, von wo es auch sei, Deine Verdienste anerkennen möge, denn dies würde Nacheiferung nach allen Seiten hin erwecken. Dein Brief war zwar nicht zur Zusendung

eingerichtet, allein dies sollte und durfte nicht anders sein. Ich höre, er ist Minister des Kultus geworden, zu meiner großen Satisfaction erst jetzt, denn wäre es früher geschehen, so hätte ich ihm mein Buch nicht dedizieren können.
Ich danke Dir für die Extraabdrucke der preußischen Chemie, sie ist ebenfalls in glänzendem Gewande erschienen. Was die Physiologie betrifft, so sagten mir einige Personen, daß in Brünn im September, den 18., ein großer Verein von Landwirten sich versammelt. Es wäre für Dich vielleicht von Nutzen, wenn Du eine Anzahl von Exemplaren hinbringen könntest, zu rechter Zeit, dies wird freilich der österreichischen Zensur wegen schwer halten. Wenn ich die gebundenen Exemplare sehr bald bekomme, verschaffe ich Dir vielleich für das Buch zensurfreien Eingang, ich will nämlich Exemplare an den Kaiser, Metternich und Colowzat schicken. Sorge nur dafür, daß ich die Exemplare bald bekomme, ich habe die Absicht, selbst nach Wien (im September) zu gehen.
Ich liebe dich herzlich

Dein Justus Liebig.

Gießen, den 23. August 1840

Lieber Vieweg!

Ich bin in Angst, Dich krank zu wissen und ohne Nachricht von Dir zu sein. Ich hatte Deinen Leuten geschrieben, eine Nachricht zu geben, aber keine bekommen. Ich bitte Dich, mir bald zu schreiben oder schreiben zu lassen, wie es Dir geht.
In dem Beiliegenden schicke ich Dir eine Anzahl Briefe, die Du, einen jeden begleitet von einem Exemplar der Physiologie und einem Exemplar der preußischen Chemie, baldmöglichst an ihre Adressen senden wirst. Schicke die Bücher durch die Post und bringe mir die Fracht in Anrechnung. Es sind dies die Wortführer in der Wissenschaft, welche unserem Werke einen großen Erfolg verschaffen oder ihm entgegenarbeiten können. Das letztere wird wohl nicht der Fall sein, besser ist es jedenfalls, ihnen die bitteren Stellen, die sie zu schlucken haben, mit Höflichkeit zu versüßen. Nächsten Samstag, den 29., gehen schon eine große Anzahl meiner Zuhörer hinweg, und alle wünschen, die Physiologie mitzunehmen, allein im Buchhandel ist sie sowenig zu haben wie die preußische Chemie. Ich kann mir zwar denken, daß das Heften eine gewisse Zeit erfordert, allein es lassen sich doch die Exemplare zu je zehn Stück, wenn auch nicht auf einmal, verschicken. Lasse mich doch recht bald etwas von Dir hören.

Mit herzlicher Zuneigung

Dein Justus Liebig.

Zu den sieben Namen, für die ich Briefe beilege, bitte ich noch folgende zu zählen.
Herrn Prof. Erdmann in Leipzig
Herrn Hofrat Prof. Dr. Buchner in München
Herrn Professor Dr. Sell in Bonn
Herrn Dr. F. Mohr in Koblenz
Herrn Prof. [ausgestrichen] Geh. Hofrat L. Gmelin in Heidelberg.

Gießen, den 7. September 1840

Mein teurer Freund!

Aus dem letzten Brief, den ich von Braunschweig empfing, entnehme ich, daß Du Deiner Gesundheit wegen ein Bad besuchen wirst, und zwar Marienbad. Ich reise nun mit Professor Wöhler künftigen Montag den 14. über Nürnberg, Salzburg, nach Wien und von da zurück über Prag. Ich kann leicht im Rückwege ebensogut über Karlsbad und Marienbad gehen und Dich dorten besuchen, ich muß aber natürlich die Gewißheit haben, ob ich Dich dorten treffe. Darum wollte ich Dich nun heute bitten.
Vielleicht ist Dir die Reise so gut wie das Bad und Du entschließt Dich, uns zu begleiten. Wir sind zu zwei, reisen mit einem eigenen Wagen und mit Post, wir haben noch einen Platz frei. Es würde ein höchst angenehmes Ereignis sein, wenn Du Dich anschlössest. Schreibe mir mit umgehender Post.

Von Herzen Dein J. Liebig.

Ich bitte Dich, mir noch 4 Exemplare der organischen Chemie zu schicken, ich möchte sie gern mitnehmen auf die Reise, aber sie müssen bis zum 13. hier sein.

Gießen, den 21. Oktober 1840

Mein teurer Vieweg!

Es war eine rechte Freude in unserem Haus, als Dein Sohn uns so schnell verließ und kein Zureden ihn vermochte, dem Befehl des Vaters auf einen oder zwei Tage nur untreu zu werden. Du hast nicht daran gedacht, daß Du mir und meiner ganzen Familie eine große Freude gemacht haben würdest, wenn Du Deinen Sohn veranlaßt hättest, einen Teil seiner Ferien mit uns zuzubringen. Ich will nicht davon sprechen, daß mein Georg in Deinem Hause soviel Liebe und Freundschaft empfing, sondern davon, daß Dein Sohn uns allen sehr gefallen hat und daß ich ihn gerne gründlicher kennengelernt hätte. Du weißt, daß er gar nicht beabsichtigte, uns zu besuchen, sondern daß ihn Georg unterwegs gewaltsam erpreßte. Georg wird nicht mehr nach Berlin zurückgehen, und ich wünsche, das, was Du ihm vorgestreckt, mit Dir zu ordnen und bitte Dich um Abrechnung.
Meine Reise nach Italien habe ich aufgegeben; allein in diesem Lande würde mich die Langeweile töten und ich ziehe vor, lieber zu Hause krank als dort gesund zu sein. Damit erledigt sich wohl Dein Vorschlag, in Italien eine kleine Chemie zu bearbeiten für Dein projektiertes Konversationslexikon zur Naturwissenschaft. Ein solches Buch für die Zwecke, die Du im Auge hast, ist ohnedies sehr schwer zu schreiben und viel mehr Mühe und Arbeit damit verbunden als Du vielleicht denkst. Ich weiß, wieviel Zeit mich jeder Chemische Brief gekostet hat und kostet und daß sie nicht zur Erholung geschrieben werden können. Eine Geschichte der Naturwissenschaften gehört eigentlich als eine Zierde noch in Dein Buch, Whewels [?] Buch liest jedermann mit Interesse.*)
Ich will mich diesen Winter ganz dem zweiten Teil der Tierchemie widmen. Ich kann dieses Buch nicht länger aufschieben und muß es fertigmachen insoweit ich kann und das Material besitze. Von allen Seiten geht man mich darum an.

*) Für Mineralogie und Geologie wäre Dr. Dieffenbach gut und für Physiologie und Anatomie entschlösse sich vielleicht Bischoff dazu. Henle versteht zu wenig von den anderen naturwissenschaftlichen Fächern, und von ihm bearbeitet würde Physiologie und Anatomie mit den anderen nicht in Verbindung gebracht werden können. Soll ich mit Bischoff sprechen?
Wegen der elektrischen Telegraphie bin ich in Verlegenheit, da ich nicht weiß, auf welchem Wege ich dieses Buch nach Paris oder London schicken soll. Wäre es nicht weit besser, Du schicktest mir ein paar Dutzend Abdrücke der schönen Klischees zu, die ich einem Briefe beilegen könnte? Georg, sowie mein ganzes Haus, senden die herzlichsten Grüße.

Dein treuer Justus Liebig.

Gießen, den 26. Oktober 1840

Mein teurer Vieweg!

Nach Gießen wieder mit erneuerter Kraft und Gesundheit zurückgekehrt, eile ich, Deinen freundlichen Brief zu beantworten. Vor allem anderen aber meinen herzlichen Glückwunsch zu Deiner Wiederherstellung, meine Frau konnte mir nicht genug von Deinem guten Aussehen erzählen. Ich habe während Deiner Krankheit viele Angst ausgestanden. Doch Gottlob, es ist vorüber. Was den neuen Abdruck unserer organischen Chemie [=Agrikulturchemie] betrifft, so habe ich nichts dagegen, ich bitte Dich aber zu erwägen, daß in Erlangen durch die Faulheit der dortigen Buchhändler nur wenig Exemplare abgesetzt worden sind. Es ist von ihnen z. B. keinem einzigen anwesenden Naturforscher eine Anzeige zugekommen, daß das Buch erschienen ist. In Brünn mag es besser gegangen sein, überhaupt habe ich Hoffnung, daß nach Österreich hin eine ganze Auflage verkauft werden wird. Mein Aufenthalt in Wien ist daher nicht ohne Nutzen gewesen, alle dortigen Buchhändler hatten ihre vorrätigen Exemplare in 8 Tagen schon abgesetzt, in Prag war im Gegenteil bei den meisten noch Vorrat. Es mögen Dir von Kopenhagen aus auch noch viele Exemplare zurückkommen. Doch alles dies mußt Du besser beurteilen können als wie ich, der den Buchhandel nicht kennt. Ich möchte gerne einige kleine Änderungen und Zusätze machen, ob es aber ratsam sei, etwas anderes als die Druckfehler zu verbessern, wünsche ich von Dir zu erfahren. Ich habe mich deswegen schon an Dein Haus nach Braunschweig gewendet und erwarte namentlich von Dir und Deiner Einsicht, daß Du mir sagst, was ich tun soll. Es scheint mir für Dein Interesse und für das der zurückkommenden Exemplare besser zu sein, wenn nur die Druckfehler geändert und wesentliche Zusätze erst bei einer zweiten Auflage gemacht werden. Ich schicke dir einliegend, als eine Stimme über das Buch, einen Brief von Petzoldt, den ich (außer durch seine Geologie) nicht kenne. Es scheint zur rechten Zeit gekommen zu sein, die Physiologen sind übrigens im Aufruhr darüber. Was die Berliner Kritiken über den Zustand der Chemie in Preußen betrifft, so habe ich keine davon gelesen und werde es auch nicht tun. Diese Sache mag ihren Lauf haben, und es ist ganz in der Ordnung, daß aus einem aufgestochenen Geschwür Eiter und Blut fließt. Dein Versprechen, uns in Gießen zu besuchen, mit Deiner Familie natürlich, ist gegeben und kann von Deiner Seite, obwohl Du in Deinem letzten Brief nichts mehr davon erwähnst, nicht mehr zurückgenommen werden. Ich freue mich unendlich darauf, Dich wiederzusehen und alle Deine Lieben persönlich kennenzulernen.

Ich liebe Dich

Dein J. Liebig

Wenn Rammelsberg sein Pensum bald liefert, kann der Druck der 6. Lieferung sofort beginnen.

Gießen, den 31. Oktober 1840

An die verehrliche Viewegische Buchhandlung
in Braunschweig

Beikommend erhalten Sie den durchgesehenen 1. Teil der organischen Chemie, in welchem ich eine Note geändert und eine neue p. 40 zugefügt habe. Die letztere kann nach Ihrem Ermessen auch als Nachtrag, zu Ende des Buches gedruckt werden. Ich rechne darauf, daß nach dem früher eingesandten Druckfehlerverzeichnis die vorhandenen Fehler verbessert werden. In wenigen Tagen sende ich Ihnen den Rest des Buchs. Ich hoffe und wünsche, daß weder in der Papiersorte noch in den Lettern eine Änderung geschehe.
Auf dem Titel A wird man den „zweiten unveränderten Abdruck" anzeigen müssen; er kann nur günstig auf den weiteren Absatz wirken. Warum ist in keiner der Süd- und Mitteldeutschen Zeitungen eine Anzeige des Buches erschienen?

Hochachtungsvoll der Ihrige

Dr. Justus Liebig

Gießen, den 18. November 1840

Teurer Freund!

Meinen Brief nach Baden nebst Einlage wirst Du erhalten haben. Ich höre, daß Du wieder glücklich nach Braunschweig zurückgekehrt und treuloser Weise uns umgangen hast, trotz unserer Bitten. Ich werde dies vergelten und nächsten Herbst nicht nach Braunschweig kommen. Abgesehen von diesen Sachen, die Du jetzt nicht wieder gut machen kannst, wäre es mir sehr lieb, dem neuen Abdruck der Physiologie ein ganzes Kapitel noch anhängen zu können, nämlich über Nahrungsstoffe. Was ist nährend, was nicht, was geschieht mit dem Fleisch beim Kochen und Backen, was beim Brotbacken, kurz lauter solche Dinge, die Jedermann, von dem Physiologen bis zum Bauern an interessieren. Könntest Du diese Zusätze nicht in einem besonderen Abdruck an die früheren Käufer des Buches, gegen eine mäßige Vergütung, gelangen lassen? Es liegt mir daran, sie (die Zusätze nämlich) in dem neuen Abdruck zu haben, da ich sie der französischen Ausgabe einverleiben werde. Was hältst Du davon? Wenn der Druck noch nicht angefangen hat, könnte man ihn vielleicht auch noch bis zum nächsten Herbste liegen lassen.

Ich schicke Dir einen Brief von Joh. Müller in Berlin, der ersten Autorität unter den neueren Physiologen, der einzigen, die ich anerkenne als Richter und Beurteiler. Du mußt mir aber diesen Brief mit dem von Humboldt und Petzoldt umgehend wieder zusenden.
Noch etwas. Es ist ein Steindruck von mir erschienen in Frankfurt bei Vogel [?], er wird von meinen Schülern und anderen stark gekauft und ist schlecht und teuer (3,30). Rauch war kürzlich hier von Darmstadt und wünscht sehnlichst, mein Porträt zu stechen. Seine neuesten Sachen, namentlich das große Bild, was er für den Kunstverein gemacht hat, sind unvergleichlich schön. Er hat die Idee, das Porträt für Deinen Verlag zu machen und mich gebeten, Dir darüber zu schreiben. Es befindet sich eben ein vortrefflicher Maler hier, der das Porträt zeichnen könnte (Trautschold). Die Zeichnung würde natürlich Dein Eigentum werden. Ich glaube nicht, daß etwas daran zu verlieren wäre, da man Exemplare nach England und sonst hin verkaufen könnte und auf einen jährlichen Absatz von 30–40 Exemplaren in Gießen allein zählen könnte. Ob es überhaupt für Dich paßt, ist die größte Frage. Antworte darüber; es ist Rauch ganz besonders daran gelegen, er würde, ich bin es gewiß, ein Kunstwerk schaffen. Schreibe mir recht bald

Dein Justus Liebig.

Die Zeichnung, gut ausgeführt, würde 3–4 Fr.dor kosten, ein Ölbild in Lebensgröße 5 Louisd'or. Ich bin in der Rezension von Petzoldt aufgefordert, eine Organische Chemie, angewandt auf Medizin und Therapie, zu schreiben und habe sehr große Lust dazu. Was hältst Du davon?

Gießen, den 24. November 1840

Mein teurer Freund!

Ich benachrichtige Dich hiermit, daß ich mit der neuen Auflage der Agrikulturchemie beschäftigt bin und daß ich Dir in etwa 8 Tagen die fünf ersten Bogen zum Abdruck zusenden werde. Es gibt viele Veränderungen. Ich hoffe, daß eine Menge der früheren Ausstellungen ihren Boden verlieren werden, und ich brenne vor Begierde, die neue Auflage im Publikum zu sehen. Es wird gleichzeitig eine neue englische Ausgabe veranstaltet, und der englische Buchhändler drängt und treibt mich zur Eile an. Ich kann ihm aber nicht eher Material liefern, als bis ich die Bogen der zweiten Korrektur von Dir erhalte. Es ist mir deshalb viel daran gelegen, daß der Druck sobald wie möglich beginnt. Suche dies wo möglich einzurichten. Ich hoffe, daß auch die Käufer der früheren Auflagen einen Gewinn darin finden werden, die neue zu kaufen.
Sende mir doch umgehend eine oder einige Exemplare der von Knapp besorgten Auflage, lasse mir eins davon durch den Buchbinder leimen [leinen?], doch kann ich ja dies auch hier tun lassen. Ich muß diese Auflage als die Grundlage der Korrekturen nehmen und nicht die früheren.
Mit den freundlichsten Grüßen

Dein treu ergebener Justus Liebig.

Wie geht denn die Tierchemie, ich werde Dir nächstens eine Freude mit Briefen und englischen Rezensionen machen.

Gießen, 27. November 1840

Mein Teuerster!

Ich habe heute durch das hiesige Postamt mich an das Postamt in Baden gewandt, hauptsächlich um den Brief von Pezold wieder zu bekommen, den ich ungern verliere, indem er von einem Arzte und Naturforscher herrührt, den ich persönlich gar nicht kenne, und mir den Eindruck versinnlicht, den das Buch auf geistig hochstehende Menschen gemacht haben mag. Der Brief von Joh. Müller ist für mich sehr kostbar, ich betrachte ihn als den schönsten Lohn für alle Anstrengung; meine Ansichten werden Eingang in die Medizin, sie werden Eingang in das Leben finden, ihr Zweck wird erreicht werden. Ich schicke Dir Müllers Brief in Abschrift.

Für das Lexikon habe ich eine kostbare Acquisition gemacht. Dr. Schödler in Arnstadt, einer meiner früheren Assistenten, ein höchst brauchbarer kenntnisreicher Mann, wird sich ausschließlich damit beschäftigen und den größten Teil meiner Artikel nach dem von mir bezeichneten Plan ausarbeiten, er wird monatlich 4 Bogen liefern. Die Hauptartikel behalte ich mir vor und werde sie liefern.

Heute abend folgen mit dem Postwagen wieder einige Bogen, zu denen ich folgendes bemerke. Die Nachträge 346 bis S. 352 müssen vor dem II. Teil eingeschoben werden und zwar in folgender Ordnung: Der erste Zusatz zu S. 89 und 90 bleibt weg, der zweite zu S. 114 wird gedruckt, ebenso der dritte zu S. 154. Nach diesen kommt Gründüngung in Weinbergen, und dann Zusatz zu S. 167. Meine Nachträge über Respiration und Nahrungsstoffe sollen also in einer besonderen Broschüre gegeben werden. Es mag sein, daß die Ärzte und das größere Publikum, was keinen Begriff von dem hat, was nahrhaft ist oder so heißt, dadurch um so mehr angeregt werden. Alles drängt mich, eine Organische Chemie, angewandt auf Medizin und Pathologie, zu schreiben, und ich bin entschlossen dazu. Ich muß freilich, um gerüstet zu sein, noch einmal anfangen, vergleichende Anatomie und Pathologie zu studieren.

Gmelin ist gut. Seine Bücher, in der Form, wie er sie gibt, sind die vollständigsten Repertorien, verlieren auch durch die Zeit nicht an Wert. Da er nach seinem Handbuch liest, so macht dies einen jährlichen Absatz von 50–60 Exemplaren in Heidelberg allein.

Das französische Buch über den Dampfwaschapparat ist übersetzt von Dr. Knapp, der Apparat ist in Darmstadt in vielen Fäusten und wird sehr gepriesen.

Schreibe geradezu an Wagner in S. [?], ich habe mit ihm gesprochen und nochmals von Nürnberg aus geschrieben.

An Rauch habe ich geschrieben und ihn gebeten, Dir Dein letztes Bild zu schicken, was den ungeteiltesten Beifall gefunden hat, er wird etwas ausgezeichnetes hervorbringen. Mit Trautschold werde ich sprechen. Suche doch Joh. Müller in Berlin für Deinen Verlag zu gewinnen, schreibe an ihn und beziehe Dich auf mich.

Deine Zusage, uns Weihnachten hier zu besuchen, hat das ganze Haus freudig erregt, ich rechne darauf. Schreibe mir den Tag Deiner Ankunft, damit ich das Vergnügen habe, Dich an der Post in Empfang zu nehmen. Meine Frau konnte mir nicht genug über Dein gesundes, kräftiges Aussehen in Darmstadt erzählen, auch Deinen Briefen nach bist Du wieder gänzlich hergestellt, und die Reise hat Dir gutgetan. Meine Frau läßt herzlich für die vielen willkommenen Geschenke danken, Du hast an ihr eine große Freundin gewonnen.

Von Herzen Dein Justus Liebig

Seite 223 muß eine Zeile (mit Bleistift durchstrichen) beim Druck ausgelassen werden. Morgen oder übermorgen sende ich den Rest. Ich habe leider sehr viel andere Dinge auf mir, die mir schrecklich viel Zeit fressen.
Die Schwärze in dem neuen Abdruck ist zu trocken, das Öl zu stark gekocht oder der Ruß nicht fein genug verarbeitet. Vergleiche doch einmal einen früheren Abdruck. Sell's kleines Heft ist wundervoll schön, glaube mir, mit diesen Äußerlichkeiten gewinnt man eine Menge Autoren, und nicht minder das kaufende Publikum.

Gießen, 18. Dezember 1840

Mein Teuerster!

Ich erwarte jeden Tag die Nachricht Deiner Abreise. Wann sollen wir Dich erwarten? Wenn die neue Auflage fertig ist, bitte ich 1 Exemplar an H. Rose nach Berlin,
1 dto – L. Gmelin in Heidelberg,
1 dto – E. Merck, Medizinalrat in Darmstadt,
1 dto – Dulk, Professor der Chemie in Königsberg
zu übersenden und mir noch 8 bis 10 Exemplare mitzubringen. Ich habe Dir viel zu erzählen, namentlich daß ich einen Ruf nach Wien unter vorteilhaften Aussichten anzunehmen im Begriff stehe. Der Kaiser von Rußland hat mir den St. Annen Orden gegeben.

Herzlichst Dein J. Liebig.

Ist denn das Exemplar an Berzelius abgegangen?

Gießen, 31. Dezember 1840

Mein Teurer!

Die herzlichsten Wünsche zum neuen Jahr, möchten wir viele Auflagen erleben. Das Anhangkapitel über Nahrungsstoffe wird immer dicker und wächst zu einer 4–8 Bogen starken Organischen Chemie, angewandt auf Medizin und Pathologie, an. Ich wage kaum, das Ding zu drucken, denn ich habe so stupende merkwürdige Sachen gefunden, daß ich fürchte, mich zu kompromittieren, und doch sind es lauter facta, nichts ist aus der Luft gegriffen.
Wir erwarten Dich sehnsüchtig, und da Dich Deine Frau bis Leipzig begleitet, so hoffe ich, wird es auch bis Gießen geschehen, es würde uns allen eine große Freude sein.
Nach Wien gehe ich definitiv nicht. Es ist zwar eine große Torheit, doch darüber mündlich mehr.
Wenn der Titel der Physiologie noch nicht gedruckt ist, so lasse doch hinter Ritter vom Großherzoglichen Ludwigsorden setzten „und des Kaiserlich Rußischen St. Annen Ordens 3ter Klasse". Ich habe ihn vor einigen Wochen bekommen.

Ich liebe Dich herzlich

Dein Justus Liebig.

1841

10. 2.	Zum Verlagsprojekt Viewegs eines Buches von Pouillet; Honorarfrage – Angebot eines Berliner Buchhändlers, Jahresberichte herauszugeben; Ablehnung Liebigs
8. 3.	Absendung von Handwörterbuch-Artikeln für Buchstaben B – Unzufriedenheit mit Mitarbeitern – Zu den Artikeln ‚Bleichen‘ und ‚Blutlaugensalz‘ – Vorhaben Tierchemie – Honorar für Schödler
10. 3.	Korrekturen vom Handwörterbuch; weitere Artikel – Porträt Liebigs ist fertig
17. 3.	Finanzielles – Handwörterbuch-Artikel ‚Baldrian‘ und ‚Blut‘ – Kritik von Sprengel – Zur 3. Auflage der Agrikulturchemie
26. 3.	Buff soll Mitarbeiter am Handwörterbuch bleiben, auf die Gefahr hin, daß Poggendorff zurücktritt; Klage über Poggendorff – Handwörterbuch-Artikel ‚Bleichen‘ und ‚Blut‘
20. 4.	Weitere Handwörterbuch-Artikel – Zeitungsrezensionen – Angebot Cottas – Der Fall Buff
25. 4.	Wöhler ist als Mitarbeiter für das Handwörterbuch gewonnen – Poggendorff sollte ausgeschaltet werden – Artikel ‚Blut‘ – Freiexemplare der Agrikulturchemie
26. 4.	Handwörterbuch-Artikel, besonders ‚Blut‘ (Vorarbeit für Tierchemie) – Zeitsituation der Physiologie – Neue Auflage des Handbuchs von Geiger – Aufsatz für Cottas Revue – Italienische Übersetzung der Agrikulturchemie
o. D.	Fragen Viewegs zu vielen schwebenden Problemen, darunter Handwörterbuch, Agrikulturchemie, werden von Liebig im einzelnen beantwortet
19. 5.	Wöhler als Vermittler (wahrscheinlich in Sachen Poggendorff) – Polemische Schrift von Gruber – Studienort (wahrscheinlich für Viewegs Sohn)
2. 6.	Zur Polemik gegen Gruber und Sprengel – Handwörterbuch – Artikel ‚Bleichen‘ und ‚Blut‘
3. 6.	Absendung der Handwörterbuch-Artikel ‚Bleichen‘ und ‚Blut‘; Artikel ‚Bier‘

11. 6.	Handwörterbuch-Artikel ‚Bier' soll von Otto umgearbeitet werden – Schödler oder Varrentrapp als Mitarbeiter beim Handwörterbuch-Artikel ‚Blut' und ‚Bleichen' – Kritik an Gruber und Sprengel
5. 8.	Um einen Brief Wöhlers
8. 8.	Handwörterbuch-Artikel – Angelegenheit Varrentrapp
o. D.	Über Varrentrapp
14. 8.	Neuer Abdruck der Agrikulturchemie eilt, da Konkurrenz aufkommt
18. 8.	Handwörterbuch-Artikel – Varrentrapp
24. 8.	Handwörterbuch-Artikel
9. 9.	Varrentrapp – Handwörterbuch; Artikel ‚Blut'; Erscheinen des sechsten Heftes – Druckfehler im 2. Abdruck der Agrikulturchemie – Buch von Müller – Projekt Tierchemie – Bearbeitung des Handbuchs von Geiger; Honorarfragen
12. 12.	Buch von Fresenius (Anleitung zur qualitativen chemischen Analyse – Paoloni Nr. 327); Honorar für ihn – Finanzielles – Knapps Technologie für Schulen als Verlagsprojekt
20. 12.	Druck der Tierchemie soll beginnen – Wörterbuch von Wagner – Auflagenhöhe der Tierchemie
21. 12.	Verhältnis der Tierchemie zu Wagners Wörterbuch-Artikeln; deren Bearbeiter – Vorabdruck der „Vorlesungen" (zur Tierchemie) in den Annalen
26. 12.	Übersendung von Manuskriptbogen der Tierchemie
29. 12.	Druck der Tierchemie – Wörterbuch von Wagner

Gießen, 10. Februar 1841

Mein Teurer!

In der Hoffnung, daß Du wohlbehalten mit Deiner Familie wieder bei Deinen Penaten bist und daß die Reise keine üble Folgen, sondern gute bei Dir zurückgelassen hat, trotz des schlechten Wetters, schreibe ich Dir heute bloß, um Dir zu sagen, daß ich das Buch von Pouillet aufmerksam durchgegangen und mit Dr. Müller gesprochen habe. Es ist wert, bearbeitet zu werden, und Du hättest schwerlich jemanden finden können, der es mit größerer Gewissenhaftigkeit und mit mehr Sachkenntnis zu tun vermag wie Müller. Es soll ein deutsches Werk werden mit dem Guten, was wir an den Franzosen schätzen, und dem Vortrefflichen, was wir in Deutschland haben und was diesen kaum bekannt ist. Ich glaube, daß die Summe von fl. 1400, die ich für ihn als Honorar für die Bearbeitung vorschlage und mit der er sich zufrieden erklärt, für 80 Bogen Dir nicht zu viel ist. Buff meinte fl. 1600, allein, wie gesagt, er ist mit fl. 1400 zufrieden, und wenn das Buch so ausfällt, wie wir alle wünschen, so kannst Du ihm ja später etwas zusetzen. Schreibe mir oder besser schreibe ihm, ob er beginnen soll. In zwei Jahren will er es beendigen, soviel Zeit muß man ihm auch lassen, denn er muß es von Grund aus umschaufeln.
Ich lege Dir einen Brief von einem Berliner Buchhändler bei, den Du mir umgehend wieder zusenden mußt, damit ich ihn beantworte. Ich gehe natürlich nicht darauf ein, allein ich gestehe Dir, daß es für mich höchst unangenehm ist, diesen Jahresbericht in fremde Hände gelangen zu sehen. Denn wenn er in die Hände der Gegner fällt, so hat man die Aussicht, jährlich abgekanzelt und niederträchtig gemacht zu werden, oder ich muß mit der verwünschten Polemik wieder mein Journal verunzieren, das Schwert ziehen und meine Zeit vergeuden. Die Aktien stehen, wie es scheint, für Mitscherlich sehr schlecht, selbst in Berlin, da er sicher dieses Buch nicht aus den Händen lassen würde. Ich werde dem Berliner schreiben, daß, solange Berzelius noch seinen Jahresbericht schreibt, ich für mein Teil und kein anderes aufzukommen vermag, daß also ein Unternehmen dieser Art nicht rauskommen kann. Schicke mir den Brief baldigst zurück.
Beifolgend ferner einige Artikel aus B. An dem Artikel Basen, organische, arbeite ich seit Deiner Abreise. Viele herzliche Grüße von Haus zu Haus

Dein Justus Liebig.

Das Lehrbuch der Anatomie habe ich gefunden.

Gießen, 8. März 1841

Bester Freund!

Dein Schreiben vom 4ten erhalte ich soeben und freue mich, daß Dir wohl ist, Dein langes Stillschweigen hatte mir nämlich Besorgnisse eingeflößt. Mit Müller ist die Sache also fest, er wird etwas Treffliches liefern. Gmelin hat mir geschrieben, es ist nicht der Mühe wert, Dir seinen Brief zu schicken. Dein Anerbieten war ihm zu gering und seine Stimmung für Winter, Du hättest das Buch doch nicht bekommen; es ist nicht mein Winter, sondern sein Bruder, der Sortimentshändler.
Der Brief des Berliner Buchhändlers, dem ich antworten muß, lag nicht bei, ich weiß jetzt nicht einmal seine Adresse und bitte Dich darum, wenn der Brief verloren ist. Ich

schicke Dir ein Paket mit Artikeln für B. Ich kann Dir nicht sagen, wie unzufrieden ich mit allen Mitarbeitern bin, der Teufel soll sie holen, Otto und alle zusammengenommen, man kann diese schandbaren Artikel gar nicht lesen, ohne Geist und Verstand nur abgeschmiert; nur noch drei Monate, und es soll anders werden.
Der Artikel Bleichen folgt nächste Woche, so wie einer von mir, der mir die größte Freude gemacht hat, indem ich durch ihn in die Theorie der Bildung des Blutlaugensalzes kam, es ist der Artikel Blutlaugensalz.
Schicke mir alle gedruckten Artikel, die Korrekturen ohne Ausnahme.
Wegen dem Geld will ich es so machen, ich werde an Joh. Goll und Söhne schreiben und anfragen.
Was die Organische Chemie in ihrer Anwendung auf Tierphysiologie betrifft, so habe ich heute einen Bericht davon an Joh. Müller und Wagner geschickt, um alles zu erfahren, was für und gegen meine neuen Ansichten spricht. Ich möchte gerne das Buch gemeinschaftlich mit einem von beiden herausgeben, was sicher in meinem und im Interesse der Sache liegt. Warte also mit der Anzeige, bis ich Antwort habe.
Balsamum Copaivae ließe sich besser als Copaivabalsam geben.
Ich will sehen, ob ich den Blutartikel übernehmen kann. Du erhältst nächste Woche auch die Spirituslampe und, wenn ich sie bekomme bis dahin, die Rasiermesser à 20 Kreuzer pro Stück. Sei doch so gut und schicke an Schödler 50 Thlr., er quält mich drum.

Ich liebe Dich wie immer

J. Liebig

Die freundlichsten Grüße von Haus zu Haus. Mit dem Artikel Berlinerblau bin ich morgen fertig.

Gießen, den 10. März 1841

Lieber Vieweg!

Ich schicke Dir heute die Korrekturen zurück. Der Artikel Baldriansäure von dem Zeichen an muß gestrichen und dafür das Beiliegende gedruckt werden. Ich sende auch die Artikel Buttersäuren und Buttersäure; sollte ihn Wöhler schon eingesandt haben, so bleibt er natürlich ungedruckt, doch möchte ich den Wöhlerschen Artikel sehen. Den Artikel Butter wird er bearbeiten.
Der Artikel Bleichen ist nahe fertig, er wird von Dr. Knapp [bearbeitet] und wie ich sehe recht gut. Der Artikel Berlinerblau folgt nach.
Das Bild ist fertig, vortrefflich ausgefallen, ich habe es bezahlt und werde es behalten. Von Goll und Söhne habe ich noch keine Antwort. Sobald ich weiß, was ich zu tun habe, um das Geld an Dich gelangen zu lassen, soll es sogleich gedruckt werden. Tausend Gulden, also vier anstatt dreitausend, kann ich wahrscheinlich noch geben. Die Spirituslampe wirst Du haben.

Herzlichst Dein J. Liebig

Den verdammten Artikel Blut werde ich freilich machen müssen, wenn ihn Wöhler nicht will. Den Artikel Balsamum Copaivae macht also Otto.

Gießen, 17. März 1841

Lieber Vieweg!

Ich sende Dir einliegend zwei Wechsel auf Gebrüder Bethmann in Erfurt über fl. 3000, welche Du in Leipzig oder sonst wo, in Hamburg, umsetzen kannst. Die Kosten betragen fl. 7.35, die Du mir in Rechnung bringst. Die Originalwechsel liegen in Frankfurt bei den Bankiers J. u. D. Dekenföder [?]. Ich kann Dir wahrscheinlich in einigen Wochen noch fl. 1000 geben, doch weiß ich nicht gewiß, ob mir das Geld eingeht, Du kannst Dich also nicht darauf verlassen.
Die Korrektur der Baldrianartikel kann nicht verloren, sie muß in Deinen Händen sein. Ist es nicht der Fall, so schreibe mir umgehend. Du kannst also jetzt einige Bogen abdrucken. Ich hatte an Rammelsberg geschrieben und ihn ersucht, einige Änderungen auf den Bogen zu machen, die Wöhlern zur Korrektur und von diesem mir zugeschickt worden sind; ich hoffe, sie sind gemacht. Ich finde in dem mir übersandten Bogen eine Menge Druckfehler, Barium anstatt Baryumoxid etc., welche Rammelsberg korrigieren muß; sollte es nicht geschehen sein, so müssen ihm die Bogen wieder zugesandt werden. Ich bin in etwa 8 Tagen mit dem fatalen Blutartikel fertig. Den Artikel Copaivabalsam behalte ich, bis wir am C sind.
Die Würste sind ganz vortrefflich, Hoffmanns, Buffs und andere haben die Leberwürste mit verzehren helfen.
Die Kritik von Sprengel war zu erwarten, sie ist sehr schwach, und durch Unterlegungen falscher Voraussetzungen sind mir Dummheiten in den Mund gelegt, deren Erörterung sich nicht der Mühe lohnt.
Für die dritte Auflage der Physiologie will ich keine neue Bearbeitung, sondern nur Zusätze machen; dem Buch jetzt schon die Polemik nehmen, hieße ihm sein Leben nehmen.

Von Herzen Dein Justus Liebig.

Gießen, 26. März 1841

Lieber Vieweg!

Ich bin entschlossen, Buff zu erhalten, auf die Gefahr hin, daß Poggendorff sich von uns trennt. Ich bin froh, daß es geschieht, schon längst bereute ich, bei einer anderen Gelegenheit den Rücktritt von Poggendorff nicht angenommen zu haben. Seine Artikel sind mir und allen Menschen zum Ekel. Du wirst sehen, daß wir mit seinem Austritt gewinnen, das Buch wird chemischer und weit weniger dick. Seine rücksichtslose Anmaßung, den Buff geradezu mit einem Tritt vor den Hintern auszustoßen, charakterisiert ganz den Berliner. Was hat er an ihm auszusetzen, verständiger Weise hätte er mich unterrichten müssen, was ihm an Buff's Artikeln nicht gefällt. Diese Artikel werden geschrieben, nachdem sie weitläufig mit mir durchgesprochen sind; daß ich nicht gutheiße, allen Mist hineinaufzunehmen, wird mir niemand verargen. Ich betrachte diese Sache als abgemacht und habe in diesem Sinne an Wöhler geschrieben. Gibt es einen Bruch, so hat ihn Poggendorff an den Haaren herbeigezogen, er hätte seinen Mund früher auftun können.
Den Artikel Bleichen hat Dr. Oehler in Aarau übernommen, derselbe, der den Artikel Beizen gemacht hat. Mein Blutartikel macht mir viele Schmerzen. Es ist für mich eine

große Wohltat, wenn Du gestattest, die Artikel unbezeichnet zu lassen, die ich nicht selbst be- oder überarbeitet habe, sondern lassen mußte, wie sie waren. Für diese Klasse wollen wir pro Bogen nur fl. 44 Honorar setzen.
Im übrigen hast Du jetzt soviel Korrekturen zurück, daß Du sehr gut die ersten 5 Bogen des Heftes abziehen lassen kannst. Schicke mir doch die fertiggewordenen Bogen.

Dein J. Liebig.

Ich wollte anfangs Sprengel antworten, allein was er sagt, ist zu dumm, es ist besser, wenn ich es nicht tue.

Gießen, 20. April 1841

Lieber Vieweg!

Die Artikel Bdellium und Behennußöl habe ich nicht, ich muß sie Dir wieder zugesandt haben. Es sind dies übrigens ganz untergeordnete Dinge, die im Notfall ganz wegbleiben können. Drucke geradezu, was Du davon hast, nehme die kürzesten, wenn Du sie doppelt hast. Borax etc. sind bearbeitet und in meiner Hand, da aber mein Blutartikel vorher geht, so hat es mit der Zusendung noch Zeit. Mein Blutartikel ist fertig, allein ich muß ihn nochmals überarbeiten. Was vor mir liegt, gibt drei Druckbogen. Dies ist zuviel.
In unserem Hause geht es wieder leidlich, auch ich lag einige Tage an der Grippe danieder.
Beifolgend Rezensionen aus dem Morgenblatt. Herr v. Cotta sucht mich von Dir abtrünnig zu machen. Seine Anerbietungen sind sehr verführerisch. Ich halte es für vernünftig, da der Mann sehr viele Stimmen der öffentlichen Meinung in der Hand hat, ihn nicht ganz zurückzuweisen, ich will ihm einen Aufsatz für seine Vierteljahrschrift zusagen über physiologische Chemie.
Mit Buff habe ich immer noch nicht gesprochen. Die Sache ist mir äußerst fatal, diese Berliner ersticken vor Hochmut und Arroganz.

Dein Justus Liebig.

Gießen, den 25. April 1841

Lieber Vieweg!

Wöhler ist nun definitiv fürs Lexikon gewonnen, was bis jetzt noch schwankend war, er wird mit seiner ganzen Kraft sich damit beschäftigen. Was Poggendorff betrifft, so schlage ich wiederholt vor, ihn fahren zu lassen. Er mag sich mit Dove verbinden, der soeben ein physikalisch-chemisches Wörterbuch mit anderen herausgibt. Er nützt uns nichts, ist im Publikum so gut wie unbekannt und macht das Buch um 3 Bände dicker als nötig. Wir wollen keine Physik mehr, man sucht sie gar nicht in unserem Buch. Überlege das und glaube sicher, daß wir gewinnen, wenn wir ihn los sind.

Ich bin immer noch an meinem Blutartikel und weiß immer noch nicht, ob ich sein Volumen verkleinern soll oder nicht. Er enthält sehr viele der neuen Ansichten, die ich an gar keinem anderen Ort zu bringen weiß. Der Artikel soll als Einleitung zu meiner Tierchemie dienen und wird gewiß seinen Zweck erfüllen. Von Wagner habe ich Briefe, auch von J. Müller. Der letztere ging in alle meine Ideen ein, der erstere verstand sie nicht. Ich will, diesen Entschluß habe ich gefaßt, das Buch allein vollenden.
Tue mir doch den Gefallen und schicke mir noch einige Exemplare der Agrikulturchemie, 4 Stück, eines davon bitte ich dorten in roten Maroquin wie die früheren binden zu lassen. Ich bitte Dich ferner, 1 Exemplar an Herrn Professor Dr. Goebel in Dorpat zu senden (mit Buchhändlergelegenheit).

Dein J. Liebig

Ich habe eben, da meine Vorlesungen morgen angehen, sehr viel zu tun.

Gießen, den 26. April 1841

Mein Bester!

Beifolgend die beantworteten Fragen. Laß doch Berlinergrün und Bernsteinbronze ganz aus, es sind dies Dinge, die gar nicht ins Lexikon gehören. Bernsteinfirnis ist ganz ein Artikel für Otto, Bernsteincampher läßt sich in einer Zeile geben. Bibergeil, Campher und Öl will ich durch Will machen lassen. Bleizucker sollte Rammelsberg machen, er darf ja nur das Verfahren der Magnus'schen Fabrik in Berlin beschreiben.
Der Blutartikel macht mir eine schreckliche Arbeit. Ich bin jetzt fast zwei Monate mit nichts anderem beschäftigt, habe ihn dreimal umgeschrieben, und dennoch bin ich sehr wenig von meiner Arbeit befriedigt. Ich weiß in der Tat nicht mehr, was ich damit anfangen soll. Wenn ich ihn nicht durchaus schon meiner Tierchemie wegen bearbeiten müßte, so würde ich ihn niemals übernommen haben. Meine Physiologie macht mir überhaupt viel zu schaffen, und kaum wird es möglich sein, für das Wagnersche Buch Artikel zu schreiben, ehe ich damit ganz und gar im reinen bin. Wenn ich in allen meinen Ansichten zu vollkommener Klarheit gekommen bin, ist es alsdann keine Arbeit mehr, besondere Artikel anzufertigen. Gehe nicht zu tief ins Zeug mit Wagner und dränge darauf, daß er Joh. Müller zum Beitritt gewinnt. Die Physiologie wird eine Richtung gewinnen, welcher Wagner und Menzel an Kenntnissen in dem chemischen Teil nicht folgen kann, er wird über kurz oder lang isoliert stehen. Die mikroskopische Physiologie steht auf ihrem Kulminationspunkt, und kein Voranschreiten [ist] mehr zu erwarten. J. Müller umfaßt beides und ist ganz in der chemischen Richtung, eine Art Institut hat ihn darauf gebracht.
Wie kann ich aber an eine Literaturzeitung denken! Ich habe Winter'n verweigert, eine neue Auflage des Geigerschen Buches zu machen, so daß er das Vorhandene gezwungen ist, mit allen Druck- und anderen Fehlern abzudrucken. Ich habe mich nicht einmal zu einer Revision der Bogen verstanden.
Überlege nochmals, ob ich nicht meinen Aufsatz in Sachen Cotta's Revue liefern soll. Sein Einfluß ist so ungeheuer durch die wichtigen Organe der Publizität, die er beherrscht.

Die Pflanzenphysiologie wird von Herrn Vegezzi-Ruscalla, Chef des Ministeriums des Innern im Königreich Sardinien, ins Italienische übersetzt. Er will Noten haben, für welche ich ihn auf die dritte deutsche Ausgabe vertröstet habe.
Ich bin noch nicht ganz wohl. Ist denn das Geld in Frankfurt bezahlt worden? Für meine Versuche (agronomischen) habe ich einen sehr großen Garten gekauft, der nach [meinen] Prinzipien bebaut werden soll.

Von Herzen Dein J. Liebig

[Dieser Brief, von Vieweg geschrieben, enthält auf der linken Seite Fragen, auf der rechten Seite die Antworten von Liebig.]

Fragen	*Antworten*
Erhalte ich die Dir am 13. März als doppelt eingesandten Artikel Bdellium und Behennußöl zurück, oder sollen sie, wenn sie verlorengegangen sind, ganz ausfallen, um den Druck nicht aufzuhalten?	Liegen bei.
Willst Du meinen Vorschlag, daß Dr. Will das materielle Ordnen der unter Deiner Leitung zu bearbeitenden Artikel übernehmen und auch eine Korrektur lesen möge, annehmen und welches Honorar soll ich ihm dafür vergüten?	Ich werde mit ihm die Sache besprechen, am besten ist es, Du nimmst Schörber nach Braunschweig.
Wirst Du die Nebenartikel von Blut und auch Butter und auch Buttermilch bearbeiten oder bearbeiten lassen?	Butter und Buttermilch bearbeitet, soviel ich weiß, Wöhler.
Werde ich das Manuskript zu dem Büchlein über rationelles Waschverfahren von Prof. Knapp erhalten und welches Honorar paßt dafür?	Knapp ist krank gewesen und jetzt in Darmstadt, er will auf Pfingsten heiraten, so daß mit ihm gar nichts anzufangen ist.
Kann Prof. Knapp ein Lehrbuch des rationellen Bleichverfahrens für alle technischen Gewerbe, welches ich Dir neulich vorschlug, passend bearbeiten oder hältst Du den Schweiger für geeigneter dazu?	Knapp soll es machen, der Schweiger ist ein Kattunfabrikant, der dieses Buch wohl schwerlich übernehmen kann.
Warum hat Knapp den Artikel Bleichen nicht bearbeitet, wie Du es mir früher angabst?	Weil er krank wurde und nachher in die Ferien abreiste.
War meine Ansicht über den Artikel Barometer richtig oder falsch?	Der Barometerartikel ist ganz gut und für das große Publikum vortrefflich.

Entscheidung wegen Poggendorff?

Wenn Du ihn halten kannst, so tue es in Gottes Namen, allein seine verdammten Artikel müssen kürzer werden, und er muß Buff anteilnehmen lassen.

Denkst Du an die Nachträge zur neuen Auflage Deiner organischen Chemie für Pflanzenphysiologen? Sie wird sicher bald nach der Messe nötig.

Ich habe, die Wahrheit zu sagen, noch keine Minute darauf verwenden können.

Ist es nicht gut, wenn Du auf meinen Vorschlag vom 24. März eingehst, wonach das für die Chlorkalkfabrikation wichtige Verfahren der Verwandlung des Kalksteins in Kalkhydrat im Artikel Chlorkalk gleich mitbeschrieben würde, selbst auf die Gefahr hin, daß es sich in den betreffenden Kalkartikeln wiederholte? Dann müßte Moldenhauer einen Nachtrag liefern.

Dies geht nicht, Kalkbrennerei hat mit Chlorkalk nichts zu tun, so wenig wie die Pottaschesiederei mit Chlorkali.

Wird mir Dr. Will eine Notiz über den englischen Chlorometer geben, den er, oder Dr. Ettling? – sehr rühmt?

Dieser Chlorometer ist nicht so gut wie der von Gay-Lussac.

Hast Du Nachrichten von Joh. Müller und Rud. Wagner über Deine Mitteilungen über die Physiologie?

Ja, sie liegen bei. Wagner versteht leider von Chemie gar nichts. Ich bitte mir die Briefe wieder retour.

Wirst Du meinen Wunsch erfüllen, Dich nochmals für mich malen zu lassen, oder vielmehr unserem tauben Freund noch einmal für mich zu sitzen?

Der taube Maler ist abgereist.

Sind die Artikel Belzoar mit Bezoar und Belzotta mit Belzetta gleich? oder die ersteren nur falsch genannt?

Es soll heißen Bezoar und Belzetta. Ich weiß selbst nicht, was das letztere ist. Lasset es hinweg, wenn Otto hierüber keinen Aufschluß geben kann.

Gießen, den 19. Mai 1841

Mein Teuerster!

Ich bin selbst sehr froh, daß Wöhler so glücklich in seiner Vermittlung war, ein Bruch wäre mir immer sehr unangenehm gewesen. Ich werde jedenfalls Poggendorff schreiben.

Seit 10 Tagen bin ich mit einer höchstverdrießlichen Arbeit beschäftigt, und wie es bei mir zu gehen pflegt, für alles andere stumpf und unempfänglich gewesen. Herr Dr. Gruber in Wien hat ein Schriftchen gegen mich geschrieben, worin er aus den landwirt-

schaftlichen Schriftstellern beweist, daß alle meine in dem Buche (Org. Chem. angew. auf Agr.) entwickelten Ansichten fremde Lappen sind, die ich zusammengestohlen, um mir ein Kleid davon zu machen. Ich hätte von diesem dummen Ding keine Notiz genommen, wenn ich nicht darin einen Widerhall der Kritik von Sprengel (in seiner Monatsschrift) gefunden hätte. So aber entschloß ich mich, diesem Geschwätz einen Balken vorzuschieben, und habe es dann auch getan. Wenn ich weiß und erfahre, wie lange Du in Leipzig bleibst, so schicke ich Dir das Ding nach Leipzig. Schreibe mir doch, wo Sprengel wohnt und was er ist.
Die Darmstädter Polytechnische Schule ist vortrefflich, besser wie die Karlsruher, wo sie schon anfangen, Studentenstreiche zu machen. Ich rate zu Darmstadt. Ich werde Dir nach gefaßtem Entschluß eine Familie angeben, wo der junge Mensch gut aufgehoben ist. In Kassel ist es nichts.
Sage mir doch in Zahlen, wie es mit der Pflanzenphysiologie gegangen ist.

Herzlichst Dein J. Liebig

Ich habe an Dr. Oehler in Aarau wegen dem Bleichartikel heute geschrieben, schicke ihm doch, um seine Bemühungen anzuerkennen, 1 Exemplar meiner Pflanzenphysiologie und 1 Exemplar des Handwörterbuchs. Vergiß es nicht.

Gießen, den 2. Juni 1841

Lieber Vieweg!

Ich habe Dir heute einen Abdruck meiner Beleuchtung der Bemerkungen von Sprengel und Gruber zugesandt und werde Dir übermorgen noch 50 Abdrucke zusenden, die Du an alle Dir bekannten landwirtschaftlichen Vereine verbreiten wirst. Mit Ekel und Widerwillen habe ich dieses Ding geschrieben, Du wirst es am Stile sehen, allein es war mir nicht möglich, das Ding nochmals umzuarbeiten, so wenig Interesse hat es für mich gehabt.
Morgen oder übermorgen kommt der Artikel Bleichen, heute habe ich den Artikel Blut nach großen Schmerzen vollendet. Ich habe ihn wieder umgeschrieben und alles Physiologische gänzlich daraus entfernt, ich hätte sonst Wagner'n keinen Artikel für sein Lexikon zusagen können. Damit wird dann endlich das Heft fertig.
Wenn Du noch einige Exemplare von dem Zustand der Chemie in Preußen hast, so sende mir doch etwa 10 Stück, ebenso wie noch 2 oder 3 Exemplare der organischen Chemie. Frankiere das Paket nicht, denn es ist zu arg.

Dein J. Liebig

Gießen, den 3. Juni 1841

Mein Teurer!

Ich sende Dir den Artikel Bleichen und Blut. Dem Himmel sei Dank, daß letzterer endlich fertig ist. Die anderen Dinge schicke ich morgen oder übermorgen, um den Druck nicht aufzuhalten. Der Artikel Bier ist ungeheuer schlecht, ich schicke ihn in der Einlage wieder dem Autor zu mit der Bitte, ihn umzuarbeiten.

Dein J. Liebig

Gießen, den 11. Juni 1841

Lieber Vieweg!

Ich kann unmöglich alle Artikel, welche die anderen dem Zuschnitt des Handwörterbuchs zuwider bearbeiten, nochmals umschmelzen und neu bearbeiten. Dieses würde mir weit mehr Last und Mühe machen als eine ganz neue Bearbeitung. Ich kann es nicht. Otto muß sich entschließen, den Bierartikel nach meinen Andeutungen zu verbessern, er soll alles auslassen, was in Gärung und in andere Artikel gehört, und was nicht chemisch, sondern technologisch ist. Der Blutartikel umfaßt: Blutserum, Blutrot, die auf „Blut" zu verweisen sind.
An Schödler habe ich heute geschrieben. Wenn er die Stelle nicht bestimmt annimmt, so werde ich ihn nicht vorschlagen. Er ist ein Mensch voller Talent und Kenntnissen, die er durch Arbeiten bestätigt hat, ein rascher und flinker Arbeiter und wohl in der Literatur erfahren. Er wird Dir und uns ganz besonders nützlich sein. Wenn Schödler (der sich aber um eine Stelle in Worms bewirbt) nicht positiv darauf eingeht, so schlage ich Dr. Varrentrapp vor, der ebenfalls ganz vortrefflich dazupaßt. Es ist nicht gut, jemanden zu nehmen, der nicht zu uns sich schickt, dem wir nicht in Chemicia unbedingtes Vertrauen schenken können.
Die Artikel Blut der Amphibien, Fische muß Wöhler bearbeiten, ich kann kein Blut mehr riechen, es wird mir ganz miserabel zu Mut. An Wagner'n werde ich schreiben. Die kleinen Artikel Bleichwasser und Bleichflüssigkeit lassen sich bei der Korrektur einschalten.
Du schreibst mir ja nichts über meine Kritik an Gruber und Sprengel. Nicht wahr, es war höchst überflüssig und unpassend, an diesen Personen zum Richter zu werden, ich konnte aber nicht anders. Die Gruber'sche Schrift zielt dahin, mir den Weg nach Wien zu versperren. Wenn ich nun auch nicht entschlossen bin hinzugehen, so will ich mir denn doch keinen Balken vorschieben lassen, solange ich es verhindern kann.

Es grüßt herzlichst

Dein J. Liebig

Gießen, den 5. August 1841

Mein Teurer!

Beifolgend ein Brief von Wöhler und ein anderer. Wöhlers Wunsch läßt sich nicht wohl ablehnen. Schaden hast Du selbst in dem Fall nicht, wo das Bild nur in Göttingen gekauft werden würde, es wird aber auch anderwärts abgesetzt werden. Schreibe Wöhler doch sogleich darüber.

Dein Justus Liebig

Gießen, den 8. August 1841

Lieber Vieweg!

Beifolgend der Artikel Bleichflüssigkeit, es ist in der Hauptsache in ihm Artikel Bleichsalze und Bleichkalk enthalten. Den Blutartikel habe ich von Wöhler nochmals kommen lassen, um einige Veränderungen zu machen.

Herzlichst Dein Justus Liebig

Ich hoffe, daß Du die Varrentrapp'sche Angelegenheit recht lebhaft betreiben wirst, er wird in seiner neuen Stellung den Braunschweigern und uns großen Nutzen schaffen.

[ohne Datum]

Lieber Vieweg!

Ich bitte alles, was in Deinen Kräften steht, aufzubieten, um uns Dr. Varrentrapp nach Braunschweig zu verschaffen. Es ist ein trefflicher Mensch voller Talent und arbeitsam und fleißig, er kann uns sehr viel am Lexikon nützen, und er rechnet darauf, damit beschäftigt zu werden.

Dein J. L.

Gießen, den 14. August 1841

Lieber Vieweg!

Ich schreibe Dir sogleich wieder, um Dir zu sagen, daß ich jetzt auch einen raschen Abdruck der Agrikultur-Chemie für unumgänglich nötig halte, wenn Du mit den vorrätigen Exemplaren aufgeräumt hast. Denn heute kommt mir eine Bodenkunde durch den Buchhandel zu „ganz besonders in bezug auf Liebigs organische Chemie" von Dr. Bruhn, dies steht auf dem Titel. Es ist also vorauszusehen, daß, wenn das Buch nur vier Wochen fehlt, so wird ein Büchermacher ein ähnliches einschieben zu unserem großen Nachteil. Dem Bedürfnis wird von anderer Seite genügt werden, und wir haben das Nachsehen. Die hiesigen Buchhändler meinen, erst jetzt finge das Buch an, einem Publikum bekannt zu werden. Was dies heißen will, nachdem 2000 Exemplare abgesetzt sind, verstehe ich nicht. Drucke 500 Exemplare, wir wollen die nächste Auflage um so viel schwächer machen, das heißt anstatt 1500 nur 1000 Exemplare drucken. Fange sogleich den Druck an und eile damit, was Du nur kannst.

Herzlichst Dein Justus Liebig.

Gießen, den 18. August 1841

Mein Teuerster!

Ich möchte mir jetzt lieber die Hand abhauen lassen, als noch einmal den Blutartikel umzuschreiben. Die letzte Bearbeitung des analytischen Teiles folgt, lasse sie nun in Gottes Namen drucken, das etwa noch Fehlende will ich in der Korrektur einschieben. Ich wünsche sie recht bald zu haben. Es fehlt der Artikel Brucin, der ins B muß. Ich habe ihn Dir zugesandt, er ist von Schödler, warum ist er nicht gedruckt? Unter Caniramin steht er vielleicht, siehe doch nach. Bei Caniramin muß auf Brucin verwiesen werden.

Herzlichst Dein Justus Liebig.

Wir müssen schlechterdings jemanden in Braunschweig haben, der die etwa fehlenden kleinen Artikel nach seiner Einsicht bearbeitet und einschiebt, das Hin- und Herschicken hat sonst kein Ende. Sorge dafür, daß wir Varrentrapp bekommen, er ist der beste, den der Gewerbsverein wählen kann, Dufl[os] und Dob. sind Leute ohne Erfahrung.

Gießen, den 24. August 1841

Lieber Vieweg!

Bei Blutlauge ist zu verweisen auf Blutlaugensalz, bei Boron auf Bor. Braue weiß ich nicht, was es ist, man muß es geradezu streichen.

Dein J. Liebig.

Gießen, den 9. September 1841

Mein teurer Freund!

Es ist mir außerordentlich lieb, daß die Sache mit Varrentrapp im reinen ist, er wird selbst nach Braunschweig kommen und sich vorstellen und bedanken. Mit dem Blutartikel folgt anbei alles, was ich noch vom Wörterbuch habe. Es muß zur Revision mit den Korrekturbögen noch einmal hierher, und dann steht dem Erscheinen des 6. Heftes nichts entgegen.

Die Pflanzenphysiologie ist mit so zahlreichen Druckfehlern in dem zweiten Abdruck durchspickt, daß ich für den dritten, wenn Du nicht ein strenges Auge darauf hältst, noch mehr fürchte. Für eine künftige neue Auflage habe ich schönes Material. Es wäre doch vielleicht gut, auf dem Titel den dritten unveränderten Abdruck zu erwähnen, da anderwärts davon gesprochen worden ist.
Wegen Müllers Buch sei ohne Sorgen. Buff meint, es würde um 100 Prozent besser als das französische.
Ich komme nicht nach Braunschweig, so sehr mir das Herz blutet, allein ich kann schlechterdings nicht. Ich sterbe vor Verlangen, meine Tierphysiologie zu bearbeiten, und dazu will ich die Ferien ungestört benutzen. Überdies habe ich Prof. Dr. Gregory aus Aberdeen mit seiner Frau zum Besuch, der bis Mitte Oktober hier bleibt. Ich muß meinen Geiger zuletzt beendigen, damit ich nur einigermaßen diese schwere Last mir erleichtere. Denke Dir, daß die erste Auflage von 2000 Exemplaren vergriffen und ein zweiter Abdruck der 5 ersten Hefte gemacht ist, daß ich keinen Kreuzer Honorar vor Beendigung (nach dem Kontrakt) erhalten habe und daß meine Frau von den 4000 fl., die ich in Anspruch zu nehmen habe, nichts bekommt, wenn ich vor Beendigung desselben sterben sollte. Noch viel schlimmer bin ich durch den französischen Kontrakt gebunden. Dies kann ich nun unmöglich länger ertragen. Ich werde hierbleiben und mich aus diesen Fesseln zu befreien suchen. Zweifle nicht an meinem guten Willen und an meiner Liebe und Zuneigung zu Dir. Ich komme ein andermal, wo wir uns mehr genießen werden.

Herzlichst Dein Justus Liebig.

Gießen, den 12. Dezember 1841

Liebster Freund!

Ich habe ein kleines Buch für Deinen Verlag akquiriert, von einem meiner Assistenten, Herrn Fresenius. Dieses Buch ist in Bonn bei Henri und Cohen in einer Auflage von 500 Exemplaren erschienen, die in 3 Monaten vergriffen waren. Es soll nun jetzt eine neue Auflage von 1000 Exemplaren gemacht werden; ich dulde es nicht, daß sie ein anderer macht als Du. Ich habe, da das Buch nur 7 Bogen stark ist, Herrn Fresenius fl. 22 per Bogen zugesagt. Ich gebrauche es in meinem Laboratorium, wo jährlich etwa 100 Exemplare abgesetzt werden. Diese Sache ist also abgemacht.
Mache mir doch auf Neujahr einen Conto corrento, damit ich genau weiß, wie wir zusammen stehen und wieviel ich für Geliefertes an die unter mir stehenden Mitarbeiter abzugeben habe. Vergiß dies nicht, diese Sache möchte ich gerne hinter mir haben.
Eine Technologie für Schulen von Knapp ist auch für Dich in der Fabrik, [?] steht aber bereits dazwischen, der beseitigt werden muß. Nächstens mehr darüber. Schreibe mir sogleich über Obiges.

Dein J. Liebig.

Gießen, den 20. Dezember 1841

Lieber Vieweg!

Ich habe mich entschlossen, meine Ansichten über chemische Tierphysiologie auf etwa 7–8 Bogen erscheinen zu lassen, und ich bitte Dich, mit dem Beifolgenden den Druck sogleich zu beginnen. Die letzte Vorlesung enthält die Hauptsache, sie erscheint nicht in den Annalen. Mit Winter bin ich übereingekommen, daß er nichts zu sagen hat. Der Abdruck im Journal schadet dem kleinen Buche nichts, es wird eine große Sensation machen. Lettern und Papier müssen wie zu der Agrikulturchemie gewählt werden. Der Eingang, der mit Bleistift durchstrichen ist, bleibt hinweg. Das Buch erscheint unter der Form von „Sieben Vorlesungen über Tierphysiologie". Wenn sie etwa ein halbes Jahr im Publikum sind und man die Stimmen pro und contra gehört hat, dann soll eine wahre Chemie, angewandt auf Physiologie, ausgearbeitet werden. Alles Material ist vorhanden. Solange diese Sachen nicht im reinen sind, wird das Handwörterbuch von Wagner nicht erscheinen können, oder es muß alles rein Chemische ausgelassen werden. Das letztere wäre das Beste. Ich kann keinen Artikel des Wörterbuchs bearbeiten, ohne mich der Gefahr auszusetzen, daß meine Mitarbeiter mir als Opponenten gegenüberstehen, daß sie andere Ansichten hegen, die ich für falsch halte. Ich bin weit davon entfernt, mir Rechte anzumaßen, die mir nicht zukommen, oder die Rechte von anderen nicht zu achten, allein ich will meine Individualität bewahren und meine Rechte selbst nicht antasten lassen. Was behalte ich denn zuletzt übrig, wenn ich alles, was ich mir geistig erworben habe, in das Wörterbuch gebe? Was zuletzt nicht mein Eigentum ist, an das ich so wenig Ansprüche habe als Schödler oder Will an das Handwörterbuch der Chemie haben. Nach meinem Blutartikel in dem Handwörterbuch kann ja jeder anderer einen machen.

Ich wünsche, daß das kleine Ding über Tierphysiologie recht bald gedruckt werden möchte und bitte ich, dazu schleunige Anstalten treffen zu wollen. Die Annalen erscheinen nur zu 600 Exemplaren, welche zum größten Teil in den Händen der Apotheker bleiben. Der Hauptabsatz wird also hierdurch nicht gefährdet werden, jedenfalls möchte die Auflage auf 1500 Exemplare und der Preis auf 1.24 [Zeichen, wahrscheinlich für Kreuzer] festzusetzen sein.

Herzlichst Dein Justus Liebig.

Die Äpfel waren köstlich, tausend Dank für die Stämmchen, ich bitte um die Rechnung aller Deiner Vor- und Auslagen.

Gießen, den 21. Dezember 1841

Lieber Freund!

Beifolgend das Verzeichnis der Artikel, die von hier aus gemacht worden sind, sowie die Namen der Verfasser.

Rede nur nicht zu wegen Wagneri, es ist nicht allein gegen Deinen Vorteil, sondern auch gegen den Vorteil der Sache. Die drei wichtigsten Fragen, welche Gegenstand meiner sieben Vorlesungen über Tierphysiologie sind, müssen in eines Jeden Hand sein, ehe das Wörterbuch erscheint. In einem dickeren Format würden sie verschwimmen. Ehe diese

Fragen vollständig debattiert sind, gibt es gar keine Tierphysiologie. Was man eben so nennt, ist nichts wie vergleichende Anatomie. Ich hoffe, sie gelöst zu haben, und was daran noch dunkel gefunden werden dürfte, werde ich zur Lösung bringen. Der Verein der ausgezeichneten Physiologen, welche an dem Wörterbuch arbeiten, muß, wenn ich teilnehmen soll, meine Ansichten teilen oder Gründe entgegensetzen, die mich bestimmen, sie zurückzunehmen. Ich will eine Umwälzung bewirken, und wenn sie mir nicht helfen wollen, so sollen sie auch von mir keine Hilfe erwarten. Die drei nächsten Bogen meiner Vorlesungen erscheinen in den Annalen nicht eher, als bis der Druck in Braunschweig vollendet ist. Ich bitte deshalb um möglichste Beschleunigung.

Dein Justus Liebig.

Gießen, den 26. Dezember 1841

Lieber Vieweg!

Du erhältst hierbei wieder drei Bogen nebst einer Einlage, die auf S. 19 (des 2. Bogens) einzuschalten ist. Der Rest wird wohl noch 2 Bogen geben. Die Bogen, welche Du heute empfängst, erscheinen in den Annalen erst in 5 Wochen. Ich habe sie setzen, aber das Heft nicht vollenden lassen, da das Novemer- und Dezember-Heft noch zu drucken ist. Es ist wünschenswert, wenn Du Dich eilst, so daß in dem März-Heft noch die Anzeige der kleinen Schrift angezeigt werden kann. Lasse die Bogen so drucken, daß ich noch Einschaltungen anbringen kann. Schreibe mir umgehend, was Du beschließest.

Dein Justus Liebig.

Gießen, den 29. Dezember 1841

Lieber Vieweg!

Ich erwarte mit Sehnsucht Nachricht über den Beginn des Druckes der 6 oder 7 Vorlesungen über Tierphysiologie. Ich habe einige der ersten Abdrücke versandt, beiliegend die ersten Stimmen darüber. Ich schicke Dir sie zu, weil ich weiß, daß sie Dich freuen. In einem Anhang habe ich beschlossen, alle Analysen und Belege zu den vorhergegangenen Entwicklungen zu geben. Diese Sache muß Konsistenz gewinnen. Treibe nur nicht Wagnern mit Druck seines Wörterbuchs, es wird sonst ungeboren alt. Höre noch die Stimmen der Physiologen über die neuen Geschichten, welche alle Grundwahrheiten der Physiologie umfassen.

Herzlichst Dein Justus Liebig.

1842

2. 1.	Übersendung gewünschter Handwörterbuch-Artikel – Eile bei Druck der Tierchemie
6. 1.	Mühe mit Bearbeitung der Agrikulturchemie – Bearbeitung von Grahams Organischer Chemie als Verlagsprojekt; Verhältnis von Varrentrapp und Will – Chemie für Landwirte als Projekt – Vorarbeiten zu einem 3. Teil der angewandten Chemie – Mohr als Autor? – Bilder von Rauch und Trautschold – Beschäftigung von Knapp – Angriff durch Dumas – Stand der Arbeiten an der Agrikulturchemie – Englisches Buch über Steinleiden, deutsche Übersetzung für Vieweg durch Hofmann – Ein Aufsatz Varrentrapps – Bücher von Schleiden und Plagge
7. 1.	Druck der physiologischen Vorlesungen (=Tierchemie), auch in Paris und London – Wagners Wörterbuch und seine Mitarbeiter
17. 1.	Druck und Honorierung des Buches von Fresenius über analytische Chemie
28. 1.	Titel der Tierchemie; Gliederung des Buches; Preis und Honorar – Honorare für Mitarbeiter am Handwörterbuch – Neue Schmähschrift gegen Liebig
10. 2.	Titel der Tierchemie
20. 2.	Zum Druck der Tierchemie
5. 3.	Arbeit an der Tierchemie
20. 3.	Neue Manuskripte zur Tierchemie; Honorarfragen
26. 4.	Vorwort zur Tierchemie – Widmung für Berzelius – Ausstattung und Preis des Buches – Honorarfragen
4. 5.	Zur Fertigstellung der Tierchemie
14. 5.	Honorar- und Umsatzfragen von Handwörterbuch und Tierchemie
14. 5.	Anmahnung von Druckbögen
12. 6.	Englische Ausgabe der Tierchemie – Populäre Agrikulturchemie von Varrentrapp – Geplante Englandreise

17. 6.	Neuauflage der Agrikulturchemie – Polemik mit Schleiden
25. 6.	Honorarfragen, auch im Hinblick auf Mitarbeiter am Handwörterbuch; Zahlungswünsche – Bauabsichten
4. 7.	Wunsch nach Exemplaren der Tierchemie – Bearbeitung der Agrikulturchemie durch Varrentrapp; neues wichtiges Kapitel dafür
16. 7.	Fertigstellung der Tierchemie – Liste der Empfänger von Freiexemplaren – Polemik mit Schleiden, Broschüre von Winkelblech – Bevorstehende Englandreise
23. 7.	Anmahnung von Antworten zu den Briefen vom 25. 6. und 16. 7.
2. 8.	Bestätigung des Eingangs der Antworten – Neuauflage von Tierchemie und Agrikulturchemie; Verarbeitung neuer Erkenntnisse; Auflagenhöhe – Papierfragen, Chlorkalkfabrik
30. 8.	Honorarprobleme – Finanzierung des Hausbaus in Gießen – Arbeit am Handbuch von Geiger und am Handwörterbuch – Englandreise – Polemische Schrift Winkelblechs gegen Schleiden
29. 10.	Eindrücke von der Englandreise, auch Ackerbau betreffend – Tierchemie in England – Zur Verlegung einer deutschen Ausgabe eines Werks aus dem Verlag Taylor & Walton – Neudruck der Agrikulturchemie – Portraitstich durch Rauch
o. D.	Honorar für Kopp
1. 11.	Verlegung von Kopps Geschichte der Chemie – Verlagsprojekt Altertumslexikon aus dem Verlag Taylor & Walton – Interessentenkreis und Druck der Tierchemie – Pamphlet von Schleiden
1. 12.	Zum Verlagsvertrag Viewegs mit Taylor & Walton, das Altertumslexikon betreffend – Zur Neuauflage der Agrikulturchemie
9. 12.	Kleine Schrift von Dumas – Finanzfragen
30. 12.	Finanzielles – Portraitzeichnung – Valentin als möglicher Autor

Gießen, den 2. Januar 1842

Lieber Vieweg!

Meine besten Wünsche für Dich und Deine Familie zum neuen Jahr, möge es alles bringen, was uns gut ist und unser Glück befördern kann.
Beifolgend die gewünschten Artikel. Von der Physiologie erwarte ich mit Sehnsucht den ersten Bogen. Sei so gut, mir meine drei Abzüge von den Korrekturen zu senden. Ich bin mit dem Rest fertig; es mag wohl 9–10 Bogen geben. Es ist nötig, daß der Druck bald beginnt, weil ich die zweite Abhandlung im Journal nicht eher ausgeben will als in 2 Monaten, wo das kleine Ding gedruckt sein kann. Lasse etwas von Dir hören.

Herzlichst Dein Justus Liebig.

Gießen, den 6. Januar 1842

Mein teurer Freund!

Ich eile, Deine freundlichen Briefe endlich zu beantworten. Du wirst mich gewiß entschuldigen, wenn ich Dir sage, daß mir die Bearbeitung der Organischen Chemie in ihrer Anwendung auf Agrikulturchemie eine große Mühe macht. Ich will und muß alles vermeiden, was mir wieder Gegner und Angreifer zuziehen könnte. In manchen Dingen bedarf ich freilich nur hier und da eine Zeile zu streichen, allein in anderen muß ich selbst noch wieder meine Studien machen. Ich bin noch nicht mit mir darüber einig, ob es nicht zweckmäßig ist, eine Theorie des Mästungs- respektive Ernährungsprozesses gerade in der Agrikulturchemie zu geben. Die Sache ist für die Landwirte von großer Wichtigkeit, und schwerlich kaufen sie, um sich darin zu unterrichten, die Pathologie. Ich bitte um Dein Gutachten. Du hast in diesen Sachen einen sehr richtigen Blick.
Wegen Graham's Organischer Chemie bleibt Dir ja gar nichts anderes übrig, als dies Buch von einem anderen bearbeiten zu lassen. Will ist hierzu ganz passend, allein ich gebe Dir zu bedenken, ob es nicht vorteilhafter für Dich ist, einen Mann zu wählen, der gleichzeitig Lehrer ist und damit einer der stärksten Konsumenten durch seine Schüler und Zuhörer. Ich mag deshalb mit Will noch nicht sprechen. Ich fürchte, daß Varrentrapp ihm schon etwas darüber geschrieben hat, was nicht gut ist, überhaupt würde es gut sein, wenn Varrentrapp in seinen Äußerungen gegen Will sehr vorsichtig wäre, sie machen ihn unzufrieden mit seiner Stellung, weil sie Ansprüche wecken, welche der Augenblick nicht befriedigen kann. Durch Varrentrapp kam Will z. B. auf die Idee, in dem Prospectus des Wörterbuchs mitgenannt zu werden, was Wöhlern und mir an und für sich gleichgültig war, was aber die Folge hatte, daß er auf sonstigen Dank von uns keine Ansprüche mehr hat, was für ihn nützlicher gewesen wäre. Sprich nicht mit Varrentrapp darüber oder mit Vorsicht, er meint es sehr gut mit Will, allein er ist unbedachtsam in seiner Freundschaft.
Ich bitte Dich, in der Wahl eines Bearbeiters der Graham'schen Chemie nichts zu übereilen, es gehört dazu ein kritischer Kopf, sonst taugt die Bearbeitung für das deutsche Publikum nicht.
Wegen einer Chemie der Landwirte bin ich mit mir selbst noch nicht im klaren. Es sollte eigentlich eine Chemie sein für Jedermann, für alle Anwendungen in der Agrikultur, der Haushaltung und der Medizin. Ich lasse soeben, wie Du weißt, Vorarbeiten machen zu einem dritten Teil der angewandten Chemie, welche alle Nahrungsmittel, sowie die

Untersuchung der Veränderungen, die sie durch die Zubereitung erleiden, enthalten soll. Ich habe darin die Absicht, die einfachen Körper sowie ihre Eigenschaften, Verhalten und wichtigsten Verbindungen zu beschreiben, so daß daraus eine Art von Chemie entstehen wird, wie man sie noch nicht hat, gleich brauchbar für den Landwirt so wie für jeden Gebildeten. Ob sich dies mit allem, was den Mediziner interessiert, wird ausführen lassen, weiß ich noch nicht, allein ich habe den Vorsatz, den Plan auszuführen. Eine gewöhnliche landwirtschaftliche Chemie ist etwas gar Mageres und Unbefriedigendes. Sich in den Geist und das Bedürfnis der Landwirte hineinzuversetzen, fällt einem jungen Mann, der noch wenig Erfahrung hat, sehr schwer. Wenn Mohr Zeit und Lust hätte, so wäre dies ganz der Mann. Er hat eine Masse der manigfaltigsten Kenntnisse, dabei Ausdauer und Fleiß. Von Fehling weiß ich in schriftstellerischer Beziehung nur wenig zu sagen, aber Mohr hat Vorträge darüber gehalten, die er, wie ich glaube, nur zu Papier bringen darf. Wenn Dir also die Zeit, wo ich selbst daran denken kann, zu lang scheint und Gefahr von einem ähnlichen Unternehmen droht, so möchte ich vor allem Mohr vorschlagen.

Wegen Rauch's Bild wird nun alles zum Besten gehen. Mit Trautschold werde ich sprechen.

Knapp ist mit dem Register beschäftigt, ich denke, er soll es in den nächsten Tagen fertig haben. Die Auskunft, die Du drucken willst für die Besitzer der ersten Ausgabe, ist gewiß sehr gut. Dumas hat meine Theorie der Fettbildung angegriffen und vieles dumme Zeug geschwatzt, was die Menschen irre macht. Wenn ich nun die schlagendsten Argumente aus Boussingault's eigenen Untersuchungen als Beweismittel beifüge, so schneidet dies alle Diskussionen ab.

Ich bin in der Agrikulturchemie an der Wechselwirtschaft. Sobald ich damit fertig bin, wollen wir den Druck beginnen, denn sonst gibt es doch wieder einen Aufenthalt.

Von einem Freunde, Arzt in einem Hospital in London, habe ich eine kleine Schrift von etwa 10 Bogen erhalten, welche die Ursache der Grieß-, Steinbildung und Gichtkrankheit, sowie ihre Heilung als Illustration der Prinzipien von Liebig (dies steht auf dem Titel) zum Gegenstande hat. Diese Schrift ist vortrefflich und wird unter den praktischen Ärzten ein großes Aufsehen machen. Ich konnte darauf rechnen, daß, wenn meine Ansichten über Respiration und Ernährung richtig sind, daß sie fähig sein müßten, die Ursache von vielen Krankheiten aufzufinden, daß sie auf die zweckmäßigsten Mittel zu ihrer Heilung führen mußte. Ich bin nicht praktischer Arzt und mußte dies den Medizinern überlassen. Du kannst Dir denken, wie erfreut ich war, in dieser Schrift zu sehen, wie klar die Ursachen, wie leicht die Diät und Heilmittel sich darstellten. Ich habe es sogleich einem jungen Dr. Hofmann (Privatdozent an der medizinischen Fakultät) zum Übersetzen gegeben und mit ihm ausgemacht, daß er von Dir 11 fl. (elf Gulden) pro Bogen der englischen Ausgabe erhalten sollte. Das Buch ist in 14 Tagen soweit, daß der Druck beginnen kann, es muß notwendig noch vor Ostern versandt werden. Es wird noch eine Menge ähnlicher Schriften erscheinen, die namentlich in England einen ganz ungemeinen Anklang finden. Vielleicht ist Dir die Anzeige und Rezension der Schrift von Dr. Jones in der Lancet schon zu Gesicht gekommen.

Prof. Jolly in Heidelberg schreibt soeben einen Aufsatz über meine Pathologie für die Allgemeine Zeitung, ich hoffe, es wird auch in Deutschland Bewegung geben. Rezensionen habe ich bis jetzt noch keine von dem Buch gelesen.

Was Dumas betrifft, so läßt sich auf diese Vorträge in der Akademie nichts setzen, man muß abwarten, in welcher Form die Abhandlung in den Annalen der Chemie erscheint. Gewöhnlich hat sie alsdann einen anderen Rock an.

Ich liebe die Zeitungsartikel nicht, wenn sie nicht eine ganz bestimmte Tatsache berichtigen oder widerlegen, die in einer Zeitung erschienen ist, die Comptes rendus sind aber keine Zeitungen. Varrentrapps Artikel möchte ich jedenfalls vorher sehen. Winkelblech will dem Schleiden die Ohren abschneiden mit einer Schere von Baumwolle. Dies tut es nicht. Auf einen groben Klotz gehört ein grober Keil. Wenn man sich entschließt, die Waffe in die Hand zu nehmen, so muß auch Blut fließen.
Wenn das Buch von Plagge gut ist, woran ich sehr gezweifelt habe, so möchte ich beinah wünschen, seiner sehr unglücklichen Familie wegen, daß es gedruckt würde. Es ist schwer, hier einen Rat zu geben.
Mit herzlicher Liebe Dein treuer

Justus Liebig.

Gießen, den 7. Januar 1842

Liebster Freund!

Du weißt, daß ich die drei letzten Bogen, mit welchen das Märzheft meines Journals anfängt, nicht eher auszugeben wünsche, als bis die physiologischen Vorlesungen gedruckt sind, so daß ich Dir, um nicht zu lange zurückhalten zu müssen, nicht Eile genug empfehlen kann. Ich lasse die Vorlesungen gleichzeitig in Paris und London erscheinen, so daß es mir lieb ist, meine drei Korrekturen auf einmal zu bekommen, wovon ich zwei an diese Orte hin senden kann. Es wird wohl 10 Bogen geben.
Was das physiologische Wörterbuch betrifft, so ist dies eine zu offenbare Geldspekulation Wagners, als daß ich wünschen könnte, ihm als Werkzeug dazu zu dienen. Nicht einmal die Hauptartikel sind von ihm, sondern alle Privatdozenten und außerordentlichen Professoren Deutschlands sind aus allen Winkeln von ihm zusammengetrieben, um ihm zu helfen, d. h. um das Buch zu machen. Ich wiederhole es Dir, es erscheint zu früh, selbst Müller hält mit seinem Handbuch zurück, bloß weil er weiß, daß Veränderungen vor sich gehen müssen. In Wagners Interesse ist freilich das Zurückhalten nicht, wohl aber in Deinem und im Interesse der Sache.
Der Himmel gebe, daß ich bald frei in bezug auf unser Handwörterbuch mich bewegen kann. Ein besseres und dankbareres Publikum gibt es nicht.
Sei doch so gut, an Dr. Jul. Vogel in München? (vielleicht durch Wagner) für seine gelieferten Beiträge für das Chemische Wörterbuch fl. 50 zu schicken. Wöhler wünscht es, er meint, er könne das Geld brauchen.
Meine herzlichsten Wünsche zum neuen Jahr und den schönsten Dank für die vortrefflichen Würste. Meine Frau wird sich noch besonders bedanken.

Herzlichst Justus Liebig.

Gießen 17. Januar 1842

Lieber Vieweg!

Ich bitte umgehend über die Beilage Deinen Rat. Der Flegel hat Herrn Fresenius für die erste Auflage kein Honorar gegeben und ihn noch obendrein für 8 besondere Exemplare (er hatte sich nur 10 Freiexemplare ausgebeten) den Ladenpreis bezahlen lassen. Da er nun für eine zweite Auflage ein höheres Honorar gerne bezahlen würde, so kommt Dich das Buch etwas teurer als sonst. Wie gesagt, ich führe es in meinem Laboratorium ein, und der Absatz ist sicher. Du wirst ihm aber wahrscheinlich die noch vorrätigen Exemplare abnehmen müssen, was nichts tut, da wir sie hier verzapfen können. Schreibe umgehend, wie gehandelt werden muß.

Herzlichst Justus Liebig.

Alle Noten kommen in der Tierphysiologie in den Anhang, die schon gedruckte angehängte Note auch. Was die Form betrifft, lege ich das Buch bei, in dem mich Dumas so schändlich bestohlen hat. Die römischen Ziffern müssen in unserem Buch weiter auseinander.

Gießen, 28. Januar 1842

Mein Teurer!

In Beziehung auf Fresenius soll nach Deinem Rat verfahren werden. Im nächsten Sommersemester setzen wir hier noch wenigstens 50 Exemplare der ersten Auflage ab, so daß also der Schaden nicht der Rede wert sein kann.
Das Buch über Tierphysiologie heißt oder soll betitelt werden: „Die organische Chemie in ihrer Anwendung auf Physiologie und Pathologie".
Was die stehenden Kolumnentitel betrifft, so konnte ich keine passenden finden, weil zu vielerlei ineinander geschachtelt ist. Ich trenne es in zwei Abteilungen, die erste mit vorgedrucktem Titel heißt
„Die Respiration und der Ernährungsprozeß"
Der zweite Teil heißt
„Die Methamorphosen der Gebilde".
Man könnte diese als Kolumnentitel wählen, und zwar für den ersten Teil ... Der chemische Prozeß der Respiration und Ernährung, für den zweiten Teil ... Der chemische Prozeß der Umsetzung der Gebilde. Dies wird Deinen Wunsch erfüllen, und es ist mir just lieb, wenn es geschieht.
Wenn Du einen stärkeren Durchschuß wählst, so mag es wohl 12 Bogen geben. Da nun für die Agrikulturchemie als Honorar für 2000 Exemplare 600 Thlr. festgesetzt worden sind, wovon 500 Exemplare als ein Geschenk für Dich angesehen wurden, so ist das neue zu 2000 Exemplaren wohl 400 Thlr. wert. Ich rechne den Preis zu 1 Thlr., so daß Dir, wenn alles verkauft ist, etwa 1000 Gulden bleiben sollen. Schreibe mir, wenn meine Forderung zu hoch ist.
Ich wünsche sehr zu wissen, wie wir im ganzen zusammenstehen, ich möchte alles in Ordnung haben. Die Mitarbeiter an dem Handwörterbuch erhalten fl. 44, wovon mir

für jeden Bogen für meine spezielle Arbeit daran fl. 11 gutzuschreiben sind, so daß sie also fl. 33 pro Bogen erhalten. Hiernach kannst Du Deine Berechnung machen. Valentin in Bern, Nasse in Marburg, kurz alle Physiologen schwärmen für meine Physiologie, und wenn sie den Anklang findet, den ich erwarte, so werde ich dem Wörterbuch jedenfalls einige Artikel liefern. Ich habe die wunderbarsten und merkwürdigsten Dinge gefunden, Kombinationen, die meine Pulse fieberhaft schlagen machen.

Herzlichst Dein Justus Liebig.

Sei doch so gut, mir umgehend noch einige Exemplare des dritten Abdruckes der Agrikulturchemie zu schicken, 5–6 Stück, auch möchte ich wissen, ob das Buch nach wie vor zieht. Es ist wieder eine Schandschrift, von Herrn Cubeck [?], gegen mich erschienen, in Beziehung darauf, die ich aber nicht gelesen habe und nicht lesen werde. Ich habe genug mit Gruber'n und Sprengel und ärgere mich, daß ich ihnen die Ehre einer Erwiderung erzeigt habe.
Ich wünschte von den fertigen Bogen, von einem jeden drei Exemplare zu haben.

Gießen, 10. Februar 1842

Lieber Vieweg!

In Erwiderung auf Deine Anfrage wegen der Anzeige der Tierphysiologie wünsche ich, daß der Titel, wie schon angegeben, heißen möge:

Die
Organische Chemie
in
ihrer Anwendung
auf
Physiologie und Pathologie
von
etc.

Tierphysiologie ist unschön, und da der Lebensprozeß der Pflanze und des Tieres (Menschen) fortwährend mit und nebeneinander zur Sprache kommen, so ist der einfache Titel Physiologie am bezeichnendsten. Therapie kommt kaum in dem Buch vor, es werden die Zustände der Gesundheit und Krankheit miteinander beleuchtet und verglichen, allein mit der Heilmittellehre hat das Buch nichts zu tun. Also Pathologie.
Wie ist es denn mit dem in Ordnung bringen unserer Rechnung? Du wolltest sie mir schon längst machen; vergiß die Zahlung an den Buchbinder nicht, sowie die Äpfelbäume etc.

Herzlichst Dein Justus Liebig.

Lasse mir alles absetzen, was noch an Manuskript da ist, ich bin eben an einem Kapitel, was mich seit drei Wochen festhält und große Schwierigkeiten verursacht. Doch folgt in etwa 5 Tagen alles. Die Noten zu Ende des Buches werden wohl drei Bogen ausfüllen.

Gießen, 20. Februar 1842

Mein Teuerster!

Der Druck und das Papier sind von einer so großen Schönheit, daß alle, die es gesehen haben, behaupten, daß noch nie ein Werk in Deutschland gleich ausgezeichnet erschienen wäre. [am Rande angefügt:] Kein französisches oder englisches kann nur entfernt damit verglichen werden.
Ich sende wieder 6 geschriebene Bogen, es folgen noch etwa 6 Bogen Text, sowie 3–4 Bogen Anhang, so daß es wohl im ganzen 18 Bogen geben mag. Wenn Du glaubst, daß der Preis über 1 Thlr. oder über fl. 2 erhöht werden kann auf fl. 3 z. B., so ist es wohl billig, daß ich daran partizipiere. 600 Thlr. werden wohl nicht zuviel sein? für 2000 Exemplare.
Deinem Setzer (oder einem Deiner) mußt Du streng auf die Finger sehen, er ändert eigenmächtig den Text und ist durchaus nachlässig in der Übertragung der letzten Korrekturen. Bei der so großen Sorgfalt, die ich bei diesem Buche auf die Korrektur verwendet habe, ist es schmachvoll, noch so grobe Fehler in den fertigen Bögen zu finden, Fehler, die ich ganz bestimmt korrigiert habe. Dies darf denn doch nicht geduldet werden.
Ich habe in den oben erwähnten Bögen (6 letzten), welche folgen werden, eine Theorie der Krankheit gegeben, welche zu einer rationellen Heilkunde zu führen vermag; ich bin zu den merkwürdigsten Resultaten gekommen. Wenn ich nicht die positivsten Tatsachen, Beweise, die gar keinen Zweifel lassen, für mich hätte, so würde ich kaum wagen, damit hervorzutreten.
Von Herzen Dein

Justus Liebig.

Gießen, 5. März 1842

Lieber Vieweg!

Du erhältst hierbei wieder Manuskripte, ich hoffe zu drei Bogen, es wird noch fünf geben, von denen 3 bereit liegen. Dumas hat mir in den Annalen der Chemie geantwortet, und ich werde sehr gedrängt, das Buch erscheinen zu lassen. Leider haben mich die Betrachtungen der Bewegungserscheinungen im Tierkörper sehr aufgehalten. Dieser Gegenstand hat mir unsägliche Schwierigkeiten gemacht. Gottlob daß er fertig, er ist der Grundstein der Medizin, oder er soll es vielmehr werden.
Ich bitte Dich, mir die letzten Bogen, zusammen, alles nämlich auf einmal, nicht einen nach dem anderen zu schicken, und alle Deine Setzer damit zu beschäftigen, damit wir vorankommen. Ich habe keine Abschrift von dem Manuskript und vergesse oft auf dem letzterhaltenen Bogen, was in einzelnen Dingen im ersten schon gesetzt ist.
Warum ist denn das zuletzt gesandte Manuskript noch nicht abgesetzt, es muß zu 2–2½ Bogen hinreichen, seit 10 Tagen habe ich keinen Buchstaben gesehen. Mein armer Geiger leidet entsetzlich unter diesen Umständen, und mein Laboratorium erhält nur wenig von meiner Zeit, allein Du mußt auch das Deinige tun. Der Druck ist so schön, daß jeder, der ihn sieht, behauptet, daß noch kein deutsches Werk in diesem Gewande erschienen sei.

Herzlichst Dein Justus Liebig.

Ich bitte Dich dringend um Beschleunigung des Druckes, sowie daß Du Deine ganze Aufmerksamkeit auf die sorgfältige Eintragung der Corrigenda wenden möchtest. Deine Setzer sind durchaus unzuverlässig und nichts weniger als gewissenhaft. Ich plage mich, um den früheren Skandal zu verhüten, und alle meine Mühe wird durch ihren Leichtsinn vernichtet.

Gießen, 20. März 1842

Mein teurer Freund!

Du erhältst hierbei eine neue Sendung Manuskript, welche zu 3–3½ Bogen hinreichen wird, es kommt vielleicht noch eine Seite als Schluß hinzu, womit dann der räsonnierende Teil sich endigt. Der experimentale Teil folgt in etwa 3 Tagen, er macht etwa 4 Bogen aus, so daß wir im ganzen 23–24 Bogen bekommen werden. Wir haben mithin etwa soviel Stoff wie in der Agrikulturchemie, und Du wirst den Preis ebenfalls auf 2 Thlr. fl. 3,30 setzen können. Du hast 2000 Exemplare gedruckt, und ich hoffe mich nicht zu täuschen, wenn ich glaube, daß wir in drei Monaten einen neuen Abdruck nötig haben werden. Ich will ein vollständiges Inhalts-Register (auf ½ Bogen) entwerfen lassen, was sich auf die einzelnen Paragraphen bezieht, so daß jeder Arzt oder Nichtarzt leicht sehen kann (das Register muß in einer Anzeige abgedruckt werden), was er darin findet. Jeder Gebildete kann sich seine Diät und seine Nahrungsweise daraus konstruieren und sich über alle seine körperlichen Zustände Rat erholen, ich sage Rat und Einsicht, womit ich nicht meine, daß er Mittel zur Heilung darin findet.
Was nun das Honorar betrifft, so bitte ich Dich zu erwägen, daß an diesem Buch mein Herzblut hängt. Es ist mit einem Aufwand von Nachdenken und Anstrengung geschrieben worden, wovon ich niemandem eine Vorstellung geben kann. Die meisten Abschnitte sind drei bis viermal von vorne neu bearbeitet worden, und ich habe in vielen Paragraphen, bis ich den Schlüssel zum Rätsel gefunden, Höllenqualen ausgestanden. Ich wünsche deshalb, daß Du das Honorar nach Deinem Ermessen bestimmen möchtest, ich will es wie das andere bei Dir stehen lassen.
Wegen der Korrekturen bin ich beruhigt, wenn ich weiß, daß Dein Auge darüber wacht. Wegen der neuen Ausgabe der Pflanzenphysiologie nächstens, ich erwarte die beiden amerikanischen Ausgaben, in welchen viele Zusätze sein sollen, im Mai, und mit den Zusätzen, die ich zu der neuen englischen Ausgabe gemacht habe, soll es rasch vorangehen.
Von ganzem Herzen Dein treuer

Justus Liebig.

Ich bitte Dich, die größte Sorge zu tragen, daß kein einzelnes Blättchen meines Manuskriptes verloren geht, denn ich habe keine Abschrift davon.

Gießen, 26. April 1842

Mein teurer Freund!

Ich bin zu meiner Erholung 14 Tage in Darmstadt gewesen und habe nach meiner Zurückkunft durch die Eröffnung meines praktischen Kursus und meiner Vorlesungen soviel zu tun gehabt, daß ich meine ganze Korrespondenz darüber vernachlässigen mußte. Soeben gehe ich seit 10 Tagen mit einem Vorwort für unsere Physiologie herum, und erst gestern war ich in der Stimmung, das Ei zu legen. Sie mußte notwendig abgewartet werden, da das Vorwort die Ouverture zu dem Buch ist. Heute sende ich das Vorwort zum Druck nach Braunschweig und mit demselben die Dedikation an Berzelius, welche folgendes enthält: Seinem Freunde J. J. Berzelius als ein Zeichen inniger Liebe und Hochachtung gewidmet. Sie ist so von ihm vorgeschrieben und war ursprünglich ganz anders. Allein er wollte nicht gelobt sein, und so muß sie denn zu seinem Willen passen.
Ich habe nach Braunschweig 6 Blätter gesandt, für welche Kartons gedruckt werden müssen. In dem ersten Teil haben Deine aufmerksamen Setzer den Paragraph XV zweimal und den XVIII gar nicht, dies kann so nicht bleiben, der Buchstabe ist zu groß. Es mag wohl sein, daß ich zum Teil daran Schuld bin, allein die Setzer sind denn doch oder sollen denn doch auch denkende Wesen sein. Ich bin zuletzt durch Gmelin auf einige Verstöße gegen die Physiologie aufmerksam gemacht worden, welche von dem Volke, was mir gegenübersteht, zu meinem Schaden benutzt werden könnten. Ich wünsche diese paar Blätter umgedruckt zu haben, denn das Buch darf keinen Tadel, den ich vermeiden kann, an sich tragen. In der Ausstattung ist in Deutschland noch nie ein gleiches Werk erschienen, es wird eine Umwälzung in der Druckerwelt machen, denn erreicht ist es durch keins. Setze übrigens den Preis nicht höher wie die Agrikulturchemie, zwei Thlr. P. C. wird man gerne geben. Ich hoffe, daß Du 2000 Exemplare gedruckt hast und daß wir trotzdem bald eine neue Auflage haben werden. Mit der Agrikulturchemie beschäftige ich mich diesen Sommer, sie wird mir keine große Arbeit machen, da ich jetzt sehe, wie wenig Wesentliches daran zu ändern ist.
Der dunkelgrüne Umschlag wird sich nicht so gut machen wie der hellere graugrüne. Wenn Du einen noch lichteren wählen willst, möchte es noch besser sein, ein sehr lichtes hellblau oder grau sieht auch ganz gut aus.
Mit unseren Berechnungen sind wir auch noch nicht im reinen. Du kannst auch das Geld für die Physiologie haben und darfst mir nur einen anderen Wechsel schicken, wofür ich den zurückschicke, den ich in Händen habe. Ich liebe die Ordnung in Geldsachen und möchte das Ganze aus dem Kopfe haben. Wenn Du Will, der sehr viel für das Wörterbuch tut, etwas Fixes aussetzt, oder überhaupt für das, was er getan hat, etwas tust, so möchte dies sehr gut sein. Es erhöht den Eifer.
Das Bild von Wöhler ist vortrefflich. Rauch ist noch nicht so weit. Schicke doch ein paar Dutzend Wöhler hierher an Aubel, er wird sie im Laboratorium absetzen.
Mit herzlicher Liebe Dein

Justus Liebig.

Gießen, 4. Mai 1842

Herrn
Fried. Vieweg & Sohn
Braunschweig

Sie erhalten heute die letzten Korrekturen der Physiologie, und ich hoffe, daß das Buch jetzt ohne weitere Revisionen vollendet werden kann. Von dem gestern übersandten Zusatz über Hippursäure erwarte ich keine Revision, wohl aber bitte ich mir von den letzten Korrekturen desselben zwei Abdrücke aus, die nicht wieder nach Braunschweig zurückgehen. Das Buch kann, wenn es fertig ist, versendet werden, allein die Anzeige muß in den Zeitungen zurückgehalten werden bis auf weitere Nachricht von mir. Es erscheint nämlich gleichzeitig im Englischen, und der dortige Buchhändler hat sich ausdrücklich vorbehalten, daß die deutsche und englische Ausgabe auf einen Tag erscheine, weil er sonst das Recht des Besitzes verliert und jedermann es übersetzen kann, wenn es in Deutschland früher erscheint. Auch ist es gut, wenn es in dem Moment, wo die Anzeige in den Zeitungen erscheint, auch wirklich in den Buchhandlungen zu haben ist, und das Zurückhalten der Anzeige kann Ihnen in keiner Weise Nachteil bringen. Für hiesigen Platz werden Sie wohl 100 Exemplare schicken können.

Hochachtungsvoll
gezeichnet der Ihrige
Dr. Justus Liebig

Wegen der Kartons habe ich Herrn Eduard Vieweg nach Leipzig geschrieben. Ich hoffe, sie werden jetzt gedruckt sein, ich brauche drei Extraabdrucke davon, eine Revision derselben ist nicht nötig.

Gießen, 14. Mai 1842

Mein teurer Freund!

Ich hoffe, daß Du das Unglück in Hamburg für Deine Verwandten nicht so entsetzlich gefunden haben wirst, als Du zu erwarten Ursache hattest, und ich bitte Dich, mir in Deinem nächsten Briefe etwas darüber zu sagen.

Was unsere Rechnung betrifft, so scheint mir Dein letzter Brief hinsichtlich der Agrikulturchemie einen Irrtum zu enthalten. Ich habe Dir von diesem Buch eine Auflage von 500 Exemplaren als Entschädigung Deiner Verluste an Schweigger-Seidel ohne Honorar gegeben, für die zweite Auflage von 1500 Exemplaren hingegen ein Honorar von 600 Exemplaren verlangt, für die folgenden Auflagen pro nota dasselbe Honorar. Du hast gleich am Anfang 1500 Exemplare gedruckt, wofür mir (500 Exemplare abgerechnet) 400 Thlr. gut kommen. Für je 500 Exemplare der folgenden Auflagen erhalte ich demnach 200 Thlr. mehr.

Was die Physiologie betrifft, so sollten es anfänglich nur 5 Bogen, dann 12 Bogen geben, es sind nun 21 oder 22 Bogen geworden, und Du hast 200 Exemplare gedruckt. Der Druck enthält freilich weniger Stoff wie die Agrikulturchemie, allein die Kosten des Druckes sind dadurch auch kleiner geworden. Das Papier ist wunderschön und mag

Dich mehr kosten, allein im ganzen kann dies nicht viel betragen. Da Du mir nun für je 500 Exemplare der Agrikulturchemie 200 Thlr. zugesichert hast, so würde das für 2000 Exemplare der Physiologie, bei gleichem Preis des Buches, 800 Thlr. machen. Wenn [Du] bei diesem Honorar nicht gut bestehst, so sage es mir offen. Ich wünsche nicht, daß das Buch teurer würde wie die Agrikulturchemie, und will in diesem Fall lieber weniger nehmen. $2^1/2$ Thlr. ist zu teuer, und wenn Du die Auflage binnen Jahresfrist vom Lager bekommst, so sollte ich denken, daß dies den höheren Preis wohl einbringt.

Ich bin in einer ganz dummen Lage. Ich werde von Buchhändlern eben jetzt von allen Seiten bestürmt und erhalte wahnsinnige Anträge, wobei die Leute gar nicht bestehen können. An die Herdersche Buchhandlung, die mir als Handgeld für ein künftiges Buch den großen Atlas mit 48 Karten zum Geschenk gemacht hat, geht dies Werk soeben wieder retour. Du siehst und mußt einsehen, daß ich diese Anerbietungen nicht ganz ignorieren kann. Du sollst und mußt den nämlichen Nutzen haben, den ich daraus ziehe und noch etwas mehr, der Handlungsspesen wegen, und wenn Dir dies nicht abfällt, so will ich mich gerne bescheiden. Sprich in dieser Beziehung ganz offen mit mir.

Für Will sind fl. 100 vorläufig genug. Was die Fixierung für die folgenden Bände betrifft, so will ich mit ihm sprechen.

Flinsch [?] meint die Technologie von Knapp; er hat sich sehr einfältig dabei benommen. Du weißt, daß er Ass[istent?] von Heyer ist. Schreibe mir bald.

Herzlichst Dein Justus Liebig

Die Würste sind vortrefflich, meine Frau schreibt eine Ewigkeit an ihrem Briefe.

Gießen, den 14. Mai 1842

An die
Friedrich Vieweg'sche Buchhandlung
Braunschweig

Ich erwarte mit Sehnsucht die umgedruckten Kartons und den Nachtrag über Bildung der Hippursäure, nicht zur Korrektur oder Revision, denn diese sind nicht nötig, sondern um sie meinem englischen Buchhändler mitteilen zu können. Ich bitte, sobald der Druck beendigt ist, um schleunige Zusendung.

Hochachtungsvoll
der Ihrige Dr. Justus Liebig.

Gießen, 12. Juni 1842

Lieber Vieweg!

Die Herren Taylor & Walton haben mir als den Tag der Publikation der englischen Ausgabe unserer Physiologie den 18. Juni fixiert, und ich ersuche Dich deshalb, in den Anzeigen des Buches diesen Tag festzuhalten. Ich erwarte seither eine Sendung von einem Transport Exemplare, allein vergebens, obwohl schon 4 Wochen seit der Rücksendung des letzten Bogens verflossen sind. Die hiesigen Buchhändler laufen mir des Buches wegen das Haus ein. Ich habe so lange nichts von Dir gehört, daß ich mich nach

Nachrichten sehne. An Herrn Dr. Varrentrapp werde ich seiner Anfrage wegen nächstens schreiben. Dr. Will wünscht in dem Prospectus des Handwörterbuchs als Ordner oder in irgendeiner Weise erwähnt [zu] werden, wogegen ich nichts habe, obwohl ihm dieser Wunsch von Herrn Varrentrapp ohne äußere Veranlassung in den Kopf gesetzt worden zu sein scheint.
Dr. Varrentrapp wird mit seiner populären Agrikulturchemie am besten bis nach dem Erscheinen der vierten Auflage der meinigen warten. Es wird ein großes Kapitel dazu kommen. Ich gehe nämlich im August nach England, um in den Agrikulturdistrikten die Resultate der dorten im großen nach meinen Prinzipien angestellten Versuche zu sammeln. Ich hoffe eine große und wichtige Ausbeute zu machen.
Sei doch so gut, mir etwa 4 Exemplare der Physiologie in rotem Maroquin wiewohl ohne großartige Goldverzierungen binden zu lassen.

Mit den herzlichsten Grüßen und der Bitte um baldige Nachrichten Dein

Justus Liebig

Gießen, 17. Juni 1842

Lieber Freund!

Von der vorgeschlagenen Änderung in Beziehung auf die Einlage habe ich nicht das geringste gewußt, auch hat mir Dr. Varrentrapp nichts davon geschrieben; es ist also bei Dir liegen geblieben. Ich bitte, Herrn Prof. Bruns meinen Dank zu sagen für diese wertvolle Berichtigung.
Was die Agrikulturchemie betrifft, so werde ich in 14 Tagen damit anfangen, bis dahin hoffe ich mit meinem Geiger fertig zu sein. Der Druck wird rasch vollendet werden können, und ich bin der Meinung, daß wir 1500 Exemplare drucken sollen. Ich werde ein ganz neues Kapitel über den Schwefelgehalt der Vegetabilien hinzufügen.
Ich bin es müde, mich mit allen deutschen Ochsen und dergleichen Getier herumzubalgen und habe Schleidens Schrift in den Annalen schon abgefuhrt, ohne nur im geringsten darauf einzugehen. Er ist grob und frech genug, um sich einer Erwiderung füglich überheben zu können.
Ich bitte Dich nun angelegentlich, die Physiologie vom Stapel laufen zu lassen, die hiesigen Buchhändler werden von allen Seiten her überlaufen mit Anfragen.
Sei so gut, mir etwa 5 Exemplare der Physiologie in rotem Maroquin, wiewohl einfach und ohne die großen Goldverzierungen, bei einem der dortigen geschickten Buchbinder binden zu lassen.

Herzlichst Dein Justus Liebig.

Gießen, 25. Juni 1842

Mein teurer Freund!

Ich habe gestern die von Dir aufgestellte Rechnung erhalten und benutze heute einige freie Augenblicke, um einige Bemerkungen dazu zu machen.
Zuvörderst hast Du mir bei dem zweiten Abdruck des Handwörterbuchs der drei ersten Lieferungen nicht 60 fl., sondern fl. 66 pro Bogen zugesagt. Sodann habe ich im 6ten

Hefte nicht 1 Bogen 2[?] 41 Zeilen, sondern in den Artikeln Blut und Blutlaugensalz allein 36 Seiten, also 2 Bogen 4 Seiten geliefert. In den 4 ersten Heften kommen mir für 15 Bogen à fl. 6 fl. 90 und in dem 6. Hefte für 18 Seiten fl. 85,20, im Ganzen fl. 175,20 mehr zu.

Du weißt zuletzt, daß ich wie Wöhler und Poggendorff die Verpflichtung als Redakteur habe, die unter unserer Leitung gelieferten Artikel durchzugehen, zu korrigieren, zurückzuweisen, Zusätze und dergleichen zu machen, kurz die Redaktion daran zu besorgen. Die Einschachtelung aller Artikel zusammengenommen besorgt Will, und dies geschieht auch unter meiner speziellen Aufsicht. Für das letztere nehme ich keine Art von Entschädigung in Anspruch, allein von allem, was die Mitarbeiter liefern (dies ist die Übereinkunft) hat Wöhler sowohl wie Poggendorff und ich fl. 11 pro Bogen zu bekommen.

Mit den Mitarbeitern hast Du ja keinen Kontrakt abgeschlossen, sondern mit mir und Poggendorff. Du hast pro Bogen für diese fl. 44 zu bezahlen, wovon mir, Wöhler und Poggendorff fl. 11 zukommen. Das andere bekommen die Mitarbeiter. Unter meiner Abrechnung habe ich die spezifizierte Rechnung über alles bis jetzt von hier aus Gelieferte erwartet. Die Mitarbeiter müssen bezahlt werden, ein jeder muß wissen, was er verdient hat und verdient, sonst fällt das ganze Unternehmen zusammen. Moldenhauer, Oehler und andere haben bis jetzt noch keinen Kreuzer empfangen, dies ist nach so viel Jahren unangenehm für mich. Ich begreife nicht, daß es Dir nicht selbst eine Sache von großer Wichtigkeit ist, eine klare Übersicht in die Geschäfte zu bringen, denn das Hängenlassen in diesen Dingen schadet Dir offenbar und mir ganz im besonderen, da die Mitarbeiter voraussetzen, ich habe das Geld empfangen, und die Ursache, daß sie nichts bekommen, läge an mir. Denn wer sollte es sonst. Ich weiß, daß dies alles nicht in Deinem guten Willen liegt, sondern an Deiner großen Okkupation. Dein Geschäft ist sehr groß, allein eine Regelmäßigkeit in den Geldsachen um so wichtiger. Nimm mir diese Bemerkungen nicht übel, die ich nur deshalb mache, um diese Sachen los und ledig zu werden, sie belästigen mich, und es ist mir sehr drückend, Dich unaufhörlich wie ein böser Gläubiger zu mahnen. Von Winter erhalte ich mit dem Jahreswechsel unaufgefordert einen Conto corrento und von Cotta ist mir ebenso unaufgefordert mit dem Jahresschluß für die paar Artikel in der Allgemeinen Zeitung ein Wechsel übermacht worden.

Unsere Rechnung stellt sich nun auf folgende Weise:

Du schuldest mir nach Deiner Rechnung	fl. 7088.42
Berichtigung für die 4 ersten Hefte und das sechste	175,20
ferner Zinsen von fl. 4500 Kapital à 5% vom 1. März 1841 bis 1. Juli 1842	318,30
	fl. 7581.52
Hierauf habe ich empfangen bar fl. 800 in Büchern 69.40	869.40
bleiben mir gut	fl. 6712.12

Von dieser Summe wünsche ich fl. 712.14 in der nächsten Zeit zu empfangen. Was den Rest von fl. 6000 betrifft, so benachrichtige ich Dich, daß ich für meine Chemiker in meiner Nähe ein Haus zu bauen beabsichtige und einen schönen Bauplatz schon akqui-

riert habe. Ich muß über dieses Geld, was ich zum Bauen benötige, bei dem ersten Januar 1843 verfügen können und benachrichtige Dich schon jetzt davon, damit Dir alle Bequemlichkeit zu seiner Anschaffung bleibt.
Mit den herzlichsten Grüßen von Haus zu Haus

Dein treuer Justus Liebig.

[Dieser Brief trägt das Datum: Gießen, 4. Juli, Jahreszahl unklar.]

Gießen, 4. Juli [1842]

Teurer Freund!

Sage mir doch, woran es liegt, daß keine Exemplare der Physiologie hierherkommen? Mehrere Polen und Engländer, die hier waren, hätten es gerne mitgenommen, und einige stehen auf dem Punkte, abzureisen ohne die Hoffnung, es mitnehmen zu können. Das Buch lag über 6 Wochen, während welcher Zeit die Kartons und alles hätte gedruckt werden können. Bedenke doch, daß die Gemüter für eine neue Lehre um so empfänglicher sind, je wärmer sie sind, und daß, wenn das Buch ein Halbjahr zu spät erscheint, das Interesse dafür halb befriedigt durch andere ist.
Ich erwarte das Buch mit nächster Post gebunden oder ungebunden.
An Dr. Varrentrapp bin ich im Begriff zu schreiben. Ich halte es für gut, wenn er seine Bearbeitung der Agrikulturchemie bis zur nächsten Auflage verschiebt, in welche ein neues Kapitel von Wichtigkeit aufgenommen wird. Dies sind nämlich die schwefelhaltigen Bestandteile der Vegetabilien. Die Anwesenheit von Schwefel in den stickstoffhaltigen Pflanzenstoffen ist erst in der neueren Zeit festgestellt und muß in meinem Buch erörtert werden. Wie gesagt denke ich, diese neue Auflage erst nach meiner Zurückkunft von England zu machen, wo ich zahlreiche Zusätze und Beobachtungen mitzuteilen haben werde.

Von Herzen Dein Justus Liebig.

Gießen, den 16. Juli 1842

Mein teurer Freund!

Ich habe die gesandten Exemplare der Physiologie richtig erhalten und danke Dir bestens für die Besorgung der 4 gebundenen Exemplare. Das Buch erregt in Hinsicht auf die Ausstattung die Bewunderung von allen. In der Tat ist die Agrikulturchemie damit weit übertroffen, und kein deutsches Buch kann an Schönheit damit verglichen werden. Über seinen Inhalt wird es große und hartnäckige Kämpfe geben, doch bin ich ohne Furcht. Es wird übrigens nötig sein, den Matadoren in dem fremden Gebiete das Buch zuzusenden. Bei der Agrikulturchemie hat diese Höflichkeit uns große Dienste geleistet, und ich bitte Dich deshalb, von Braunschweig aus ein Exemplar zu senden an:

Professor Dr. Heinrich Rose in	Berlin
Professor Dr. Johannes Müller	dito
Professor Dr. Poggendorff	dito
Professor Dr. Wagner in	Göttingen
Professor Leopold Gmelin in	Heidelberg
Professor Dr. Valentin in	Bern
Professor Dr. Rohatzch in	München
	Redakteur der Allgemeinen Zeitung für Chirurgie und ihre Hilfswissenschaften
Herrn Baron Berzelius	Präsident der Akademie der Wissenschaften in Stockholm
Die Redaktion des Morgenblattes Herrn Dr. Menzel, in	Stuttgart
Die Redaktion des Allgemeinen Anzeigers der Deutschen in	Gotha
an Prof. Dr. Erdmann in	Leipzig
an Prof. Dr. Otto in	Braunschweig

Ich werde an diese Personen einstweilen schreiben, daß ich den Auftrag gegeben habe, das Buch ihnen von Braunschweig aus zuzusenden.
Vor kurzem ist eine Broschüre erschienen von Prof. Winkelblech in Kassel contra Schleiden, sie ist sehr gut gehalten und hat mir viele Freude gemacht. Der Titel ist „Über Liebig's Theorie der Pflanzenernährung und Schleidens Erwiderungen" von Karl Winkelblech, Kassel, Theodor Fischer.
In vier Wochen (15. Aug.) werde ich von hier nach England gehen. Es ist dies kaum eine Vergnügungsreise zu nennen, da mein Hauptzweck ist, die Resultate der vielen in den drei Langreihen nach meinen Prinzipien angestellten Versuche zu deuten, um sie in der vierten Auflage auf die schlagendste und überzeugendste Weise zu benutzen. Ich werde nur 4 Wochen ausbleiben, um der Versammlung in Mainz noch beiwohnen zu können. Du siehst hieraus, daß es eine sehr forcierte Tour ist.
Mit meinem neuen Hausbau geht es rasch voran, ich wünsche sehnlichst, es noch diesen Herbst unter Dach zu bringen. Ich erwarte Nachricht von Dir in Beziehung auf die Richtigstellung unserer Rechnung.

Mit den freundlichsten Grüßen

Dein treuer Justus Liebig.

Gießen, den 23. Juli 1842

Mein teurer Freund!

Ich habe auf meinen letzten und vorletzten Brief von Dir noch keine Nachricht und bitte Dich wiederholt darum. Im Begriff, eine weite Reise zu machen, bin ich stets gewohnt, meiner Familie alle meine Angelegenheiten in einer gewissen Ordnung zu hinterlassen. Seit Januar habe ich Dich unausgesetzt gebeten, unsere gegenseitige Rechnung zu ordnen, und bis jetzt ist dies nur höchst unvollkommen geschehen. Räume doch, ich bitte Dich, diese an sich so unbedeutende Ursache des Mißvergnügens für mich hinweg und laß uns diese Sache ins klare bringen. Ich reise den 15. August hinweg und bleibe etwa 6 Wochen aus. Sobald ich zurückkomme, bearbeite ich die Agrikulturchemie, und ich hoffe, es soll eine noch vollkommenere Form gewinnen. Die Physiologie machte hier einen bedeutenden Eindruck, die bellenden Hunde werden aber nicht ausbleiben.

Dein treuer Freund Justus Liebig.

Gießen, 2. August 1842

Mein teurer Freund!

Ich erhielt gestern Deinen Brief vom 28. Juli und heute die Rechnung durch Dr. Müller, mit welcher ich konform bin und die Du deshalb abschließen kannst. Es ist mir lieb, daß diese Sache in Ordnung ist.
Wegen der Tierchemie hast Du freie Hand. Sollte in meiner Abwesenheit ein neuer Abdruck nötig sein, so verfahre ganz nach Deiner Einsicht. Zusätze habe ich nicht zu machen, dies würde mir leid sein, denn in dem kurzen Zwischenraum dürfen sich wohl Tatsachen, aber keine wohlerwogenen Meinungen ändern.
Wegen der Pflanzenphysiologie sehe ich wohl ein, wie nachteilig es für das Buch ist, daß es so lange fehlt, allein ich habe manche auf meine Tierphysiologie bezügliche Meinungen zu ändern und möchte gern den Ausspruch der öffentlichen Meinung darüber abwarten. Sodann habe ich ein neues Kapitel über schwefelhaltige Pflanzenstoffe und die hierzu paßlichen Düngemittel zuzufügen und möchte vorher die Resultate der Versuche kennen, welche auf meine Veranlassung in England angestellt worden sind. Du siehst wohl ein, daß sich nach meiner Reise möglicherweise viele meiner Einsichten geändert haben können, und wenn ich im Nachtrage zurücknehmen muß, was in den vorhergehenden Bogen mit Bestimmtheit ausgesprochen ist, so halte ich dies für unangenehm und störend für die Leser. Es ist möglich, daß ich dem Buch eine andere Form gebe, und dies wird die Folge haben, daß die Reicheren, welche die ersten Auflagen schon besitzen, auch die verbesserte Auflage kaufen. Wenn ich es nicht für Unrecht hielt, so möchte ich beinahe vorschlagen, eine kleine unveränderte Auflage von etwa 500 Exemplaren zu drucken, sie würde aber nach der Hand große Unzufriedenheit bewirken.
Der Buchdrucker Stich gilt hier für einen sehr unzuverlässigen Projektmacher. Er hat, soviel ich höre, schon einmal banquerott gemacht, und es wäre für Dich, im Fall er keine genügende Sicherheit geben kann, höchst gefährlich, Dich mit ihm einzulassen; ich habe ihn zu mir bestellt, allein er ist nicht gekommen.
Die Adresse an Oehler ist an Herrn Professor Dr. Oehler in Aarau, die an Moldenhauer Herrn Dr. Moldenhauer in Darmstadt.
Wegen der Papierfabrikation werde ich keine Fabrik zu sehen versäumen, doch wirst Du wenig mehr von den Engländern zu lernen haben. Dein Druckpapier übertrifft das englische an Schönheit des Materials und von Weiße. Du mußt Dir eine kleine Chlorkalkfabrik einrichten und zwar, um flüssigen Chlorkalk zu machen. Mit dem hiesigen guten Braunstein, von welchem der Ct. [Zentner] nicht über fl. 2.30 kosten kann, und der wohlfeilen Salzsäure, die Du aus Schoenebeck beziehen kannst, mußt Du Dir den Chlorkalk für den halben Preis darstellen können. Wenn ich kann, komme ich im

Rückwege über Braunschweig und will Dir dann eine Einrichtung angeben. Varrentrapp könnte sie vortrefflich leiten. Er hat Geschick, und das nötige Kapital zur Anlage, den Raum als vorhanden betrachtet, beträgt kaum einige hundert Taler.

Mit herzlicher Liebe

Dein Justus Liebig

Deine Idee, die Tierphysiologie auf die Ausstellung in Mainz zu bringen, ist vortrefflich. Ich bitte Dich, noch ein Exemplar der Tierchemie an Herrn Prof. Redtenbacher in Prag zu senden.

Gießen, 30. August 1842

Mein teurer Freund!

Ich beeile mich, Dich von dem Empfang Deines Briefes vom 27. Juli nebst dem eingeschlossenen Wechsel über fl. 700 zu benachrichtigen.

Was das Honorar für die drei oder 4 ersten Lieferungen betrifft, so ist es mir sehr leid, Dir Unrecht getan zu haben. Ich ging von dem Brief aus, in welchem Du mir fl. 66 pro Bogen zugesagt hattest, und konnte die Abschrift meines Briefes, worin ich nur fl. 60 akzeptiert habe, nicht auffinden. Es bleibt also bei den 60 Gulden für diese Lieferungen. Hinsichtlich der anderen fl. 11 für Redaktionsgebühren, so konnten diese sicher nicht in den später erhöhten fl. 77 enthalten sein, da es der Fall sein konnte, daß mir, als Redakteur, die Durchsicht und Verbesserung ganzer Hefte zufallen konnte, ohne daß ich das mindeste Honorar in Anspruch zu nehmen hatte, wenn nämlich in diesen Heften kein Artikel von mir enthalten war. Ich bescheide mich übrigens gerne und will in Zukunft nur fl. 66 pro Bogen für meine Arbeiten, vorbehaltlich der Redaktionsgebühren von fl. 11 für die unter meiner speziellen Leitung stehenden Artikel. Ich betrachte dies als eine ausgemachte Sache, welche in Zukunft als Norm gelten soll.

Die Aufkündigung des bei Dir stehenden Kapitals konnte ich nicht vermeiden, denn sonst würde es gewiß geschehen sein. Ich bin von dem Gedanken geplagt, daß meine Lebensdauer nur noch kurz sein wird, und dies verfolgt mich und nimmt mir insofern die Ruhe, als ich alles tun möchte, um nach meinem Tode die Zukunft und alle Annehmlichkeiten des Lebens, die sie eben genießen, meiner Frau und Kindern so gut wie möglich zu sichern. Aus diesem vielleicht ganz unvernünftigen Grunde bin ich auf den Bau des Hauses geführt worden, weil sich dies leicht verwalten und von einer Frau übersehen läßt. Du bist selbst für die Deinigen von inniger Liebe und Anhänglichkeit durchdrungen und wirst einsehen, daß eine, wenn auch krankhafte Idee, sobald sie Befriedigung erhält, zu einem Mittel der Erhaltung der Lebenskraft und Ruhe wird.

Den letzten Bogen von Geigers Buch habe ich in Arbeit. Dem Himmel sei Dank, daß dies Buch endlich fertig ist, und gestärkt und neu belebt von der Reise, soll das Handwörterbuch nach meiner Zurückkunft der Gegenstand meiner ausschließlichen Beschäftigung werden.

In England werde ich für die neue Ausgabe der Agrikulturchemie eine reiche Ausbeute machen. Es ist eine kleine Schrift von Prof. Winkelblech, Kassel bei Theodor Fischer,

contra Schleiden erschienen (Über Liebigs Theorie der Pflanzenernährung und Schleidens Einwendungen), worin Schleiden sehr gut abgefuhrt wird. Suche es doch in Deiner Gegend zu verbreiten.
Ich werde mit Buchdrucker Stich sprechen und Dir Nachricht geben.

Mit der herzlichsten Anhänglichkeit Dein

Justus Liebig.

Gießen, 29. Oktober 1842

Mein teuerster Freund!

Gestern bin ich glücklich wieder hier eingetroffen, gesünder und kräftiger wie jemals. Ich habe eine Reise gemacht, wie wenige Menschen das Glück haben, sie zu machen. Du kannst Dir denken, wie befriedigt ich davon bin. Die Engländer sind ein treffliches Volk, gastfrei ohne Grenzen, und diejenige Klasse, mit der ich in Berührung kam, in hohem Grade gebildet und liebenswürdig. Es ist unmöglich, Dir eine Beschreibung von der Reise zu geben. Ich hoffe, daß Du Dich entschließt, auf die Weihnachten ein paar Tage hierherzukommen, wo ich Dir alles im Detail erzählen will. Soviel nur, daß ich den Ackerbau nur in den mechanischen Hilfsmitteln, Pflügen, Flug, Dreschen etc. weiter und besser gefunden habe, keineswegs aber in Beziehung auf den wissenschaftlichen Betrieb. Ich will damit sagen, daß auf zwei gleich großen Gütern in England und Deutschland das Land eine gleiche mechanische Beschaffenheit besitzt, daß diese aber in England mit einem geringeren Aufwand und Kraft (d. h. Zeit und Geld) erreicht wird wie bei uns. In wissenschaftlicher Beziehung sind sogar unsere Oekonomen weiter.
Was die Pathologie in England betrifft, so ist die Auflage von 3000 Exemplaren sehr nahe vergriffen, und es muß sehr bald zu einem neuen Abdruck geschritten werden. Für Dich habe ich zur Übertragung ins Deutsche ein treffliches Buch mitgebracht; obwohl es sehr schwer wiegt, sende ich es dennoch gleich mit. Taylor & Walton haben dafür mehr wie 6000 [fthal.?] Vorlagen gehabt und mir die Zusicherung gegeben, Dir, wenn Du es übersetzen lassen willst, alle die kostbaren Holzschnitte zukommen zu lassen, die es zieren; sie umfassen mehr wie tausend Zeichnungen. Das Buch kostet in England 30 Schilling. Der Absatz desselben kann natürlich im Augenblick nicht sehr groß sein, allein er ist auf Jahrzehnte hinaus berechnet. Keiner unserer Schulmänner kann das Buch entbehren. Es ist ein herrliches Werk. Taylor & Walton haben die Holzschnitte den amerikanischen und belgischen Buchhändlern unbedingt abgeschlagen. In Leipzig findest Du gerade für diese Übertragung Leute genug, die sie gut und wohlfeil machen können. Taylor & Walton meinen, daß gerade das Zusammenfassen in einem Bande für dieses Buch eine Notwendigkeit wäre. Da alle Artikel lateinische oder griechische Namen sind, so braucht auch die alphabetische Ordnung nicht zerrissen zu werden. Ich schlage als Dirigenten den hiesigen Prof. Osann vor. Bis jetzt habe ich ihn noch nicht darüber gesprochen und werde es auch nicht eher tun, als bis ich weiß, was Du tun willst.

Bei Knapp habe ich die letzten Bogen der Agrikulturchemie gesehen. Es wäre mir lieb, wenn sie nicht als 4., sondern als dritte Auflage ausgegeben würde. Ich habe vieles in der eigentlichen vierten Auflage zu ändern, denn meine Vorstellungen über den Lebens-

prozeß der Tiere, die darin vorkommen, haben jetzt eine neue Form erhalten, und es finden sich, mit der Pathologie verglichen, darin viele scheinbare Widersprüche.
Ich sende Dir zugleich einen Abdruck der englischen Pathologie. Ich wünsche sehnlichst, daß in unserer neuen Auflage eine ähnlicher Plan für das Inhaltsverzeichnis und das Register befolgt werden möge. Lies doch auch die Vorrede, woraus Du entnehmen wirst, daß ein drittes Buch in der Arbeit ist, wodurch die erschienenen komplettiert werden. Alle englischen Rezensionen sind entschieden für mich und die neue Richtung in der Physiologie. Lies doch das Quaterly Review vom Juliheft.
Ich habe viel zu tun vorgefunden. Du mußt deshalb die Kürze dieses Briefes entschuldigen. Wie leid war es mir, nicht in Mainz sein zu können.
Rauch habe ich gesprochen. Das Portrait ist wundervoll gestochen, allein zu kraß, namentlich in den Augen. Wie Rauch sagt, so kann noch vieles geändert werden. Sage mir doch Deine Meinung darüber. Taylor & Walton wünschen 300 Abdrücke davon zu haben, sie werden mit größter Leichtigkeit abgesetzt werden, auch nach Amerika und Italien mußt Du schicken. Versäume nur nicht, alles rund heraus zu sagen, was geändert werden muß. Rauch ist zu allem willig und bereit.
Ich brauche noch einige Exemplare der Pathologie, schicke mir doch noch sechs oder acht Stück. Hast Du denn an Hofrath u. Prof. Markus eins gesandt, auch an Dr. Scherer? Schreibe mir bald und suche es einzurichten, daß Du hierher kommen kannst. Von Herzen Dein treuer

Justus Liebig.

Wegen den Karten war nichts zu machen, ich konnte keinen Zutritt erlangen. Ich lege noch ein anderes Buch bei, was in England in jedem Hause angetroffen wird, es ist in medizinisch-polizeilicher Hinsicht höchst interessant.

[Zettel ohne Anschrift und Datum, von Liebig geschrieben]
Ich habe soeben mit Dr. Kopp wegen dem Honorar gesprochen. Er wünscht, daß es auf fl. 33 festgesetzt werden möge. Ich habe ihm bemerkt, daß dies im Verhältnis zum Handwörterbuch mir sehr viel schiene. Darauf hat er mir eine Berechnung vorgelegt, nach welcher der Preis zu fl. 4 pro Band angenommen, für 1000 Exemplare, Du dennoch Deine Rechnung finden dürftest.
Was ich für nötig halte zu bemerken, ist folgendes: Ich weiß, daß ihm Winter wegen diesem Buche sehr zusetzt, ebenso ein Frankfurter Buchhändler (Kaltenbach oder?), daß er es also zu diesem Preis unterbringt, wenn nicht triftige Gründe vorliegen, die ihn zu einer Ermäßigung bestimmen, ist gewiß. Kopp ist ein höchst tüchtiger Mann voll Geist und Wissen, er wird etwas höchst Brauchbares liefern. Dies ist meine Meinung, ein paar Gulden mehr oder weniger dürfen hier nicht den Ausschlag geben.

Gießen, 1. November 1842

Mein teurer Freund!

Dein Versprechen, die Weihnachten, wenn es Deine Verhältnisse gestatten, hierherzukommen, hat uns die größte Freude gemacht; ich werde es Sell schreiben, der dann sicher nicht ausbleibt. Von allen Deinen Erfolgen in Mainz habe ich mir viel erzählen lassen. Du hast einen großen Kreis von Freunden, die Dich Deines Charakters, und ich darf hinzufügen, Deiner seltenen Ausbildung und geistigen Standpunktes wegen, sehr hoch schätzen. Alle, die ich sprach, sind begeistert für Dich.
Daß Du die Geschichte der Chemie von Kopp nimmst, macht mir ein großes Vernügen. Er hat das letzte Jahr einen Vortrag darüber gehalten, der gut gefiel, und ich billige den Weg, den er nimmt, und seine Art der Darstellung und Behandlung. Sein Buch wird zwar keinen raschen Absatz haben, allein es ist ein Werk, was sich 50 Jahre lang verkaufen läßt. Die Geschichte ändert sich ja nicht.
Wegen dem Altertumslexikon darfst Du gewiß sein, daß Taylor & Walton Dir die niedrigste Forderung machen werden. Ich habe es von denselben als eine Gunst für mich verlangt, was sie Dir nicht in Geld entgelten lassen können. Es wird eine Zierde des Buchhandels sein. Was die Wahl der Herausgeber betrifft, so geniere Dich nicht. Das Buch ist übrigens stark, und es werden mehrere Mitarbeiter nötig sein, unter denen Osann doch vielleicht zu brauchen ist.
Was die Tierchemie betrifft, so ist zwar das Publikum so groß nicht wie bei der anderen, dennoch glaube ich, daß es jeder Arzt kaufen muß. Ich habe von Bischoff und anderen Physiologen Briefe hier vorgefunden, worin sie eigentlich mir zu erkennen geben, daß sie meiner Richtung geneigt und zu folgen willens sind. Hat man aber die Lehrer für sich, so folgen die Schüler von selbst nach.
Was den Druck und dergleichen Einrichtungen betrifft, so mache dies ganz nach Deiner besten Einsicht, Du hast darin plein pouvoir. Die Tierchemie ist höchst korrekt gedruckt, so daß es unnötig sein wird, die Bogen hierherzusenden. Auch das Register könnte Varrentrapp machen. Diesen Winter werden die Nahrungsmittel analysiert, und im nächsten Sommer soll das dritte, ich denke das den Ärzten und Agrikulturisten wichtigste, vom Stapel laufen. Die Pflanzenchemie muß ich teilweise umarbeiten, Zusätze und neue Kapitel machen. Ich kann aber vor Neujahr damit nicht anfangen. Ich habe zu meinem Entsetzen 52 Laboranten und weiß mir kaum zu helfen. Der Raum ist jetzt so beschränkt, daß ich mein Auditorium zu Arbeitsplätzen einrichten mußte. Diesen Winter werde ich über die Anwendung der Chemie auf Pflanzen- und Tierphysiologie, sowie über Pathologie und Therapie lesen. Dr. Scherer ist in Würzburg Professor der physiologischen Chemie geworden, der erste Lehrstuhl dieser Art in Europa. Alles ist, wie Du siehst, in bestem Treiben und in rascher Bewegung. Müller von Berlin habe ich in Koblenz gesprochen, er ist ganz für die neue Richtung.
Das neue Pamphlet von Schleiden habe ich gesehen. Es darf nicht darauf geantwortet werden, denn sonst würde ja dieser Mensch den Zweck erreichen, den er sich vorgesetzt hat; er will von sich sprechen und lärmen machen. Ich lege einen Artikel aus der Kölner Zeitung bei, er ist, glaube ich, von Dr. Mohr in Koblenz. Schicke ihn, wenn Du ihn gelesen hast, an Winkelblech. Alle diese Geschichten tragen nur dazu bei, die Prinzipien weiter zu verbreiten und die Aufmerksamkeit zu steigern.

Mit herzlicher Zuneigung

Dein Justus Liebig.

Wegen dem Honorar für Kopp will ich vorher mit ihm sprechen.

Gießen, den 1. Dezember 1842

Mein teurer Freund!

Ich habe heute Nachricht von Taylor & Walton erhalten. Sie wollen für den Gebrauch der Holzschnitte zu dem archäologischen Werke Einhundert Pfund Sterling für 1000 Exemplare der Auflage und 50 Pfund Sterling für jedes Tausend Exemplare mehr haben. Sie wollen die Holzschnitte stereotypieren lassen, was nahe an 50 Pfund Sterling kosten dürfte. Du würdest also einen jeden Holzschnitt (tausend in dem Buche gerechnet) zu etwa 1 Thlr. haben. Sollte Dir dies convenieren, so schreibe dies direkt an Taylor & Walton (französisch). Es wird immer einige Zeit darauf gehen, ehe Du sie bekommst.

Auf meinen letzten Brief bist Du mir noch Antwort schuldig. Bei den vielen Sachen, die Du im Gange hast, wird es freilich schwer halten, die Agrikulturchemie noch vor Ostern oder vor der Messe zu drucken. Allein ich wiederhole es, es gibt eine sehr verbesserte Ausgabe, die eine Menge Leute kaufen werden, welche die alte schon besitzen, und es ist wichtig für mich, daß die Verbesserungen ins Publikum kommen, damit dem Geschwätz der Nachteulen die Kehle gestopft wird.
Dürfen wir denn hoffen, Dich auf Weihnachten oder wann? hier zu haben.

Mit herzlicher Liebe

Dein Justus Liebig.

Gießen, den 9. Dezember 1842

Mein teurer Freund!

Ich bitte Dich, mir umgehend die kleine Schrift von Dumas, Leçon de statique chimique des êtres organisés, die ich Dir zugesendet habe, wieder zurückzuschicken. Er hat mich vorige Woche in der Akademie heftig angegriffen, so daß ich mich zu einer Verteidigung und Gegenattacke genötigt sehe. Dazu habe ich dann das Büchlein nötig. Ich wünsche ferner die englische Ausgabe meiner Pathologie zurückzuhaben. Ich hatte zwei davon mitgebracht, allein das eine, was ich für mich behalten wollte, muß mir auf der Reise abhanden gekommen sein. Ich schicke Dir eine andere.
Könntest Du es denn gar nicht möglich machen, daß Dr. Petzoldt ein Exemplar der Pathologie noch erhielte? Ich hatte ihn gänzlich vergessen, und er verdient eins vor allen anderen.
Da ich mit der Summe, die [ich] von Dir auf Neujahr erhalte, ausreiche, um mein Haus zu vollenden, so wünsche ich alles andere Geld, was ich für die kleine Auflage der Agrikulturchemie und die neue desselben Buchs und die der Pathologie zu erhalten habe, bei Dir stehen zu lassen. Ich bemerke dies ganz besonders deswegen, um Dir vielleicht eine Übereinkunft mit Taylor & Walton zu erleichtern, da diese mir etwa 1800 fl. zu bezahlen haben werden, die ich ebenfalls Dir überlassen würde.

Herzlichst grüßt Dein treuer Justus Liebig

Gießen, 30. Dezember 1842

Mein teurer Vieweg!

In Eile nur die Nachricht, daß ich die Wechsel [Wasserfleck, unleserlich] im Betrage von 6000 fl. richtig erhalten habe und nach Eingang die Schuldverschreibung nebst Quittung retournieren werde.
Das Bild hat mich seither sehr beschäftigt, und da sich Trautschold (der Maler) soeben wieder hier befindet, so habe ich Rauch von Darmstadt kommen lassen. Durch Einzeichnungen auf einen vorhandenen Abdruck sind nun eine Menge Verbesserungen gemacht, und dies soll solange wiederholt werden, mit neuen Abdrucken, bis nichts zu wünschen mehr übrig bleibt. Für den Debit in England ist es schlechterdings nötig, daß das Bild vollendet und vollkommen sei. Alles Übrige in Deinem Briefe beantworte ich später, ich muß diese Sachen erst erwägen und überlegen.
Dieser Plagge ist allerdings der niederträchtigste Schweinehund, der eine Frau und Kinder an den Bettelstab gebracht hat durch das Laster der Päderastie, was er seit Jahren mit dem schlechtesten Gesindel trieb. Ich habe von jeher einen Abscheu vor dem Kerl gehabt. Er sitzt im Kriminalgefängnis und hat alles gestanden.
Der Plan, mit Valentin die vergleichende Anatomie endlich einmal als etwas Gegebenes und Selbständiges vorauszusetzen und eine wahre Physiologie zu schreiben, ist gut. Doch möchte ich Vorsicht raten. Glaube mir, es wird sich eine neue Physiologie auftun, die von der jungen Generation ausgeht, verschieden von allem, was sich die Älteren denken. Gleichgültig ob einer meine Ansichten teilt oder nicht, das letzte Resultat wird sein, daß sie meinen Weg und meine Methode zum wenigsten werden befolgen müssen. Dies ist, soviel ich abstrahieren kann, nicht Valentins Weg. In chemischen Fragen konstruiert er zu viel, ohne sich selbst Beweise zu fordern.

Von Herzen Dein Justus Liebig

Es ist uns allen leid, daß Du nicht kommen kannst, geben aber die Hoffnung noch nicht auf. Die herzlichsten Wünsche zum neuen Jahr.

[Über den Briefkopf ist geschrieben:]

Meinen besten Dank für Lang's Memoiren, es ist ein höchst interessantes Buch, was hier sehr stark gelesen wird.

1843

9. 1. Register zur Tierchemie

17. 1. Druckbögen des Steinleidenbuchs von Jones – Bearbeitung der Grahamschen organischen Chemie durch Ettling

2. 2.: Ausführlicher Brief Viewegs mit Stellungnahme zum Steinleidenbuch von Jones in deutscher Übersetzung; über Neuauflage der Agrikulturchemie, dabei Vorschläge, den Inhalt betreffend; Wunsch nach kurzgefaßtem Lehrbuch der Agrikulturchemie; Lehrbuch der Chemie zum Gebrauch bei Vorlesungen; Bearbeitung von Grahams Chemie, mögliche Fachleute dafür; Register und Titel der Tierchemie

1. 2. Druck der Agrikulturchemie; Auflagenhöhe

7. 2. Verbesserungen in der Neuauflage der Agrikulturchemie – Vorgeschlagenes Verlagsprojekt: Übersetzung eines Buches von Darwin – Verschiedenes

11. 2. Zum neuen Manuskript der Agrikulturchemie – Tätigkeit und Zukunftsaussichten von Will – Mohr soll Lehrbuch für Agrikulturchemie schreiben – Plan eines Grundrisses der Chemie für jedermann – Dritter Teil des Zyklus der Organischen Chemie (1. war Agrikulturchemie, 2. Tierchemie, 3. in Richtung Nahrungsmittelchemie) – Zu einem neuen Verlagsprojekt von Vieweg

22. 2. Laufende Projekte wie Steinleidenbuch, Tierchemie

28. 2. Manuskript der Agrikulturchemie ist fertig – Niederträchtigkeiten von Dumas – Zu verschiedenen Verlagsprojekten Viewegs

14. 3. Zur Fertigstellung der Agrikulturchemie und der Tierchemie

25. 3. Rauchs Portrait – Liebig-Zeichnung von Fries, soll lithographiert werden (siehe hierzu: W. u. M. Schneider, Zur Geschichte der Portraitzeichnung Justus Liebigs von Ernst Fries. Z. Gesch. d. Pharm. (Beilage der Dtsch. Apotheker-Ztg.) **23**,22–24 (1971)).

27. 3. Berlinreise – Analyse von Driburger Wasser

25. 4. Korrekturen zur Agrikulturchemie – Reiseplan – Dank für Gastfreundschaft in Braunschweig

30. 5.	Reise – Beginn der Semesterarbeit; Gesundheitszustand
12. 7.	Versand des restlichen Manuskripts der Agrikulturchemie – Verkaufspreis; Honorarfragen – Handwörterbuch-Artikel
31. 7.	Letztes Kapitel der Agrikulturchemie; Erhöhung des Verkaufspreises – Probleme mit Verlag Winter – Reiseabsichten
2. 8.	Honorar- und Verlagsfragen: Portrait, Agrikulturchemie, Geschichte der Chemie von Kopp
6. 8.	Dieffenbachs Bearbeitung von Darwins Reisen – Liebig-Bild von Trautschold – Letzte Bögen der Agrikulturchemie; neuer Titel
11. 8.	Zur Fertigstellung der Agrikulturchemie – Englische und französische Ausgaben – Arbeit am 3. Teil des Zyklus angewandter (organischer) Chemie
17. 8.	Plan gemeinsamer Reise nach Graz
29. 8.	Probleme mit der englischen Ausgabe der Agrikulturchemie – Der Aufenthalt in Erlangen – Zum Plan der Grazreise Viewegs
17. 10	Fertigstellung der englischen Ausgabe der Agrikulturchemie; Auslieferung der ersten deutschen Exemplare, Schenkungen – Buch von Knapp
28. 10	Weitere Geschenkexemplare der Agrikulturchemie
7. 11.	Vieweg soll Drucktypen chemischer Zeichen herstellen lassen
9. 11.	Quantitative Analyse von Fresenius – Lithographie des Bildes von Liebig – Harnanalyse und andere Arbeiten für den 3. Teil des Zyklus angewandter Chemie
11. 11.	Probleme mit den englischen Verlegern wegen des Portraits von Liebig
22. 11.	Freiexemplare der Agrikulturchemie – Portrait-Lithographie
5. 12.	Neuauflage der Agrikulturchemie – Winkelblech und seine Streitschrift – Medizinische Rezeptierkunst von Plagge – Honorar für Buffs Beiträge zum Handwörterbuch – Zur Bearbeitung von Grahams Buch durch Otto – Arbeit an der Agrikulturchemie – Druck der Geschichte der Chemie von Kopp
27. 12.	Stellungnahme zu Verlagsprojekt: Jahresberichte von Pasqualeti – Steindruck von Hanfstengl – Projekt von Dr. Hofmann über botanische Nomenklatur

Gießen, den 9. Januar 1843

Lieber Vieweg!

Da ich von der letzten Auflage der Pathologie die ersten 15 Bogen nicht bekommen habe und auch Knapp nicht, so war es unmöglich, das Register zu beendigen. Es bleibt deshalb nichts anderes übrig, als Dr. Varrentrapp um die Vollendung zu ersuchen. Die noch zu machende Arbeit besteht darin, die Bogen in die einzelnen Artikel zu zerschneiden und die Seitenzahlen nach der fertigen Ausgabe einzutragen. Das letztere muß übrigens zuerst geschehen. Wenn sich zwei Personen damit abgeben, so ist das Ganze eine Arbeit für 1/2 Tag.

Herzlichst Dein Justus Liebig

Gießen, den 17. Januar 1843

Mein teurer Freund!

Beifolgend erhältst Du die ersten fünf Bogen der Übersetzung des Werkes von Dr. Jones. Der Druck kann sogleich beginnen, da die andere Hälfte in kurzer Zeit nachgeliefert wird. Ich lege einen Bogen der englischen Ausgabe bei, damit Du eine Wahl in Beziehung auf die Schrift treffen kannst. Das englische Buch hat 10 Bogen, und ich denke, daß es gut sein wird, der deutschen eine ganz gleiche Ausdehnung zu geben. Es wird eine große Sensation oder Bewegung unter den Ärzten machen.
Für die Bearbeitung der Graham'schen Organischen Chemie habe ich nur einen trefflichen Mann vorzuschlagen. Es ist Dr. Ettling, Lehrer der Chemie an der hiesigen Gewerbeschule, wohlbekannt durch seine Arbeiten und einer meiner ältesten Schüler und vieljähriger Assistent. Er kennt das Gebiet der organischen Chemie gründlich, ist des Englischen mächtig und ebenso gewissenhaft als kenntnisreich. Ich habe von ihm die Zusage erhalten, daß er es machen will.

Von Herzen Dein Justus Liebig

Wenn die Bogen des Registers der Pathologie hierhergesandt werden, so bitte ich, das englische Buch mitfolgen zu lassen.

[Kopie eines Briefes von Eduard Vieweg an:]
Herrn Professor Liebig in Gießen, Braunschweig, 2. Februar 1843

Mein teurer Freund!

Deine Sendung mit dem ersten Teile der Übersetzung des Buches von Dr. Jones über Gries, Stein und Gicht habe ich erhalten und Deinem Wunsche gemäß den Satz sofort beginnen lassen. Den ersten und zweiten Bogen sandte ich bereits vor mehreren Tagen in doppelten Abzügen an dich und Dr. Hoffmann, damit auch Du in den Stand gesetzt werdest, etwaige Nachträge und Zusätze, die Dir möglicherweise erwünscht sein könnten, bei der Revision einzuschalten. Der dritte Bogen ist heute per Fahrpost gleichfalls in doppelten Abzügen an Dich und Dr. Hoffman expediert. Ich wünsche sehr, daß ich mit umgehender Post den Rest des Manuskriptes erhalte, damit die Schrift, deren Gehalt mir allerdings sehr wichtig zu sein scheint,recht bald vom Stapel laufen kann.

Sicher bin ich ganz mit Dir einverstanden, daß Du auf die Bearbeitung der 5. Auflage der Agrikulturchemie eine besondere Sorgfalt verwendest und dahin trachtest, alles zu beseitigen, was Dir Gegner und Angreifer zuziehen kann. Die 4 ersten Auflagen des Buches hast Du unverändert erscheinen lassen, um es der Polemik nicht zu entziehen. Jetzt, wo Du an eine gänzliche Umarbeitung gehst, hast Du die Verpflichtung gegen Dich persönlich und die Wissenschaft, dasjenige zu beseitigen, was durch die Form Dir Gegner hervorgerufen. In der Materie kannst und darfst Du freilich nur ändern, wo Du selbst Deine Ansicht modifiziert hast, oder wo neue Untersuchungen dieser eine andere Richtung gegeben. Ich glaube aber, daß Du außer diesen beiden noch einen dritten Punkt ins Auge zu fassen hast. Deine Gegner zerfallen offenbar in drei Kategorien: Die einen feinden Dich wegen einzelner Punkte in der Form an, die andern verdrehen Dir die Worte im Munde, indem sie Dinge lesen und Auslegungen geben, die Du nicht hast sagen wollen, und die dritten endlich mögen im Haupt-Prinzip nicht Deiner Ansicht sein. Die ersten und zweiten dieser Rasse mußt Du beseitigen. Die paar Punkte in der Form, welche sie genieren, magst Du ihnen jetzt um so lieber zum Opfer bringen, als Dein Zweck erreicht ist, als Du die Schläfer erweckt und die Flamme Deiner Wissenschaft in ihr dunkles Haus geworfen hast. Aber auch die zweite Kategorie mußt Du berücksichtigen; sie sind Dir die gefährlichsten. Wer so geistig arbeitet wie du, wer in so strahlender Größe mit seinen bewältigenden Ideen auftritt, sollte freilich wohl fordern und erwarten dürfen, daß man trachten werde, ihn zu verstehen, statt übelwillig mißzuverstehen. Aber so sind diese Menschen, sie können es nicht verwinden, daß jemand groß und geistreich mit der unwiderstehlichen Gewalt des Besitzes seine Theorie unter sie schleudert. Sie mißgönnen ihm den Eindruck, den er hervorruft, und suchen seine Größe zu verkleinern, damit sie selbst nicht noch kleiner erscheinen. Und da muß alles ihrem jammervollen Zweck dienen, Form und Wortverdrehung! Wahre Dich besonders vor der ad 2 bezeichneten Sorte. Dies Gesindel ist zu zahlreich, als daß es Dir nicht am Ende lästig werden sollte. Daß nun auch Hugo Mohl in Tübingen gegen Dich aufgestanden, hat mich am meisten gewundert. Ein Mann wie der hätte mit Dir nicht im Wege einer literarischen Fehde verhandeln müssen.

Suche es nur möglich zu machen, daß der Druck der neuen Auflage bald beginnt. Die Exemplare der 4. können höchstens noch 3 Wochen vorhalten, und es wäre doppelt schlimm, wenn das Buch jetzt nach Mohls Angriff fehlte. Jedenfalls bin ich der Ansicht, daß die 5. Auflage stark gemacht wird, damit für die Verbreitung des Buches auch buchhändlerisch gewirkt werden kann, was seit der 1. Auflage nicht möglich war. Das Buch hätte doppelt stark verbreitet werden müssen und auch können, wenn die kleinen Auflagen nicht an jeder Operation gehindert hätten. Jetzt aber muß es der Sache zum Frommen und Deinen Gegnern zum Trotze geschehen. Also laß uns den Druck bald beginnen.

Ob Du Deine Theorie des Mästungs- respektive Ernährungs-Prozesses der Tiere auch in der Agrikulturchemie geben sollst? Die Frage ist schwer zu beantworten. Sofern die Landwirte einen großen Teil der Leser der Agrikultur bilden, würde ihnen allerdings damit ein wesentlicher Dienst geschehen, da sie doch wohl die Pathologie nicht zu Gesicht bekommen. Ich sollte aber glauben, daß dieses Kapitel auch in dem dritten

Buche, über die Nahrungsmittel, Platz finden dürfte, denn dieses soll doch, Deinem Plane nach, so gehalten werden, daß es auch für die Laien und Landwirte berechnet ist. Da aber die Agrikulturchemie doch schon eine Menge Gegenstände verspricht, die wohl streng genommen der tierischen Physiologie angehören, so rate ich sehr, falls Du nicht glaubst, daß der Mästungs- resp. Ernährungsprozeß ohne Zwang in das dritte Buch gebracht werden kann, ihn auch in die Agrikulturchemie aufzunehmen. Die Landwirte, d. h. die größten und gebildeten, sind ein so dankbares Publikum, daß sie es wohl verdienen, daß ihnen Interessantes zugeführt wird.

Dies führt mich auf den langgehegten Wunsch, ein eigentliches, aber kurzgefaßtes Lehrbuch der Agrikulturchemie zu bringen, und auf Deine Mitteilung, in wie ferne Dein drittes Buch diese Stelle einnehmen könnte. Die Idee, welche Du bei diesem verfolgen willst, ist wunderbar schön, und wenn Du sie so ausführst, wie Du es mir in Deinem Briefe vom 8. Januar angedeutet, wirst Du damit den Landwirten, den Ärzten und den Gebildeten ein Geschenk machen, für welches sie dir nicht dankbar genug sein können. Wenn Du soweit gehst, darin die einfachen Körper, ihre Eigenschaften, Verhalten und wichtigste Verbindungen zu besprechen, so daß daraus ein Buch entsteht, eine Art der Chemie, wie man sie noch nicht hat, gleich brauchbar für den Landwirt wie für jeden Gelehrten, so hoffe ich, soll das Buch auch Grundlage werden für die Ausführung Deines alten Planes und Versprechens, nämlich einen Grundriß der Chemie für Deine und Anderer Vorlesungen zu schreiben. Du würdest [mit] einem solchen Grundriß einen geistigen Schatz für die Wissenschaft niederlegen, den kein anderer deponieren kann, der nicht über das gleiche geistige Auffassungsvermögen zu verfügen hat. Ganz abgesehen von meinem Wunsche glaube ich, daß Du recht tätest, ein solches Buch zu schreiben, weil Du damit für Dich und Deine Familie, in den bestimmt regelmäßig wiederkehrenden neuen Auflagen, ein Kapital erringst. Keinem tüchtigen Mann würde ich raten, nur des Geldes wegen ein Buch zu schreiben, wenn man aber der Wissenschaft so entschieden durch ein Buch nutzen kann, welches nebenbei ein regelmäßiges Einkommen zu begründen im Stande ist, so sehe ich nicht ein, weswegen man nicht auch diesen letzten Punkt mit ins Auge fassen soll.

Führst Du aber den Plan Deines dritten Buches aus, so hast Du damit sicher auch die Hauptarbeit für einen Grundriß oder ein kurzes Lehrbuch der Chemie behufs der Vorlesungen beschafft und wirst ihm damit den eigentümlichen geistigen Charakter geben, durch den ein Grundriß von Deiner Feder Furore machen wird. Das schließt aber immer noch nicht mein Lehrbuch der Agrikulturchemie aus, welches nichts anderes als ein Grundriß der Chemie zu Vorlesungen und zum Selbststudium für Landwirte sein soll, in welchem kurz die Wissenschaft im allgemeinen gelehrt, aber speziell und ausführlich in allen Beispielen und Belegen ausgeführt werden muß, die den Landwirt interessieren, also in der Lehre von der Ernährung von Pflanzen und Tieren, der Düngung, der Bodenanalysen, der Nahrungsmittel etc. Das Buch müßte meiner Ansicht nach jemand schreiben, der mit einem landwirtschaftlichen Institute in Verbindung steht und eben daher genau die Bedürfnisse der jungen Mistfinken kennt. An diesen Instituten gibt es aber gewöhnlich keine Chemiker, die genügend könnten, und die Professoren der Landwirtschaft verstehen nichts von Chemie. Und doch ist es unendlich wichtig, der jungen Generation der Agronomen das Handwerkszeug zu bieten, wodurch sie Dich und Deine Ansichten verstehen lernen. Das Buch muß daher jemand schreiben, der Dich begreift, wo möglich Dein Schüler gewesen und Dein Anhänger noch ist. Varrentrapp fürchtet sich vor seiner Unbekanntschaft mit den Bedürfnissen der Landwirte.

Glaubst Du also, daß Mohr diese genaue Kenntnis von den Bedürfnissen der Landwirte hat und die Grenzen zu finden weiß, worin sich ein solches kurzgefaßtes Lehrbuch der Chemie für Landwirte bewegen muß, und wohin ich eine vollständige Anleitung zur Analyse aller derjenigen Körper und Bestandteile rechne, deren spezielle Untersuchung dem Landmanne wichtig ist, so möchte Mohr vorzugsweise geeignet für die Bearbeitung eines solchen Buches sein, da mir wenig Menschen vorgekommen sind, die einen so großen Schatz mannigfacher Kenntnisse besitzen. Sage mir, ob ich an ihn schreiben soll.

Wegen der Bearbeitung des Teiles der Graham'schen Chemie, der die organische Chemie enthält, und zwar durch einen anderen als Prof. Otto, weil dieser meiner Ansicht nach noch nicht dazu kommen kann, bin ich noch nicht im klaren mit mir, weil ich Otto noch nicht zu einer Erklärung gebracht habe und ihn in keiner Weise verstimmen möchte. Ich glaube, daß Will mehr als jeder andere der Mann dafür wäre, Du aber schlägst mir Ettling vor, und dieses, so wie die Unzufriedenheit, welche Du aussprichst darüber, daß Varrentrapp Will etwas in den Kopf gesetzt hat, läßt mich fast vermuten, daß Du mit Will gespannt bist, was ich auch aus anderen Zeichen schließen möchte. Das sollte mir aber Deinet- und meinetwegen leid tun, denn Will ist so tüchtig und Dir in so vielfacher Beziehung ergeben und für das Journal wichtig, daß Du meiner Ansicht nach nicht recht tätest, wolltest Du eine vorübergehende Verstimmung, die auch durch Wills Wesen hervorgerufen sein kann, fortbestehen lassen. Für das Wörterbuch ist Will unbedingt Dir und mir nützlich, denn wir bedürfen eines Mannes mit den literarischen, chemischen und kritischen Kenntnissen ausgerüstet, eines Mannes, der wo irgend möglich neben Dir am Platze steht, um diese äußeren Redaktionsverhältnisse zu besorgen, die Du gar nicht besorgen kannst und auch nicht besorgen mußt, weil sie Dir zu viel kostbare Zeit rauben. Um Will, dem Du auf meinen Vorschlag die Redaktionsgeschäfte übertrugst, für die Sache mehr Interesse einzuflößen, schlug <u>ich</u> vor, ihn im Prospekte zu nennen. Varrentrapp ist also ganz unschuldig daran und Dir so ganz mit Leib und Leben zugetan, daß sicher nichts von ihm ausgeht, was bei Will Unzufriedenheit oder Verstimmung erregen könnte. Ich halte es für meine Pflicht, mich gegen Dich über diesen Punkt offen auszusprechen, damit [Du] Varrentrapp nicht im unrechten Verdachte hast. Sei aber sicher, daß ich jede Deiner Mitteilungen mit der höchsten Diskretion behandle und daß Varrentrapp nie zu hören bekommt, was nur für mich bestimmt ist. In betreff Wills habe ich Dich schon mehrmals gebeten, mir zu sagen, was wir ihm für seine Redaktionsbemühungen – abgesehen von dem Honorar für seine Artikel – pro Heft oder Band geben müssen. Ich habe ihm neulich wieder eine aConto-Zahlung gemacht, um seine Lust nicht erschlaffen zu lassen, aber bei Leuten, die leicht verstimmt sind, ist auch eine Fixierung nötig, und diese bitte ich Dich, mir für Will zu geben.

Sprich also mit Ettling noch nicht über Graham, denn wenn Otto darauf eingeht, daß ein anderer den organischen Teil bearbeitet, so möchte ich, [daß] es Will sein könnte, vorausgesetzt, daß er die Befähigung dafür hat. Ich dächte, daß es ihm angenehm sein müßte. Aber ich weiß ja überhaupt nicht, ob die ganze Sache nötig sein wird.

Hierbei übersende ich Dir nun auch die Revision des Registers zur Tierchemie, sowie den Titelbogen zur nochmaligen Revision.

Das erste geht etwas sehr ins Detail, weil dem aber so, so möchte ich Dich fragen, ob wir nicht unter <u>Wöhler</u> und <u>Will</u> auf <u>Liebig</u> und <u>Varrentrapp</u> verweisen müssen für diejenigen Analysen, die sie gemeinschaftlich mit Dir und Varrentrapp gemacht haben. Wöhler könnte es kurios finden, daß man beim Nachschlagen seine Arbeiten nicht auch unter seinem Namen angegeben findet, da Deine speziellen Untersuchungen wieder separat

aufgeführt sind. Wegen des Titels bitte ich um Deine Bestimmung, ob er so bleiben soll mit der Änderung, die ich gemacht. Bei dem ersten Revisionsabzuge hatte ich deshalb angefragt, aber Du hast Dich nicht erklärt.
Ebenso wünsche ich zu wissen, ob Du in der Vorrede etwas von dem dritten Buche sagen willst, wie es in der englischen Ausgabe gesagt ist. Diese folgt gleichfalls anbei, aber ich bitte mir das Exemplar zurück, denn Du hast es mir geschenkt.
P. S. Dieser Brief ist dummerweise länger liegengeblieben, und seitdem ist zu meiner großen Freude ein Teil des Manuskriptes der neuen Auflage der Agrikulturchemie eingegangen, sowie der Schluß von Dr. Jones Werk. Der Satz der Agrikulturchemie soll sofort begonnen werden, so daß Du bald Bogen bekommst.
Hast Du wohl im Pharmaceutischen Centralblatte einen sehr energischen Angriff auf Dumas zugunsten Deiner gelesen? Es ist dasselbe, was Varrentrapp wollte, dessen Aufsatz, der für die Allgemeine Leipziger Zeitung oder den Correspondenten bestimmt war, ich Dir hierbei mitsende. Hältst Du ihn für angemessen, so soll er vom Stapel laufen.
Im Fall Du ein Exemplar der neuen Ausgabe von Turners Elements of Chemistry von Gregory besorgst, so bitte ich Dich, mir das Buch zur Ansicht zu senden.

E.V.

P. S. Ein Herr W. Hamm, Gießen, hat mir ein Werk über „Englands landwirtschaftliche Geräte und Maschinen" angeboten. Kennst Du den Mann, und was ist an ihm?

E.V.

Gießen, 1. Februar 1843

Mein teurer Vieweg!

Du erhältst heute die ersten 5 Bogen der Agrikulturchemie. Es ist mir sehr daran gelegen, das Buch gedruckt zu haben, denn die englische Ausgabe ist beinahe ganz aufgeräumt, und ich werde schrecklich um Manuskript geplagt. Ich bitte Dich deshalb dringendst, mir nur einige Bogen einstweilen in Arbeit nehmen zu lassen, damit ich die Plage von London aus loswerde. In 8 Tagen schicke ich wieder 5 Bogen, und so kann der Druck fortschreiten. Es gibt große Zusätze und Veränderungen, das ganze Kapitel der Wechselwirtschaft ist neu, noch täglich werden Analysen dazu gemacht.
Du erhältst auch den Rest der Übersetzung des Büchleins von Dr. Jones. Von der Agrikulturchemie wünsche ich, daß Du, wenn Du sonst keine Gründe dagegen hast, 3000 Exemplare abdrucken lassen möchtest.

Von ganzem Herzen Dein Justus Liebig.

Den zurückbezahlten Wechsel schicke ich nächstens. Das Geld ist eingegangen.

Gießen, 7. Februar 1843

Mein teurer Freund!

Ich habe Dir vor 8 Tagen 5 Bogen des Manuskriptes der neuen Auflage der Agrikulturchemie mit der Bitte zugesandt, den Druck sogleich beginnen zu lassen. Gegen Ende dieser Woche folgt die fertige Ausarbeitung des Ganzen, so daß in einem Vierteljahr das Buch fertig zum Verkauf sein dürfte. Es mag wohl 4 Bogen stärker werden, und eine angemessene Erhöhung des Preises wird niemandem auffallen. Lieb wäre es mir, wenn wir den Verkauf der noch vorrätigen Exemplare sichern könnten. Dies kann nun natürlich nicht geschehen, allein der Druck darf des Vorrates wegen nicht aufgehalten werden. Das Buch wird einen ganz neuen Eindruck machen, da ich in diese Auflage alle während meiner Reise in England gesammelten Erfahrungen, oder vielmehr die Prinzipien derselben, niederlegen will. Es kommt ein neues Kapitel „Der Ursprung des Schwefels", sodann ein zweites „Der Ursprung der Ackererde". Das dritte heißt „Theorie der Brache", das vierte heißt „Die Quellen des Ammoniaks" und ein fünftes umfaßt die Frage „Ist die Salpetersäure ein Nahrungsmittel für die Gewächse?". Der Anhang wird ganz gestrichen und ein neuer hinzugefügt. Wie gesagt, ich wünsche, daß 3000 Exemplare abgezogen werden möchten oder vielleicht noch mehr, denn ich glaube gewiß, daß ein jeder, der die erste Auflage hat, das Geld nicht scheut, um sich die neue verbesserte anzuschaffen.

Durch die neue Auflage bin ich mit einem höchst interessanten Werke, aus dem ich viele Zitate gebe, bekanntgeworden. Es ist Charles Darwin's (eines bekannten Geologen und Naturforschers) Journal of Researches into the Geology and Natural History of the various countries visited under the command of Captain Fitzroy R. N. from 1832–1836. Dieses Buch wird sicher in Deutschland eben durch diese Zitate an Verbreitung gewinnen, und ich halte eine Übersetzung für ein verdienstvolles und höchst wahrscheinlich auch belohnendes Unternehmen. Ich sprach darüber mit Dr. Dieffenbach, der von seiner Reise nach Neuseeland und Australien zurückgekommen, eben hier ist, um seine Eltern zu besuchen. Dr. Dieffenbach will es selbst übersetzen. Wenn Du es in Verlag nehmen willst, schreibe mir eine Zeile recht bald darüber.

Von den Korrekturen der Agrikulturchemie bitte ich mir immer drei Abzüge aus. Es wäre mir auch lieb, einige Exemplare der fertigen Pathologie zu haben. Beifolgend zuletzt der quittierte Wechsel.

Die Würste sind vortrefflich und meine Frau des wärmsten Dankes voll, den sie noch selbst aussprechen wird.

Von ganzem Herzen Dein Freund

Justus Liebig.

Gießen, 11. Februar 1843

Mein teurer Vieweg!

Ich eile, Deinen Brief vom 2. Februar, den ich übrigens erst heute empfing, sogleich zu beantworten. In der nächsten Woche werde ich mit der Agrikulturchemie fertig. Ich habe einige Kapitel hinzugefügt, aus denen ich zwei chemische Briefe für die [Augsburger] Allgemeine Zeitung machen will, was dem Buche nicht schaden kann. Alles was Du der Berücksichtigung wert gehalten hast in Beziehung auf die Personen, die sich an dem Buche seither einen Namen gemacht haben, ist wohl erwogen worden. Ich hoffe, es wird keinen Streit mehr geben, und wenn es auch der Natur und Sache nach nicht fehlerfrei und ganz vollkommen werden kann, so wird doch jedermann sehen, daß ich das Bestreben hatte, es besser zu machen.

Wegen Will wiederhole ich, daß er die Graham'sche Übersetzung nicht machen kann. Will ist, wie Du weißt, mein Privatassistent, den ich besolde, der mir also einen Teil seiner Zeit opfern muß. Er arbeitet viel, allein so stark auch sein Körper ist, er kann nicht mit mehr Arbeit beladen werden. Durch das Lexikon ist schon ein großer Teil seiner Zeit, die mir gehört, genommen, und es ist unmöglich für mich, ihn zum Gehilfen zu behalten, wenn diese Entziehung noch weiter geht. Zwischen mir und Will ist ja keine Spannung denkbar. Was ihn unzufrieden machte und bekümmerte, war der Gedanke, daß alle seine Freunde plaziert sind, während seine Zukunft noch dunkel ist. Er hätte alles dies auch haben können, er zog es aber vor, hier zu bleiben. In der besten Absicht, ihm etwas Angenehmes zu erzeigen, hat Varrentrapp ganz unwissentlich seine Unzufriedenheit gesteigert. Auf dies habe ich angespielt, denn daß Varrentrapp fähig wäre, gegen mich etwas zu tun, kann mir im Traum nicht vorkommen; er ist ein zu redlicher Charakter. Will kann nun das Buch noch aus dem ganz besonderen Grund nicht übernehmen, weil er sich um eine Stelle in Edinburg bewirbt, die er, wie ich sehnlichst wünsche, auch bekommen wird. Die schottische Agriculture Society hat jährlich 500 Pfund Sterling für einen Chemiker bestimmt, den sie annimmt, um durch ihn die Bodenarten, Früchte etc. untersuchen zu lassen. Du kannst also nicht auf Will rechnen, und es würde sehr schwer sein, an Ettling's Stelle (mit dem ich übrigens schon gesprochen hatte, ehe ich ihn vorschlug) einen besseren zu finden. Für diese Arbeit ist Ettling ganz vortrefflich.

Mohr ist der beste, den Du für eine Agrikulturchemie wählen kannst, er kennt die Bedürfnisse vollkommen; ich glaube, ein solches Buch würde ihm auch Freude machen. Schreibe und sage ihm, daß ich ihn dazu vorgeschlagen habe, als den besten; dies wird ihm noch an Mut und Selbstvertrauen zusetzen, wenn dies nötig wäre.

Ich trage schon seit vielen Jahren mit mir ein Ideal eines Grundrisses der Chemie für Jedermann herum, und er wird sicher auch das Licht der Welt erblicken. Ich betrachte selbst ein solches Buch als noch nicht dagewesen und als ein großes Bedürfnis. Sobald ich meinen Zyklus mit den Anwendungen der Organischen Chemie voll habe, gehe ich in meinen heiteren Stunden daran. Mein dritter Teil empfängt täglich Zuwachs an Material durch die Analysen, welche gemacht werden, ich will die Theorie des Mästungsprozesses für ihn aufsparen. Die Agrikulturchemie wird um 4–6 Bogen stärker, auch ohne diese Theorie und mit derselben zu stark.

[Unleserlich] Chemistry kommt mit dem Postwagen. Den Herrn Wilh[elm] Hamm kenne ich dem Ansehen nach aus meiner Vorlesung, die er hört. Er hat jetzt ausstudiert und scheint mir ein ganz unterrichteter und gescheiter Bursche zu sein. Laß Dir doch das Buch einmal geben und zeig es [unleserlich], der es versteht; ich meine, er müßte etwas Gutes liefern können.

Mit herzlicher Anhänglichkeit

Dein treuer Justus Liebig.

Ich schreibe Dir in großer Eile und bitte Dich, mir noch einmal etwas über den Graham für Dr. Ettling zu sagen.

Gießen, den 22. Februar 1843

Mein Teuerster!

Durch Zufälligkeiten ist der Turner und die Bogen der Tierchemie, und Dr. Hofmanns Gicht etc. einige Tage hier liegen geblieben. Sie werden jetzt in Deiner Hand sein. Tierische Chemie darf keinesfalls stehenbleiben, am besten ist Tierchemie. Im Laufe dieser Woche werde ich mit der Agrikulturchemie fertig und werde alsdann das Ganze senden. Eine jede Korrektur zerstreut mich und hindert mich an der Beendigung des Ganzen. Es ist mir außerordentlich lieb, wenn Du Prof. Blasius in Deinem oder auch in meinem Namen ersuchen willst, den Bogen durchzugehen und um seine Bemerkungen zu bitten. Es ist mir ja um die Wahrheit zu tun und jeder Einwurf von großem Werte, der den Irrtum beseitigt und sie um so klarer ans Licht treten muß. Ich behalte also die gesendeten 2 Bogen noch hier und warte auf Nachricht, ob Prof. Blasius sie durchgegangen hat. Sind Änderungen nötig, so muß ich natürlich erst seine Anstände kennen lernen. Besorge dies bald, damit es keinen Aufenthalt gibt.
Das Journal of Researches von Darwin folgt nächstens.

Dein treuer Justus Liebig

Gießen, 28. Februar 1843

Mein teurer Freund!

Du erhältst in dem Beifolgenden Manuskript für die Agrikulturchemie. Das Ganze ist vollendet, selbst das Kapitel der Wechselwirtschaft und des Düngers ist zur Absendung fertig. Ich behalte es nur noch hier, um einige Analysen einzuflicken, die im Gange, aber noch nicht beendigt sind. Ich bitte Dich, die größte Sorgfalt für die Aufbewahrung der Zusätze und zwar jedes einzelnen Blättchens zu haben, denn ich kann sie nicht mehr ersetzen, ich habe keine Abschrift davon zurückbehalten. Laß nur jetzt den Druck rasch vorangehen.
An Varrentrapp schreibe ich noch in dieser Woche. Ich bin für seinen warmen Anteil, den er an mir nimmt, sehr dankbar. In mir selbst regt so etwas eine Saite an, die mitklingt. Ich habe die Niederträchtigkeiten von Dumas bis jetzt noch nicht gelesen, um mich in meinem Wege nicht irre machen zu lassen. Ehe mein Buch fertig ist, habe ich für alles andere kaum einen Sinn. Seit vielen Wochen habe ich sogar keinen einzigen Brief, der nicht durchaus notwendig war, geschrieben. Allein jetzt atme ich wieder freier.
Sprich doch mit Otto wegen der Bearbeitung von Graham für Ettling, er wird es sehr gut machen.
Wegen der Herausgabe von Turner bitte ich, noch keinen Entschluß zu fassen. Dies dürfte für Winter sehr unangenehm und nachteilig sein, woran ich früher gar nicht dachte.
Ich erwarte von Dir noch Nachricht, ob Dein Freund Blasius nicht einige Bemerkungen zu den bereits gesetzten Bogen zu machen hat. Es wäre mir lieb, wenn sie bald kämen.
Mit den freundlichsten Grüßen

Dein treuer Justus Liebig.

Gießen, 14. März 1843

Lieber Vieweg!

Du erhältst hierbei Deinem Wunsche gemäß die Bogen zurück. Ich lasse den Brief an Blasius offen, damit Du ihn lesen kannst. Lasse den Druck nur fortfahren und schicke mir auch die ersten Bogen nochmals zur Ansicht zurück. Es ist mir sehr lieb, daß Blasius das Buch durchsieht, ich will und muß durchaus jede Veranlassung zu neuem Streit vermeiden. Ohnedies habe ich so viel Neues zu setzen, daß mir beim Streichen ganz wohl zu Mute ist. Von Übelnehmen kann keine Rede sein. An dem Format der Pflanzenchemie, Papier etc. darf nichts geändert werden. Wegen der Preiserhöhung werden wir ja sehen, wenn das Buch fertig ist. Die Tierchemie folgt anbei. Von diesem Buch bitte ich mir noch einige Exemplare aus. Ferner wünsche ich, daß Du an Prof. Weber in Leipzig (jetzt noch in Göttingen) ein Exemplar senden möchtest. Wegen Mohr soll das Nötige nicht versäumt werden.

Von Herzen Dein Justus Liebig.

Beifolgend auch der Darwin, ein vortreffliches Buch.

Gießen, 25. März 1843

Mein teurer Freund!

Bei Gelegenheit von Rauch's Porträt sende ich Dir ein zweites, was mich in meinem 18. Jahr als Erlanger Student darstellt. Dieses Bild hat eine Geschichte. Es ist gezeichnet von Fries in Heidelberg, dessen früher Tod allein die Schuld ist, daß er nicht unter die größten Meister gerechnet wird. Fries zeichnete mich und nahm das Bild mit, und aller Bitten ungeachtet gab er es nicht heraus. Nach seinem Tode kam es an seinen Vater, der weder für Geld noch sonst etwas zu bewegen war, sich davon zu trennen. Endlich nach einundzwanzig Jahren ist Winter in Heidelberg glücklich genug, es in seinen Besitz zu bringen, und durch ihn bekam ich es als Weihnachtsgeschenk. Ich wünschte nun von diesem Bild eine Lithographie von dem nämlichen Künstler zu haben, der für Dich den Wöhler gemacht hat, und bitte Dich, mir dies zu besorgen. Ich wünsche 50 Abdrücke davon gemacht zu haben und im Besitz des Steins zu bleiben. Es darf nicht in den Buchhandel kommen, sondern ist für meine nächsten Freunde zum Geschenk bestimmt. Schreibe mir eine Zeile darüber.

Herzlichst Dein Justus Liebig.

In der Allgemeinen Zeitung (in der Beilage) wirst Du zwei chemische Briefe gelesen haben, es sind Kapitel der neuen Agrikulturchemie. Trautschold hat in einen der neuen Abdrücke meines Portraits nochmals hineingezeichnet und an Rauch gesandt, so daß die nächsten Abdrücke noch besser werden müssen.

Gießen, den 27. März 1843

Mein teurer Freund!

Ich habe mich entschlossen, auf etwa 14 Tage eine Reise nach Berlin zu machen, welche hoffentlich dazu beitragen wird, mir die dortigen Gemüter wieder zu versöhnen. Ich bitte Dich, mir die Korrekturen der Agrikulturchemie gleichzeitig nach Gießen und einen Abdruck unter Kreuzband nach Berlin (per Adresse Herrn Professor Dr. Heinrich Rose) zu schicken. Sehr dankbar würde ich Dir sein, wenn Du mir sobald wie möglich einige Exemplare von Dr. Jones Büchlein über Gicht etc., so wie etwa 5 Exemplare meiner Pathologie nach Berlin schicken wolltest, aber mit dem Postwagen, denn sonst möchten mich die Bücher nicht treffen. Das Portrait wird in Deinen Händen sein.

Mit herzlicher Zuneigung Dein Justus Liebig.

Die Analyse des Driburger Wassers kann ich mit meiner eigenen Hand nicht machen, doch will ich sie durch meine Assistenten Dr. Will und Fresenius machen lassen, mit der Bürgschaft, wie wenn ich sie selbst ausgeführt hätte. Übrigens, wenn sie Dr. Varrentrapp macht, so ist eine weitere Kontrolle durchaus überflüssig, sie ist in den besten Händen, wenn sie in die seinigen gelegt wird. Diese Analyse hier kostet 20 Carolin. Sage doch dem Grafen, daß Dr. Varrentrapp einer von dem Gießener Laboratorium ist, und zwar einer der besten.

Gießen, den 25. April 1843

Teurer Freund!

Nach meiner am vorigen Freitag erfolgten glücklichen Ankunft in Gießen habe ich mich mit nichts anderem als mit der Korrektur der Bogen der Pflanzenchemie beschäftigt. Ich sende Dir heute alles, was ich noch davon habe, damit Du noch vor Deiner Abreise nach Leipzig darüber wachen kannst. Es wäre mir lieb, die 11 Kolumnen noch zu haben, welche als Rest des Manuskriptes noch dorten liegen. Ich erwarte ferner den Darwin, den Dieffenbach in einem Bande bearbeiten will, sowie einige Exemplare der Tierchemie.

Wenn die vorgestern und heute übersandten Bogen fertig gesetzt und korrigiert sind, so erbitte ich mir für meine englische Ausgabe von jedem noch zwei Abdrucke auf geleimtem Papier aus; sobald wie möglich oder nach Maßgabe, als sie der Setzer und Korrektor fertig hat. Es ist nicht nötig, auf eine neue Revision von meiner Seite zu warten, sondern ich denke, daß Dr. Varrentrapp sich mit dem Eingeschalteten zurecht finden wird.

Will ist verreist und noch nicht zurück, ich weiß also gar nicht, wie weit der Druck meines Manuskriptes, welches die Wechselwirtschaft enthält, für die Annalen ist.

Ich reise morgen oder übermorgen auf einige Tage mit meiner Frau nach Darmstadt. Du kannst Dir also denken, in welcher Hetze ich bin.

Wie vielen Dank bin ich Dir, Deiner liebenswürdigen Frau und Deiner ganzen Familie, die ein so wunderbares gleichförmiges harmonisches Gepräge von geistiger Ausbildung, Herzensgüte und Wohlwollen an sich trägt, für die freundliche Aufnahme und die angenehmen Stunden schuldig, die ich in Eurem seltenen Kreise verlebte. Meine Frau ist ganz entzückt und wünscht nichts sehnlicher, als bei uns gewesen zu sein. Grüße bestens meinen treuen und redlichen Freund Varrentrapp, sowie Deinen Bruder, Herrn Blasius, Otto, und empfehle mich dem Andenken der anderen so munteren Gäste aus der Papierfabrik.

Von ganzem Herzen

Dein treuer Justus Liebig.

Dr. Hofmann war soeben bei mir, er bittet mich, Dir zu sagen, daß ihm das Honorar für die Schrift von Jones eben jetzt sehr angenehm sein würde, und wünscht, einige Exemplare der Schrift von Jones zu haben.

Gießen, 30. Mai 1843

Mein teurer Freund!

Ich mache mir Vorwürfe, daß ich Dir und Deiner Familie nicht schon längst meinen aufrichtigsten herzlichsten Dank für die freundliche und liebevolle Aufnahme ausgedrückt habe, die ich bei Euch allen gefunden habe. Es waren zwei glückliche Tage, die ich mit Dir und Deiner herrlichen Familie zubrachte. Ich konnte meiner Frau nicht genug erzählen, und sie wurde nicht müde, mir zuzuhören und immer neue Fragen zu tun. Von Braunschweig ging ich nach Göttingen, wo ich einen Tag mit Wöhler zubrachte, von da über Kassel nach Gießen, wo ich drei Tage blieb, alsdann wieder mit meiner Frau nach Darmstadt reiste. In Darmstadt blieb ich 8 Tage, und [wir] kamen gegen den 4. Mai wieder hier an. Die Briefe und Arbeiten, die ich vorfand, ließen mich kaum zu Atem kommen, im Laboratorium alle Plätze mit unbekannten Gesichtern besetzt, die dann jetzt endlich eingearbeitet sind. Es kam mir ganz sonderbar vor, nach 6 Wochen des angenehmsten Nichtstuns diese angestrengte Tätigkeit wieder. Anfangs meinte ich, es wäre durchaus nicht zu ertragen, und dachte ernstlich, mich pensionieren zu lassen. In der Tat wächst mir die Arbeit über dem Kopf zusammen, und anstatt mehr Ruhe, sehe ich in der Zukunft nur mehr Arbeit. Dies muß eine Grenze haben; wo ich sie finde und stecke, weiß ich freilich noch nicht.
Ich hoffe, Du bist wieder von Leipzig zurück, und der Druck der Agrikulturchemie geht wieder vorwärts. Vier Bogen etwa sind als Manuskript noch in Braunschweig, ein 5. und 6. und damit der Schluß des ersten Teiles kommen in den nächsten Tagen. Ich lasse sie nun noch für mich kopieren.
Ich sehe bald wieder Nachrichten von Dir und Deinen Lieben entgegen, denen ich mich aufs angelegentlichste zu empfehlen bitte.

Von ganzem Herzen

Dein Justus Liebig

Gießen, den 12. Juli 1843

Mein teurer Freund!

Gestern habe ich den Rest der Agrikulturchemie an Dich abgeschickt, es hängt also von Dir ab, das Buch in wenigen Wochen zu vollenden. Es ist viel hinzugekommen, dickleibiger, und wie ich hoffe in allen seinen Teilen um vieles gediegener, fester und besser geworden. Was denkst Du nun wegen dem Preis zu tun, ich kann nicht gegen eine Erhöhung sprechen, allein ich meine, es wäre besser, den alten Preis zu lassen, mehr also zu geben und mehr zu verkaufen. Wenn Du Dich hierzu entschließest, so will ich ebenfalls auf die dem Preise des Buches entsprechende Erhöhung des Honorars verzichten. Ich wünsche zuletzt, daß Du mir eine Abrechnung über das, was ich gut habe von vorigem Herbst an, ausstellen lassen möchtest. Ich habe die Zinsen des im Januar zurückbezahlten Kapitals bis Januar noch zu bekommen, ebenso die Zinsen des Honorars für die im Herbste beendigte physiologische Chemie. Alle diese Dinge möchte ich im reinen haben. Ich wünsche, daß die Zinsen bezahlt werden möchten, über das Kapital erbitte ich mir einen Wechsel aus. Er soll bei Dir stehen bleiben, wie ich früher schon bestimmte. Sei doch so gut, an Dr. Wilhelm Hofmann dahier, welcher die Artikel Dammerde, Dünger etc. vollendet hat, etwa 6–8 Louisd'or als Honorar für das Lexikon zu schicken.

Was Deinen Schwager in Leipzig betrifft, so habe ich deshalb nach Heidelberg schon längst geschrieben, aber noch kein Resultat gehört.

Sei doch so gut, mir von den fertigen Bogen der Agrikulturchemie 2 Exemplare, im ganzen also drei, sowie die späteren Bogen zuzusenden. Eins davon habe ich nach Wien versprochen, wo es von Dr. Netwald ins Italienische übersetzt wird, und eins nach Paris zu schicken, so daß mir nur das dritte bleibt. Vergiß dies nicht. Meinen herzlichen Glückwunsch an Dr. Varrentrapp, sowie die herzlichsten Grüße an Deine ganze Familie. Morgen oder übermorgen schreibe ich Dir wegen dem Lexikon.

Dein treuer Justus Liebig.

Gießen, 31. Juli 1843

Mein teurer Freund!

Die nämliche Frage, ob man das letzte Kapitel der Agrikulturchemie hinweglassen soll oder nicht, ist auch zwischen Taylor & Walton und mir zur Sprache gekommen, und da nun gerade dieser Abschnitt einen Teil enthält, welcher die Ärzte und Physiologen weit mehr wie die Landwirte interessiert, und das Publikum (das ärztliche) für das Buch verloren ginge, so haben wir es für besser gehalten, diesen Abschnitt wie in den anderen Ausgaben abzudrucken umsomehr, da mein dritter Teil, in welchen er vielleicht aufgenommen werden könnte, erst in zwei Jahren erscheinen kann.

Obwohl ich der Meinung bin, daß das Gleichbleiben des Preises, das Nichterhöhen desselben, die Anschaffung dieser neuen Ausgabe durch die Besitzer der alten sehr erleichtern würde, so läßt sich mit Grund allerdings gegen die Erhöhung des Preises nichts entgegensetzen, da das Buch um die Hälfte stärker wird.

Durch eine Vereinigung von Umständen, deren Auseinandersetzung zu lange ist, kam Will's und Fresenius' kleine Schrift an Winter, wesentlich darum, weil die Hauptsache

davon in die Annalen aufgenommen werden mußte und diese Schrift mehr ein [unleserlich] Abdruck dieser Abhandlung ist. Das Publikum dafür ist klein und mehr wie 5–600 Exemplare dürften kaum verkaufbar sein.
Winter will gerne darauf eingehen und Dir den Druck der chemischen Briefe überlassen, auch sollte in der Vorrede Deiner dankbar gedacht und das Opfer gebührend anerkannt werden, was Du gebracht hättest, allein er ist nicht dafür, zwei Verleger auf dem Titel anzugeben. Wenn Dir also mehr an der Sache als an letzterem gelegen ist, so wirst Du Dich leicht mit ihm einigen.
Ich reise wahrscheinlich gegen den 20. August von hier ab, um dem Jubiläum in Erlangen beizuwohnen, und es ist durchaus nötig, daß in 14 Tagen die Agrikulturchemie fix und fertig ist, was ja um so leichter geschehen kann, da Du Lettern genug für 5–6 Bogen hast und diese in 8 Tagen bei Deiner Einrichtung leicht gesetzt werden können. Wenn Du einige 100 Exemplare nach Graz und Wien bis dahin liefern könntest, so sollte ich den Absatz derselben für ganz sicher halten; es geht aber ganz erschrecklich lahm vorwärts. Meine Rechnung und die Zinsen sind mir auch noch nicht zugekommen. Ich bitte um baldige Nachricht.

Dein getreuer Justus Liebig.

Gießen, 2. August 1843

Lieber Vieweg!

Ich schreibe Dir heute sogleich wieder, um Dich von dem Empfang der Bücher, sowie des Wechsels über fl. 500, sowie des zweiten Wechsels über fl. 500 zu benachrichtigen. Für alles dieses und ganz insbesondere für die wertvollen Bücher, mit denen Du meine Frau und Kinder entzückt hast, meinen besten Dank.
Wegen dem Portrait kann ich meinen Vorwurf nicht zurücknehmen. Du hättest, heute, die ganze Auflage verkauft, wenn das Bild im Handel gewesen wäre, so aber sind ja 3–4 Monate geradezu verlorengegangen.
Die Agrikulturchemie geht freilich jetzt rasch voran, allein schon dies rascher gehen zeigt, wieviel früher wir hätten fertig sein können. Der Druck und das Papier sind übrigens die Bewunderung von allen. Ich meine, der Satz würde immer reiner, sauberer und schöner. Auch die Geschichte der Chemie von Kopp ist herrlich. Wegen dem Preis glaube ich auch, daß sich niemand über $2^1/_2$ Taler beschweren wird, überlege aber, ob es nicht besser ist, den alten zu lassen. Es ist schon ein Nutzen, ein Jahr früher aufgeräumt zu haben. Er ist vielleicht größer als die paar Groschen, die Du pro Exemplar mehr einnimmst. Große Verbreitung ist bei Büchern dieser Art die Hauptsache.
Die Rechnung habe ich noch nicht durchgegangen, aber die fl. 340.43 [Kreuz.] sind Dir gutgeschrieben. An Hoffmann habe ich fl. 60 bezahlt, von Buff sind mir noch gut fl. 21.10, in Summa fl. 81.10, die Du mir gutschreiben willst.
Von der Universität Gießen bin ich zum Deputierten nach Erlangen gewählt und reise den 19. August von hier ab. Bis dahin muß notwendig das Buch vollendet sein. Ich bitte es alsdann zu versenden wie sonst auch, allein mit der Ankündigung einige Wochen zu warten, bis Taylor & Walton Dir beigekommen sind.

Von ganzem Herzen

Dein Freund Justus Liebig

Gießen, 6. August 1843

Mein teurer Vieweg!

Dr. Dieffenbach schreibt mir soeben von Berlin und ersucht mich, Dir zu sagen, daß die Bearbeitung von Darwin's Reise nahe vollendet sei. Er schreibt mir, daß ihm Darwin den Gebrauch seiner Karte und Holzschnitte überlassen und so wie Dieffenbach selbst einige nützliche Zusätze zu dem Werke gemacht habe. Da ich, wie Du aus dem bereits gedruckten Texte unserer Agrikulturchemie siehst, sehr viele und höchst interessante Notizen daraus genommen und vielfach darauf hingewiesen habe, so ist die Aufmerksamkeit hinreichend geweckt, und das Buch wird sich gut und schnell verkaufen. Dr. Dieffenbach wünscht nun sehnlichst, mit mir nach Graz zu gehen und bat mich, Dich zu bestimmen, ihm 200 Taler oder fl. 350 auf das Buch vorzustrecken. Sei so gut, mir zu sagen, wenn Du Gründe hast, es nicht zu tun, ich werde ihm sonst dieses Geld selbst geben.
Mein Bild von Trautschold, was Du hast stechen lassen, habe ich mit einem schönen Rahmen umgeben lassen und werde es diese Woche durch Frachtfuhre an Dich absenden. Ich bitte Dich, es als ein Geschenk von mir und meiner Frau anzunehmen und unserer stets freundlich zu gedenken. Wie ist es denn mit der Zeichnung von Fries? Hast Du es denn für mich lithographieren lassen?
Mit den besten Grüßen an Deine Familie Dein treuer

Justus Liebig

Dr. Dieffenbach wohnt No. 2 am Zeughause in Berlin.

Verte!

Ich erhalte soeben die letzten Bogen der Agrikulturchemie, zu welcher, um ganz vollendet zu sein, nichts fehlt wie die beiden Zusätze im Anhang zum zweiten Teil und die Vorrede. Mit letzterer beschäftige ich mich sogleich und sende sie Dir morgen oder übermorgen zu. Ich habe Dir, wie ich glaube, geschrieben, daß ich als Deputierter der Universität nach Erlangen gehe. Es wäre mir nun höchst angenehm, auf meine Reise einige Exemplare, 6 Stück, der neuen Auflage der Agrikulturchemie mitzunehmen und bitte Dich, dafür Sorge tragen zu wollen, daß ich sie bis zum 17. August hier habe. Es ist gleichgültig für diese, ob das Register dabei ist und die Vorrede oder nicht. Nur der Titel darf nicht fehlen. In dieser neuen Auflage ist so viel Mineralchemie, daß der Titel wohl besser „Die Chemie in ihrer Anwendung auf Agrikultur und Physiologie" sein würde.

Gießen, den 11. August 1843

Teurer Freund!

Die 6 Exemplare, die ich mitzunehmen gedenke, will ich natürlich ohne Register und ohne Vorrede. Allein für die andern denke ich noch eine Vorrede zu schreiben, obwohl dies kaum nötig ist. Ein Register wollen wir nicht machen, das Buch wird dadurch immer teurer, und es ist dann doch zuletzt kein Lehrbuch, sondern eine Anzahl von Abhandlungen. In der letzten Zeit ging allerdings der Druck über alle Erwartungen rasch, offenbar von dem Tage an, wo Du unter Deinen Setzern etc. zu wettern und zu donnern anfingst. Ich finde die Preiserhöhung um 1/2 Taler durchaus nicht zu hoch, ich habe Dir nur zu erwägen gegeben, ob es merkantilisch nicht besser ist, die Auflage ein Jahr früher zu verkaufen?

Wie ist es denn mit dem Portrait von Fries?

Dein Justus Liebig

Der englischen und französichen Buchhändler wegen ist es durchaus nötig, die öffentliche Anzeige der Erscheinung des Buches noch zurückzuhalten, bis diese beigekommen sind. Sie verlieren sonst das Recht und den Schutz gegen Nachdruck.
Ich bin stets und unablässig mit dem dritten Teil der angewandten Chemie beschäftigt. Täglich kommt eine Analyse von Brot, Fleisch etc. [unleserliches Wort] dazu, allein vor den ersten 1 1/2 Jahren kann es nicht fertig sein.
Ich bitte dringend um die Zusendung der fertigen Bogen der drei Exemplare zum Abdrucken [die letzten beiden Wörter sind nicht deutlich zu lesen], die ich bis zum 22. Bogen bereits habe.
[Über den Brief ist geschrieben:]
Ich reise den 18. August, also in 8 Tagen!! Schreibe mir doch sogleich wegen Dieffenbach.

Gießen, den 17. August 1843

Mein teurer Freund!

Ich schreibe Dir im Drang der letzten Stunden vor meiner Reise nach Erlangen lediglich, um Dir zu sagen, wie sehr ich mich freuen würde, wenn Du nach Graz gingest. Wir können dann den Plan des neuen Werkes und noch anderes ausführlich besprechen. Am besten wäre es, wenn Du es einrichten könntest, die Hinreise mit uns zu machen. Buff geht am 5ten von hier weg; auch Kopp und Fresenius, Will gehen hin. Wenn Du also am 4ten hier bist, so gehst Du mit Buff zusammen, und wir treffen uns alsdann gegen den 9ten in München, von wo wir durch Salzburg nach Graz gehen. Meine Frau begleitet mich bis Nürnberg und geht von da über Würzburg zurück.
Für die Besorgung der Exemplare meinen besten Dank, ebenso für Dieffenbachs Wechsel, den du in Graz sehen wirst. Der Preis des Bildes ist nicht zu hoch. Vergiß nicht, einige 100 Stück nach London zu senden.

Auf Wiedersehen in Graz

Dein Justus Liebig.

Nürnberg, 29. August 1843

Mein bester Vieweg!

Ich kann mir wohl denken, wie unangenehm Dir der Aufenthalt ist, den die Herren Taylor und Walton dem Verkauf unserer Agrikulturchemie verursachen, allein, liebster Freund, Dein Gewinn ist nichts gegen den Verlust von 1800 fl., sage 1800 Gulden, den ich habe, wenn Du früher, auch nur einen Tag früher, ankündigst als die englischen Buchhändler. Sie verlieren ja ihr Eigentumsrecht völlig, wenn das deutsche Buch früher erscheint. Es ist gar nicht zu denken gewesen, daß sie nicht ebenso schnell das Buch hätten beendigen können wie Du. Ich begreife diesen Aufenthalt nicht und beklage ihn, da er mich in eine peinliche Verlegenheit setzt. Ich bitte Dich, den Herren Taylor und Walton noch einmal zu schreiben und sie zu fragen, bis zu welchem Tag sie zu publizieren gedenken, damit Du denn doch weißt, woran Du bist, sie müssen notwendig den Tag fixieren. Solltest Du schon versendet haben, so wird es sich einrichten lassen, daß die Factura um vier Wochen später datiert wird, was Dir ja ganz gleichgültig sein kann. Länger kann es ja nicht dauern.

Das Fest in Erlangen war herrlich, das Wetter vortrefflich. Wegen Deinem Schwager war nichts zu machen, da Professor Ron von Bern dort war, der sich aufs angelegentlichste bewarb und möglicherweise die Stelle erhält, da er ursprünglich ein Erlanger Kind ist. Wie kann sich aber Dein Schwager um eine so mittelmäßige Professur bemühen, 20 Studierende der Medizin!!! auf der ganzen Universität! Da ist dann doch gar keine Aufmunterung. Es wird sich schon eine bessere Stelle für ihn finden.

Wegen Deiner Reise nach Graz weiß ich nicht, ob es der Mühe wert ist, sie des neuen Buches wegen zu machen, da sich in einer so bewegten Zeit an eine durchdachte Besprechung gar nicht denken läßt und die Leute dorten schwerlich alle beisammen sind, die dazu sich eignen. Wir müßten eine Art Komitee zu bilden suchen und den Plan einer Prüfung gemeinschaftlich unterwerfen. Ich halte ihn für gut, zeitgemäß und für ausführbar, das ist wohl die Hauptsache. Aber in Graz dies vorzunehmen, halte ich für ganz unmöglich. Ich habe meine Frau und Nichte bei mir, sie wollten mich anfänglich nur bis Nürnberg begleiten, allein die Trennung wurde schwer, und es gelang mir, sie zur weiteren Reise nach Wien und Graz zu bestimmen.

Was mich veranlaßte, Dir in meinem letzten Brief zu sagen, daß Du nach Graz kommen möchtest, war die Aussicht, in Deiner Gesellschaft einige schöne Tage zu verleben, und die Hoffnung, Dir durch persönliche Bekanntschaft mit ausgezeichneten Männern neue Anknüpfungspunkte für Dein Geschäft zu verschaffen. Diese Gründe zur Reise bestehen in ihrer vollen Stärke, und ich gebe mich der Hoffnung hin, daß wir uns dorten treffen werden. Bringe Deine liebe Frau mit, Wöhler kommt auch und vielleicht mit den Seinigen. Nürnberg ist herrlich, liebe treffliche Menschen, echte deutsche Naturen. Meine Frau grüßt herzlichst.

Dein treuer Justus Liebig.

Ich bitte Dich dringend, lieber Vieweg, es einzurichten, daß ich nicht mit der englischen Ausgabe den großen Schaden habe, der mir bevorsteht, wenn Du früher publizierst; suche Taylor und Walton jedenfalls zu beschwichtigen und sicherzustellen.

Gießen, den 17. Oktober 1843

Mein teurer Vieweg!

Vor zwei Tagen bin ich wohlbehalten mit meiner Frau, die mich auf der ganzen Reise begleitete (nebst meiner Nichte) wieder hier eingetroffen und habe den größten Teil der angehäuften Korrespondenz schon weggearbeitet. Zu meinem großen Vergnügen erhielt ich gestern aus London die englische Ausgabe der Agrikulturchemie, zum Zeichen, daß Du in keiner Weise mehr an dem Verkauf des deutschen Buches gehindert bist. Ich bitte Dich, nun die Zeit gut zu benutzen und das Buch an alle Universitäten zu bringen, ehe der Wintermodus angeht. In Graz habe ich kein Exemplar verteilt und an keinen Buchhändler gelangen lassen, aus Furcht vor einigen anwesenden Engländern. Schreibe sogleich an Professor Schrötter daselbst und gib ihm Direktion, wie er mit den bei ihm liegenden Exemplaren verfahren soll. Das Bild kam noch zeitig an; 10 Exemplare habe ich von den 60 für meine Rechnung behalten und verteilt, die übrigen sind an die Buchhändler gegangen. Von den Exemplaren in Graz habe ich zur Verteilung an die Wiener Freunde eine Anzahl, ich glaube 6 oder 10 Stück, Herrn Schrottern gelassen, was also Dir fehlt von seiten der Buchhändler kommt auch auf meine Rechnung. Ich brauche drei schön, aber einfach in Maroquin gebundene Exemplare der Agrikulturchemie für den Fürst Metternich und Grafen Collowzat, die Du mir durch den dortigen Buchbinder binden lassen und mit etwa sieben Stück hierher senden lassen willst. Viel hätte ich Dir zu erzählen, es soll auch später geschehen.
Knapp's Buch wird vortrefflich im Stil und in der Sache, allein er kann den Bogen zu fl. 22 nicht liefern. Es ist fürchterlich viel drauf und für 2000–2500 Exemplare ist diese Summe auch zu gering. Dein nobles Verfahren gegen Dr. Müller hat Dir hier auf immer die Herzen gewonnen.

Dein treuer Justus Liebig

Tausend freundliche Grüße an [Deine] Frau und das ganze Vieweg'sche Haus.

Gießen, den 28. Oktober 1843

Mein teurer Freund!

Ich habe Dich gebeten, mir zwei Exemplare der Agrikulturchemie in rotes Leder binden zu lassen, von denen ich eins dem Grafen Colowzat, das andere dem Fürsten Metternich bestimmte. Ich bitte Dich nun, mir anstatt zwei deren drei binden zu lassen und überdies noch 3 Exemplare der Pathologie dem Buchbinder für denselben Zweck zu übergeben. Diese drei letzteren haben die nämliche Bestimmung und sollen den nämlichen Rock anhaben. Es wäre mir zuletzt angenehm, noch drei Exemplare der Pathologie für meine hiesigen Freunde zu bekommen. Es möchte zum Bekanntwerden der so sehr veränderten Agrikulturchemie höchst zweckmäßig sein, sie als Freiexemplar denselben Personen zuzusenden, welche die erste Auflage bekommen haben. Die Liste derselben besitzest Du doch noch? Dies wird wesentlich zur Verbreitung des Buches beitragen. In Böhmen hat mein Freund Dr. Kodweis in Prag über 50 Exemplare der ersten Auflage untergebracht. Er interessiert sich sehr dafür und hat mich gebeten, ihm ein Exemplar der neuen Ausgabe zukommen zu lassen, was ich Dich bitte, tun zu wollen.

Freundlichst Dein Justus Liebig.

Gießen, den 7. November 1843

Mein teurer Freund!

Ich füge dem Brief des Geschäftsführers der Buchdruckerei, welche meine Annalen druckt, die angelegentliche Bitte bei, sein Gesuch berücksichtigen zu wollen. Ich liege stets im Streit mit Berzelius darüber, der mir seine Beiträge verweigert, im Fall ich fortfahre, seine Formeln durch die meinigen zu ersetzen. Wir sind, da diese Formeln Meinungen ausdrücken, genötigt, ihm nachzugeben; auch Wöhler und Bunsen dringen darauf. Wenn die Typen express geschnitten werden müssen, so zieht dies den Buchdruckern große Kosten zu. Alles dieses wird aber beseitigt, wenn Du ihm in Deiner Gießerei die verlangten Typen machen läßt.

Herzlichst Dein Justus Liebig.

Gießen, den 9. November 1843

Mein teurer Freund!

Ich danke Dir für Deinen freundlichen Brief vom 2ten und gestehe Dir, daß mir und meiner Frau die Sendung des Bildes von Trautschold ebensoviel Vergnügen gemacht hat, als der Empfang von Deiner Seite Dir machen konnte.
Wegen der quantitativen Analyse, die Dir Fresenius schreiben soll, habe ich ihm geraten, noch zu warten. Er ist zu jung dazu und hat nicht Erfahrung genug, um etwas wahrhaft Gutes zu liefern. Die literarischen Beschäftigungen in diesem Momente noch länger fortzusetzen, wäre ein großes Unglück für ihn. Er muß sich zuerst eine Stellung schaffen und dieses kann er nicht, ohne Experimentaluntersuchungen zu machen, in denen er so gut wie keine Übung hat. In zwei bis drei Jahren ist er hierzu besser geeignet. Gegen die neue Auflage seiner qualitativen Analyse habe ich natürlich nichts einzuwenden.
Wie ist es denn mit der Lithographie, die Du in Dresden für mich besorgt hast? Ich wünschte gern den Rest der Abdrucke und den Stein zu haben und meine Rechnung an den Künstler berichtigen. Ich bitte Dich, diese Sache ordnen zu wollen. Vergiß es nicht.

Es werden täglich und stündlich Analysen über die Nahrungsmittel zu dem noch fehlenden 3. Teil der auf Diätetik und Nahrungsmittellehre angewandten organischen Chemie gemacht. Soeben habe ich eine große Arbeit über Harn vor. Es dürfte Dr. Varrentrapp interessieren zu erfahren, daß aller Menschenharn Hippursäure enthält und der gesunde Harn keine bestimmbare Menge Ammoniak oder Ammoniaksalz. Auch geht der Gehalt an Phosphorsäure vollständig in den Niederschlag über, wenn frischer Harn mit gebrannter Bittererde kalt in Berührung ist.

Mit den freundlichsten Grüßen von Haus zu Haus Dein treuer

Justus Liebig.

Gießen, den 11. November 1843

Mein teurer Freund!

Taylor & Walton haben mir in der Angelegenheit wegen dem Portrait geschrieben, die die Wendung genommen hat, welche ich nur beklagen kann. Ich riet Dir, 300 oder 200 Exemplare nach England zu schicken, nicht weil mir Taylor & Walton Auftrag zu einer festen Bestellung gegeben hatten, sondern weil ich dachte, daß diese Anzahl verkaufbar sei. Ich finde es nicht in Ordnung, daß diese, im hohen Grade ehrenwerte Leute auf meine, gewiß ganz unschuldige Veranlassung hin, eine falsche Vorstellung von meiner Absicht bekommen, und ich bitte Dich dringend und angelegentlichst, Dich mit ihnen verständigen zu wollen. Was ist denn viel dabei zu wagen, wenn Du mehr Exemplare, als sie bestellten, nach England sendest, wenn sie, ohne sich gerade verbindlich zu machen, sie fest zu nehmen, die Unkosten des Eingangszolls und Transportes tragen. In keiner Weise darf aus meiner Mitteilung an Dich eine Zwangsmaßregel gegen sie erwachsen. Warum hast Du zuletzt die bestellten Exemplare nicht an sie abgehen lassen? Tue mir den Gefallen und sende sie sogleich entweder von Braunschweig oder Darmstadt aus ab und schreibe ihnen ausdrücklich dabei, daß diejenigen, die sie im Verlauf des nächsten oder folgenden Jahres nicht verkauften, für Deine Rechnung und zu Deiner Disposition liegen bleiben sollten. Ich bitte Dich darum, es mir zu Liebe recht bald zu tun.

Herzlichst Dein Justus Liebig

Sei doch so gut, mir die in Braunschweig gebräuchlichen Roggen-, Weizen- und Gerstenmehlsorten, sowie Erbsen, Linsen und Bohnen [unleserliches Wort] und von jedem etwa 2 Unzen gelegentlich hierhersenden zu wollen.

Gießen, den 22. November 1843

Mein teurer Freund!

Meinen besten Dank für die Besorgung der Bücher, sie sind sehr schön gebunden und machen dem Buchbinder Ehre.
Der hiesige Buchdrucker ehemals Lichtenberg [?] soll bei niemandem als Dir seine Lettern kaufen.
Ich bitte Dich darum, Herrn Prof. Blasius ein Exemplar der Pflanzenchemie zu geben.
Wäre es nicht sehr gut, an die Redaktion des Morgenblattes ein Exemplar zu senden und darauf aufmerksam zu machen, wieviel Neues darin ist, auch sollte Mohl an seiner Ehre angegangen werden, das wieder gut zu machen, was er verdorben hat.
Wie ist es denn mit der Lithographie, die in Dresden von meinem Portrait gemacht wurde? Ich wünschte zu wissen, was der Künstler zu bekommen hat, dann wünschte ich noch einige dutzend Abdrücke und die Originalzeichnung wieder zu haben.
Ich arbeite eben immer noch an dem Harn.

Von Herzen Dein Justus Liebig.

Gießen, den 5. Dezember 1843

Mein teurer Freund!

Du erhältst hierbei einen Brief von dem Sekretär des Gewerbevereins an mich, der Dich in Beziehung auf den Willen, Deine Bestrebungen würdig anzuerkennen, beruhigen wird, wenn Du jemals einen Zweifel hättest hegen können.
Was die neue Auflage der Agrikulturchemie betrifft, so will ich mit der englischen in der Art helfen, daß ich die nötigen Veränderungen im Manuskript nach London schicke, so daß unsere Auflage erst angefangen zu werden braucht, wenn Du mit dem Druck der Tierchemie fertig bist. Ich hoffe, Du machst von der letzteren eine Auflage von wenigstens 1500 Exemplaren. Sei unbesorgt, sie bleibt Dir nicht auf dem Lager liegen, denn der Spektakel geht erst unter den Medizinern an. Ich lege Dir einen Brief von Dr. Jolly bei, der (obwohl Professor der Physik) die Meinungen der dortigen Physiologen ausdrückt.
Was Winkelblech contra Schleiden betrifft, so darf ich mich in diese Sache nicht mischen. Ich halte das Schriftchen für durchaus unnötig, da die nächste Auflage sehr viele Mißverständnisse beseitigen wird. Allein in dem Interesse unseres Buches, auf welches durch diese Dinge die Aufmerksamkeit stets rege gehalten wird, mag es seinen Nutzen haben.
Winkelblech ist ein sorgfältiger und genauer Analytiker und einer meiner besten Schüler. Ein Lehrbuch der reinen und angewandten Chemie wird sein Publikum finden, und Du mußt darauf rechnen, daß Winkelblech an einer Lehranstalt lehrt, die jährlich immer 50–60 Exemplare verbraucht.
Was Plagge betrifft, so habe ich Dich ihm nicht recomandirt, er hat wahrscheinlich Buff gefragt, der ihm über Dich die beste Auskunft gab. Er ist ein breiter Schwätzer ohne Gehalt, der wie ich glaube schon viele Verleger gewechselt hat. Was nun seine medizinische Rezeptierkunst betrifft, die er hier vorträgt, so schätze ich die Zahl seiner Zuhörer jährlich auf etwa 20–25. Da Du nun kaum sonstwo auf einen Absatz mit Sicherheit rechnen kannst, so wirst Du Dir Deine Rechnung machen können. Erkundige Dich übrigens bei einigen Medizinern, vielleicht ist gerade jetzt ein solches Buch ein Bedürfnis.
Ich habe Buff für seine Beiträge am Lexikon per Bogen fl. 44 zugesagt, das nämliche Honorar, was Poggendorff erhielt. Ich zweifle, daß ich Dir darüber Mitteilung gemacht habe. Er war etwas frappiert, den Wechsel von fl. 44 zu erhalten, da er mehr erwartete. Um ihn nun nicht scheu oder unzufrieden zu machen, werde ich mir von ihm selbst die Rechnung stellen lassen, und diese in Deinem Namen und Auftrag bar ausbezahlen. Auf diese Weise ist die Sache kurzerhand und zur größtmöglichen Zufriedenheit beseitigt.

Ich begreife Otto nicht, daß er die Übersetzung des letzten Teils von Graham nicht durch einen anderen besorgen lassen will, es muß ihm ja ganz angenehm sein, wenn er seine Zeit der neuen Auflage ganz zuwenden kann, die er so vortrefflich gemacht hat. Will hat übrigens soviel zu tun, daß er schwerlich dazu Zeit hat, doch habe ich, wenn ich nur erst Otto's Entschließung kenne, hier einen anderen.
Ich arbeite frisch an der Agrikulturchemie und freue mich, die neue Auflage fertig zu sehen. Die vierte ist übrigens noch eleganter wie die erste, das Papier ist fester und schöner, von der größeren Korrektheit nicht zu sprechen. Das Handbuch von Berzelius

ist auch außerordentlich schön, die letzte Berliner Ausgabe verschwindet dagegen. Zu Kopp's Geschichte der Chemie mußt Du aber deutsche Schrift wählen, ich habe eben mit Kopp gesprochen.
Wirst Du denn auf Weihnachten oder Neujahr kommen?

Von Herzen Dein Justus Liebig.

Gießen, den 27. Dezember 1843

Mein teurer Freund!

Du hast mich kürzlich wegen eines Herrn Prof. Pasqualeti angefragt, der Dir einen Jahresbericht der technischen Chemie und Pharmazie angeboten hat. Ich kenne ihn literarisch nicht und auch meinen hiesigen Freunden ist er nicht bekannt, allein, um einen solchen Bericht gut zu machen, dazu gehört hauptsächlich Fleiß, an dem es den Wienern nicht fehlt. Ein solcher Jahresbericht scheint mir immer verkaufbar zu sein.
Wegen dem Steindruck von Hanfstängl scheint mir, ohne Vergleichung mit der Originalzeichnung, kaum etwas zu wünschen übrig zu bleiben. Das Bild ist vortrefflich gemacht, wird hier wenigstens so gefunden. Es wäre mir nun sehr lieb, 50 Stück Abdrucke davon zu haben, mehr will ich nicht machen lassen, da es nur die engsten Freunde erhalten sollen. Die Originalzeichnung möchte ich aber zurück haben. Der Stein ist am besten bei Dir aufgehoben. Wegen der Kosten des Lithographen gebe ich Deinen Vorschlag noch nicht zu.
Dr. Hofmann von hier hat Dir Vorschläge wegen der Herausgabe einer botanischen Nomenklatur in Zeichnungen gemacht. Er dringt sehr darauf, eine definitive Antwort von Dir zu haben, damit er sich an jemand anderes wenden kann, im Fall Du nicht darauf eingehst. Er sagte mir, daß er noch 8 Tage warten und dann sich an Winter wenden wolle.

Mit den besten Wünschen für Dich und Deine ganze Familie zum Neuen Jahr

Dein treuer Justus Liebig.

1844

15. 3.	Projekt eines juristischen Buches von Nöllner
	19. 3.: Nachricht Viewegs zum Jugendporträt Liebigs
25. 3.	Physiologische Chemie von Mulder, Übersetzung von Moleschott – Rezensionen der Agrikultur- und Tierchemie – Zum Buch von Nöllner
30. 4.	Vorschlag zur Bearbeitung eines Werkes von Boussingault durch Will – Geschenk des russischen Kaisers
15. 5.	Das Projekt Boussingault/Will – Brief an Berzelius – Mulders physiologisches Buch
25. 5.	Zum Buch von Boussingault – Honorar der Neuauflage der Agrikulturchemie – Honorar für Knapp – Zusätze zur Tierchemie, Arbeit über Harn – Verlagsprojekt Nöllner wird fallengelassen
20. 6.	Zu Verlagsprojekten: Ein Buch von Koutsch, Buch von Boussingault
21. 7.	Reiseabsicht – Honorarwünsche
29. 7.	Warnung vor Herausgabe des Boussingaultschen Werkes; Verhältnis zur Agrikulturchemie
15. 8.	Honorarbestätigung – Italienische Übersetzung der Agrikulturchemie – Bitte um ein Exemplar von Knapps Technologie
1. 11.	Rückkehr von Englandreise – Verlagsprojekt: Reden von Glasgow
4. 12.	Honorarbitte für Dieffenbach und seine Darwin-Übersetzung

Gießen, den 15. März 1844

Lieber Vieweg!

Soeben verläßt mich Hofgerichtsrat Nöllner. Er hat mir versprochen, mit keinem anderen Buchhändler eher zu kontrahieren, ehe Du Dich gegen ihn ausgesprochen hast. Seine Schrift wird höchst merkwürdig. Ich kenne die Richtung, die er nimmt, und kann Dich im voraus versichern, daß sie nicht im Interesse der Regierung, nicht in dem der Gerichte und nicht in dem von einzelnen Personen abgefaßt werden wird; sie muß einen ungeheuren Absatz haben. Biete ihm nicht unter 1000 fl. für sein Buch, denn andere Buchhändler haben schon nahe soviel angeboten. Schreibe ihm sogleich.

Herzlichst Dein Justus Liebig.

Ich möchte sehr gerne das Portrait (die Lithographie) und 50 Abdrucke davon haben. Bitte vergiß dies nicht. Auch würdest Du mir einen Gefallen erzeigen, wenn Du mir gelegentlich noch 5 Abdrucke der Agrikulturchemie und 5 der Tierchemie zusenden wolltest.

> [Kopie eines Briefes von E. Vieweg an Liebig in Gießen; Braunschweig 19. 3. 1844]
> Vor wenigen Tagen habe ich die Abdrucke und den Stein des Jugendportraits von Hanfstängl erhalten und kann Dir daher heute in beifolgendem Coli 50 Exemplare der Abdrucke nebst der wunderschönen Originalzeichnung senden. Den Stein habe ich vorläufig hier behalten und wohl verpackt an einem sicheren Ort aufbewahrt. Ich hielt dies deshalb für besser, da es doch möglich ist, daß Du noch mehr Exemplare gebrauchst, und dann der Stein leichter von hier als von Gießen nach Dresden gesandt werden kann. Auch habe ich 10 Exemplare vorläufig für mich hier behalten, um, mit Deiner Erlaubnis, meinem Bruder, Varrentrapp und mir selbst eins zu schenken, auch vielleicht Wöhler, Wagner, Rose pp. Exemplare zu geben, wenn Du anders nichts dagegen hast, oder es nicht selbst tun willst. . .

Gießen, den 25. März 1844

Mein teurer Freund!

Ich erhalte soeben Deine Sendungen, die Bücher nämlich und das Bild, für die ich Dir den besten Dank sage, und eile, auf eine Stelle Deines Briefes hin, Dich sogleich zu benachrichtigen, daß Winter bereits die physiologische Chemie von Mulder durch einen Holländer namens Moleschott hat übersetzen lassen und daß dieses Buch bereits versendet und im Handel ist, um jeden Zweifel zu beseitigen und um Dir Gelegenheit zu geben zu vergleichen, ob das Buch von Moleschott wirklich dasselbe ist wie Dein Unternehmen.
Ich wiederhole nochmals die Bitte, mir die Kosten der Lithographie anzugeben. Es wäre die größte Unbescheidenheit, dies als Geschenk von Dir anzunehmen; bei Winter, der das Portrait meiner Frau geschenkt hat, würde ich keinen Anstand nehmen.

Für die Exemplare der Pflanzen- und Tierchemie sage ich nochmals meinen Dank. Es sind von letzterem einige günstige Rezensionen erschienen, von der neuen Auflage der Pflanzenchemie hingegen habe ich noch gar keine Anzeige gelesen. An dieser Auflage habe ich mir eine ganz undenkliche Mühe gegeben, die man in England wenigstens auf das eklatanteste anerkannt hat. Sei gar nicht sparsam, das Buch denen zu geben, welche die früheren Auflagen bekamen, es sind dies lauter Lehrer, von welchen die Verbreitung abhängt. Ich bin begierig, das Resultat der Messe zu erfahren.

Von ganzem Herzen Dein treuer Justus Liebig

Nöllner's Buch wird über 20 Bogen stark. Es ist denkbar, daß es die Regierung gar nicht zum Druck kommen läßt, da Nöllner ganz unabhängig und offen die Gebrechen des heimlichen Gerichtsverfahrens und die in Wendig's Prozeß begangenen Grausamkeiten offen darlegt, es wird [unleserlich] werden.

Gießen, 30. April 1844

Lieber Vieweg!

Dr. Will hat gerade Lust, die Bearbeitung des Werkes von Boussingault, dessen Titel ich einlege, nach Art von Müller/Pouillet zu übernehmen, und ich glaube, daß es gerade in seinen Händen noch gewinnen wird, so daß an einem guten Erfolg kaum zu zweifeln ist. Willst Du das Buch in Verlag nehmen, so schreibe mir sogleich, es wird einen starken Band von 30–40 Bogen geben. Den Titel bist Du so gut mir wieder retour zu senden.
Was die russische Geschichte betrifft, so hat mir der Großfürst ganz kürzlich, als ihm unser Prinz Emil [?] meine Bücher übersandte, einen Brillantring verehrt, und der Kaiser hat mir zwei Pfund rohes Platin für meinen Unterricht im Laboratorium geschenkt (dem letzteren habe ich übrigens meine Bücher nicht gesandt), so daß ich kaum wage, neue Ansprüche laut werden zu lassen. Dazu will ich mich aber entschließen, an den Grafen Kißeloff [?] zu schreiben und ihn zu bitten, dem Kaiser meinen Dank auszudrücken.
An meiner neuen Auflage der Tierchemie werde ich einige Zusätze machen.

Freundlichst Dein Justus Liebig

Ich erhalte soeben Deinen Brief wegen Nöllner, er benimmt sich äußerst sonderbar. Mulder's Buch wird kein Glück machen, er ist zu wenig Naturforscher.

Gießen, den 15. Mai 1844

Lieber Vieweg!

Wenn Du auf eine gute Art zu verstehen gibst, daß Dr. Will mein Assistent ist, der nach genommener Rücksprache mit mir die Übersetzung übernommen hat und sie unter meiner besonderen Mitwirkung zu vollenden verspricht, so wird der Konkurrent wohl

zurücktreten. Will wendet sich an Boussingault selbst oder hat es schon getan. Dieser wird ihm sicher noch Nachträge geben, so daß jedenfalls Dein Unternehmen die Oberhand behält. Im Fall [=falls] Boussingault antwortet, und zwar wie Will erwartet, so kommt auch in 14 Tagen Deine Anzeige noch nicht zu spät. So lange würde ich aber noch warten.
Das englische Buch kann nicht mit Ehren in Deinem Verlage erscheinen.
Ich schreibe eben eine lange Epistel an Berzelius in Erwiderung auf seine Angriffe und die der Physiologen. Ich schicke Dir einen Abdruck davon. An Mulders Buch wirst Du und Winter keine besonderen Geschäfte machen. Er legt sich jetzt auf die Polemik gegen mich, was ihm bald das Publikum entfremden wird; einige Worte habe ich auch gegen ihn nicht unterdrücken können.

Herzlichst Dein Justus Liebig.

Gießen, den 25. Mai 1844

Mein teurer Vieweg!

Deinen Brief vom 19. Mai mit der Ankündigung des Boussingault'schen Werkes habe ich erhalten und gegen die Ankündigung nichts weiter zu bemerken, als daß wir noch keine Zusätze von Boussingault erhalten haben. Um diese Angelegenheit zu Ende zu führen, habe ich gestern selbst an Boussingault geschrieben und ihn gebeten, Noten zu der deutschen Ausgabe zu geben, hauptsächlich um zwischen uns eine Polemik zu vermeiden. Er hat nach der neuen Auflage der Agrikulturchemie jetzt sicher ganz neue Ansichten über manches wie früher, und wenn er sich selbst korrigiert, so brauche ich es nicht zu tun. Ich denke, er wird darauf eingehen.
Ich hoffe, die Messe ist zu Deiner Zufriedenheit ausgefallen, und es möchte wohl an der Zeit sein, das Honorar für die neue Auflage der Agrikulturchemie zu regulieren. Wenn Du die kassierten Bogen dieser Auflage in Anschlag bringst, so habe ich mit allen Veränderungen und Zusätzen das Buch, so wie es früher war, neu geschrieben. Du hast den Preis um 1/2 Taler erhöht, ohne daß mir etwas hieran zugut gekommen ist. Nach Abzug des buchhändlerischen Rabattes nimmst Du an dieser Auflage, wenn sie verkauft ist, 1500 Taler mehr ein und hast insofern einen weit größeren Gewinn, als Du von demselben Satz, man kann wohl sagen, zwei Ausgaben abgezogen hast, die Dich nur Papier und den Abzug kosten. Ich sage Dir dies alles jetzt, um jeder künftigen Unzufriedenheit vorzubeugen. Jedenfalls wäre es für mich ungleich vorteilhafter, mit Winter allein meine Geschäfte zu machen, der mir für den bloßen Abdruck der in der Allgemeinen Zeitung erschienenen chemischen Briefe fl.1.500 von vornherein angeboten und mir ohne Aufforderung an dem Geiger'schen Buch fl. 600 zugesagt hat. Mache Deinen Überschlag und sage mir, was Du auf die Agrikulturchemie zuzulegen gedenkst; das Geld kann bei Dir stehenbleiben.
Ich glaube ferner, daß Knapp bei dem ungeheuren Format seines Buches weit mehr verdient als er erhält. Auf einen solchen Druck konnte er nicht rechnen; der arme Kerl arbeitet sich tot und hat keine Befriedigung von seiner Arbeit.
Was die Tierchemie betrifft, so habe ich manche Zusätze zu machen. Ich habe soeben eine große Arbeit über den Harn beendigt, die ich ganz hineinnehmen will. Ich bitte Dich, alle bis jetzt erschienenen Rezensionen, vornehmlich in medizinischen Journalen, die mir nicht zu Gebote stehen, zu sammeln, damit ich alles berücksichtigen kann.

Wegen dem Nöllner'schen Buche kann ich Dir nur Glück wünschen. Es hat schon zu lange auf sich warten lassen und wird den Reiz nicht mehr wie früher erwecken. Die Schrift von Graff und Stegmeyer hat in der Sache schon das Urteil gesprochen.
Mit den freundlichsten Grüßen an Deine treffliche Frau und Schwestern

Dein treuer Justus Liebig.

Gießen, den 20. Juni 1844

Mein teurer Freund!

Ich erhalte soeben den einliegenden Brief von Prof. Koutsch [?] in Tharendt [?], der Dich mit seinem Anliegen bekannt machen wird. Meines Erachtens muß man ihm die Erlaubnis geben, denn das Buch findet, indem sein Inhalt noch bekannter wird, um so mehr Käufer. In England sind Auszüge von vielleicht noch größerem Umfang in den Zeitungen erschienen, die mir wahrhaft Furcht für meinen Buchhändler einflößten, allein er beruhigte mich, denn einmal den Auszug begriffen, wollen die Leute auch das Ganze wissen. Dadurch ist dann der Debit ins Außerordentliche gesteigert worden.
In diesem Sinne werde ich an Koutsch schreiben, daß ich nichts dagegen habe und von Deiner Entschließung es abhängen lassen.

Herzlichst Dein Justus Liebig

Boussingault gibt keine Zusätze oder Noten; unter diesen Umständen werde ich das Unternehmen aufgeben.

Gießen, den 21. Juli 1844

Lieber Vieweg!

Ich bin im Begriff nach England zu reisen und möchte den Gegenstand meines letzten Briefes vor meiner Abreise geordnet wissen. Ich will nicht wiederholen, daß ich die gute Hälfte der 5. Auflage der Agrikulturchemie neu verfaßt und etwa 10 Druckbogen mehr wie in den früheren Auflagen geliefert habe. Du hast den Preis um ein Viertel erhöht, und es ist der Billigkeit angemessen, daß Du mich den Lohn für meine Anstrengung und Arbeit genießen läßt. Der halbe Taler macht auf 7000 Exemplare fl. 3500 aus. Wenn ich hiervon den Buchhändlerrabatt abrechne, so bleiben Dir fl. 2.500 in bar, die Dich nichts mehr wie den Druck und Papier kosten. Wenn ich von dieser Summe $^2/_5$, nämlich fl. 1000 in Anspruch nehme, so ist in den übrigen $^3/_5$, die Dir bleiben, Dein Gewinn groß genug, um Dich für den Mehraufwand des ganzen Werkes zu entschädigen.
Tue mir den Gefallen, lieber Vieweg, Dich hierüber zu äußern.

Freundlichst Dein treuer Justus Liebig

Gießen, 29. Juli [1844]

Mein teurer Vieweg!

Es ist mir sehr lieb, daß wir mit der Agrikulturchemie im reinen sind, und ich sehe also der definitiven Abrechnung entgegen. Was Boussingault's Buch betrifft, so wirst Du freilich Deinen Willen haben müssen. Du wirst aber Schaden haben und es sehr bereuen. Wenn Du 6 Monate warten willst und die Geduld dazu hast, so wirst Du sehen, daß im Französischen eine ganz neue Ausgabe erscheint, welche den ersten Band annulliert. Der erste Band von Boussingault's Buch erschien im August und meine Agrikulturchemie (die französische Ausgabe) im November. Darauf erschien erst der 2. Band von Boussingault's Werk. Betrachte nun diese beiden Bände und vergleiche ihren Inhalt. Auch dem Unbefangensten muß der Unterschied auffallend sein, und der die Sache nicht kennt, muß die Widersprüche unerklärlich finden. Ich habe sie Dir erklärt. Meine Agrikulturchemie warf alle seine Ansichten über Dünger und Wechselwirtschaft über den Haufen. Er überzeugte sich, daß sie nicht haltbar waren, daß der Wert des Düngers nicht im Verhältnis zu seinem Stickstoffgehalt steht und daß die Aschenbestandteile der Pflanzen uns allein lehren und sagen können, was die Pflanzen dem Boden entziehen und was sie im Dünger wieder empfangen müssen. So ist im ersten Bande von Aschen und den wichtigsten Bestandteilen des Bodens gar nicht die Rede, allein im zweiten Bande finden sich die von Berthus und Dr. Saußen sowie die hiesigen und eine Menge von seinen eigenen. Noch jeden Monat reicht er jetzt Aschenuntersuchungen bei der Akademie ein. Du siehst wohl ein, mit welcher Sehnsucht er wünscht, den ersten Band neu auflegen zu können und wie sehr er geändert werden wird. Daß er der deutschen Ausgabe entgegen ist, indem es ihm nicht angenehm sein kann, zweimal revozieren zu müssen, liegt auf der Hand. Verlaß Dich darauf, daß ich für die Bearbeitung Sorge tragen werde, sobald eine neue Ausgabe erscheint, aber bei dieser kann nichts verdient werden, weil sie lange zuvor Makulatur geworden ist, ehe sie vergriffen sein kann. Dies ist es auch, was Will die Freude daran nimmt und mich bewog, ihm durchaus abzuraten. Er hat nämlich gefunden, daß in der Form, die das Buch hat, gar keine Bearbeitung möglich und der 2. Band mit dem ersten nicht in Übereinstimmung zu bringen ist. Lasse Dich mit Magnus oder einem anderen nicht ein, das Unternehmen kann nicht reüssieren.

Von Herzen Dein Justus Liebig.

Gießen, den 15. August 1844

Mein teurer Freund!

Ich beeile mich, Dir den Empfang der beiden Wechsel, den einen auf fl. 200 [eingeschoben: Zweihundert Gulden], womit mein Guthaben an Honorar und Zinsen bis zum 31. Juli dieses Jahres, sowie einen anderen Wechsel auf fl. 1000 [eingeschoben: Eintauend Gulden], womit meine Honorarrechnung für die Agrikulturchemie ausgeglichen ist, anzuzeigen.

Ich danke dir ferner für die Übersendung der italienischen Übersetzung der Agrikulturchemie. Anstatt 5 Exemplaren hast Du mir übrigens 10 gesandt. Wolltest Du mir nicht ein Exemplar von Knapp's Technologie zukommen lassen?
Das kleine Buch habe ich an Will gegeben, er will es durchstudieren und Dir alsdann schreiben.

Von Herzen Dein Justus Liebig.

Gießen, den 1. November 1844

Mein teurer Vieweg!

Ich bin gestern von meiner Reise zurückgekehrt und gesunder und frischer wie jemals. Tausend Dank für die Freundlichkeit, welche mein Sohn Georg in Deinem Hause empfing. Ich hoffe Gelegenheit zu haben, mit gleichem zu vergelten.
Unter Kreuzband erhältst Du eine Glasgower Zeitung, welche die bei Gelegenheit des Public Dinners gehaltenen Reden enthält. In England werden alle diese Verhandlungen in einer Broschüre erscheinen, die in mäßigem Druck drei bis vier Bogen füllen mag. Ich schlage vor, dieses Büchlein ins Deutsche übersetzen zu lassen, nicht des Geldverdienstes wegen, sondern um dem deutschen Michel das Ohrenschmalz auszuräumen. Die Ansichten und Aussprüche der schottischen Landwirte, wenn sie im Detail in Deutschland bekannt werden, müssen auf die Verbreitung dieser Ansichten den allergrößen Einfluß ausüben. Aus diesem und keinem anderen Gesichtspunkt halte ich es Deinem und meinem Interesse gemäß, wenn dieses Büchlein im Deutschen (recht wohlfeil) erschiene. Ich zweifle nicht daran, daß Du damit einverstanden bist.
Tausend freundliche Grüße an Deine treffliche Frau und Geschwister sowie an Varrentrapp

Dein treuer Justus Liebig.

Gießen, 4. Dezember [1844]

Lieber Freund!

Ich habe eine Bitte an Dich, sie betrifft den guten, ehrlichen Dieffenbach. Derselbe meint, Du hättest nicht die Absicht, ihm für die Bearbeitung und Übersetzung des Darwin'schen Buches mehr wie 250 Taler Honorar zu geben, was für 40 Bogen zu wenig wäre, da derselbe Dir namentlich noch Karten etc. von England verschafft, das teure Porto getragen und Dir im geringsten Fall 40–50 Taler erspart hat. Ich sagte ihm, daß ich an Dich schreiben wolle und im voraus überzeugt wäre, daß Du ihm noch eine Nachzahlung machen würdest. Das Buch ist hier sehr gut gegangen und verkauft sich sicherlich in kurzer Zeit vollständig. Alle, die nur einen Blick hineinwerfen, trennen sich nicht mehr davon.

Ich möchte Dir ganz besonders zu Gemüte führen, daß Dr. Dieffenbach ein aus seinem Vaterland Verbannter ist, der gezwungen ist, von seiner Feder zu leben und sorglos lebt von einem Tag zum anderen, ohne an die Zukunft zu denken. Er ist deshalb stets in Not und ganz besonders jetzt, wo er wieder nach Berlin zurückkehren will. Ich bitte Dich, seiner zu gedenken und ihm noch 150 Taler zu schicken, denn 10 Taler für den Bogen verdient er gewiß.

Die Übersetzung der Broschüre folgt in wenigen Tagen.

Mit den herzlichsten Grüßen

Dein treuer Justus Liebig.

1845

10. 1.	Geburt einer Tochter (Marie, 1845–1920) – Reden von Glasgow – Neudruck der Tierchemie – Verlagsprojekte, Geologie und Bibliothekswesen betreffend
30. 1.	Empfehlung des Bibliotheksbuchs von Schleiermacher
13. 2.	Mahnung zur Eile, Schleiermachers und Darwins Bücher betreffend
3. 6.	Neue Auflage der Tierchemie – Warum Physiologen und Chemiker aneinander vorbeireden – Vorwort für die Reden von Glasgow – Fabrikation künstlichen Düngers in Deutschland
31. 7.	Zur Tierchemie (Verbesserungen, Honorar)
2. 9.	Erschöpfung am Semesterende; Reiseabsicht – Honorar zum Bezahlen eines Landstückes bei Gießen
3. 11.	Neubearbeitung der Tierchemie; Änderungswünsche an bereits fertigen Druckbögen – Geldwünsche
7. 11.	Honorarverrechnung – Neue Manuskripte der Tierchemie; zur Auflagenhöhe, auch für die Agrikulturchemie
18. 11.	Dank für eingegangene Zahlung – Bedauern wegen Unkosten Viewegs durch die Änderungswünsche bei der Tierchemie – Auflagenhöhe, auch für neue Agrikulturchemie – Entdeckungen im Bereich der Tierchemie
21. 11.	Zu den Reden von Glasgow – Zum Vorschlag Viewegs, die Briefe aus England zu veröffentlichen – Druck der Chemischen Briefe in Heidelberg bei Winter
25. 11.	Artikel ‚Respiration‘ – Schriftchen von Petzold
3. 12.	Langsamer Fortgang der Tierchemie wegen notwendiger Versuche; Auflagenhöhe
21. 12.	Reise nach Kassel; Düngerfabrikation – Englische Ausgabe der Tierchemie

Gießen, den 30. Januar 1845

Lieber Vieweg!

Ich bitte Dich, mir in Beziehung auf die Einlage zu sagen, ob Du Lust hast, darauf einzugehen. Geheimer Rat Schleiermacher ist Kabinetsekretär des Großherzogs, lange Zeit hindurch erster Bibliothekar und als Orientalist von hohem Rufe. Ich bin gewiß, daß das Buch in seiner Art das Vollkommenste ist. Es wird sich zwar nicht rasch, aber es wird sich stets verkaufen.
Ich bitte um baldigste Antwort

Dein treuer Justus Liebig.

Gießen, den 13. Februar 1845

Lieber Vieweg!

In der Einlage hat mir Herr Geheimer Rat Schleiermacher den Plan seines Werkes, auf meinen Wunsch, näher auseinandergesetzt, wonach es sicher einen großen und dauernden Absatz finden wird. Ich bitte Dich nun zu entschließen und muß dringend verlangen, mir die Briefe sogleich wieder zurückzusenden im Fall Du nicht darauf einzugehen gedenkst. Es ist ja gar nicht nötig, daß Du das Buch in Verlag nimmst, aber es ist doch unverantwortlich, wenn Du den Autor hinderst, durch Hinhalten einer bestimmten Antwort, sich nach einem anderen Verleger umzutun. Wäre Deine treffliche Ausstattung Deiner Bücher nicht und mein Vorschlag nicht gewesen, so wäre dieses klassische Werk wohl schwerlich an Dich gekommen. Dies gibt Dir aber kein Recht, die Leute so hintanzusetzen.
Ein Beispiel, wie rücksichtslos Du verfährst in manchen Fällen, bietet Darwin dar, der sich an mich zu wenden gezwungen sieht, um die Dir geliehenen Karten etc. zu bekommen. Dies ist doch gewiß nicht zu entschuldigen, wenn einem ein Mann einen wirklichen Dienst leistet. Darwin braucht diese Dinge für eine neue Ausgabe seines Buches, und er würde große Kosten haben, wenn Du fortfährst, dieselben vorzuenthalten.

Dein Justus Liebig.

Gießen, den 10. Januar 1845

Mein teurer Freund!

Ich war im Begriff, Dich von der glücklichen Entbindung meiner Frau von einem gesunden, kräftigen Mädchen zu benachrichtigen, als ich Deinen Brief mit Deinen freundlichen Wünschen zum neuen Jahr erhielt. Es bedarf keiner Versicherung, daß ich sie von Herzen erwidere. Möge das neue Jahr alles erfüllen, was zu unserem Besten dient. Nach einer achtjährigen Pause war das Geschenk, was mir meine Frau brachte, das erfreulichste. Alles ging aufs Glücklichste vonstatten, ja meine Frau schmeichelt sich, das

Kind stillen zu können, was ich, wenn es sich realisiert, für ein großes Glück ansehe. Von Deiner und Deiner Familie Teilnahme an dieser Begebenheit bin ich überzeugt.
Von dem Manuskript des Glasgower Festes schicke ich Dir einen Teil; der Druck könnte sogleich beginnen, da der Rest in wenigen Tagen nachfolgen wird.
Wegen der Tierchemie bin ich noch nicht bereit. Lasse einstweilen 1000 Exemplare drucken ohne Angabe, daß es eine neue Ausgabe ist. Bis diese verkauft sind, habe ich das Material zu einer neuen Ausgabe, welche sehr verändert werden wird, zusammen. In den Annalen der Chemie findest Du eine Abhandlung über tierische Wärme, welche einen Teil der künftigen Ausgabe ausmachen wird; hierdurch wird eine wichtige obschwebende Frage gelöst.
Von dem Altenburger landwirtschaftlichen Verein habe ich nichts gehört, auch keine Fragen zugesendet erhalten.
Dr. Vogt in Paris beabsichtigt, die klassischen Vorträge Elie de Beaumont's über Geologie herauszugeben, die bis jetzt nirgends erschienen sind, es würde also ein Originalwerk sein. Dr. Vogt versteht den Gegenstand vollkommen. Ich glaube, daß dies Buch ein Publikum finden wird. Er will 1000 Exemplare in runder Summe haben. Ich riet ihm, Dir Vorschläge in dieser Beziehung zu machen.
Auch wünscht der Geheimrat Schleiermacher, Kabinetsekretär des Großherzogs und früherer Bibliothekar, ein Buch über Bibliotheken-Einrichtung (80 Bogen stark) bei Dir zu verlegen. Es gibt ein merkwürdiges Werk, was ein sicheres, wenn auch kein großes Publikum haben dürfte.

Von Herzen Dein treuer Dr. Justus Liebig.

Gießen, den 3. Juni 1845

Mein teurer Freund!

Ich erhalte soeben Deine freundlichen Zeilen vom 27. Mai und beeile mich, Dir meinen und meiner Frau besten Dank für die uns übersandten trefflichen Bücher auszudrücken. Es waren mir namentlich die Memoiren der Markgrafen von Baireuth sehr willkommen.
Was die neue Auflage der Tierchemie betrifft, so habe ich Dir, wie ich glaube, schon gesagt, daß es noch nicht an der Zeit ist, sie umzuarbeiten. Ich bin mit den Materialien dazu stets beschäftigt und habe zwei Aufsätze für die Cotta'ische Allgemeine Zeitung über das Verhältnis der Tierchemie zur Tierphysiologie beinahe fertig, welche das nähere Verständnis mit den Physiologen vorbereiten sollen. Ich bin nämlich durch unablässiges Forschen auf den Grund gekommen, warum sich die Physiologen und Chemiker nicht verstehen konnten. Es liegt nämlich darin, daß die Physiologen gewohnt sind, ihre Schlüsse zu sehen, während die Chemiker die Schlüsse oder einen Schluß gerade für etwas halten, was man mit den Augen nicht sehen kann, z. B. aus zwei und mehr Dingen, die man gesehen oder beobachtet hat, etwas folgern, was man nicht gesehen und nicht beobachtet hat. Dies ist die größte Entdeckung, die ich in meinem ganzen Leben gemacht habe. Alle Welt wird, wenn ich sie publiziere, in Erstaunen gesetzt werden. Um nicht in Rätseln zu sprechen, gebe ich Dir einige Schlüsse aus Valentin/Lehrbuch Seite 6, 1. Band: „Wir durchschneiden den Antlitznerven und sehen, daß dann die Gesichtsmuskeln der entsprechenden Seitenhälfte für den Einfluß des

Willens gelähmt sind. Wir schließen daraus mit Recht, daß durch den Nervus facialis die Effekte unseres Willens auf die genannten Muskeln vermittelt werden". Dies ist kein Schluß, sondern was man eine Beobachtung nennt. Ferner: „Wir finden nach Verlegung des Stammes oder des Augenastes des dreigeteilten Nerven sekundäre Entzündung – und folgern alsdann, daß für den Normalzustand der Ernährung des Auges die Integrität der genannten Nerven notwendig sei". Es ist aus diesen Beispielen, die ich mit einer Menge anderer vermehren könnte, leicht zu entnehmen, woher der unablässige Widerspruch der Physiologen kam. Gewöhnt, alle ihre sogenannten Schlüsse ad oculos demonstrieren zu können, mußte ihnen unsere Schluß- und Forschungsweise ganz unverständlich oder unbegründet erscheinen. Es bedarf aber kaum mehr, als die Aufmerksamkeit darauf zu lenken und diese Leute zum Bewußtsein ihres falschen Verfahrens zu bringen.
Um die Tierchemie umarbeiten und ihr die vollendetere Form geben zu können, welche nach dem Urteil aller die letzte Auflage der Agrikulturchemie von den anderen Auflagen unterscheidet, dazu bedarf es einer Sammlung von neuen Erfahrungen, die mir in diesem Augenblick so vollständig, als ich sie nötig habe, noch nicht zu Gebote steht. Laß uns deshalb einen Abdruck von 1000–1500 Exemplaren machen, ohne Angabe, daß es eine neue Auflage ist. Bis diese verkauft sind, bin ich gewiß bereit, Deinen Wünschen, die ja auch die meinigen sind, zu entsprechen. Für die Agrikulturchemie wird sich in den Prinzipien nichts ändern, allein ich kann viele neue Erfahrungen und Analysen einer neuen Auflage hinzufügen.
Was das Glasgower Dinner und die dabei gehaltenen Reden betrifft, so wirst Du schon als Schriftsteller auftreten und in Deinem Namen einige einleitende Worte sagen müssen. Für mich und für Dr. Hofmann, der mit mir, wie jedermann weiß, in der engsten Verbindung steht, paßt sich dies nicht.
Die künstliche Düngerfabrikation soll freilich nach Deutschland verpflanzt werden, allein ich muß die Resultate der englischen Unternehmung erst abwarten. Wenn diese den Erwartungen entsprechen, die ich mir davon mache, so werde ich Dir weitere Mitteilungen machen. Für Braunschweig und Hannover und Sachsen habe ich an Dich gedacht, wenn Du überhaupt Lust hast, Dich darauf einzulassen. Varrentrapp kann in Hinsicht auf die Fabrikation sehr nützlich sein, und wenn auch am Zentner nur 36 Kreuzer verdient werden, so ist der Verbrauch so ungeheuer groß, daß wohl kein anderes Geschäft damit verglichen werden kann. Für Württemberg will ich Cotta Eröffnungen machen. Es wäre mir sehr lieb, Dich über diese Dinge persönlich zu sprechen, und wenn Du es einrichten kannst, so bitte ich Dich, Deinen Rückweg über Gießen zu nehmen und einige Tage hier zu bleiben. Schreibe mir doch eine Zeile, ob ich hierauf rechnen kann.

Von ganzem Herzen Dein Justus Liebig.

Gießen, 31. Juli 1845

Mein teurer Freund!

Meine Arbeiten sind zwar nicht so weit vorgerückt, um alle Änderungen zu machen, die ich für die neue Auflage der animalischen Chemie beabsichtigte, allein ich sehe denn doch, daß viele gemacht werden müssen. Der neue Abdruck kann nicht ohne viele

Zusätze und Verbesserungen in die Welt geschickt werden. Unter diesen Umständen dürfte es allerdings ratsam sein, 2000 Exemplare zu drucken.
Bei dieser Gelegenheit will ich Dich noch darauf aufmerksam machen, daß mir von der Abrechnung vom 31. Juli 1843 noch 200 Thlr. gut kommen. Für die zweite Auflage der Tierchemie sind mir nämlich nur 600 Thlr. gutgebracht worden, während nach Deinen Briefen und nach unserer Verabredung damals 2000 Exemplare und nicht, wie irrtümlich angenommen, nur 1500 Exemplare abgedruckt worden sind. Für 1500 Exemplare würde das Honorar 600 Thlr. machen, für 2000 Exemplare macht es aber 800 Thlr., also 200 Thlr. mehr. Für die neue Auflage (die jetzt in Arbeit befindliche) wünsche ich jedenfalls eine der Sache gemäße Erhöhung des Honorars. Dasjenige, was Du mir seither gegeben, steht mit dem, was mir andere bieten, nicht mehr im richtigen Verhältnis.

Von Herzen Dein Justus Liebig.

Gießen, 2. September 1845

Mein teurer Freund!

Ich bin am Ende des Semesters körperlich und geistig so erschöpft, daß ich es in dem Interesse der neuen Auflage der Tierchemie für besser halte, die Bearbeitung derselben einige Wochen zu verschieben und erst nach einer kurzen Reise, die ich nächsten Samstag antreten will, vorzunehmen. Ich bin nicht im Stande, zusammenhängend zu denken, und noch viel weniger, mit Kraft und Nachdruck zu arbeiten. Die Reise wird mich aber schnell wiederherstellen. Ich gehe auf 14 Tage nach England. Damit meine Frau nicht in Verlegenheit in Hinsicht auf zu machende Ausgaben für die Anlage eines großen Stückes Feld kommt, was ich in der Nähe der Stadt Gießen angekauft habe, so bitte ich Dich, die fälligen Zinsen des bei Dir stehenden Kapitals während meiner Abwesenheit an sie zu bezahlen.
Mit bekannter Freundschaft

Dein treuer Justus Liebig.

Gießen, 3. November 1845

Mein teurer Freund!

Die Bearbeitung der Tierchemie beschäftigt mich lebhaft und leidenschaftlich; ich habe viel zu ändern und werde ein ganz neues Buch daraus machen. Man wird wahrnehmen, daß ich nicht stehen geblieben bin, und zugleich, daß nur ich allein Fortschritte gemacht habe. Ich bin um 3 Jahre älter und an vielen Erfahrungen reicher geworden.
Bischoff hat mich dringend gebeten, an den bereits fertigen zwei Bogen einige Ausdrücke zu ändern, es kann dies durch Kartons geschehen. Sodann habe ich einen wichtigen Zusatz auf dem zweiten Bogen einzuschalten. Es ist mir leid, daß ich Dir doppelte Kosten mache, allein es ist besser ein kleiner Verlust als späte Reue. Die anderen Bogen

folgen im Laufe dieser Woche, bis zum sechsten bin ich fertig. Ich sende Dir einstweilen die ersten drei, weil mein Kursus heute anfängt, wo ich einige Tage zu arbeiten gehindert bin.
Mein Sohn Georg soll mit Neujahr auf 4 Monate nach Oxford. Da mir nun eine große Gartenanlage alles flüssige Geld hinweggefressen hat, so muß ich Dich bitten, mir auf Weihnachten 1000 Thlr. bereit zu halten.
Die Tierchemie macht mir jetzt ganz außerordentlich viel Vergnügen, die Bearbeitung nämlich, vor der ich mich sehr gefürchtet habe.

Von Herzen Dein Justus Liebig.

Gießen, 7. November 1845

Mein teurer Freund!

Meine Frau hat den während meiner Abwesenheit ihr zugesandten Wechsel auf fl. 383,20 richtig erhalten und den Betrag darauf erhoben. Deiner Rechnung gemäß, die ich übrigens noch nicht nachgesehen habe, gleichen sich damit die Zinsen des bei Dir stehenden Kapitals vom vorigen bis auf dieses Jahr aus.
Du erhältst beifolgend wieder Manuskript für die Tierchemie. Ich bitte Dich, mit der größten Sorgfalt darauf zu sehen, daß keins der Blättchen, worauf die zu machenden Zusätze stehen, sich verliert und daß sie an die rechte Stelle kommen. Ich könnte keins derselben wiederersetzen, da ich keine Abschriften davon genommen habe. Es wäre vielleicht sehr zweckmäßig und dem Leser des Buches sehr willkommen, wenn der Inhalt der einzelnen Paragraphen am Rande angegeben wäre. Sie werden sich leichter zurechtfinden und den Zweck der Darstellung um so leichter fassen. Ich weiß, daß dies viele Umstände im Druck macht, allein es würde sich belohnen.
Ich bitte Dich mir zu sagen, wieviel Abdrucke gemacht werden sollen von der Tierchemie sowohl wie von der Pflanzenchemie? Die mehr oder weniger ausführliche Bearbeitung muß ich davon abhängig machen. Ich meine damit, daß ich, wenn ich weiß, daß im nächsten Jahre vielleicht ein neuer Abdruck von dem einen oder anderen Buch erscheint, daß ich alsdann auf dahin eine Reihe von ausführlichen Untersuchungen versparen würde, die ich in diesem Augenblick in Gang gesetzt habe. Ist die Auflage für längeren Bedarf berechnet, so kann natürlich der Druck nicht so rasch voranschreiten. Jedenfalls denke ich vor Ostern mit allem ganz fertig zu sein.
Für die mir zugesandten Bücher meinen herzlichsten Dank.
Dein Besuch wird Freude in unser Haus bringen. Ich rechne darauf.

Von Herzen Dein treuer

Justus Liebig.

Gießen, den 18. November 1845

Mein teurer Vieweg!

Ich beeile mich, Dir zu sagen, daß ich Dein Schreiben und mit demselben den Wechsel auf J. H. Hofmann in [?] im Betrag von fl. 1400 erhalten habe und danke Dir für die Bereitwilligkeit, mit der Du meinem Wunsche entsprochen hast.

Es ist mir leid der Unkosten wegen, die Du gehabt hast, daß die Bogen alle wieder umgebrochen werden mußten, allein dieser Nachteil ist klein gegen den Nutzen. Da es nun ein ganz neues Buch geben wird und die Käufer der früheren Auflagen wieder Käufer der neuen werden werden, so halte ich dafür, daß 3000 Exemplare gedruckt werden müssen, lediglich um die alten Abnehmer zu befriedigen.
Der Druck der Agrikulturchemie kann sogleich beginnen, wenigstens steht bei mir kein Hindernis entgegen, für diese wollen wir es bei 2500 Exemplaren bewenden lassen.
Nachträge für Bolley's Buch kann ich nicht geben. Was ich habe, muß ich für die Agrikulturchemie bringen. Was das nur sein mag mit der kleinen Schrift von Petzold, sie muß von ihm aus dem Englischen übersetzt worden sein, ich weiß davon keine Silbe.
Die Tierchemie kann nicht in Lieferungen erscheinen. Dies würde für mich ein Verlust von 1200 fl. sein, da gleichzeitig und zum Schaden des englischen Buchhändlers (der noch viele Exemplare vorrätig hat) die neue Auflage der Tierchemie im Englischen erscheinen muß.
Ich habe hinsichtlich der Tierchemie einige merkwürdige Entdeckungen gemacht und meine Ansicht, daß die Faeces nicht Stoffe sind, die sich im Zustand der Fäulnis befinden, sondern Absonderungen, die mit dem Respirationsprozeß in Beziehung stehen, ist dadurch bewiesen, daß es mir gelungen ist, den stinkenden Bestandteil aus Eiweiß, Blut, Fleisch, Käsestoff künstlich darzustellen. Der Körper ist furchtbar, zum ohnmächtig werden, stinkend.

Von Herzen Dein Justus Liebig.

Gießen, 21. November 1845

Mein teurer Freund!

Den besten Dank für Deinen ebenso herzlichen wie freundlichen Brief. Ich sende Dir heute die englische Ausgabe des Public Dinners. Eine deutsche Übersetzung wird die Verbreitung meiner Ansichten und den Absatz der Bücher in Deinem Verlage wundervoll vermehren; es kann kein Zweifel sein, daß der englische Verleger dasselbe damit bezweckt. Ich darf für mich selbst nicht den geringsten Anteil daran haben. An Dir ist es diesmal, eine Vorrede zu schreiben. Ich wende mich heute nach Glasgow, um eine kleine Biographie von einem jeden der Redner zu bekommen, die man dann in den Anmerkungen wiedergeben kann. Dadurch gewinnt das, was sie sagen, einen um so höheren Wert. Du brauchst mir das Exemplar nicht zurückzuschicken, ich habe noch mehr davon. Ich will es hier durch Dr. W. Hofmann übersetzen lassen.
Wegen den Briefen aus England muß ich die Sache überlegen. Mein Gefühl ist, daß sie nicht der Mühe lohnen, gelesen, viel weniger gedruckt zu werden. Ich müßte sie ganz anders bearbeiten und eine Menge Dinge hineinbringen, die jetzt fehlen.
Winter's Spekulation ist ganz gut gelungen, ich dachte nicht, daß er reüssieren würde. Wir haben aber vor 4 Wochen 3000 Exemplare der Chemischen Briefe gedruckt und machen jetzt einen neuen Abdruck. Dies wird auf die Agrikulturchemie und Physiologie ebenfalls einen günstigen Einfluß ausüben.
Mit den herzlichsten Grüßen

Dein treuer Justus Liebig.

Gießen, 25. November 1845

Lieber Vieweg!

Für die Übersendung des Artikels Respiration von [?] meinen Dank, ich habe wie gewöhnlich nichts daraus gelernt; aber von mir sollen sie gezwungen werden, Neues zu lernen. Das Schriftchen von Petzold ist eine Übersetzung aus dem Englischen, das Wesentliche ist bereits in der Agrikulturchemie. Die Bemerkungen von Varrentrapp sind mir sehr willkommen, meine Aufmerksamkeit kann der Folgen wegen nicht genug in Tätigkeit gesetzt werden.

Soweit ich es übersehen kann, dürfte das Buch so stark werden wie die Agrikulturchemie, und es wäre vielleicht zweckmäßig, den Durchschuß wie bei dieser zu machen. Alles rot unterstrichene gehört in die Marginalien, man wird sehr dankbar dafür sein.

Von Herzen Dein Justus Liebig.

Gießen, den 3. Dezember 1845

Lieber Vieweg!

Ich habe heute sogleich nach London an Walton geschrieben und zweifle nicht, daß er auf meine Vorschläge eingehen wird. Ich habe ihm zugesagt, daß er soviel mehr drucken solle, als von der alten Auflage unverkauft liegen bleiben werden.

Aus den Abdrucken und Noten wirst Du entnehmen, daß ich unablässig mit Versuchen für dieses Buch beschäftigt bin. Das ganze Laboratorium patscht in Blut, in Eiweiß, in Käsestoff [?] etc., alles ist damit beschäftigt. Du kannst also billigerweise nicht darauf rechnen, daß ich mit dem Weiterschreiben so schnell vorwärts komme, als Du mit Deinen einexerzierten Setzern, Druckern und Schnellpressen.

Wegen Henle ohne Anstand. Frage ihn doch, woher er diese sonderbare Meinung von mir gewonnen habe und ob nicht eher der Einfluß Löwig's, eines seiner Kollegen in Zürich, dem ich sein betrügerisches Handwerk gelegt habe, aus ihm spricht. Er soll sonst ein ganz tüchtiger Mann sein, ich meine Henle, nicht Löwig. Die Bogen seiner Pathologie, worin ich die Ehre habe, besprochen zu werden, wirst Du mir natürlich auch mitteilen.

Von Herzen Dein Justus Liebig.

Drucke immerzu 3000 Exemplare der Tierchemie. Gegen die Ausgabe in Lieferungen habe ich durchaus nichts, wenn der Londoner nichts einzuwenden hat. Dies muß natürlich abgewartet werden.

Gießen, 21. Dezember 1845

Mein teurer Freund!

Ich beeile mich, Dich zu benachrichtigen, daß ich den zweiten Weihnachtsfeiertag nach Kassel abreisen werde, wo ich 8–10 Tage bleibe, um eine gewisse Portion Dünger für Weinberge [?] zu fabrizieren. Ich komme den Abend vor Neujahr nach Göttingen, und Du kannst es vielleicht einrichten, daß wir uns dorten begegnen. Ich werde bei Wöhler wohnen.
Sollten in der Zwischenzeit einige Bogen der Physiologie fertig werden, so bitte ich, mir ein Exemplar davon nach Kassel (per Adresse Herrn Bergrat Schwarzenberg) zu senden.

Der englische Buchhändler ist geneigt, das Buch in zwei gesonderten Teilen erscheinen zu lassen, er schlägt mir es vor. Mit den freundlichsten Empfehlungen an Deine Familie und den besten Wünschen zum neuen Jahr

Dein treuer Justus Liebig.

1846

4. 1. Versuche zur Düngerfabrikation, Fabrikplanung – Korrekturbögen der Tierchemie

26. 2. Gründe für das Fortlassen bestimmter Arbeiten in der Tierchemie – Bedauern, daß die Fleischarbeit nicht bei Vieweg erschienen ist (wahrscheinlich: Chemische Untersuchung über das Fleisch und seine Zubereitung zum Nahrungsmittel; nach Paoloni Nr. 487 allerdings erst 1847 bei Winter/Heidelberg erstmalig erschienen) – Zum Buche Schleiermachers – Handwörterbuch-Artikel

1. 3. Absendung von Manuskripten, die Methodik physiologischer und pathologischer Untersuchungen betreffend, für den 2. Teil (wahrscheinlich der Tierchemie) bestimmt

5. 3. Ergänzungen zum Anhang der Agrikulturchemie (Aschen- und andere Analysen)

13. 3. Geldwünsche wegen erworbener Gartenanlage – Arbeit am 2. Teil der Tierchemie – Streit mit Mulder

17. 4. Korrekturen-Rücksendung; Gründe für Verzögerung – Bedeutung der methodischen Ausführungen – Buch der Natur von Schödler

28. 4. Polemisches – Familiäres von Vieweg; Geschäft mit künstlichem Dünger – Fertige Bögen der Agrikulturchemie – Besuch eines Geldborgers

29. 4. Geschäft mit künstlichem Dünger in England, Schwierigkeiten damit

6. 5. Persönliches

23. 5. Abdruck der Methode der Naturforschung aus Tierchemie an anderer Stelle (bei Cotta) – Umarbeitung des 2. Teils der Tierchemie

12. 6. Liebig-Porträt von Trautschold – Arbeit am 3. Teil der Tierchemie – Verhältnis zu Mulder; Abscheu vor Streit

17. 6. Absendung der „Methode“ an Verleger Cotta

27. 6. Über Mulders Gegnerschaft; Lebenserfahrungen – Arbeit an der Tierchemie – Absendung der Agrikulturchemie – Analysen von Tiersubstanzen

6. 7.	Über einen anmaßenden Brief von Mulder
10. 7.	Liebig-Porträt – Gutachten über ein Buch von Löwig – Mulders Angriff
15. 9.	Englische Ausgabe der Tierchemie – Persönliches (Urlaubstage) – Fortschreiten der Arbeiten an der Tierchemie
7. 10.	Vorrede zur 1. Hälfte der Tierchemie; Arbeit an der 2. Hälfte – Mulders Pamphlet – Fehler in Schödlers Buch der Natur – Personelles – Honorarfragen
7. 10.	Absendung der Vorrede zur Tierchemie – Korrekturen zur Geschichte der Chemie von Kopp
17. 10.	Rücksendung von Korrekturbögen (wahrscheinlich Vorrede der Tierchemie) – Ankündigung der Agrikulturchemie
1. 11.	Fehlerkorrektur in Vorrede der Tierchemie
16. 11.	Verhältnis Vieweg/Kopp – Untersuchungen über Tiersubstanzen; Kreatin in Fleisch – Wunsch nach Honorarabrechnung
2. 12.	Liebig-Porträt für Kopps Geschichte der Chemie – Honorar für Tierchemie
5. 12.	Abbildungen für Lehrbuch der Physik von Buff – Kreatin im Tierkörper; Fleischbrühe

Gießen, 4. Januar 1846

Mein teurer Vieweg!

Es ist mir sehr leid gewesen, daß ich mich in Göttingen nicht so lange aufhalten konnte, um Dich und Dr. Varrentrapp zu erwarten, allein meine Zeit war abgemessen und eine Zugabe unmöglich. Deinen Brief in Kassel erhielt ich um einen Tag zu spät, um Dir von da aus noch schreiben zu können. Die Post war der Überschwemmung bei Münden wegen einen halben Tag länger unterwegs geblieben.

Wegen dem Dünger habe ich mit dem Herrn Schwarzenberg nicht abgeschlossen. Alles, war wir dorten vorläufig bezwecken, sind Versuche. Es kann an eine ausgedehnte Fabrik nicht eher gedacht werden, als bis wir durch unsere Erfahrungen die größte Sicherheit in der Anwendung uns erworben haben. Jeder Fehler, jede Übereilung führt Nachteile bei sich, die sich nicht leicht wieder gut machen lassen. Die Leute sind nur zu geneigt, das Kind mit dem Bade auszuschütten, wenn nicht gleich alles nach ihren hochgespannten Erwartungen ist. Sei nur unbesorgt, wenn in Deiner Gegend eine Fabrik Bestand haben kann, so vertraue ich sie niemand lieber an wie Dir, denn eine solche Fabrik ist durch die Ware eine Anstalt, die nur durch Zutrauen sich halten kann. Bis jetzt hält man jeden Dreck für Dünger. Wir haben den Zweck, den Leuten die Überzeugung beizubringen, daß der Dünger kein Dreck ist. In keinem Geschäfte ist der Betrug leichter und schwieriger zu kontrollieren.

Es ist mir unbegreiflich, daß die Bogen 5 und 6 der Tierchemie noch nicht in Deinen Händen sind. Ich habe sie vor meiner Abreise an Dich abgehen lassen unter Kreuzband. Sollten sie bis jetzt noch nicht in Deine Hände gelangt sein, so bitte ich Dich, sie mir nochmals zuzusenden. Die Bogen 7 und 8 habe ich vorgefunden. Es wäre mir lieb, den Schluß von XXVI zu haben, und ich bitte Dich, mir dieses Kapitel absetzen und einen Abdruck davon hierhersenden lassen zu wollen. Bis Seite 56 habe ich hier, aber ohne das Manuskript, so daß ich mir in Beziehung auf Änderungen nicht helfen kann. Auch möchte ich gerne die ersten Bogen fertig abgezogen hier haben, um sie nach England senden zu können.

Mit den herzlichsten Wünschen zum neuen Jahr für Dich und Deine ganze Familie Dein treuer

Justus Liebig.

Gießen, 25. Februar 1846

Mein teurer Vieweg!

Du erhältst hiermit die Bogen zurück nebst Titel und Vorrede, und es steht dem Erscheinen des kleinen Buches nichts mehr im Wege. Was die Kolumnentitel betrifft, so sollen sie die Marginalien ersetzen. Bist Du hiermit nicht einverstanden, so wünsche ich, daß die folgenden gewählt werden. Von Seite 1 bis Seite 60: Über die Mischung zweier durch eine Membran getrennter Flüssigkeiten. Kolumnentitel von S. 60 bis 93: Der Einfluß der Ausdünstung auf die Bewegung der Säfte.

Die Ansichten, welche Du in früheren und ganz besonders in Deinem letzten Briefe vom 22. Februar ausgedrückt hast, kann ich nicht teilen. Weder die Fleischarbeit noch die letzteren gehören in die Tierchemie. Ich bitte Dich zu erwägen, was aus diesem Buche geworden wäre, wenn ich alle meine früheren Untersuchungen über Fibrin, Albumin, Casein, über Galle, über Fette, alle die zahllosen experimentellen Arbeiten in dieses Werk hätte aufnehmen wollen. Was hat z. B. die langdarmige Beschreibung der Darstellung des Kreatins, was die der Milchsäure, die sich in der Abhandlung finden, in der Tierchemie zu tun? Was z. B. die 18 Seiten langen Diskussionen über das Steigen des Frühlingssaftes in den Weinreben in der letzten Schrift? Dadurch, daß Vobatin [?] und andere diese Dinge in ihre Hand- und Lehrbücher aufnehmen, haben sie diesen Werken das Aroma genommen. Die Tierchemie soll das Resümee unserer positiven Resultate enthalten, und zwar in ihrem natürlichen Verbande, gerade so wie die Agrikulturchemie. In der Wissenschaft gibt es wie im Leben ein Hin- und Herschwenken in den herrschenden Ansichten, und nur diejenigen Werke erhalten sich und stehen fest, in welchen das Grundgesetzliche im Auge behalten worden ist. Trotz allen Angriffen und absurden Einwürfen, die man der Agrikulturchemie und Tierchemie gemacht hat, werden sich diese Werke erhalten, weil sie, wie ich kühn behaupte, den Geist, nicht bloß der Zeit, sondern der Wissenschaft in sich einschließen. Wer wie ich über fünfundzwanzig Jahre lang mit der Natur und ihren Erscheinungen eifrig und unablässig umgegangen ist, wem ihre Sprache in Fleisch und Blut übergegangen ist, der empfängt gewisse Anhaltspunkte zu Schlüssen, die anderen abgehen, eine diematorische [?] Gabe scheint es anderen zu sein, da es doch in Wirklichkeit nur Erfahrung ist.

Über Separatabdrucke aus dem Journale sei in Zukunft ganz beruhigt, es wird keiner mehr gemacht, den Du nicht machst. Ich bereue es jeden Tag, daß die Fleischarbeit nicht in Deinem Verlage erschienen ist, ich kann es aber doch jetzt nicht mehr ändern. Wenn die Fleischarbeit eine zweite Auflage erhalten sollte, so werde ich es sicher einrichten, daß sie bei Dir erscheint.

Auf den Abdruck meiner letzten Arbeit in dem Journale kann ich nicht verzichten, und Du kannst es selbst nicht wünschen, daß sie nicht darin erscheint. In der Tierchemie werden alle diese Arbeiten in einem neuen und besseren Gewand erscheinen, ohne daß der Leser nötig hat, jedem Nadelstiche zu folgen, den der Schneider machen mußte, um es anzufertigen.

Zu dem Artikel über Gärung und Ferment mußt Du mir einige Zeit lassen, da sich etwas wirklich Gutes nicht aus dem Ärmel schütteln läßt.

Der beste Advokat in Darmstadt ist Herr Hofgerichtsadvokat C. Volhard, ein genauer Freund von mir.

Es ist mir sehr peinlich, daß der treffliche Schleiermacher unter diesen unangenehmen Verhältnissen leiden soll, da er ja an dem Verfahren des Druckers ganz unschuldig ist.

Entschuldige diesen unzusammenhängenden Brief, er ist in größter Unruhe und Eile geschrieben.

Dein treuer Justus Liebig.

Den Artikel Galle bitte ich einiger Zusätze wegen hierhersenden zu lassen.

Gießen, 1. März 1846

Lieber Vieweg!

Ich habe gestern ein Paket mit Manuskripten auf die Fahrpost gegeben, von dem ich wünsche, daß es bald abgedruckt werde. Es enthält den Anfang zum zweiten Teil und besteht aus einer Auseinandersetzung der in physiologischen und pathologischen Untersuchungen zu folgenden Methode. Der Inhalt derselben hat derart mit Tierchemie keinen Zusammenhang, allein wenn der Chemie ein Anteil gestattet werden soll an der Erklärung der vitalen Prozesse, so ist es doch unerläßlich darzulegen, auf welche Weise dies möglich ist. Es sind die falschen und irrigen Vorstellungen zu berichtigen, welche sich die Physiologen von dem Nutzen der Chemie machen, der in dem Sinn, den sie feststellten, sehr klein und dem eigentlichen Begriff nach viel größer ist als wie sich diese Leute denken. Dieser Aufsatz wird mit einem Schlag die Opposition beseitigen und ein Verständnis vorbereiten, was jetzt noch nicht besteht. Alles was Henle, Kohlrausch, Wunderlich gesagt haben, wird ihnen, ohne daß ich sie im mindesten angreife, als Unsinn vorkommen. Von diesem Aufsatz her, an dem ich über 18 Monate gearbeitet habe, wird sich eine neue Methode datieren. Ich bitte Dich, mich mit einer Zeile zu benachrichtigen, daß derselbe in Deinen Händen ist, eine Abschrift davon besitze ich nicht. Es wäre mir ferner lieb, wenn Du die Abdrucke der Korrekturbogen an Professor Wöhler gleichzeitig senden wolltest, damit ich seine Ansichten benutzen kann.
Wegen Hase sind wir in Erwartung seines Entschlusses. Ich rechne darauf, daß Du uns Deine Hilfe leihst, um Deinen Schwager zu einem Schritte zu bewegen, der, obwohl durch den Nutzen hervorgerufen, den er unserer Universität bringen soll, für ihn in der Zukunft nicht von geringerer Bedeutung sein wird. Sobald ich seine Wünsche kenne, gehe ich nach Darmstadt, um seine Berufung durchzusetzen.

Dein treuer Justus Liebig.

Gießen, 5. März 1846

Lieber Vieweg!

Ich erhalte soeben den 21. Bogen der Agrikulturchemie und eile, Dich zu bitten, den Druck dieser Bogen einige Tage sistieren zu wollen, da ich in den Anhang eine Angabe von Aschen und anderen Analysen aufnehmen will, welche seit der vorigen Auflage gemacht worden sind, es wird dies etwa einen Bogen füllen.

Dein treuer Justus Liebig.

Gießen, den 13. März 1846

Lieber Vieweg!

Meine Gartenanlage, an der ich den ganzen Winter hindurch habe arbeiten lassen, hat meinen Voranschlag leider um das drei- bis vierfache überschritten, so daß meine Finanzen gänzlich erschöpft sind. Ich bitte Dich deshalb, lieber Vieweg, mir anfangs oder Mitte Juni 1200 bis 1600 Thlr. bereit halten zu wollen. Ich habe eine Gärtnerrechnung angefangen, welche bis dahin mir diese Summe nötig macht.

Wenn das eingesandte Manuskript abgesetzt ist, so bitte ich Dich, es mit Aufmerksamkeit zu lesen und mir Deine Meinung darüber zu sagen. Es paßt als Einleitung, aber nicht in die Mitte des Buches, und doch möchte ich einen Bestandteil des Buches daraus machen, was es als Einleitung nie sein würde. Niemand liest Einleitungen oder bekümmert sich darum. Der Zweck dieser Bogen dürfte aber jedem klar sein.
Die hiesigen Untersuchungen sind nun soweit vorgeschritten, daß ich den zweiten Teil der Tierchemie ohne weiteren Aufenthalt beendigen kann. Es haben sich höchst merkwürdige Resultate herausgestellt, und alles beweist, daß Mulder, dem der Ruhm, zu dem ich ihm verhalf, in den Kopf gestiegen zu sein scheint, mehr ein chemischer Dilettant als ein wahrer Naturforscher ist. Es ist von ihm wahrhaft töricht, sich an mir zu jeder Gelegenheit zu reiben, es ist dies bis jetzt noch keinem gut bekommen. Ich kann jahrelang warten, aber wenn ich wirklich böse Absichten sehe, dann bin ich nicht mehr der Mann von Rücksichten. Wenn ich zu streiten anfange, so geschieht es, um ein Ende zu machen. Ich selbst habe noch niemals den Handschuh hingeworfen.
Wegen Hase sind wir sehr niedergeschlagen, Besoldung und alles, was er gewünscht hatte, werden nicht gefehlt haben. Was konnten wir aber mehr sagen?

Von Herzen Dein treuer Justus Liebig.

Die fehlenden Bogen der Agrikulturchemie folgen Ende [der] Woche.

Gießen, den 17. April 1846

Mein teurer Freund!

Beifolgend die Korrekturen mit einigen Zusätzen zurück. Du wirst erschrecken über die Ausdehnung, welche die „Methode" genommen hat, allein es war kein anderer Ausweg. Um verstanden zu werden, mußte ich mich verständlich machen. Ich bin über dieser Arbeit beinahe in Verzweiflung geraten, jede einzelne Seite ist sicher 4–6 mal geschrieben, so daß ich ganz abgestumpft bin. Die zahllosen Einwürfe Buff's und Bischoff's mußten beseitigt werden, daher denn der Aufenthalt. Ich hoffe, der Setzer wird sich zurechtfinden und die Zusätze an den betreffenden Stellen richtig einschalten. Ich bemerke hierzu ausdrücklich, daß ich die nach Deiner Ansicht bösartige Bemerkung Henle's über mich noch nicht kenne. Ich habe sie absichtlich nicht eher lesen wollen, als bis ich ganz fertig bin. Wie sie auch sein mag, in meinem Buche kann ich diese Stelle nicht anführen.
Die Idee des Buches der Natur ist vortrefflich. Du bist ein Genie in diesen Dingen, es ist unmöglich, daß irgend in der Welt ein schöneres und <u>wohlfeileres</u> Buch je gedruckt worden ist. Nur wer den Zusammenhang kennt, begreift den niedrigen Preis. Dr. Schödler hat sich selbst wo möglich übertroffen. Er ist ein Mann von Talent, und sein Stil läßt nichts zu wünschen übrig. In der Schreibart der Formeln hätte er übrigens vorsichtiger sein sollen. Rohrzucker ist nicht wie Amylon, sondern wie Gummi zusammengesetzt, nicht $C_{12}H_{10}O_{10}$, sondern $C_{12}H_{11}O_{11}$.

Von Herzen Dein Justus Liebig.

Ich erbitte mir von dem Buch der Natur gelegentlich noch ein oder zwei Exemplare aus. [An den Rand geschrieben] Das fertig gedruckte Manuskript muß zur Revision noch einmal hierher zurück.

Gießen, den 28. April 1846

Mein teurer Freund!

Ich beeile mich, Dein Schreiben vom 21. April sogleich zu beantworten. Schleiden wird durch das von mir Gesagte auch beleidigt werden. Ich werde in der Korrektur noch die Pille vergolden. Wegen Valentin will ich sehen, was zu tun ist, den Namen könnte man allerdings hinweglassen.
Wegen Deines Schwagers, dessen Schicksal ich von ganzer Seele beklage, weiß ich in England keine Unterkunft, da gerade dort die Führer von kaufmännischen Geschäften am wenigsten selten sind. Für ihn würde schon dies Verhältnis deshalb nicht passen, weil ihm die persönliche Bekanntschaft mit dem Lande, welche für den Anfang einer Unternehmung notwendig ist, abgeht. Aber bei der Gründung eines Düngergeschäftes in Deutschland will ich gerne alles tun, was ich kann, um seine und Deine Wünsche zu erfüllen. Diese Aussicht ist aber noch ferne, da wir ja eben erst nur Versuche machen und eine Fabrik erst dann errichtet werden darf, wenn das Produkt sich das Vertrauen, was ihm jetzt noch fehlt, erworben haben wird. Die ganze Fabrikation in Kassel hat uns wenige Wochen beschäftigt. Ich will in Braunschweig und auch an anderen Orten Fabriken anlegen, aber der Erfolg und das Bestehen derselben muß an allen erst gesichert sein.
Ich erhalte heute drei fertige Bogen der Agrikulturchemie, an denen ich sehe, daß sie geheftet waren. Ich bitte Dich dringend, lieber Vieweg, das Buch nicht in Heften erscheinen zu lassen, weil mich dies einen baren Verlust um mehr als 1400 Taler aussetzt, die ich ganz bestimmt und unzweifelhaft verliere, wenn Du das Buch einen einzigen Tag früher in den Handel bringst, ehe der englische Buchhändler es ebenfalls tun kann. Das ganze Erscheinen in Heften ist mir unangenehm und dem Buch nicht angemessen. Wegen Schödler schreibe ich Dir morgen. Für die Bücher meinen besten Dank, ich erwarte sie heute. Die Schwarzenberg'sche kleine Schrift eilt nicht, ich will noch einige Bogen dazu schreiben.

Von Herzen Dein Justus Liebig.

Heute besuchte mich ein Baron A. v. Sternberg, Autor des Paul, Galathée etc., wie er sagte, der, von Dir 200 Thlr. erwartend, mich anborgen wollte. Da ich ihn aber für einen Betrüger hielt, so gab ich ihm nichts. Bist Du mit Sternberg in Verbindung?

Gießen, 29. April 1846

Lieber Vieweg!

Beifolgend die gewünschte Empfehlung, ich habe sie kurz machen müssen, da Du sie auf dem Umschlag haben willst. In England wird das Düngergeschäft zu Grunde gehen, da der Sohn des Herrn Muspratt, der es leitete, die wahnsinnigsten Dinge in Beziehung auf meine Vorschriften sich erlaubt hat. Aber in Deutschland soll es besser gehen.

Von Herzen Dein Justus Liebig.

Gießen, 6. Mai 1846

Mein teurer Vieweg!

Der junge Campe ist bis jetzt noch nicht hier, ich werde für ihn so wie für Deinen anderen Empfohlenen, Herrn Henneberg, alles tun, was ich kann, um ihre wissenschaftlichen Zwecke fördern und erreichen zu helfen.
Sei überzeugt, daß ich Deinen Schwager im Auge behalten werde, so wie sich eine anständige Stelle anbietet, werde ich Dir schreiben.
Wenn der junge Ingenieur sich an den hiesigen Oberingenieur Laubenheimer wendet und ihm alles auseinandersetzt, was er leisten kann und geleistet hat, so ist es möglich, daß man seine Dienste sogleich in Anspruch nimmt. Er kann sich ja auf mich beziehen, und wenn dies geschehen, so will ich selbst mit Laubenheimer sprechen. Wenn er geneigt ist, im Anfang als Volontär anzutreten, so würde dies, wie ich glaube, seinen Zweck sehr fördern. Ich selbst persönlich kann ihn direkt nicht empfehlen. Es ist Grundsatz, daß ich in solchen Dingen nicht aus meinem Kreise heraustrete.
Auf den Titeln meiner Bücher bleibt Justus Liebig. Wenn jemand in Darmstadt sich darüber beschwert, so erlaube mir, mich auf Dich zu berufen.
Zu dem Roten Adler[orden] meinen Glückwunsch. Du bist viel mehr wert als dies, und ich bedaure nichts mehr, als daß meine Regierung Dir die gerechte Anerkennung bei Gelegenheit der Mainzer Ausstellung nicht gewährte, die Du als Stern erster Größe unter den Buchhändlern, Buchdruckern und Papierfabrikanten in so hohem Grade verdienst.

Dein treuer Justus Liebig.

Ist denn dies derselbe Sternberg, der den Paul geschrieben, oder ein anderer?

Gießen, den 23. Mai 1846

Mein teurer Freund!

Ich habe die Absicht, den Teil unserer Tierphysiologie, welcher neu hinzugekommen ist, „Die Methode der Naturforschung“, in einer der Cotta'schen Zeitschriften erscheinen zu lassen, vielleicht in den Monatsblättern der Allgemeinen Zeitung oder in der Cotta'schen Vierteljahresschrift, und frage hiermit an, ob Du Gründe hast, welche dies nicht

wünschenswert oder ratsam machen. Bis jetzt hat dies uns Cotta sehr zum Freunde gemacht und Dir im Absatz noch niemals geschadet. Beiläufig bemerke ich, daß mir Cotta pro Bogen die große Summe von fl. 150 bezahlt.
In einigen Tagen kommen die Bogen alle zusammen zurück, Fuchs in Göttingen hat auch seinen Segen darüber gesprochen.

Herzlichst Dein Justus Liebig

Der ganze zweite Teil der Tierchemie wird umgearbeitet, kein Buchstabe bleibt stehen, dies auf die Anfrage des Setzers.

Gießen, 12. Juni 1846

Mein teurer Freund!

Meiner letzten Sendung der Bogen der Tierchemie, worin ich die Methode der Naturforschung besprochen habe, ist ein Portrait von mir beigelegt, dessen Original im vorigen Jahr von Trautschold für Sir Robert Peel gemalt worden ist. Da nun Kopp die Absicht hat, in seinem vierten Bande seiner Geschichte der Chemie mein Gesicht als Titelkupfer zu geben, so wollte ich dich auf das neue Portrait aufmerksam machen, da es nach der Ansicht Vieler besser wie alle anderen aufgefaßt sein soll. Solltest Du Deine Wahl aber schon getroffen haben, so sende es mir wieder zurück. Die bereits in den drei ersten Bänden zugegebenen Portraits von Lavoisier, Davy und Berzelius sind übrigens, namentlich das letztere, so abscheulich wie möglich. Berzelius sieht aus wie ein versoffener Bierbrauer, denn daß er eine kupferrote Nase hat, kann dem Portrait nach niemand leugnen, er hat aber keine solche Nase. Du hast bei diesen Bildern die Methode im Auge gehabt, nach welcher Immermann gemacht ist, allein Dein Künstler hat offenbar das Ding nicht verstanden.
Ich laboriere an dem 3ten Teil der Tierchemie und komme nicht vom Fleck, da eine neue Arbeit von Mulder über Protein erscheinen soll, die ich abwarten muß. Mulder ist ein sehr närrischer Mensch, wo er kann, wirft er mich mit Dreck. Die Erfolge, die er lediglich mir verdankt, haben ihm den Kopf ganz verwirrt gemacht, und wenn er so fortfährt, an mir beständig zu bohren, so wird es ihm sehr übel ergehen. Kürzlich schrieb er mir einen so insolenten Brief, daß ich ihm erklärte, ich werde die nächste Gelegenheit nicht vorübergehen lassen, meine Ansicht über ihn öffentlich auszusprechen. Zu was soll aber alles dies führen! Ich bin mit meinen Ansichten dem Mann unbequem geworden und, obwohl er selbst mir seit drei Jahren in seinem Buche alle Veranlassung gegeben hat, mit seinem Verfahren gegen mich höchst unzufrieden zu sein, so wird er dennoch ein großes Geschrei erheben, wenn ich gegen ihn auftrete, und er wird sich für den Angegriffenen halten, ohne daran zu denken, daß ich nur die Waffen der Notwehr gegen ihn gebrauche. Es muß ihm jemand eine sehr üble Meinung über mich beigebracht haben, die [unleserlich] überall hervortritt. Er hält mich für einen Zänker, mich, der nichts lieber wünscht, als jeden Streit zu vermeiden; er hält mich für ungerecht gegen meine Zeitgenossen, obwohl er nicht bedenkt, daß mein Verfahren gegen andere provoziert

ist, daß ich in dieser Beziehung nur den Fehler an mir habe, mir von anderen keine Fußtritte in den Hintern gutwillig geben zu lassen. Alles dies ist im Resultate höchst fatal, ich kann es aber nicht ändern.

Herzlichst Dein Justus Liebig.

Wenn Du mir gelegentlich das Geld für meinen neuen Hausbau schicken kannst, so geschieht mir ein Gefallen damit.

Gießen, 17. Juni 1846

Lieber Vieweg!

Ich habe an Cotta ein Exemplar der mir letztgesandten Bogen der Methode zugeschickt, so daß es nicht nötig ist, von Braunschweig aus demselben eine gleiche Zusendung zu machen.

Herzlichst Dein treuer Justus Liebig.

Gießen, den 27. Juni 1846

Lieber Vieweg!

Ich beeile mich, Dir den Empfang der beiden Wechsel auf Hart [?] im Betrag von fl. 2048 anzuzeigen. Der gleichzeitig angekommene Druckbogen des Mulder'schen Buches hat mich sehr amüsiert. Es wäre wirklich eine rein verlorene Zeit, gegen diesen Mann aufzutreten, da er von sich selbst schon alles tut, was er kann, um sich um allen Kredit zu bringen. Das ist ja eine wahre Berserkerwut; mich vernichten! während er seit zwei Jahren in der Lage eines Flohs zwischen den Nägeln zweier Daumen sich befindet! Er hat die Seltsamkeit, seine Ansichten und Theorien von denen seiner Zeitgenossen zu isolieren und nur seinen eigenen Entdeckungen Wert zuzuschreiben, daher dann die Rolle, die er den Proteinoxiden und allen diesen Dummheiten in der Respiration zuschreibt. Dies charakterisiert den kleinen Geist. Um mit Nachdruck auf seine Zeitgenossen zu wirken, muß man durchaus ein Kind der Zeit mit allen Fehlern und Schwächen derselben sein, aber in einem muß man allen vorangehen, und dies ist, daß man ihnen das, was sie trübe, dunkel und verworren denken, zum klaren Bewußtsein bingt. Es ist das Ideen zur Reife bringen, was den wahrhaft ausgezeichneten Mann ausmacht. Das verzeihen dann die Schwachen nicht, weil sie glauben, daß man ihnen etwas nimmt, obwohl ihnen am meisten gegeben wird. In dieser Lage ist Mulder. Ich wünsche ernstlich, daß die Schnedermann'sche Note, so vortrefflich sie auch abgefaßt ist, nicht gedruckt werden möchte. Das Buch Mulder's hat gar keine Existenz und keinen Widerhall. Es reicht hin, wenn Schnedermann in einer Anmerkung etwa folgendes sagt: Note, daß diese Ansichten weder von den Chemikern noch Landwirten geteilt werden werden, bedarf von Seiten des Übersetzers keiner besonderen Hervorhebung. Es wäre mir wirklich leid, wenn Mulder diesen Satz änderte. Es gibt keinen im ganzen Buch, der ihn mehr charakterisiert.

Der Druck der letzten Bogen kann, wie sie sind, beendigt werden. Ich habe nichts mehr hinzuzufügen, und erwarte ich eine sorgfältige Einhaltung der Korrekturen. Ich bitte, Dich ein wenig gerade um diesen Teil zu kümmern. Das Register ist mir sehr recht. Heute folgt die Agrikulturchemie mit dem Postwagen.
Ich bin noch mit einigen Analysen von Tiersubstanzen beschäftigt, und dies hält mich auf in der Fortsetzung der Tierchemie. Werde nun nicht ungeduldig, sondern bedenke, daß dieser Verzug seine guten Früchte bringt.

Von Herzen Dein Justus Liebig.

Gießen, den 6. Juli 1846

Mein teurer Freund!

Ich bitte Dich, die Agrikulturchemie unverweilt auszugeben, sobald das Register gedruckt ist.
Petzold's Buch wird eher dazu beitragen, das unsrige zu verbreiten, aber es ist gut, daß wir nicht später auf den Markt kommen.
Mulder hat mir einen Brief geschrieben, der mich für seinen Verstand fürchten läßt. Er steht in der Tat auf dem Punkte, durch Hochmut wahnsinnig zu werden. Er hat mir eine Art Gebet geschickt, was ich drucken lassen soll! worin ich alle von mir zerfetzten und zerrissenen Chemiker um Verzeihung meiner Untaten bitten soll, und er schwört mir, mich zu vernichten, wenn es in 14 Tagen nicht geschehen ist. Ich habe Lust, ihm zu antworten, daß er sich nicht genieren möge.

Von Herzen Dein treuer Justus Liebig.

Wenn Schnedermann seine Note beizubehalten wünscht, so ist es mir recht. Sie ist sehr gut und die Sache treffend abgefaßt.

Gießen, 10. Juli 1846

Lieber Vieweg!

Wenn mein Portrait so wird wie das von Grimm, so habe ich alle Ursache, zufrieden zu sein, es ist in der Tat vortrefflich. Lasse es in Gottesnamen anfangen und möge es nicht hinter dem Muster zurückbleiben.
Was das Werk von Löwig betrifft, so bin ich zweifelhaft darüber, was ich Dir raten soll. Löwig hat keine Erfahrung und keine Kritik, woher es denn kommt, daß sein Buch bei den Chemikern keinen Beifall fand. Er nimmt es zuletzt mit den Zahlenangaben nicht sehr genau, so daß man sich auf keine verlassen kann. In dieses Buch hat er seine neuesten Spekulationen über Atomvolum[en] aufgenommen, an denen Kopp zu zeigen im Begriff ist, daß sie keine wissenschaftliche Grundlage haben und völlig wertlos sind. Trotz allem dem glaube ich, daß Du eine Auflage verkaufen wirst, indem Bücher in der Form des seinigen im Publikum beliebt sind. Im ganzen halte ich Löwig für einen an

Geist beschränkten Autor, mit dem Du keine große Ehre einlegen wirst. Ich kann mir denken, wie sehr er wünschen mag, daß sein Buch in Deiner Firma erscheint, weil ihm dies eine Empfehlung ist, die er kaum verdient.
Meiner Ansicht gemäß und nach meinem Wunsche ist es besser, wenn Schnedermann keine Note zufügt. Diese Stelle bedarf keiner Widerlegung, denn sie widerlegt sich selbst durch das, was über die Notwendigkeit der anorganischen Nahrungsstoffe in den vorhergehenden Heften bereits gesagt ist. Wenn ich es Dir aufrichtig gestehen soll, so ist mir Mulder's Angriff sehr erwünscht. Hätte ich es getan, wozu ich seit drei Jahren Gründe genug hätte, so würde er eine Menge Verteidiger gefunden haben. So aber rennt er blind in meinen Spieß hinein. Ich werde seinen Angriff nicht beantworten. Ich sah längst voraus, daß eine Zeit kommen würde, wo sich Mulder ohne mein Zutun sich zugrunde richten würde, da ich wußte, daß er der Stellung, die er durch einige glückliche Versuche gewann, nicht gewachsen war. Seine leidenschaftliche Wut rührt daher, daß ich ablehnte, mit ihm meine Ideen auszutauschen oder, wie er wollte, die zwischen uns streitigen Punkte brieflich abzumachen. Sentaner [?] une discussion scientifique. Das Verfahren der preußischen Regierung in der Löwig'schen Angelegenheit ist in der Tat schmählig.

Von Herzen Dein treuer Freund Justus Liebig.

Darmstadt, den 15. September 1846

Mein teurer Freund!

Ich erhalte soeben die Antwort von Taylor & Walton auf meine Anfrage, ob diese nichts dagegen einzuwenden hätten, wenn die Tierchemie, soweit sie im Deutschen gedruckt ist, erscheinen würde. Zu meiner Freude sind die Herren Taylor und Walton auf Deinen Vorschlag eingegangen und werden jetzt das Buch in zwei Lieferungen erscheinen lassen. Gegen den 24. Oktober hin wird die englische Ausgabe bereit sein, doch erwarte ich hierüber eine bestimmende Verfügung. Ich rechne natürlich darauf, daß Du vor diesem Termin kein Exemplar versendest und keine Anzeige erscheinen läßt; es würde dies ein großer Nachteil für mich sein.
Ich bin seit 8 Tagen hier mit meiner Frau und meinen zwei Jüngsten und komme von einem kleinen Abstecher in den Odenwald zurück, wo ich mit Prof. Sell aus Bonn und Prof. Buff einige sehr vergnügte Tage zubrachte. Ich fühle mich erfrischt und gestärkt und gehe in wenigen Tagen nach Gießen zurück, um das schwierigste Kapitel meiner Tierchemie zu vollenden.
Die 6 Exemplare der Tierchemie sind mir richtig zugekommen, ich sage Dir dafür meinen besten Dank. Das Buch ist prächtig ausgestattet und in dieser Gegend in aller Hände. Die Tierchemie wird sehr gespannt erwartet. Möchte sie den Erwartungen entsprechen, die so groß sind, daß ich Grund habe, furchtsam zu sein. Der Artikel in der Vierteljahresschrift scheint seine Wirkung nicht verfehlt zu haben. Ich werde Dir in wenigen Tagen die Vorrede zu der ersten Lieferung der Tierchemie schicken.

Von Herzen Dein treuer Justus Liebig.

Gießen, den 7. Oktober 1846

Mein teurer Freund!

Ich bin soeben von einer Reise zurückgekommen, die mich nahe fünf Wochen von Gießen entfernte, und finde Deinen Brief vom 20. September vor, worin Du mich ersuchst, eine Vorrede zu der ersten Hälfte der Tierchemie zu schreiben und an die Buchhandlung zu schicken. Dies ist heute geschehen, und es steht der Ausgabe des Buches nichts mehr im Wege. Ich bin jetzt an der zweiten Hälfte des Buches, die mir viele Sorgen und viel zu schaffen macht; es ist vieles Neue hinzugekommen und doch nicht von der Qualität, daß sich allgemeine Schlüsse daraus ziehen ließen.
Mulder hat ein schändliches Pamphlet gegen mich herausgegeben, ich habe es noch nicht gelesen und werde es schwerlich beantworten.
Was Schödler's Buch betrifft, so ist es mir nicht möglich, dasselbe lobend zu empfehlen. Ich habe es etwas näher betrachtet und finde eine Menge ganz auffallender Fehler, die ich nicht entschuldigen kann. Das Buch wird sich deswegen doch verkaufen, aber ich wünschte den Wert meiner Empfehlungen nicht zu vernichten. Bei einer späteren Auflage mag er die Fehler verbessern, und dann ist es zu einer Empfehlung immer noch Zeit.
Der englische Verleger wird den 15. Oktober bereit sein, die erste Hälfte der Tierchemie auszugeben.
Daß wir Schleiden nicht bekommen konnten, ist eine wahre Kalamität für uns, bei Mohl und Griesebach sind wir ebenfalls gescheitert.
Der junge Henneberg ist noch nicht hier. Ich werde alles tun, seine wissenschaftlichen Zwecke zu fördern, er wird stets in unserem Hause willkommen sein.
Wenn Du wieder nach Hause kommst, so sei so gut, mir von 1844 an meine Rechnungen aufstellen zu lassen, damit wir durch die Rückzahlungen und neuen Auflagen nicht in Verwirrung kommen. Die Tierchemie wird etwas stärker noch als die Agrikulturchemie werden und Du wirst wohl keinen Anstand nehmen, mir die erste Hälfte vom 1. November an gutzuschreiben.
Mit dem Wunsche, daß Dir diese Reise die für den Winter für uns alle nötige Energie, Elastizität und Frische wiedergeben möge, bin ich wie immer

Dein treu ergebener Justus Liebig.

Meine freundlichsten Empfehlungen an Deine Frau und Schwester.

Gießen, 7. Oktober 1846

An die Vieweg'sche Buchhandlung in Braunschweig

Von einer kleinen Reise, die mich 4 Wochen lang von Gießen entfernte, zurückgekehrt, finde ich ein Schreiben des Herrn Eduard Vieweg vor, worin derselbe mich ersucht, der ersten Hälfte der Tierchemie eine Vorrede beizufügen und Ihnen zum Abdruck zuzusenden. Ich lege diese Vorrede bei und bitte Sie, mir sobald wie möglich die Korrektur zuzusenden. Ich wünsche sehr, daß das Buch Ende Oktober ausgegeben werden möge.

Professor Kopp, welcher von seiner Ferienreise zurückgekehrt ist und seine ganze Zeit für den letzten Band seiner Geschichte der Chemie verwenden kann, ersucht Sie aufs dringendste, ihm die Korrekturen schleunigst zuzusenden.

Hochachtungsvoll
Ganz der Ihrige
Dr. Justus Liebig

Gießen, 17. Oktober 1846

An die Fa. Vieweg'sche Buchhandlung in Braunschweig

Hierbei folgen die erwünschten Korrekturen zurück.
Warum das Werk in zwei Abteilungen erscheint, ist zu Ende der Vorrede zur 3. Auflage angedeutet.
Diese Auflage wird 30–34 Bogen stark werden.
Die Ankündigung der Agrikulturchemie habe ich geändert beigefügt.

Hochachtungsvoll
Ganz der Ihrige
Dr. Justus Liebig.

Gießen, 1. November 1846

An die E. Vieweg'sche Buchhandlung in Braunschweig

Durch ein ganz unbegreifliches Versehen ist zu Ende der Vorrede zur dritten Auflage der Tierchemie anstatt meines Wohnortes Gießen die Stadt Braunschweig gesetzt worden. Ich habe diesen Irrtum erst jetzt bemerkt und ersuche Sie dringend, den bis jetzt noch nicht versandten Exemplaren einen Karton der Seite XVI beizugeben, durch welchen dieser Fehler berichtigt wird. Den bereits versendeten Exemplaren muß der Karton nachgeschickt werden.

Hochachtungsvoll
Ganz Ihrig
Dr. Justus Liebig.

Gießen, 16. November 1846

Mein teurer Freund!

Es ist mir ganz besonders lieb, daß Dein Verhältnis mit Kopp sich völlig aufgeklärt hat; die Nichtswürdigkeit des Gehilfen war offenbar die Ursache aller Mißverständnisse.
Ich hoffe, daß in den Exemplaren der Tierchemie, die versendet sind, die Änderung des „Braunschweig" in „Gießen" vorgenommen ist. Meine Vorrede konnte in Braunschweig nicht geschrieben worden sein.

Ich habe eine Untersuchung einer Menge der wichtigsten Tiersubstanzen im Gang und habe merkwürdige Dinge gefunden, Aufschlüsse, die niemand ahnt und welche für Ernährung und Diätetik ganz besonders wichtig sind. Dr. Varrentrapp wird sich freuen zu hören, daß ich Chevreul's Kreatin in Hühnern, Hammel-, Ochsen- und Kalbfleisch aufgefunden habe. Es ist ein allgemeiner Bestandteil aller Flüssigkeiten außerhalb der Blut- und lympfetischen [sic!] Gefäße und eine prächtige organische Basis. Wie wunderbar, daß organische Basen gerade die energischsten Heilmitttel sind! Ich hoffe, das Buch wird nützen; eine Masse von Entdeckungen liegen vor mir, alles hat man mir übrig gelassen.
Ich wünsche sehnlichst, mit unserer Abrechnung im reinen zu sein und [sie] aus dem Kopf zu haben und bitte Dich, dieselbe nicht aufzuschieben.
Ich freue mich zu hören, wie gut Dir die Reise bekommen ist und daß Du Freude an Deinem Sohn erlebst. Was können wir auf der Welt als Vater mehr wünschen.
Mit den herzlichsten Grüßen

Dein treuer Justus Liebig.

Gießen, den 2. Dezember 1846

Mein teurer Vieweg!

Trautschold ist leider seit 6 Monaten in England und wird vor Frühjahr nicht zurückkehren. Das Portrait ist vortrefflich gestochen, aber der Originalzeichnung nicht ähnlich. Die Züge sind zu hart und die Augen namentlich zu kraß und stier. Es ist ferner ein Zug um den Mund, etwas Zusammengezogenes und Verkniffenes, was niemand gefällt. Kopp hält es übrigens für das beste von den andern, die zu seinem Buche gehörten.
Als Honorar für die Tierchemie bitte ich vorläufig die Hälfte von dem zu notieren, was Du mir für die 5. Auflage der Agrikulturchemie bewilligt hast. Ich mache täglich neue und höchst interessante Entdeckungen. Es ist das ein wahres Glück, zu betrachten, daß mir alles zu tun übrig bleibt. Die Menschen sind doch ganz schrecklich dumm.
Die Liste der zu versendenden Exemplare der beiden Auflagen liegt bei.

Von Herzen Dein treuer Justus Liebig.

Ich bin wie im Fieber. Tag und Nacht wird gearbeitet und alles ohne die geringste Ermüdung.

Gießen, 5. Dezember 1846

Lieber Vieweg!

Für die Ausgabe des Buff'schen Lehrbuchs der Physik braucht derselbe etwa 60 Holzschnitte, von Apparaten etc., und er wünscht sehnlichst, daß sie durch Deinen Künstler gemacht werden möchten. Da ich sicher bin, Du werdest selbst zu irgend einer Zeit davon Gebrauch machen können, so nehme ich keinen Anstand, Dich darum zu bitten. Winter wird sie mit Vergnügen bezahlen, und er wird nicht dagegen sein, wenn Du Dir den Gebrauch derselben vorbehältst.

Von Herzen Dein aufrichtiger Justus Liebig.

Meine Untersuchung der Bestandteile des flüssigen Teiles im Tierkörper ist nahe beendigt. Ich habe das Kreatin im Herzen, nicht in der Leber und den Nieren, aber in allen Teilen Milchsäure gefunden. Die Fleischbrühe ist jetzt erweisbar nicht zur Blutbildung geeignet, auch nicht das gekochte Fleisch, aber beide zusammen.

1847

25. 1. Honorarabrechnung – Arbeit an der Tierchemie, Entdeckungen dabei (Kreatinvorkommen) – Kritik an Mulder – Privates – Holzschnitte für Buff

24. 2. Fertigstellung einer Arbeit für die Annalen (Paoloni Nr. 469); Sonderdruck davon bei Winter/Heidelberg – Mitarbeiter Henneberg

6. 3. Unmöglichkeit, die Annalenarbeit bei Vieweg separat erscheinen zu lassen

28. 4. Liebig-Porträt – Kummer mit dem Handwörterbuch; neue Redaktion und Mitarbeiter – Fortschreiten der Arbeiten für die Tierchemie – Neue Untersuchungen Mulders über Galle
Angefügt: Notiz Viewegs über Mitarbeiter am Handwörterbuch

2. 5. Empfehlung eines neuen Verlagprojekts: Englisches Philosophiebuch von Mill

29. 7. Honorarwünsche – Arbeiten für die Tierchemie über Endosmose und Exosmose – Personelles; Kristallographie von Kopp

21. 8. Abhandlung über Endosmose für die Tierchemie – Über Kontroverse mit Mulder – Honorar für Sell – Schwierigkeiten der Verständigung Viewegs mit Kopp; eine Ehrenerklärung für Kopp wäre angebracht – Weiteres Personelles

26. 10. Über anzufertigende Holzschnitte; Absendung von Zeichnungen und Manuskripten

6. 11. Varrentrapps Stellung in Braunschweig, dortige Verhältnisse; Möglichkeit für ihn in Lausanne

13. 11. Separatabdruck der Endosmose (siehe Säftebewegung) – Zu Varrentrapps Stellung

12. 12. Neuauflage eines Werkes von Hales – Büchlein über Endosmose – Untersuchungen der Galle – Honorarfragen – Personelles (Kopp, Schleiermacher)

27. 12. Varrentrapps Zukunft, Verbleiben in Braunschweig – Manuskript zur Säftebewegung

Gießen, 25. Januar 1847

Mein teurer Vieweg!

Ich bitte Dich um Entschuldigung, daß ich erst jetzt Deinen Brief vom 8. Dezember beantworte, aber ich stach so tief in meiner Untersuchung, daß ich meine Gedanken auf nichts anderes richten konnte. Gestern ist die letzte Analyse gemacht und die Arbeit so gut wie vollendet, und heute ist dieser Brief der erste, den ich seit langer Zeit schreibe. Für die Abrechnung meinen Dank, Du hast Dir, was den Nichtabzug des Zinses des mir ausgezahlten Kapitals betrifft, zu kurz getan, aber ich werde Gelegenheit finden, Dich dafür zu entschädigen. Was den Saldo von fl. 1727 betrifft, den ich gut habe, so bitte ich Dich, mir darüber einen Wechsel über fl. 1000 zu schicken und mir den Rest von fl. 727 nach der Ostermesse auszubezahlen.

Die obenerwähnte Arbeit ist durch die neue Ausgabe der Tierchemie hervorgerufen worden, sie wird nicht wenig dazu beitragen, um dieses Buch zu verbreiten. Ich müßte mich sehr irren, wenn von dieser Untersuchung an nicht eine neue Tierchemie beginnt. Ich bin dahin gelangt, Schätze aufzudecken, welche niemand jemals geahnt hätte, und die von mir aufgefundenen Wege der Untersuchung dürften zum Vorbild ähnlicher Arbeiten gemacht werden können. Die Arbeit selbst kostet mich über fl. 600 an Auslagen, aber in solchen Dingen kommt Geld nicht in Betracht. Ich habe, um Dir eine neue Idee zu geben, über 108 Stück Hühner und Hahnen, ein ganzes Pferd und einen halben Ochsen verbraucht, des Reh-, Hasen-, Fuchs-, Schaf-, Kalbfleisches nicht zu gedenken. Aus etwa 70 Pfund Ochsenfleisch habe ich nur eine Unze Kreatin bekommen, und zur Untersuchung dieses Stoffes bedurfte ich vieler Unzen. Die Chemiker werden aus meinen Methoden entnehmen, daß die in so kleinen Mengen im Organismus vorkommenden Stoffe die wichtigsten sind und daß man zu einer Untersuchung des Blutes nicht ein paar Pfunde, wie man gewohnt ist, sondern Zentner anwenden muß. Aus demselben Material, welches Berzelius mit der größten Ausführlichkeit bearbeitet hat und worin er nicht das geringste fand, was der Aufmerksamkeit Wert gewesen wäre, habe ich die wundervollsten Stoffe erhalten. Von dem Kreatin, dessen Entdeckung vor 11 Jahren spurlos vorüberging, sagt er, daß er es im Fleisch des Ochsen nicht habe auffinden können und daß es wohl ein zufälliger Bestandteil desselben, abhängig von der Nahrung, sein möchte, während ich es nicht allein im Fleisch des Ochsen, sondern im Fleisch aller Pflanzenfresser und Fleischfresser nachwies. Auf diese Arbeit, die mir ganz unbeschreibliche Schwierigkeiten dargeboten hat, bin ich stolzer wie auf irgendeine, die ich je gemacht habe, denn sie ist eine von denen, welche unter den lebenden Chemikern vielleicht nur ein einziger hätte ausführen können.

Du kannst Dir denken, wie wenig es der Mühe wert ist, dem armen Mulder zu antworten. Es ist mir wahrhaft leid für ihn, denn er hat sich selbst gerichtet. Jedermann muß sehen, daß er ebenso wenig von Physiologie als von Chemie versteht, er ist eben ein Arzt, dem beide Fächer gleich fremd sind. Auf dem Gebiete der Tierchemie schwärmen, wie auf der Grenze zweier Länder, eine Menge Abenteurer herum, aber ihre Existenz wird von selbst vernichtet, wenn die Kultur und der Anbau diese Grenzen erreicht. Es sind die Hinterwäldler, welche dem Zuge der Kolonisten vorangehen, die Jäger und Herumtreiber, welche dem Boden keine Früchte abzugewinnen wissen, weil dies zuviele Anstrengung kostet,

Meine Frau hat mir seit langem den einliegenden Brief an die Deinige auf meinen Schreibtisch gelegt, an den ich seit Wochen nicht gekommen bin. Ich bitte sie, mir alle Schuld der Verzögerung beizumessen und erflehe mir ihre Verzeihung. Für die Würste sage ich noch extra meinen besonderen Dank, sie sind vortrefflich und kommen nur bei besonderen Gelegenheiten auf unseren Tisch. Nun lebe wohl und sei von uns allen auf das herzlichste gegrüßt

Dein treuer Justus Liebig.

Buff ist sehr vergnügt, daß Du ihm die Holzschnitte für sein Buch willst machen lassen.

Gießen, den 24. Februar 1847

Mein teurer Freund!

Meine Arbeit ist vorläufig beendet und der Druck in den Annalen begonnen. Da ich in der Einleitung mich über die Richtung der chemisch-physiologischen Untersuchungen ausspreche, so kommt auch die unglückliche Mulder'sche zur Sprache, aber ohne alle Beziehung auf die Schrift, die er gegen mich herausgab, und es ist wünschenswert für mich, daß meine Ansichten in einem größeren Kreise verbreitet werden. Ich will deshalb von dem Aufsatz (Untersuchungen über die Bestandteile der Flüssigkeiten des Fleisches) einen besonderen Abdruck machen lassen und habe mit Winter bereits das Nötige verabredet. Die auf die Physiologie und Pathologie sich beziehenden Folgerungen konnte ich natürlich in dieser Abhandlung nur andeuten, aber ich hoffe, daß sie der Tierchemie Freunde machen sollen.
In meinem letzten Briefe habe ich Deine Anfrage wegen Herrn Henneberg zu beantworten vergessen. Er ist ein trefflicher junger Mann, mit dem ich sehr zufrieden bin, und was er macht, läßt nichts zu wünschen übrig. Seine Untersuchnung der Bestandteile des Hühnerblutes in dem letzten Hefte der Annalen ist eine der besten, die über Blut jemals erschienen sind. Ich habe deshalb auch eines seiner Hauptresultate (den Kieselerdegehalt) der Akademie in Paris mitgeteilt (siehe Comptes rendus No. 3, 18. Jan. 47).

Von ganzem Herzen

Dein treuer Justus Liebig.

Gießen, den 6. März 1847

Lieber Freund!

Dein Brief vom 4. setzt mich in eine peinliche Verlegenheit, da ich Dir doch den Verlag der Abhandlung, welche in den Annalen erscheint, nicht geben kann. Du erinnerst Dich noch, wie übel es mir Winter nahm, als ich Dich (ohne alle schlimme Absicht) veranlaßte, den Aufsatz über den Zustand der Chemie in Preußen zu drucken. Du verkennst auch ganz den Zweck meiner Abhandlung. Sie enthält ja nur die Daten zu meinen Analysen. Die Methode der Darstellung der verschiedenen von mir aufgefundenen Stoffe und alle Tatsachen und Schlüsse werden ja Bestandteile der Tierchemie ausmachen. Denke Dir zum Beispiel, es würde dies Heft, worin die Abhandlung steht, sehr stark nachverlangt, so daß es Winter für angemessen hielt, einen neuen Abdruck davon zu machen? Was könnte ich nun hiergegen sagen! Auf der anderen Seite ist es von der größten Wichtigkeit für die neue Auflage der Tierchemie, daß diese Arbeit so sehr wie möglich verbreitet werde, weil sie ein neues Feld der Forschung öffnet und weil sie jeden zum Beweise dienen muß, daß nur bei mir und bei keinem anderen die echte und wahre Tierchemie verzapft wird. Du weißt, daß die Tierchemie ein Buch ist, was nur Resultate enthält, und daß ich nicht hineinnehmen kann, was nach dem Handwerkszeug riecht. Die Abhandlung enthält die Gerüste, die Balken, Seile, Latten etc., welche zum Bau nötig waren, aber das vollendete Werk ist nur die Tierchemie. Die Leute, welche die Abhandlung kaufen, kaufen auch das Buch, aber noch eine Menge andere kaufen das Buch, welche die Abhandlung schlechterdings nicht verstehen. Das einzige, was Du bedauern kannst, ist das, daß Du die Abhandlung selbst nicht in Deinem Verlag erhältst. Dies ist aber bloß eine Sache von ein paar Talern und nicht der Rede wert. Die Abhandlung erscheint auch im Englischen als separater Abdruck und niemand hindert Dich, sie übersetzen zu lassen, was mir übrigens Winter's wegen nicht angenehm ist. Ich will einen Abdruck von 1500 Exemplaren machen lassen und dann keine Auflage mehr folgen lassen. Dies wird Dich, wie ich hoffe, zufrieden stellen. Es wäre durchaus gegen Dein Interesse, wenn der Separatabdruck nicht erschiene, ich will aber Winter schreiben, daß er den Druck einstellen möge. Ob er es tun wird, kann ich nicht verbürgen. Auch in dem Fall, daß der Separatabdruck unterbleibt, kannst Du keinen Gewinn daraus ziehen, denn ich kann Dir dann noch viel weniger gestatten, denselben zu machen. Diese Sache, bei der ich garnicht auf Schwierigkeiten von Deiner Seite gefaßt war, ist mir höchst verdrießlich, und doch weiß ich sie schlechterdings nicht nach Deinen Wünschen zu ordnen.

Herzlichst Dein Justus Liebig.

Gießen, 28. April 1847

Mein teurer Vieweg!

Das Portrait ist nach dem Urteil aller sehr gut, verglichen mit dem vorletzten Abdruck hat es außerordentlich gewonnen. Ich danke Dir herzlich für die übersandten 25 Extraabdrucke. Hoffentlich wird sich Kopp jetzt beruhigen.

Wegen der Abhandlung über das Fleisch sei unbesorgt, der Extraabdruck enthält nicht ein Wort anders wie die in den Annalen erscheinende Abhandlung.

Das Wörterbuch macht mir selbst einen wahren Kummer, so oft ich daran denke, und ich billige ganz den Ausweg, den Du vorschlägst. Es ist durchaus nötig, jüngere Kräfte zu gewinnen. Ich bin ganz dafür, daß Schnedermann die Redaktion übernimmt und daß Dr. Kolbe, Varrentrapp, Knop, Dr. Schödler, Dr. Frerichs, Dr. Varrentrapp sowie Scheerer zugezogen werden. Auch Prof. Marchand in Halle will teilnehmen. Ich bitte Dich, nach Halle zu gehen und mit ihm zu sprechen. Vielleicht tritt noch Erdmann hinzu. Auf Poggendorff ist durchaus nicht mehr zu rechnen, seit Jahren hat er ja gar kein Lebenszeichen von sich gegeben. Ich kann Dir nicht sagen, wie sehr ich wünsche, daß das Buch fortgesetzt und glücklich zu Ende geführt werden möge. Es war das erste, mit dem ich auftrat, und nur durch den Drang anderer Arbeiten bin ich, wie Du weißt, davon abgekommen.

Die Tierchemie schreitet fort, ich warte nur noch eine neue Analyse der Galle ab, die eben in Arbeit ist, um den Druck wieder beginnen zu lassen. Es wird ein gutes Buch werden. Alles alles hat man mir zu meiner großen Befriedigung zu tun übrig gelassen, keiner wußte die Fäden fortzuspinnen und einen Rock zu Rande zu bringen.
Mulder hat wieder eine Untersuchung der Galle geliefert, eine jammervolle, es ist nur eine Paraphrasierung der Berzelius'schen Arbeit. Ich schicke Dir den ersten Bogen der Fleischarbeit, worin ich von Untersuchungsmethoden überhaupt spreche.

Von Herzen Dein treuer Justus Liebig.

Wolltest Du nicht die Gefälligkeit haben, um Vogt's Übersetzung von Elie de Beaumonts Leçons de Geologie zu schicken?

> [Bemerkung auf einer Leerseite des Briefes, wahrscheinlich von Vieweg]: Zur Mitwirkung am W[örter] B[uch] aufzufordern: Buff, Will, Knapp, Varrentrapp, Erdmann, Marschner. Poggendorff abzusagen.

Gießen, 2. Mai 1847

Mein teurer Vieweg!

Die Einlage enthält eine Anfrage, ob Du den Verlag eines englischen Werkes übernehmen willst, dessen Erscheinen in Deutschland ganz an der Zeit ist und, wie ich glaube, Epoche machen dürfte. Es ist die gesunde englische Philosophie, welche seit Baco von Verulam und Galilei die Grundlage ist von aller wahren Naturforschung. Ich habe das System of Logic von Mill mit der größten Begierde und stets wachsender Befriedigung gelesen und studiert und bin der Ansicht, daß dieser Mann mehr weiß und besser weiß, wie man Chemie, Physik, Medizin, Staatswirtschaft etc. studieren muß, als wie die meisten Chemiker, Physiker, Mediziner in Deutschland. Die Art und Weise, wie man Philosophie bei uns getrieben, hat sie zum Gespötte und Gelächter der Naturforscher gemacht. Sie erleichterte unsere Forschungen nicht und klärte nicht unseren Geist auf, sondern sie führte uns durch Irrlichter auf Abwege und verwirrte uns. Mill hat mir die Ehre angetan, meine Methode der Untersuchung (aus der Agrikulturchemie und der Tierchemie) und Schlußweisen als Muster in sein Buch aufzunehmen, und wenn Du lesen willst, was er darüber sagt, so wirst Du nicht widerstehen können, das Buch in Deinen Verlag zu nehmen. Dies soll Dich aber nicht bestechen. Die Zeit ist da, wo ein solches Werk bei uns Leser und Verehrer findet, und ich zweifle nicht, daß es übersetzt werden wird, und es ist mir beinahe lieber, wenn es ein anderer Buchhändler übernimmt als Du, der in den Augen der Leute mit Liebig zusammengewachsen ist. Ich glaube gewiß, daß dieses Buch dem Verleger keinen Nachteil bringt, und ich würde, wenn Du der Verleger wirst, Herrn Mill selbst schreiben und ihn fragen, ob und welche Verbesserungen er vielleicht anzubringen hat. Schreibe mir oder besser Herrn Dr. Schiel (den ich nicht entfernt zur Übersetzung veranlaßt habe) eine Zeile recht bald darüber. Meinen letzten Brief hast Du wohl erhalten.

Herzlichst Dein treuer Justus Liebig.

Gießen, den 29. Juli 1847

Mein teurer Vieweg!

Du hattest die Absicht, einen Teil meines Guthabens als Darlehn zu behalten und mir den Rest, welcher etwas über fl. 700 beträgt, zur Ostermesse zu bezahlen. Durch meine Liebhaberei, Bauten und Anlagen und dergleichen verdammte Geschichten zu machen, bin ich in einer kleinen Verlegenheit, und es würde mir ein Gefallen sein, wenn ich über diesen Rest verfügen könnte.
Seit drei Monaten stecke ich wieder für die Tierchemie in einer großen Arbeit über Endosmose und Exosmose, und ich glaube, jetzt mit dieser merkwürdigen Erscheinung ganz im reinen zu sein, es wird wohl einer der schönsten Teile des Buches werden. Indem ich mit den Gesetzen der Mischung zweier Flüssigkeiten, die durch Membranen voneinander getrennt sind, die Gesetze der Verdunstung in Beziehung brachte, kam ich auf die Entdeckung, daß die letztere, nämlich die Verdunstung, die eigentliche Ursache ist von der Verbreitung der Ernährungsflüssigkeit im Tierkörper. Durch sie wird eine Bewegung aller Flüssigkeiten des Körpers nach der Haut und Lunge hin hervorgerufen, durch sie das Austreten der Flüssigkeiten aus den Blut- und Lymphgefäßen bedingt. Die Haut ist offenbar nicht bloß zu dem Zweck vorhanden, um den Ärzten im kranken Zustande Beschäftigung zu geben. Ich bin auf eine Menge schöner Apparate gekommen, welche zur Darlegung und Erklärung dieser Erscheinungen dienen. Die Frage ist, ob sie für die Tierchemie passen, d. h. in den Text aufgenommen werden können. Für die Aufnahme in den Anhang bin ich nicht zweifelhaft. Was meinst Du dazu? Das beste wird sein, diesen Abschnitt in die Annalen und dann vollständig in den Anhang der Tierchemie zu nehmen.
Beifolgend einige Mulderiana.
Buff erwartet Antwort auf einen Brief von Dir, und Frau Professor Sell hat mich gebeten, wegen eines Guthabens ihres Mannes an Dich zu schreiben. Wie steht es denn eigentlich damit? Prof. Kopp schreibt an einer Kristallographie. Dieses Buch darfst Du nicht aus den Händen lassen.

Herzlichst Dein Justus Liebig.

Wenn Du mir gelegentlich ein Exemplar von Schödler's Buch der Natur senden willst, so würde ich Dir sehr dankbar sein.

Gießen, 21. August 1847

Mein teurer Freund!

Ich beeile mich, Dir den Empfang der beiden Wechsel im Betrag von fl. 740,59 anzuzeigen.
Ich will gerne die Abhandlung über Endosmose für die Tierchemie zurückhalten. Die Frage ist nur, ob es nicht besser ist, sie vor dem Erscheinen des Buches in die Annalen zu geben. So wie die Arbeit über Fleisch nicht wenig dazu beitragen mag, das Interesse der Physiologen für das Buch zu steigern, so dürfte dies auch von dieser Arbeit zu erwarten sein. Für einen vollständigen Abdruck in dem Anhang des Buches bin ich übrigens ganz, und werde Dir die Zeichnungen dazu nächstens einsenden.

Mulder ist, wie Du zu glauben scheinst, nicht gestorben. Die Nachricht in den Zeitungen betraf seinen Bruder. Von Heidelberg schrieb mir Winter folgendes: „Ihre Erwiderung an Mulder hat durch die Tatsache sowohl als durch die vornehme Ruhe und Gemessenheit einen ganz merkwürdigen Eindruck im Publikum gemacht. Sein Ansehen ist vorbei und ist nicht mehr zu erringen, ich habe das vielfältig zu bemerken Gelegenheit gehabt. Unbegreiflich bleibt, wie sich der Mann bei solcher Sachlage so aufs hohe moralische Pferd setzen konnte!"

Daß die Sache mit Frau Sell zu aller Zufriedenheit ausgeglichen ist, hat mich sehr gefreut. Der Wechsel ist angekommen, und ich werde Dir von Frau Sell nächstens die Quittung schicken.

Es ist notwendig, daß Du Dich mit Kopp verständigst. Er ist ganz besonders durch einen Brief von Dir verletzt, den Du ihm von Leipzig aus schriebst. Du hast vielleicht keine Kopie davon zurückbehalten, sonst würdest Du leicht finden, daß Du ihm eine Ehrenerklärung schuldig bist. Damit wird aber auch alles beigelegt sein. Kopp will mir eine Abschrift dieses Briefes geben, die ich Dir zusenden will. Ein Satz in Deinem Briefe hat ihn hauptsächlich verdrossen, er heißt: „Daß Ihre Korrekturen nicht alle beschafft seien, kann ich weder einräumen noch bestreiten, weil Sie Ihre erste Revision, die ich Ihnen mit der zweiten wieder einschicke, nicht zurücksenden etc." Denn daß Du diesen Deinen Brief durch die Hände desselben Menschen offen über Braunschweig gehen ließest, der alles Unheil zwischen ihm und Dir angerichtet habe, ohne es später der Mühe wert zu finden, ihm ein paar Worte des Bedauerns über das Vorgefallene zu sagen und seine gerechten Klagen und sicher nicht böswillige Absicht anzuerkennen. In seiner Empfindlichkeit scheint mir Kopp zu weit zu gehen, obwohl, wie sich am Ende herausgestellt hat, seine Klagen und Vorwürfe weit gerechter waren als Deine Einwürfe und Entschuldigungen, da Du ja selbst der Betrogene und Belogene durch die Unterschlagung so vieler Briefe gewesen bist. Eine Ehrenerklärung zu geben ist immer eine Ehre für den, der sie gibt, und wenn Du ihm einfach sagst, daß Du ihn für einen durchaus rechtlichen Mann hältst und die Irrungen bedauerst, welche die seitherigen Zerwürfnisse herbeigeführt haben, in denen Du selbst in Gefahr gekommen seiest, durch falsche Berichte über seine Handlungsweise auf einen Augenblick zu verkennen, so wird die Sache beigelegt sein. Du weißt übrigens dies ebenso gut und viel besser zu setzen als ich, und ich schlage Dir nur diese Form vor, weil ich denke, daß sie Kopp am meisten befriedigt. Kopp ist ein zu tüchtiger Mann, als daß ich nicht wünschen sollte, daß Ihr Euch wieder versöhnt.

Mit Buff habe ich gesprochen. Wie aus der Einlage ersichtlich, nimmt er die von Dir in Deinem Briefe an mich gestellten Propositionen an.

Dein Brief an Dr. Varrentrapp ist wohl der Rücksendung nicht wert, wohl aber dürfte dies der Fall mit dem anderen Schreiben sein, was ich ebenfalls einlege.

Von Herzen Dein treuer Justus Liebig.

Gießen, den 26. Oktober 1847

Mein teurer Freund!

Ich erhalte soeben Deinen Brief von München, durch welchen ich erfahre, daß Du mit diesem Schreiben wieder in Braunschweig eintreffen wirst. Es ist mir sehr leid, daß Du mir nicht einen Tag hast schenken können, und ich rechne um so mehr auf Dein Versprechen, mich im Laufe dieses Winters zu besuchen.

Ich sende Dir heute eine Anzahl der anzufertigenden Holzschnitte, und ich rechne darauf, daß Du mir die Benutzung derselben für die Annalen erlaubst, wenn meine Abhandlung darin gedruckt werden sollte. Jedenfalls bin ich mit Dir einverstanden, daß dies nicht eher geschehen soll, als bis das Heft des Lexikons und der Separatabdruck erschienen sind. Der Separatabdruck wird etwa 4 Bogen geben. Müller wird die Holzschnitte sehr gut für eine künftige Auflage der Pouillet'schen Physik brauchen können.

Den 2. November. Ich sende Dir heute alles zusammen, die Zeichnungen mit der Briefpost. Ich bitte Dich, die größte Sorgfalt Deinen Leuten anzuempfehlen, damit von dem Manuskript nichts verloren geht. Ich kann, da ich keine Abschrift habe, keine Zeile ersetzen. Die Arbeit dürfte, von einem Chemiker ausgehend, die Physiologen wohl in einige Verwunderung versetzen.

Von Herzen Dein treuer Justus Liebig.

Gießen, den 6. November 1847

Lieber Vieweg!

Ich erhalte soeben einen Brief von Freund Varrentrapp, worin er mir erklärt, daß die Verhältnisse in Braunschweig es ihm wünschenswert und zur Pflicht machen, sich anderwärts nach einer Stellung umzusehen, welche ihm die Zukunft sichert. Man hat, wie es scheint, ihm Hoffnung auf eine fixe Anstellung gemacht, die sich nicht realisiert hat. Ich wünsche vor allem Deine eigenen Ansichten über diese Verhältnisse kennenzulernen. Varrentrapp ist zwar nicht von Natur heftig oder leidenschaftlich, allein er könnte sich in seinem Urteil in seiner eigenen Sache dennoch täuschen. Wenn Du selbst glaubst, daß es seine Ehre erheischt, die Braunschweiger Verhältnisse über Bord zu werfen, so soll ihm bald geholfen werden. Ich wünsche aber vor allem, daß er sich nicht übereilen möchte, damit seinen Freunden die Gelegenheit nicht benommen wird, ihm einen Platz zu sichern, worin er sich auch behaglich fühlt. Es ist dies wieder ein Fall, der mir zeigt, wie verschieden sich oft die Dinge in der Nähe und in der Ferne ausnehmen. Braunschweig hatte so einen Duft von Wissenschaftlichkeit, von praktischem Verstande und Weisheit um sich verbreitet, und nun zeigt sich der Kern faul und das, was zu schätzen und lobenswürdig war, kam nur von einzelnen ausgezeichneten Männern her. Es ist eine Torheit, einen Mann wie Varrentrapp gehenzulassen, in einer Zeit, wo das Glück und der Wohlstand einer Stadt und eines Landes nur durch besseren Unterricht in den Naturwissenschaften gehoben und gefördert werden kann. Es ist dies ja das Mittel, nach welchem alle erleuchteten Regierungen greifen.
Schreibe mir sogleich einige Zeilen hierüber. Es bietet sich eben eine schöne Stelle in Lausanne dar, ich möchte ihm zwar nicht raten, sich in diese politischen Verwicklungen einzulassen, weil dies das Wissenschaftliche in dem Menschen zerstört, aber der Platz ist sonst gut. Er ist mit fl. 1800 dotiert, und Lausanne hat eine reizende Lage.

Mit den herzlichsten Grüßen

Dein treuer Justus Liebig.

Gießen, den 13. November 1847

Mein teurer Vieweg!

Ich halte es für wünschenswert, wenn der Separatabdruck der Endosmose ganz im Format der Tierchemie mit deutschen Lettern und mit Marginalien gedruckt wird. Es ist ja ein Teil dieses Buches und dürfte in einer Bibliothek z. B. zunächst der Tierchemie zu stellen sein. Wäre ein wenig mehr Chemie in diesem Artikel, so würde ich denselben der Tierchemie ganz einverleibt haben. Den Separatabdruck schicke mir zur Korrektur in der Form wie die Bogen der Tierchemie, so daß ich nach Wunsch und, ohne zu große Störung zu machen, einschalten kann.
Wie ist es denn mit Varrentrapp, er gefällt sich so außerordentlich gut in Deinem Kreise und auch in Braunschweig, daß ich ihm sehr widerraten möchte, von dorten wegzugehen. Es gibt freilich Verhältnisse, über die man nur mit einem Sprunge hinaus kann. Ich hoffe, es soll dazu nicht kommen.

Von Herzen Dein Justus Liebig.

Gießen, den 12. Dezember 1847

Mein teurer Vieweg!

Du wirst morgen durch die Fahrpost noch einen Nachtrag von 19 Seiten zu der kleinen Schrift erhalten, dessen Anfang ich Dich zu lesen bitte. Ich halte dafür, daß das Werk von St[ephan] Hales wieder aufgelegt werden muß und daß sich 1 000–1 500 Exemplare mit Leichtigkeit verkaufen werden. Dieses Buch mit seinen schönen Kupfern umfaßt etwa 10 Bogen. Es enthält eine Reihe der bewunderungswürdigsten Versuche, die seit einem Jahrhundert in der Pflanzenphysiologie so gut wie ignoriert worden sind. Ich will, wenn Du hierzu geneigt bist, die Übersetzung durch einen meiner Assistenten besorgen lassen. Das kleine Büchlein wird jetzt nahe an $5^1/_2$ Bogen geben, und ich bin der Ansicht, daß man es gesondert von der Tierchemie erscheinen lassen soll, da sehr vieles in das letztere Werk nicht paßt.
Die Untersuchungen über Galle sind ihrem Ende nahe. Es haben sich höchst wichtige Resultate ergeben. Sei so gut, Dr. Varrentrapp zu sagen, daß die Cholsäure (Gmelins) nahe den 4. Teil von dem ganzen Gewicht der Galle ausmacht und daß sie unter dem Einfluß der Säure und Alkalien in Glycocoll (Leimzucker), Choloidinsäure und Dyslisin zerfällt. Diese Säure ist schwefelfrei; die andere, schwefelhaltige, scheint dieselben Elemente zu haben. Sie liefert durch Spaltung dieselben Produkte bis auf Glycocoll, an dessen Stelle sich Taurin findet.
Den Abschluß meiner Jahresrechnung habe ich richtig erhalten und Dir für den übersandten Wechsel fl. 350 gutgeschrieben. Du hast mich mit fl. 47.19 überzahlt.
Mit Kopp scheinst Du ins reine gekommen zu sein; sein Büchlein wird sehr gut, die Zeichnungen sind vortrefflich.
Suche doch Herrn Schleiermacher zufrieden zu stellen. Er ist ein Mann, den ich sehr hochachte und liebe und den Du unmöglich unter der Unverschämtheit des Darmstädter Druckers leiden lassen kannst.

Mit den herzlichsten Grüßen

Dein treuer Justus Liebig.

Gießen, den 27. Dezember 1847

Mein teurer Freund!

Ich erhalte heute von Freund Varrentrapp einige Zeilen, die mich in Beziehung auf seine früheren Vorsätze völlig beruhigen. Er ist voller Dank für die vielen Bemühungen, denen Du Dich seinetwegen unterzogen hast, und ich kann es nur billigen, daß er die Vorschläge angenommen hat, die, wenn auch erst in der Ferne, seine Zukunft in Braunschweig sichern. Die Stelle in Lausanne wäre ihm geworden, ich möchte ihn aber nur mit Unruhe und Besorgnis dorthin haben gehen sehen, da die Schweiz für ein ruhiges Leben und für die Kultur der Wissenschaft keine Aussicht darbietet. Er hätte dem politischen Treiben, so sehr es seiner Natur widerstrebt, nicht fernbleiben können, und dann wäre er vielleicht wissenschaftlich untergegangen wie so viele.

Ich habe noch keine Nachricht von Dir, ob Du meine letzte Sendung erhalten hast. Ich meine den Rest des Manuskriptes zu dem kleinen Buch über die Bewegung. Ich will diese Abhandlung auch im Englischen drucken lassen, und ich habe hierzu die fertigen Bogen der deutschen Ausgabe nötig, auf die ich mit Sehnsucht warte. Es wäre mir lieb, wenn ich namentlich die beiden ersten Bogen bald erhielte, und ich bitte Dich, dafür Sorge tragen zu wollen.

Mit den herzlichsten Wünschen für Dein und Deiner Angehörigen Wohl zum neuen Jahr und mit der Bitte, mir Deine freundschaftlichen Gesinnungen wie bisher zu bewahren, bin ich unveränderlich

Dein treuer Justus Liebig.

1848

18.1.	Zum Buch über Säftebewegung – Artikel ‚Galle' fürs Handwörterbuch
20. 1.	Empfehlung eines jungen Mannes an Vieweg – Handwörterbuch-Artikel ‚Galle' – Abhandlung von Kolbe – Über Löwigs Organische Chemie – Buch über die Säftebewegung
2. 2.	Zu den Schriften über Säftebewegung (Paoloni Nr. 513) und über Fleisch (Paoloni Nr. 487) – Arbeit über die Kartoffelkrankheit
19. 2.	Schrift über Fleisch in Winters Verlag; Honorar dafür – Abdruck der Arbeit über Säftebewegung in den Annalen – Verkaufsabsatz der Tierchemie – Untersuchungen über Blut – Handwörterbuch-Artikel ‚Gärung'
3. 3.	Politisches – Eile mit Schrift über Säftebewegung
17. 3.	Verzögerung der Fertigstellung des Handwörterbuch-Artikels ‚Gärung' durch Unwohlsein – Handwörterbuch-Artikel für Kopp, Rücksprache mit Kolbe erforderlich
24. 3.	Sorge um Verletzung Viewegs
30. 7.	Handwörterbuch-Artikel ‚Gärung'; Versuche dazu – Geldwünsche; finanzielle Schwierigkeiten mit Verlag Winter
10. 8.	Handwörterbuch-Artikel ‚Gärung' und ‚Hefe'
28. 8.	Handwörterbuch-Artikel (Gärung, Galvanismus, Ferment, Hefe) – Zur finanziellen Situation
5. 10.	Honorare – Jahresberichte (Paoloni Nr. 528) werden bei Ricker/Gießen erscheinen – Politisches – Tierchemie
8. 10.	Honorarverrechnung – Politisches
30. 10.	Honorarverrechnung (Säftebewegung, Handwörterbuch-Artikel ‚Gärung') – Beginn der 2. Hälfte der Tierchemie – Handwörterbuch – Jahresberichte

Gießen, den 18. Januar 1848

Lieber Vieweg!

Um das kleine Buch über die Bewegung der Flüssigkeiten im Tierkörper fertig zu machen, fehlen mir die Kolumnen 34, 35, 36, welche der letzten Sendung beizufügen vergessen worden sind. Der Schluß der Kolumne 33 auf 34 ist: „Wenn der eine Schenkel der mit Wasser gefüllten und mit Blase verschlossenen Röhre in ein Gefäß mit Salzwasser gestellt, während der andere Schenkel . . ." Von hier an fehlen die Kolumnen 34, 35, 36. Ich bitte, mir dieselben umgehend zusenden zu wollen. Der Artikel Galle für das Wörterbuch folgt übermorgen. Die Geschichte mit Schleiermacher ist mir sehr leid, aber es scheint, als ob der Drucker keine Vernunftgründe anhören will.

Herzlichst Dein Justus Liebig.

Gießen, den 20. Januar 1848

Mein teurer Freund!

Die Einlage wird Dich über den Zweck meines Heutigen unterrichten. Ich kenne den jungen [Name unleserlich] und seine Familie. Es ist ein sehr liebenswürdiger junger Mann, und es würde mich im höchsten Grade erfreuen, wenn Du demselben in Deinem Geschäfte, wo er soviel lernen kann, einen Platz als Volontär geben, oder wenn dies nicht möglich ist, ihm die Aussicht zu einem anderen eröffnen könntest. Schreibe mir darüber eine Zeile. Herr Kuhlmann, der Schreiber des Briefes, gehört zu meinen besten Freunden.

Herr Strecker hat den Artikel Galle auf meinen Wunsch noch einmal umgearbeitet, daher die Verzögerung; morgen oder übermorgen wird er damit fertig sein.

Sage doch Herrn Dr. Kolbe, daß ich seine schöne und an wichtigen Resultaten so reiche Abhandlung erhalten habe und daß sie unverweilens gedruckt werden soll.

Es würde mir angenehm sein, Löwigs Organische Chemie zu haben. Die neue Auflage übertrifft bei weitem meine Erwartungen, und ich glaube, daß schon des Systems wegen dieses Werk dem von Leopold Gmelin einen empfindlichen Schaden zufügen wird.

Mit den freundschaftlichsten Gesinnungen

Dein treuer Justus Liebig.

Die Einlage erbitte ich mir in Deinem Nächsten retour. Wenn ich mich nicht täusche, so wird das kleine Ding über die Bewegung der Flüssigkeiten des Tierkörpers einige Epoche machen. Wir wollen aber keine stärkere Auflage als 1500 machen, da in nächster Zeit, indem ich immer noch daran arbeite, manches Wichtige hinzukommen dürfte.

Gießen, 2. Februar 1848

Mein teurer Freund!

Beifolgend der Rest des kleinen Buches. Ich habe darüber vor der Vollendung noch einen Vortrag halten wollen, mit dem ich jetzt fertig bin. Dies ist die Ursache des Aufenthaltes. Die Mediziner und Physiologen werden aus diesem Schriftchen sehen, daß ich nicht allein Grundsätze aufzustellen weiß, sondern daß ich sie auch praktisch durch Tatsachen bewahrheiten kann. Die Arbeit über Fleisch wird jedermann überzeugen, daß noch unermeßliche Entdeckungen in der Chemie des lebenden Körpers zu machen sind, und die über Bewegung mag dartun, wie schlecht ihre bisherige Methode der Forschung ist, daß ihnen, den Physiologen, so wichtige und so einfache Wahrheiten und Gesetze entgehen konnten. Die Bewegung, welche durch die Haut und Lungenausdünstung entsteht, ist für das organische Leben ebenso wichtig wie die Blutbewegung. Das Geschrei der Toren wird verstummen, und eine neue ernsthafte, arbeitsame Zeit wird beginnen.
Die Einlage ist ein Zusatz zur Seite 41, den ich für wichtig genug halte in einer Zeit, wo alle Welt über die Kartoffelkrankheit beunruhigt ist.
Ich wünsche diese Arbeit in die Annalen aufzunehmen, welche in den verschiedenen Lesezirkeln in viele tausend Hände kommen. Dein Absatz wird dadurch nicht kleiner, sondern größer werden. Die Anzahl unserer Abonnenten beträgt 600, und selbst diese werden einen Extraabdruck gerne haben wollen. In den Annalen wird der Abdruck solange zurückgehalten werden, bis Deine Versendungen gemacht sind. Sei doch so gut, mir die Holzschnitte zu schicken, sobald sie entbehrlich sind.
Wegen dem jungen Mann von Lille erwarte ich noch Deine Antwort. Für Löwigs Buch meinen besten Dank.

Von Herzen Dein treuer Justus Liebig.

Hältst Du eine Vorrede für nötig?

Gießen, 19. Februar 1848

Lieber Vieweg!

Ich erhalte soeben Deinen Brief vom 15. und eile, Dir für die Auskunft wegen dem jungen Franzosen zu danken. Ich habe sogleich nach Lille geschrieben, um auf die gestellten Fragen Antwort zu erhalten. Es wäre mir äußerst angenehm, wenn der junge Mann seine Zwecke erreichte.
Es ist mir sehr verdrießlich, daß meine Fleischarbeit nicht in Deinem, sondern in dem Winterschen Verlag erschienen ist, da sie eigentlich einen Teil, und zwar den experimentellen Teil, der Tierchemie ausmacht, den derjenige, welcher die Tierchemie anschafft, kaum entbehren kann. Aber ich dachte gar nicht daran, einen besonderen Abdruck davon erscheinen zu lassen, und da mir Winter den Vorschlag machte, so konnte ich von ihm nicht mehr weg. An dem Vorwort bin ich soeben beschäftigt.
Winter gab mir für die kleine Schrift über Fleisch für 1500 Abdrucke 200 Taler Honorar, sie ist nur einen Bogen schwächer. Du wirst hiernach selbst das Honorar für die neue bemessen können.

Wenn es Dir nicht angenehm ist, die Arbeit über die Ursache der Bewegung der Flüssigkeiten des Tierkörpers in den Annalen erscheinen zu sehen, so darfst Du dies nur sagen. Ich habe Material für die Annalen genug und dachte mir, daß es Dir nur angenehm sein könnte. Die Annalen haben zwar nur 600 Abonnenten, aber durch die Lesezirkel kommt die Arbeit in die Hände von tausenden von Ärzten und Apothekern und dürfte bei vielen um so eher den Wunsch erwecken, sich in den Besitz eines Extraabdruckes zu setzen.

Was die Tierchemie betrifft, so fürchte für die Zukunft für den Absatz nichts. Die Erwartungen, welche man etwa hegt, sind so überspannt, daß ich nicht vorsichtig genug sein kann. In meiner gegenwärtigen Stellung, angefeindet und angegriffen von Berzelius und Mulder, muß der Herrschaft dieser Gegner durch eine Masse neuer Tatsachen für immer ein Ende gemacht werden. In den letzten beiden Jahren habe ich dieser Tierchemie wegen zwei Untersuchungen angestellt (die über das Fleisch und die Bewegung der Flüssigkeiten), von denen jede einzelne bei jedem anderen ein halbes Leben ausfüllen würde, und jetzt, wo die Untersuchungen über Galle, über die Oxydationsprodukte der Tierbestandteile beendigt sind, bedarf es nur noch einiger Versuche über das Blut, um etwas Vollendetes liefern zu können. Meine Versuche über das Blut sind bereits begonnen, aber ich unterbreche sie, um Dir den Artikel Gärung liefern zu können. Ich will ihn schreiben, weil ich aus dem Artikel „Fäulnis" sehe, wie wenig ein anderer sich dafür eignet. Marchand paßt durchaus nicht dazu.
In 14 Tagen hoffe ich, den Artikel liefern zu können.

Mit den herzlichsten Grüßen

Dein treuer Justus Liebig.

Gießen, den 3. März 1848

Mein teurer Freund!

Die Aufregung, welche durch die Pariser Nachrichten hier erweckt worden ist, ist so groß, daß ich kaum glaube, ein ruhiges Ende dieses Semesters, was gesetzlich noch sechs Wochen zu dauern hat, erwarten zu dürfen. Da nun viele meiner Zuhörer (es sind über hundert) den Wunsch haben, in den Besitz des neuen Büchleins zu kommen, über dessen Inhalt ich mehrere Vorträge gehalten habe, so möchte ich Dich bitten, mir die Vorrede zur Revision aufs schleunigste zukommen zu lassen, damit das Buch sobald wie möglich erscheinen kann.
Wir sind hier in der schlimmsten Lage von der Welt. Wenn der Bundestag und die Regierungen die Wünsche der Massen unbeachtet lassen, so gibt es zwar vielleicht keine Revolution, aber der ganze Rhein wird die Franzosen rufen. Sie werden sich diesem Erzfeinde anschließen, weil er ihnen in vollem Umfang gewährt, was die eigenen Regierungen versagen. Daß damit die Existenz der kleinen Fürsten und die ihrer eigensinnigen Ratgeber auf die Spitze gestellt wird, ist augenfällig. Es muß von dem Schicksal bestimmt sein, daß sich die, welche an der Spitze der Leute stehen, über die Festigkeit des Grundes, der sie trägt, in der allen übrigen Menschen unbegreiflichsten Täuschung befinden. Denn in der Tat, wären sie nicht völlig blind, so gäbe es keine Revolutionen. So war es mit dem unglücklichen Louis Philippe, der, nach den unerhörtesten Wechsel-

fällen, welche die Geschichte von den Schicksalen eines Menschen kennt, in seinem achtzigsten Jahre exilieren muß, so war es mit seinen beklagenswerten Ministern. So wird es bei uns kommen. Jedermann sieht dies ein, nur die nicht, welche am höchsten stehen und die weiteste Aussicht haben. Und wenn es sich auch ereignen sollte, daß die Fürsten die Bewegung in Deutschland unterdrücken könnten, ohne Konzessionen zu machen, so erlangen sie damit wieder nur eine kurze Frist, und nach zehn oder zwanzig Jahren wird der Ausbruch umso furchtbarer und Verderben bringender sein. Die Rechte, welche das Volk in Anspruch nimmt: Pressefreiheit, Schwurgerichte und was damit zusammenhängt, sind reelle Dinge, Nationalität aber ist nur eine Idee. Daß man die Nationalität in Mainz und längs dem Rhein diesem Erwerb zum Opfer bringt, wer könnte es diesen Leuten zum Vorwurf machen, da ja die Selbstsucht auf der anderen Seite des Rheines noch viel größer ist.

Herzlichst Dein treuer Justus Liebig.

Die Stadt Hanau und die ganze Grafschaft haben eine Deputation nach Kassel geschickt, die gestern hier durchkamen. Sie verlangen sofortige Änderung des Ministeriums und Systems. In Darmstadt sind in der Deputiertenkammer dieselben Anträge gestellt, Entfernung des Ministers, Pressefreiheit, Schwurgerichte etc.

Gießen, den 17. März 1848

Lieber Vieweg!

Ich muß Dich wegen dem Artikel Gärung um Entschuldigung wegen der langen Verzögerung bitten. Ich bin aber so leidend und unwohl, daß ich in den letzten 14 Tagen kaum imstande war, einen Gedanken zu fassen, ich konnte keinen Brief ohne die größte Anstrengung schreiben. Ich liefere aber den Artikel, darauf kannst Du dich verlassen.
Auf meinen Wunsch hat Prof. Kopp sich entschlossen, für das Wörterbuch einige Artikel zu liefern. Auf dem einliegenden Zettel sind einige verzeichnet, die ich Dr. Kolbe zu geben bitte, damit er sie in seine Hauptliste einträgt. Die Artikel Sieden, Thermometer redigierte Prof. Buff und Zamminer. Ich wünsche ferner, daß Herr Dr. Kolbe Herrn Prof. Kopp in einigen Zeilen sagen möchte, daß die vorgeschlagenen Artikel in betreff der Ausarbeitungen von Seiten Kopp's genehmigt sind.
Es hat mich sehr gefreut, von Dir zu hören, daß auch in Braunschweig Männer leben, die ihre Rechte im Auge haben. Preußen muß der Bewegung folgen, es kann gar nicht anders.

Herzlichst Dein treuer Justus Liebig.

Gießen, den 24. März 1848

An die
Viewegsche Buchhandlung in Braunschweig

Ich höre zu meinem großen Schrecken, daß mein Freund, Herr Eduard Vieweg, durch einen Steinwurf am Kopfe eine schwere Verwundung erhalten hat und bitte Sie inständig, mir umgehend über sein Befinden gefällige Nachricht zu geben.

Hochachtungsvoll
ganz Ihriger
Justus Liebig

Gießen, den 30. Juli 1848

Lieber Vieweg!

Ich würde Deine beiden letzten Briefe nicht so lange unbeantwortet gelassen haben, wenn ich gehofft hätte, mit meinem Briefe Dir die Artikel Gärung und Hefe senden zu können. Ich hoffe, mit beiden in etwa 8 Tagen fertig zu sein, und es ist deshalb nicht nötig, eine Änderung in der Anordnung der Artikel zu treffen. Ich bin mit meinem Artikel Gärung nicht im mindesten zufrieden. Er ist so schlecht wie möglich, obwohl ich seit 4 Monaten unablässig damit arbeite, aber ich bin über viele Fragen nicht im reinen, und dies raubt mir alle Befriedigung. Wäre es möglich, die dunklen Punkte in sechs Wochen aufzuklären, so würde ich nicht Anstand nehmen, den Artikel zurückzuhalten, aber ich brauche mindestens noch sechs Monate dazu, und dies ist zu lang. Unter diesen Umständen muß ich mich darein schicken, von vielem zu reden, was ich nicht recht verstehe, und vieles zu sagen, was ich nicht weiß; ich kann es aber nicht ändern.
Nun zu etwas anderem. Wir leben hier in einer ganz desperaten Situation. Von meiner Besoldung sind mir $^2/_3$ zurückbehalten aus Mangel an Geld. Der Student macht es wie der Bauer, er bezahlt die Kollegiengelder nicht, und es ist wahrscheinlich, daß im Winter alle Ausländer ausbleiben werden und daß das Laboratorium leer stehen wird. Darin liegt die Fatalität, wenn man an einer kleinen Universität wirkt, die von den eigenen Landeskindern nicht zehrt. Unter diesen Umständen wünsche ich sehnlichst, daß Du im Stande sein möchtest, trotz der schlechten Messe mir in 4–6 Wochen 800–1000 Thlr. zu geben. In einer besonders üblen Lage stehe ich mit Winter. Ich habe bei ihm ein Kapital stehen, von dem ich einen Teil voriges Jahr gekündigt habe, was er nicht zurückbezahlen kann. Das schlimmste ist, daß durch die Wirkung der Zeitverhältnisse derselbe seit $^3/_4$ Jahren von dem Journal kein Honorar bezahlen kann, so daß ich für das Journal große Vorlagen machen muß, um mir es zu erhalten. Seine Schuld gegen mich wächst mit jedem Tage an, und in dem gegenwärtigen Gange der Verhältnisse mindern sich im gleichen Grade die Mittel, dieselbe zu tilgen. So bin ich denn in großer Gefahr, das, was ich mit so großer Anstrengung erworben habe, wieder einzubüßen und zwar zu einer Zeit, wo die Kinder herangewachsen sind und man die Mittel zu ihrem weiteren Fortkommen nicht entbehren kann. Wenn Du mir etwas zum Troste in Beziehung auf die Verhältnisse Winters sagen kannst, so bitte ich Dich darum. Es versteht sich von selbst, daß Deine Erkundigungen mit der allergrößten Diskretion geschehen müssen, denn wer möchte es verantworten können, schwierige Verhältnisse noch schlimmer zu machen.

Meine Versuche über die Gärung setze ich fort. Es ist wahrscheinlich, daß ich zu einigen für die Bier- und Weinfabrikation nützlichen Resultate komme, und dann will ich das Ganze in einem besonderen Bändchen erscheinen lassen.
Wenn ich die 800–1000 Thlr. zu Mitte oder Ende September habe, so ist dies früh genug, ich wünsche gegen die Eventualitäten des Wintersemesters geschützt zu sein. Was sind dies für Zustände!

Dein treuer Justus Liebig.

Den Artikel Gärung erhältst Du in 8 Tagen, ich habe denselben nur noch abzuschreiben.

Gießen, den 10. August 1848

Lieber Vieweg!

Beifolgend der Artikel Gärung und der Artikel Hefe (letzterer von Dr. Strecker), mit denen ich sehr wenig zufrieden bin. Aber ich konnte unter den gegenwärtigen Verhältnissen nichts hervorbringen, was mich einigermaßen befriedigt. Meine Versuche über Gärung setze ich fort, im nächsten Jahre weiß ich hoffentlich etwas mehr davon.
Meinen letzten Brief wirst Du erhalten haben. Herzlichst grüßt

Dein treuer Justus Liebig.

Gießen, den 28. August 1848

Lieber Vieweg!

Beifolgend die Revision des Artikels Gärung von mir und die des Artikels Galvanismus von Buff. Der Artikel Ferment ist in dem Artikel Gärung ganz enthalten. Der Artikel Hefe ist bestimmt, unter H aufgenommen zu werden.
Wegen des Geldes mache es, wie Du es vorgeschlagen. Es ist mir recht, dasselbe in drei Raten zu erhalten. Mit Winter bin ich noch nicht geordnet; ihn zu drängen, hieße den Mann zu Grunde richten. Dasselbe gilt für das Journal. Ich hoffe sehnlichst, daß er sich hält, es wäre ein harter Schlag für mich.
Ich bin, wie gewöhnlich, am Ende eines Semesters sterbens vor Erschöpfung und hoffe, in den Ferien mich wieder zu erholen. Die Tierchemie muß schlechterdings fertig werden.

Herzlichst grüßt Dein treuer Justus Liebig.

Gießen, den 5. Oktober 1848

Mein teurer Vieweg!

Ich beeile, Dich in Kenntnis zu setzen, daß ich gestern bei meiner Rückkunft von meiner Ferienreise Dein Schreiben vom 14. September nebst einliegenden drei Wechseln auf Frankfurt im Gesamtbetrage von fl. 655 (sechshundertfünfundfünfzig Gulden) richtig vorgefunden habe, welcher Dir gutgeschrieben ist. Ich erwarte noch von Dir die jährliche Abrechnung und die Festsetzung des Honorars für die dem Wörterbuch gelieferten Artikel und der kleinen Schrift über Endosmose.
Was den Jahresbericht betrifft, so wirst Du bereits den Prospectus von Ricker in Händen haben. Ich hätte Dir gerne dieses Verlagswerk zugewiesen, allein die Hauptmitarbeiter (ich werde sehr wenig daran tun) sind mit Ricker befreundet, so daß ich meinen Wunsch nicht durchsetzen konnte.
Der politische Horizont ist trüb genug, man muß zufrieden sein, wenn man sich körperlich wohl erhält, denn geistig leiden wir alle. Unseren kleinen Universitäten steht eine große Abnahme bevor. Es war eine Torheit, mich in Gießen fixiert zu haben.
Die Tierchemie muß durchaus diesen Winter fertig werden.

Mit treuer Anhänglichkeit

Dein Justus Liebig.

Gießen, den 8. Oktober 1848

Lieber Vieweg!

Wahrscheinlich ist Dr. W. Beyermann, auf welchen einer der mir gesandten Wechsel im Betrage von fl. 180 gezogen war, durch die Frankfurter Ereignisse früher von dort vertrieben worden, als derselbe beabsichtigte. Denn als ich nach Zurückkunft von meiner Ferienreise den Wechsel auf ihn abgab, kam mir derselbe mit Protest zurück. Wechsel und Protest liegen bei. Anstatt fl. 685 bleiben Dir demnach, nach Abzug von fl. 183.30, gutgeschrieben fl. 471.30.

Mit herzlichen Grüßen

Dein treuer Justus Liebig.

Wenn man in Frankfurt ist, so scheint in Beziehung auf die politischen Ereignisse die Sonne; wenn man außerhalb ist, so meint man, die Welt ging unter. So ging es wenigstens mir. Ich sprach v. Gagern und meinen alten Gönner, den Erzherzog, sie waren beide voller Hoffnung. Ich für mein Teil sehe die Dinge nicht so rosenfarbig. Die Linke ist wahrhaft toll, man weiß gar nicht mehr, was sie wollen. Sie scheinen ganz vergessen zu haben, warum sie da sind. Wie würde es bei einer zweiten Wahl sein! Ich glaube beinahe, es kommen noch mehr dieses Schlages in die Reichsversammlung, und dann hätten wir Brand und Mord an allen Ecken. Der Himmel lenke es zum Besten.

Dein Freund Justus Liebig.

Gießen, den 30. Oktober 1848

Lieber Vieweg!

Ich beeile mich, Dir den Empfang der beiden Wechsel auf Rothschild und Miroprio in Frankfurt im Betrage von fl. 524.32 anzuzeigen, sodaß ich demnach nach Abzug des protestierten Wechsels von fl. 180 und fl. 3.30 Protestkosten im ganzen fl. 936.2 von Dir empfangen habe.
Der Separatabdruck des kleinen Buches, die Säftebewegung, hat 6 Bogen, von denen wir einen à 20 Thlr. rechnen wollen. Dies macht im ganzen Thlr. 120 oder fl. 210. Hierzu kommt noch der Artikel Gärung in dem Handwörterbuch, der einen Bogen stark ist; diesen zu fl. 77 gerechnet, wären in meinem Guthaben noch fl. 287 aufzunehmen.
Ich habe Dir, wie ich glaube, schon gesagt, daß ich die zweite Hälfte der Tierchemie begonnen habe. Ich habe guten Mut und Hoffnung, dieselbe bis zu Ostern zu beendigen. Auf Weihnachten erhältst Du hinreichend Manuskript, um den Druck anzufangen. Was den Mut und die Hoffnung betrifft, so will ich nur bemerken, daß ich in den verflossenen Zeiträumen von zwei Jahren keinen Funken davon hatte und beinahe verzweifelte, das Buch vollenden zu können. Um etwas Neues und Besseres sagen zu können, muß man Zeit haben. Diese Gedanken und Anschauungen, welche sich an Beobachtungen knüpfen, müssen sich wie eine Pflanze allmählich entwickeln, sie sind nicht wie andere abhängig von unserem Willen. Ich fühle, daß ich viel Gutes und Besseres werde sagen können. Das meiste hat man mir zu tun und zu denken übrig gelassen. Ich nehme des Buches wegen keine oder nur sehr wenige Laboranten ins Laboratorium.
Von dem ersten Band des Handwörterbuches habe ich Dir durch Ricker alle Hefte gesandt, die ich noch übrig hatte. Von dem zweiten Band habe ich von jedem Hefte noch drei Exemplare, die ich Dir aber senden will, wenn Du sie nötig hast.
Was das Wörterbuch betrifft, so wird es nicht leicht veralten können, da ohnedies Supplementbände dazugegeben werden müssen. Bei anderen Büchern dürfen freilich keine großen Auflagen gemacht werden, wenn sie nicht aus dem Gedächtnis kommen sollen. Es ist übrigens sonderbar, daß das Studieren nicht mehr abgenommen hat. In den anderen Wissenschaften mag dies freilich merklicher sein als in den Naturwissenschaften, die in der Zeit der Bewegung nur steigen können. Ich wünsche Dir Glück, daß Dein Verlag sich ganz den Naturwissenschaften zugewandt hat. Es ist dies gewiß besser wie eine Zeitung, die meistens zu einem Blutegel wird, der das Blut aussaugt.
Mit dem Jahresberichte war nichts zu machen. Ricker ist mit allen Mitarbeitern genau bekannt und befreundet und damit unabweisbar geworden.
Von der organischen Analyse haben sich keine Exemplare mehr vorgefunden. Sie sind von Aubet, dem Du sie bei Deinem Hiersein geschenkt hattest, auf eine recht liederliche Art verschleudert worden.

Mit herzlicher Liebe

Dein treuer Justus Liebig.

Ricker läßt mir soeben sagen, daß er drei Hefte des Handwörterbuches seit April nach Leipzig abgesandt habe, er vermutet, daß sie dort stehen geblieben sind.

1849

6. 1.	Treiben eines Betrügers; Warnungs-Annonce in Viewegs Zeitung
6. 2.	Schlechter Gesundheitszustand, Besserung durch Braunschweiger Wurst – Langsames Voranschreiten der Tierchemie – Empfehlung als Verlagsprojekt: Physikbuch von Buff – Klagen Kopps über Vieweg – Schwierigkeiten mit Mitarbeitern des Handwörterbuchs
9. 2.	Honorare – Vieweg als Zeitungsverleger (Deutsche Reichs-Zeitung) – Politisches – Warnung vor einem Verlagsprojekt: Landwirtschaftliche Chemie von Sacc
10. 2.	Zu Viewegs Zeitung; Anregung zu einem belletristischen Beiblatt – Honorar für Schill
23. 3.	Plan einer Ferienreise – Politisches – Personelles
7. 10.	Rückkehr von Reise nach Ostende – Kredit für Sohn Georg – Arbeit an der Tierchemie
20. 10.	Dank für Kredit – Vorwort zu Mills Logik
22. 11.	Handwörterbuch-Artikel ‚Galle', ‚Endosmose' – Verlagsprojekt Schleiermacher – Verhältnisse Varrentrapps
28. 11.	Anzeige für Mills Logik von Prof. Corriera – Über Sohn Georg
30. 12.	Dank für Weihnachtssendung – Zu Verlagsprojekten – Neue Ausgabe der Chemischen Briefe

Gießen, den 6. Januar 1849

Lieber Vieweg!

Durch einen Brief aus Nordhausen von dem Hause Fleck und Sturm erfahre ich, daß ein frecher Betrüger namens Wolff, der sich für meinen Agenten ausgibt, um Geheimnisse aller Art an Seifensieder, Branntweinbrenner et dgl. Gewerbe zu verkaufen, in der dortigen Gegend sein Wesen treibt. Im vorigen Jahr bekam ich aus Schlesien, Sachsen und der Provinz Preußen Dutzende von Briefen von Leuten, die ihr Geld wieder von mir haben wollten. Ich ließ den Menschen durch mehrere Polizeibehörden verfolgen, ohne daß es gelang, seiner habhaft zu werden. Ich bitte Dich, die einliegende Anzeige in Deine verbreitete Zeitung aufnehmen und mehrere Wochen hintereinander abdrucken zu lassen. Die Kosten bitte ich Dich, mir in Rechnung zu bringen. Mit den besten Grüßen und den herzlichsten Wünschen zum Neuen Jahr

Dein treuer Justus Liebig.

[Aus: Deutsche Reichs-Zeitung Nr. 34, 1849. Braunschweig, Freitag, 9. Februar]

Warnung

Der Reisende Wolff, welcher in weiteren Kreisen und auch in der Nähe, am Harze, in Thüringen etc., allerlei Geheimnisse für Techniker und Landwirthe zum Verkauf anbietet und sich für einen Agenten des Professors Freiherrn v. Liebig in Gießen ausgibt, ist, wie wir aus sicherster Quelle wissen, ein gemeiner Gauner und Betrüger, vor dem wir alle Geschäftsmänner pflichtmäßig warnen wollen.

Wir ersuchen die Zeitungen Nord-Deutschlands, diese Warnung zum Schutze des Publikums in ihre Spalten aufzunehmen, wogegen wir auch unserer Seits stets mit Vergnügen bereit sein werden, derartige nützliche Notizen unentgeltlich aufzunehmen.

Braunschweig, 1. Februar 1849. Expedition der Deutschen Reichszeitung.

Gießen, den 6. Februar 1849

Mein teurer Vieweg!

Ich eile, Dir meinen und meiner Frau herzlichsten Dank für die vortreffliche Schlackwurst zu sagen, welche Deine und Deiner Frau Güte uns bestimmt hat. Du setzest uns, lieber Freund, damit in Verlegenheit, da Gießen ein so ärmliches Nest ist, das nichts ähnliches produziert, wodurch wir uns erkenntlich zeigen könnten. Die Leberwurst im besonderen hat einen günstigen Einfluß auf mich gehabt. Seit länger wie drei Monaten konnte ich des Abends nichts Festes genießen, ohne durch eine schlaflose Nacht dafür bestraft zu werden. In den letzten Wochen aß ich nichts mehr als eine Tasse Haferschleim. Die Wurst verführte mich, davon zu essen, und der Erfolg war so, daß ich jetzt seit drei Tagen etwas mehr genießen kann. Daß unter diesen Umständen die Tierchemie keine raschen Fortschritte machte, kannst Du Dir denken, ich habe aber beständig daran gearbeitet und hätte Dir schon etwas Manuskript schicken können, wenn ich den Gegenstand nicht vorher in meinen Vorträgen behandeln wollte. Wenn ich über meine

Bearbeitung einen Vortrag halte, so wird dieser Gegenstand klarer und runder; ich habe bereits 8 Stunden darüber gelesen.
Prof. Buff hat ein kleines populäres Buch über Physik, physikalische Geographie, für eine in Stuttgart erscheinende Enzyklopädie übernommen und bearbeitet, aber die dortigen Verleger scheinen das Unternehmen aufgegeben zu haben. Das Büchlein ist vortrefflich bearbeitet und für jeden Gebildeten bestimmt. Verbreitung der Wärme auf der Oberfläche der Erde, Mineralquellen, Vulkane, Winde etc. etc. machen den Gegenstand aus. In der Form von Briefen würde das Büchlein (es wird nicht über 10 Bogen stark) eine gute Aufnahme finden. Wenn Du keine Abneigung hast, so schreibe mir eine Zeile darüber. Es sind eben Zeiten zu kleinen und nicht zu großen Unternehmungen.

Ich bitte Dich, mein Bester, in Deinem wohlverstandenen Interesse, Dich mit Kopp zu verständigen. Er klagt sehr über Dich, und mein Zureden, daß Du ja gar keine Schuld an den Fehlern des Kupferstechers in Nürnberg hättest, noch viel weniger an der Verwikkelung durch dessen Tod, alles dies macht keinen Eindruck auf ihn. Er verlangt, daß Du ihm wenigstens schreiben möchtest, und dieser Wunsch ist nicht unbillig.
In Beziehung auf das Wörterbuch hat sich Herr Zamminer über Herrn Kolbe zu beklagen, indem der ihm übertragene Artikel über Gewicht, den er bei Maas abhandeln wollte, ohne weitere Benachrichtigung durch Varrentrapp bearbeitet worden sei und daß eine sehr mühsam zusammengesetzte Tabelle über spezifisches Gewicht, an der er mit mehreren anderen mehrere Tage gearbeitet habe, ganz ausgelassen worden sei. Meiner Ansicht nach gehören diese Tabellen in ein Wörterbuch. Es sind dies an sich keine bedeutenden Dinge, aber sie verstimmen doch, und man muß bei einem so ausgedehnten Werke sich die Kräfte zu erhalten suchen und nicht verkümmern. Sprich mit Kolbe darüber, aber ohne mich zu nennen.
Nochmals meinen besten Dank für die Würste. Wie immer

Dein treuergebener Justus Liebig.

Entschuldige den Brandflecken. Die Tinte wollte nicht trocknen, es ist Runge'sche Tinte, welche die Stahlfedern nicht angreift. Zeige doch die Schrift Varrentrapp, es wird ihn interessieren.

Gießen, den 9. Februar 1849

Mein teurer Vieweg!

Die mir übersandten 4 Wechsel habe ich richtig erhalten und werde Dir den Gesamtbetrag derselben von fl. 626.52 nach Eingang dankbar gutschreiben.
Als ich Deinen Entschluß vernahm, die Zeitung herauszugeben, habe ich Dich beklagt. Du gehörst zwar zu den großartigen Naturen, die schon einer Last gewachsen sind, welche das gewöhnliche Maß übersteigt, aber eine Zeitung nach dem Plane der Deinigen schien mir mit Deinen anderen Unternehmungen nicht verträglich. Wie bei allen tatkräftigen Menschen ist Deiner Natur nichts mehr zuwider als die Abhängigkeit, und niemand ist übler dran als ein Zeitungsunternehmer, denn er ist in vielem abhängig von dem Publikum, in allem ist er aber abhängig von seinen Redakteuren. Wenn Du die Zeitung selbst schreiben könntest, so wäre ich über den Erfolg keinen Augenblick im

Zweifel, so aber, durch die Redaktion an Händen und Füßen gebunden, muß Dir dieser Zustand sehr zur Qual sein. In der gegenwärtigen, ungeordneten, fürchterlichen, kaiserlosen Zeit ist eine Zeitungsunternehmung die schlechteste in der Welt, weil der Redakteur unter allen Umständen den Unternehmer seinem Interesse opfert. Denn wir leben in der Zeit, wo die Redakteure von Zeitungen Personen sind, welche Minister oder sonst etwas werden wollen. Mit Leuten dieser Art komme einer zurecht, sie haben nur sich und die Partei im Auge, die ihnen Nutzen verspricht. Was kann der Unternehmer dagegen bieten! In den Naturwissenschaften hingegen warst Du Dein eigener Herr, Du beherrschtest die Literatur, alles Gute fiel Dir zu, und Deiner Tätigkeit nach konnte es nicht anders sein. Das war für Dich ein glücklicheres Verhältnis, aber es befriedigte Dich nicht. Wenn sich die Zeitung so lange hält, bis die politischen Verhältnisse geregelt sind, dann wirst Du auch daran Deine Freude haben können, bis dahin aber nur Ärger und Verdrießlichkeit. Du nimmst mir hoffentlich diese Bemerkungen nicht übel.
Wie sehr hast Du sonst recht, die Linke in Frankfurt hat großes Unheil zu verantworten. Gagern, der Arme, hat viel zu leiden und wahrlich, eine große Kraft muß an diesen Hindernissen erlahmen; er ist übrigens wie von Stahl und immer guten Mutes.
Die Chimie agricole von Sacc würde ich nicht empfehlen. Sacc ist ein Schüler von mir, er ist ohne gediegene Kenntnisse und der Einbildung voll. Er versteht weder etwas Tüchtiges von Chemie noch von Landwirtschaft, und ich glaube kaum, daß sein Buch mehr ist als eine Art Bearbeitung von Fresenius' Landwirtschaftlicher Chemie.

Von Herzen erwidere ich Deine guten Wünsche

Dein treuer Justus Liebig

Das Zeitungsblatt lag nicht bei, ich bitte darum. Für den Abdruck der Warnung meinen besten Dank.

Gießen, den 10. Februar 1849

Mein teurer Vieweg!

Die Zeitung kam unter Kreuzband denselben Tag. Dein Brief an Herrn Oswald enthält ein politisches Glaubensbekenntnis in der schönsten Form und im schönsten Geiste, ich bin auf Deiner Seite und unterschreibe es. Ich weiß zwar nicht, ob Dir das Sprechen leicht wird, aber ich denke mir, daß Du als Glied der Frankfurter Nationalversammlung sehr nützlich hättest sein können. Ich tauge leider nicht auf die Tribüne, ich bin befangen und leicht verwirrt.
Deine Zeitung ist für ihren Inhalt so beispiellos billig, daß sie in Norddeutschland eine große Verbreitung finden muß. Die Frankfurter Blätter, welche uns als Lokalblätter unentbehrlich sind, schließen in unserer Gegend beinah jede andere Zeitung aus. Ich kann Dich übrigens versichern, daß die belletristischen Beiblätter ein paar Tausend Abonnenten festhalten. Es sind dies die Blätter, welche die Weiber haben wollen. Schlechter redigiert wie das Frankfurter Journal ist kein Wurstblatt (so heißt es übrigens hier); aber die [unverständliches Wort] machte seinen Ruhm zuerst und hält es jetzt. Willst Du nicht einen Versuch mit einem solchen Beiblatte machen?
Ich erhalte eben einen Brief von Dr. Schill von Heidelberg. Der Ärmste will nach Amerika und seufzt nach Geld. Er sagt, er hätte seit Wochen keine Antwort von Dir und

sei in Verzweiflung, er wolle nach Frankfurt, um mit Mohl zu sprechen und könne nicht etc. Freund, habe Mitleid mit seiner Lage, und wenn er etwas gut bei Dir hat, so gib es ihm, Du tust, wenn es schnell geschieht, ein doppelt gutes Werk.

Von Herzen Dein treuer Justus Liebig.

Gießen, den 23. März 1849

Mein teurer Vieweg!

Ich bin im Begriff, eine kleine Ferienreise zu meiner Erholung zu machen, und beabsichtige, nach Vevey an den Genfer See zu gehen, wo ich in einem milden Klima und entfernt von der Politik neue Kraft für den Sommer zu sammeln gedenke.
Von dem Resultate Deiner Reise nach Frankfurt hätte ich gerne Kenntnis gehabt. Daß ich Deinen Wunsch sogleich erfüllt habe, beweist der anliegende Schein. Die letzte Abstimmung über den Walkerschen Antrag gibt zu erkennen, daß wir alle Hoffnung auf eine Einheit aufgeben müssen. Es ist von Seiten der 110 österreichischen Deputierten wahrhaft ehrlos und schändlich, daß durch sie der höchste Wunsch aller wahren Patrioten zunichte gemacht worden ist. Es ist ganz unbegreiflich, daß man ihre Mitwirkung überhaupt jetzt noch zuläßt. Diese Männer haben nicht nach ihrer Überzeugung, sondern nach der Politik ihres perfiden Hofes gestimmt. Ich sehne mich danach, wenigstens 14 Tage lang ungepeinigt durch diese Zustände zu leben.
Dr. Fresenius hat ein kleines Guthaben am Lexikon, es ist ihm eine Wohltat, wenn Du es berichtigst. An Dr. Kolbe habe ich vor 14 Tagen geschrieben, bin aber ohne Antwort; er ist vielleicht krank?

Von Herzen Dein treuer Justus Liebig.

Darmstadt, 7. Oktober 1849

Mein teurer Vieweg!

Ich bin vor einigen Tagen mit meiner Frau von Ostende zurückgekommen, wo wir 4 Wochen das Seebad gebrauchten. Wir hatten leider zu Ende unserer Kurzeit kaltes und regnerisches Wetter, so daß wir das Bad nicht so lange fortsetzen konnten, als wir wünschten, aber ich sowohl wie meine Frau fühlen uns sehr gestärkt, und ich hoffe, im Winter meine gewohnten Arbeiten fortsetzen und namentlich die Tierchemie beendigen [zu] können. Auch kommt für dergl. Bücher wieder die Zeit, wo die Menschen Interesse daran nehmen.
Mit dem Gegenwärtigen wollte ich Dich bitten, meinem Sohn Georg, welcher nach Berlin geht, um daselbst Anatomie zu treiben, einen Kredit von 200 Talern bei einem dortigen Dir befreundeten Hause zu eröffnen und mir diesen Betrag in Rechnung zu bringen. Solltest Du keine Gelegenheit haben, dies ohne Unbequemlichkeit für Dich zu tun, so bitte ich Dich, mich mit einer Zeile davon zu benachrichtigen. Wir sind an

unserer Universität in der seltsamen Lage, einen vortrefflichen Professor der Anatomie (Herrn Bischof), aber keine Leichen für den Unterricht zu haben. Dieser Umstand veranlaßt eben meinen Sohn, einen passenderen Ort zum Lernen aufzusuchen. Georg wollte anfangs nach Leipzig, aber dort soll es noch schlimmer wie in Gießen sein.
Für die Tierchemie habe ich den größten Teil des Materials beisammen. Von Seiten der Chemie und Mediziner ist nichts erschienen, was man einen Fortschritt nennen könnte, so daß mir vieles Interessante zu sagen bleibt. Die Popularität Mulders ist wie Rauch verflogen, ja selbst Moleschott, den ich in Mainz sprach, will nichts mehr von ihm wissen.

Mit den herzlichsten Grüßen

Dein treuer Justus Liebig.

Gießen, den 20. Oktober 1849

Für Deine freundliche Bereitwilligkeit sage ich Dir, mein teurer Vieweg, meinen besten Dank und bitte Dich, meinen Georg, der sich bereits in Berlin befindet, das Accreditiv vorläufig auf 250 Taler nach Berlin zu senden. Er hat mir bereits geschrieben, daß ich ihm Geld zukommen lassen möchte, da das, was er mitnahm, für seine Einrichtungen draufgegangen sei. Seine Adresse ist: An Georg Liebig, Stud. med., Oranienburger-Straße No. 21, bei Herrn Röhring, königl. Diener in Berlin.
Was das Vorwort zu Mill's Logik betrifft, so verlange von mir jeden anderen Dienst und ich werde bereit sein, aber mit diesem setzest Du mich wahrhaft in Verlegenheit. Wenn Du Dir die Mühe nimmst, im Buch nachzulesen, was Mill über mich und meine Forschungsmethode gesagt hat, so wirst Du es natürlich finden, daß ich zur Verbreitung durch meinen Namen die Hand nicht bieten darf.
Wenn Du an meinen Sohn nach Berlin schreibst, so sei doch so gut, von dem physiologischen Wörterbuch die Bogen 36, 37 und 38 vom I. Band, dann die Bogen 37, 38, 39, 40 und 58 vom II. Bande beilegen zu lassen. Es sind dies Bogen, die mir fehlen und die er bei diesem nützlichen Buche bei seinem Studium nicht entbehren mag; ich habe ihm nämlich die Aushängebogen mitgegeben.

Mit den herzlichsten Grüßen von Haus zu Haus

Dein treuer Justus Liebig.

Gießen, den 22. November 1849

Mein teurer Freund!

Den Artikel Galle will Herr Dr. Strecker (derselbe, welcher die neueste Untersuchung darüber gemacht hat) übernehmen. Deine Sorgen sind also in dieser Beziehung erledigt.
Was den Endosmose-Artikel betrifft, so will ich nichts dagegen sagen, daß er eigentlich in die Tierchemie gehört. Es ist in der Tat ein notwendiger Abschnitt derselben. Wenn aber derselbe der Tierchemie einverleibt werden soll, so kann der besondere Abdruck,

wie ich glaube, unterbleiben. Wir drucken ihn in dem Formate der Tierchemie mit denselben Lettern und mit Marginalien und zwar mit fortlaufender Seitenzahl und lassen denselben, obwohl er nur 4 Bogen geben mag, sogleich erscheinen. Es kann immer noch ein halbes Jahr dauern, ehe der Rest fertig ist, und ihn solange liegen zu lassen, ist nicht ratlich. Die Leute sehen wenigstens, daß an der Tierchemie unausgesetzt fortgearbeitet wird. Ich hoffe, Du bist damit einverstanden.
Du würdest mich sehr verbinden, wenn Du Schleiermachers Anliegen berücksichtigen wolltest. Schreibe ihm doch einige Zeilen.
Wegen Varrentrapp hoffe ich, daß seine Verhältnisse sich zu seinen Gunsten und zu seiner Zufriedenheit gestalten werden. Zum Weggehen hat er ja noch immer Zeit, und wenn man sich einmal an einem Orte wohlbefindet, so soll man nicht zu rasch verfahren, um sich etwas Unbekanntem herzugeben. Grüße ihn herzlich; an mir soll es nicht fehlen.

Dein treuer Justus Liebig.

Gießen, den 28. November 1849

Beikommend, teurer Vieweg, eine Anzeige für Mill's Logik. Sie ist auf meine Bitte von unserem gestrengen Prof. M. Corriera verfaßt worden, der als Mann vom Fach darüber ein kompetentes Urteil hat. Sollte Dir die Anzeige recht sein und Du den Wunsch hegen, daß Corriera die Anzeige mit seinem Namen zeichnen möge, so bitte ich Dich, ihm selbst zu schreiben und ihm ein paar freundliche Worte des Dankes zu sagen. In No. 235 der Brockhaus'schen Blätter für literarische Unterhaltung hat Corriera einen Brief an mich adressiert, in welchem auch von Mill die Rede ist.
Georg hat mir geschrieben, daß er das Accreditiv auf 250 Taler erhalten habe, für so baldige Besorgung bin ich Dir sehr verbunden. Es wird Georg höchstwahrscheinlich nach Braunschweig kommen, denn er war von seinem Besuche, besonders bei Deinen Verwandten in Leipzig, sehr entzückt; es ist ein sehr guter Junge. Joh. Müller hat sich seiner sehr herzlich angenommen, und ich hoffe, daß ihm sein Aufenthalt in Berlin ganz den Nutzen gewährt, den ich mir davon verspreche.

Von Herzen

Dein treuer Justus Liebig.

Gießen, den 30. Dezember 1849

Mein teurer Freund!

Ich habe soeben an Dich schreiben und Dir und Deiner Familie meine herzlichsten Wünsche zum neuen Jahr ausdrücken wollen, als ich Deinen Brief vom 24. nebst einem Paket Deiner Verlagswerke und eine Kiste mit den köstlichsten Würsten empfing. Für alle diese Guttaten sage ich Dir, so wie meine Frau, Dir und den Deinigen unseren besten Dank. Die Wurstsendungen, so angenehm sie sind, setzen uns übrigens stets in eine gelinde Verlegenheit, da wir in dem hiesigen Neste so garnichts haben, womit wir Euch eine ähnliche Freude machen könnten. Der Himmel vergelt's einstweilen.

Es scheint, nach den Büchern zu urteilen, daß Dein Verlag eine neue Richtung genommen hat. Die Zeitung mag wohl einen Anteil daran haben, aber es ist gewiß nicht gut, wenn Du Deine Aufmerksamkeit von dem naturwissenschaftlichen Verlag, der Dir in Deutschland vorzugsweise gehört, ablenkst. Ich glaube nämlich, daß das Interesse an den Naturwissenschaften in dem nämlichen Verhältnis, wie die Politik in den Hintergrund tritt, wieder zunehmen wird, da zuletzt die materiellen Interessen die überwiegendsten sind. In dieser Beziehung möchte ich Dich nochmals auf das kleine Buch, was Buff herauszugeben willens ist, aufmerksam machen. Es ist sehr gut geschrieben und leicht in die Form von physikalischen Briefen zu bringen.
Es ist uns allen sehr lieb, daß unser Georg bei Euch ist, denn in Deiner Familie wird er in den Weihnachtstagen seine Eltern und Geschwister am wenigsten vermissen. Daß Dein Heinrich gekommen ist, ist umso erfreulicher.
Erhalte mir, lieber Vieweg, in dem neuen und den künftigen Jahren Deine Freundschaft und sei überzeugt, daß in meinen Gesinnungen keine Änderung möglich ist. Der Himmel schenke Dir und den Deinen, so wie uns allen, die Gesundheit, ohne welche alle Güter der Erde wertlos sind.

Von ganzem Herzen

Dein treuer Justus Liebig.

Ich bitte, Georg von uns allen herzlich zu grüßen. Wegen der Tierchemie schreibe ich Dir später. Ich bin auf einige Wochen durch eine neue Ausgabe der chemischen Briefe beschäftigt, aber wenn ich damit fertig bin, so hält mich nichts ab, die Tierchemie zu vollenden. Ich gönne es Winter zu sehr, als daß ich ihn warten lassen möchte.

1850

11. 2. Zu Sohn Georg – Stellungnahme zu einem Verlagsprojekt – Personelles (bei „Will in Erlangen“ handelt es sich um J. G. Friedrich Will; der enge Mitarbeiter Liebigs Heinrich Will übernahm den Lehrstuhl in Gießen) – Politisches

18. 4. Zu Sohn Georg – Politisches

30. 7. Empfehlung eines Verlagsprojektes: Botanikbuch von Braun

18. 8. Neuausgabe der Organischen Analyse; Strecker soll dabei helfen – Korrespondenzen mit Braun

26. 10. Honorarabrechnung für Will

Gießen, den 11. Februar 1850

Mein teurer Vieweg!

Was Du uns von Georg schreibst, hat mir und meiner Frau sehr wohl getan. Es gibt für Eltern kaum etwas Beglückenderes, als wenn sie erfahren, daß ihre Kinder die Achtung und Liebe guter und verständiger Menschen besitzen. Georg war auch sehr entzückt von seinem Aufenthalte bei Euch. Ich wußte dies voraus, von alter Erinnerung her.
Wegen Koreis wird Knapp schreiben. Auch Buff wegen seinem kleinen Buch. Müller ist mit dem Jahresbericht ganz zufällig vergessen worden, und es hat Ricker sogleich Auftrag erhalten, ihm 1 Exemplar zu überreichen.
Ich habe über Dr. Weber aus Gernsheim hier nichts näheres in Erfahrung bringen können. Es gibt so viele Weber, welche Doktoren sind, daß man genauere Erkundigungen braucht. Bischoff, mit dem ich sprach, meint, der Verlag einer Genesis des Irrsinns sei ein bedenkliches Unternehmen. Ein solches Buch erfülle kein Bedürfnis, man habe eine große Zahl ähnlicher, in der Regel reich an Ansichten und arm an positiven Anwendungen.
Advokat Bopp kenne ich, er wird, wie ich glaube, einen guten Korrespondenten abgeben.
Will in Erlangen ist in Vorschlag wegen der zoologischen Stelle, er ist aber nicht zu haben, da er dort in der medizinischen Fakultät ist und hier in die philosophische Fakultät treten müßte, auch ist er zu teuer, sonst ein trefflicher Mann. Dr. Hein in Berlin und Dr. Leukart in Göttingen werden ex aequo in Vorschlag kommen.
Die Wahlen für R. werden diese Woche vor sich gehen. Ich wünsche sehr, daß wir Dahlmann, der bis jetzt noch nicht gewählt ist, hier durchbringen könnten, aber es ist keine Aussicht dazu da. Das kleinliche Volk will einen seiner kleinlichen Repräsentanten. So wenig auch die preußische Verfassung befriedigt, so begrüße ich sie doch als die Morgenröte eines neuen Tages. Der ritterliche König sagte ja auch 1811/14, keine Macht der Erde wird mich zwingen, ein Stück Papier etc. . . . Er ist bezwungen und wird noch mehr nachgeben müssen. Es ist gewiß töricht zu glauben, daß der Übergang einer absoluten zur konstituellen Monarchie sprungweise geschehen könne. Den Naturgesetzen gemäß wird sich alles organisch und zwar allmählich entwickeln, und in diesem Sinne haben wir immer gewonnen, noch nichts wesentliches wirklich verloren, was für immer verloren wäre.

Herzlichen Gruß

Dein treuer Justus Liebig.

Auch Prof. Vogel kennt den Dr. Weber nicht und ist wegen des Verlages von dessen Buch ganz der Ansicht Bischoffs.
Sollte in Beziehung der Wahl Dahlmann's sich Deine Zeitung nicht seiner annehmen? Ein Mann wie dieser dürfte nicht fehlen. Die Reichszeitung lesen wir mit großem Vergnügen, Du hast an Dr. Andorn einen trefflichen Redakteur, seine Artikel sind wohl die besternten?

Gießen, den 18. April 1850

Mein teurer Vieweg!

Mein Sohn Georg hat mir mitgeteilt, daß Du ihm verflossenes Winterhalbjahr zu dem Kredit von 200 Talern einen neuen Kredit von 50 Talern eröffnet hattest; ich habe diesen Betrag Deiner Rechnung gutgeschrieben. Mit dem Gegenwärtigen wollte ich Dich bitten, ihm einen neuen Kredit von 200 Talern zu eröffnen, und mich davon, wenn es geschehen, in Kenntnis zu setzen. Georg hat vor, Dich in Erfurt zu besuchen.
Wir alle sehen mit Verlangen einer jeden Zeitung entgegen, welche uns Neues von Eurer Tätigkeit bringt. Wie es bis jetzt scheint, so geht alles gut. Der Sieg, den Ihr davongetragen habt, ist von großer moralischer Werbung. Es muß zuletzt dem König von Preußen eine Fackel aufgehen, da es unmöglich ist, die Gothaer einer revolutionären Tendenz zu bezichtigen. Ich bitte Dich, Gagern, Emmerling, Reh aufs herzlichste zu grüßen und ihnen zu sagen, wie uns alle ihre Wirksamkeit erquickt. Möchte sie nur den Erfolg haben, den wir so sehnlich wünschen.

Von Herzen Dein treuer Justus Liebig.

Gießen, den 30. Juli 1850

Mein teurer Vieweg!

Ich sende Dir mit der Fahrpost ein Exemplar der neuesten Schrift unseres Professors der Botanik, Dr. Alexander Braun, vorher in Freiburg, den wir glücklich genug waren, für unsere Universität zu gewinnen; er kommt nächsten Herbst hierher. Seine Schrift enthält die Resultate der Forschungen eines ganzen Lebens und ist reich an den umfassendsten und wichtigsten Resultaten, welche eine Neu- oder Umgestaltung vieler physiologischer Ansichten und Lehren zur Folge haben werden. Braun wünscht wieder zu seinen Kosten zu kommen und hat das Buch Herrn Ricker dahier zum Verlag angeboten. Derselbe hat aber nun eben erklärt, daß er den Verlag nicht übernehmen könne, da er keine Aussicht habe, das zu zahlende Honorar durch den Verkauf des Buches wieder zu erwerben. Brauns Werk ist eines von denen, welche sich zwar nicht schnell, die sich aber doch zuletzt verkaufen und welche häufig neue Auflagen nötig machen. Die Anzahl der Personen, welche sich mit Botanik beschäftigen, ist unter den Apothekern und Lehrern nicht klein, und obwohl ich keinen Auftrag habe, Dir das Buch anzubieten, so wollte ich doch Deine Ansicht wissen, ehe ich Braun wieder schreibe. Überlege doch die Sache und sage mir, ob Du Dich entschließen kannst, auf ein Geschäft einzugehen und unter welchen Bedingungen. Wenn Du ihm auch nicht das Ganze geben kannst, was er in Anspruch nimmt, so wirst Du ihm jedenfalls mehr als irgendein anderer Buchhändler geben können. Ein Buch dieser Art ist eine Zierde für einen Verlag und der Verlag eine Ehrensache. Schreibe mir, aber bald, eine Zeile darüber.

Von Herzen Dein treuer Justus Liebig.

Das große Unglück, welches unseren Freund Varrentrapp getroffen, hat uns tief und aufs schmerzlichste ergriffen. Für einen solchen Verlust gibt es kaum einen Trost; seine Freunde können nur mit ihm trauern und ihn beklagen.

Gießen, den 18. August 1850

Lieber Vieweg!

Dr. Kolbe sprach mit mir wegen der neuen Auflage der Analyse organischer Körper, die Du gemacht zu haben wünschest, und obwohl ich kaum glaubte, daß es wahrscheinlich wäre, noch eine neue Auflage zu verkaufen, so meinten doch alle, daß daran nicht zu zweifeln sei. Ich kann das Büchlein aber nicht bearbeiten und schlage Dir vor, es durch meinen ersten Assistenten, Dr. Strecker, der sich vortrefflich dazu eignet, bearbeiten zu lassen. Das Buch soll wie vorher unter meinem Namen erscheinen, aber Strecker soll unter meinen Augen und natürlich unter meiner Mitwirkung die Arbeit, alle Zusätze etc. machen. Wenn Du dies zufrieden bist, so sage mir in einer Zeile, wieviel Du für diese Bearbeitung geben kannst, damit Strecker, mit welchem ich das Honorar teilen werde, weiß, was er für seine Mühe hat. Ich habe bereits mit ihm gesprochen, und er ist gern bereit, seine Hand zu leihen.
Ich habe Herrn Braun in Freiburg geschrieben, daß ich in seinem Namen an Dich geschrieben habe. Es war ihm höchst angenehm in der Aussicht, mit Dir in eine dauernde Verbindung zu treten. Schreibe ihm nur direkt, er ist darauf vorbereitet.
Dein Plan, den Du Buff vorgelegt, ist sehr schön, wiewohl schwierig in der Ausführung; er ist aber ausführbar. Wo Du diese tiefe Einsicht in die Wissenschaften und die Bedürfnisse der Zeit und diese trefflichen Ideen hernimmst, dies weiß der Himmel.

Von Herzen Dein treuer Justus Liebig.

Georg hat mir zwar nicht geschrieben, um wieviel Geld er Dich neuerdings angesprochen hat, es wird aber schon recht sein. Du gäbest es ihm am Ende doch auch, wenn ich es nicht gutheißen wollte.

Gießen, den 26. Oktober 1850

Mein lieber Vieweg!

Ich habe in der nächsten Woche Gelegenheit, die Telegraphie nach London zu schicken, und Dein Auftrag nach dieser Seite hin wird damit besorgt. Wegen dem Pariser werde ich zuvorderst an H. Reynault schreiben.
Professor Will kam vor einiger Zeit mit einer Abrechnung von Dir zu mir, mit dem Ersuchen, diese Angelegenheit zu ordnen. Nach Deiner Berechnung hat er bar von Dir erhalten 271,10 gr. und für Arbeiten, für das Handwörterbuch geliefert, zu empfangen 123,17 gr., so daß er endlich 147,23 gr. herauszubezahlen hätte. In dieser Berechnung befindet sich erstens der Irrtum, so er nicht 64 1/2 Kolumnen, sondern 129 Kol. für das Wörterbuch geliefert hat, nämlich:

Band I	36 1/2 Kol.
Band II	77 1/2 Kol.
– III	15
	129 K.

welche zu 20 Thlr. per 16 – 161 machen, anstatt 123,17 gr., welche ihm gutgeschrieben sind. Soeben hat Will, wie Du weißt und genehmigt hast, im Jahre 1842 und 1843 dieselbe Stelle im Wörterbuch übernommen, welche jetzt Kolbe versieht. Er hat eine weitläufige Korrespondenz gehabt, ein ausführliches Register gemacht und die Korrekturen besorgt, und ich habe für diese Geschäfte damals Dir proponiert, ihm 200 Thlr. zu geben. Deine Zahlungen im Jahre 1842 u. 1843 beweisen, daß Du [auf] diesen Vorschlag eingegangen bist, denn sie betragen bis Februar 1843 nahesoviel als er für die Redaktion und für gelieferte Arbeiten zu bekommen hatte. Er empfing 271,10 gr. und hatte zu erhalten für die Redaktion 200+64,16 für gelieferte Arbeiten [Summa] 264,16. Seit dieser Zeit sind nun neue Arbeiten dazugekommen, welche Du ihm zu bezahlen schuldig bist, sie betragen 97 nämlich.

Soll		Haben
57,32	Honorar für die Redaktion	200,—
114,68	für gelieferte Arbeiten	161,—
100		361,—
271,10		
90,—	Saldo Vortrag	
361,—		

Ich bitte Dich, diese Irrtümer in Deinen Büchern berichtigen zu wollen.

Mit den herzlichsten Grüßen

Dein treuer Justus Liebig.

1851

9. 1.	Zum Buch von Braun – Nationalökonomische Artikel für Viewegs Zeitung
24. 5.	Finanzielles – Chemische Briefe als Zeitungspublikationen – 2. Teil der Tierchemie – Nationalökonomische Briefe – Agrikulturchemischer Beitrag für Viewegs Zeitung – Vorwort zu Regnaults Chemie – Ruf nach Heidelberg – Silberne Hochzeit – Orden Pour le mérite – Gaskrüge zur Herstellung von Brausewasser
5. 7.	Übersendung der Neuausgabe der Organischen Analyse – Londonreise – Gaskrüge – Artikel für Viewegs Zeitung
17. 7.	Chemiebücher von Strecker – Bearbeiter für Regnaults Werk – Varrentrapps Arbeit für Viewegs Zeitung – Gaskrüge (Füllung, Vorsichtsmaßregeln) – Silberne Kaffeekanne
30. 8.	Englandreise

Gießen, den 9. Januar 1851

Mein teurer Vieweg!

Unser Prof. Braun hat mich ersucht, an Dich zu schreiben und Dich zu veranlassen, ihm auf seinen letzten Brief zu antworten. Es ist nicht mehr wie billig, daß Du nach dem in einem Brief an mich Geäußerten Dich entschließt, Braun zu sagen, ob Du seine treffliche Schrift nehmen oder nicht nehmen willst, damit er sich einen anderen Verleger sucht, im Fall Du irgend ein Bedenken dabei hast. Alle Exemplare des Buches stehen in einer großen Kiste hier, an einem Platz, auf welchem sie nicht länger bleiben dürfen, ohne zu leiden. Du sprachst vom Umdrucken des Titels. Alles dies könnte geschehen, ohne daß es nötig ist, das Buch oder die Exemplare den Weg nach Braunschweig machen zu lassen, wenn dies, anstatt damit nach Leipzig, zuviel Kosten machen sollte. Wenn Du ihm nicht selbst schreiben willst, so schreibe an mich. Es wäre mir aber leid, wenn das Buch in andere Hände käme. Es wird sich nicht rasch verkaufen, aber noch nach Jahren wird es Käufer finden.

Ich bin beinahe entschlossen, für Deine Reichszeitung eine Reihe von nationalökonomischen Artikeln vom Standpunkt der Naturwissenschaft aus zu schreiben, etwa in der Form wie die Chemischen Briefe. Ich muß aber Zeit dazu haben und mit der neuen Ausgabe meiner Chemischen Briefe fertig sein. Was den Nationalökonomen abgeht, dies sind gerade die naturwissenschaftlichen Kenntnisse, die vielleicht in dieser Weise ihnen beigebracht werden.

Von ganzem Herzen meine besten Wünsche zum neuen Jahr für Dich und die Deinigen

Dein treuer Justus Liebig

Vergiß die Abrechnung nicht.

Gießen, den 24. Mai 1851

Mein teurer Vieweg!

Bei der Vergleichung des mir übersandten Conto Correntes mit meinen Büchern habe ich beide übereinstimmend gefunden bis auf einen kleinen Posten von fl. 3302, der in unserer Abrechnung von 1848 bereits unterm 11. Oktober Dir zu Lasten aufgeführt ist, der aber in der gestern erhaltenen fehlt. Du schicktest mir damals einen Wechsel im Betrage von fl. 180, der protestiert wurde. Die bezeichneten fl. 3302 sind die Protestspesen, welche ich mir gutzuschreiben bitte.

Zur Ausgleichung unserer Rechnung sende ich Dir einen der Wechsel auf fl. 1000 zurück. Was Dir gutbleibt: fl. 285,8 K. Davon kannst Du die Zinsen bei Gelegenheit Deiner Zinsenzahlung am 1. Juli abrechnen.

Wie Du von Dr. Baumgarten richtig vernommen hast, bin ich allerdings mit der neuen Ausgabe meiner chemischen Briefe fertig, allein ich kann Dir von diesen Briefen für Deine Zeitung keine geben. Ich will drei davon, zwei historische und den 28., der Allgemeinen Zeitung geben, welche ich derselben seit langem schon zugesagt habe. Ohne mit Cotta, der immer sehr anständig gegen mich war, zu brechen, kann ich dies Versprechen nicht zurücknehmen. Der 28. Brief, welcher in der Allgemeinen Zeitung etwa 5 Briefe geben wird, enthält die Grundzüge zu einer rationellen Diätetik, und Du wirst es natürlich finden, daß ich wünsche, diese Briefe, wenn sie überhaupt in einer Zeitung abgedruckt werden, in der Allgemeinen Zeitung abgedruckt zu sehen. Außer diesen drei Briefen enthält die neue Ausgabe noch 4 neue Briefe, worin ich die Umrisse zu dem zweiten Teil der Tierchemie niedergelegt habe. Nach dieser großen, zwei Jahre dauernden Vorarbeit hält mich jetzt nichts mehr ab, die Tierchemie zu vollenden, und Du wirst wahrnehmen, daß ich Fortschritte gemacht habe, während die Physiologen trotz Mikroskop und Physik stehengeblieben sind.

Der 28. Brief enthält auch eine Andeutung zu den nationalökonomischen Briefen. Was diese betrifft, so kannst Du darauf rechnen, daß sie niemand anders in Verlag erhält als Du. Einen chemischen Brief oder vielmehr eine Note, welche zwei volle Spalten Deiner Zeitung ausfüllen wird, sende ich Dir nächste Woche. Er bezieht sich auf die Agrikulturchemie und ist die Antwort auf Pusey's groben Angriff. Ob Du ihn geeignet hältst für den Druck in Deiner Zeitung, dies muß ich Deinem Urteil überlassen. Diese Note ist eigentlich mehr für die Engländer geschrieben, aber die Deutschen können auch manche nützliche Lehre daraus ziehen.

Wegen dem Vorwort zu Regnault's Chemie bin ich in Verlegenheit. Dr. Kerndt, einer meiner Schüler, hat sie auch übersetzt, und er sowohl wie sein Verleger haben sich an mich gewendet, um ein empfehlendes Vorwort, was ich natürlich abschlug. Aber in der Lage, in welche ich hierdurch versetzt bin, ist es mir nicht erlaubt, Deinem Buche einen Vorzug zu geben, obwohl es viel besser bearbeitet ist und die Figuren von einer Treue und Schönheit sind, wie ich noch nie etwas ähnliches gesehen habe.

Die Angelegenheit mit Heidelberg ist noch im Gange. Sie ist sehr verführerisch, aber Heidelberg besitzt in meinem Fache nichts und hier habe ich alles, was ich seit 27 Jahren geschaffen, zu verlassen. Um noch mal von vorne anzufangen, dazu fehlt mir der Mut und, das notwendige Erfordernis des Mutes, die Frische, [die] keine Schwierigkeit scheuende Jugend. Alles wird von dem Verfahren unserer Regierung abhängen, welche gegen die hiesige Universität so lau wie möglich geworden ist.

Am Sonntag feierten wir das Fest der Silbernen Hochzeit, im Kreise unserer Kinder, unserer nächsten Verwandten und liebsten Freunde. Ich dachte nicht entfernt an diesen Tag, daher kam Überraschung auf Überraschung; es war ein froher, heiterer Tag. Durch ein Spiel des Zufalls erhielt ich am Vorabend von Humboldt die Nachricht, daß ich an Jacobis Stelle zum Mitglied des Ordens pour le mérite gewählt worden sei, ich hatte von 28 Stimmen 20. Humboldt nannte es eine glänzende Wahl, da ein Einfluß auf die Wahl bei der Entfernung, in welcher die Mitglieder voneinander wohnen, nicht wohl ausgeübt werden könne und jeder seine Stimme dem geben könne, der ihm gefällt. Dies ist noch nicht offiziell, denn die eigentliche Wahl findet erst am 31. Mai, also in Tagen, am Antrittstag der Regierung Friedrichs des Großen statt, und es wäre mir sehr unlieb, wenn durch eine Zeitung die Mitteilung Humboldts bekannt werden würde. Ich schicke Dir später Humboldts Brief, wenn es Dir Vergnügen macht, ihn zu lesen.

Wegen der Physik von Regnault werde ich an ihn schreiben und hoffe auf ein gutes Resultat. Sei doch so gut, mir zu sagen, ob Du bereits von den Apparaten (Krügen) zur Darstellung von moussierendem Wasser u. dergl. Getränke hast. Mein Bruder hat eine Fabrik davon in Darmstadt, und ich beabsichtigte, Dir zwei zu schicken. Sie waren mir aber bis jetzt weder schön, noch groß, noch dauerhaft genug. Die er jetzt macht, sind aber vortrefflich, und wenn du noch keine hast, so macht es mir eine Freude, Dir von diesen trefflichen Apparaten zu schicken.

Herzlichst Dein Justus Liebig

Gießen, den 5. Juli 1851

Lieber Vieweg!

Ich habe Dir vor etwa 4 Wochen in einem Briefe einen Deiner Wechsel auf Deine Zahlungen an Georg eingesandt und habe über den Empfang noch keine Nachricht von Dir, was mich beunruhigt. Ich hoffe, daß er in Deinen Händen ist.
Beifolgend die organische Analyse mit den nötigen Verbesserungen und Zusätzen. Es wäre mir lieb, wenn das Büchlein nicht vor meiner Zurückkunft aus England gedruckt würde: ich reise den 31. Juli von hier ab. Du wirst wahrscheinlich auch nach London gehen? und wann?
Auch wegen den Gaskrügen hast Du mir nichts geschrieben. Ich habe deshalb durch meinen Bruder aufs Geradewohl zwei schöne Krüge mit Material zu Füllungen an Dich abgehen lassen. Du weißt doch, wie man die Krüge behandelt? Es wird eine Vorschrift beigelegt sein, an die Du Dich genau halten mußt.

Herzlichst Dein treuer Justus Liebig.

Wenn Du die gesandten Artikel für die Reichszeitung nicht für geeignet hältst, so erbitte ich mir dieselben zurück, sie gehören auch nicht in die Reichszeitung.

Gießen, den 17. Juli 1851

Lieber Vieweg!

Ich habe mit Dr. Strecker wegen der technischen Chemie gesprochen, allein er versichert mir, daß er mit der organischen Chemie vollauf und noch drei Monate zu tun habe, und da er aller Wahrscheinlichkeit nach im Winter in Christiania sei, so kann er von da ab vielleicht 1 Jahr lang an eine literarische Unternehmung nicht denken. Mit Knapp ist es ebenso. Wenn du letzterem Zeit läßt, so ist er der beste Mann dazu. Ich sehe wohl, daß Du gern das Gute des größeren Regnault'schen Werkes Deinem Verlage einverleiben möchtest, aber es ist schwer, eine zur Bearbeitung geeignete Persönlichkeit zu finden. Den Kenntnissen und Fähigkeiten nach würde sich mein früherer Assistent Dr. Guggelberger vortrefflich dazu eignen. Er ist jetzt Direktor der Pfeifferischen Papierfabrik bei Kassel und durch seine schönen Arbeiten in der Chemie bekannt. Behalt ihn jedenfalls im Auge und schreibe einmal an ihn. Wenn er sich dazu versteht, so macht er Dir ein gutes Buch. Sage ihm, daß ich ihn Dir angelegentlich empfohlen habe. Technische Chemie sollte nur ein Techniker schreiben.
Da Varrentrapp im August zurückkehrt, so kann er aus den Chemischen Briefen eine Auswahl treffen. Auszüge aus den 26–27 und 28. eignen sich für die Reichszeitung am besten.
Varrentrapps Artikel über die Industrie-Ausstellung in London sind vortrefflich, ich lese sie mit großem Vergnügen. Der größere Teil Deiner Kollegen von dem Zollverein und den deutschen Staaten sind aber unwissende Menschen; man hat schlechte Auswahl getroffen. Wer hat denn den meisterhaften Artikel über Radowitz geschrieben?
Was die Füllung der Gaskrüge betrifft, so liegt wohl eine Anleitung bei. Die Füllung ist einfach folgende: Man schließt die Schraube unten, füllt den Krug ganz mit Wasser und

gießt dann 4 Unzen aus in ein Glas, so daß also im Krug ein mit Luft gefüllter Raum bleibt von dem Volumen der 4 Unzen Wasser. Man schließt den Krug, legt ihn um, öffnet die Schraube unten, schüttet die Weinsteinsäure und das kohlensaure Natron ein, gießt die oben abgenommenen 4 Unzen Wasser nach und schließt. Das Wasser ist nach 2–3 Stunden gut.

Vorsichtsmaßregeln

Es ist gut, wenn der Krug wie oben beschrieben fertig gefüllt ist, denselben oben sehr wenig zu öffnen, um die atmosphärische Luft, die sich oben befindet, auszulassen; 2–3 Sekunden lang ist genug. Auch ist es zweckmäßig, die untere Schraube nicht sogleich zu schließen, sondern die Gasentwicklung einige Sekunden abzuwarten (wieder um atmosphärische Luft zu entfernen).

Deine Krüge sind auf 18 Atmosphären probiert, und Du hast keinen unangenehmen Zufall zu befürchten.

Ich bin mit der wundervoll schönen Kaffeekanne in einiger Verlegenheit. Wir wollten sie vor einigen Tagen, als Dr. Braun von Rom bei mir war, zum erstenmal gebrauchen, als sich nach dem Einschütten des Kaffees ein Loch an der Schnauze zu erkennen gab, aus welchem die Flüssigkeit Tropfen für Tropfen ausfloß. Das Loch ist sehr klein, so daß man es kaum sieht, und wahrscheinlich beim Ziselieren entstanden. Ich würde Dir gar nichts davon sagen, wenn die hiesigen Silberarbeiter nicht Bedenken trügen, die Kanne zu reparieren. Sie müsse ganz ins Feuer und ginge ihnen vielleicht auseinander. Ich dachte deshalb, es sei viel einfacher, Dir den Umstand mitzuteilen, da der Silberarbeiter, bei dem sie gekauft worden, keinen Augenblick anstehen wird, sie gegen eine andere von derselben Beschaffenheit einzutauschen. Ich nehme natürlich an, daß dies geschehen kann und bitte Dich, mir in einer Zeile Deine Ansicht zu sagen.

Meinen letzten Brief mit den Einschlüssen hast Du wohl erhalten? Ich freue mich sehr auf unser Zusammentreffen in London.

Von Herzen Dein treuer Justus Liebig.

Liverpool, den 30. August 1851

Teurer Vieweg!

Ich erfahre soeben von meiner lieben Freundin Frau A. Bronn Deine Adresse in London und höre, daß Du ebenfalls nach Schottland gehen wirst, und wir müssen uns jedenfalls dort treffen. Ich setze Dich einstweilen in Kenntnis, daß ich heute nachmittag nach Wales und Montag nach Irland abreise. Die Tour nach Irland wird 5 Tage nehmen, so daß ich nächsten Donnerstag oder Freitag in Glasgow bin. Du wirst mich dort erfragen bei Walter Crum, 51. Cochrane Street.

Mit herzlichem Gruß

Dein treuer Justus Liebig.

1852

17. 1.	Englandreise; Bemerkungen über Irland (Gesundheitszustand der Bevölkerung, Kartoffelanbau) – Untersuchung für die Tierchemie: Titriermethode für Harnstoff – Organische Analyse
30. 6.	Berufung nach München; Gründe für die Annahme
27. 7.	Über Strecker (Hochzeitsreise, Arbeit an Verlagswerken) – Stellungnahme zu einem Verlagsprojekt – Finanzielles – Buch von Otto
8. 8.	Finanzielles – Pläne für München – Arbeit an der Tierchemie
6. 10.	Finanzielles (ein Wechsel soll zurückgehalten werden)

Gießen, den 17. Januar 1852

Mein teurer Vieweg!

Ich kann den Brief meiner Frau an die Deinige nicht abgehen lassen, ohne einige Zeilen für Dich beizufügen. Es war mir sehr leid, daß wir uns in London verfehlten; es war aber nicht anders möglich, da Du 14 Tage später ankamst als ich erwartete. Meine Freunde in Glasgow suchten Dich dort auf, aber Du kamst entweder nicht oder warst schon fort. Meine Reise nach Irland brachte uns ganz auseinander. Ich hätte Dich so gerne bei mir gehabt, um Dir das erste englische Labor zu zeigen, denn Du hättest mich gewiß auf meinen Streifereien begleitet.

Ich habe gefunden, daß die Vorstellungen, die man über Irland hat, für einen großen Teil des Landes wenigstens ganz falsch sind. Es ist wahr, ich fand Städte und Dörfer von Altlone bis Westport und von da nach Clifton und Galway von Bewohnern in Lumpen gehüllt, denen das Elend auf den Gesichtern stand, bewohnt, aber es wäre gegen alle Naturgesetze gewesen, dies anders zu finden. Denn von einem fruchtbaren Boden, der den Reichtum schafft, war keine Rede. Überall Kalk und tonfeiner Kalk, auf welchem die Körnerfrüchte nur unvollkommen gedeihen. Ich habe hunderte von Quadratmeilen gesehen und spärliche Kartoffel- und noch spärlichere Haferfelder. Ich habe gesehen, wie richtig unsere Ansichten in Beziehung auf den Ernährungswert der Kartoffeln sind. Die Kinder sehen noch den unsrigen ähnlich, weil die für einen Erwachsenen unzureichende Nahrung für ihren kleinen Körper bis zu einer gewissen Grenze ausreicht, aber die Erwachsenen geben in ihrem Aussehen zu erkennen, daß die Quantität ihre Kraft nicht ersetzte. Die jungen Mädchen sehen alt und die jungen Burschen so aus, als wenn sie von einem schweren Krankenlager sich erhoben hätten. Ihre Gesichtszüge waren ohne Frische und ihre Bewegungen langsam und schwerfällig; es fehlte eben die Kraft. Nirgends sieht man in den Städten, daß es jemals anders gewesen ist. Nirgends ein altes Haus mit einem Äußeren, welches in architektonischem Zierrate irgend einer Art zu erkennen gibt, daß die Wohlhabenheit oder der Überfluß darin gewohnt haben. Es ist sicher von jeher ein Land gewesen, welches zum großen Teil nicht hingereicht hat, um seine Bewohner vollkommen zu ernähren. Die Einführung der Kartoffel hat dazu beigetragen, die Einwohnerzahl noch zu vermehren, und mit der Erschöpfung des Bodens durch die Kultur ohne entsprechenden Ersatz ist (sowie durch die Mißjahre) der gegenwärtige Zustand entstanden. Wenn ich Zeit gewinne, werde ich Dir einige Briefe für Deine Zeitung daraus machen.

In diesem Augenblick bin ich mit der Ausführung einer Untersuchung für meine Tierchemie beschäftigt, welche alle meine Zeit und Gedanken in Anspruch nimmt: Ich habe gefunden, daß der Harnstoff mit salpetersaurem Quecksilber eine sehr schwerlösliche Verbindung bildet, und ich bemühe mich, eine Tritiermethode daraus zu machen. Ich hoffe, daß es mir gelingt, meinen Zweck zu erreichen, und wir haben alsdann ein Mittel, um den Stoffwechsel im gesunden und kranken Körper zu messen. Dies ist die nächste Bedingung zum rationellen Fortschritt der Pathologie.

Empfange, lieber Vieweg, meine besten Wünsche zum neuen Jahr für Dich und Deine Familie und bewahre uns Deine Freundschaft so wie bisher, auch in der Zukunft.

Unveränderlich Dein treuer Justus Liebig.

Nochmals meinen Dank für die trefflichen Würste.

Wie ist es denn mit der kleinen organischen Analyse? Hofmann in London möchte gern die Aushängebogen haben, um seine Verbesserungen einzutragen.

Gießen, den 30. Juni 1852

Mein teurer Vieweg!

Ich habe allerdings den mir von München zugekommenen Ruf angenommen und gehe dahin am Ende dieses Semesters ab. Was mich vorzugsweise hierzu bestimmte, ist das Praktikum. Ich habe den Unterricht im Laboratorium seit 28 Jahren geleitet und, wie ich glaube, die Methode des praktischen Unterrichts geschaffen und ausgebildet. Sie bietet für mich kein Interesse mehr dar, wohl aber wird mir die Leitung desselben bei 40 und mehr Praktikanten, die natürlich alle von meinen Gedanken zehren, ganz unerträglich. Sie ist so angreifend und aufzehrend, daß meine Gesundheit seit langem darunter gelitten hat. Ich durfte das Praktikum nicht fortsetzen, wenn ich noch irgend etwas für die Wissenschaft tun wollte. Ich bin 49 Jahre alt, und ich muß mit der noch übrigen Kraft ökonomischer umgehen. Hier, wo die Leute nur des Praktikums wegen herkommen, ging dies nicht; ich konnte es nur an einer großen Universität tun. Der König von Bayern hat zuletzt unter allen Fürsten das lebhafteste Verlangen, etwas für die Wissenschaft zu tun. Er hat die Mittel und den guten Willen, und an guten Männern, die ihm helfen, wird es nicht fehlen.
Das Klima von München ist der schroffen Wechsel wegen für den Fremden nicht angenehm, allein man kann sich durch Vorsicht schützen. Ich habe im Winter wöchentlich sechs Stunden, im Sommer 2 Stunden zu halten und dabei kein Praktikum. Ist dies nicht ein wahres Glück? Ich habe einen zureichenden Fond für meinen jährlichen Verbrauch und 2 Assistenten, deren Kräfte mein sind. Du fühlst, daß mir in München ein neues Leben aufgeht, wie ich es hier nicht führen konnte, wo mich die Arbeit erdrückte. Ich kann mich ungestört meinen Forschungen hingeben, und ich hoffe, Muße zu haben, größeres zu vollenden. Von diesem Gesichtspunkt aus wirst Du meinen Entschluß gewiß billigen.
Die Verhältnisse sind hier [in Gießen] kleinlich, in Hinsicht auf die Mittel zum Arbeiten, ein Kampf um das tägliche Brot. Daß ich nicht gerne von hier gehe, kannst Du Dir denken, aber ich muß meinen Blick nicht rückwärts, sondern auf die Zukunft lenken. Meinen herzlichen Dank für die Teilnahme, die Du an meinem Schicksale nimmst.

In treuer Anhänglichkeit Dein

Justus Liebig.

Gießen, den 27. Juli 1852

Lieber Vieweg!

Dr. Strecker ist erst seit zwei Tagen wieder hier und zurück von seiner Hochzeitsreise, so daß ich Dir früher Deine Anfrage nicht beantworten konnte. Ich habe ihn schon vorgestern gebeten, Dir selbst zu schreiben, so daß Du jetzt nicht mehr wegen den Tafeln oder einzudruckenden Figuren im Zweifel bist. Die alten Tafeln sollen bleiben und die neuen Apparate sollen in den Text aufgenommen werden.
Du schriebst mir früher wegen der Chemistry of Creation. Es ist ein recht hübsches Buch, was sich glatt und angenehm liest. Manche Unrichtigkeiten müssen übrigens verbessert werden. Soviel ich weiß erscheint bald eine neue Auflage, ich würde diese

abwarten. Schödler wird die Übersetzung ganz gut machen, auch Prof. Bromeis, jetzt in Marburg.
Dein Anerbieten wegen Geld nehme ich gerne an. Ich werde allerdings für den Umzug und die Einrichtung des Hauses es nötig haben, und ich bitte Dich, mir gegen Ende Oktober zweitausend Taler bereit zu halten; ich bedarf es nicht früher.
Otto's Buch ist sehr gut, nur etwas zu breit geworden. Wie freue ich mich darauf, mehr Zeit für mich zu haben. Ich werde glauben, im Paradiese zu sein, wenn ich diese jungen Blutigel, die an mir saugen, abgeschüttelt habe.

Von Herzen Dein treuer Justus Liebig.

Gießen, den 8. August 1852

Mein teurer Vieweg!

Mein baldiger Umzug nach München macht mir es sehr wünschenswert, meine Geschäfte und Geldverhältnisse geordnet zu sehen. Nach meinen Büchern geht unsere letzte Abrechnung nur bis November 1850. Ich bin wegen dem Wechsel über fl. 1000, die ich Dir zur teilweisen Ausgleichung Deiner Zahlungen an meinen Sohn Georg zurückgesandt habe, in einiger Verlegenheit, da Du mir den Empfang und daß Du denselben auf meine Rechnung zur Zahlung erhalten, nicht angezeigt hast. Wenn der Wechsel in andere Hände gefallen wäre, könntest Du doch möglicherweise dadurch in Verlegenheit kommen. Darum bitte ich Dich, schreibe mir eine Zeile darüber.
Im Anfang September reise ich nach München, bleibe dort, um den Bau des prachtvollen neuen Laboratoriums zu überwachen, etwa drei Wochen und kehre dann zurück, um meine Familie zu holen. Ich freue mich sehr auf München; ich bin glücklich in [dem] Gedanken, diese Blutsauger nicht mehr an mir zu haben, ich meine die Praktikanten, die an meinem Blute zehrten. Es wird mir ein leichtes sein, die größten Untersuchungen zu vollenden, vor allem die Tierchemie. Ich habe Dir, wie ich glaube, gesagt, daß ich eine neue Methode, den Harnstoff im Harn zu bestimmen, aufgefunden habe. Es ist noch nichts darüber von mir bekanntgemacht worden, weil Bischoff täglich damit Analysen macht und dies seit 6 Monaten ununterbrochen, um die Gesetze der Ernährung und des Stoffwechsels, den Einfluß der Nahrung, näher festzustellen. Die Bekanntmachung der Methode würde ihn gestört haben, weil wohl viele Physiologen über dasselbe Thema hergefallen wären und ein Übereilen in solchen Arbeiten sehr schädlich ist. Die von ihm erhaltenen Resultate sind sehr einfach und schön und für die praktische Medizin von hohem Wert. Auch habe ich bei dieser Gelegenheit eine neue Harnsäure im Hundeharn gefunden.
Meine Frau, welche eben in mein Zimmer tritt, empfiehlt sich Dir und den Deinigen aufs herzlichste sowie

Dein treuer Justus Liebig.

Was hast Du mit Elli's Chemistry of Creation beschlossen?

Gießen, den 6. Oktober 1852

Herrn Fr. Vieweg und Sohn in Braunschweig

In Beziehung auf Ihr Schreiben von 30. September ersuche ich Sie, mit der Übersendung der gedeckten Wechsel zu warten, bis Sie von mir von München aus weitere Nachrichten empfangen.

Ergebenst Ihriger

Dr. Just. Liebig.

1853

5. 2. Anfänge in München; Eindrücke von der Münchner Universität; Stellung des neuen Instituts; Vorlesungen, auch öffentliche – Abschied von Gießen – Finanzielles – Vorwort für die Neuauflage der Organischen Analyse – Neuauflage der Agrikulturchemie

16. 3. Tabellen für Analysen – Verhältnisse in München; Berufung von Stockhardt

2. 4. „Testimonial"-Ausschreibung in England (auf Grund deren Liebig 1854 zwei große silberne Kandelaber öffentlich verehrt bekam, siehe Brief vom 25. 9. 1854) – Vermögenslage; Resignation, Traum von einem Gut – Spenden auch aus Deutschland und Amerika?

21. 5. Testimonial-Sache – Persönliches – Neue Bearbeitung der Agrikulturchemie – Honorar für Organische Analyse

26. 8. Geldüberweisung für Hermann Liebig

19. 9. Organische Chemie Berzelius/Gerhardt in Paris – Finanzielles

12. 12. Organische Chemie von Gerhardt, deutsche Ausgabe; Schwierigkeit mit anderem Verleger – Persönliches

22. 12. Warnung vor einem Buch von Muspratt – Sorge um ein krankes Kind – Persönliches

München, den 5. Februar 1853

Mein teurer Vieweg!

Ich habe Dir seit langem schon meinen besten Dank für Deinen freundlichen Brief vom 23. Dezember zu sagen, sowie für Deine guten Wünsche für unser Gedeihen in der neuen Heimat. Im Anfang ging es recht hinderlich. Ich war mit meiner Frau sechs Wochen allein hier, in einer kleinen Kneipe, unserer künftigen Wohnung gegenüber, in die wir wegen der Bauveränderungen nicht hineinkonnten. Meine erste und Hauptsorge waren meine Vorlesungen. Das neue Gebäude, in dem das Auditorium ist, wurde im August erst angefangen, und es gelang meinem Drängen und Treiben, gegen alle Erwartungen, daß ich im November meine Vorträge beginnen konnte. Dadurch bekam dann mein hiesiges Leben einen festen Boden. Das Wohnhaus wurde ebenfalls allmählich fertig, so daß ich meine Kinder kommen lassen und wir einziehen konnten. Die Wohnung ist geräumig und schön und unsere Einrichtung beinahe vollendet, so daß wir allen Komfort haben, den wir uns wünschen können.

Der Abschied von Gießen tat uns leid, 28 Jahre brachte ich an diesem Orte zu, die ich insofern bedaure, nachdem ich die Überzeugung gewonnen habe, daß in kleinen Staaten etwas Großes nicht geschaffen werden kann. Es war eine Torheit, dieser Lokalpatriotismus. Ich sehe jetzt, daß nach mir alles in Trümmer zerfallen müsse, und diese Rücksicht bewog mich, nach München zu gehen. Ich hätte früher nach Wien oder Berlin gehen sollen.

Bis jetzt bin ich mit meinem Tausche sehr zufrieden. Das Leben und die Menschen gefallen uns. Es ist im Ganzen ein heiteres lebenslustiges Volk, gutartig und zuvorkommend. Wir finden eine Menge gebildeter Menschen, Künstler und andere, unter denen man sich leicht einen Kreis mit der Zeit auswählen kann. Von Wissenschaft weiß man aber nicht gar viel. Die Professoren haben sie gepachtet und treiben sie wie [unleserliches Wort] und fürchten Nachkommen, nicht für die Menschen, um sie zu unterrichten und zu belehren. Sie betrachten sich nicht als Apostel der Zivilisation und der Bildung, sondern als Schuhmacher, die vom Staat bezahlt werden, um für die Armen Schuhe zu machen, unentgeltlich, und die dazu so schlechtes Leder und so schlechte Arbeit wie nur möglich machen. Der bayrische Student ist im ganzen Bettelstudent, selbst Söhne von ganz wohlstehenden Staatsdienern, Oberappellationsräten, haben Armutszeugnisse. Darum fließt die ganze Intelligenz des Landes den Studien zu (leider nicht der Wissenschaft), weil sie kein Lehrgeld bezahlen müssen, was sie sonst jedem Schreiner, Schmied, Schneider etc. in Geld oder Zeit bezahlen müssen. Der Industrie und dem Gewerbe wird die Kraft entzogen, sie geht in dem Staatsdienst unter, und die Wissenschaft gewinnt nichts dabei. Da die Studenten in der Mehrzahl nichts bezahlen, so kann sich das Institut die Privatdozenten, die Pflanzschule für künftige Lehrer, nicht erhalten, und da es den Professoren ganz gleich ist, ob sie 10 oder 100 Zuhörer haben, da sie ja doch davon so gut wie nichts ziehen, so liegt ihnen wenig an dem Interesse der Studierenden, und da die Privatdozenten als Hechte fehlen, welche die trägen Karpfen zwicken und in Bewegung setzen, so ist die Gefahr der Versumpfung groß genug. Wir hoffen, daß es sich allmählich ändern wird, nur alles läßt glauben, daß der König auf der begonnenen Bahn beharrt.

Mein Institut hängt beinahe gar nicht mit der Universität zusammen. Es gehört der Akademie an, und ich wohne soweit von den Professoren entfernt, daß ich wenig Verkehr mit ihnen habe, wodurch ich im Ganzen kaum verliere. Ein Bedürfnis vermisse ich, das ist ein Physiker und ein Physiologe, mit denen ich verkehren kann, aber die kommen vielleicht noch.

Meine Vorlesung ist von etwa 250 Zuhörern besucht, darunter viele Nichtstudenten, so ist Herr Oldenbourg mein sehr fleißiger Zuhörer. Ich habe das Bewußtsein, hier etwas wirken zu können, und da jeder sieht, daß es meine angelegentliche Sorge ist, daß sie etwas lernen und die einzelnen Lehren richtig verstehen, so kann ich über Unfleiß nicht klagen, im Gegenteil, die Zahl hat sich stets vergrößert.
Nächsten Sonntag beginne ich einen Zyklus von 3 Vorlesungen, denen auch die liebenswürdige Königin Marie beiwohnen wird. Der König (leider in Italien) ist mir wohlgewogen. Er hat die besten Vorsätze, etwas Tüchtiges aus der Universität zu machen, aber die Hindernisse sind groß, die Professoren selbst wollen keine Änderung. Die schwarzen Ultramontanen fürchten den Fortschritt des Geistes, die Staatsdiener betrachten es als ein Privilegium, kein Honorar zu bezahlen, und daran scheitert vielleicht alles. Ohne den Stimulus des Honorars bekommen wir aus anderen deutschen Ländern keine guten Lehrer, denn welche enorme Besoldung müßte man geben, wenn man einen Göttinger oder Berliner Professor ein Äquivalent für seine Honorareinnahmen zusichern müßte.

Die beiden Wechsel, die Du mir zur Ausgleichung meines Guthabens an Zinsen im Betrag von fl. 250.20 zugesandt hast, habe ich richtig erhalten. Bis jetzt komme ich mit meinem Gelde noch zurecht, ohne von Deinem Anerbieten Gebrauch machen zu müssen, allein im Frühjahr werde ich einige tausend Gulden nötig haben. Der Umzug hierher, die hiesige Einrichtung, die Ausstattung meines Sohnes Georg, der nach Indien geht, die Ausstattung meiner Tochter Agnes, welche den Prof. Carrière heiratet, alles dies nimmt mehr in Anspruch, als ich disponibel habe. Ich schreibe Dir aber vorher noch darüber und bitte Dich, vorher keine Anschaffungen für mich zu machen.
Beikommend das Vorwort für die 2. Auflage der organischen Analyse. Es ist merkwürdig, von allen Büchern, die in Bayern verkauft werden, geht keins so gut als Schödlers Buch der Natur.
Daß eine neue Auflage der Agrikulturchemie nötig ist, macht mir einige Sorgen, da ich vor Sommer mich kaum damit beschäftigen kann. Es ist und bleibt das beste Buch, was man darüber hat, was seinen Wert nicht verlieren wird, dies ist meine Überzeugung, die ich durch Vergleichung mit anderen ähnlichen Werken gewonnen habe.
Meine herzlichsten Grüße an Deine Frau und meinen besten Dank für die treffliche Wurst.

Von Herzen Dein treuer Justus Liebig.

München, den 16. März 1853

Lieber Vieweg!

Ich bitte wegen der Tabelle um Entschuldigung. Ich vergaß, auf dem zurückgesandten Bogen zu bemerken, daß wir die Tabelle hinweglassen wollten. Sie hat nur für Gießen einstens Bedeutung gehabt, zu einer Zeit, wo täglich viele organische Analysen gemacht wurden, allein für andere Chemiker ist der Zeitaufwand für eine Rechnung bei der geringen Häufigkeit der Analysen nicht der Rede wert. Es wird sie auch niemand vermissen, und es [ist] vielleicht darum besser, nichts zu sagen, als wegen der Abwesenheit derselben auf die Weber'schen Tabellen zu verweisen, die jeder besitzt, welcher sich mit Analysen beschäftigt.

Wir befreunden uns immer mehr mit unserem hiesigen Aufenthalt. Wahrlich, es war ein unendlich törichter lokaler Patriotismus, in dem kleinen Gießen 28 Jahre lang sitzen zu bleiben. Es ist doch in einer so großen Stadt und in dem großen Lande ein ganz anderer Wirkungskreis. Ich arbeite soeben daran, Stockhardt nach Bayern zu bringen. Es wäre dies für ein Land, in dem soviel zu tun ist, ein großer Gewinn. Stockhardt kennt die Praxis ebensogut wie die Theorie und ist voll Freud und Liebe für die Sache. Er würde hier eine Stellung gewinnen, wie sie ihm kein anderer Staat bieten kann. Wenn ich nur wüßte, ob er wirklich ginge. Ich habe bei ihm angefragt, als erste Grundlage einer Verhandlung, ob er mit 2400 oder wieviel mehr zufrieden sei. Sprich davon mit niemandem, denn die Sache ist vorläufig nur eine Idee von mir.
Oldenbourg sehe ich zuweilen, er ist ein trefflicher Mann und Dir herzlich ergeben. Es wird hier unglaublich wenig Wissenschaftliches gelesen, erst seit den Fürsten-Vorträgen scheint etwas Sinn dafür unter die Leute gekommen zu sein. Das Bier zerstört hier alles, das Wissenschaftliche und das Familienleben. Ich hoffe aber, daß die Zeit und gute Gelegenheit, sich zu unterrichten, manches bessern wird.

Von Herzen Dein treuer Justus Liebig.

München, 2. April 1853

Aus der Einlage, teurer Vieweg, wirst Du entnehmen, was die Engländer vorhaben. Ich fühle mich dadurch in gewisser Weise in meinem Vaterlande erniedrigt, weil man in Deutschland, dem ich angehöre, diesen Gedanken nicht früher hatte. Daß in England alles ohne meine entfernteste Beteiligung sich entwickelt hat, brauche ich Dich nicht zu versichern. Was ich davon weiß, erfuhr ich durch die Times am 26. März, aus der ich das Stück ausschnitt, welche mir durch die Post zukam.
Ich habe mir ein kleines Vermögen erworben, soviel als man dies bei dem Schulmeistertum auf einer kleinen Universität kann. Meine Einnahme hier ist gut, allein sie geht im Leben der großen Stadt auf. Der Großherzog von Hessen gab mir für alles, was ich für die Universität und das Land getan, ein Stück Pergament, was nicht zu meinem Glücke dient. Ich bin in der Lage, es für ein Glück ansehen zu müssen, daß mein ältester Sohn, mein guter Georg, einige tausend Meilen von seinen Eltern eine Zukunft gefunden hat. Daß hierin ein Lohn für unsägliche Anstrengungen nicht begründet ist, bedarf bei Dir, teurer Vieweg, keiner Versicherung. Die Engländer haben in sehr kurzer Zeit etwa 2000 Taler zusammengebracht. Angenommen, sie brächten fünfmal soviel zusammen, so ist dies immer kein Vermögen. Hätte ich ein kleines Gut, auf welches ich mich zurückziehen und was ich bewirtschaften könnte, so wäre ich am Ziele aller meiner Wünsche und ich könnte noch manches Nützliche tun. So aber muß ich schulmeistern, bis mir die Zunge am Gaumen klebt.
Die Engländer werden mir ein schönes Geschenk geben, aber keine Unabhängigkeit. Es ist vielleicht nur nötig, in Deutschland die Sache anzuregen, um die deutschen Landwirte zu veranlassen, sich mit den Engländern zu vereinigen. Auch die Amerikaner ließen sich vielleicht dafür interessieren. Was meinst Du dazu? Es wäre vielleicht gut, Stockhardt darüber zu hören, aber ohne mich damit in Verbindung zu setzen. Was in England eine noble Handlung ist, erscheint in Deutschland nur allzuleicht als eine schmähliche Bette-

lei. Dies fürchte ich am meisten und würde mich nie entschließen, etwas von Deutschen anzunehmen, was nicht ganz im Stillen und ohne Zutun der Zeitungen sich gemacht hätte. Hat die Sache keinen Erfolg, so läßt man sie fallen. Eine Mitteilung des Vorganges in London in deutschen Blättern wird wohl nicht verhütet werden können, da die Sache dort notwendig ist, aber Aufforderungen dürfen nicht beigefügt werden.
In Amerika wäre Eben Horsford, Prof. of Chemistry, Cambridge, Massachusetts, der rechte Mann dazu, um dort einen Anstoß zu geben. Ich möchte gerne wissen, was Du davon denkst. Dieser Brief ist nur an Dich und an niemand sonst gerichtet.

Von Herzen Dein Freund J. L.

München, den 21. Mai 1853

Lieber Vieweg!

Ich bitte Dich auf das angelegentlichste, keinen Schritt in der Testimonial-Sache zu machen. Ich fühle wie Du, daß jede Aufforderung einer schmählichen Bettelei auf ein Haar gleicht; so etwas muß spontan und von der Natur ausgehen. Wir wollen kein Wort mehr davon sprechen.
Für die glückliche Wiederherstellung Deiner trefflichen Schwester Sophie empfange meinen und meiner Frau herzlichen Glückwunsch. Meine Frau hat seit Monaten viel zu tun mit der Heirat unserer Agnes; sie wird in einigen Tagen getraut werden.
Über die Agrikulturchemie habe ich seitdem viel nachgedacht. Das ganze Buch scheint mir umgearbeitet werden zu müssen, in der Weise, daß es aufhört zu sein, was es war. Es sind darin Fundamentalsätze als Streitsätze behandelt, welche nicht mehr bezweifelt werden. Ich denke, einen Teil der Tierchemie dazu zu verweben, es wird sonst gar zu kurz.
Für die Exemplare der Organischen Analyse meinen Dank; es ist ein hübsches Buch. Die Hälfte des Honorars (ich weiß nicht einmal wieviel!) erhält Dr. Strecker in Christiania. Die andere Hälfte schreibe mir gut.

Von Herzen Dein treuer Justus Liebig.

Darmstadt, den 26. August 1853

Mein teurer Freund!

Mein Sohn Hermann schreibt mir, daß ich ihm Geld schicken möchte, und ich weiß keinen sichereren Weg, als Dich zu bitten, ihm nach seinem Bedarf, den er Dir melden wird, für meine Rechnung Zahlungen zu machen. Da Kost, Logie etc. an Herrn Fischer, bei dem er wohnt, entrichtet wird, so hat er eigentlich nur Taschengeld nötig. Habe die Güte, ihm vorläufig 30 [Dukaten?] zu schicken und ihm zu sagen, daß er Dir anzeigen möchte, wann er wieder Geld braucht und wieviel.
Ich bin hier, um meine Mutter zu besuchen, und reise morgen nach München zurück.

Von Herzen Dein treuer Justus Liebig.

Die Adresse Hermanns ist: Hermann v. Liebig, bei Herrn Ökonom Fischer in Ebsdorf im Hannoverschen.

München, den 19. September 1853

Lieber Vieweg!

Es ist eine Fortsetzung des Handbuchs der Chemie von Berzelius in Paris von Dr. Gerhardt bei Fermin Didot Frère, und zwar die organische Chemie, erschienen, von welcher die erste Lieferung vor mir liegt. Ich eile Dich davon in Kenntnis zu setzen, da ich glaube, daß es ein gutes Buch geben wird.
Für Deinen freundlichen Brief vom 29. August meinen Dank sowie [für] die Besorgung des Geldes an meinen Hermann. Ich mache sogleich von Deinem Anerbieten Gebrauch, indem ich Dich bitte, Herrn Fischer für meine Rechnung Dt. 42.15 gr ausbezahlen zu wollen.
Deinen Auftrag an Kaulbach hat meine Frau besorgt. Kann man denn noch einige Bankaktien der Braunschweiger Bank haben?

Herzlichst Dein Justus Liebig.

München, den 12. Dezember 1853

Lieber Vieweg!

Herr Prof. Gerhardt in Paris, welcher auf dem Wege nach Braunschweig sich befindet, um Deinen Rat und womöglich Deine Hilfe anzusprechen, gibt, wie Dir bekannt ist, eine organische Chemie in 4 Bänden heraus, von welcher die 3 Hefte des ersten Bandes bereits erschienen sind, und er beabsichtigte, eine deutsche Ausgabe zu veranstalten, allein er sieht sich hierin durch Otto Wigand in Leipzig gefährdet. Wigand wandte sich an die Didot, den französischen Verleger, und [an] sein[en] Übersetzer oder Bearbeiter der deutschen Ausgabe, Rudolf Wagner in Nürnberg, gleichzeitig an Gerhardt, teils wegen Zustimmung, teils wegen Unterstützung des deutschen Unternehmens. Didot und Gerhardt lehnten beide eine Beteiligung ab, aber Wigand ließ demungeachtet die deutsche Ausgabe erscheinen, ohne daß er oder Wagner [sich] mit dem Autor vorher abgefunden hatte.
Gerhardt ist ein Mann, der ohne Stelle im Augenblick von seinem Buche lebt, und dem es darum zu tun ist, Nutzen aus demselben in Deutschland zu ziehen. Er wünscht eine Verständigung mit Wigand und Wagner, ist aber entschlossen, wenn dies nicht zu erzielen ist, einen anderen Verleger zu suchen. Die Frage, um die es sich handelt, ist, ob Gerhardt Wigand zwingen kann, von der weiteren Publikation abzustehen? Oldenbourg glaubt, daß ihm dies nicht gelingen wird.
Auf der anderen Seite hat Gerhardt den deutschen Verleger insofern in seiner Hand, als das Buch nur zu einem kleinen Teil erschienen ist. Er kann, wenn er einen anderen deutschen Verleger findet, die französische Ausgabe des zweiten Bandes so lange zurückbehalten, bis dieser mit der deutschen Ausgabe ebensoweit ist. Sein deutscher Verleger hat dadurch über Wigand den entscheidenden Vorteil, daß sein Buch lange in den Händen der Käufer sein kann, ehe Wigand zu drucken anfangen kann. Letzterer hat eben den Vorteil, daß eines der Hefte bereits im Buchhandel ist. Diesem ließe sich aber durch eine Annonce begegnen, worin gesagt ist, daß eine rechtmäßige Ausgabe auf dem Wege und jedenfalls früher vollständig auf dem Markte sei als die Wigands.

Das Buch ist gut und wird sicher ein paar Ausgaben erleben. Seine letzten Entdeckungen haben Gerhardt in den ersten Rang für die organische Chemie gehoben, und wenn der deutsche Übersetzer im Bearbeiten dasjenige vervollständigt, was dem französischen Originale fehlt, so wird es das beste Buch werden, was wir haben. Obwohl Du ein paar Lehrbücher der organischen Chemie im Verlag bereits hast, so würde ich mir dies dennoch nicht entgehen lassen, im Fall Du Aussicht hast, die Erneuerung mit Wigand zu unterdrücken. Aber auch abgesehen hiervon, wirst Du gewiß Herrn Gerhardt Deinen guten Rat nicht versagen.
Deines nur allzukurzen Besuches gedenken wir mit Freude. Hanfstängl hat Deine Photographie fertig, sie ist in einer bewundernswerten Ähnlichkeit und sehr schön.
Deine liebe Frau hat uns auch mit trefflichen Äpfeln beschenkt, ein jeder wird mit dankbarer Erinnerung an die Geberin verzehrt. Meine Frau wird sich noch besonders bedanken. Wir haben leider soeben eine an Gehirnentzündung schwer Erkrankte im Haus, Fräulein E. Muspratt. Gott gebe, daß alles gut geht, wir sind aber in großer Angst. Von Georg haben wir gute Nachrichten. Deine Grüße sind besorgt.

Von ganzem Herzen

Dein treuer Justus Liebig.

München, 22. Dezember 1853

Teurer Vieweg!

Ich erhalte soeben Deine Zeilen vom 17. und eile, Dich vor Muspratts Buch zu warnen. Dies ist a complete failure von einem Buch, in welchem unverstandene Prozesse mit Unverstand zusammengetragen sind. Seitdem Gerhardt von hier weg ist, habe ich nichts weiter von ihm gehört, er hat sich höchstwahrscheinlich mit Wigand geeinigt. Es ist mir leid, daß Du das Buch früher nicht nahmst, ich hatte Dich hier darauf aufmerksam gemacht und Dir früher davon geschrieben. Vielleicht bei einer 2. Auflage des französischen Originals.
Wir sind immer noch in großer Sorge wegen E. Muspratt. Das arme, arme Kind leidet sehr, es wäre schrecklich, so weit von Hause zu sterben. Pfenser sagt, die Gefahr sei groß, aber er habe schon schlimmere Fälle gut ausgehen sehen. Welch eine jammervolle Wissenschaft ist doch die Medizin! Man heilt einen Zustand, dessen Ursprung und Ursache man nicht kennt, mit Mitteln, die man nicht kennt!!
Für die Bücher, die Du meinen Frauenzimmern bestimmt hast, im voraus den besten Dank, sie werden ihren Dank noch besonders aussprechen.
Dein Aufenthalt hier war nur zu kurz, Du hast aber keine Ruhe, wir hätten Dich gar zu gerne noch hier behalten, und wir hoffen und rechnen darauf, daß Du und Deine liebe Frau das nächste Mal zusammen kommen. Grüße sie herzlich, sowie Deinen Sohn. Deine Photographie ist wundervoll, wenn Du sie noch nicht haben solltest, so schreibe mir doch eine Zeile.

Dein treuer Justus Liebig.

Wie ist es denn mit den Bankaktien?

1854

6. 1.	Dank für Büchersendung – Scheitern des Projekts Gerhardt
16. 5.	Reisebericht – Familiäres, Personalauskünfte
25. 5.	Schwierigkeiten mit Verlag Winter; Sorge um finanzielle Verluste und um Fortbestand der Annalen
20. 6.	Vorbereitung eines neuen Annalen-Vertrags mit Vieweg
21. 6.	Verwicklungen mit Winter; Unmöglichkeit der Vertragskündigung bezüglich der Annalen – Cotta und die Chemischen Briefe
25. 6.	Überlegung, Vieweg doch den Verlag der Annalen zu übertragen; neuer Titel – Finanzielles
13. 7.	Der Bruder Karl Winter will den Vertrag übernehmen; zu Vorschlägen Viewegs
13. 7.	Trotz beschlossenen Vertrages mit Vieweg will Winter sich den Verlag (und die Chemischen Briefe) erhalten und hat neue Bedingungen angeboten
6. 8.	Unbefriedigende Versuche Winters, die Verlagsobjekte zu behalten – Die Annalen soll Vieweg nun endgültig übernehmen; Bedingungen dafür – Handbuch von Geiger und Chemische Briefe – Vorschläge Cottas
25. 9.	Die Übernahme der Annalen durch Vieweg ist noch nicht endgültig; Winter will allen früheren Verpflichtungen nachkommen – Reisebericht – Das englische Testimonial – Vorschlag von Vieweg an Winter
9. 11.	Begrüßung Viewegs in München
o. D.	Notiz für Vieweg in München; die Köchin will wissen, ob er zum Essen kommt.
17. 11.	Winter ist seinen finanziellen Verpflichtungen nachgekommen, das frühere Verhältnis Winter/Liebig bleibt also bestehen – Arbeit an der Agrikulturchemie geht voran
26. 11.	Anfrage, ob Manuskript für die Grundsätze der Agrikulturchemie in Braunschweig eingetroffen ist

29. 11.	Anforderungen von Abzügen der ersten Druckbögen der Grundsätze der Agrikulturchemie
22. 12.	Persönliches – Grundsätze der Agrikulturchemie sind fertig – Stellung für Prof. Carrière – Berufungsangelegenheit Knapps nach Zürich

München, den 6. Januar 1854

Mein teurer Vieweg!

Ich kann den Brief meiner Frau nicht abgehen lassen, ohne meinen besten Dank Dir zu sagen für die vielen und wertvollen Bücher, welche Deine Güte uns bestimmt hat. Neben den wissenschaftlichen Büchern, die mir immer willkommen sind, haben uns die der Frau F. Lewald besonders interessiert. Es ist wirklich eine Frau von ausgezeichnetem Geiste und Lebenserfahrung und ihr Stil vortrefflich.
Gerhardt hat sich, wie Du vorausgesehen, mit Otto Wigand und Wagner verglichen, und da er zufrieden ist, den Zweck seiner Reise erreicht zu haben, so wird man die Sache so gehen lassen müssen.
Empfehle mich allen den Deinigen aufs herzlichste und behalte lieb auch in diesem neuen Jahre

Deinen treuen Justus Liebig.

München, den 16. Mai 1854

Mein teurer Vieweg!

Ich bin seit 14 Tagen zurück, und es hat mir diese Reise wahrhaft gut getan. Ich war zwei Tage in Paris und sah bei Pelouze und Wurtz alle meine Freunde dort und ging von da über Chalon, Lyon, Avignon nach Marseille und Nizza. Von Nizza kehrte ich über Genua (zu Land), Turin, Mailand, Splügen, Chur zurück. Das Wetter war bis auf wenige kalte und verregnete Tage so schön als man nur wünschen konnte. Ich dachte mir Nizza als einen kleinen Ort und fand eine große und schöne Stadt. Der Landweg von Nizza nach Genua ist wirklich einzig in seiner Art. Die vielen Buchten, die herrliche blaue Farbe des mittelländischen Meeres, die Zitronen- und Orangengärten, durch die man kommt, geben dieser Fahrt einen eigenen Reiz, namentlich wenn man den Süden noch nie gesehen hat wie ich. Ich bin jetzt wieder mit meinen Vorlesungen in vollem Zug und im Ganzen zufrieden.
Die Verlobung Deines Sohnes Heinrich mit seiner Cousine Helene Brockhaus hat uns alle gefreut, besonders da Du selbst dadurch so beglückt bist. Ich kenne zwar die Braut nicht, allein ich glaube, es ist die nämliche junge Dame, von der mein Sohn Georg vor einigen Jahren so entzückt war. Er sprach in mehreren Briefen von ihr, ich weiß aber nicht mehr genau bei welcher Gelegenheit. Er muß damals einige Tage in Leipzig gewesen sein oder sie in Braunschweig in Deinem Hause gesehen haben.
Was Herrn Dunkelberg betrifft, so erinnere ich mich seiner nicht mehr, und ich kann Dir über seine wissenschaftliche Stellung nichts sagen. Er hat wahrscheinlich meine Vorlesungen besucht, denn wenn er im Laboratorium gearbeitet hätte, so würde ich schwerlich seinen Namen so ganz vergessen haben. Dr. Stammer's erinnere ich mich genau, er ist ein fleißiger, tüchtiger, junger Mann, dessen Streben wohl zu etwas führen kann. Die kleine Schrift habe ich im Manuskript gelesen und ist für die Zwecke, für die sie geschrieben ist, ganz gut.
Ich habe Dir, mein bester Freund, meinen Dank zu sagen für die Fische, die Du so gut warst, mir zu schicken. Vier davon hat die [zwei Worte unverständlich] bekommen, der angelo divio, wie wir sie nennen. Es waren im Ganzen nur 10 Stück, und es müssen demnach 10 Stück unterwegs geblieben sein. Ich möchte gerne das Glasgefäß wieder

zurücksenden; jedenfalls bitte ich Dich, mir Deine Auslagen mitzuteilen. Kaulbach bekommt auch davon. Er malt soeben das Portrait meiner Tochter Nanny, und ich werde ganz stolz sein, ein Bild von Kaulbach in meinem Hause zu haben. Daß ich einen prächtigen Enkel habe, habe ich Dir geschrieben. Meine Tochter Agnes war in meiner Abwesenheit recht krank, es geht ihr aber täglich besser.
Georg, der regelmäßig alle 14 Tage schreibt, ist vergnügt und wohl. Vor einigen Monaten traf er dort eine deutsche Gouvernante, Frl. Lindner aus Frankfurt, und war sehr glücklich, deutsch und von Frankfurt sprechen zu können, und sie ebensosehr, welche in 5 Jahren kein deutsches Wort gehört hatte. Vor 8 Tagen kam Fräulein Lindner mit einer englischen Dame nach München, wo sie 2 Tage blieb, und es war mir ein großer Genuß, aus ihrem Munde von ihm zu hören, die ihn vor 6 Wochen noch gesehen und gesprochen hatte. Man lernt aus solchen Schilderungen ein Land viel besser kennen, als durch die beste gedruckte Beschreibung. Hermann hat die Landwirtschaft wieder aufgegeben und studiert jetzt Naturwissenschaften in Gießen.
Ich bitte, unsere besten Glückwünsche Deinem Heinrich auszudrücken.

Von Herzen Dein treuer Justus Liebig.

Du kommst doch zur Industrieausstellung auf einige Zeit zu uns?

München, den 25. Mai 1854

Lieber Freund!

Du hast wohl schon gehört, daß Winter in Heidelberg sich insolvent erklärt hat. Die Passiva sollen an fl. 180000 betragen. Ich habe bei ihm noch ein Kapital von fl. 4500, mit Zinsen etwa fl. 5200 stehen, welches ganz verloren gehen wird. Dies ist ein schwerer Schlag. Um was ich Dich bitten möchte, ist, mir Deinen Rat wegen meinem Journale zu geben. Wahrscheinlich hat Winter den Betrag für 1854 praenumerando angenommen, der in die Masse gehen wird. Wie soll aber das Journal fortgehen, aus welchen Mitteln sollen Papier, Druckkosten und Honorar für die noch zu liefernden 3 Bände genommen werden? Was habe ich in diesem Fall zu tun? Kann ich ohne weiteres mit einem anderen Verleger abschließen und kann dieser vom nächsten Bande an das Journal fortsetzen, ohne sich weiter um den eingezahlten Betrag zu bekümmern? Wenn Winter in dieser Ostermesse den jährlichen Journalbetrag für 1854 nicht eingenommen hat, wird dieser in die Masse kommen? oder verwendet, um das Journal fortzusetzen? Was soll ich bei alledem tun? Darf ich zugeben, daß die Abonnenten ihr Geld verlieren? Unmöglich! Von Winter selbst habe ich noch keine Nachricht. Wenn ich sie bekomme, schreibe ich Dir sogleich.

Herzlichst Dein treuer Justus Liebig.

München, den 20. Juni 1854

Mein teurer Vieweg!

In wenig Tagen muß sich die Sache mit Winter klären. Vorläufig nehme ich an, daß Du mit dem ersten Juli in den Verlag der Annalen eintrittst. Deine Vorschläge nehme ich mit einer Modifikation an, die darin besteht, daß Du mir das Kapital von Winter, nach Abzug der aus der Masse mir zufallenden Summe, in jährlichen Raten von fl. 500 bis zur Tilgung aus dem Ertrag der Annalen zurückbezahlst. Ich will damit die Rechnungstellung vermeiden, die mir unangenehm ist. Es ist ganz sicher, daß Du jährlich fl. 150–200 mehr einnimmst, und wenn Du mehr zurückbezahlen willst, so ist dies Deine Sache. Entwerfe hiernach einen Vertrag, worin die verabredeten Punkte beisammen sind. Daß Dir die Briefe und das Handbuch damit zufallen, versteht sich von selbst.

In Eile Dein treuer Justus Liebig.

Ich werde einstweilen und ohne länger zu warten, fl. 200 an Keller anweisen für Deine Rechnung, damit er fortdrucken kann.

München, den 21. Juni 1854

Mein teurer Vieweg!

Ich bin in der Winterschen Angelegenheit in einer unangenehmen Lage. Gestern sagte ich Dir die Annalen so gut wie zu, und heute erhalte ich den beiliegenden Brief von Winter, den ich seither vergebens erwartete und der meinen ganzen Entschluß wieder schwankend macht. Herr Oldenbourg, den ich konsultierte, glaubt, daß dem Vertrage gemäß alle fortlaufenden Jahrgänge der Annalen zum Verlage Winter gehörten und daß ich wohl aufhören könnte, die Annalen herauszugeben, aber nicht kündigen, womit die Übertragung des Verlages an einen anderen sich von selbst aufhebt. Ich habe Winter zugesagt, seinem Bruder die Annalen zu lassen, weil er behauptet, daß dies ein günstigeres Arrangement für alle seine Gläubiger, worunter Frau Seiger und mehrere andere meiner Bekannten sind, nach sich ziehen würde. Dies mag in der Tat der Fall sein, und seine Befürchtung, daß die anderen Autoren ihm, seinem Bruder Karl, ebenfalls abtrünnig werden würden, wenn ich mich zurückziehe, scheint mir begründet zu sein. Ich habe ihm zugesagt, daß ich seinem Bruder unter denselben Bedingungen wie ihm und ohne ersterem mehr Rechte einzuräumen als ihm, den Verlag der Annalen und der Chemischen Briefe überlassen wolle, und wenn er hierauf eingeht, so bin ich gebunden. Was die Sache geändert und mich zu dem Brief an Dich veranlaßt hat, war ein Brief Karl Winters, worin er Sicherheiten verlangt, die mich für immer an ihn binden würden. Darauf schrieb ich ihm, daß ich mir das Eigentum über Journal und Buch vorbehalte, sowie das Recht, nach Umständen darüber zu verfügen. Auf diesen Brief erhielt ich dann heute erst Anton Winters Antwort.

Ein Inzidenzpunkt ist übrigens von Cotta erhoben worden, der die Sache mit den Chemischen Briefen ändert. Cotta gab dem Anton Winter nur unter ganz bestimmten Voraussetzungen und Rechtsvorbehalten die Erlaubnis, die Briefe aus der Allgemeinen

Zeitung abzudrucken, und erhebt jetzt Ansprüche auf das Buch, die ich für begründet halte. Lauter verdammte Geschichten.
Sei so gut, mir die Briefe und die Abschrift des Verlagskontraktes der Annalen und des Handbuches umgehend wieder zuzusenden.

Herzlichst Dein treuer Justus Liebig.

München, den 25. Juni 1854

Lieber Vieweg!

Anton Winter scheint sich in der materiellen Unmöglichkeit zu befinden, das Journal fortzuführen, und ich muß durchaus wegen der Fortsetzung einen Entschluß fassen. Ich wünschte mit Dir ins reine zu kommen und zu gleicher Zeit, daß Du Dich mit andern beratest, wie die Übertragung an Dich bewerkstelligt werden kann, ohne mir einen Prozeß auf den Hals zu laden. Es ist die Frage, ob ich's von dem 3. Bande an ohne weiteres auf den Titel setzen kann: im Verlag von Fr. Vieweg. Oldenbourg meint, dies könnte ich nur dann, wenn der Titel geändert wird.
Es ließe sich vielleicht auf den Titel setzen: im Selbstverlag oder Auftrag der Herausgeber in Kommission bei Fr. Vieweg. In dieser Weise könnte das Journal bis zu Ende des Jahres fortgeführt und geschlossen werden, und im Januar fingen wir das Journal mit einem neuen Titel an.
Wir müssen festzuhalten suchen, daß die Abonnenten, welche bezahlt haben, für 1854 das Journal bekommen ohne weitere Nachzahlung. Wie kann ich nun als Selbstverleger zu dem Honorar bei denen kommen, die noch nicht bezahlt haben, oder bei den Buchhändlern, die in Rechnung mit Winter stehen und die den Betrag des Journals an seinem Guthaben abziehen können?
Wenn ich vom Juli an die Annalen als Neue Annalen der Chemie und Pharmazie erscheinen lasse, wie stellt sich dann das Verhältnis zu den Abnehmern des Jahrgangs 1854? Ich habe Manuskript genug für Vollendung der beiden noch fehlenden Bände des Winterschen Journals und für zwei Bände der Neuen Annalen in dem Viewegschen Verlag. Angenommen, die beiden Bände in dem Winterschen Verlag würden nicht gedruckt, wie werden die Abonnenten alsdann entschädigt werden können? Wirst Du als Verleger eines neuen Journals dieses als Fortsetzung des alten ausnützen können, und hast Du alsdann Anspruch auf die Bezahlung für den ganzen Jahrgang? Kurz, ich kann mir nicht heraushelfen und bitte Dich, einen Weg aufzufinden, der meine Handlungen bestimmt.
Zu der laufenden Rechnung, die mir ein Guthaben von fl. 600,40 ausmachte, kommt die Kapitalschuld von fl. 4500, ferner für die 3 Bände des ganzen Jahrganges 1854 noch eine Honorarzahlung von fl. 1600, die ich Ende dieses Jahres, wenn Winter zahlungsfähig geblieben wäre, bekommen hätte. Wie komme ich zu diesen fl. 1600, wie zu den Zinsen der Kapitalschuld?
Du könntest vielleicht den Jahrgang 1854 vollenden, und wenn Winter klagt, demselben gegen Erstattung Deiner Unkosten, Honorar, Druck und Papier den Jahrgang überlassen. Du siehst, ich weiß mir nicht zu helfen und bitte Dich um baldige Auskunft. Nur klar muß vor allem die Sache sein, ehe sie ausgeführt wird.

Herzlichst Dein treuer Justus Liebig.

München, den 13. Juli 1854

Lieber Vieweg!

Ich bin immer noch im Zweifel, was ich tun soll. Karl Winter bietet mir an, mir meine ganze Schuldforderung an Anton Winter zu bezahlen, welche etwa fl. 5200 ausmacht, wenn ich ihm die Annalen und die anderen Verlagsrechte unter denselben Bedingungen überlasse, wie sie sein Bruder besessen hat. Dein Vorschlag geht dahin, mir zu denselben Bedingungen, jährlich aus dem Ertrag der Annalen, mein Kapital zurückzubezahlen, was in etwa 8 Jahren geschehen sein würde. Dadurch verliere ich an Zinsen fl. 900 und bin in Gefahr, das Kapital oder einen Teil zu verlieren, wenn es der Himmel fügen sollte, daß ich vor Ablauf der 10 Jahre sterbe.

Wenn Anton Winter 25 p. c. bezahlt, so werde ich von ihm fl. 1300 empfangen und fl. 3900 verlieren, und so hoch schlägt offenbar Karl Winter den Verlag der Annalen und der Chemischen Briefe sich an.

Dazu kommt nun noch, daß mich Anton Winter versichert, daß mein Eingehen auf die Vorschläge seines Bruders ihn vor dem gänzlichen Ruin retten würde, und dies ist eine Rücksicht, die mir bei einem Mann, mit dem ich über 28 Jahre in Verbindung stehe, schwer auf der Seele lastet. Ehe ich mich aber entschließe, erwarte ich noch einen Brief von Dir, und zwar umgehend, denn die Annalen drängen mich zur Entscheidung.

Herzlichst Dein treuer Justus Liebig.

Schicke mir doch auch die Briefe Winters zurück. Wir erwarten Dich zur Ausstellung.

München, den 13. Juli 1854

Lieber Vieweg!

Ich betrachte den Vertrag mit Dir abgeschlossen auf jeden Fall, wenn das Journal und die Chemischen Briefe in andere Hände übergehen. Das Verhältnis hat den Anschein, ein anderes zu werden als wir glaubten, denn auf meine Anzeige an Anton Winter, daß ich mit Dir abgeschlossen und mit dem 1. Juli ein neues Journal herausgeben werde, schreibt er mir heute, daß ein anderes Arrangement getroffen werden soll, und ich vermute, daß ihm seine Familie nach Abfindung seiner Gläubiger die Mittel gibt, das Journal und die Chemischen Briefe sich zu erhalten. Mein Verhältnis zu ihm bleibt wie es war oder bleibt vielleicht wie es war, und von meiner Seite fiele jeder Grund hinweg, den Verleger zu wechseln, wenn er selbst im Stande ist, das Geschäft in irgendeiner Weise fortzuführen. Er hat Papier und die Mittel zum Fortdruck des Journals, wie er sagt, beschafft, und es ist vielleicht unter diesen Verhältnissen weiser, die ganze Entwicklung abzuwarten. Es ist mir auch viel lieber, wenn das neue Journal mit dem 1. Januar 1855 beginnt, als in der Mitte des laufenden.

Habe also nur noch einige Zeit Geduld. Ich kann in seinem Unglücke, ohne Verletzung meiner Ehre, wenn sein Geschäft fortgeht, ihn nicht über Bord werfen. Auch hast Du niemals wie ich die Vorstellung gehabt, daß er im Stande sein würde, das Geschäft

fortzuführen, und Deine Propositionen so wie die meinigen hatten immer die Voraussetzung zur Unterlage, daß es an einen anderen übergehen müsse, und in diesem Fall warst Du mir freilich lieber wie jeder andere.
Im nächsten Brief ausführlicher,

Dein Justus Liebig.

Die Wechsel bewahre ich einstweilen für Dich auf.

München, den 6. August 1854

Lieber Vieweg!

Ich habe in der Winterschen Angelegenheit diejenigen Rücksichten nicht hintansetzen können, welche eine 28jährige Verbindung mir auferlegt. Karl Winter war auf seiner Durchreise nach Gastein bei mir, und ich hatte allen Grund zu glauben, daß mein ursprünglicher Vorschlag von ihm angenommen werden würde. Ich wollte ihm alle diejenigen Rechte gewähren, welche sein Bruder besaß, wenn er dafür dessen Verbindlichkeiten übernimmt. Karl Winter schreibt mir nun von Gastein aus, daß er mir Kapital und Zinsen bar zurückbezahlen wolle für den Verlag des Journals, des Handbuchs und der Chemischen Briefe und aller etwaigen Auflagen der letzteren. Auf diesen letzteren Punkt gehe ich nicht ein, da Anton Winter kein ihm zugestandenes Recht auf alle folgenden Auflagen der Briefe besaß. Ich will auf das Besitzrecht der Chemischen Briefe auf alle Zeiten hinaus nicht verzichten, da diese vielleicht nach meinem Tode noch ein wertvolles Eigentum abgeben, dessen Preis ich nicht bestimmen und fixieren kann.
Ich stellte am 31. Juli eine letzte Anfrage an ihn und setzte ihm nach dem Rate von Heinrich Brockhaus eine Zeit von 8 Tagen, welche gestern abgelaufen ist. Ich empfing gestern Abend einen Brief von ihm, in welchem er erklärt, sich erst mit seinem Bruder über die Rechte, die dieser besessen hat, besprechen zu wollen, daß sein Bruder, auch wenn mit ihm die Übertragung nicht zu Stande käme, die Annalen, das Handbuch und die Chemischen Briefe selbst behalten und sich mit mir über mein Guthaben direkt verständigen werde.
Ich kann und will aber nicht länger warten, denn mein Journal geht mit diesen Unterhandlungen zugrunde. Ich erkläre also hiermit, daß ich Deine Propositionen vom 15. Juli annehme, wonach das Eigentum des Journals in Deine Hände übergeht, wenn Du Dich in folgender Weise verbindlich machst, mir Kapital und Zinsen und Honorar, die mir Anton Winter schuldet, zu bezahlen. Anton Winters Kapitalschuld beträgt, wie ich Dir nachweisen konnte, fl. 4500. Nach seiner Abrechnung vom 1. Juni 1854 kommen mir an Honorar und Zinsen gut fl. 600,40. Hierzu kommen noch rückständiges Honorar vom 90. Band mit fl. 228 und Honorar für eine kleine Schrift über Kochsalz und Harnstoffbestimmung im Harn mit fl. 48, alles zusammen fl. 5376. Ich wünsche nun, daß Du mit Zusendung des Verlagsvertrages der Annalen einen Wechsel beifügst über $^4/_5$ dieser Summe, also über fl. 4300, welche in 3 Monaten zu bezahlen sind. Ferner einen Wechsel, auf 6 Monate gestellt, über fl. 1070, welche letztere Summe verzinslich so lange stehen bleiben soll, bis die Angelegenheit Anton Winters geordnet ist. Wenn aus der Masse mir 20% zufallen, so empfängst Du diesen Wechsel zurück, und es soll von dieser Summe ebensoviel von Deiner Seite mir bezahlt werden, als ich aus der Masse erringe, und Dir

gut gebracht werden, als ich mehr empfange. Den Verlagsvertrag über die Annalen lasse nach dem Muster des Winterschen, den ich beilege, in duplo ausfertigen mit Änderungen, die ich beigefügt habe. Diese Korrekturen beziehen sich lediglich auf den tatsächlichen Bestand, wie er sich in den letzten 10 Jahren gestaltet hat. Wenn Du hiermit einverstanden bist, so sage mir dies per Telegraph, und ich gebe sogleich dem Buchdrucker Keller den Auftrag, das Juliheft, für welches ich bereits fl. 100 vorgelegt habe, nötigenfalls umzudrucken, und Du wirst Dich mit ihm wegen Papier und Druck benehmen. Über das Handbuch kann ich nicht frei verfügen, da die Familie Geiger noch Ansprüche darauf hat, es kann Dir aber nicht entgehen, wenn Du es haben willst. Die Chemischen Briefe gehen in Deinen Verlag über, zu denselben Bedingungen, wie sie Anton Winter hatte. Daß ich nicht daran denke, so lange ich lebe, den Verlag derselben Dir zu entziehen, bedarf keiner Versicherung. Nach meinem Tode muß über weitere Auflagen mit meinen Erben eine Abfindung getroffen werden. Das Buch kann sich vielleicht noch 10 Jahre auf dem Markt halten und ich früher gestorben sein.
Wenn Du diese Vorschläge annimmst, so ist diese Sache in Ordnung.

Von Herzen Dein treuer Justus Liebig.

Ich erhalte soeben den einliegenden Vorschlag von der Cotta'schen Buchhandlung. Ich habe hiermit Herrn Oldenbourg erklärt, daß mit der Übernahme aller Verbindlichkeiten Winters Dir notwendig auch alle Rechte, die er besessen hat, gewährt werden müßten und daß ich mich nicht entschließen könne, diese Propositionen zu berücksichtigen. Darauf wünschte er, daß ich Dir folgendes vorschlagen möchte: Ich möge Dir das Journal überlassen und Du von der Winter'schen Schuld $^{3}/_{5}$ übernehmen. Dagegen wolle er fl. 2000 von seiner Seite bezahlen, im Fall er die Chemischen Briefe damit erwerbe. Ich kann mir im voraus denken, daß Du auch in diesen Vorschlag nicht einwilligst.
Ich lege Dir noch den letzten Brief Anton Winters bei, der Dir mein Zögern erklärt. Es tut mir ganz außerordentlich leid, aber, wenn das Journal nicht zugrunde gehen soll, so bleibt mir zum Handeln kein anderer Ausweg.

Herzlichst Dein Justus Liebig.

Die beiden Briefe erbitte ich mir retour.

Bad Kreuth, 25. September 1854

Lieber Vieweg!

Es kann Deine Absicht nicht sein, dem armen Winter seinen letzten Rettungsanker zu entziehen und ihn völlig zu Grunde zu richten. Dies würde aber geschehen, wenn ich unter den gegebenen Verhältnissen ihm die Annalen und Chemischen Briefe entziehen wollte, und wenn Du sie in diesem Fall nehmen würdest, so möche Dir dies in den Augen aller Welt unendlich schaden.
Ich habe dem Winter erklärt, daß ein Verkauf an irgend einen anderen von seiner Seite nicht möglich sei. Ich hätte Dir die Annalen und die Chemischen Briefe für den Fall zugesagt, daß ein anderer für ihn eintrete und durch Kauf das Geschäft erwerbe, und dies

Versprechen würde ich unverbrüchlich halten. Nur wenn er sein Geschäft ohne Änderung der Firma fortzusetzen vermöchte, würde ich bei ihm verharren, vorausgesetzt, daß er seine Verbindlichkeiten gegen mich erfülle, sonst aber nicht. Ich erklärte ihm ferner, daß, wenn seine und meine Sache am ersten November nicht ganz klar und bestimmt geordnet und ich befriedigt sei, so ginge mit dem Jahrgang 1855 das Journal ohne weitere Anzeige von ihm in Deine Hände über. Bis jetzt hat Winter die Mittel zum Druck der laufenden Hefte herbeigeschafft, und so lange dies geschieht und er das Honorar bezahlt, muß ich das Material zum Fortdruck liefern. Auf meine obige Erklärung hin sind die Unterhandlungen Winters mit seinem Bruder Karl abgebrochen. Anton Winter schmeichelt sich mit der Hoffnung, seine Angelegenheit mit Hilfe eines Herrn Pfeifers ordnen und sein Geschäft ohne Änderung der Firma fortführen zu können. Ich glaube, daß er sich darin täuscht. Pfeifer (von Zeichen Militär) soll ein Vermögen von etwa 50/m Gulden haben, aber nicht flüssig, und gerade soviel wird nötig sein, um die Gläubiger abzufinden. Es bleibt demnach zur Führung des Geschäftes nichts übrig, als aufs neue auf Kredit zu arbeiten, und wenn die nächsten Unternehmungen nicht einschlagen, so ist der alte Zustand da.

Wir müssen also abwarten, wie die Sache kommt. Erkläre ich jetzt, die Annalen und die Briefe dem Geschäfte entziehen zu wollen, so hört jede weitere Unterhandlung zu Gunsten Winters auf. Kopp, der eben in Heidelberg ist, schreibt mir, daß Pfeifer sich in diesem Fall sogleich zurückziehen werde. Die Folge davon würde sein, daß das Geschäft unter den Hammer käme, und was dann herauskäme, weiß niemand. Ich für meinen Teil glaube, daß Anton Winter in seinen Hoffnungen sich täuscht, aber weder Du noch ich dürfen sie ohne Not zerstören wollen.

Ich halte also den Vertrag mit Dir für bindend für alle Fälle, in denen Anton Winter sein Geschäft verkaufen muß mit Änderung der Firma, aber auch dann trete ich zurück, wenn die Firma bleibt und er austritt, denn dies würde eine Täuschung sein.

Seit dem 25. August befinden wir uns im Gebirge und denken jetzt, wo schon Schnee die Gipfel der Berge bedeckt, an die Rückkehr. Die Cholera, welche uns unendlichen Schaden gebracht hat, ist sehr im Abnehmen. Vielleicht entschließt Du Dich, noch im Oktober uns auf einige Tage zu besuchen. Die Ausstellung ist offen bis zum 15.

Das englische Testimonial ist angekommen und ebenso reich wie schön. Von Georg haben wir immer gute Nachrichten. In einem seiner Briefe erinnerte er sich des Tigerfells, was er Dir versprochen habe. Er muß sich jetzt entscheiden, ob er bleiben will oder nicht. Er kennt jetzt die Verhältnisse und hat ein Urteil. Lebewohl teurer Vieweg. Alle Glieder meines Hauses grüßen Dich und Deine Frau herzlichst.

Dein treuer Justus Liebig.

Ich habe Deinen Vorschlag Wintern mitgeteilt, nicht weil ich Hoffnung habe, daß er darauf eingeht, sondern bloß deshalb, um Deinem Auftrag nachzukommen und auch, um Dir und mir jeden Vorwurf abzuschneiden.

[München,] den 9. November 1854

Guten Morgen. Ich hoffe, daß Dr. Mosthaf Dir heute gestatten wird, in unser Haus einzuziehen. Ich sehne mich sehr danach, da ich selbst noch nicht ausgehen kann. Ich bitte dem Überbringer zu sagen, wann er mit einem Wagen kommen kann, um Dich abzuholen.

Herzlichst Dein Justus Liebig.

[Der Brief ist adressiert an Herrn Eduard Vieweg, 27 Beierscher Hof]
Guten Morgen. Wolltest Du wohl dem Überbringer dieses sagen, zu welcher Zeit wir Dich heute erwarten dürfen und ob ich Dir einen Wagen schicken soll? Entschließe Dich, mein Teurer, und mache uns bald das Vergnügen, Dich bei uns zu haben. Bei mir geht es wieder gut; ich habe gestern gelesen und lese heute wieder.

Herzlichst Dein Justus Liebig.

Freitag Morgen
Es ist die Köchin, welche auf Antwort wartet, sie will wissen, ob Du vor oder nach Tisch kommst. Ich rechne drauf auf vor Tisch.

München, den 17. November 1854

Mein Teurer!

Winter hat mir eine von Hohenemser akzeptierte Anweisung auf fl. 5360 gesandt per 14. Mai 1854, wodurch sich mein Guthaben ausgleicht. Unter diesen Umständen bin ich entschlossen, das seitherige Verhältnis so lange fortbestehen zu lassen, als es überhaupt geht. Ich fürchte aber, daß es nicht lange Stand halten wird.
Wir freuen uns, daß die Witterung wieder milder geworden ist für Dich. Meine Agrikulturgeschichte geht voran. Morgen sende ich frisches Manuskript ab. Mein ganzes Haus grüßt Dich herzlich und alle bedauern, daß Du nicht länger bleiben konntest.
Mit dem Wunsche, daß Du keine Vorsicht versäumen möchtest, um Dich gesund zu erhalten,

Dein treuer Justus Liebig.

München, den 26. November 1854

Herrn Friedrich Vieweg und Sohn in Braunschweig

Haben Sie die Gefälligkeit, mir umgehend in einer Zeile zu sagen, ob Sie zwei Sendungen Manuskript, die erste am 8. November, empfangen haben. Ich bin in der größten Verlegenheit, da ich keine Abschrift davon habe und ein Verlust für mich ganz unersetzlich wäre.

Auch wäre es mir angenehm zu erfahren, ob Herr Eduard Vieweg wieder glücklich zurückgekehrt ist. Sie werden durch Herrn Brockhaus ein Fäßchen Wein erhalten.

Hochachtungsvoll ganz der Ihre
Dr. Justus von Liebig

München, den 29. November 1854

Herrn Fr. Vieweg und Sohn in Braunschweig

Ich ersuche Sie ergebenst um baldgefällige Übersendung der ersten Abzüge der Druckbogen der kleinen Schrift über das Verhältnis der Chemie zur Agrikultur etc., von welcher Sie zwei Sendungen in Händen haben müssen. Sie soll in das Januarheft der landwirtschaftlichen Zeitschrift von Stöckhardt aufgenommen werden, und ich bin gedrängt, das Manuskript einzuschicken. Sollte der Druck nicht so schnell als hierzu nötig ist vollendet werden können, so bitte ich im Zurücksendung des ganzen Manuskriptes.
Von jedem Bogen erbitte ich mir 3 Abzüge, einen zur Zurücksendung an Sie, einen zweiten für die genannte Zeitschrift und den dritten, um denselben hier zu behalten.

Hochachtungsvoll der Ihrige
Dr. Justus von Liebig

München, den 22. Dezember 1854

Teurer Vieweg!

Ich habe mit Vergnügen durch Deinen Sohn vernommen, daß Du glücklich von Deiner Reise wieder zu Hause angekommen bist. Es war uns leid, daß Du nicht länger bei uns bleiben konntest, denn der Verkehr mit einem alten, aufrichtigen Freunde ist mir immer eine Erquickung. Ich bin jetzt in dem Alter, wo einem keiner mehr zuwächst, und da hält man die Erprobten doppelt wert.
Meine agrikulturchemische Schrift ist von meiner Seite fertig. Wigand drängte mich in der letzten Zeit so sehr, daß ich ihm den Rest des Manuskriptes zusandte, um nicht zu hindern, daß sein erstes Heft der neuen Zeitschrift noch im Dezember erscheint. Sobald ich einen fertigen Abdruck habe, sende ich denselben nach Braunschweig. Wigand wünscht übrigens sehr, daß der Separat-Abdruck erst in drei Monaten erscheinen möchte.
Es wird Dich freuen zu vernehmen, daß Prof. Carrière, mein Schwiegersohn, von Kaulbach für die Stelle eines Professors der Kunstgeschichte und eines Sekretärs der Akademie der Künste mit fl. 1000 Gehalt vorgeschlagen und vom Könige genehmigt worden ist. Wir sind alle sehr glücklich darüber, da Carrière hier keine feste Stelle, nicht einmal das Indigenat hatte, und daß wir von der Sorge befreit sind, uns von unserer Tochter Agnes, in Folge eines Rufes Carrières nach außen hin, trennen zu müssen.
Vor einigen Tagen war Prof. Bluntschli bei mir und teilte mir mit, daß die neue Züricher polytechnische Schule die Berufung meines Schwagers Knapp im Auge habe. Es ist bis

jetzt aber kein Antrag gekommen, den Knapp jedenfalls nehmen wird, da eine solche Stellung seinen Talenten und Kräften weit angemessener ist als die in Nymphenburg. Einen besseren Technologen könnten sie dort nicht wählen.
Mit den besten Grüßen an Deine Frau und Dein ganzes Haus von den Meinigen

Dein treuer Justus Liebig.

1855

11. 2. Verlobung von Tochter Johanna mit Prof. Thiersch – Weinsendung – Abschluß der Arbeit über Mellonverbindungen (Paoloni Nr. 549) – Beginn mit der Agrikulturchemie – Berufungsangelegenheiten (Knapp, Carrière) – Vorschlag, Beschreibung des Münchener Laboratoriums zu verlegen

17. 2. Beschreibung des Münchener Laboratoriums – Honorar für Strecker – Weinsendung – Aktienkauf – Verlobung von Johanna

23. 2. Kauf Braunschweiger Bankaktien

26. 3. Zum Tode des Bruders von Vieweg – Leiter für Viewegs Papierfabrik (Guggelberger, Thiel)

28. 3. Tod der Mutter – Titel für die Grundsätze der Agrikulturchemie mit Dedikation; Honorar für das Buch – Mitarbeiter am Handwörterbuch – Arbeit an der Agrikulturchemie – Wurstsendung – Aktienkauf

28. 3. Leiter für Viewegs Papierfabrik (Vorschlag: Dr. Thiel)

28. 4. Leiter für die Papierfabrik

29. 4. Empfehlung für ein Botanikbuch von Hanstein – Papierfabrik – Polemische Besprechung einer Abhandlung von Wolf – Aktienkauf, Wunsch nach Abrechnung – Beschäftigung mit der Agrikulturchemie

16. 5. Anmahnung von Briefantworten, von Büchersendung (Grundsätze der Agrikulturchemie), von Abrechnungen – Frage nach Druckbeginn der Agrikulturchemie

20. 5. Finanzielles (Aktienverkauf, Honorarabrechnung, Zinsen)

20. 5. Empfang der „kleinen Schrift" (wahrscheinlich Paoloni Nr. 605) – Benachteiligung durch Viewegs Buchhalter – Leitung der Papierfabrik

31. 5. Auskunft über Fehling

22. 6. Aufsatz gegen Wolf – Mitarbeiter am Handwörterbuch – Erkrankung

1. 7. Neue Auflage der Grundsätze der Agrikulturchemie

4. 7.	Geschenk für Frau Vieweg – Nachträge zu den Grundsätzen der Agrikulturchemie – Nachrichten von Sohn Georg
10. 7.	Geschenk zur Silberhochzeit – Beziehung zu anderen Verlagen; Chemische Briefe – Vorwort zu Streckers Chemie – Regnaults Physik – Londonreise
7. 8.	Eintreffen von Geschenksendung – Abrechnung – Schwierigkeiten mit der Neubearbeitung der Agrikulturchemie; Verzögerung des Druckbeginns – Aufsatz von Habich – Über Sohn Georg

München, den 11. Februar 1855

Mein teurer Vieweg!

Es wird Dich freuen zu hören, daß meine Tochter Johanna sich im Laufe der vorigen Woche mit Professor Thiersch in Erlangen, Direktor des dortigen chirurgischen Klinikums und Sohn des hiesigen Geheimen Rates R. Thiersch, verlobt hat. Thiersch ist ein sehr tüchtiger Mann in seinem Fach und ein vortrefflicher Charakter, er hat eine Zukunft als Chirurg. Es war eine stille Geschichte, die sich seit 2 Jahren so hinspann und endlich zum Ausbruch kam.
Vorige Woche habe ich Dir die druckfertigen Bogen der agrikulturchemischen Abhandlung zugeschickt, der Brief, der einliegen sollte, blieb aber hier liegen. Es hängt demnach nur an Dir, die Sache fertig zu machen.
Schreibe mir doch, lieber Vieweg, ob Du das Fäßchen Wein erhalten hast, was ich Dir vor langer Zeit zugehen ließ. Ich ließ es über Leipzig durch Deinen Schwager Brockhaus nach Braunschweig senden. Es ist von dem 1854er Geisenheimer.
Eine analytische Arbeit über Mellonverbindungen, an der ich mich seit einem Jahre abquälte, ist nun beendigt, und ich fange jetzt die Agrikulturchemie an. Sage mir doch, ob und wann ich Dir Futter für die Presse schicken soll.

Von Herzen Dein treuer Justus Liebig.

Von Zürich haben wir nicht das geringste gehört. Knapp sowohl wie wir alle wünschen sehr, daß ihm diese Vokation zukommen möchte. Daß mein Schwiegersohn Carrière Professor an der Akademie der Künste mit fl. 1000 Gehalt geworden ist, habe ich Dir, glaube ich, schon geschrieben.
Hast Du nicht Lust, die Beschreibung des hiesigen neuen Laboratoriums zu verlegen, für Architekten, Studenten und Liebhaber? Es gibt 8 bis 10 Blätter, sie sind sehr schön von Oberbaurat Voit gezeichnet. Ein eigentliches Geschäft wird es nicht sein, aber ich möchte doch, daß der Baumeister etwas für seine Mühe habe. Schreibe mir doch eine Zeile darüber.

J. L.

München, den 17. Februar 1855

Mein teurer Vieweg!

Dein Schreiben vom 14. Februar erhalte ich soeben und beeile mich, Dich zu fragen, ob Du die Beschreibung des hiesigen neuen chemischen Laboratoriums von Oberbaurat Voit, welche 8–12 schöne Zeichnungen, in Steindruck auszuführen, enthält, in Verlag nehmen willst?
Alles, was in Wigands Journal kommt, wird natürlich in den Separatabdruck aufgenommen und noch mancherlei mehr.
Für die Besorgung der Zahlung von 10 Fr. d'or an Strecker meinen Dank.
Den Wein wirst Du von mir als Geschenk annehmen, wofür er ursprünglich bestimmt gewesen ist, und wenn Du mir dagegen 12 Flaschen von dem Portwein geben willst, von dem Du mir soviel Gutes erzähltest, so bist Du wegen einem Gegengeschenk nicht in Verlegenheit.

Von Knapp wegen Zürich nicht das Geringste! Ich habe große Lust, mir noch Bankaktien zu kaufen, und will dazu den Wechsel von Pfeiffer auf Hohenemser benutzen, er ist übrigens erst im Mai fällig.
Du scheinst ganz übersehen zu haben, daß ich Dir die Verlobung Deines Lieblings, meiner Tochter Nanny, mit Dr. Thiersch, Professor der Chirurgie in Erlangen, angezeigt habe. Ich zweifle nicht, daß Du den lebhaftesten Anteil daran nimmst.

Von Herzen Dein treuer Justus Liebig

München, den 23. Februar 1855

Mein teurer Vieweg!

Ich habe Herrn N. Budge in Gießen den Auftrag [gegeben], Dir fl. 5000 bar zu übersenden und ersuche Dich, indem ich Deinem Rate folge, mir für diesen Betrag Braunschweigische Bankaktien anzukaufen, er wird für 17 Aktien hinreichen. Was Du mehr ausgibst, bist Du so gut, mir in Rechnung zu bringen; ich werde alsdann den Restbetrag bar berichtigen.
Meine Tochter dankt für Deine freundlichen Glückwünsche. Es folgen die beiden Druckbogen zurück.

Von Herzen Dein treuer Justus Liebig

München, den 26. März 1855

Mein teurer Vieweg!

Wie sehr beklage ich Dich und wie fühle ich, wie sehr dieser unerwartete Schlag Dich niederbringen muß. Ein Mann wie Dein Bruder, der Dir Freund und alles war, ist Dir nicht zu ersetzen. Für einen solchen Verlust gibt es keinen Trost. Auch wir haben in voriger Woche einen herben Verlust erlitten durch den Tod meiner Mutter, welche die Familie eng zusammenhielt, ein Band, was jetzt gerissen ist.
Ich schreibe Dir diese Zeilen in großer Eile und möchte Dich in Beziehung auf die Fortführung der Papierfabrik auf etwas aufmerksam machen. Herr Pfeiffer in Kassel hat zum Geschäftsführer meinen früheren Assistenten Dr. Guggelberger, der vielleicht zu Dir geht und für Dich paßt. Sollte er nicht zu haben sein, so möchte ich Dir den Rat geben, zu demselben Zweck einen ebenso tüchtigen Chemiker zu wählen. Einer meiner Assistenten, Dr. Thiel, wäre vielleicht ganz geeignet dazu. Er versteht zwar in diesem Augenblick von der Papierfabrikation nicht das Geringste, so wenig als Guggelberger verstand, als er zu Pfeiffer kam, allein letzterer hat eine solche Menge Verbesserungen gemacht und eine so große Ordnung ins Geschäft gebracht, daß mich Pfeiffer, als er hier war, versicherte, er sei ganz glücklich, einen solchen Mann gewonnen zu haben. Dr. Thiel würde wahrscheinlich dasselbe für Dich werden können und Dr. Guggelberger sich dazu verstehen, ihn eine Zeitlang in die Lehre zu nehmen. Tausend, tausend herzliche Grüße.

Mit treuer Liebe Dein Justus Liebig.

München, den 28. März 1855

Lieber Vieweg!

Meine Antwort auf Deinen Brief vom 12. hat sich um einige Tage verspätet durch eine Reise nach Darmstadt, die ich am Mittwoch antrat und von der ich erst vorgestern Abend wieder zurückgekehrt bin. Wir empfingen am Mittwoch die Nachricht von der schweren Erkrankung meiner vortrefflichen Mutter, die wir leider lebend nicht mehr antrafen. Ich hätte gern den Ton ihrer Stimme noch einmal gehört und habe nur den Trost, sie vor dem Begräbnis gesehen zu haben. Sie starb 75 Jahre alt an der Grippe. Für uns ist es ein großer Verlust, da mit ihr der Mittelpunkt der ganzen Familie genommen ist.

Der Schluß der kleinen Broschüre lag Deinem Briefe nicht bei. Da die letzt zurückgesandten Bogen einige Zusätze enthalten, so dürfte es nötig sein, dieselben nochmals hierherzuschicken. Auch kommt noch eine Note auf die letzte Seite.

Was den Titel betrifft, so lege ich Dir den englischen bei, den ich für ganz passend auch für die deutsche Ausgabe halte:

Die Grundsätze
der Agricultur-Chemie
mit Rücksicht
auf die
in England angestellten Untersuchungen
von
Justus v. L.
Meinem Freunde
Dr. Charles Daubeny in Oxford
dem eifrigen Verbreiter
wissenschaftlicher Grundsätze
in
der Landwirtschaft
widmet dieses kleine Werk
München, den 1. März 1855 der Verfasser

Die Dedikation kann aber auch hinweg bleiben. Die Einlage erbitte ich mir wieder retour. Was das Honorar betrifft, so bitte ich Dich, selbst mir Vorschläge zu machen. Du wirst am besten bestimmen können, was das kleine Buch Dir wert ist. Georg Wigand hat sich ein wenig schmutzig benommen, zu seinem sicherlich nicht geringen Schaden. Ich lege Dir seinen Brief bei, woraus Du entnehmen wirst, daß er mir für eine Arbeit von drei Monaten, von der er selbst sagt, daß sie ihm nützlich gewesen sei, für die Seite fl. 3 berechnet. Dies ist für den gewöhnlichen Oktavbogen fl. 24. Es ist ganz lächerlich, einem Mann in meiner Lage ein solches Honorar anzubieten. Diese Leute verstehen ihr Geschäft nicht. Ich hatte ihm überlassen, das Honorar selbst zu bestimmen, ohne überhaupt zu wissen, was er den Mitarbeitern seines Blattes gibt; es war töricht. Ein weiterer Artikel folgt natürlich nicht.

Ich habe noch 1/2, vielleicht 1 Dutzend, des ersten Bandes des Handwörterbuchs und werde Dir alles schicken, was sich vorfindet.

Mit Dr. Grimm bin ich durchaus nicht einverstanden; ich kenne ihn nicht, und niemand kennt ihn. Professor Scherer in Würzburg, der die vortrefflichen Jahresberichte über Chemie und pharmazeutische Chemie im Canstadter Jahresbericht bearbeitet hat und bearbeitet, ist un reveur der Literatur und ganz unser Mann, ebenso der fleißige, unterrichtete und tätige Prof. Gorup-Besanez in Erlangen. Die Richtung Kolbes ist so einseitig, daß ich sie nicht vertreten zu sehen wünschte in unserem Handwörterbuch.
Die Agrikulturchemie dachte ich in den Osterferien zu vollenden. Leider zwingt mich das Ordnen des Nachlasses meiner Mutter, mit meinen Geschwistern nach Darmstadt zu reisen, und es ist die Frage, wieviel Zeit mir diese Reise nehmen wird.
Die vortrefflichen Würste, welche die Güte Deiner Frau uns bestimmte, sind wohlbeschaffen hier eingetroffen und erfreuen sich des ungeteiltesten Lobes. Meine Frau, welche soeben noch in Darmstadt ist, wird sich noch besonders dafür bedanken. Drücke Deiner Frau nebenbei noch meinen Dank besonders aus.
Über die eingekauften Aktien und den Stand unserer Abrechnung bitte ich um näheren Aufschluß.

Von Herzen Dein treuer Justus Liebig.

Ein Vorwort für das kleine Ding halte ich für unnötig, da ich im Eingang das Nötige über den Grund des Erscheinens sagte.

München, den 28. März 1855

Mein teurer Vieweg!

Es ist nicht daran zu denken, daß Guggelberger in diesem Augenblick die Fabrik verlassen wird, da der arme Pfeiffer hoffnungslos in Alexanderbad darniederliegt und es eine Grausamkeit wäre, ihm einen Antrag deshalb zu stellen. Mit Dr. Thiel habe ich gesprochen. Er ist bereit, die Leitung der Papierfabrik zu unternehmen, und ich glaube, daß Du in ihm einen ebenso tüchtigen wie treuen und zuverlässigen jungen Mann gewinnst. Da er bis jetzt ein Geschäft dieser Art noch nicht geleitet hat, so ist es schwer, mit Bestimmtheit zu sagen, ob er sich in allen Stücken dazu eignet, denn die Kraft der Menschen tritt erst dann hervor, wenn sie auf eigenen Füßen stehen und auf ihre Ressourcen angewiesen sind. Ich hoffe es mit Zuversicht; er nimmt gerne an und er dürfte Dir dasselbe Zutrauen einflößen, welches ich habe, wenn Du ihn siehst. Ich habe Dr. Thiel veranlaßt, heute an Dr. Guggelberger zu schreiben und denselben zu ersuchen, ihm eventuell einen Aufenthalt von einigen Wochen in der Pfeifferschen Fabrik zu gestatten, damit er, wenn Du entschlossen bist, nicht ganz ohne Vorbereitung unter Deine Arbeiter kommt. Dr. Thiel erwartet eine Stellung zu bekommen, die ihm zu heiraten erlaubt. Wenn dies nicht möglich gemacht werden kann, nach dem ersten Jahr, so ist der ganze Plan nicht ausführbar. Er verlangt freie Wohnung, Holz und 600 Thlr. und mit der Zeit jährlich eine Verbesserung. Ich habe ihn veranlaßt, seine Forderung im Anfang mäßig zu stellen, da er Dir erst später den Nutzen bringen kann, der von ihm zu erwarten ist. Was Du auch beschließen magst, ich bitte Dich, keinen Papiermacher zum Dirigenten zu nehmen. Ich weiß, welche ungeheuren Verluste und Ärger seiner Zeit Dr. Gmelin mit dergleichen Lumpen hatte. Das Mechanische ist unbedeutend, und da der Dirigent nicht selbst Hand

anzulegen, sondern nur den Gang zu überwachen hat, so scheint mir dies keine Schwierigkeit abzugeben.
Ich möchte alles tun, um Dir in Deiner jetzigen Lage Beistand und Hilfe zu leisten. Rechne ganz auf mich.

Dein treuer Justus Liebig.

Ich schreibe selbst an Guggelberger.

München, den 28. April 1855

Mein teurer Vieweg!

Deinen Brief vom 1. April erhielt ich vorgestern nach meiner Zurückkunft von Darmstadt. Ich möchte Dir raten, den Dr. Thiel erst zu sehen und Dich dann zu entschließen. Seine Zuverlässigkeit, Treue und Gewissenhaftigkeit kann ich Dir verbürgen. Ob er sich im übrigen für das Geschäft eignen wird, dies ist eine Frage, die sich bei einem jeden anderen aufdrängt und die nur die Erfahrung entscheiden kann. Du bist jetzt, wie ich aus Deinem Briefe entnehmen kann, bei Dr. Guggelberger gewesen, und er wird Dir seine Meinung gesagt haben. Was die Forderung Thiels betrifft, so würde ich ihm das erste Jahr weniger vorschlagen und damit steigen bis zu einer Grenze.
Thiel wird, wenn Du es wünschest, selbst nach Braunschweig kommen und sich Dir vorstellen und sich die Sache ansehen. Schreibe mir deshalb nur eine Zeile, aber bald, da die Ferien ihrem Ende nahe sind und ich ihn später ungern entbehre.

Von Herzen Dein treuer Justus Liebig.

München, den 29. April 1855

Lieber Vieweg!

Apotheker Hanstein in Zwingenberg an der Bergstraße, ein vortrefflicher Botaniker, hat in der landwirtschaftlichen Zeitschrift von Groß-Hessen eine Beschreibung der echten Wiesengräser-Samen und ihrer Unterscheidung von anderen Pflanzensamen, womit der Grassamen regelmäßig verfälscht wird, bekannt gemacht und beabsichtigt, ein kleines Schriftchen darüber herauszugeben, dem Tafeln mit den genauen Zeichnungen der Samen und ihrer Kennzeichen, vergrößert und in natürlicher Größe, beigegeben sind. Ich halte dies für ein sehr nützliches Buch, welches sicherlich einige Verbreitung findet. Ich dachte dabei an Dich und wollte Dich hiermit fragen, ob Du Dich damit befassen willst, in welchem Fall ich Dich ersuche, Dich direkt an Hanstein zu wenden, er wird sehr billige Bedingungen für seine Arbeit stellen.
Guggelberger hat mir geschrieben, daß Pfeiffer es nicht zugebe, daß jemand die Fabrik besuche, um sie kennen zu lernen. Er wolle aber, wenn Thiel zu ihm käme, ihn mündlich über das zu unterrichten suchen, worauf es ankommt.
In derselben Zeitschrift von Stockhardt, worin meine Abhandlung steht, ist eine Entgegnung oder Rechtfertigung von Dr. E. Wolf in Hohenheim erschienen. Ich bin soeben

mit einer Besprechung derselben beschäftigt. Der arme Wolf dauert mich in der Seele, denn ein vollständigerer Selbstmord ist mir noch nicht vorgekommen. Ich werde an ihm zeigen, welchen Götzen die Landwirte dienen und wie man allen Boden verliert, wenn man die wissenschaftlichen Grundsätze aufgibt. Sein Aufsatz hat mich auf vieles Interessante für mein Buch gelenkt, ich fühle mich ganz frisch wie in meinen jungen Jahren.

Du hast mir, wie aus Deinem letzten Briefe hervorgeht, die Aktien der Braunschweiger Bank gekauft und den Betrag dafür empfangen. Es wäre mir sehr lieb, der Ordnung wegen, wenn diese Sache abgeschlossen würde, ebenso Deine Rechnung mit mir. Die letztere sollte schon vor 2 Monaten gestellt werden; bitte verschiebe dies nicht länger.

Ich bin stark mit der Agrikulturchemie beschäftigt und hoffe, in 2 Monaten Dir die ganze Hälfte schicken zu können. Sei so gut es einzurichten, daß der Druck sogleich beginnen kann. Ich gehe im August nach England und kann dann nicht mehr dabei tätig sein.

Herzlichst Dein treuer Justus Liebig.

München, den 16. Mai 1855

Lieber Vieweg!

Es ist mir ganz rätselhaft, warum Du mich auf drei Briefe ganz ohne Nachricht läßt, nachdem Du die Erfahrung gemacht hast, daß in Deinen eigenen Angelegenheiten Du niemals auf meine Antworten zu warten hast. Ich weiß nicht einmal, ob das kleine Buch fertig ist oder nicht, in ersterem Fall hättest Du mir längst ein bis zwei Dutzend Exemplare schicken können, um die ich Dich dringend ersuche. Ich wünschte, es wäre noch nicht fertig. Denn in diesem Fall wäre es mir sehr daran gelegen, als Anhang meine Entgegnung an Wolf in Hohenheim abzudrucken, welche vielerlei Neues und, wie ich glaube, Interessantes enthält.
Du wolltest mir auch längst den Abschluß meiner Rechnung schicken. Es ist mir daran gelegen, diese Dinge aus dem Kopfe zu haben. Dann wünsche ich zu wissen, wann der Druck der Agrikulturchemie beginnen kann?
Schreibe mir umgehend, ich bitte Dich,

Dein treuer J. Liebig.

München, den 20. Mai 1855

Herrn Fried. Vieweg & Sohn in Braunschweig

Da sich Herr Eduard Vieweg in diesem Augenblick in Leipzig befindet, so erlaube ich mir, Sie in Hinsicht auf den empfangenen Conto Corrento um gefällige Aufklärung zu bitten.
In der Abrechnung sind aufgeführt 32 Braunschweiger Bankaktien zu D 200, während die mir gesandten nur auf D 100 lauten.

In der Abrechnung ist das Honorar für die zweite Auflage der Organischen Analyse aufzuführen vergessen worden. Nach dem Briefe des Herrn E. Vieweg vom 14. Februar sind mir dafür 20 Stck. L'dor gut geschrieben worden, die ich gefälligst nachzutragen bitte.
Sie haben ferner die Zinsen der an meinen Sohn Hermann ausbezahlten Beträge vom August 1853 und den andern Daten, bis zum 1. April 1855, berechnet und mir zu Last geschrieben, während Sie die an mich zu entrichtenden Zinsen vom 1. November 1852 mit fl. 275 zwei Jahre in Händen behielten, ohne mir Zinsen zu vergüten. Ich weiß wohl, daß es nicht üblich ist, Zinsen von Zinsen zu bezahlen, es ist aber ganz unzweifelhaft, daß, wenn ich zu rechter Zeit die an mich zu zahlenden Zinsen empfangen hätte, daß ich in diesem Fall Zinsen davon hätte ziehen können.
Es ist nun sicherlich nicht meine Schuld, wenn der Abschluß meiner Rechnung sich $2^1/_2$ Jahre hinausschob, und wenn meine Rechnung am 12. November 1853 und zu demselben Datum 1854 abgeschlossen worden wäre, so würden sich die an Sie zu zahlenden Zinsen für die von meinem Sohn empfangenen Gelder auf weniger als auf die Hälfte reduzieren. Ich bitte diese Berichtigung ebenfalls in meinem Conto Corrento aufnehmen zu wollen und eine vollständige Abrechnung aufstellen zu wollen, in welcher das Honorar für die Organische Analyse und das für die neueste kleine Schrift „Die Grundsätze der Agrikulturchemie" aufzunehmen ist.
Die beiden Wechsel vom Juli 1843, sowie die vom August 1854 folgen anbei zurück.

Hochachtungsvoll der Ihrige
Dr. Justus Liebig.

München, den 20. Mai 1855

Teurer Vieweg!

Ich habe die kleine Schrift vorgestern erhalten und finde sie in Druck und Papier wunderschön, beinahe zu schön für den ephemeren polemischen Inhalt.
In Beziehung auf die Abrechnung hat mich Dein Buchhalter benachteiligt, insofern er mir die Zinsen der an meinen Sohn Hermann ausbezahlten Beträge nicht bis 1. November 1853 und 1. November 1854, sondern bis 1. April 1855 berechnet. Ich kann doch nicht darunter leiden, wenn die Abrechnungen um Jahr und Tag hemmend verschoben werden. Auch sind in meinem Conto zwei Posten aufzunehmen vergessen worden: Das Honorar für die Organische Analyse, wofür Du 20 L'dor bestimmt hast, und für die neueste Schrift. Ich habe mir deshalb eine neue Abrechnung ausgebeten und Dir einstweilen alle Wechsel, die ich von Dir in Händen hatte, zurückgesandt. Für den Betrag meines Guthabens bis zur Summe von fl. 2000 erbitte ich mir einen neuen Wechsel. An dem Wechsel vom Juni, den ich Dir durch Budge schickte, habe ich fl. 83 verloren, indem ich in Frankfurt für den Taler fl. 46 3/4 bezahlen mußte, also 2%. Da nun der Wechsel wieder in Frankfurt einkassiert wurde, wo der Taler zu fl. 46 3/4 noch heute steht, so begreife ich nicht, daß Du nur fl. 45 dorten empfängst, denn die effektive Ausbezahlung in Talern hätte mir den Verlust erspart.
Ich hoffe immer noch, daß Du vor oder nach der Hochzeit auf ein paar Tage zu uns kommst, Du kannst mir kaum eine größere Freude machen.

Ich höre von Oldenbourg, daß Dein Sohn die Papierfabrik übernehmen, d. h. leiten will. Schreibe mir doch definitiv eine Zeile wegen Dr. Thiel, damit derselbe nicht gehindert ist, anderwärts einen Platz anzunehmen, der in Aussicht steht.

Herzlichst Dein treuer Justus Liebig

Die Wechsel habe ich zurückgesandt.
Es ist besser, daß Du an den Apotheker Hanstein in Zwingenberg selbst ein paar Zeilen schreibst.

31. Mai 1855

[Telegraphische Depesche von München nach Leipzig]
Eduard Vieweg, Leipzig, obere Park bei Stadler.

Fehling ist gut, aber häufig krank, darum Unterbrechung zu fürchten. Übereile die Sache nicht, komme hierher.

Liebig

München, den 22. Juni 1855

Teurer Vieweg!

Ich hatte an Stockhardt geschrieben, mir das Manuskript meines Aufsatzes gegen Wolf sogleich zurückzuschicken. Statt dies zu tun, schrieb er mir, daß dasselbe sogleich gedruckt werden solle, und ein paar Tage darauf bekomme ich den einliegenden Brief von Wigand, der den Abdruck wieder um ein paar Wochen verzögert. Eine Abschrift habe ich leider nicht, und ich muß mich, bei allem Zorn, in Geduld fassen. Versende also immer noch soviel Exemplare als Du hast.
Mit Fehling bin ich im reinen, auch Pettenkofer wird zutreten mit Gorup und wahrscheinlich auch Buchner.
Ich bin seit 4 Wochen unwohl und kann mich nicht erholen, so daß ich kaum an dem Buche arbeiten konnte. Wegen der englischen Ausgabe will ich vorerst noch einmal an Walter schreiben. Gregory in Edinburg wird mir die Übersetzung wohl machen.

Von Herzen Dein treuer Justus Liebig.

München, 1. Juli 1855

Lieber Vieweg!

Ich bin erst vorgestern Abend von einer kleinen Reise nach Kissingen zurückgekommen und konnte Deinen Brief, der mir nachgeschickt worden war und erst heute zurückkam, nicht eher beantworten. Auf die Einlage wird Wigand nicht zögern, Dir das Manuskript zurückzugeben, was ich sogleich in Druck zu nehmen bitte.

Nach der beigeschlossenen Aufforderung ist die erste Auflage der Grundsätze bereits vergriffen, und Du bist gedrängt, eine neue zu machen. Sage mir doch beiläufig, wieviel Exemplare von der neuen Auflage gedruckt werden sollen? und lasse mir eine neue Rechnung stellen, damit diese Sache in Ordnung kommt.

Herzlichst Dein Justus Liebig.

München, den 4. Juli 1855

Lieber Vieweg!

Meine Frau und Tochter beauftragen mich, Dir ihren besten Dank für die schönen Gummi-Pflanzen zu sagen, welche vorige Woche, wohlbeschaffen, hier angekommen sind.
Vorgestern sandte ich die Bogen der Nachträge zu den Grundsätzen der Agrikulturchemie ab. Es wäre mir lieb, wenn dies möglich ist, einige Exemplare des Büchleins (2. Auflage) mit nach England zu nehmen, ich reise den 18. August ab. Von dem 9. Bogen, worauf die Note contra Schleiden, wünschte ich 12 Extraabdrucke.
Georg schreibt mir von Neemuch [?] „ich habe für Freund Vieweg ein wunderschönes Königs-Tigerfell, was ich ihm nächstens senden werde". Georg hat alle Aussicht, nach Kalkutta als Professor der Physiologie zu kommen mit einem monatlichen Gehalt von 700 Rupien (à fl. 12). Ich wünsche es sehr, denn auf dem Lande will ich ihn keinesfalls verkommen lassen.

Herzlichst Dein treuer Justus Liebig.

Gießen [?], den 10. Juli 1855

Mein teurer Vieweg!

Ich brauche Dich nicht zu versichern, daß uns Dein und Deiner lieben Frau prächtiges Geschenk zu unserer silbernen Hochzeit die größte Freude gemacht hat. Das einzige, was wir daran auszusetzen finden, ist seine Kostbarkeit. Auch die kleinste Gabe von Dir und Deiner Frau würde durch die Gesinnungen und Gefühle, die sich darin ausgesprochen haben, den größten Wert für uns gehabt haben. Für Deine herzlichen Glückwünsche und die schöne Gabe empfange unseren besten Dank. Es war eine schöne Feier, und der Rückblick auf das mit einander verlebte viertel Jahrhundert erweckte in uns die heißesten Gefühle des Dankes gegen die Vorsehung, die uns nur Gutes in dieser langen Zeit verliehen. An einem solchen Tage alle seine Kinder um sich zu haben, ohne daß eines fehlt, ist gewiß ein großes Glück.
Ich sende Dir den Wechsel nochmals zurück, um in unserer Rechnung keine Verwirrung herbeizuführen. Habe keine Furcht, daß ich Dir untreu werden könnte, denn es besteht nicht der mindeste Grund hierzu. Wir haben in allen unseren Geschäftsbeziehungen noch nicht die allergeringste Differenz gehabt, und Du hast alles verlegt und wirst alles verlegen, was ich produziere und produziert habe. Die Annalen waren bei Winter, ehe

ich hinzutrat, und Geigers Handbuch ebenfalls. Daß Du die Chemischen Briefe nicht bekommen hast, ist mir stets ein Dorn im Fleisch, aber wenn jemand Schuld daran ist, so bist Du es selbst. Ich habe nicht daran gedacht, daß man auf diese Briefe einen mehr als vorübergehenden Wert legen könnte, und wenn Du entfernt daran gedacht hättest, so wären sie bei niemand anderem erschienen, und wie schön und prachtvoll würdest Du das Buch ausgestattet haben! Dies ist nun nicht mehr zu ändern – für den einzigen Fall vielleicht, daß sie mich überleben.
Die Vorrede oder das Vorwort zu Streckers Organischer Chemie werde ich gerne schreiben.
In den Chemischen Briefen sind nur drei, welche von chemischer Physiologie handeln, und ich glaube, daß die Verbreitung derselben für meine Physiologie den größten Nutzen haben wird. Der Reiz der Neuheit ist allerdings etwas, aber die Ausführung allein ist nachhaltig. Erst müssen die Leute wissen, daß sie es brauchen können. Für den Gebrauch sind die Chemischen Briefe nicht, sie bestehen mehr aus Prospectus'en.
Regnault hat mir geschrieben, daß wir in London, wo wir uns treffen werden, die Angelegenheit wegen seiner Physik ordnen wollten. Sei überzeugt, daß ich diese Sache wie die meinige betrachte. Regnaults Chemie finde ich im ganzen nicht besonders ausgezeichnet, er ist kein Chemiker, aber seine Physik gibt ein Meisterwerk, dies bin ich ganz sicher. Ich lege Dir seinen Brief bei, den ich mir wieder zurückerbitte.
Daß wir uns in London treffen müssen, versteht sich ganz von selbst. Schade, daß wir nicht zusammen reisen können. Ich reise den 1. August von hier ab, und Du findest mich in London bei Dr. Burkland, Westminster, Deaury. Wegen Regnault in London erkundige Dich bei Prof. Hofmann, 26. Alborg Street, Regents Park. Prof. Hofmann ist mein früherer Assistent, Professor am College of Chemistry; er hat eine Nichte von meiner Frau geheiratet. Dito bei Prof. Graham, 4. Gordon Square. Suche diesen trefflichen Mann jedenfalls auf. Beifolgend der Brief von Humboldt, der übrigens kaum zu entziffern ist.
Auf Wiedersehen in London.

Von ganzem Herzen Dein treuer Justus Liebig.

Tausend herzliche Grüße an Deine Frau von mir und die meinige. Die Krüge werden wohl angekommen sein. Die Heidelberger Geschichte setzt mich in große Verlegenheit, ich weiß gar nicht, was ich tun soll.

München, den 7. August 1855

Lieber Vieweg!

Die Gummibäume und auch der Wein, letzterer gestern, sind wohlbeschaffen hier eingetroffen. Der Wein war sehr wenig trübe und wird sich sehr bald klären. Er ist vortrefflich, und ich sage Dir für diese wahre Bereicherung meines Kellers meinen herzlichsten Dank.
Ich habe zwar nicht Zeit gehabt, die Rechnung durchzugehen, allein ich akzeptiere sie als richtig. Der Wechsel war nicht nötig, da Du stets noch Zahlungen für mich zu machen hast.

Die Agrikulturchemie macht mir mehr Sorgen als ich anfangs dachte. Je mehr ich mich umsehe, desto mehr nehme ich wahr, wie sehr viel seit 6–7 Jahren geschehen ist, und ich habe jetzt begonnen, den bereits als fertig gedachten Abschnitt über den Ursprung des Stickstoffs in den Gewächsen ganz umzuarbeiten. Dinge, welche damals zu begründen waren, stehen jetzt fest, und es handelt sich darum, die Konsequenzen daraus zu ziehen. Überdenke doch nur das einfache Gesetz für die Düngung, zu welchem ich in dem Artikel contra Wolf gekommen bin, und sage mir sodann, ob ich den „Rückblick" in dem Buche stehen lassen kann! Lasse ich dem Buche was es hatte, so fällt es in 5–6 Jahren völlig ab, und ob ich es dann noch mit einer Umarbeitung zwinge, dies steht dahin. Daher denn die Verzögerung, über die Du Dich beklagst. Ich halte es für wahrscheinlich, daß ich in Schottland manches lerne, und da ich in 14 Tagen von hier abreise, so würde der Druck doch auf 2 Monate stocken. Wozu also jetzt anfangen?

Der Aufsatz von H. Habich ist nicht übel. Jetzt, wo der Karren aus dem Dreck gezogen ist, kommen diese Helfer und schieben noch. Vorher regte sich keine Seele für mich, jetzt wird der arme Sündenbock Wolf unter einem Steinhaufen begraben werden, jeder wird werfen. Ich würde es immerhin drucken.

Daß Georg ein großes Tigerfell für Dich hat, habe ich Dir in meinem letzten [Brief] geschrieben. Eine Expedition von Jägern schoß in wenig Wochen über 12 Tiger. Georg wird höchst wahrscheinlich als Professor der Physiologie nach Kalkutta kommen, mit einem Gehalt von 700 Rupien (à fl. 12) monatlich. Durch diese Stelle sitzt er nicht so fest wie als Surgeon und kann leichter zu uns. Wäre er nur verheiratet!

Nochmals, teurer Vieweg, meinen besten Dank für den Wein. Mit den herzlichsten Grüßen

Dein treuer Justus Liebig.

Schicke mir doch womöglich noch einige fertige Exemplare vor meiner Abreise, welche den 18. statthaben wird.

1856

10. 2. Fabrikatorische Unternehmung – Persönliches

16. 3. Polemisches in bezug auf Lawes – Persönliches

10. 4. Vorschlag zur Verlegung eines botanischen Werkes – Polemisches in bezug auf Lawes; Plan einer Schrift über Landwirtschaft

31. 5. Zusendung der Schrift über Landwirtschaft – Sodafabrik

8. 6. Kritik am Druckbild der Schrift über Landwirtschaft – Aktiengeschäft – Absicht zu einer Badereise

17. 6. Aktiengeschäft – Empfehlung eines Verlagsprojektes: Chemiebuch von Gorup-Besanez

24. 7. Mahnung zur Fertigstellung der Schrift über Landwirtschaft vor Reiseantritt

30. 7. Zur Fertigstellung der Schrift über Landwirtschaft – Unzufriedenheit von Buff und Kopp mit Vieweg

8. 8. Kur in Gastein – Polemisches in bezug auf Lawes – Empfänger von Freiexemplaren der Schrift über Landwirtschaft – Kontroverse Vieweg mit Buff und Kopp

18. 8. Empfänger der Schrift über Landwirtschaft – Zum Anzeigentext des Buches – Kurerfolg in Gastein; weitere Reisepläne

27. 9. Neubearbeitung der Agrikulturchemie; unveränderter Abdruck der alten Auflage – Plan eines populären Buches für Landwirte – Persönliches zu Vieweg

München, den 10. Februar 1856

Lieber Vieweg!

Varrentrapp wird Dich in Kenntnis gesetzt haben, daß ich an Kuhlmann in Lille wegen der neuen Unternehmung geschrieben und ihn dringend ersucht habe, sich in der gewünschten Weise dabei zu beteiligen. Kuhlmann steht in praktischer Beziehung dem Herrn Kestner gleich und in wissenschaftlicher höher. Die größte Schwierigkeit wird sein, die große Masse der zu gewinnenden Salzsäure zu verwerten. Im übrigen ist das Unternehmen gut durchdacht und wird reüssieren.
Die Dividende Coupons habe ich Varrentrapp für Dich zum Inkasso mitgegeben.
Georg, der Dich herzlich grüßen läßt, wünscht zum Behufe seiner Vorträge das geologische Werk von Vogt, welches bei Dir erschienen ist, vollständig zu haben. Den ersten Band besitzt er, wie ich glaube.
Meine Frau ist leider krank, sie würde sonst der Deinigen längst geschrieben und für die freundliche Gabe gedankt haben. Die Würste sind ganz vortrefflich und finden verdienten Beifall. Wegen der Vorträge will ich mit meinem Associés sprechen. Großen Wert darfst Du aber nicht darauf legen.

Herzlichst Dein treuer Justus Liebig.

München, den 16. März 1856

Ich bitte Dich, lieber Vieweg, mir umgehend in einer Zeile zu sagen, in welchem Jahr der Artikel „Dünger“ in dem Handwörterbuch erschienen ist. Ich habe kein einzelnes Heft mehr, und das Titelblatt kann darüber keine Auskunft geben. Herr Lawes hat nämlich auf die giftigste Weise geantwortet, und ich muß mit diesem Mann definitiv ein Ende machen.
Soeben erhalte ich Deinen Brief vom 12. nebst dem Buch für Georg; herzlichen Dank dafür in seinem Namen.
Kuhlmann wird sich geben; mein Sohn Hermann ist eben bei ihm in Lille, und ich denke, daß ihn Varrentrapp dort entreißen wird. Die Vorträge kann ich nicht zusammenbringen, jeder hat seinen besonderen Plan damit.

Herzlichst Dein treuer Justus Liebig.

München, den 10. April 1856

Lieber Vieweg!

Du kennst ohnstreitig das Werk von Dr. Gemminger in München, Fauna boica, jedenfalls wird Herr Prof. Blasius Dir näheres davon berichten können. Es ist ins Stocken geraten aus vielen Gründen, worunter der, daß die Verfasser es selbst verlegt haben, mir der wichtigste zu sein scheint. München ist ganz der Ort für ein solches Unternehmen. Künstler und Zeichner gibt es hier die Fülle, und es ist jetzt die Frage, ob sich ein Verleger dafür findet. Wir haben bei dem Könige beantragt, daß er etwas dazu hergibt. Vorläufig

hat er sich zu fl. 300 entschlossen. Dies ist nicht genug, ich glaube aber, daß er in 4 bis 6 Intervallen die gleiche Summe zur Vollendung hergeben wird. Was denkst Du dazu? Eine Fauna germanica ließe sich leicht daraus machen. Die Tafeln sind wundervoll schön.
Herr Lawes hat in einem wütenden Artikel geantwortet, und ich halte es im Interesse dieser hochwichtigen Sache für nützlich, in einer Theorie der Agrikultur zu antworten. Ich will darin meine Ansichten im allgemeinen und in besonderer Beziehung auf die praktische Landwirtschaft auseinandersetzen. Wie schwer ist es doch, unter diese Bauern wissenschaftliche Grundsätze zu bringen. In 14 Tagen schicke ich Dir das Manuskript.

Herzlichst Dein Justus Liebig.

München, 31. Mai 1856

Endlich, lieber Vieweg, bin ich soweit, Dir meine neue kleine Schrift „Über Theorie und Praxis in der Landwirtschaft" zum Abdruck schicken zu können. Da ich Mitte Juli nach Gastein zu gehen gedenke, so bitte ich Dich, die Sache bald in Angriff nehmen zu lassen. Ich hoffe, daß es mir endlich gelingen wird, die Landwirte zu überzeugen, daß sie die Theorie in der Praxis nicht entbehren können und daß sie in allem, was sie tun, der sicherste Führer ist. In den zwölf Jahren, welche vergangen sind, seit der 3. Auflage, hat die Theorie die Probe bestanden, sie ist ungebeugt geblieben.
Was die Sodafabrik betrifft, so wünsche ich mich mit zehntausend Talern, D 10000, zu beteiligen. Sobald die kleine Schrift ganz fertig ist, werde ich mich mit mehr Muße dem Sodageschäft widmen können. Ich bin einer von den unvollkommenen Menschen, die nur eine Sache im Kopfe herum tragen können.

Von Herzen wie immer

Dein treuer Justus Liebig.

München, den 8. Juni 1856

Da ist nichts zu machen, mein Teurer, aber lieb ist es mir nicht. In lateinischen Lettern gedruckt, sieht das Ding ja neben der anderen agrikulturchemischen wie etwas ausländisches aus. Es ist mir nur daran gelegen, daß das Büchlein fertig ist vor dem 1. August, weil ich dann abreise und Verzögerung unvermeidlich ist. Es gibt im Ganzen nur 5 Druckbögen, und ich meine, diese ließen sich bei der Ausdehnung Deines Geschäftes in 14 Tagen fertig machen.
Ich nehme gerne teil an der neuen Aktien [unleserliches Wort] und bitte Dich, mein Anrecht in dieser Beziehung zu vertreten. Beifolgend die Aktien. Die Coupons per 1. Juli habe ich bereits verwendet.
Es wäre mir sehr leid, wenn mein Besuch Gasteins die guten Folgen nicht hätte, die ich davon erwarte. Alle Bäder sind sich aber in Beziehung auf direkte Wirkung so ziemlich einander gleich, nur die purgierenden Wasser nicht.
Vorgestern habe ich neues Manuskript an Dich abgesandt.

Von Herzen Dein treuer Justus Liebig.

München, den 17. Juni 1856

Lieber Vieweg!

In Beziehung auf Dein Schreiben vom 12. Juni beeile ich mich, Dich zu unterrichten, daß ich am 9. Juni meine ganzen Bankaktien an Dich abgesandt und die Erklärung abgegeben habe, meinen Teil an der Vermehrung desselben nehmen zu wollen. Sollten die Aktien nicht in Deine Hände gekommen sein, so bitte ich um eine Zeile.
Der Rest vom Manuskript für das neue, kleine Büchlein ist beinahe zur Absendung bereit. Wegen der Schrift bitte ich Dich, einen Entschluß zu fassen.

Herzlichst Dein treuer Justus Liebig

Die Hefte des Wörterbuches hattest Du mir früher geliehen. Prof. v. Gorup in Erlangen wünscht ein Buch bei Dir zu verlegen, einen Grundriß der Chemie. Ich glaube, das Buch wird gut. Er ist medizinischer Chemiker und sein Werk wird diese Farbe tragen, was dann machen wird, daß es mit Deinen anderen Verlagswerken nicht in Kollision kommt. Es ist gut, Kompendien von Chemikern von verschiedenstem Standpunkt zu haben, der technische Chemiker schreibt ein ganz anderes wie der pharmazeutische und medizinische.

München, den 24. Juli 1856.

Herrn Fr. Vieweg & Sohn

Ich reise den 1. August von hier ab nach Gastein und wünsche sehnlichst, daß die kleine Schrift, die sich eben im Drucke befindet, bis dahin, von meiner Seite, beendigt sein möchte. Titel und Vorrede habe ich vor 4 Tagen abgesandt. Ich bitte deshalb dringend, die Korrekturen sobald wie möglich zurückzusenden.

Hochachtungsvoll Ihr Dr. Justus Liebig.

München, den 30. Juli 1856

Lieber Vieweg!

Die Bogen habe ich gestern sogleich expediert und werde Dir von Gastein aus eine Liste für die zu versendenden Exemplare schicken. Ein Exemplar erbitte ich mir nach Gastein (bei Straubinger). Ich bitte Dich, darauf zu sehen, daß die Dedikation an Kuhlmann in das Buch kommt.
Buff und Kopp, die sich mit Deinem Buch große Mühe gegeben haben, sind, wie sie sagen, über Deine Vernachlässigung ganz verdrießlich. Erst habest Du sie gequält, und jetzt könnten sie, wo alles fertig sei, nicht zum Drucke kommen. Dir schiene die Sache verleidigt zu sein. Ich schrieb Ihnen, daß Du sicher irgend etwas anderes im Kopfe hättest, ein Verleiden käme bei Dir nicht vor.
Ich steige in 10 Minuten in den Wagen. Unsere besten Glückwünsche zum ersten Enkelchen. Also Großmutter bist Du geworden.

Von Herzen Dein Justus Liebig.

Gastein, 8. August 1856

Lieber Vieweg!

Ich bin mit meiner Frau und meinem Jüngsten seit Anfang dieser Woche hier, bei dem schönsten Wetter, und habe auch gebadet. Ich fühle aber nichts, was mich daran erinnert, daß ich in irgendeiner Richtung mich besser befinde als vorher, eher aufgeregter und empfindlicher. Es wird bei mir so sein, wie es bei Dir gewesen.
Heute morgen las ich in der Illustrierten Zeitung vom 2. August eine Anzeige der Schmähschrift von Lawes und Gilbert [eingefügt: bei V. Wigand in L.], gegen welche zum großen Teil meine neueste gerichtet ist. Es ist gut, daß wir beinahe gleichzeitig damit fertig wurden, und ich bitte Dich, die Versendung soviel wie möglich zu beschleunigen. In Deiner Anzeige bitte ich darauf Beziehung zu nehmen, daß in meiner Schrift die neueren Behauptungen von Lawes und Gilbert bereits ihre Würdigung und Widerlegung gefunden hätten.
Ich bitte Dich, 1 Exemplar der neuen Schrift an
Herrn Regierungsrat Dr. Reuning in Dresden
Dr. A. Stöckhardt in [?]
Dr. Henneberg in Celle, Senator des landwirtschaftlichen Vereins daselbst
Dr. Kroker, Professor in Breslau, Senator des landwirtschaftlichen Vereins daselbst
Regierungsrat Dr. Zeller in Darmstadt, Senator des landwirtschaftlichen Vereins daselbst
Prof. Dr. Fehling in Stuttgart
zu senden
Ich möchte gerne dem Redakteur der landwirtschaftlichen Zeitschrift in Rheinpreußen und dem Präsidenten des Vereins daselbst jedem 1 Exemplar schicken, aber die Namen derselben sind mir nicht gegenwärtig. Überhaupt möchte es sehr nützlich sein, wenn Du an die Redaktionen landwirtschaftlicher Zeitschriften oder an die Vorstände der vorzüglichsten landwirtschaftlichen Vereine Freiexemplare verschicken wolltest in meinem Namen.
Mein Sohn Hermann in München erwartet mit Sehnsucht ein Exemplar. Schicke ihm einstweilen für mich 1 Dutzend, wenn soviel fertig sind. Sollte das für mich hierher bestimmte Exemplar noch nicht abgesendet sein, so bitte ich davon zwei hierher zu adressieren.
Wöhler, Buff und Kopp kommen über München, so daß ich diesen dort Exemplare geben kann.
Buff schreibt mir, daß er und Kopp mit Dir im reinen seien; ich dachte mir die Sache so wie sie wirklich war.

Von Herzen, lieber Vieweg,

Dein treuer Justus Liebig.

Ich hoffe, daß die Dedikation an Herrn Kulmann in Celle nicht vergessen worden ist. Sei so gut, ihm 2 Exemplare zu schicken, er will die Schrift übersetzen.

Wildbad Gastein, 18. August 1856

Lieber Vieweg!

Ich habe Deine Briefe sowie die 4 Exemplare unseres neuen Buches erhalten, dessen Ausstattung vortrefflich ist. Es wäre mir lieb, wenn Du einer jeden der im beiliegenden Verzeichnis aufgeführten Redaktion landwirtschaftlicher Zeitschriften 1 Exemplar der neuen Schrift in meinem Namen zusenden wolltest; und wenn Du noch von den „Grundsätzen" übrig hast, so möchte es gut sein, auch von diesen 1 Exemplar zuzufügen. Da Du wahrscheinlich den Dr. Henneberg in Celle und Dr. Zeller in Darmstadt nach meiner Aufgabe hast zugehen lassen, so ist eine Zusendung an die Redaktion der landwirtschaftlichen Zeitschrift für das Großherzogtum Hessen und für Hannover nicht nötig, beide sind die Redaktoren dieser Zeitschriften.
Der Regierungsrat in Dresden heißt Reuning, er ist Referent in landwirtschaftlichen Dingen im sächsischen Ministerium und redigiert das Amtsblatt.
Was die Anzeige betrifft, so bitte ich nach der Angabe des Titels folgendes zu sagen: „Der Herr Verfasser sagt in dem Vorwort: ‚Diese kleine Schrift soll einen Beitrag abgeben zur Lösung der Fragen über die besten Mittel und Wege, um einer gegebenen Fläche Land dauernd den höchsten Ertrag an Korn und Fleisch abzugewinnen.'" Zunächst veranlaßt durch die neuerschienenen „Entgegnungen" des Herren Lawes, Gilbert und Dr. E. Wolf auf des Verfassers „Grundsätze" finden jene in dieser Schrift eine tief eingehende Würdigung.

Fr. Vieweg und Sohn ["].

Das Bad und der Aufenthalt hier haben einen wohltätigen Einfluß auf mich gehabt. Ich erwarte Wöhler, Kopp und Buff in wenigen Tagen. Wir werden nach Beendigung meiner Kur eine weitere Reise machen; nach Wien gehe ich nicht.

Mit herzlichsten Grüßen [Fußnote dazu:] auch von meiner Frau an Dich und die Deinigen

Dein treuer Justus Liebig.

Hast Du denn einen Abdruck der Agrikulturchemie machen lassen, da Du sie wiederholt ankündigst? Ich glaubte, das Buch sei ganz vergriffen.

München, 27. September 1856

Teurer Freund!

Das Manuskript für Buff und Kopp, was Du mir nach Gastein adressiert hast, habe ich endlich wiederbekommen und sogleich nach Gießen spediert, so daß die Sorgen Kopps gehoben sind.
Wegen der Agrikulturchemie bin ich von meinem Entschluß wieder ganz abgekommen. Je mehr ich wieder hineinkam, desto mehr überzeugte ich mich, daß das Buch in der Form, die es hat, wohl wieder abgedruckt, aber nicht neu bearbeitet werden kann. Im wesentlichen ist es ja gegen [eingefügt: contra] die Humustheorie gerichtet, welche soviel Übel brachte und zu Gunsten [eingefügt: pro] der Mineralbestandsidee des Bodens gerichtet. Diese Form fortbestehen zu lassen, hat keinen Sinn mehr. Niemand

nimmt mehr die Humustheorie an und kein Landwirt bestreitet die Richtigkeit der Mineraltheorie. Nur in Beziehung auf den vorzugsweisen Wert des Stickstoffs ist noch Streit. Ich bin der Ansicht, daß Du einen unveränderten Abdruck von 1000 Exemplaren machen lassen möchtest, der wohl noch im Laufe der Jahre verkaufbar ist und der als solcher anzuzeigen wäre. Ich war eigentlich in der Idee befangen, wir hätten davon gesprochen, ich erinnere mich aber jetzt, daß ich dagegen war, weil mir die neue Bearbeitung damals noch möglich erschien. Ich habe diese Sache mit Wöhler beraten, und er ist der Ansicht, ich möchte aus dem ursprünglichen Werke und dem neuesten polemischen gegen Lawes, Wolf u. Stockhardt ein eigenes populäres Buch für die Landwirte machen. Er meint, daß nur dadurch etwas Gutes bewirkt und die gährenden Ansichten zur Klarheit gebracht werden können. Ein solches Buch dürfte ein großes Publikum finden, wenn der rechte Ton getroffen ist. Ich bin beinahe dazu entschlossen und will nur noch die begonnene neue Ausgabe der Chemischen Briefe vollenden, um mich sogleich damit zu beschäftigen. Wir könnten es vielleicht gleichzeitig englisch erscheinen lassen.

Ich hoffe, Du bist wieder ganz wohl, und Du könntest uns ein großes Vergnügen machen, wenn Du uns im Laufe dieses Herbstes oder Winters besuchen wolltest; Du hast Dich hier noch immer erholt.

Wenn Du noch einige Exemplare der Grundsätze der Agrikulturchemie hast, so bitte ich um 5 Stück und von der neuesten Schrift „Theorie und Praxis“ um 10 Stück.

Von Herzen Dein treuer Justus Liebig.

Morgen oder übermorgen wird Kuhlmann mit seiner Frau und Tochter hierherkommen, von Wien aus.

1857

26. 4.	Beschäftigung mit einer Streitschrift über Mißverständnisse in der Landwirtschaft – Geldangelegenheiten – Düngerfabrik
7. 6.	Neue Erkenntnisse in bezug auf Agrikultur und künstliche Düngemittel – Zwei neue chemische Briefe
23. 7.	Plan einer Erholungsreise – Über die neue Streitschrift – Chemische Briefe – Verhältnisse in Indien – Beurteilung von Büchern
24. 8.	Familiäres – Über Stockardt; Zurückstellung der neuen Streitschrift – Chemische Briefe – Über Viewegs Zeitung, Artikel über Indien darin – Reiseabsicht – Unzufriedenheit Knapps
2. 12.	Persönliches – Zu Indien: Kriegszustand, Verhalten des englischen Militärs – Arbeit an der Agrikulturchemie, Pläne für die Neugestaltung – 7. und 8. Lieferung des Handwörterbuchs ist eingetroffen
30. 12.	Erkrankung – Arbeit an der Agrikulturchemie – Persönliches

München, 26. April 1857

Mein teurer Vieweg!

Ich wollte Dich hiermit in Kenntnis setzen, daß ich mit einer neuen agrikulturchemischen Schrift „Die Mißverständnisse in der Landwirtschaft" beschäftigt bin, und ich bitte Dich, die Einrichtung zu treffen, daß sie noch vor Pfingsten erscheinen kann. Walz in Hohenheim, Stockhardt, Schulz-Schulzenstein, Wolf etc. spielen darin die Hauptrolle. Ich muß dieses Volk zum Schweigen bringen, sonst wird es nicht besser.
Beifolgend ferner 64 Stück Dividenden Coupons. Die Dividenden werden wohl in Zukunft ausbleiben, wenn die Preußen alle Banknoten, die nicht preußisch sind, aus dem Verkehr ausschließen. Es ist sonderbar, daß sie dies nicht mit den Wechseln der Bankiers ebenso machen, aber Bevormund muß einmal sein.
In voriger Woche empfingen wir eine Sendung köstlicher Würste, die uns immer ein erfreuliches Zeichen eines dauernden Familienverkehrs sind; meine Frau dankt in der Einlage, so wie ich auf das herzlichste.
Auch hier schwärmt man eben von sodaschwefelsaurem Wasserglas und künstlichen Düngerfabriken; es tut aber auch Not in dem Lande.
Von Herzen wie immer

Dein treuer Justus Liebig.

München, 7. Juni 1857

Lieber Vieweg!

Ich rate nicht zu einer stärkeren Auflage als 1500, höchstens 2000, da sich viele Änderungen in den Ansichten vorbereiten und ich an eine ausführliche Bearbeitung nicht denken kann. Was ich zufüge, ist bereits im vorigen Jahre gemacht. Ich habe höchst merkwürdige Dinge gefunden in bezug auf Agrikultur. Wir haben geglaubt, und ich habe seit 20 Jahren gelehrt, daß die Pflanzen ihre Nahrung aus einer Lösung empfangen. Dies ist falsch. Phosphorsaurer Kalk, in kohlensaurem Wasser gelöst, kieselsaures Kali, werden von jedem fruchtbaren Erdreich vollständig der Lösung beim Durchfiltrieren entzogen. Dies erklärt die Wechselwirtschaft und eine Menge der verwickeltsten Erscheinungen. Ich mache soeben aus diesen Dingen 2 chemische Briefe, die ich auch in die neue Auflage unseres Buches aufzunehmen gedenke.

Von Herzen Dein treuer Justus Liebig.

München, 23. Juli 1857

Lieber Vieweg!

Das Schriftchen von Dr. Volcker schickte ich sogleich zurück mit auf dem Titel durchgestrichenen Buchstaben GUT; ich dachte, daß Du dies leicht bemerken würdest.
Ich kann die chemischen Briefe leider nicht in die neue Auflage aufnehmen, weil dazu ein Umformen des Vorhandenen und ein Einschmelzen des Neuen erforderlich ist, zu

welchem mir die Zeit absolut mangelt. Ich bin sehr erschöpft und gedenke, Mitte August eine Erholungsreise zu machen. Du weißt, daß ich aus den chemischen Briefen eine kleine Broschüre machen will, an welche sich die Antworten contra Walz, Stockhardt u. Wolf anschließen werden. Ich muß diesen Streit jetzt zu Ende führen.
Ich bin wegen Indien sehr beunruhigt. Man kann sagen, daß Indien in diesem Augenblick ohne Herren ist, und es müssen große Fehler gemacht worden sein, ehe es so weit kommen konnte. Wir schmeicheln uns, daß Kalkutta bis jetzt noch einer der sichersten Orte ist; wenigstens ist dort die europäische Bevölkerung am zahlreichsten.
Das Buch von Buff, Kopp u. Zamminer ist sehr gut bearbeitet und sehr praktisch. Bunsens Gasometrie fehlt die Einfachheit, ich habe aber dasselbe noch nicht ganz genau studiert, da ich nur Agrikulturchemie im Kopfe habe.

Von Herzen Dein treuer Justus Liebig.

München, 24. August 1857

Es ist mir sehr leid, aus Deinem Schreiben vom 19. zu entnehmen, daß Du wieder an Deinem Fuße leidest, und ich wünsche von Herzen, daß Dir das Seebad gute Dienste leisten möchte.
Ich habe das Vergnügen, Dich und Deine Familie zu unterrichten, daß meine Agnes (Frau Carrière) glücklich von einer gesunden Tochter entbunden worden ist. Mutter und Kind befinden sich vortrefflich. Meine Tochter Nanny (Thiersch) war 4 Wochen in Ems und darauf mehrere Wochen in Schwalbach. Sie hat, wie Du weißt, eine fausse couche [Fehlgeburt] gemacht und wurde durch fortdauernde Blutungen sehr schwach. Sie ist jetzt besser, aber noch nicht gänzlich hergestellt; wir erwarten sie in wenigen Tagen. Von Georg haben wir regelmäßig Nachricht. Zwei von seinen Briefen habe ich in der Allgemeinen Zeitung abgedruckt; einer steht im Hauptblatt, der andere in der Beilage. Hermann ist seither in Ungarn gewesen und tritt dort im Oktober wieder aus. Ich möchte gerne eine Pachtung für ihn haben oder eine Verwalterstelle. Er ist ein guter Landwirt, ganz eingeweiht in meine Ansichten, und ich hoffe, daß er die Lehre praktisch bestätigen wird.
Mit Stockhardt ist nichts zu machen, er ist ein zu beschränkter Kopf, und sein Wirken ist so ungeheuer nachteilig für die Sache gewesen, daß ich ihn nicht ferner schonen darf. Ein Kompromiß ist unmöglich: er hat mich in dem Streit nicht unterstützt, sondern gegen mich agiert, und zuletzt versteht er die Lehre nicht.
In der Agrikulturchemie habe ich solange mitgeholfen, als ich das Buch bearbeitet hatte, und muß es lassen wie es ist. Meine kleine Schrift contra Stockhardt, Walz, Schulz und Wolf muß ich im nächsten Winter fertigmachen. Die chemischen Briefe haben mich so sehr in Anspruch genommen, daß ich an nichts anderes denken konnte. Das Material ist aber gesammelt, und ich habe es nur zusammenzustellen. Zunächst mußte ich suchen, auf den Geist der Nation zu wirken, und dazu schienen mir eine Reihe von chemischen Briefen das einzige Mittel. Ob sie etwas nutzen und einigen Erfolg haben werden, bezweifle ich. Für die Agrikulturchemie dürften sie aber von Nutzen sein. Die letzten chemischen Briefe werden in der neuen Auflage oder Abdruck der ganzen Sammlung, die bei Winter erscheint, aufgenommen, doch werde ich auch mehr davon in meiner polemischen Schrift gebrauchen müssen.

Ich danke Dir für die Übersendung der trefflichen Artikel in Deiner Zeitung über Indien. Es ist das Beste und Vollständigste, was ich darüber gelesen habe. Deine Zeitung ist überhaupt sehr gut redigiert.

Mit den herzlichsten Grüßen

Dein treuer Justus Liebig.

Ich reise in einigen Tagen von hier ab, wahrscheinlich nach Italien. Die französische Übersetzung ist von Kuhlmann, und ich habe meine Erlebnisse dazu gegeben. Was hast Du denn mit Knapp, er scheint sehr unzufrieden wegen seinem Buche mit Dir zu sein.

München, 2. Dezember 1857

Mein teurer Vieweg!

Ich habe im Monat November, in welchen der Geburtstag des Königs fällt, soviel mit Maximiliansorden und Preußen zu tun, daß alles übrige und namentlich meine Korrespondenz darüber ins Stocken gerät. Ich bin jetzt wieder freier und das nächste ist, Dich zu fragen, ob Du die beiden indischen Decken von Georg erhalten hast. Sie sind seit etwa 3 Wochen an Dich abgegangen. Da es an Gewicht mangelte, so habe ich überschüssige Hefte des Handwörterbuchs beigepackt.
Die Decken sind von einer Grasart und werden in Indien zu Tischdecken gebraucht. Die Nachrichten von Georg sind fortwährend befriedigend. Gestern erhielten wir wieder einen Brief von ihm. Von dem Kriege weiß er natürlich nicht mehr zu sagen, als was in den offiziellen Berichten und den Privatbriefen steht. Eine solche Tapferkeit ist wohl noch nie dagewesen, wohlbemerkt gegen disziplinierte und viele Jahre lang eingeübte Soldaten. Aber jeder Offizier, jeder Soldat weiß, daß sein Kampf und seine Aufführung von seinem Lande und seinen Landsleuten auf das genaueste beobachtet wird und daß er unter ihren Augen kämpft und den rühmlichsten Tod stirbt, wenn er fällt. Es ist herzerhebend zu hören, wie das englische Volk in seinen Zeitungen brüllt und tobt, wenn die Regierung zu langsam ist, um der Witwin Neill's L. 500, der anderen ebensoviel, dem 1000 L. Pension, dem das Baronett-Barett zu geben. Das macht freilich tapfer, und alle Rücksicht verschwindet für das Leben, weil der Tod soviel einbringt. Wenn die paar tausend Mann Zeit hätten, ganz Indien zu durchziehen, sie würden es unterwerfen.

Wegen der Agrikulturchemie möchte ich hier zu bedenken geben, ob es nicht vielleicht besser ist, den zweiten Teil, welcher die Gärung, Fäulniß etc. abhandelt, hinwegzulassen. Es ist mir unmöglich, diese Dinge umzuarbeiten, und doch sollte es sein. Ich werde den wesentlichen Inhalt der letzten chemischen Briefe in das Buch in ein neues Kapitel „Die Erschöpfung des Bodens" aufnehmen. Dadurch entsteht für Dich freilich ein Verlust, da viele Bogen schon gedruckt sind, welche vielleicht dann neu gesetzt werden müssen. Besser wäre es vielleicht, die Aschenanalysen in der Form aufzunehmen, wie sie in dem Jahresbericht 1850 und fort enthalten sind, oder in Tabellen, die sich die Leute, wenn sie Lust haben, aufziehen lassen können.
Soeben erhalte ich das letzte Heft vom Pouillet und die 7. u. 8. Lieferung des Handwörterbuchs. Ich bin ganz in Erstaunen über die große Schönheit der Holzschnitte, nament-

lich Fig. 136 S. 984 und Fig. 134, 135; ich möchte wissen, ob sie bei Dir gemacht sind oder französische nach Photographien sind!
Sei doch so gut, mir mit den nächsten Korrekturbögen 1 Exemplar meiner Theorie und Praxis zuzusenden. Der Himmel weiß, wo die meinigen hinkommen.

Herzlichst Dein treuer Justus Liebig.

Auch das Kupfer in Pouillet S. 384 ist wundervoll, ich habe keine Idee davon, wie es gemacht ist.

München, 30. Dezember 1857

Lieber Vieweg!

Du bist offenbar nicht wohl, da Du mir auf meinen letzten Brief nicht geantwortet hast. Ich lag ebenfalls einige Tage an der Grippe darnieder, bin aber wieder auf und hoffe, in diesen Ferien mit der Agrikulturchemie fertig zu werden. Ich muß den „Rückblick" ganz umarbeiten und werde aus den neuen chemischen Briefen ein Kapitel „Die Erschöpfung durch die Kultur" hinzufügen.
Sei so gut und lasse mir doch ein paar Dutzend Adressen an Dich drucken, so daß ich eine bequeme Versendung der Korrekturbogen habe, nach dem Muster der Beigeschlossenen. Auch wünsche ich noch 2 Exemplare der Theorie und Praxis zu haben; ich habe mir eins bei Oldenbourg leihen müssen.
Hast Du denn die Kiste mit den Grasdecken von Georg erhalten? Empfange zuletzt, lieber Vieweg, meine besten und aufrichtigsten Wünsche für Dein und der Deinigen Wohl im neuen Jahr, und mir wünsche ich, daß Du bleibst, was Du mir in treuer Freundschaft seit 30 Jahren stets gewesen bist.

Dein treuer Justus Liebig.

1858

2. 1.	Kauf eines Landguts – Geldwünsche – Arbeit an Agrikulturchemie
8. 1.	Druck der Populären Vorträge
15. 1.	Berufung Knapps nach Zürich; seine staatliche Fabriktätigkeit – Agrikulturchemische Abhandlung – Schicksal von Winters Verlagshandlung in Heidelberg – Honorarfragen in bezug auf die Neuausgabe der Organischen Analyse
23. 1.	Vorschlag zu neuem Verlagsprojekt – Populäre Vorträge
25. 1.	Finanzierungs- und Honorarfragen – Lob Viewegs und seines Verlages
15. 2.	Verlegung der Populären Vorträge – Finanzielle Schwierigkeiten – Grundsätzliches zum Umgang mit Geld und zum Geschäftsumgang mit Vieweg – Deckung des Geldbedarfs
26. 2.	Drängen zur Entscheidung wegen Verlegung der Populären Vorträge
3. 3.	Absendung von Manuskript zu den Populären Vorträgen – Honorar-Angelegenheiten
8. 3.	Drucktypen für die Populären Vorträge – Neubearbeitung der Agrikulturchemie; Differenzen mit Vieweg
25. 3.	Korrekturbeginn der Populären Vorträge
23. 5.	Aktienverkauf – Silberspiegelfabrikation – Agrikulturchemie, Chemische Briefe – Stellung für Sohn Georg als Badearzt in Reichenhall
10. 6.	Finanzielles, auch im Hinblick auf den Gutskauf – Silberspiegelpatente – Plan zu einem Lehrbuch der Chemie, um Geld zu verdienen – Düngerfabriken, Sitz im Verwaltungsrat – Druck der Populären Vorträge – Aktiengeschäft – Persönliches (Befinden der Söhne Georg und Hermann)
29. 6.	Honorare, Aktiengeschäfte – Charakterisierung Viewegs – Spiegelfabrikation, Vertrag mit einer ausländischen Firma
6. 7.	Honorarprobleme mit Winter

16. 7.	Wechsel von Vieweg und Aktiengeschäfte – **Buch**geschenk (Populäre Vorträge für den Bayrischen König) – Vorschlag zu einem Verlagsprojekt: Physikbuch von Jolly
23. 7.	Geschäftliches mit Wechseln
24. 7.	In den Band der Populären Vorträge muß noch ein Beitrag von Knapp hinein
30. 7.	Einlösung von Wechseln – Zu Jollys Physikbuch
19. 8.	Fertigstellung der Populären Vorträge – Verlagsprobleme nach Winters Tod – Zur Fertigstellung der Agrikulturchemie – Zur Abrechnung mit Vieweg – Herausgabe der Annalen
28. 9.	Versandtermin der Populären Vorträge
6. 10.	Ausstellung in München, Einladung Viewegs dorthin
9. 11.	Finanzielles mit Wechseln
1. 12.	Anfrage, ob ein Wechsel eingegangen ist

München, 2. Januar 1858

Mein teurer Freund!

Ich habe vor wenigen Tagen den Ankauf eines Gutes für meinen Sohn Hermann für 49000 fl. abgeschlossen, ein geschlossener Bestand von Ackerfeld und Wald von 500 Magdeburger Morgen mit Schaft [?] und Geschirr u. allem Inventar (28 sehr schöne Allgäuer Kühe, 5 Pferde etc.). Es liegt 1 Stunde von Starnberg, 2 Stunden von München. Am ersten Februar habe ich als ersten Zahlungstermin fl. 15000 zu bezahlen und muß suchen, alles Disponible zusammen zu bringen. Es wäre mir darum angenehm, wenn Du dafür Sorge tragen wolltest, mir alles, was mir bei Abschluß unserer Rechnung gut bleibt, gegen Ende dieses Monats zu überweisen. Es wäre mir leid, Papiere verkaufen zu müssen, da ich bei dem niedrigen Stande notwendig viel davon verliere. Wenn aber kein Ausweg übrig bleibt, so muß ich mich doch dazu entschließen.
Den Abschnitt „Rückblick" der Agrikulturchemie muß ich ganz umarbeiten. Daher die Verzögerung. Ich bin aber dran und nehme nichts anderes vor.

Von Herzen Dein treuer Freund Justus Liebig.

Von Georg ist heute ein Brief mit guten Nachrichten angekommen.

München, 8. Januar 1858

Lieber Vieweg!

In Beziehung auf meinen Vorschlag wegen dem Verlag der in diesem Winter von einer Gesellschaft der ersten Gelehrten Münchens gehaltenen populären Vorträge muß ich Dich umgehend um Antwort bitten, da der Druck unverzüglich beginnen muß. Prof. Windscheidt und Bluntschli sind noch hinzugetreten, letzterer wird anstatt einen zwei Vorträge halten. Die Vorträge sind vortrefflich und werden ein großes Publikum finden. Als Grundlage des Absatzes will ich nicht unerwähnt lassen, daß wir 450 Zuhörer aus dem besten Bestandteile des hiesigen Publikums haben. Das Buch soll dem Könige von Bayern gewidmet werden und muß schön ausgestattet sein. Ich wünsche zu wissen, welches Honorar Du zu geben gedenkst und wie hoch die Auflage sein soll? Wenn ich nicht bis zum 15. dieses [Monats] Antwort habe, so sehe ich mich genötigt, mit Winter abzuschließen. Meine Freunde drängen mich und wollen wissen, woran sie sind.

Herzlichst Dein Justus Liebig.

Das Buch wird etwa 50 Bogen stark.

München, 15. Januar 1858

Mein teurer Vieweg!

Mein Kollege Bluntschli war vor einiger Zeit bei mir und drückte die Ansicht aus, daß mein Schwager Knapp, wenn er überhaupt nur wolle, sicherlich einen Ruf nach Zürich erhalten werde, was sich an dasjenige anschließt, was Du mir in Deinem Briefe vom 12. Jan. schreibst. So nützlich Knapp auch in seiner gegenwärtigen Stellung wirkt, so wenig erfreulich ist sie in dem Endresultate, da er niemals im Stande sein wird, die Fabrik aus dem Schlamm, in dem sie steckt, herauszureißen. Das Geschäft ist zu klein, und weit mehr wie der Nutzen wird von den zahlreichen Beamten verzehrt, die in dieser Staatsanstalt angestellt sind. Obwohl ich meine Schwester nur mit schwerem Herzen von mir scheiden sehe, so wünschen wir doch alle, daß der Ruf an ihn kommen möchte, aber bis jetzt ist noch nichts verlautet.

Die agrikulturchemische Abhandlung ist jetzt fertig, und täglich erwarte ich einen Abdruck, um ihn Dir zur Vollendung der kleinen Schrift zu schicken. Du wirst so gut sein, darauf sehen zu lassen, daß die bereits gesetzten Bogen genau nach dem Abdruck in Wigandts Journal kollationiert werden, weil manche Änderungen gemacht worden sind. Auch wenn der Separatabdruck einige Wochen später erscheint, so wird dies nichts schaden, da selbst diejenigen, welche das Journal halten, wünschen werden, den Separatabdruck zu besitzen.

Ich bin bereits mit der Agrikultur beschäftigt und hoffe, Dir bald eine Portion zum Druck zusenden zu können.

Ich bin sehr überrascht von der Nachricht wegen Winter gewesen und weiß in der Tat nicht, was ich dazu sagen soll. Wenn das Geschäft wie bisher C. F. Winter Verlagshandlung heißt, so ist kaum etwas zu machen, da ich ihm von Anfang an erklärt habe, daß ich mich von ihm nicht trennen werde, wenn die Firma sich nicht ändere. Daß ich dies nicht darf und solle, hast Du in Deinem ersten Briefe an mich, als ich Dir die Katastrophe mitteilte, anerkannt und Recht gefunden. Wir wollen nun sehen, wie lange diese Verbindung dauert, denn daß es dem Buchdrucker zuletzt beschwerlich fallen wird, wenn sein Geschäft nicht seinen, sondern einen anderen Namen trägt, ist klar. Seit seinem Austritt war Winters Ruin vollendet, und viele meiner Bekannten und Freunde, worunter die Familie meines verstorbenen Freundes Geiger sich befunden, hätten alsdann alles verloren. Laß uns diese Sache nur abwarten.

Du schreibst mir nicht, ob Dir das Fäßchen Geisenheimer zugekommen ist, was ich Dir zugesandt habe, es ist über Leipzig durch Brockhaus gegangen.

Noch etwas, was ich seit langem vergessen habe. Den neuen Abdruck der Organischen Analyse hat Strecker und Hofmann bearbeitet und ich habe ihnen das halbe Honorar des Buches zugesagt. Ich weiß nun nicht einmal mehr, wieviel dies beträgt, und ich wollte Dich deshalb bitten, ihm anzuzeigen, daß Du ihm dasselbe gutgeschrieben hattest und ausbezahlen würdest. Vergiß dies nicht, damit er nicht glaubt, ich habe die Verabredung vergessen und wollte mir das Ganze aneignen.

Meine Frau ist soeben in Darmstadt und wird daselbst noch 14 Tage bleiben, so daß ich Deine Grüße erst nach ihrer Zurückkunft ausrichten kann.

Deine Dir sehr ergebene Freundin Johanna oder Nanny grüßt herzlich, so wie Dein Dir herzlich zugetaner

Justus Liebig.

München, den 23. Januar 1858

Mein teurer Vieweg!

Ich erhielt gestern den eingeschlossenen Brief, dessen Inhalt auf mich einen so guten Eindruck gemacht hat, daß ich keine Bedenken trage, denselben Dir zu schicken. Es ist wahrscheinlich, daß sein Buch einen ziemlichen Kreis von Lesern finden und Dich für die Kosten entschädigen wird, welche die Herausgabe desselben veranlaßt. Er lebt in dem Lande, wo der Materialismus und eine strenge Kirchlichkeit nebeneinander sich in ihren Früchten bemerklich machen, und die Schlüsse, zu denen er zu kommen scheint, haben offenbar eine praktische Spitze.
Ich habe Herrn Gloss geschrieben, daß ich seinen Brief an Dich gesandt hatte und daß Du ihm in Beziehung auf den Verlag seiner Bücher in einigen Zeilen Nachricht geben würdest.

Herzlichst Dein treuer Justus Liebig.

Ich habe mit meinen Freunden, welche mit mir in diesen Jahren sich an den Abendvorlesungen als Vortragende beteiligen, [verabredet,] daß wir die Vorträge zusammen in einem Bande, Deinem früher geäußerten Wunsche gemäß, Dir in Verlag geben wollen. v. Sybel wird 4 Vorträge über die Geschichte der Kreuzzüge halten; der erste hat uns alle entzückt. In der Allgemeinen Zeitung von gestern findest Du die übrigen angezeigt. Wenn Du also noch Lust hast, so bitte ich umgehend um Erklärung.

Dein J. L.

München, den 25. Januar 1858

Lieber Vieweg!

Das sind ja ganz lächerliche Geschichten; ich will von Dir Geld haben, und Du erfreust mich dagegen mit der Nachricht, daß ich Dir nahe fl. 20000 schuldig bin! Es kommt natürlich daher, daß ich seit 3 Jahren von Dir keinen Rechnungsabschluß bekam, und da ich fortwährend Geld ausgab, ohne es zu wissen, indem Du für mich zahltest, ohne mich zu benachrichtigen, so kam mir das alles so ganz aus dem Kopfe, daß ich in der Tat nicht wußte, ob ich Teilhaber an der chemischen Fabrik in Schöningen und Besitzer von neuen Aktien der Braunschweiger Bank war oder nicht. Dem mag nun sein wie ihm wolle, ich muß aus diesen Dingen wieder herauskommen, und als mein Freund wirst Du Dir gewiß Mühe geben, daß dies ohne Schaden für mich oder mit so wenig als möglich geschieht. Die Braunschweiger Banknoten sind verhältnismäßig von allen Banknoten am wenigsten gefallen, und ich bitte Dich, diejenigen, die Du seit dem 26. Juni 1856 für mich gekauft hast (39 Stück) wieder an den Mann zu bringen. Warum Du 39 Stück für mich gekauft hast, verstehe ich eigentlich nicht recht, da ich auf meine 64 Stück von der neuen Emission nur auf 32 Stück Anspruch hatte, und ich bitte Dich deshalb um Aufschluß. In Deinem Briefe vom 22. Januar sagst Du, daß Du für Teileinzahlungen auf Schöningen [unbekanntes Kürzel] 7000 und auf Bankaktien [gleiches Zeichen] 10200 für mich in Händen hättest, letzteres verstehe ich auch nicht.

Was die [Zeichen] 7000 Schöninger Aktien betrifft, so muß ich notgedrungen sie aus der Hand geben, denn dieses Unternehmen ist gut und muß in wenigen Jahren 15 Prz. abwerfen, so daß ich mich sehr ungerne davon trenne. Für Dich ist es kein Gegenstand, wenn Du sie behältst, und wenn du sie mir später wieder abtreten willst, so wirst Du mir wenn auch nicht den Nominalpreis, doch einen billigen dafür berechnen. Ich muß aber meine gegenwärtige Lage klären und mit dem Stand meiner Finanzen in Einklang zu bringen suchen. Ich habe gestern fl. 15000 für den Schornhof (ein Gut, was ich für meinen Sohn Hermann in der Nähe (1 St.) des Starnberger Sees) bezahlt und muß zu Martini 1858 und 59 wieder 2 Termine zu je fl. 6000 bezahlen (im ganzen fl. 49000), und ich habe Angst, daß ich in Verlegenheit komme, wenn Du mir nicht hilfst.
In Deiner Honorarrechnung befindet sich ein verdammter Fehler in Beziehung auf die Grundsätze der Agrikulturchemie, von welcher nicht eine sondern zwei Auflagen erschienen sind. Ich hatte hierfür mit dem Nachtrag noch weitere fl. 473 gut, und für die stärkere Auflage der Theorie und Praxis hättest Du mir ein höheres Honorar berechnen können. Du weißt von jeher, daß es mir nicht einfiel, mit Dir in diesen Dingen zu markten. Ich habe Dir stets ein unbegrenztes Vertrauen gezeigt und Dir die Festsetzung des Honorars überlassen. Du hast mir aber bei der zweiten Auflage (neuere) des Handwörterbuchs für die anderen Artikel außer der Organischen Analyse (dem Separatabdruck) kein Honorar berechnet, obwohl diese doch ihren Teil zum Rufe des Werkes beigetragen haben, und was die Agrikulturchemie betrifft, so ist das Honorar, was Du mir vor 18 Jahren gabst, nicht mehr im Verhältnis zur gegenwärtigen Zeit. Winter z. B. gibt mir für die neue Auflage der Chemischen Briefe, welche etwa 50 Bogen stark, fl. 5000. Ein hiesiger Buchhändler sagte mir, daß er zufällig noch zwei Exemplare der Agrikulturchemie in seine Hände bekommen und daß [er], so wie dies bekannt geworden, sogleich von Berlin und anderwärts her Bestellungen darauf bekommen, und er meint, daß dies Buch, so wie es im Buchhandel neu käme, so gut wie bares Geld sei. Auch er meint, daß der Honorarmaßstab von jetzt ein ganz anderer sei als vor 10 Jahren. Du siehst wohl, worauf dies zielt, daß ich nämlich mehr Geld von Dir zu verdienen wünsche und daß ich es für gerecht und billig halte, wenn Du mir mehr gibst. Du bist eine großartige Natur, und man kann mit Dir schon offen sprechen. Jetzt, wo ich meine Kinder zu versorgen, zu verheiraten und zu unterstützen habe, brauche ich es, und wenn Du jetzt weniger an meinen Büchern verdienst als sonst, so hast Du auch weniger darauf zu sehen. Ich bewundere Dich als Meister Deines Faches und als einen wahren Künstler, denn Deine Bücher sind Kunstschöpfungen, und darauf beruht unsere langjährige Freundschaft. Allein ich darf nicht in die Lage kommen, an meinen Arbeiten, die ich Dir gebe, die Freude zu verlieren; denn meine Arbeit daran ist ein Stück von meinem Fleisch und Blut und die Anstrengung unsäglich.
Schreibe mir, ehe Du die Bankaktien veräußerst, den gegenwärtigen Preis derselben, vielleicht stehen sie niedriger als ich glaube und dann würde ich andere Papiere verkaufen, allein meine Schuld bei Dir muß getilgt werden.

Von Herzen wir immer

Dein treuer Justus Liebig.

München, den 15. Februar 1858

Lieber Vieweg!

In Beziehung auf Dein Schreiben vom 12. Februar eile ich Dich zu unterrichten, daß wir im ganzen 22 Vorträge halten werden, wovon zehn bereits gehalten sind. Ich schlage jeden Vortrag zu 1$^{1}/_{2}$ bis 2 Bogen an und rechne das Buch auf 40 Bogen zu 3 Louisdor auf fl. 1200, sodann fl. 300 als Redaktionshonorar. Populäre Vorträge dieser Art sind die Mode des Tages, und darum halte ich eine Auflage von 2000 Exemplaren nicht für zu stark. Es sind lauter ausgesuchte Dinge, manche darunter wie die Vorträge (4) v. Sybels wahrhafte Kleinode. Es sind die besten hiesigen Männer, und jeder hat es sich mit unendlicher Mühe und Fleiß angelegen sein lassen, das Beste zu geben. Es hat mir kaum noch ein Buch oder die Aussicht auf ein Buch soviel Vergnügen [gemacht] als dieses. Wir wollen es dem Könige widmen, und darum soll die Ausstattung Deiner würdig sein, denn dann ist es auch Seiner würdig. Der Druck muß sofort beginnen.
Was unsere eigenen Angelegenheiten betrifft, so kannst Du Dich wohl schwerlich in meine Lage denken. Im Juni 1856 fingen die Einzahlungen auf die chemische Fabrik an, und ich hätte sie, da ich das Geld damals flüssig hatte, leicht leisten können, ebenso die Bankaktien. Da ich aber hierüber nicht die mindeste Aufforderung erhielt, so dachte ich absolut nicht mehr an diese Dinge und verwandte vor dem Empfang unseres Rechnungsabschlusses das, worüber ich verfügen konnte, zum Ankauf des Schornhofes für meinen Sohn Hermann. Er kostet 49000 fl. und mit den daran hängenden Kosten 50/m fl. Ich muß ihm, da die Gebaulichkeiten schlecht sind, noch überdies fl. 10000 in die Hand geben. In diesem Momente erfahre ich von Dir, daß ich nahe an fl. 20000 an Dich zu zahlen hätte! während ich kaum das Geld für meinen Sohn zusammen bringen kann. Ich habe mich von jeher sehr wenig um Gelderwerb bekümmert und werde auf eine empfindliche Weise daran erinnert, wie wichtig dies für meine Kinder gewesen wäre. Du weißt dies am besten, da wir über Honorar und dergleichen, wenn Du Deine Vorschläge gemacht hattest, weiter kein Wort miteinander darüber wechselten. Ich glaube, ich war mehr erfreut über Deine Erfolge mit meinen Büchern als über das, was ich daran verdiente. Die Vorschläge Winters, die ich Dir beilege (und mir wieder zurückerbitte) geben mir zu erkennen, daß ich mit anderen Verlegern mich besser gestanden hätte als mit Dir, und dies ist mir das peinlichste von allem. Ich hatte mir bereits vorgenommen, den ganzen neu für die neue Auflage der Agrikulturchemie bearbeiteten Teil der Theorie der praktischen Landwirtschaft in der neuen Auflage der chemischen Briefe aufzunehmen, als ich Deinen Brief vom 12. erhielt, aus dem ich sehe, daß Du bei alledem keine schlimmen Absichten gegen mich hattest. Aber wie sehr ich mich abmühe, eine Änderung zu finden, so sehe ich keine. Ich muß, um meine Arbeiten machen zu können, das Gemüt frei haben, und die Beladung mit Verpflichtungen, die mich in ein Wirrsal von Geldgeschäften bringen, kann ich nicht vertragen. Ich brauche Geld und darf vernünftigerweise nicht daran denken, Geld anzulegen, auch wenn der Vorteil noch so groß ist. Ich verkenne nicht, daß das Schöninger Geschäft eins der besten ist, und in der Lage, in der ich bin, kannst Du mir sicherlich nicht raten, das Geld dazu zu 6% beim Bankier zu borgen. Ich sehe, daß ich an den Bankaktien nichts verliere, und es ist die Frage, ob es in der Tat jetzt weise ist zu verkaufen, da die Zahlung der Dividende nahe ist.
Ich wünsche vor allem unsere Honorarverhältnisse in Ordnung zu wissen, und im übrigen bitte ich Dich inständig, mir nach Deiner Überzeugung das Beste zu raten. Du hast Proben genug für meine Hingebung für Dich, und ich verdiene es, daß Du in meiner gegenwärtigen Verlegenheit mir Hilfe leistest.

Herzlichst Dein treuer Justus Liebig.

München, den 26. Februar 1858

Lieber Vieweg!

Es sind jetzt wieder 10 Tage, daß ich vergeblich von Dir Antwort wegen dem Buch „Populäre wissenschaftliche Vorträge" erwarte, und ich muß diese Antwort umgehend haben, wenn mit Dir eine Übereinkunft getroffen werden soll. Es ist gar nicht meine Sache, und ich habe sie nur in die Hand genommen Deinetwegen, und es scheint den Männern, die daran teilhaben, daß Du Dir schlechterdings nichts daraus machst. Ich werde täglich gefragt und muß mich mit den einfältigsten Ausflüchten behelfen, um Dein Schweigen zu bemänteln. Dies tue ich nicht länger. Das Buch muß unverweilt in Druck kommen, weil, je eher es erscheint, desto größer der Absatz hier sein wird. Wir haben 440 Zuhörer, lauter wohlhabende Leute, von denen sich ein Teil wenigstens das Buch verschafft, was immer etwas ist, und wenn die Zeit kommt, wo sie auf das Land gehen, wohin sie es gerne mitnehmen möchten, und es ist bis dahin nicht erschienen, so ist das Interesse daran erkaltet.

Ich habe Manuskript zu 20 Bogen in Händen, und es wird der Druck, wenn er einmal begonnen hat, keine Stunde aufgehalten werden.

Wenn ich also umgehend keine Antwort habe (ich rechne bis zum 2. März), so nehme ich an, daß Du auf diese Sache nicht weiter reflektierst; wenn Du mir telegraphierst, so ist es um so besser.

Auch in meinen Sachen wünsche ich mit Dir ins reine zu kommen. Ich gebe zu, daß bei Deinen anderen großartigen Unternehmungen Dir alle diese Dinge geringfügig erscheinen, allein mir sind sie es nicht.

Ich habe sehr merkwürdige Aufschlüsse in Beziehung auf das Verhalten des Bodens zu den Pflanzen gefunden.

Herzlichst Dein Justus Liebig.

München, den 3. März 1858

Lieber Vieweg!

Nachdem ich Deine Erklärung vom 27. Februar, die mir zum Ausweis für die an dem Buche Beteiligten unumgänglich nötig war, empfangen habe (sowie Deinen Brief vom 1. März), sende ich Dir heute das vorhandene Manuskript mit dem Bemerken, daß der Druck unverzüglich beginnen kann und daß der Rest nach Maßgabe, als die Vorträge gehalten sind, nachfolgen wird.

Ich wünsche weder schöneren Druck noch schöneres Papier als die neue Auflage der Agrikulturchemie, die in dieser Beziehung das Schönste ist, was ich noch gesehen habe. Deine deutschen Typen sind ebenso schön als Deine lateinischen, und ich sehe darum nicht ein, warum man die deutschen nicht vorziehen soll.

Über meine Honorarangelegenheiten werde ich weiter kein Wort verlieren, und ich wünsche nur, daß diese Sache ein Ende hätte. Das Honorar, was Du mir gibst, schlägst Du vor, und ich nehme es an. Dies ist die Sache, und was Winters Honorar betrifft, so hätte er mir für einen Band dasselbe Honorar als für 2 Bände gegeben. Daß er 2 Bände aus dem Buche macht, ist auf meinen Rat geschehen.

Herzlichst Dein treuer Justus Liebig.

München, 8. März 1858
Abends 6 Uhr

Lieber Vieweg!

Dein Brief ist 3 Tage gelaufen und der Weg über Frankfurt offenbar nicht der kürzeste. Lateinische Typen wollen wir auf keinen Fall, und wenn die deutsche Schrift, womit die Agrikulturchemie gesetzt ist, nicht ausreicht, so hast Du sicher eine andere, die, wenn auch nicht so neu, doch ebenso schön ist.
Wegen der Agrikulturchemie erwarte ich Deine Erklärungen auf meine letzten Briefe. Ich hatte Dir, wie Du weißt, keine Bearbeitung versprochen, sondern nur meine Zustimmung zu einem neuen Abdruck gegeben. Inzwischen habe ich den Abschnitt „Rückblick" ganz neu bearbeitet, so daß keine Zeile vom alten bleibt, und die Theorie der praktischen Landwirtschaft darin entwickelt, was 6 und mehr Bogen ausmacht.
Ich bin jetzt, da ich Dich nicht dazu bewegen kann, Dich meiner Angelegenheiten auch nur auf eine Stunde anzunehmen und sie zu ordnen, jetzt zweifelhaft, ob ich diese Arbeit in die Agrikulturchemie aufnehme oder für die chemischen Briefe benutzen soll, für die ich einen Teil jedenfalls brauche, und da ohnedies der Druck des neuen Buches drängt, so halte ich es für besser, wenn Du die Agrikulturchemie fertig druckst ohne mir weiter die Bogen hierher zu senden. In 4 Wochen kann das Ganze gedruckt sein, und ich will alsdann die Vorrede so einrichten, wie Du mir vorgeschlagen hast.

Herzlichst Dein treuer Justus Liebig.

München, 25. März 1858

Herrn Friedr. Vieweg u. Sohn in Braunschweig

Herr Prof. Sybel ist nach Berlin abgereist und wünscht die Korrekturen seiner Vorträge über die „Kreuzzüge" bis auf weiteres nach Berlin, Hotel zum Rheinischen Hof, adressiert zu haben.

Ergebenst Ihr Justus Liebig.

München, 23. Mai 1858

Mein teurer Vieweg!

Ich habe heute an die Herren Gebrüder Löbbecke geschrieben und mein Bedauern ausgedrückt, an der Schöninger Fabrik keinen Anteil nehmen zu können, sodann, daß ich Dich ersucht habe, die für mich erkauften 39 Bankaktien im April nach Auszahlung der Dividende zu veräußern.
Ich bin seit 6 Wochen mit einer alten Liebhaberei, der Silberspiegelfabrikation, beschäftigt, und das Studium der Theorie der Versilberung hat mich auf eine höchst einfache Methode geführt, wunderschöne, fehlerfreie Silberspiegel in jeder Größe und zu ganz unglaublich billigen Preisen zu fabrizieren. Eine Silberschicht von $^1/_{6000}$ eines Millimeters Dicke genügt, um 1 Quadratmeter, dies ist etwa 10 Quadratfuß Glas, in einen

vollkommenen Spiegel zu verwandeln. Dies ist $1^1/_4 \times$ Silber pro Quadratfuß Fläche. Eine glückliche Idee versichert mich zu gleicher Zeit der Dauer und Unveränderlichkeit dieser Spiegel. Ich habe nämlich eine Kupferauflösung entdeckt von einer Beschaffenheit, die gestattet, durch den galvanischen Strom auf meine unendlich dünne Silberoberfläche eine Schicht von glänzend wie poliertem Kupfer niederzuschlagen, sodaß also die Silberschicht zwischen Glas und Kupfer liegt und vollkommen geschützt ist. Ich habe in Frankreich und England, sowie in Bayern und Baden Patente, und nichts wäre wünschenswerter für mich, als wenn mich diese Entdeckung in den Stand setzte, meine Schulmeisterstelle, so gut und glänzend sie auch ist, an den Nagel zu hängen. Wenn man sein 78. Semester beginnt, so ist man dieser Dinge müde.
Ich werde Deiner Frau eine Probe meiner Silberspiegel schicken, es kommen ihnen an Schönheit, Helligkeit und Wahrheit keine anderen Spiegel gleich.
Es wäre mir zuletzt lieb, mit unserer Rechnung endlich ins klare zu kommen. Die Agrikulturchemie, d. h. der neue Abschnitt, Rückblick, welcher die Herren des praktischen Ackerbaues angeht, ist druckfertig, und ich habe aus dem Inhalte einstweilen zwei chemische Briefe gemacht, da Dir an dem Buch nichts weiter zu liegen scheint. Auch mir ist es angenehmer, wenn die Auflage der Agrikulturchemie bis zum nächsten Winter liegen bleibt, da ich mit meinen chemischen Briefen und Spiegeln genug zu tun habe und mir das Buch immer noch viele Arbeit macht.
Meine 39 Bankaktien wirst Du verkauft haben.

Herzlichst Dein treuer Justus Liebig.

Wir erwarten täglich Nachricht von Georg und ob er zurückkehren wird oder nicht. Der König hat ihm auf meine Bitte die Stelle als Gerichts- und Badearzt in Reichenhall gegeben, ein herrlicher Ort, aus dem viel gemacht werden kann.

München, 10. Juni 1858

Lieber Vieweg!

Du bist gegen Deine Freunde ein eiserner Tyrann, ein echter John Bull in allen Deinen Unternehmungen, von einer zähen Festigkeit und Ausdauer, was sicherlich in Verbindung mit der Klarheit Deines Willens und Zieles die Quelle Deiner Erfolge ist. Aber Deine nonchalante Rücksichtslosigkeit gegen Deinen ältesten und anhänglichsten Freund ist im Verkehr der Welt doch ohne Beispiel. Es ist wahr, es ist großartig, aber im Geschäftsleben wohl noch nicht vorgekommen, daß ein Geschäftsmann wie Du getan für seinen Freund, ohne ihm nur eine Zeile darüber zu schreiben, zehntausend Taler für ihn bezahlt, um ihn an einer gewinnreichen Unternehmung zu beteiligen. Aber ich bitte Dich, lieber Vieweg, trete einmal aus Dir heraus und setze Dich nur ein paar Minuten an meine Stelle. Kannst Du Dir wohl denken, daß ich, wenn ich nur entfernt das Bewußtsein gehabt hätte, Teilhaber an der chemischen Fabrik zu sein, ein Gut für meinen Sohn gekauft hätte, welches mich fl. 50000 kostet und mich nötigt, noch weitere fl. 25000 in Inventar und Gebäude zu stecken, daß ich ein solches Unternehmen gewagt hätte, ohne mich vorher in Beziehung auf die Fabrik mit Dir zu verständigen!? Während ich Kredit und Vermögen zusammenraffen muß, um einzugehende und eingegangene Verbind-

lichkeiten wegen eines Gutskaufs zu erfüllen, sollte ich eine schwebende Schuld von R. 10000 auf mir lasten lassen! ohne irgendeine Aussicht, sie zu bezahlen, da ich schon in Verlegenheit bin, das Geld für das Gut zusammenzubringen! Alles wäre ganz anders gekommen, wenn ich zu Zeiten aufgefordert worden wäre, wie die anderen Teilhaber, meine Einzahlungen zu machen, denn ich würde an den Kauf des Gutes nicht haben denken können. Es ist mir leid genug, daß dies alles so gekommen ist, denn es wäre in der Tat viel klüger gewesen, das Gut nicht zu kaufen, und was mir zur Disposition stand, in die Fabrik einzulegen. Das ist aber nicht mehr zu ändern, und da Du die Aktien in Deiner Hand behältst, so bitte ich Dich, mir zu versprechen, daß Du mir sie wieder abgibst, im Fall ich in die Lage komme, sie Dir vollständig zu bezahlen. Ich gehe sehr ernstlich damit um, viel Geld zu verdienen. Hätte ich es früher getan und mit ähnlichem Erfolg wie in meinen wissenschaftlichen Dingen, so wäre vielleicht Rothschild ein armer Mann gegen mich. Wenn meine Silberspiegel reüssieren, so ist es möglich, daß sie mir ein großes Einkommen verschaffen. Sie sind von einer so großen Schönheit, daß die gewöhnlichen Quecksilberspiegel keinen Vergleich damit aushalten, dabei wohlfeiler und durch ein von mir entdecktes Verfahren, den Silberbelag auf galvanischem Wege durch niedergeschlagenes Kupfer zu schützen, von größerer Dauer als die Quecksilberspiegel. Ich habe bis jetzt Patente in Frankreich, England, Bayern, Baden, Österreich genommen und werde auch in Amerika und Preußen Privilegien bekommen. Es gehört natürlich Glück dazu, daß diese Sache in ehrliche und tüchtige Hände fällt, und wenn mir dies zuteil wird, so kann ein Erfolg nicht ausbleiben. Dies sind aber Aussichten, welche nicht in unmittelbarer Nähe liegen. Zunächst fasse ich auch diese ins Auge und habe mir den Plan zu einem Lehrbuch der unorganischen und organischen Chemie entworfen, in zwei Bänden, jeder zu 30 bis 36 Bogen. Ein kleines Buch, allein von der größten Bedeutung, weil man keins hat und weil niemand da ist, der es besser schreiben könnte als ich. Wöhlers kleines leichtfertiges Kollegienheft hat, glaube ich, schon zehn Auflagen erlebt. Das meinige könnte man in allen Sprachen herausgeben, und [es] würde in allen Ländern gekauft. Ich möchte Deine Ansicht wissen, ob ich Holzschnitte dazu machen soll oder nicht, ich halte sie für unnötig, und dann was Du glaubst, daß ich damit verdienen werde. Wenn ich ein Lehrbuch schreibe, so geschieht es natürlich nur des Gelderwerbs wegen, und ich bin in der Lage, sehr viel zu brauchen.
Apropos, was die chemische Fabrik in Schöningen betrifft, so bin ich als Verwaltungsrat der chemischen Düngerfabrik, die hier entstanden ist, beigetreten, was mich in die Lage versetzt, der Schöninger Fabrik wesentliche Dienste zu leisten. Die Versuche des Generalkomitees des Landwirtschaftlichen Vereins in Bayern mit den von mir proponierten künstlichen Düngern sind weit genug fortgeschritten und in ihren Erfolgen so entschieden, daß es für eine chemische Fabrik wohl keine vorteilhaftere Verwertung für die Schwefelsäure geben wird, als für diese Zwecke. In diesem Augenblick wird in England weit mehr Schwefelsäure für landwirtschaftliche Zwecke als für chemische Produkte fabriziert, und für eine chemische Fabrik ist die Schwefelsäure das einzige eigentlich gewinnreiche Produkt und jede andere Verwendung derselben besser als für Soda. In Beziehung auf das chemische Verhalten und die Wirkung des Chilesalpeters, Kochsalzes und schwefelsauren Ammoniaks habe ich merkwürdige Dinge gefunden, die in der hiesigen Düngerfabrik verwertet werden sollen.
Von den Bogen der Vorlesungen ist keiner mehr in meiner Hand, alle sind schon seit mehreren Tagen abgeschickt. Es herrscht einige Unordnung bei Deinem Faktor, da gegen die ausdrückliche Erklärung viele Bogen zu einer 2. Revision hierher gesandt

worden sind, für welche eine als genügend erkannt war. Es ist in der Tat vielleicht besser, wenn Du die nächsten Bogen direkt an Pettenkofer und Jolly schicken läßt, da ich ja nur den Briefträger mache, wodurch die Hin- und Hersendung immer aufgehalten wird. Ich habe ohnedies nichts dabei, denn das Redaktionshonorar ist für Bestreitung eines gemeinschaftlichen Dinners beim Erscheinen des Buches bestimmt.
Die drei Wechsel im Betrage von fl. 1802 habe ich erhalten und sind Dir gutgebracht. Ich will die 64 Aktien der Braunschweiger Bank nicht verkaufen. Ich habe gegen Martini einen Kaufstellungstermin von fl. 5900 zu bezahlen, und dieses Geld will mir der hiesige Bankier Hirsch gegen die Braunschweiger Aktien als Unterpfand vorschießen. Ich bitte Dich darum, mir die Aktien, deren Coupons ich in Händen (in 64 Stück), mir zuzuschicken, nebst dem Verlagskontrakt von Winter, den ich Dir zur Kenntnisnahme mitgeschickt habe.
Leider sind wir wegen Georg in großer Unruhe. Wir haben seit 3 Monaten nicht die mindeste Nachricht, und er scheint keinen unserer Briefe, die ihm seine Anstellung in Bayern bekannt machten, empfangen zu haben. Er machte im Anfang März eine Expedition auf dem Schraubenschiffe Senuraria nach den Andaman Inseln und nach Birma und scheint noch nicht zurück zu sein. So oft ich an ihn erinnert werde, klopft mir das Herz wie ein Hammer. Hermann liegt seit 8 Tagen bei mir krank darnieder, und wir fürchten einen Typhus. Kurz, ich bin in einer unbeschreiblichen Aufregung; Angst, Bangigkeit und Hoffnungen wechseln bei mir ab, und dazu nun noch die verdammten Geldgeschichten.

Von Herzen Dein treuer Justus Liebig.

Schreibe mir doch ausführlich einen Plan wegen dem Lehrbuch, aber bald, recht bald. Wenn Du Verluste wegen den Aktien hast, so sei sicher, ich bringe sie Dir wieder ein, doppelt und dreifach.

München, 29. Juni 1858

Mein teurer Vieweg!

Ich danke Dir herzlich für die Bestätigung Deiner freundschaftlichen Gesinnung, die ich durch Deinen Brief vom 14. Juni nebst den beigeschlossenen Anweisungen auf fl. 7059,3 empfangen habe. Ich werde aber wahrscheinlich keinen Gebrauch davon zu machen brauchen.
Ich habe nämlich an Winter geschrieben, und ich glaube darauf rechnen zu können, daß er mir das Honorar für die chemischen Briefe, welches fl. 5000 beträgt, auf den 1. September ausbezahlen wird. Damit kann ich den größten Teil des Kaufstellungszieles für das gekaufte Gut bezahlen, und ich habe nicht nötig, Papiere mit Verlust zu verkaufen. Daß Du die 38 Stück Aktien mit Couponbogen, den Du in Händen von mir hast, verkauft hast, ist mir recht, allein, lieber Freund, das Geld dafür hast Du ja vorgeschossen und es gehört Dir und nicht mir. Auf was ich allein Anspruch machen kann, dies ist die Differenz des Erlöses, da Du sie für pari gekauft und für 105 verkauft hast.
Was die anderen Braunschweiger Bankaktien betrifft, so rechne ich sie zu meinen besten und sichersten Papieren, und ich wünsche sie nicht zu verkaufen, wie ich Dir bereits

geschrieben habe. Ich erwarte von Winter definitive Antwort, und wenn sie ausfällt, wie ich wünsche (die Zusage hängt natürlich von Polz ab und nicht von ihm), so schicke ich Dir sogleich die Wechsel zurück. Wenn Du mir einen davon von etwa fl. 1000 gegen die üblichen Zinsen lassen willst, so bin ich ganz außer Sorgen. Diese Geldsachen sind verdammte Dinge, um die ich mich leider zu wenig früher bekümmert habe.
Ein sonderbarer Mann bleibst Du aber immer, auf der einen Seite ein ganz erschrecklicher Tyrann und auf der anderen eine noble Natur und ein Gentleman von der echten angelsächsischen Rasse.
Ich glaube, daß ich mit der großen Gesellschaft in St. Gobin wegen meinen Spiegeln zu einem Vertrage komme. Ich habe ihnen vorgeschlagen, den Profit mit mir zu teilen, welchen die Annahme meiner neuen Methode gegenüber der alten gewährt. Wenn der Quadratmeter nach der alten mit Quecksilber 8 frs. und nach meiner 7 frs. kostet, so sollen sie mir einen halben Franken geben und so für jeden Quadratmeter. Dr. Ebener [?], der eben hier ist und die Fabrik dort kennt, sagt, diese Forderung sei so kollosal, daß sie nicht darauf eingehen würden, da diese Leute über 300000 Quadratmeter Spiegel belegen. Wie soll ich aber die Sache machen?

Von Herzen Dein treuer Justus Liebig.

Versäume nicht, mir die Erlaubnis offen zu halten, später in die chemische Fabrik wieder einzutreten.

München, 6. Juli 1858

Teurer Vieweg!

Ich erhalte soeben von Winter den beigeschlossenen Brief, aus dem Du entnehmen wirst, daß ich erst in einer Woche erfahren werde, ob er mir das Honorar voraus geben wird. Was mich aber in Verlegenheit setzt, ist, daß er mir von fl. 4000 spricht, während ich, wenn ich nicht irre, mit ihm einen Vertrag auf fl. 5000 abgeschlossen habe. Du hast den Vertrag in Händen, der mir allein mit Sicherheit Aufschluß geben kann, und ich bitte Dich dringend, mir denselben umgehend, einfach in ein Kuvert eingeschlossen, mit dem anliegenden Brief wieder zuzusenden. Ich habe Dich gefragt, ob Du mir von den Wechseln fl. 1000 oder eventuell, wenn Winter nur fl. 4000 bezahlt, fl. 2000 lassen willst. Schicke mir doch auch die Braunschweiger Bankaktien, die bei Dir im Depot sind.

Von Herzen Dein treuer Justus Liebig.

München, 16. Juli 1858

Teurer Vieweg!

Ich habe die Wechsel behalten und bekenne mich, nach Eingang ihres Betrages, als Deinen Schuldner für fl. 4059.3. Mein Sohn würde zwar gerne dieses Kapital behalten, um ein anderes damit abzutragen und Dir eine Hypothek auf sein Gut eintragen lassen, allein es ist die Frage, ob Du ihm das Geld zu dem Zinsfuß läßt, nämlich zu 4 1/2%, zu

welchem hier leicht Geld auf Güter zu haben ist? Ich sagte ihm, daß ich daran zweifle, da Du im Geschäft weit mehr Zinsen beziehst. Es ist mir aber doch lieb, wenn Du ein Wort hierüber sagst. Ich würde mich natürlich dafür noch nebenbei verbürgen, ich wünsche aber nicht, daß er mehr Lasten übernimmt als absolut nötig ist. Im Fall, den ich annehme, werde ich Dir im September durch Winter fl. 5000 und durch Walton in London fl. 2000 zurückbezahlen. An den Verkauf der Braunschweiger Bankaktien, deren Couponbogen Du in Händen hast, denke ich nicht weiter, da kein Grund vorliegt, sie zu veräußern, und ich bitte Dich demnach, sie mir zurückzuschicken.
Was das Exemplar für den König betrifft, so wünsche ich es S. M. zu überreichen, wie es im Buchhandel vorkommt. Der König war erstaunt, als ich ihm die Theorie und Praxis gab, zu hören, daß es ein gewöhnliches Exemplar sei, und so mag er dann noch einmal sehen, welche Sorgfalt Du auf Deine Bücher verwendest.
Jolly beabsichtigt, „Grundsätze der Physik" in zwei Bänden herauszugeben, ein Buch in der Art des größeren Werkes von Biot. Ich sagte ihm, daß er keine Schritte bei anderen Buchhändlern tun möchte, ehe ich von Dir Nachricht hätte, ob Du es nehmen willst oder nicht. Das Buch ist für Lehrer bestimmt, davon an Gewerbe- und anderen Schulen eine große Anzahl ist. Dessen ungeachtet ist kein so rascher Verkauf wie bei einem Schulbuch zu erwarten, aber auf die Dauer ein sicherer. Es ist notwendig, daß Du mir gleich eine Zeile schreibst (Jolly ist mit Oldenbourg liiert).

Herzlichst Dein Justus Liebig.

München, 23. Juli 1858

Lieber Vieweg!

Die mir übersandten Wechsel im Nominalbetrag von fl. 7059.3 hat Lot. von Hirsch dahier abzüglich von 1/2% auf noch nicht gestempelte fl. 6708.10 nur mit fl. 7055.40 kreditiert. Gestern erhielt ich von demselben die Anweisung auf H. M. Rapp in Frankfurt/Main mit Protest retour, und nach Zurechnung der Protest- und Retourspesen von A. Weil mit fl. 29,8 und von Lot. Hirsch mit fl. 2.26, zusammen fl. 31.34, gehen von dem übersandten Kapital von fl. 7055.40 ab: fl. 732,1, so daß mir fl. 6323.39 zu Lasten bleiben.
Den Wechsel so wie die Rechnung von Hirsch lege ich bei.

Freundlichst Dein treuer Justus Liebig.

München, 24. Juli 1858

Herrn Friedr. Vieweg u. Sohn in Braunschweig

Ich ersuche Sie, mit der Ausgabe unserer wissenschaftlichen Vorträge bis zur Einsendung des Vortrages von Knapp über Nahrungsmittel zu warten, dessen Ablieferung zum Druck von dem Verfasser versäumt und von mir zu erinnern vergessen worden ist.

Dieser Vortrag hat ein zu allgemeines Interesse, als daß er ohne Nachteil hinweggelassen werden könnte, und es scheint mir unerheblich, ob das Buch jetzt oder einige Wochen später erscheint. Sie erhalten das Manuskript in den nächsten Tagen. Knapp ist verreist, sonst würde ich es heute mitschicken.

Ergebenst der Ihre
Justus Liebig.

München, 30. Juli 1858

Lieber Vieweg!

Ich eile, Dich zu benachrichtigen, daß ich soeben Dein Schreiben vom 28ten nebst Deinem Wechsel auf Rothschild im Betrage von fl. 720.29 richtig erhalten habe. Die Sache mit Hirsch ist mir verdrießlich, und ich werde am Ende die ganzen Protestkosten auf den Hals bekommen. Schicke mir doch den Protest einfach im Umschlag wegen den Daten.

Du schreibst mir nichts wegen Jolly's Werk, ein der größeren Physik Biot's ähnliches Werk. Sage mir doch ein Wort darüber; ich reise mit Jolly nächsten Dienstag (3. Aug.) nach Gastein, und ich bitte, Deine Antwort dahin zu richten. Knapps Manuskript ist abgegangen.

Herzlichst Dein treuer Justus Liebig.

Wildbad Gastein, 19. August 1858

Lieber Vieweg!

Die Braunschweiger Bankaktien sind richtig in meine Hände gekommen. Dedikation und Titel der Vorlesungen bleiben wie sie sind, es ist nichts mehr daran zu ändern oder hinzuzufügen. Es ist ein wahres Glück, daß Knapp nicht vergessen wurde und daß Du daran gedacht hast. Er war verreist und seine Abwesenheit brachte die Verwirrung. Die Bogen sind jetzt in seinen Händen, und wenn sie wieder in den Deinigen sind, so kann das Buch vom Stapel laufen. Du hast übrigens recht, daß die Versendung nicht eilt, und es ist wohl der Oktober die richtige Zeit.

Jolly ist erfreut und wird Dir seine Vorschläge machen.

Es wäre nicht zu rechtfertigen, wenn ich jetzt nach Winters Tod mit Polz ohne irgend einen Grund abbrechen wollte, da sein wichtigster Verlag das Journal und die Chemischen Briefe sind. Aber kommt Zeit, kommt Rat. Wenn ich für das Besitzrecht der Chemischen Briefe und des Journals eine erkleckliche Summe bekommen könnte, so ließe sich schon etwas machen.

Sobald ich zurückkomme, will ich die Agrikulturchemie fertigmachen und ein Stück der Tierchemie darin aufnehmen, so weit sie sich auf Ernährung und Mästung der Tiere bezieht. Das Buch wird dadurch etwas stärker werden, allein ich denke, daß Du nichts dagegen hast.

Mein lebhaftester Wunsch ist, mit meiner Rechnung mit Dir ins klare zu kommen. Es ist mir nichts peinlicher als die seitherige Unordnung, welche den Geschäftsverkehr mit Dir so sehr erschwert. Du hast den Kopf so voll mit so vielerlei Dingen, daß Du mehr daran denkst, was Dir als was anderen wichtig ist.
Die Geschäfte der Annalen sind in diesem Augenblick so regelmäßig wie eine Uhr, und wenn ich daran denke, daß Du das Journal verlegst und an die Schwierigkeit, häufig in den wichtigsten Dingen von Dir ohne alle Antwort gelassen zu werden, so wird mir wahrhaft bange. Du nimmst zu viel auf Deine Schultern. Bei Deinem ungeheuren Geschäft kann man aber die Hilfe anderer schlechterdings nicht entbehren, und es ist nicht einmal nötig, daß Du alles alleine tust.
Nimm mir diese Bemerkung nicht übel und sei stets von meiner innigen Anhänglichkeit überzeugt.

Von Herzen Dein treuer Justus Liebig.

München, 28. September 1858

Herrn Fr. Vieweg und Sohn in Braunschweig

Ich komme in diesem Augenblick von meiner Reise nach Karlsruhe zurück und beeile mich, auf Ihr Schreiben vom 22. zu bemerken, daß ich den Anfang Oktober als den besten Zeitpunkt zur Versendung unserer Vorlesungen halte, und Sie ersuche, damit unverweilt Vorbereitungen zu treffen.

Hochachtungsvoll ganz der Ihrige
Justus v. Liebig

München, 6. Oktober 1858

Lieber Vieweg!

Die Ausstellung dauert nur noch bis zum 15. Oktober und ist nach dem Urteile aller Künstler und Sachverständigen eine der schönsten, merkwürdigsten und lehrreichsten, welche jemals zustande kam. Ich nehme an, daß Du und Deine Frau es nicht bereuen werden, hierherzukommen und sie zu sehen, und wir laden Dich und Deine Frau dringend ein, ein Bett bei uns anzunehmen. Unser Haus ist groß genug, und es wird uns eine wahre Freude sein, unsere alten Freunde wieder bei uns zu haben.

Von Herzen Dein treuer Justus Liebig.

München, 9. November 1858

Lieber Vieweg!

Ich sende Dir einliegend eine Anweisung auf Df. 3000 in zwei Tratten, die eine auf C. G. Ottens in Leipzig im Betrag von Df. 1200, die andere auf Herrn Hammer und Schmidt in Leipzig im Betrage von Df. 1800, beide in 8 Tagen fällig. Ich bitte Dich, den Betrag einzukassieren und nach Eingang gutzuschreiben.
Einstweilen meinen besten Dank für Deine Aushilfe. Im Laufe der Woche schreibe ich Dir ausführlich. Ich gehe jetzt an die Agrikulturchemie, um sie fertigzumachen.

Herzlichst Dein Justus Liebig.

München, 1. Dezember 1858

Herrn Friedr. Vieweg u. Sohn

Ich habe am 8. November an Herrn Eduard Vieweg einen Wechsel im Betrage von Df 3000 auf Leipzig übersandt und bin heute noch ohne Nachricht, ob derselbe richtig angekommen und eingegangen ist. Ich ersuche Sie umgehend, mich davon in Kenntnis zu setzen, damit ich entgegengesetzten Falls die nötigen Schritte hier tun kann.

Hochachtungsvoll ganz der Ihrige
Justus v. Liebig

1859–1860

1859

14. 1.	Arbeit an der Agrikulturchemie
2. 3.	Korrektor für das Handwörterbuch
9. 3.	Arbeit an der Agrikulturchemie – Planung eines Lehrbuchs der Chemie, soll nach Beendigung der Agrikulturchemie geschrieben werden
11. 5.	Mühe mit Arbeit an der Agrikulturchemie, besonders mit dem 2. Teil – Zum geplanten Lehrbuch der Chemie – Persönliches (Wurst- und Biergeschenke) – Politisches
30. 5.	Biersendung, die bei Vieweg nicht angekommen ist
30. 9.	Sturz und Verletzung – Geburt eines Enkels (Justus Thiersch, 1859–1937) – Spiegelfabrikation; Vertragsabschlüsse wurden durch den Unfall verzögert – Auch Arbeit an Agrikulturchemie ist gestört – Badekur Viewegs

1860

17. 5.	Fleischbrühe für Kranke – Arbeit an der Agrikulturchemie, Schwierigkeiten dabei – Das geplante Lehrbuch – Auskünfte über v. Babo und Kolbe – Biersendung
23. 11.	Neuer Sturzunfall – Freude an der Arbeit über Agrikulturchemie

München, den 14. Januar 1859

Lieber Vieweg!

Mit den besten Wünschen zum neuen Jahre und der Hoffnung, daß unser seit dreißig Jahren dauerndes Verhältnis der Freundschaft und [des] gegenseitigen Vertrauens sich auch in diesem und den folgenden bewähren möchte, will ich Dir hiermit anzeigen, daß ich seit 3 Wochen mit der Vollendung der Agrikulturchemie beschäftigt bin. Der Abschnitt „Rückblick" wird ganz neu bearbeitet, und ich werde alle seither gemachten Erfahrungen bezüglich der Praxis und Theorie der Landwirtschaft darin niederlegen. Man wird damit zufrieden sein. Ich bin nicht ganz gewiß, ob ich die langen Aschenanalysen und Tabellen in die neue Auflage aufnehmen soll. Man findet diese Dinge überall, und in meinem Buch von damals waren sie notwendig, weil sie neu waren. Dies fällt, glaube ich, hinweg. Ich brauche übrigens zum Fertigmachen noch etwa 4–5 Wochen. Ich wünschte aber, daß das Buch zur Ostermesse erscheinen könnte und daß mit der Einsendung des Manuskriptes der Druck sogleich beginnt.
Georg ist seit vorgestern wieder von Berlin zurück. Er wollte Dich besuchen, allein er mußte ohne Zeitverlust zurückkehren; er läßt Dich herzlich grüßen.

Wie immer Dein treuer Justus Liebig.

München, 2. März 1859

Mein teurer Freund!

Ich erhalte soeben den beigeschlossenen Brief von Dr. Mohr und sende Ihnen denselben zu, vielleicht daß Sie den Mann brauchen können. Ein guter Korrektor ist Ihnen beim Wörterbuch sicherlich sehr nützlich, denn es befinden sich ungewöhnlich viel Druckfehler darin; ich kenne oder erinnere mich übrigens des Mannes nicht mehr ...

München, 9. März 1859

Lieber Vieweg!

Es ist mir leid, daß ich das Manuskript zur Vollendung der Agrikulturchemie noch nicht schicken kann, es macht mir aber unendlich viel Mühe, in den „Rückblick" die praktische und theoretische Agrikultur zu bringen. Ich bin unausgesetzt daran, und Du kannst fast darauf rechnen, daß ich nichts anderes vornehme, als bis das Buch fertig ist. Es ist ein Wendepunkt in den Ansichten eingetreten, und ich zweifle nicht mehr, daß meine Lehren die Oberhand gewonnen. Es ist gerade darum gut, wenn das Buch wieder in Buchhandel kommt.
Ich habe Dir schon früher einmal geschrieben, daß ich mit dem Gedanken umgehe, einen Leitfaden, Grundriß der Chemie, für die ersten Anfänger zu schreiben. Ein solches Buch kann von keinem jungen Chemiker geschrieben werden, und wie sehr ein solches Buch Bedürfnis ist, zeigt das Wöhlersche, kleine anspruchslose Büchlein, von dem jetzt 12 Auflagen hintereinander erschienen sind: Ich glaube, daß ich ein besseres machen werde, und ich habe insbesondere unsere bayrischen Gewerbe- und anderen Schulen im Auge,

welche einen solchen Leitfaden haben müssen. Du hast mir zwar damals, wie so häufig, keine Antwort gegeben, vielleicht weil Du die Sache nicht für ernst hieltest, allein, wie gesagt, ich mache das Buch, sowie die Agrikulturchemie vollendet ist. Ich ruhe mich dabei aus.

Ich bin nicht dafür, Holzschnitte hineinzunehmen, denn es soll ein sehr wohlfeiles Buch werden, etwa 36 bis 40 Bogen stark, organische und unorganische Chemie zusammen. Deutsche Lettern und 4–5000 Exemplare Auflage. Was hältst Du davon?

Herzlichst Dein treuer Justus Liebig.

München, 11. Mai 1859

Mein teurer Vieweg!

Ich bin unausgesetzt mit der Agrikulturchemie beschäftigt und mache jeden Tag einen Fortschritt, allein das Buch macht mir mehr Mühe als ich anfangs dachte. Das ganze Material habe ich fertig vor mir liegen, allein ich finde seine Verarbeitung so schwer, ganz anders wie bei einem chemischen Briefe, wo Umwege und Seitenwege erlaubt, ja geboten sind. Verlasse Dich darauf, daß ich diese Arbeit nicht verlasse, und ich hoffe, daß das Buch eine Form gewinnt, welche dem gegenwärtigen Standpunkte entspricht und die Landwirte befriedigt. Nur der zweite Teil, der von der Gärung handelt, macht mir Sorgen, da mir eine neue Bearbeitung desselben beinahe unmöglich ist. In der Sache habe ich freilich nicht viel zu ändern, daß mich aber die Form, die er hat, nicht mehr befriedigt, kannst Du Dir denken.

Unter dem Lehrbuch mußt Du Dir ein Buch für den ersten Unterricht in Schulen und für Studenten denken. Ein junger Mann kann so ein Buch nicht schreiben; schon um seine Kenntnisse zu zeigen, bringt er mehr hinein als nötig ist. Darum sind die meisten dieser Bücher für den ersten Unterricht, der Masse unnützen Stoffes wegen, wenig geeignet. Dem Lehrer ist ein vollständiger Kursus vorgeschrieben, und er weiß nicht, wie er damit fertig wird. Es ist eine alte Lieblingsidee von mir, von der ich Dir schon oft gesprochen habe.

Ich bin einige Tage in Reichenhall gewesen. Es geht Georg gut, er hat viel zu tun und ist zufrieden. Er läßt Dich schönstens grüßen. Ich wünschte, wir hätten eine gute Frau für ihn.

Ich weiß nicht, ob sich meine Frau schon für die Würste bedankt hat, sie sind von trefflicher Qualität, und bei jeder Wurstschnitte wird Deiner lieben Frau aufs freundlichste gedacht. Ich habe dieses Jahr den Versuch gemacht, Dir ein Fäßchen Bockbier zu schikken, ein Bier, was den Münchner ins Entzücken bringt, wenn er nur daran denkt. Es verträgt die Wärme nicht und muß rasch getrunken werden; auch ist der Transport nicht ohne Gefahr für seine Qualität.

Meine Tochter Thiersch ist eben hier. Sie will nach Reichenhall zu ihrem Bruder mit ihrem Kinde. Es ist nicht unmöglich, daß ihr Mann als Generalstabsarzt mit in das Feld zieht. Er war schon in Schleswig-Holstein mit und versteht den Dienst; wenn ihm die Stelle angeboten wird, so widersteht er nicht.

Die politischen Ansichten haben sich hier geklärt. Eine für den Bayrischen Staat wahrhaft gefährliche Partei suchte den Krieg und die Regierung zu einem Separatvertrag mit

Österreich zu drängen, d. h. zu einer Trennung von dem Deutschen Bunde. Der Großherzog von Toscana ist der Schwiegervater des Prinzen Luitpold, die Herzogin von Modena die Schwester des Königs – allein der König ist entschlossen, nur mit Preußen zu gehen, und alles läßt glauben, daß Preußen das Rechte will und daß man nur Geduld haben muß, um sich davon zu überzeugen. Für die Befestigung der inneren Zustände Österreichs und von Staatsmaximen, die wir verabscheuen, wird kein Verständiger wollen, daß ein Tropfen deutschen Blutes vergossen werde, und wenn der Selbstständigkeit Deutschlands Gefahr droht, so muß Preußen seiner intellektuellen Stellung nach mit der Fahne voran. Die Kriegslust im Volke ist übrigens in der Tat auffallend.

Von Herzen Dein treuer Justus Liebig.

München, 30. Mai 1859

Teurer Vieweg!

Indem ich mir die Beantwortung Deines Briefes vom 29. Mai vorbehalte, will ich Dich mit gegenwärtigem nur bitten, auf dem dortigen Eisenbahnhof Erkundigungen wegen dem Bier einzuziehen. Ich sandte durch die H. Pichlers Erben dahier von selbigem Tag ein Faß Bockbier nach Göttingen an Wöhler, welches bereits am 17. Mai dorten wohlbeschaffen ankam. Das Bier war an Friedr. Vieweg u. Sohn adressiert, obwohl ich dies nicht mehr ganz bestimmt weiß.

Herzlichst Dein treuer Justus Liebig

Ich habe die H. Pichlers ebenfalls veranlaßt, Erkundigungen von hier aus einzuziehen.

München, 30. September 1859

Mein teurer Freund!

Ich kann es mir nicht versagen, Deine teilnehmenden Zeilen vom 25. auf meinem Schmerzenslager selbst zu beantworten und Dir herzlich dafür zu danken. Ich fiel in Passau, im Wirtshause auf glatten Steinen des Hausflurs, beim Ausgleiten mit dem ganzen Gewicht des Körpers auf das eine Knie und brach die Kniescheibe in ganzen Stücken. Ich hatte die erste Nacht durch einen unzweckmäßigen Verband Höllenschmerzen, allein dank dem Telegraphen schon $1^1/2$ Tage darauf war mein Schwiegersohn Thiersch bei mir, der als sehr geschickter und erfahrener Chirurg mir alle nur denkbare Erleichterung beschaffte. Er brachte mich glücklich am 17. Tage nach München, wo Pfeiffer und Dr. Nußbaum die Behandlung fortsetzten. Die letzten 4 Tage waren recht schlimm, indem sich infolge des Anlegens eines Gipsverbandes eine Entzündung der Lymphgefäße mit Fieber einstellte. Seit gestern hat sich dieses sekundäre Leiden wieder ziemlich gehoben. Am schwersten zu ertragen ist die unveränderliche Rückenlage. Da Du lange Zeit ebenfalls an Deinem Fuß gelitten hast, so kannst Du Dir eine Vorstellung davon machen. Thiersch ist den Tag nach meiner Hierherkunft wieder nach Erlangen gereist zu seiner Frau, deren Niederkunft wir seit Wochen erwarteten. Endlich erhielten wir gestern die Nachricht, daß sie von einem gesunden starken Knaben, meinem 4. Enkel, glücklich entbunden worden ist. Wir sind alle glücklich darüber.

Mein Unglücksfall ist zwischen mehrere für mich wichtige Dinge störend getreten, namentlich in Beziehung auf meine Spiegelfabrikation. Die große Fabrik zu St. Gobain scheint mein Verfahren adoptieren zu wollen, wenigstens war Pelouze deswegen hier, und ich habe einen Vertrag mit diesem geschlossen, der seiner Genehmigung von Seiten des Verwaltungsrates entgegensieht. Einen zweiten Vertrag habe ich mit einem Nürnberger Haus definitiv abgeschlossen. Mein Krankenlager hindert mich jetzt, die mir zufallenden Obliegenheiten zu erfüllen.

Auch hatte ich vor meiner Reise zwei neue bearbeitete Kapitel der Agrikulturchemie fertig, und das dritte hoffte [ich] im Verlauf der Ferien beendigen zu können. Dies wird nun länger dauern.

Mit Vergnügen höre ich, daß Dir die Schlammbäder zu Eilsen gut bekommen sind, und ich wünsche mir, daß die Besserung sich dauernd erhalten möchte. Wenn Du einmal in die Nähe Erlangens kommst, so wünsche ich sehr, daß Du mit meinem Schwiegersohn über Deinen Fuß sprechen möchtest.

Mit den herzlichsten Grüßen an Deine Frau und ganze Familie

Dein treuer Justus Liebig.

München, 17. Mai 1860

Mein teurer Vieweg!

Ich beantworte Dir zuerst die Fragen wegen der Fleischbrühe für Kranke: Der Widerwille der Kinder ist auch hier sehr häufig und wird von Pfeiffer und v. Liebl, die sie häufig anwenden, entweder durch Zusatz von kalter, von allem Fett befreiter Bratensauce – von Kalbs- oder Rindsbraten – oder von ein paar Löffel voll rotem Bordeauxwein in der Regel leicht beseitigt. Oft tut es schon ein stärkeres Salzen, was viele Kinder lieben. Man gibt zuerst den Bordeaux gemischt vor den Augen des Kindes mit Wasser, dann mit Zusatz des Fleischsaftes; oder erst gewöhnliche Fleischbrühe mit Bratensauce, stark gefärbt mit gebranntem Zucker oder gerösteten Zwiebeln. Gott gebe, daß es in dieser Form dem Kinde Segen bringe.

Was die Agrikulturchemie betrifft, so bitte ich Dich, meiner Versicherung zu glauben, daß ich unablässig mit der Vollendung des Buches beschäftigt bin. Ich habe das neu als „Rückblick" Einzuschaltende (worin die ganze Theorie des praktischen Landbaus einbegriffen ist) schon dreimal vom Anfang bis zum Ende geschrieben und vor mir liegen, und vor 4 Wochen zum vierten Male begonnen, und in diesem Augenblick an der 34. Seite. Ich nehme keine Arbeit vor und gehe von dem Buche nicht weg, ehe es vollendet ist, und der Impuls dazu ist nicht wenig verstärkt durch das Geld, was ich Dir noch schuldig bin und was ich durchaus abtragen muß. Die Schwierigkeiten, die mir entgegenstanden, sind sehr groß geworden, da das, was ich zu geben hatte, der Form nach in keiner Beziehung stehen durfte mit dem mehr polemischen Inhalte der agrikulturchemischen Briefe. Wenn dieser Unglücksfall nicht dazwischen gekommen wäre, so wäre das Buch längst fertig. Du weißt aber, daß ich 4 Monate im Bett lag, ohne mich rühren zu können. Dazu ist nun ein kaum erträglicher Zeitverderb durch meine neue Stellung gekommen. Glaube mir, lieber Vieweg, ich halte mich für tief verpflichtet, für Deine Freundschaft, Geduld und Nachsicht, die Du mir bewiesen hast, und daß ich gerne und alles tue, um Dir dies zu beweisen. Für die Fulgaten [?] der Aschenanalysen mußt Du jemand finden, der sie aus den Jahresberichten (Kopp, Liebig etc.) exzerpiert. Ich kann dies nicht machen. Als Anhang gegeben, werden sie immer willkommen sein. Das kleine Lehrbuch kann ich nicht eher fertig machen, als bis die Agrikulturchemie erschienen ist.

Freiherr v. Babo ist als populärer Schriftsteller in dem Gebiete der Landwirtschaft geachtet und bekannt, und seine Kompilationen werden gerne gelesen. Er hat ein großes Weingut bei Weinheim an der Bergstraße und einen Sohn, welcher Professor der Chemie in Freiburg (Breisgau) ist.

Kolbe ist, wie ich glaube, der einzige, der in Beziehung auf die Konstitution der einfachen Körper auf dem richtigen Wege ist, was ich, sobald sich wieder eine Gelegenheit darbietet, in meinem Journale öffentlich anerkennen werde.

Vor etwa 4 Wochen habe ich Dir eine Kiste mit Bier zugeschickt, von dem ich hoffe, daß es in Deine Hände gekommen ist, obwohl Du nichts davon schreibst. Leider hat Pschorr nicht von dem eigentlichem Bock, sondern ein Bock-Export-Bier geschickt, was viel stärker ist, aber freilich den Vorzug hat, daß es sich länger hält. Ich habe Flaschen und kein Fäßchen geschickt, weil ich Grund habe zu vermuten, daß das im vorigen Jahr gesandte nicht in der besten Beschaffenheit ankam, indem ich auf eine in dieser Beziehung gestellte Frage keine Antwort von Dir erhielt.

Ich liebe Dich wie immer Justus Liebig

München, 23. November 1860

Teurer Vieweg!

Ich bitte, Dich nicht zu beunruhigen, wenn Du von dem neuen Unfall hörst, der mich betroffen hat. Ich wollte mit meinem Schwiegersohn Carrière, der mich führte, ins Theater gehen und gleitete auf der glatt gefrorenen Straße aus und fiel. Die Anstrengung, die ich mit meinem kranken Bein machte, verursachte eine Zerrung und Zerreißung von Blutgefäßen am Knie, so daß ich jetzt wieder zu Bette liege. Am ersten Abend war ich in großer Verzweiflung durch den Gedanken, möglicherweise wieder ein paar Monate auf dem Rücken liegen zu müssen, aber Gott sei Dank, die Sache war nicht so schlimm. Der Bluterguß nimmt täglich ab, und ich habe alle Hoffnung, in etwa 8 Tagen wieder meine Vorträge fortsetzen zu können.

Die Bearbeitung der Agrikulturchemie macht mir viel Freude. Ich habe mich entschlossen, anstatt des „Rückblicks“ eine Theorie des praktischen Ackerbaubetriebes zu geben, die manches noch im Streite befindliche ins klare bringen wird. Das Buch wird aber um 10 Bogen stärker werden; ich bin am siebenten.

Mit freundlichen Grüßen und Empfehlungen an die Deinigen

Dein treuer Justus Liebig.

1861

7. 8. Manuskript von Theorie des Feldbaues – Geplante Reise nach Speyer zur Naturforscherversammlung – Neubearbeitung der Agrikulturchemie

8. 8. Zur Manuskriptsendung der Theorie des Feldbaues – Reise Viewegs

19. 8. Zum Verlagsprojekt: Geschichte der Wissenschaften

25. 8. Korrekturbogen zur Agrikulturchemie; Veränderungen, neue Kapitel – Theorie des Feldbaues – Urlaub Viewegs in St. Moritz

1. 9. Manuskriptsendung der Agrikulturchemie; Planung für den Fortgang des Druckes

9. 9. Erschöpfungszustand – Manuskriptsendung – Reise nach Speyer

1. 10. Manuskriptsendung zur Agrikulturchemie, Bedeutung der Neuausgabe – Bedauern wegen verfehlten Treffens mit Vieweg – Die Kapitel der neuen Agrikulturchemie

13. 10. Sitzung einer historischen Kommission (wahrscheinlich wegen der „Geschichte der Wissenschaften“)

21. 10. Historische Kommission (wegen Geschichte der Wissenschaften); Ratschläge, wie Vieweg den Verlag davon bekommen kann – Herausgabetermin der Agrikulturchemie, November unmöglich

2. 12. Beitrag für die Deutsche Reichszeitung

10. 12. Rücksendung von Korrekturbogen; empfehlenswertes Verfahren der Engländer – Auflagenhöhe der Agrikulturchemie

21. 12. Krankheiten – Arbeit an der Agrikulturchemie – Schrift über Chemie und Landwirtschaft aus Berlin

22. 12. Fehlender Korrekturbogen

München, 7. August 1861

Lieber Vieweg!

Die von dem Generalkomitee des hiesigen landwirtschaftlichen Vereins auf meine Veranlassung und unter meiner speziellen Aufsicht (seit 4 Jahren) ausgeführten Kulturversuche sind jetzt abgeschlossen, und ich bin dadurch in den Stand gesetzt, eine Theorie des Feldbaus im wörtlichen Sinne, d. h. der Bebauung des Feldes zu geben, was ich früher nicht konnte, und ich sende Dir am Anfang der nächsten Woche einen großen Teil des fertigen Manuskriptes, welches im ganzen 200 Druckseiten umfassen wird. Ich bin jetzt in gutem Zuge, und außer der Reise nach Speyer zur Naturforscherversammlung, zu der ich Dich dringend bitte, ebenfalls zu kommen, werde ich keine Reise oder Landaufenthalt machen, um das Buch, was mich sehr drückt, zu beendigen.
Ich müßte mich sehr irren, wenn die neue Ausgabe der Agrikulturchemie nicht eine noch größere Revolution als die erste hervorbringen würde, und um das Buch nicht allzu dickleibig zu machen, bitte ich Dich, zuzugeben, daß der zweite Abschnitt (Gärung, Fäulnis etc.) hinweggelassen und gesagt wird, daß der Gegenstand [den Inhalt] eines besonderen Bandes ausmachen sollte oder irgend so etwas, denn ernsthaft denke ich an dessen Überarbeitung nicht.
Es ist mir völlig unmöglich, mein Manuskript abzuschreiben oder abschreiben zu lassen, denn wenn ich damit anfange, so ist es sicher, daß die Herausgabe wieder um ein Jahr verschoben werden muß, weil in meinem Alter mich das nicht mehr befriedigt, was ich vor 14 Tagen niederschrieb, und in dieser Beziehung ich ganz anders denke als damals, wo die Wärme der Jugend mich manche Unvollkommenheiten auch übersehen ließ. Es ist darum nötig, daß, wenn es sein kann, das Ganze auf einmal gedruckt wird, und daß ich es dann noch einmal durchsichte. Ich hoffe, daß Du damit einverstanden bist. Vor Ende September erwarte ich keine Bogen, aber dann soviel wie möglich auf einmal.

Von Herzen, lieber Vieweg, Dein treuer Justus Liebig.

München, 8. August 1861

Lieber Vieweg!

In Beziehung auf Deinen Brief vom 6. und auf den meinigen von gestern bitte ich Dich, mir vor Deiner Abreise in einer Zeile zu sagen, ob ich mein Manuskript schicken soll oder nicht, oder ob es in Deiner Abwesenheit gesetzt werden kann?
Wenn es Dir möglich ist, nach München zu kommen, so würdest Du mir eine große Freude machen, aber Du darfst nicht wie sonst ins Wirtshaus gehen, sondern mußt bei mir absteigen.
Ich kann die Reise nicht mitmachen, so sehr lockend es auch wäre, in Deiner und meiner anderen Freunde Gesellschaft, aber das Buch muß durchaus fertig werden.
Für den Faulenzer im Voraus meinen Dank.

Von Herzen Dein treuer J. Liebig.

München, 19. August 1861

Lieber Vieweg!

Ich habe von Braunschweig aus erfahren, daß Du bei Ankunft meiner Briefe schon abgereist warst und daß ich eine Antwort von St. Moritz zu erwarten habe.
In Beziehung auf eine andere Frage kann ich Dir jetzt erst antworten, daß die Geschichte der Wissenschaften etwa 1000 Druckbogen umfaßt, für welche der König etwa 2000 Taler Honorar bezahlt. Es haben sich bereits zwei Verleger gemeldet, ich werde mich aber bemühen, Dir den Vorzug zu verschaffen, wenn Du auf dieses Unternehmen eingehen willst. Es haben sich dazu die besten Männer bereits verbindlich gemacht (nur für Agrikultur ist ein recht schlechter, Fraas in München, ohne mein Wissen gewählt worden), und es kann gar keine Frage sein, daß es ein klassisches Werk von hohem Wert werden wird. Es soll die Geschichte der Wissenschaften in den beiden letzten Jahrhunderten in einer populären Form geben. v. Sybel sagt mir, daß man von dem Verleger erwartet, er werde jedem Verfasser noch ein Honorar zwischen 10 und 20 Gulden bezahlen. Gut wird es sein, wenn Du einige Druckproben einschickst, die wissenschaftliche Kommission versammelt sich hier im Anfang Oktober, und es dürfte kaum nötig sein, daß Du früher etwas einsendest. Bist Du entschlossen einzugehen, so sage es mir in einer Zeile, damit ich an Ranke schreibe, der auf mich und auf meinen Jugendfreund einige Rücksicht nehmen wird.
Wie sehr habe ich Dein Leiden beklagt, welches Dich monatelang gefesselt hat; ich weiß, was so etwas heißt.
Der Faulenzer ist angekommen, sehr sinnreich und sehr bequem, tausend Dank!
Grüße herzlichst Kopp, der bei Dir sein wird, sowie Buff.

Wie immer Dein treuer J. Liebig.

München, 25. August 1861

Lieber Vieweg!

Ich habe Deinen Brief vom 19. erhalten, und ich wünschte lieber bei Dir zu sein, um persönlich die Sache mit der neuen Auflage der Agrikulturchemie zu besprechen. Die Korrekturbogen, die Du meinst, habe ich alle hier, oder beinahe alle, ich kann aber den „Rückblick" nicht mehr brauchen, da ich an dessen Stelle den neuen Abschnitt „Theorie des Feldbaus" geben will. Sodann möchte ich auch die Beschreibung der Polstorf'schen und der Versuche von Boussingault hinweglassen, die nichts mehr bedeuten. Nur den Abschnitt im Anhang „Ist Salpetersäure ein Nahrungsmittel der Gewächse" und „Ursprung des Ammoniaks" möchte ich lassen.
Die Theorie des Feldbaus umfaßt 4 Abschnitte, jeden von 70–80 Seiten; drei davon sind druckfertig, für den 4. bedarf ich noch einiger Zahlen. Wenn jede meiner Seiten eine gedruckte gibt, so würde dies 20 Bogen mehr ausmachen. Dieser Zuwachs nötigt schon, von dem anderen, was nicht mehr dient, hinwegzulassen. Dann möchte ich doch gerne die Analysen der Pflanzenaschen geben, die seit 14 Jahren dazugekommen sind, dies gibt jedenfalls einen Bogen mehr.
Ich bin eigentlich nicht dagegen, daß der Artikel Fäulnis und Verwesung bleibt, weil meine Ansicht über den Grund dieser Erscheinungen sich nicht verändert hat, soviel

Neues auch über die Natur des Fermentes hinzugekommen ist; aber mit diesem Abschnitt wird das Buch gar zu dick. Wir wollen aber sehen.
Wie ich Dir schon geschrieben habe, so glaube ich so glücklich zu sein, dem Feldbau die erste theoretische Grundlage geben zu können; das frühere waren ja nur Bausteine. Die mir nötigen Versuche habe ich durch das Generalkomitee des Landwirtschaftlichen Vereins in Bayern ausführen lassen, die letzten, welche meinen Ansichten die Entscheidung gaben, durch Herrn Prof. Nageli und Dr. Zöller. Nageli, der früher ein Gegner derselben war, ist jetzt ihr eifrigster Verteidiger, und so hoffe ich denn, mit diesem Buche meine Laufbahn in dieser Richtung abzuschließen. Vieles hat sich in den Ideen der Landwirte sei 20 Jahren gebessert, und so denke ich, daß das, was ich bringe, einen noch fruchtbareren Boden wie früher finden wird. Es ist vielleicht doch besser, anstatt 1 500 – 2 000 Exemplare zu drucken, ob es aber noch angeht, die Zahl zu ändern, mußt Du selbst beurteilen. Von den ersten 16 Bogen sind ja nur 1 500 abgezogen, so war es wenigstens verabredet.
Buff und Kopp sind, wie ich höre, bei Dir, auch [zwei unleserliche Wörter], grüße sie alle herzlich und sage dem letzteren, wie sehr uns die Nachricht von dem Tode seines Schwagers Roi betrübt hat. Mit den besten Wünschen, daß Dir St. Moritz gut bekommen möchte,

Dein treuer Justus Liebig.

München, 1. September 1861

Wertester Herr [Heinrich] Vieweg!

Nach Verabredung mit Ihrem Herrn Vater sende ich Ihnen das erste Viertel des Manuskriptes, welches den 2. Teil unseres Buches ausmachen soll.
Was Sie mir in den 6 Kolumnen gesendet haben, bleibt im ersten Teil und schließt denselben. Der Rückblick fällt ganz aus. Statt dessen folgt „Die Theorie des Feldbaus“. Das Manuskript wird mit den 6 bereits gesetzten Kolumnen 4 Bogen geben, und bis ich diese in Händen habe, ist das folgende abgeschrieben und an Sie abgesendet. Da die Theorie des Feldbaues beinahe 15–16 neue Bogen ausmacht, so wünsche ich das ganze vom 24. Bogen an bis ans Ende auszulassen. Das Buch wird sonst zu dick.
Der 17. Bogen wird also fortgesetzt mit dem Manuskript, was beifolgt.

Mit freundschaftlicher Hochachtung ganz der Ihrige
J. v. Liebig.

Cannstadt, 9. September 1861

Lieber Vieweg!

Ich erhalte heute erst Deinen Brief vom 2. und will Dich hiermit nur benachrichtigen, daß ich es in München nicht mehr vor Erschöpfung aushalten konnte und darum abreiste.

Nach Braunschweig ist die erste Sendung Manuskript abgegangen und die anderen werden rasch nachfolgen.
Ich komme den 16. in Speyer an, wir wohnen aber in Neustadt, und es würde mich sehr freuen, wenn Du es einrichten könntest, ein paar Tage in der schönen Pfalz mit uns zuzubringen.

Herzlichst Dein Justus Liebig.

München, 1. Oktober 1861

Mein teurer Vieweg!

Du erhältst hiermit eine Fortsetzung meines Manuskripts zur neuen Auflage der Agrikulturchemie. Ich habe das Ganze abschreiben lassen, da meine Furcht vor einem möglichen Verluste, auch wenn nur eines Blattes, zu groß war. Mit diesem Buche schließt meine Wirksamkeit ab, und ich denke, darin die Gesetze des Feldbaues für immer festgestellt zu haben.
Wenn Du mir von St. Moritz aus nur in einer Zeile zur rechten Zeit geschrieben hättest, daß Du nach München kommen und mir das große Vergnügen Deines Besuches schenken wolltest, so würde ich mich sobald zur Abreise von hier nicht entschlossen haben. Deine Briefe vor dem 1. Sept. enthalten keine Andeutung, und namentlich lehntest Du es ab, nach Speyer zu kommen, oder machtest es wenigstens sehr ungewiß.
Die Ordnung des Druckes ist folgende:

I Kapitel Die Pflanze
II Der Boden
III Das Verhalten des Bodens zu den Nährstoffen der Pflanzen in der Düngung
IV Die Stallmistwirtschaft und der Stallmist
V Kapitel kommt noch.

Ich hoffe, daß Dir die Reise gut getan hat. Ich hatte recht schlechtes Wetter und befinde mich erst jetzt wieder wohl, seitdem ich zu Hause bin. Sei aufs herzlichste gegrüßt von

Deinem treuen J. v. Liebig.

München, 13. Oktober 1861

Lieber Vieweg!

Als ich Deinen Brief erhielt, war Ranke schon fort und die Kommission auseinander. Deine Anwesenheit hier hatte in Beziehung auf Deine Absicht keine Folgen haben können. Da Du Ranke kennst, so wirst Du am besten tun, ihm einen Besuch in Berlin zu machen; geschehen ist noch nichts. Giesebrecht hat definitiv angenommen und wird die Stelle als historischer Servator (das ist der eigentliche Vorstand) annehmen. Wenn Du ihn kennst, so wird es gut sein, wenn Du mit ihm sprichst. Die Kommission kommt hier immer am 4. Oktober zusammen.

Herzlichst Dein treuer J. v. Liebig.

München, 21. Oktober 1861

Lieber Vieweg!

Ich meinte, Dir geschrieben zu haben, daß die historische Kommission im Oktober sich hier wieder versammeln würde, und es wäre von mir schon ein direkter Schritt bei Ranke geschehen, wenn Du Dich nicht vorher über den Umfang und die Bedeutung des Unternehmens hättest informieren wollen, wozu ich Dir soviel Material lieferte als mir gerade zu Gebote stand. Auch aus Deinem vorletzten Briefe, vom 6. Oktober, kann ich nicht entnehmen, daß Du Dich unterrichtet genug glaubst, um einen Entschluß fassen zu können. Ich konnte also unter diesen Umständen noch keine Propositionen machen. Das Beste wird sein, Du schreibst an Ranke und beziehst Dich dabei auf mich, Deinen Freund, daß ich Dich dazu veranlaßt habe und den lebhaften Wunsch hegte, daß Du das Werk in Verlag nehmest. Sage ihm, daß Du nach Berlin kommen wolltest, um Dich genauer nach dem, was verlangt werde, zu erkundigen. Ranke ist, soviel ich weiß, noch in Berchtesgaden beim König Max, und es eilt mit Deinem Briefe nicht. Vielleicht sehe ich ihn selbst noch bei seiner Durchreise. Ich will Dir ein paar Zeilen an Ranke schicken, die Du Deinem Briefe beigeben kannst.

Daß die Agrikulturchemie im November erscheinen kann, daran ist nun gar nicht zu denken. Ich will froh sein, wenn sie bis Neujahr fertig ist. Es geht nicht anders. Der ganze November geht nur in andern nichtswürdigen Arbeiten auf, die mir meine Stellung als Vorstand des Generalkonservatoriums in der Akademie, sowie des Maxordens-Kapitels etc. auflegen. Über das Honorar, was Du mir für die neue Auflage der Agrikulturchemie geben willst, hast Du Dich auch noch nicht bestimmt ausgesprochen.

Herzlichst Dein treuer Justus Liebig.

München, 2. Dezember 1861

Liebster Vieweg!

Die ganze Rede ist für die Reichszeitung bestimmt gewesen, sie kommt aber jetzt hinter vielen anderen, die sich der Rede bemächtigt haben. Ob sie unter diesen Umständen sich für die Zeitung noch eignet, wirst Du selbst entscheiden.

Es ist das Thema der neuen Auflage, aber sehr in der Vogelperspektive. Sage doch in einer Note, daß ich mit der Bearbeitung einer neuen Auflage beschäftigt sei und diese eine Theorie des praktischen Feldbaus enthalten werde.

Im Laufe dieser Woche folgen 4 Bogen einstweilen zurück.

Herzlichst Dein treuer Justus Liebig.

München, 10. Dezember 1861

Lieber Vieweg!

Ich sende Dir heute die drei ersten Korrekturbogen. Es ist mir eigentlich leid, daß der Satz mit Seitenzahlen und ganz wie zum Abdruck gemacht ist, da ich viele Zusätze zu machen habe, welche viele Arbeit wieder machen werden. Aus England bekomme ich

den ersten Satz in lange Bänder gedruckt, ohne Seitenzahlen, und ich kann einschieben soviel und was ich will, ohne daß es nachher irgend Umstände macht.
Bei unserer früheren Besprechung, eine neue Ausgabe der Agrikulturchemie erscheinen zu lassen, dachte ich nicht daran, viel Neues zu bringen, und das Buch konnte keinen großen Absatz versprechen. Ich riet also damals, nur 1500 Exemplare zu drucken. Die Sache stellt sich aber jetzt ganz anders. Mehr als die Hälfte des Buches wird ganz neue Ansichten und Erläuterungen des praktischen Betriebes enthalten, und ich glaube, daß man auf einen größeren Absatz als 1500 Exemplare wird rechnen dürfen, namentlich jetzt, wo sich die Anzahl meiner Anhänger täglich vermehrt. Ich würde also von den neuen Bogen 2500 abdrucken lassen und später, wenn das ganze fertig ist, die ersten 16 Bogen in 1000 Exemplaren nachdrucken lassen.
Ich lege meine Rede, so wie die von Bischoff, bei, um meine heutige Sendung für die Fahrpost geeignet zu machen.

Herzlichst Dein treuer Justus Liebig.

Von den neuen Korrekturen bitte ich, mir drei Stück zu senden.

München, 21. Dezember 1861
[Datierung unsicher]

Teurer Vieweg!

Wie sehr beklage ich, daß Du in dem letzten Vierteljahr soviel an Deinem Bein gelitten hast. Es ist mir freilich nicht besser gegangen, ich weiß aber darum mehr wie ein anderer, was ein solches Leiden heißt. Seit meinem letzten Unfall (im November), welcher ein Zerreißen neuer Bildungen am Knie nach sich zog, bin ich fortwährend krank. Mein allgemeines Befinden ist schlecht gewesen, so daß ich meinem Kopf und meinem Körper nicht das mindeste zumuten konnte. Es ist ein rechtes Elend, dieses Gefühl des Krankseins, ohne alle Erhebung durch die Befriedigung, welche die Arbeit gewährt. Ich habe seit den letzten 6 Monaten die Agrikulturchemie keinen Augenblick verlassen, auch wenn ich nicht vorankam, so war ich dennoch stets und unablässig damit beschäftigt. Es ist keine Kleinigkeit, 25 Jahre nach der ersten Auflage ein Buch wieder zu bearbeiten, nachdem das Feld an sich so ungeheuer gewachsen ist. Mein neues Auftreten muß darum ein neuer Fortschritt sein, und ich fühle es, es wird es sein. Die Leichtigkeit der Arbeit gehört aber nur der Jugend an, das erfährt man aber, wenn man die nämliche Arbeit oder Aufgabe zum zweiten Mal sich vornimmt.
Gestern erhielt ich eine Schrift von Freundt, unserem Rittergutsbesitzer: Prof. v. Liebig und Landes-Ökonomierat Dr. Koppe, oder Chemie und Landwirtschaft im Streit (Berlin Carl Heymann). Ich habe bis jetzt nichts gelesen, was mich mehr befriedigt und was mir mehr Vergnügen gemacht hat.
Mit meinem herzlichsten Wunsche zu Deiner baldigen Wiederherstellung

Dein treuer Justus Liebig.

München, den 22. Dezember 1861

Lieber Vieweg!

Ich kann das Fehlen des Bogens 20 nicht begreifen. Hier habe ich noch einen, den ich heute schicke. Den dritten habe ich nach Gießen geschickt, um ein Stück davon in den Annalen zu drucken, damit die Leute die Behandlung sehen.
Kommt der heut abgesandte Korrekturbogen nicht an, so bitte ich Dich, mir umgehend neue Abdrucke des 25. Bogens zur Korrektur zu schicken.

Herzlichst Dein Justus Liebig.

1862

10. 1. Separatausgabe der Theorie des Feldbaues – Auflagenhöhe der Agrikulturchemie – Korrekturbogen, bessere Möglichkeiten für Einschiebungen

17. 1. Theorie des Feldbaues, Auflagenhöhe davon und von der Agrikulturchemie; Erscheinungstermine

23. 1. Druck der Agrikulturchemie in 2 Bänden; Arbeit am 2. Band – Vorschlag, eine englische Ausgabe herauszubringen – Zusendung eines Briefes zur Kenntnisnahme

24. 1. Wünsche wegen Abbildungen in der Agrikulturchemie, Druckanweisungen

3. 2. Einrichtung der Agrikulturchemie – Die englische Ausgabe soll doch in England verlegt werden (Paoloni Nr. 704)

27. 2. Manuskriptsendung; Rückforderung eines anderen Teils wegen Änderungen – Honorarfragen zur Agrikulturchemie

15. 3. Manuskriptsendung für die Agrikulturchemie; Bedeutung der Arbeit – Lob für Vieweg als Verleger – Verschiedenes, meist Personelles

29. 3. Anfrage nach Eingang von Manuskripten in Braunschweig

13. 4. Manuskriptrest für den 1. Band der Agrikulturchemie; Korrekturbogen vom 2. Band; Inhalt; Separatdruck eines Teils? – Warnung vor Fraas

9. 5. Beitrag für Auerbachs Almanach; Frage nach Einverständnis Viewegs

5. 6. Reisevorbereitungen, geplantes Treffen mit Vieweg

25. 6. Arrangement der beiden Bände der Agrikulturchemie; Einleitung als Separatdruck? Zusendung von Manuskript der Einleitung – Verlagsprojekt: Chemiebuch von Zöller – Plan einer landwirtschaftlichen Zeitung

16. 7. Letzte Vorbereitungen zur Ausgabe der Agrikulturchemie; Zöller soll das Inhaltsverzeichnis machen

26. 7. Manuskriptsendung zu Band 2 der Agrikulturchemie mit Teil des Anhangs – Termin der Drucklegung; Korrekturbogen

31. 7. Rest des Anhangs zur Agrikulturchemie – Abstimmung der geplanten Erholungsreise mit Zusendung der Korrekturbogen; Arbeitshilfe durch Zöller

9. 8. Auslieferung der Agrikulturchemie an Buchhändler in Würzburg; Vorrede noch in Arbeit – Landwirtschaftliche Zeitung für ganz Deutschland; Empfehlung einer Fürsprache in Sachsen – Reisepläne, dabei Treffen mit Vieweg?

14. 8. Vorrede zur Agrikulturchemie ist abgesandt – Doppeltitel für den zweiten Band – Titel der Sonderausgabe der Einleitung (Theorie des Feldbaues) – Widmung für A. v. Humboldt

17. 8. Urlaubsadresse – Versand von Freiexemplaren der Agrikulturchemie – Änderung der Postanschrift

25. 8. Endgültige Fassung der Vorrede zur Agrikulturchemie; Druckfehlerkorrekturen – Anzeige für Zeitungen – Buchversand nach Würzburg – Fortsetzung der Reise, neue Postanschrift

26. 8. Vorrede und Titel der Agrikulturchemie; englische Ausgabe; zum Text der Inhaltsanzeige – Fortsetzung der Reise

30. 8. Inhaltsangabe der Agrikulturchemie und der Theorie des Feldbaues für Prospekt und Umschlag

5. 9. Russische Ausgabe der Agrikulturchemie – Freiexemplare der Theorie des Feldbaues und der Agrikulturchemie

10. 9. Freiexemplare der Agrikulturchemie – Voraussichtliches Ende der Reise

16. 9. Verzeichnis der Freiexemplare von Agrikulturchemie Band I, II und Einleitung (Theorie des Feldbaues)

25. 9. Erfolg der Agrikulturchemie bei der Versammlung der Land- und Forstwirte in Würzburg – Weitere Freiexemplare

27. 9. Erfolgreiche Wirkung der Agrikulturchemie – Honorarfragen besonders für die Hilfe von Zöller – Freiexemplare

27. 9. Freiexemplare der Agrikulturchemie

29. 9. Zeitungsanzeige für die Agrikulturchemie, Fortfall einer Textzeile – Freiexemplare für eigenen Bedarf

17. 10. Zu Viewegs Erholungsreise – Günstige Aufnahme der Agrikulturchemie in katholisch-theologischen Kreisen – Druckarbeiten – Englische Übersetzung – Politisches

26. 11. Unwohlsein Viewegs – Korrekturbogen zum Nachdruck der Agrikulturchemie Band I – Honorar für Zöller – Weitere Freiexemplare für eigenen Bedarf und an andere Adressen

4. 12. Unwohlsein Viewegs – Einmischung in Angelegenheit Ottos in Braunschweig wird abgelehnt – Druckfehlerverbesserungen am Nachdruck; Verwunderung, daß die Auflage schon vergriffen sein soll – Französische Ausgabe (Paoloni Nr. 691) des Separatabdrucks (Theorie des Feldbaues)

9. 12. Freiexemplare des neuen Abdrucks der Theorie des Feldbaues für eigenen Bedarf

18. 12. Schwierigkeiten mit der englischen Ausgabe der Theorie des Feldbaues

29. 12. Tod der Tochter Agnes (Carrière)

München, den 10. Januar 1862

Lieber Vieweg!

Ich habe in Beziehung auf unser Buch eine Idee, die Du vielleicht für zweckmäßig hältst. Ich wünsche nämlich, daß Du nach dem Erscheinen des Buches eine Separatausgabe machen möchtest, welche alles Neue in der 7. Auflage der Agrikulturchemie enthält. Dieses bildet ein abgeschlossenen Ganzes, dem ich sehr gut den Titel

Die Naturgesetze des Feldbaus

geben kann.

Hier kommt nun in Frage, ob es dann rätlich ist, die Auflage der Agrikulturchemie so stark zu machen als wir vorhaben (2500) und nicht besser bei der ursprünglichen Zahl zu bleiben (1500) und das neue Buch gleich stark zu machen. Du hast zwar schon 4–5 Bogen zu 2500 Exemplaren gedruckt, allein da die ersten 17 Bogen neu gesetzt werden müssen, um die Auflage zu komplettieren, so wird dies weit mehr Kosten machen, als wenn die mehr gedruckten Bogen kassiert werden. Es ist freilich auch wahrscheinlich, daß die ganze Auflage (zu 2500) abgesetzt wird, sicher ist es aber, daß „Die Naturgesetze des Feldbaus" eine noch viel weitere Verbreitung finden werden. Das letztere Buch müßte etwas, aber nicht viel wohlfeiler sein als die Agrikulturchemie.

Bei den neuen Abzügen der Korrekturbogen von dem 28. Bogen an (der 27. ist in Deinen Händen) bitte ich, den Satz ohne Paginierung in Streifen und das Papier nur auf einer Seite bedruckt, machen zu lassen. Bei Stallmistwirtschaft habe ich 2 Bogen neu einzuschieben, mit deren Bearbeitung ich in ein paar Tagen fertig bin.

Herzlichst Dein treuer Justus Liebig.

München, 17. Januar 1862

Lieber Vieweg!

Es handelt sich nur darum ob, wenn Du mit einem Separatabdruck, der alles Neue der 7ten Auflage unter dem Titel „Naturgesetze des Feldbaues" enthält, einverstanden bist – es rätlich ist, die 7. Auflage so stark zu machen, als wir übereingekommen sind, nämlich 2500 Exemplare? Es sind bis jetzt 16 Bogen in 1500 Abzügen gedruckt und 4 Bogen (17–20) in 2500 Exemplaren abgedruckt. Ich halte es nun für zweckmäßig, den Separatabdruck in einer starken Auflage zu machen, weil derselbe viel mehr gekauft werden wird als die 7. Auflage. Wenn aber diese letztere so stark gemacht wird (2500 Exemplare) als wir vorhaben, so würde der Verkauf des Separatabdrucks umso nachteiliger für die 7. Auflage sein, je mehr Exemplare davon vorrätig sind. Zur Komplettierung der 7. Auflage und um sie auf 2500 Exemplare zu bringen, müßten die ersten 16 Bogen neu gesetzt und von jedem 1000 Exemplare nachgedruckt werden.

Mein Vorschlag geht nun dahin, dies nicht zu tun, sondern die 7. Ausgabe in der früher festgesetzten Anzahl fertig zu drucken, also nur 1500 Exemplare zu drucken, wodurch Du in Verlust gehst mit den nur 1000 mehrgedruckten Exemplaren der Bogen 17, 18, 19, 20.

Wenn die 1500 Exemplare der 7. Auflage erschienen sind, dann wollen wir die Separatausgabe machen, die in der Tat ein Werk für sich ist, welches in keinem notwendigen Zusammenhang steht mit dem ersten Teil. Ich erwarte eine bedeutende Wirkung von diesem Buch, welche jedenfalls geschwächt wird, wenn es in der 7. Auflage inkorporiert bleibt. Mit einem Worte: die Anzahl derer, welche die 7. Auflage kaufen werden, ist kleiner wie die, welche den Separatabdruck kaufen würde, weil die erstere schon in vielen Händen ist. Sonst wird ja gar nichts geändert, der Druck und alles geht so fort wie bisher, es werden nur von jedem Bogen 1500 anstatt 2500 Exemplare abgezogen. Darum handelt es sich im Augenblick allein und nur Du kannst darüber entscheiden.

Herzlichst Dein Justus Liebig.

Auf dem 24. Bogen ist Seite 375 ein Fehler stehen geblieben. Zeile 12 von unten anstatt Anhang D soll heißen E.

München, den 23. Januar 1862

Lieber Vieweg!

Dein Vorschlag ist noch besser als der meinige, und ich nehme ihn gerne an. Wir drucken also das Buch in zwei Bänden oder Abteilungen, jede mit Doppeltitel. In Beziehung auf den ersten Band bemerke ich, daß derselbe mit dem 17. Bogen nicht beendigt ist, sondern daß noch hinzukommen Polstorffs Versuche, sodann von S. 280 bis 310 (Quellen des Ammoniaks und über Salpetersäure). Dann ein paar hundert Aschenanalysen. Alles dies wollen wir später drucken.

Was den 2. Band oder die Naturgesetze des Feldbaues betrifft, so habe ich noch vollauf mindestens zwei Monate mit der Ausarbeitung meines Manuskriptes zu tun. Da ich einer großen Wirkung entgegensehe, so verwende ich umsomehr Sorgfalt dazu. Bei Deinen großartigen Einrichtungen wirst Du mit dem Druck sehr bald wieder bei sein. Von den Naturgesetzen des Feldbaues können wir jetzt, da [Du] die ersten Bogen neu drucken läßt, auf 3000 Exemplare erweitern. Der erste Band bleibt auf 1500 Exemplare beschränkt.

Ich will mir erlauben, noch einen Vorschlag zu machen. Mein Verleger in London, Walton, will auf meine Propositionen nicht eingehen, weil das Vertrauen auf meine Lehren in England durch Lawes zu Grunde gerichtet ist. Er versteht mich garnicht, wenn ich ihm sage, daß mein neues Buch das alte Zutrauen wiederherstellen wird und daß ich die Mittel vollkommen beherrsche, das Übel, was Lawes meiner Lehre getan, vollständig zu beseitigen (ich werde in der Vorrede meines Buches eine Geschichte meines Düngers geben, welche merkwürdig genug ist). Er (Walton) schlägt mir vor, Dich zu veranlassen, eine englische Ausgabe auf Deine Gefahr zu veranstalten. Er wolle das Buch in seinen Verlag gegen die gewöhnliche Kommissionsgebühr nehmen. Ich bitte Dich, dies zu tun, denn ich glaube nicht, daß Du dies zu bereuen Ursache haben wirst. Einen guten Übersetzer habe ich an Prof. Blyth in York, einen Schüler von mir. Erkundige Dich bei Walton, wieviel er für die Übersetzung bekommt. Dein wunderschöner Druck und Deine Ausstattung würden in England Aufsehen erregen. Auf die Zeit, in welcher das Buch erscheint, kommt es zuletzt gar nicht an, auch wenn sie sich bis zum Herbste hinzieht.

Beifolgend ein Brief von einem der intelligentesten praktischen Landwirte (Deputierter bei der Bayrischen Kammer), aus dem Du die Stimmung der Leute entnehmen kannst. Schicke mir den Brief umgehend zurück.

Von Herzen Dein treuer Justus Liebig.

München, 24. Januar 1862

Lieber Vieweg!

Ich brauche in dem Abschnitt Stallmist, am Ende desselben, einige Holzschnitte, die Du so gut sein wirst, bald in Angriff nehmen zu lassen. Die Linien, welche quer laufen und in der Zeichnung fertig sind, werden natürlich schwarz. Jede Figur ist für sich zu machen. Die Bezeichnungen Fig. I, Fig. II etc. können, da das für die Ausführung bequemer ist, an die Seite oder auch oben, wo die Jahreszahlen und der Name der Frucht steht, hinkommen. Da die letzteren gedruckt werden sollen, so muß zwischen je zwei Figuren ein Zwischenraum bleiben.
Oben und unten muß auf der Seite soviel Raum bleiben, um die Ortsnamen beifügen zu können.
Meinen gestrigen [Brief] wirst Du in Händen haben. Tausend Dank für die treffliche Wurst. Meine Frau wird sich noch besonders bedanken.

Dein Justus Liebig.

München, 3. Februar 1862

Lieber Vieweg!

Ich habe lange nichts gehört über das, was Du mit dem Buche tun wirst. Ich denke, es bleibt bei dem, was ich in meinem letzten Briefe vorgeschlagen habe. Für diesen Fall sind die Bogen 17 bis 20 neu zu drucken und einige Veränderungen in dem neuen Abdruck auf S. 329 u. S. 345 nötig, weil da auf früher (in der ersten Hälfte) Gesagtes hingewiesen wird. Ich schicke Dir die Blätter mit den abgeänderten Stellen.
Wegen der englischen Ausgabe meint mein Freund und Übersetzer Blyth, daß Murray das Buch unternehmen werde. Ich glaube aber doch, mit Walton zu einem Ziele zu kommen. Ich stelle mir vor, daß die Herstellung einer englischen Ausgabe mit großen Schwierigkeiten in Beziehung auf den korrekten Satz in Braunschweig verbunden sein würde, und daß es Dir zuletzt nicht lohnt.
Dein Neffe Westermann war vor einigen Tagen bei mir; es ist ein netter Junge, und Oldenbourg scheint mit ihm zufrieden zu sein. Er ist seit 3 Monaten hier, ohne daß ich es wußte.

Herzlichst Dein treuer Justus Liebig.

München, 27. Februar 1862

Lieber Vieweg!

Der Geheime Regierungsrat Reuning in Dresden wird Dir Manuskript für mein Buch zugeschickt haben, in welchem die Stallwirtschaft behandelt ist. Dieses Manuskript schließt sich an die 13. Seite des 29. Bogens an, die ich beilege, und alles später oder nach dieser Seite Gedruckte fällt vorläufig aus.

Ich mache Dir recht viele Mühe und Kosten mit diesem Buche, allein ich hoffe, daß es Dir lohnen wird.
Ich wünsche, das Manuskript vom 29. Bogen an zurückzuhaben, weil ich wegen des Einzuschiebenden manches umzuarbeiten habe.
Walton hat mir für 2000 Exemplare £ 150 geboten, und ich denke, dies anzunehmen, da das Honorar durch die Kosten der Übersetzung auf das Doppelte für ihn steigt.
Das Buch von Henle ist wunderschön, namentlich die farbigen Holzschnittdrucke.

Herzlichst Dein Justus Liebig

Wie weit ist denn jetzt der Druck meines Buches?

München, 15. März 1862

Lieber Vieweg!

Die Bogen 28 u. 29 sind jetzt in Deinen Händen, so wie das Manuskript „Stallwirtschaft", was sich unmittelbar daran anschließt. Heute folgt 30, 31 u. 32, von welchen die Spalten 17, 18, 19, 20, 21 vorläufig zurückzustellen sind, da ich sie in der Einleitung brauchen werde. Soweit ich es übersehe, wird das Buch mit dem Anhange 35–36 Bogen stark, und eine Teilung in 2 Teile wird darum noch angemessener. Es ist so gut wie alles neu in dem Buch, und ich hoffe, damit das volle, durch meine eigene Schuld zum Teil verlorene Fahrwasser für meine Ansichten zu gewinnen. In der Einleitung werde ich die Geschichte der modernen Landwirtschaft und meine Beteiligung, die Geschichte meines Düngers und den Weg, den meine Ansichten genommen haben, ausführlich erzählen. Alles dies ist merkwürdig genug, und es ist ein seltenes Glück, daß ich das Ende davon erlebt habe. Die Engländer mit ihrer Unwissenheit, ihrem Eigendünkel und Anmaßung kommen übel dabei weg. Ich weiß kaum, ob ein englischer Verleger sich entschließt, alles was ich sage zu drucken.
Für die übersandten Bücher meinen besten Dank. Mit Bolleys Plan bin ich nicht gerade einverstanden, aber die einzelnen Teile sind gut bearbeitet; es sind eigentlich ebensoviele Bücher als Mitarbeiter.
Welch ein enormes Geschäft mußt Du haben und in welcher Vollkommenheit für diese Leistungen! Im Geschmack und der künstlerischen Anordnung kommt Dir kein Verleger gleich; dies sagt auch jeder.
Die Logarithmen sind ganz besonders schön, warum aber dieser kostbare Einband! Dies ist zuviel.
Mit Walton habe ich noch nicht abgeschlossen, werde es aber sehr wahrscheinlich tun.
Lord Dufferius allerliebstes Buch war mir sehr willkommen. Das muß man den Engländern nachsagen, es ist ein außerordentlich kräftiges Volk, ihre Vergnügungsreisen grenzen an die großartigsten Unternehmungen, das macht ihnen kein deutscher Adeliger und kein anderer nach.
Gh. Many kenne ich nicht, werde mich aber nach ihm erkundigen. Mit Fraas mußt Du Dich nicht einlassen, es ist ein Mann, dem es mehr auf das Geld als darauf ankommt, etwas entsprechendes dafür zu tun. Das Unternehmen mit Oldenbourg ist so gut wie verunglückt, weil das Buch so leichtsinnig bearbeitet war.

Tue mir doch den Gefallen und lies den Abschnitt Stallmist-Wirtschaft durch. Es ist vielleicht in den Abschweifungen manches, was besser hinwegbliebe, und auf Dein Urteil gebe ich etwas. Du mußt nicht das Ganze lesen, sondern die Partien aufsuchen, wo ich den Zustand des Ackerbaus bespreche.

Herzlichst Dein treuer Justus Liebig.

München, 29. März 1862

Herrn Friedr. Vieweg u. Sohn

Am 20. sandte ich ein Manuskript oder vielmehr Korrekturen an Sie ab, deren Empfang Sie in Ihrem Schreiben vom 25. nicht erwähnen. Haben Sie die Güte, mich umgehend zu unterrichten, ob diese Sendung an Sie gekommen ist oder nicht?

Hochachtungsvoll der Ihrige
J. v. Liebig.

München, 13. April 1862

Lieber Vieweg!

Ich sende Dir heute den Rest des Manuskriptes für den ersten Band unserer neuen Auflage der Agrikulturchemie und bitte Dich sehr angelegentlich, dafür zu sorgen, daß keine Unordnung damit geschieht und keines der Blätter verlorengeht, denn ich kann diese Dinge nicht mehr machen. Es ist mir recht leid, daß ich Dir so viele Kosten mache durch das Kassieren neuerdings eines ganzen Bogens. Es geschah dies, weil ich das Wesentliche davon in meine Bearbeitung der Stallmistwirtschaft eingearbeitet hatte.
Von dem Manuskript oder der Bearbeitung des 2. Bandes, welches in Braunschweig ist und diesen abschließt, bitte ich von jetzt an den Satz nicht mehr in Streifen zu schicken, da ich im wesentlichen nichts mehr einzufügen habe, sondern in geordneten Bogen. Damit wird dann alle Unbestimmtheit in der Bezeichnung der Bogen aufhören. Die Einleitung zu dem zweiten Teil ist teils die Geschichte der sog. Mineraltheorie, teils ein Kommentar des ganzen Buches, welcher alles erläutert und erklärt, was hier und da dunkel bleiben könnte. Es ist eine Art Vogelperspektive über den Feldbau, seine Aufgabe und über die Zukunft der europäischen Bevölkerungen.
Diese Einleitung wird allein mindestens 8 Bogen füllen, und es ist die Frage, ob man nicht einen Extraabdruck von 1500 Exemplaren davon machen und unter dem Titel

„Die Zukunft der europäischen Bevölkerung in Rücksicht auf den Feldbau"

publizieren soll? Um mir darüber zu raten, mußt Du freilich das Ganze vor Dir haben und lesen, ich werde damit in etwa 4 Wochen fertig. Ich schicke Dir den Schluß des ersten Bandes hauptsächlich darum, damit der 17. Bogen von der Seite 262 an fertig gemacht werden kann. Das Manuskript reicht wahrscheinlich für den 18. Bogen noch hin. Es ist aber nicht nötig, daß dieser ebenfalls gedruckt wird, wenn dies die Raschheit der Vollendung des II. Bandes stören sollte.

An den Schlußbogen des I. Bandes reiht sich dann der Anhang an, die Versuche von Polstorf und Aschenanalysen, so wie vorher noch die Kapitel „Quellen des Ammoniaks etc."

Lasse Dich mit Fraas nicht weiter ein, es ist ein unzuverlässiger und oberflächlicher Mann, dem es nur um das Geld zu tun ist und der Dir am Ende etwas liefert, was Dir Schaden bringt. Er ist der Mann gar nicht, der fähig ist, meine Lehre mundgerecht für den gewöhnlichen Landwirt zu machen. An seiner Statt kann ich Dir einen anderen, besseren empfehlen, es ist aber noch nicht an der Zeit. Ich würde an Birnbaum schreiben, daß der Gegenstand seiner Schrift das große Publikum viel zu wenig interessiert, um sich zu einer besonderen Publikation zu eignen. Du ratest ihm, seine Zusammenstellung der Ansichten über die landwirtschaftlichen Schulen in einer Zeitschrift zu publizieren und es einzurichten, daß davon ein Separatabdruck gemacht werden kann. Wenn ihm dies nicht gelingen sollte, dann wärest Du nicht abgeneigt, Dich für eine kleine Schrift von etwa 4 Bogen über diesen Gegenstand zu entschließen.

Was mußt Du für ein ungeheuer ausgedehntes Geschäft haben, um im Stande zu sein, so prachtvolle Bücher wie Deine naturwissenschaftlichen und wie die Logarithmentafeln herzustellen!

Von Herzen Dein treuer J. Liebig.

München, 9. Mai 1862

Teurer Vieweg!

Berthold Auerbach hat mich sehr angelegentlich um einen Beitrag für seinen Almanach gebeten, und ich habe ihm einen Artikel halb und halb zugesagt, den ich eigentlich nicht für diesen Zweck, sondern für die Einleitung zu meinen Naturgesetzen des Feldbaus bearbeitet habe. Wenn meine Lehren Erfolg haben sollen, so muß die ganze Bevölkerung in Bewegung gesetzt werden, und Auerbachs Almanach, der so außerordentlich verbreitet ist, schien mir ein guter Weg dazu. Die Frage ist, ob Du etwas dagegen hast? Ich meine, es könnte dem Buch nur nützen, denn es ist eine großartige Inhaltsanzeige! Was meinst Du? Schreibe mir umgehend eine Zeile.

Dein treuer J. v. Liebig.

Vor etwa 14 Tagen schickte ich den Schluß des 1. Bandes, habe aber keine Nachricht, ob er angekommen ist.

München, 5. Juni 1862

Lieber Vieweg!

Wie sehr beklage ich den Verlust Deines Enkelchens! Ich erwarte Dich also, wenn Dich nicht ein anderes schlimmes Ereignis abhält, auf die Pfingsttage. Solltest Du bis Montag Abend noch nicht hier sein, so will ich zu meiner Erholung eine kleine Reise nach Erlangen machen, wo ich alsdann Dienstagabend sein werde. Richte es so ein, daß, wenn Du nicht früher von Leipzig abreisen kannst, Du mich in Erlangen triffst. Im anderen Falle telegraphiere mir. Bis zum 16. bin ich wieder hier.

Von Herzen Dein treuer J. v. Liebig.

München, 25. Juni 1862

Teurer Vieweg!

Der 2. Band wird mit dem Anhang 26 Bogen stark, der erste 23–24 Bogen. Dieser Unterschied ist nicht sehr groß. Wenn freilich die Einleitung mit 8 Bogen zum einen oder anderen kommt, so entsteht ein Mißverhältnis. Ich weiß nicht, wie die Sache zu machen ist. Ich bin nicht dagegen, die Einleitung dem 1. Band beizugeben, wie ist es dann aber für die Käufer des II. Bandes, die den ersten nicht kaufen? Am besten ist es vielleicht, soviel Exemplare der Einleitung zu drucken als die Summe der Exemplare des I. u. II. Bandes ausmacht, also 4500, sodann dem ersten Bande die Einleitung beizubinden und für den 2. Band die Einleitung separat zu geben? Freilich könnte es alsdann sein, daß ein paar Hundert Exemplare der Einleitung übrigbleiben, woraus Du Dir aber vielleicht nicht viel machen wirst, da Du gerade die Einleitung für die Redaktionen einer Menge von Zeitungen, landwirtschaftlicher und politischer, brauchen könntest.

Du erhältst hiermit das Manuskript zur Einleitung, es ist noch nicht alles. Was hinzu kommt, wird aber kein ganzer Bogen mehr sein. Wenn das Geschriebene nicht so unleidlich zu lesen wäre, so würde ich Dich sehr bitten, die Einleitung durchzulesen, vielleicht tut es auch Varrentrapp, und mir zu sagen, ob Du etwas Anstößiges in irgend einer Richtung darin findest. Bei manchen Stellen mußt Du Dich erinnern, daß ich die Geistlichen gewinnen möchte, weil ohne sie auf den Geist der Bauern nichts auszurichten ist.

Dr. Zöller ist der Mann für das Chemiebuch, was Du herausgeben willst. Sein Dünger-Artikel im Handwörterbuch ist vortrefflich und zeigt Dir, was er leisten kann. Dieser Artikel kann in diesem Fall nicht separat erscheinen.

Dein Antrag ist sehr verständig und gut, und wenn der richtige Mittelpunkt getroffen wird, auch ausführbar. Wo soll er aber sein? Berlin ist unmöglich und München auch. In Leipzig wirken Buchhändler-Interessen ein. Es ist dies die schwierigste Frage. Ich hatte lange ein ähnliches Unternehmen im Sinn: Eine allgemeine landwirtschaftliche Zeitschrift, für alle deutschen landwirtschaftlichen Vereine, d. h. alle Vereine müßten sich daran beteiligen und was sie Neues bringen in die Allgemeine Zeitschrift bringen. Die meisten Redakteure der landwirtschaftlichen Zeitschriften sind weder praktische noch wissenschaftliche Männer, und es wird eine solche Fülle von Unsinn gedruckt, daß es eine wahre Schande ist. Das Bedürfnis ist vorhanden. Denke Dir, daß die Zeitschrift des Landwirtschaftlichen Vereins über 23000 Mitglieder hat, und was wird darin gegeben? Wenn sich Reimann dieser Sache annehme, so geht sie vielleicht, neben ihm als wissenschaftlicher Redakteur Dr. Zöller.

Herzlichst Dein treuer J. v. Liebig.

Für das Feuilleton Deiner Zeitung lege ich Dir etwas bei.

München, 16. Juli 1862

Lieber Vieweg!

Am 12. September findet die Versammlung der deutschen Land- und Forstwirte in Würzburg statt, und es ist von hoher Wichtigkeit für den rascheren Erfolg meines Buches, daß zu dieser Zeit ein paar Dutzend fertiger Exemplare dort sind. Ich habe Herrn Baron von Rotenhan, den Präsidenten der Gesellschaft, in Kenntnis gesetzt, daß ich ihm bis dahin ein Exemplar zusenden werde. Dies kann natürlich nur geschehen, wenn von jetzt an das Buch mit allen Dir zu Gebote stehenden Mitteln gefördert wird und daß kein Tag, ja keine Stunde verlorengeht. Ich selbst habe bis jetzt keine Minute Verzögerung verursacht, und wenn es Dir recht ist, so will ich Dr. Zöller mit der Herstellung eines Inhaltsverzeichnisses sogleich beauftragen. Lasse doch von der Einleitung ein paar Hundert Abdrucke mehr machen, weil sich diese ganz besonders zur Versendung an die politischen Zeitungsredaktionen eignet. Den landwirtschaftlichen Zeitschriften wird man wohl das ganze Werk zusenden müssen.
Ich wünsche zuletzt, ein vollständiges Exemplar des 2. Bandes für Dr. Zöller zu haben, sodann noch ein halbes Dutzend Exemplare meiner akademischen Rede, die in der Reichszeitung abgedruckt ist und die Du in einem besonderen Abdruck verbreitet hast.

Herzlichst Dein treuer Freund J. v. Liebig.

München, 26. Juli 1862

Lieber Vieweg!

Gestern ist der Rest meines Manuskriptes und die Hälfte des Anhanges für den 2. Band an Dich abgegangen. Ich wollte zuvor noch einen Abschnitt hinzufügen „die Landwirtschaft und die Wissenschaft", ich konnte aber schlechterdings nicht mehr arbeiten vor Erschöpfung; ich bringe dies in einer späteren Auflage nach.
Ob das Buch im September fertig wird oder nicht, liegt jetzt in Deiner Hand. Von den 4 ersten Bogen der Einleitung, die ich vor 14 Tagen bereits korrigiert nach Braunschweig gesandt habe, ist mir noch keine Revision zugekommen. Ich sehne mich danach, von hier wegzugehen und könnte bis gegen den 10. August ganz frei sein, wenn ich bis dahin den ganzen Satz der Einleitung in meine Hand bekomme. Ich meine, dies müßte möglich gemacht werden können. Ich kann nicht fort, ohne diese Bogen gesehen zu haben. Was den Anhang betrifft, welcher etwa 4 Bogen, mit dem Register 5 Bogen ausmachen wird, so will Dr. Zöller in meiner Abwesenheit die Korrekturen machen, so daß kein Aufenthalt statthaben wird, auch wenn ich nicht da bin. Also tue mir den Gefallen und spanne Deine Energie an diese Sache, damit sie etwas rascher geht. Die Vorrede schreibe ich in dieser Zeit.
Welch ein glückliches Leben und Ende hat Dein Onkel Campe gehabt – 93 Jahre!! An Georg habe ich die Nachricht mitgeteilt.

Von Herzen Dein treuer J. v. Liebig.

München, den 31. Juli 1862

Lieber Vieweg!

Morgen oder übermorgen empfängst Du den Rest des Anhanges zum II. Band meines Buches, und es bleiben bis zum 12. September noch beinahe 6 Wochen, um das Buch ganz fertig zu machen.

Die 5 Bogen der Einleitung 2. Korrektur sind jetzt in Deiner Hand. Eine 3. Korrektur nach München gehen zu lassen, ist nicht nötig, wenn dafür Sorge getragen wird, daß die Korrektur der Überschriften über die Seiten mit einiger Aufmerksamkeit gemacht wird. Sollten diese Überschriften zuviel Zeit nehmen, so lasse sie hinweg.

Du kennst aus meinem letzten Briefe den Plan zu einer Erholungsreise, die ich vorhabe, und daß die Ausführung derselben davon abhängig ist, ob ich vor dem 12. August die 4 restierenden Bogen der Einleitung hier haben kann oder nicht. Ich meine, dies müsse gemacht werden können. Die Bogen mir nachzuschicken, geht nicht, da ein unabsehbarer Aufenthalt damit verknüpft ist. Für den Anhang ist es etwas anderes. Zusätze werden nicht mehr gemacht, und es handelt sich nur darum, nachzusehen, ob die Ordnung eingehalten und keine Druckfehler vorhanden sind. Diese Korrekturen will Dr. Zöller auf sich nehmen, welcher hier bleibt, so wie derselbe dann auch mit dem Register beschäftigt ist.

Herzlichst Dein treuer J. v. Liebig.

München, 9. August 1862

Teurer Vieweg!

Ich eile, Dir den Empfang des Wechsels auf Frankfurt a. M. anzuzeigen, dessen Betrag von fl. 2000 ich Dir gutgeschrieben habe. Wenn das Buch vor dem 10. September fertig sein sollte, so lasse es in Gottes Namen in die Welt gehen. Aber nach Würzburg bitte ich eine Anzahl von Exemplaren direkt zu schicken, um sicher zu sein, daß sie zur Zeit der Versammlung dort sind. Die dortigen Buchhändler werden sich leicht eine Liste der anwesenden Forst- und Landwirte verschaffen können, um diesen Exemplare zuzusenden. Der Rest meines Manuskriptes muß in Deine Hände jetzt gekommen sein, dabei vom Anhang H und I.

Die Vorrede schicke ich Dir, noch ehe ich abreise. Zöller ist unausgesetzt am Register beschäftigt, und er wird es noch vor dem 12. August abliefern. Varrentrapps Brief hat mich gefreut, er ist ein braver, tüchtiger Mann und Freund; ich schreibe ihm noch.

Möge sich die gute Meinung, die Du vom Buche hast, rechtfertigen. Es steckt mein Blut und Fleisch und meine Seele darin. Deine Bemerkungen sowie Varrentrapps muß ich in der Vorrede berücksichtigen. Mit Zöller habe ich wegen meiner populären Darstellung gesprochen. Er wird schon die Ferien damit beginnen, und ich werde sehen, ob er es recht macht.

Wegen der landwirtschaftlichen Zeitschrift für ganz Deutschland im Verein mit allen landwirtschaftlichen Vereinen muß ich mündlich mit Dir verkehren. Solltest Du gelegentlich nach Dresden kommen, so gehe doch zu dem Geheimrat Reuning; er ist Referent im Ministerium für landwirtschaftliche Dinge und von großem Einfluß auf die sächsischen Landwirte, dabei ein treuer Freund von mir.

Könnten wir uns denn nicht irgendwo treffen? Ich bleibe bei Desor höchstens 2 Wochen und will dann in der Schweiz ein Plätzchen für weitere 14 Tage suchen, Interlaken, Brienz? oder nach Vevay, Lausanne? wo Du willst.

Von Herzen Dein treuer J. v. Liebig.

Ich bitte Dich, mir Deine für die Zeitungen bestimmte Anzeige unseres Buches zur Ansicht zu schicken.

München, 14. August 1862

Lieber Vieweg!

Gestern schickte ich die Vorrede an Dich ab. Was den Titel des Buches betrifft, so ist der des ersten Bandes wie bei der 6. Auflage. Der des 2. Bandes (der Doppeltitel rechts) heißt

Die
Naturgesetze des Feldbaus
von
Justus von Liebig

oder
von
Justus von Liebig
Vorstand der königlichen Akademie
der Wissenschaften etc.

Ich überlasse es Dir, ob Du den Vorstand etc. dabei haben willst oder nicht.
Der besondere Abdruck der Einleitung hat den Titel:

Einleitung
in die
Naturgesetze des Feldbaus
von
J. v. L.

Auf den Umschlag bes. Abdruck aus J. v. Liebigs Die Chemie in ihrer Anwendung auf Agrikultur und Physiologie, 7. Auflage.
Ich schreibe Dir von Combe Varin aus.
Dr. Zöller macht das Register fertig und besorgt die Korrekturen.

Von Herzen Dein treuer J. v. Liebig.

Die Dedikation an Humboldt kann bleiben, da sie sich auf eine Zeit bezieht, wo er noch gelebt hat.

Zürich, 17. August 1862

Lieber Vieweg!

Für den Fall, daß Du noch eine Frage wegen unserem Buche zu tun hast, sende ich Dir meine genaue Adresse:

à M. Liebig per adresse Monsieur E. Desor
Combe Varin près de Noiregne
Schweiz per Neuchatel.

Deine Briefe treffen mich dort jedenfalls bis zum 25. August.
In Beziehung auf Würzburg bitte ich Dich, 1 Exemplar des Buches an Herrn Baron von Rotenhan, Präsident der Versammlung der Land- und Forstwirte in Würzburg, ferner 1 Exemplar an Herrn Prof. Dr. Fraas aus München und 1 dito an den 2. Sekretär der Versammlung, dessen Namen der Buchhändler in Würzburg leicht erfahren wird, zu senden.
Ich hoffe, daß im übrigen in Beziehung auf Register und Korrektur Dr. Zöller alles nötige besorgen wird.
Heute um Mittag hoffe ich mit Schönbein und Wöhler zusammenzutreffen.

Herzlichst Dein treuer J. v. Liebig.

Combe Varin, den 18. August [1862]

Ich habe diesen Brief bis hierher mitgenommen, und es ist mir lieb, daß es geschehen ist, weil wir schwerlich über Donnerstag hier bleiben werden. Solltest Du an mich etwas zu schicken oder zu schreiben haben, so adressiere es poste restante Montreux Combe de Varin, wohin wir von hier aus gehen wollen. J. L.

Montreux, 25. August 1862

Herrn Friedr. Vieweg u. Sohn, Braunschweig

Ich sende Ihnen in der Einlage die Vorrede, so wie sie definitiv bleiben soll. Die Korrekturen von Herrn Eduard Vieweg habe ich beibehalten und einige hinzugefügt, um deren sorgfältige Eintragung ich bitte. Das Abgeschnittene bleibt ungeändert wie es ist. Ebenso die Titel bis auf den Doppeltitel zum 2. Band, welcher heißen muß

Die Naturgesetze des Feldbaus.

Die von Dr. Mohr berührten Druckfehler bitte ich entweder, wenn Herr Eduard Vieweg übereinstimmt, ans Ende der Vorrede, d. h. unter dieselbe, wie ich häufig gesehen habe, oder auf einem besonderen Blatte nachzutragen. Es sind folgende

S. 75 Z. 5 von unten setze Black anstatt Blake
S. 77 Z. 6 von oben setze Stokes anstatt Strokes
S. 84 Z. 8 von unten setze Blutlaugensalz anstatt Berlinerblau
S. 96 Z. 13 von oben setze Plataä anstatt Platäa.

Die Vorrede an Alexander von Humboldt bleibt ungeändert, ebenso die Namensunterschrift.

Was die Anzeige für die öffentlichen Blätter betrifft, so eilt sie nicht. Vorläufig ist es das Wichtigste, daß das Buch zur rechten Zeit zur Versammlung der Land- und Forstwirte nach Würzburg kommt. In einigen Tagen schreibe ich näheres über die Anzeigen.
Ich reise gegen Ende dieser Woche nach Basel ab und bitte Sie, wenn noch eine Frage zu erledigen ist, mir per Adresse Herrn Prof. Dr. Schönbein, Basel, zu schreiben.

Hochachtungsvoll ganz der Ihrige
J. v. Liebig

Montreux, 26. August 1862

Lieber Vieweg!

Ich empfing gestern die erste Korrektur der Vorrede und habe sie am nämlichen Tage zurückgeschickt. Mit Deinen Änderungen bin ich einverstanden, und ich habe auch den Schlußsatz hinweggelassen.
Die Turnips werden in England in vielen Gegenden den Winter über auf dem Felde stehengelassen und von den Schafen abgeweidet.
Der Titel des 2. Bandes muß heißen anstatt Naturgesetze des Feldbaus: Die Naturgesetze des Feldbaus. Ich hoffe, daß es gelingen wird, wenigstens ein paar Dutzend Exemplare des Buches nach Würzburg zu bringen.
Die englische Übersetzung ist im Druck, ich weiß aber weiter nichts davon und habe keinen Bogen davon gesehen. Ließe sich vielleicht die Vorrede dem 2. Teile vordrucken? Ich sehe freilich, daß dies eigentlich nicht schicklich ist, aber bei den Extraabdrucken der Einleitung kann dies unbedenklich geschehen; auf dem Umschlage steht „Abdruck aus J. v. L. etc."
In Beziehung auf die Ankündigung ließe sich vielleicht der folgende Passus aus der Vorrede nehmen: „Der Verfasser sagt in seiner Vorrede ‚Ich bin im Zweifel, ob die Zeit gekommen ist, wo die Wissenschaft eine wirksame Hilfe der Landwirtschaft leisten kann. Ich setze aber meine Hoffnung auf die jüngere Generation, die mit einer ganz anderen Vorbereitung als ihre Väter in die Praxis tritt; was mich betrifft, so habe ich das Alter erreicht, wo man daran denkt, sein Haus zu bestellen, und wo man mit dem nicht zurückhalten darf, was man noch zu sagen hat."
Was soll man sonst sagen?
Ich wünsche von Herzen, daß Dir das Bad gut bekommen möchte. Wir haben hier prächtiges Wetter, was Dir sehr gut tun würde. Gegen Ende der Woche reisen wir nach Basel ab und gedenken, uns in dem schönen Breisgau, Badenweiler etc. herumzutreiben.

Von Herzen, lieber Vieweg, Dein treuer J. v. Liebig.

[Mit Bleistift beigefügt:] Die schönsten Grüße von Ihrem Wöhler

Montreux, 30. August 1862

Lieber Vieweg!

Wenn die Umschläge für das Buch und die Anzeige noch nicht gedruckt sind, so möchte ich Dir vorschlagen, eine Inhaltsanzeige darin aufzunehmen, für den 2. Teil etwa folgende: Die Pflanze – der Boden – der Stallmist – die Stallmistwirtschaft – Poudrette, Guano – etc.
Diese Inhaltsanzeige besteht demnach aus der Überschrift der einzelnen Kapitel. Ich kann sie hier nicht machen, da ich das Buch nicht bei mir habe; es ist eine Sache von einer halben Stunde, welche Dr. Varrentrapp vielleicht auf sich nimmt. Für die Einleitung im besonderen möchte ich eine solche Anzeige gerne auf dem Umschlage haben, und auch, wenn der Druck schon begonnen hat, so läßt sich dies für den Rest noch machen. Die Einleitung habe ich hier, und die Inhaltsanzeige ist folgende: Die Landwirtschaft vor 1840 – Die Landwirtschaft nach 1840 – Geschichte der Mineraltheorie – Geschichte des Mineraldüngers – Der Zustand der Naturwissenschaft in England – Der Feldbau und die Geschichte – Die Zukunft der europäischen Bevölkerungen – Die Landwirtschaft und die Nationalökonomie. Wenn es nicht sein kann, so liegt nicht viel daran.

Morgen abend sind wir in Basel.

Herzlichst Dein treuer J. v. Liebig.

Badenweiler (Breisgau), 5. September 1862

Lieber Vieweg!

Wir sind heute hier angekommen und gedenken, 4 bis 5, vielleicht 8 Tage hier zuzubringen. Wenn Du mir also etwas nötiges zu schreiben hast, so wird ein umgehend abgeschickter Brief mich hier treffen. Ich hoffe aber, daß alles mit dem Buche in Ordnung ist.

In Montreux sprach ich Herrn Sokolof aus St. Petersburg, einen meiner früheren Schüler, der an einer landwirtschaftlichen Akademie angestellt ist und eine Übersetzung zu machen wünscht. Er meint, Du hättest die Einrichtung, daß auch russische Bücher bei Dir gedruckt werden können; er wird Dir schreiben.
Ich bitte Dich, von der Einleitung, d. i. dem Separatabdrucke der Einleitung,
1 Exemplar an Herrn Professor Joy in Rinteln (Kurhessen), ferner
1 dito (der Einleitung) an Herrn Professor Peter Merian in Basel,
1 dito an Dr. Friedrich Geiger in Basel, Goldene Apotheke, ferner
1 Exemplar der Einleitung und ein Exemplar des II. Bandes an Herrn Professor Dr. Schönbein in Basel.
Ich komme in etwa 14 Tagen nach München, und ich wünsche, etwa ein Dutzend Exemplare des Separatabdruckes der Einleitung dorten vorzufinden.
Von dem Abdruck des ersten Bandes bitte ich mir nur wenige Exemplare aus, da Du nicht so viele gedruckt hast, als vom 2. Band; ein halb Dutzend genügt, ebensoviel vorläufig für meine Münchner Freunde vom 2. Bande.

Da in etwa 14 Tagen eine Versammlung der schweizerischen Naturforscher in Luzern ist, so wäre es vielleicht gut, wenn Schönbein bis dorthin das ihm bestimmte Exemplar hätte, und vielleicht fügst Du von Dir aus ein paar Exemplare der Einleitung bei.

Herzlichst Dein treuer J. v. Liebig.

Schönbein sagt mir, daß er den ersten Teil der Agrikulturchemie nicht besitze, ich bitte darum, denselben hinzuzufügen.

Badenweiler, 10. September 1862

Lieber Vieweg!

Ich empfing gestern Abend Dein Schreiben vom 8ten. Nach meiner Ansicht war ein Inhaltsverzeichnis für den ersten Band nicht notwendig, weil diesem ein Sachregister beigefügt ist. Was die Versendung von Freiexemplaren betrifft, so halte ich es für notwendig, den Redaktoren der wichtigsten landwirtschaftlichen Zeitschriften ein Exemplar zuzusenden. Wenn ich wieder zurück in München bin, will ich ein Verzeichnis davon entwerfen.

Ich vergaß in meinem letzten Briefe Dich zu bitten, ein Exemplar sobald wie möglich (auch ohne das Inhaltsverzeichnis zu dem 1. Band) an Herrn Geheimen Regierungsrat Dr. Reuning in Dresden zu senden, I. u. II. Band. Er ist ein Mann von größtem Einflusse bei den sächsischen Landwirten und meinen Ansichten sehr eifrig zugetan.

Wenn Du mir geschrieben hättest, wann Du nach Wiesbaden kamest, so würde ich Dich vielleicht dorten besucht haben, so aber ist es zu unbestimmt, ob und wann ich Dich dort treffe. Meine Frau will noch ein paar Wochen nach Reichenhall zu Georg, so daß ich gegen Ende dieser Woche wahrscheinlich wieder in München bin.

Ich wünsche Dir eine bessere Nachkur in Wiesbaden. Wie immer Dein treuer

J. von Liebig.

An Dr. Reuning lege ich ein paar Zeilen bei.

München, den 16. September 1862

Herrn Friedr. Vieweg u. Sohn, Braunschweig

Ich beehre mich, Ihnen beifolgend ein Verzeichnis der Freiexemplare von meinem Werke zu übersenden, welches die bereits angezeigten sowie die neuhinzugekommenen Namen der Personen enthält, an welche Freiexemplare versendet werden sollen. Ich bitte darauf achten zu wollen, daß manche derselben das ganze Werk, andere nur die Einleitung und den 2. Teil und wieder andere nur die Einleitung erhalten sollen. Ich reise morgen nach Reichenhall zu meinem Sohne und komme in 8 Tagen wieder hierher zurück. Ich erwähne dies für den Fall, daß Sie eine Anfrage an mich richten wollten. Von Würzburg und der Aufnahme des Buches habe ich noch keine Nachricht.

Hochachtungsvoll ganz der Ihrige
J. v. Liebig.

Verzeichnis der Freiexemplare

I. u. II. Band
1 Ex. an Freiherrn von Rotenhan in Würzburg
1 Ex. an Geh. Reg. Rat Dr. Reuning, Dresden
1 Ex. an Prof. Dr. Fraas nach Würzburg
1 Ex. an Prof. Dr. Schönbein in Basel

1 Einleitung (allein)
1 Ex. Prof. Joy, Rinteln, Kurhessen
1 Ex. Prof. Pet. Merian, Basel
1 Ex. Dr. Friedr. Geiger, Basel

Weiter zu versenden
1 Ex. I. u. II. Band an Prof. Dr. Knop in Möckern
1 Ex. I. u. II. Band an Dr. Friedr. Mohr, Koblenz
1 Ex. I. u. II. Band an v. Rosenberg-Lysinski, Landwirtsch. Direktor
in Gutwohne bei Oels in preuß. Schlesien
1 Ex. Dr. Henneberg in Weende bei Göttingen

1 Einleitung und 1 Exempl. vom II. Band
1 Ex. Dr. Grouven, Salzmünde
1 Ex. Dr. Jul. Kuhn, Prof. der Landwirtschaft in Halle
1 Ex. Dr. Reichardt, Prof. Agrikulturchemie in Jena
1 Ex. Dr. Julius Lehmann in Weidlitz bei Bautzen
1 Ex. an die Redaktion der Zeitschrift des landwirtschaftlichen Vereins in Rheinpreußen per Adresse Herrn J. N. C. Thilmany in Bonn.

1 Ex. der Einleitung
1 Ex. Geheimer Rat Dr. Engel, Vorstand des statist. Bureaux etc. in Berlin.
1 Ex. Prof. Dr. Roscher in Leipzig
1 Ex. Prof. Dr. Erdmann in Leipzig

Anzahl der bezeichneten Freiexemplare
8 Ex. des ganzen Werkes I. und II. Band
4 Ex. der Einleitung und des II. Bandes
6 Ex. der Einleitung

München, 16. Sept. 1862 J. v. Liebig

Ich bitte ferner
1 Ex. des I. und II. Bandes an Herrn Obermedizinalrat Dr. Wöhler in Göttingen und
1 Ex. der Einleitung und des II. Bandes an Herrn Prof. Dr. Kopp nach Gießen, ferner
1 Ex. der Einleitung und des II. Bandes an Herrn Prof. Dr. Buff nach Gießen zu senden.

München, 25. September 1862

Herrn Friedr. Vieweg u. Sohn in Braunschweig

Die mir nach Reichenhall adressierten Exemplare meines Buches habe ich richtig erhalten.
Herr Dr. Zöller, der mir soeben über die Vorgänge in der Versammlung der Land- und Forstwirte in Würzburg berichtet hat, sagte mir, daß an dem Erfolg unseres Buches nicht zu zweifeln sei. Es seien zwar nur wenige Exemplare desselben verkauft worden, weil die meisten vorgezogen hätten, sich dasselbe nach ihrer Zurückkunft in ihre Heimat von ihren Buchhändlern zu verschaffen. Durch die Plakate in den Sitzungssälen sei es jedermann bekannt geworden.
Dr. Zöller hat bei einem dortigen Buchhändler ein Exemplar für Herrn Dr. Knop in Möckern entnommen, welches demnach von meiner Ihnen gesandten Liste zu streichen ist. Prof. Dr. Frass hat sein ihm bestimmtes vollständiges Exemplar in Würzburg nicht empfangen, so daß ich Sie bitte, ihm dasselbe durch eine hiesige Buchhandlung zuzusenden. Von den mir gesandten einzelnen Bogen fehlen mir zur Komplettierung des 1. Bandes die Bogen 29 u. fort, die mir wahrscheinlich mit dem seither vollendeten Inhaltsverzeichnis des 1. Bandes zukommen werden. Dann fehlt mir vom 2. Band der Bogen 25 (ein Exemplar), der zufällig vergessen worden ist.
Zu der Liste der Freiexemplare füge ich noch die Namen
Dr. Mohr in Koblenz (1 vollständiges Exemplar, I. u. II. Band)
Dr. Varrentrapp, Braunschweig, dito, ferner
1 Exemplar der Einleitung, ein dito des II. Bandes an Herrn L. Freundt in Pinschin bei Pr. Stargardt. Ferner
1 Ex. der Einleitung, 1 dito des II. Bandes an Herrn Dr. Pincus in Insterburg.

Hochachtungsvoll der Ihrige
J. v. Liebig

München, 27. September 1862

Lieber Vieweg!

Ich hoffe, daß Dein Aufenthalt in Wiesbaden die vorausgesagte gute Wirkung für Deine Gesundheit gehabt hat und daß Du wieder wohlbehalten zu Hause bist.
Dr. Zöller sagt mir, daß er das Inhaltsverzeichnis zum I. Band seit 14 Tagen nach Braunschweig geschickt habe, und es dürfte jetzt wohl schon gedruckt sein. Ich bekam im Laufe dieser Woche mehrere Besuche von Landwirten aus Norddeutschland, welche von Würzburg zurückkamen, und ich bin erfreut gewesen, zu vernehmen, daß das alte Vertrauen zu meiner Lehre vollständig zurückgekehrt ist und daß Stockhard und Genossen ihre Rolle als Ratgeber so gut wie ausgespielt haben. Dies ist ein großer Schritt zum Besseren.
Dr. Zöller hat mir in der Vollendung meines Buches wesentliche Dienste geleistet, und in der Lage, in der ich mich ihm gegenüber als sein Vorgesetzter befinde (er ist Adjunkt am botanischen Garten, welcher zum Generalkonservatorium gehört), kann ich seine Hilfe nicht umsonst annehmen. Ohne das Register für den ersten Teil zu rechnen, dessen

Umfang ich nicht kenne, hat er $10^1/_2$ Bogen geliefert (den Anhang Pflanzenanalysen, Düngeranalysen und Register mit Inhaltsverzeichnis). Du hast in der Beurteilung von Arbeiten dieser Art mehr Erfahrung wie ich, und ich bitte Dich, nach Deinem Ermessen ihm das geeignete Honorar dafür zu bezahlen, welches Du mir natürlich in Anrechnung bringst. Von mir würde er nichts annehmen wollen.
Von dem Honorar, das ich zu empfangen habe, gehen meine Schulden und die Zinsen derselben ab, welche seither beträchtlich angelaufen sind. Du wirst so gut sein, mir eine vollständige Abrechnung stellen zu lassen.
Was die Freiexemplare betrifft, so greife ich vielleicht tiefer hinein als Dir lieb ist. Du kannst aber versichert sein, daß ich nicht unnötig verschwende, sondern den Nutzen erst in Betracht ziehe, den dies für das Buch haben wird.
Ich hoffe auf eine 8. Auflage, und dann teilen wir nur wenige aus.
Schönbein hat die Exemplare empfangen, die Du ihm geschickt hast. Er wird einen Vortrag in Luzern darüber halten. Schreibe mir eine Zeile, wie es Dir geht und ob Dir die Kur gutgetan hat.

Herzlichst Dein treuer J. Liebig

Gestern kam eine Kiste der köstlichsten Gravensteiner Äpfel hier an. Tausend Dank einstweilen, meine Frau wird es noch besonders tun.

München, 27. September 1862

Herrn Friedrich Vieweg u. Sohn in Braunschweig

Der Bogen 25 zum II. Band hat sich gefunden, sodaß eine Sendung desselben nicht nötig ist.
Zu der Liste der Freiexemplare füge ich noch hinzu
1 Ex. der Einleitung und des zweiten Bandes an Herrn Baron von Zehmen, in Schleinitz pr. Lommatsch, ferner
1 Ex. der Einleitung an Herrn Dr. Max Wirth in Frankfurt a. M.
1 dito der Einleitung an Herrn Dr. Vaucher in Frankfurt a. M., ferner
1 Ex. des vollständigen Werkes an Herrn Prof. Dr. Fehling in Stuttgart
1 Ex. der Einleitung und eins des II. Bandes an Herrn Prof. Dr. Gorup-Besanez in Erlangen
1 Ex. der Einleitung an Herrn Prof. Dr. Rudolph Wagner, Göttingen.

Hochachtungsvoll der Ihrige
J. v. Liebig

München, 29. September 1862

Herrn Friedrich Vieweg u. Sohn, Braunschweig

Herr Eduard Vieweg sandte mir die anliegende Anzeige mit der Anfrage, ob ich den bezeichneten Nachsatz in den Zeitungsanzeigen beibehalten haben wolle oder nicht, und ich wollte Sie hiermit in Kenntnis setzen, daß es mir lieber ist, wenn dieser Nachsatz in den Zeitungen hinwegbleibt.
Ich muß Sie bitten, mir neuerdings 18 Exemplare der Einleitung und 6 Exemplare des II. Bandes (nach München) zusenden zu wollen.

Hochachtungsvoll der Ihrige
J. v. Liebig

München, den 17. Oktober 1862

Lieber Vieweg!

In dem Bade zu sitzen, ist freilich eine langweilige Sache; die Hauptsache ist aber, daß es Dir nützt. Die Gesundheit ist denn doch zuletzt das, was den höchsten Wert unter allen Gütern hat.
Du hast noch einige Abstecher vor, und wenn diese nicht allzuweit ab von München sind, so könntest Du mir kein größeres Vergnügen machen, als wenn Du auf ein paar Tage zu mir kämest.
Döllinger war gestern bei mir und meinte, mein Buch sei das konservativste, was in Jahren erschienen sei. Er will es in die katholisch-theologischen Kreise bringen. Wenn die Geistlichen ein Einverständnis der wichtigen Fragen, um die es sich hier handelt, gewinnen, so ist die Zukunft der Bevölkerungen gesichert. Ihre Macht auf den Bauer ist die größte, und wenn durch sie die Jugend erfährt, daß es eine Sünde sei, die Stoffe zu vergeuden, welche den Kreislauf des Lebens unterhalten, so wird dies mehr als der bloße Unterricht.
Der eine Punkt, den Du in Deinem letzten Briefe erwähnt hast, ist erledigt. Ich schrieb an Dein Haus, daß der Nachsatz zu den Ankündigungen unseres Buches in den Zeitungen hinwegbleiben soll.
Wenn die Bogen zu dem 1. Band kommen, so werde ich sie sorgfältig durchsehen. Es ist vielleicht gut, wenn der Druck nicht verschoben, jedenfalls der Satz bereit gemacht wird.
Dr. Zöller wird mit 100 Talern sehr zufrieden sein; dies ist auch genug.
Die Übersetzung ins Englische ist im Werk, ihr Druck soll, wie mir Walton schreibt, erst beginnen, wenn alles fertig ist.
Wenn Du hierherkommst, so zeige ich Dir einige Briefe, die Dich freuen werden, namentlich einer von Reuning. Wir können alsdann auch das allgemeine landwirtschaftliche Journal besprechen.
Bei dem Handelstag geht es stürmisch her, Österreicher und Preußen wie Hunde und Katzen. Aber Preußen?! Das ist ja ein Ruin!
Nun, lieber Vieweg, erfülle meinen Wunsch und komme hierher.

Wo soll ich denn das Lithon hinsenden, nach Wiesbaden oder nach Braunschweig? Die Äpfel sind vortrefflich, und es ist sehr liebenswürdig von Dir, daß Du daran gedacht hast.

Von Herzen Dein treuer J. v. Liebig

Wenn Du zufällig in einer Stunde der Langeweile den Dr. Hofmann (Apotheker in Wiesbaden) grüßen willst, so tue es; ich lernte ihn in Montreux kennen.

München, 26. November 1862

Herrn Friedr. Vieweg u. Sohn, Braunschweig

Aus ihrem Schreiben vom 24. entnehme ich mit wahrem Bedauern, daß Herr Eduard Vieweg sich wieder unwohl befindet, und ich wünsche sehnlich, daß er mir bald wieder selbst über den Erfolg unseres Buches schreiben könnte.
Wenn es den Druck des 1. Bandes nicht allzusehr aufhält, so wäre es mir doch lieb, auch die Bogen vom 17. bis Schluß zu sehen, obwohl ich außer der Korrektur von Druckfehlern und Satzverbesserungen keine Änderung zu machen gedenke.
Dr. Zöller wartet auf Nachrichten wegen dem Ihnen eingesandten Artikel für die Reichszeitung, und ich war mit Herrn Eduard Vieweg übereingekommen, daß er für seine Arbeiten für mein Buch, Inhaltsverzeichnis, Register und Anhänge 100 Taler erhalten solle.
Ich würde Ihnen sehr dankbar sein, wenn Sie die Güte haben wollten, mir noch 6 Exemplare der Einleitung und 6 Exemplare des II. Bandes, sodann noch 2 Exemplare des ersten Bandes zukommen lassen wollten.

Hochachtungsvoll ganz der Ihrige
J. v. Liebig

Noch zu versendende Freiexemplare
1 Exemplar der Einleitung nebst 1 Exemplar des II. Teils:
Dr. Stohmann, Braunschweig, Dr. Hamm in Leipzig, Dr. Birnbaum, Privatdozent, Gießen, Prof. Dr. Magnus in Berlin.

1 Exemplar der Einleitung
an Professor Dr. Ranke, Berlin
an Professor Dr. Häußer, Heidelberg
an Professor Dr. von Sybel, Bonn
1 Exemplar des ganzen Werkes I. u. II. Band
Herrn Adam Müller in Gerhardtbrunn bei Landstuhl bay. Pfalz.

Ich bitte um den Abdruck des Bogens 4 des ersten Bandes, der mir zur Vervollständigung eines Exemplares fehlt.

J. v. Liebig.

München, den 4. Dezember 1862

Mein teurer Vieweg!

Wie sehr beklage ich Dich, daß Du wieder leidend bist, und ich mache mir zuweilen Vorwürfe, Dich zu der Reise nach München verleitet zu haben, die vielleicht infolge von Erkältung Veranlassung zu einer Gesundheitsstörung geworden ist.
Ich erhielt vor einigen Tagen einen Brief von Prof. Otto, ich kann aber, bei der vollkommenen Unbekanntschaft mit den dortigen Verhältnissen, seinen Wunsch, mich einzumischen, nicht erfüllen. Schon seine gedruckten Fragen, die er beantwortet haben will, sind für die dortigen Behörden eine Beleidigung, weil dieselben damit gewissermaßen als Blödsinnige bezeichnet werden, was Blasius zum wenigsten nicht im entferntesten ist. Auch schrieb mir schon Wöhler, daß es ihn reue, seinen Brief geschrieben zu haben. Soweit ich sehen kann, hat Otto das Bett sich selbst gemacht, worin er jetzt so unbequem und unkomfortabel liegt, und ich möchte ihm vor allem raten, sich mit den Leuten zu verständigen. Ein Laboratorium wird man ihm sicherlich nicht versagen, sowie die Mittel und Assistenz zum Arbeiten. Was die Leitung eines Praktikums betrifft, so würde mir diese sehr beschwerlich sein. Als ich hierherkam, behielt ich mir vor, keine Schüler in mein Laboratorium nehmen zu müssen. Wöhler hat das Praktikum ebenfalls aufgegeben.
Gestern sandte ich den Rest des 1. Bandes, ferner alle Bogen der Einleitung an Dein Haus ab, letzteren so wie erstere sehr sorgfältig korrigiert und verbessert, übrigens ohne Zusätze, die ich später machen will. Sei doch so gut darauf zu halten, daß die Druckfehler in der Einleitung
S. 75 Zeile 5 v. u. lies Black statt Blake
S. 84 Zeile 5 v. u. lies Blutlaugensalz statt Berlinerblau
verbessert werden.
Ich begreife eigentlich nicht, daß die Einleitung schon vergriffen ist, da doch 4500 Exemplare gedruckt sein müssen, 1500, die mit dem ersten Bande verbunden sind und 3000 Exemplare besonders. Wie steht es denn mit dem 2. Bande? Ich dachte, daß dieser sehr viel besser gehen müßte als der erste Band, weil alles neu darin ist.
Ich wünschte eine französische Ausgabe zu veranlassen und habe mich deswegen an einen Brüsseler Buchhändler (Emile Tarlier, Librairie agricole) gewendet. Ich erwarte so gut wie kein Honorar, allein es ist im Interesse der Sache, daß mein Buch Verbreitung in den romanischen Bevölkerungen findet. Sei doch so gut und schicke ihm direkt oder durch seine Leipziger Agentur den neuen Abdruck der Einleitung, so bald derselbe fertig ist. Meine frühere, wahrhaft sträfliche Gleichgültigkeit gegen die Kritiken der praktischen Leute, von Lawes u. Co, haben mir in England, Frankreich, Belgien sowie in Deutschland den festen Boden, auf dem ich stand, unter den Füßen unterwühlt, so daß, wie mir Walton schrieb, meine Bücher gar nicht mehr verlangt wurden. Von einem festen Honorar wie sonst ist keine Rede mehr, er bezahlt mir £ 50 für je tausend Exemplare, die er verkauft hat!! Ich muß dies alles wieder erobern, und hoffentlich geschieht es auch.

Mit den besten Wünschen für Deine baldige Wiederherstellung

Dein treuer J. v. Liebig.

München, 9. Dezember 1862

Herrn Friedrich Vieweg u. Sohn, Braunschweig

Ich bitte Sie, die Güte zu haben, mir von dem neuen Abdruck der Einleitung zwei Exemplare in den einzelnen Bogen unter xBand zuzusenden, nach Maßgabe als sie fertig werden, auf geleimtes Papier gedruckt.

Hochachtungsvoll ganz der Ihrige
J. v. Liebig.

München, 18. Dezember 1862

Mein teurer Freund!

Ich bin ganz in Unruhe darüber, keine Nachricht von Dir zu erhalten, woraus mir hervorzugehen scheint, daß Du immer noch leidend bist.
Aus der Einlage, die ich zurückerbitte, wirst Du entnehmen, was mein Verleger Walton für ein feiger Mann ist. Was dem Publikum in England nicht schmeichelt, darf ihm gar nicht vorgesetzt werden. Es ist dies eine Art von Zensur, die in wissenschaftlichen Dingen von den schlimmsten Folgen ist. Mein ganzer Abschnitt über den Zustand der Wissenschaft in England, von dessen Veröffentlichung ich eine Reform erwartete, ist ganz vergeblich geschrieben. Walton erwähnt noch in seinem Briefe, daß es für ihn nötig sei, um das Copyright zu sichern, ein Exemplar des Buches, welches bei ihm erscheint, bei der Stationirs Hall zu deponieren, mit Angabe des Druckortes und des Datums seiner Ausgabe.
Ich bitte Dich demnach, ihm (Walton und Maberly, 28, Uppergower Street, London) ein Exemplar der Einleitung und des 2. Bandes für meine Rechnung nach London per Leipzig zu schicken.
Es wird hier ziemlich viel nach dem Buche nachgefragt, aber ich höre, daß vom 1. Band und der Einleitung immer noch Exemplare fehlen. Wie geht es denn mit dem Verkauf des 2. Bandes?
In der Hoffnung, bald beruhigende Nachrichten von Dir zu hören, bin ich wie immer

Dein treuer J. v. Liebig.

München, 29. Dezember 1862

Mein teurer Vieweg!

Unsere Feiertage sind recht traurig gewesen. Am Weihnachtsabend verschlimmerte sich ein scheinbar leichtes Leiden meiner Tochter Agnes und entwickelte sich zu einem Nervenfieber, dem sie heute morgen um 3 Uhr unterlag, in ihrem 34. Jahr. Sie war ein so gutes Wesen, und wir haben Grund, Gott zu danken, daß er sie uns so lange ließ. Ihre Körperbeschaffenheit von frühester Jugend an versprach keine lange Lebensdauer, und obwohl uns ein Schicksal trifft, was keine Familie verschont, und wir uns in das Unabänderliche fügen müssen, so nimmt doch alles dies die Schmerzen nicht hinweg. Es ist das erste Kind, was ich verliere, aber daran gewöhnt man sich nicht, wie alt man auch wird. Sie hat uns zwei liebe Kinder hinterlassen, und dies ist doch ein Trost. Carrière ist gefaßt und ergeben. Ich weiß, lieber Vieweg, daß Du Teil an uns nimmst, und darum schreibe ich Dir sogleich, damit Du unseren Verlust nicht durch einen fremden Mund erfährst.

Deinen Brief vom 27., den ich heute mit den Wechseln im Betrag von fl. 2321.19 empfing, beantworte ich in ein paar Tagen. Dein langes Unwohlsein beunruhigte mich sehr, und ich freue mich, daß Du wieder hergestellt bist. Sei so gut, die Nachricht Deiner Familie und Brockhaus in Leipzig mitzuteilen. Carrière kann in diesem Augenblick nicht schreiben.

Wie immer Dein treuer Justus Liebig.

1863

19. 1.	Zum Tode von Tochter Agnes – Historische Lektüre: Baco von Verulam – Neue Abdrucke des 1. Bandes der Agrikulturchemie; Leserzuschriften – Berufung für Knapp nach Braunschweig – Förderung der Landwirtschaft in Bayern – Medaillon
8. 5.	Zu Viewegs Vorschlag über Neuauflage der Agrikulturchemie – Umsatz- und Honorarfragen – Große, wohlfeile Ausgabe? – Büchsenspargel
2. 6.	Honorarfragen (Theorie des Feldbaues)
15. 7.	Zur Neuauflage der Agrikulturchemie
10. 8.	Korrekturbogen zum Nachdruck der Theorie des Feldbaues; Freiexemplare der 1. Ausgabe für eigenen Bedarf
15. 8.	Bestätigung von Honorareingang – Korrekturen zur Agrikulturchemie – Reiseplan
19. 8.	Reiseplan, auch in Hinblick auf ein Treffen mit Vieweg
21. 8.	Reiseroute; vorgesehener Treffpunkt: Lugano
7. 10.	Rücksendung von Korrekturen der Agrikulturchemie; Zusätze für den Anhang – Bitte um 2 Belegexemplare der alten Schrift über Säftebewegung
15. 12.	Übersetzung der Agrikulturchemie, Korrekturen – Vorrede
20. 12.	Politisches – Landwirtschaftliches
20. 12.	Versand eines Freiexemplares der Agrikulturchemie
o. D.	Absendung des Vorwortes zur Agrikulturchemie – Einschätzung des Buches

München, 19. Januar 1863

Lieber Vieweg!

In einem Leide wie das unsrige ist die Teilnahme unserer Freunde und der Ausdruck ihrer liebevollen Gesinnungen der einzige Trost, den man überhaupt beanspruchen kann. Ich bitte Dich zu glauben, daß wir Dir und den Deinigen unendlich dankbar dafür sind. Es ist das erste Kind von fünf, was wir verloren, und obwohl ich immer dachte, daß Agnes nicht auf ein hohes Alter angelegt sei, so bleibt einem der Gedanke doch immer fern und man gewöhnt sich nicht daran, wie alt man auch wird. Agnes hat von dem Leben das Beste, was es geben kann, genossen. Sie war zehn Jahre auf das glücklichste verheiratet, und war immer um uns und hat uns zwei liebe Enkel geschenkt. Das ist doch auch etwas, wofür man Gott dankbar sein muß.
Ich suche durch die Arbeit wieder ins Gleichgewicht zu kommen und beschäftige mich sehr ernstlich mit Franz Bacon von Verulam, namentlich um zu einem klaren Verständnis des Einflusses zu kommen, den man ihm auf die Entwicklung der modernen Naturwissenschaften zuschreibt. Meine Meinung von ihm hat sich durch das Studium seiner Werke nicht zu seinem Vorteile verbessert. Er kommt mir vor wie ein geistreicher Gentleman, der sehr viel gelesen und in allem Dilettant geblieben ist. Er hatte von der Kunst, eine Beobachtung zu machen, von der Natur eines Experimentes und dem Wesen der Wisenschaft keine Begriffe, und wenn er sich zur Betrachtung einer Naturerscheinung erhebt, so ist er wie ein Kind, das seine Sinne nicht zu gebrauchen weiß. Diese Studien führten mich zu einer Geschichte der Geschichte der Naturwissenschaften, wie sich die Naturerkenntnis eigentlich vermittelt. Ich dachte, schon im November fertig zu werden, sehe aber jetzt, daß ich noch ein paar Monate damit zu tun haben werde.
Die gesandten neuen Abdrucke meines ersten Bandes, so wie die Literaturgeschichte von Hettner habe ich richtig erhalten und danke Dir für beides. Ich habe viele Briefe über mein Buch bekommen, einer der interessantesten ist der eines pensionierten Pfarrers, der Dir Vergnügen machen wird. Ich habe ihm zum Dank ein Exemplar meines Buches geschickt. Ein anderer von einem Bauer im Allgäu ist höchst komisch, aber schwer zu verstehen. Es scheint doch, als ob die besseren Ansichten sich Bahn schaffen.
Wegen Knapp kann ich selbst nicht nach Braunschweig schreiben, habe aber Wöhlern gebeten, dies dringlichst zu tun, was besser ist. Wenn ich übrigens gefragt würde, so möchte ich mit gutem Gewissen niemand den Rat geben, nach Braunschweig in diese verfahrenen Verhältnisse zu gehen. Da kann ja nichts gedeihen, und alle Mühe ist umsonst. Es ist ganz hoffnungslos zu glauben, daß unter einer solchen Leitung eine höhere Lehranstalt ihren Zweck erfüllen kann. Anstatt zusammen geht ja dort alles auseinander. Das Beste für Dich ist, die Dinge gehen und zerfallen zu lassen und Dich nicht weiter darum zu bekümmern. Ein Chemiker ohne Laboratorium und Assistenz ist ja ganz lächerlich.
Der König von Bayern möchte gerne und viel für die Landwirtschaft tun, aber seine Räte sind Ignoranten, Juristen wie überall, sie reden ihm ein, ich lehre Theorien, die nicht anwendbar in der Praxis wären, als ob 2 mal 2=4 eine Theorie wäre.

Ich schicke Dir ein Medaillon von einem hiesigen sehr geschickten Künstler Spenger, was alle meine Freunde rühmen. Ich wünschte, daß er etwas damit verdiene, da er arm und mittellos ist. Vielleicht finden sich ein paar Abnehmer dort, das Stück zu fl. 1,12, er läßt es zu fl. 1, so daß der Verkäufer 20 p. c. daran hat. Bemühe Dich doch ein wenig darum.

Von Herzen Dein treuer J. v. Liebig

Den Brief von dem Pfarrer schicke mir gelegentlich wieder zurück.

München, 8. Mai 1863

Lieber Vieweg!

In Erwiderung Deines Briefes vom 6. Mai wird es an mir bezüglich der Vorarbeiten zu einer neuen Auflage nicht fehlen. Aufrichtig gestanden, weiß ich nicht einmal, ob irgendeine Änderung angezeigt ist, denn in der kurzen Zeit der Ausgabe konnte ich wohl keine neuen Erfahrungen sammeln, außer aus Büchern. Aber niemand legt Wert auf diese. Bei einer 8. Auflage würde ich wegen den Käufern der 7. jedenfalls dazu setzen „Unveränderter Abdruck“, auch wenn Kleinigkeiten dazu kommen sollten.
Ich bitte Dich um eine definitive Abrechnung, damit wir zum Abschluß kommen. Du hattest mir, was ich Dir ins Gedächtnis zurückrufen möchte, die nämlichen Bedingungen für dies Werk zugesagt, welche mir Winter für die letzte Auflage meiner Chemischen Briefe gewährte. Dann bitte ich Dich zu erwägen, daß mein Buch höchstwahrscheinlich auf ein Jahrzehnt hinaus die Grundlage des Fortschritts für den Feldbau abgeben wird, und daß jeder, der ihn anstrebt, sich daran halten muß. Er werden andere Werke daraus hervorgehen, allein als Stamm wird es so leicht nicht entbehrlich werden. Du kannst demnach mit einiger Wahrscheinlichkeit in diesem Zeitraum auf einen jährlichen Absatz von 1000 Exemplaren rechnen, von seiten der Jugend, die in die Praxis eintritt. Wenn Du dies anerkennst, so wirst Du mir, in der Annahme eines sicheren Absatzes, ein verhältnismäßig höheres Honorar geben können, als Du dies bei einem anderen Verlagsartikel tun würdest.
Eine andere Frage wäre eine sehr wohlfeile, aber große Auflage? Hast Du daran noch nicht gedacht? Es ist zwar kein Buch wie etwa Schillers Gedichte, allein wenn es recht wohlfeil wäre (der gegenwärtige Preis ist vielen mittleren Leuten zu hoch), so könnte vielleicht in einem Jahr ein sehr gutes Resultat erzielt werden. Überlege dies doch.
Herr von Thielen kommt oft zu mir zu einer Partie Whist, es ist ein höchst gescheiter und unterrichteter Mann, für dessen Bekanntschaft ich Dir sehr verbunden bin; auch seine Tochter ist sehr liebenswürdig und gefällt uns sehr.
Gestern abend bei Knapps erzählte er mir soviel von der Vortrefflichkeit der Braunschweiger Spargeln und daß man durch Varrentrapp die Kunst erlernt habe, sie in Blechbüchsen zu konservieren, daß ich unvorsichtige Äußerungen machte, ich würde mich an meinen Freund Vieweg wenden, um mir 1/2 Dutzend Büchsen kommen zu lassen. Darauf sagte er mir, daß ich dies nicht nötig hätte, er wolle mir durch seine Frau ein paar schicken lassen. Dies ist mir nicht ganz recht, und es ist mir viel lieber, wenn Deine liebe Frau die Sorge abnehmen und Frau von Thielen sagen lassen wollte, sie

möchte keine schicken, da dies von Deiner Seite geschähe. Daß Du sie mir berechnest, versteht sich von selbst. Alles dies in der Voraussetzung, daß die Saison dies noch gestattet.
Meine Frau ist in Erlangen bei meiner Tochter Thiersch, die mit ihrem 3. Töchterlein (ihrem 4. Kinde) niedergekommen ist.

Von Herzen Dein treuer Justus Liebig

München, 2. Juni 1863

Lieber Vieweg!

Ich habe gegen die Rechnung, die Du mir gestellt hast, im einzelnen und gegen die Honorarberechnung eine Bemerkung zu machen: Nach meiner Rechnung glich sich so ziemlich unser Konto aus bis auf den neuen Abdruck der 1000 Exemplare [Tintenklecks] sten Bandes, für welchen ich das Honorar noch glaubte in Anspruch nehmen zu dürfen. Mein Vertrag mit Winter war sehr einfach der, daß er mir für jedes Exemplar der Chemischen Briefe einen Gulden Honorar bezahlte. Die letzte Auflage wollte der neue Verleger sehr viel stärker als die früheren machen und den Preis dabei noch niedriger stellen, und da er sich sehr anständig gegen mich bewies, so gab ich ihm die in der Allgemeinen Zeitung erschienenen Briefe über die moderne Landwirtschaft noch dazu, obwohl sie nicht hineingehörten; es machte ihm dies aber möglich, 2 Bände zu machen.

Winters Vorschlag in Beziehung auf das Honorar war darauf bedacht, daß er den Gewinn mit mir teilen wolle. Für die beiden ersten Auflagen war die Rechnung ganz richtig, für die späteren, die ich erwartete, hatte er durch die Preiserhöhung einen Mehrgewinn, den ich ihm gönnte, da meine Arbeit nicht in gleichem Verhältnisse stieg. Es würde nicht mehr wie billig sein, wenn Du ein gleiches Verhältnis mit mir eingingest, da Dein Vorteil, insofern Du Papierlieferant und Drucker zugleich bist, und etwas größer ist, als Winter gehabt hat. Auf der anderen Seite hast Du im Druck des ersten Bandes, durch das lange Liegen und die Kanzellierung von mehreren Bogen, Schaden gehabt.
Dagegen hast Du mir das Honorar für den Separatabdruck der Einleitung im Verhältnis zum Preise und zu dem Honorar, was Du mir für die Grundsätze der Agrikulturchemie gegeben hast, zu niedrig angesetzt. Anstatt fl. 283 kannst Du mir sehr gut Thlr. 200 oder fl. 350 dafür bezahlen.
Soviel ich von Dr. Mohr weiß, hast Du ihm durchschnittlich bessere Bedingungen als mir gemacht.
Ohne weiter auf das Detail einzugehen, schlage ich Dir vor, daß Du mir noch 600 Taler Honorar auf das bereits fertig Gedruckte der beiden Bände der Agrikulturchemie und der Einleitung gutschreiben möchtest. Ich brauche das Geld eben nicht, und Du kannst es mir bei der Abrechnung der neuen, 8. Auflage bezahlen. Damit wollen wir diese Rechnung abschließen.
Für die Spargel meinen besten Dank. Sie sind übrigens nicht von der Beschaffenheit, daß sie sich zum Einkochen in Blechbüchsen eignen, da diese eine gleiche Dicke haben müssen.

Herzlichst Dein treuer J. v. Liebig

München, 15. Juli 1863

Herrn Friedrich Vieweg u. Sohn, Braunschweig

Herr Eduard Vieweg schrieb mir am 23. Mai, daß er es für wünschenswert halte, einen neuen Abdruck meiner Agrikulturchemie vorzubereiten und zwar je eher je lieber. Seit dieser Zeit habe ich keine weitere Nachricht von Braunschweig erhalten, und ich vermute, daß sich Herr Eduard Vieweg nicht wohl befindet. Für mich ist es höchste Zeit zu erfahren, ob ein einfacher Abdruck, so wie der frühere ist, gemacht werden soll, oder ob die etwaigen Verbesserungen in die neue Ausgabe aufgenommen werden sollen. Am 15. August beginnen die großen Ferien, und vor Ende September werde ich schwerlich wieder zurück sein. Bis dahin müßte also im letzteren Falle das Buch liegenbleiben.

Hochachtungsvoll ganz der Ihrige
J. v. Liebig

München, den 10. August 1863

Herrn Friedrich Vieweg u. Sohn, Braunschweig

Ich habe die mir zugesandten Bogen der „Naturgesetze des Feldbaus“ erhalten und habe bereits mit der Durchsicht und einigen zu machenden Verbesserungen begonnen, bemerke aber, daß die Bogen 1 bis 7, sowie das vorgedruckte Inhaltsverzeichnis gefehlt haben. Die Bogen, auf welchen Änderungen gemacht sind, wären vielleicht an Herrn Dr. Zöller in Speyer in meiner Abwesenheit zur Korrektur zu senden.
Es wäre mir angenehm, auf meine Reise einige Exemplare der Einleitung zu den Naturgesetzen des Feldbaues mitnehmen zu können, und Sie würden mich verbinden, wenn Sie mir 6 Exemplare umgehend zukommen lassen wollten.

Hochachtungsvoll ganz der Ihrige
J. v. Liebig

München, den 15. August 1863

Herrn Friedr. Vieweg u. Sohn

Ich beehre mich Ihnen anzuzeigen, daß ich die mir durch Herrn Eduard Vieweg zugesendeten Wechsel im Betrage von Thlr. 600 oder fl. 1 050 gestern richtig empfangen und Ihnen gutgeschrieben habe.
Die Inhaltsanzeige des Buches, von der ich Ihnen schrieb, daß sie gefehlt habe, hat sich vorgefunden. Die ersten 7 Bogen habe ich aber nicht erhalten. Noch vor meiner Abreise, d. h. vor dem 19. h., werden sie den Rest des 2. Teils, sorgfältig durchgesehen, erhalten. In die Zahlen haben sich zu meinem großen Bedauern viele Fehler eingeschlichen.
Mein Freund Wöhler hat die Hoffnung in mir erweckt, daß Herr Eduard Vieweg uns auf unserer Reise begleiten wird; es könnte mir nichts größeres Vergnügen machen. Ich werde am 19. in Friedrichshafen sein, wo ich mit Wöhler zusammentreffe, in dem Hotel nächst dem Bahnhofe.

Aufrichtigst ganz der Ihrige
J. v. Liebig

Friedrichshafen, 19. August 1863

Mein teurer Vieweg!

In dem Augenblick, als ich in das Wirtshaus zum Deutschen Haus trete, empfange ich Deine Zeilen, und in der Freude meines Herzens schreibe ich Dir sogleich. Es ist ein prächtiger Gedanke, daß Du mit uns zusammentreffen und eine Zeitlang zubringen willst. Unser Plan ist von Sieboldt gemacht und folgender: In Lugano sei es im August noch sehr heiß, und wir treiben uns deswegen den Rest vom August in der Schweiz herum, und da die Schweizer Naturforscher vom 24. bis 28. August in Samaden sich versammeln und Schönbein, Desor, P. Merian etc. dort sein werden (die Dir ja auch alle befreundet sind), so gehen wir dorthin; Anfang September sind wir in Lugano.
Wenn Du nach Chur kommst, so frage nach meinem Briefe, den wir an Dich hinterlassen werden und der Dir noch näheres mitteilt.

Von Herzen Dein treuer J. v. Liebig

Chur, Freitag, den 21. August 1863

Teurer Vieweg!

Das Wetter ist so rauh und naß, daß wir unsere Reise nach Samaden aufgegeben haben. Wir gehen morgen mit einem Privatwagen aus dem Hotel Lukmanier über den Splügen und Bellinzona nach Lugano, und wir erwarten Dich dort im Süden unter Pinien und Feigenbäumen.

Von Herzen Dein J. v. Liebig

München, den 7. Oktober 1863

Herrn Friedr. Vieweg u. Sohn

Ich sandte heute die Korrekturen zurück, von denen ich die eine bezeichnete noch einmal sehen möchte. In den Anhang kommt noch unter J ein Aufsatz von Crusius, und am Ende des Anhangs bitte ich mir noch einen Platz offenzuhalten, in welchem ich unsere diesjährigen Versuche mit der Kultur der Kartoffeln in Torf und den Einfluß der Mineralbestandteile darauf, beschreiben will, sie sind sehr merkwürdig. Auch will ich in der Vorrede meine auf meiner italienischen Reise gemachten Beobachtungen über Seidenraupen und Traubenkrankheit und die Mittel dagegen besprechen. Mit den herzlichsten Grüßen an Herrn Eduard Vieweg, ich werde ihm noch ausführlich schreiben.

Aufrichtigst ganz der Ihrige
J. v. Liebig

Es wäre mir sehr angenehm, wenn Sie mir 2 Exemplare meiner Untersuchungen über einige Ursachen der Säftebewegung im tierischen Organismus, 1848, welche Schrift ich am Ende des Anhangs C (zur Seite 87), also auf S. 381 II. Band, angeführt wünsche; bei dem Worte Sonnenbrand also ein Sternchen und in Note darunter:
(siehe Untersuch. über einige Urs. der Säftebew. im th. Organism. von Justus Liebig, Braunschweig, Vieweg 1848).
Sodann bitte ich um 1 Exemplar von Mohrs Kommentar zur Pharmakopöe gelegentlich. Vom meinigen fehlen 7 Bogen.

München, 15. Dezember 1863

Herrn Friedr. Vieweg in Braunschweig

ad 1) Herr Ilenko hat den ersten Abdruck des ersten Teils übersetzt, in dem zweiten Abdruck desselben Teils ist der Fehler S. 4 verbessert; die Prozente der Gärung und Fäulnis sollen in dem dritten abgehandelt werden, was richtig ist.
ad 2) Die Korrektur der Zahlen 257 in 2575 ist nicht erheblich und kann im Druckfehlerverzeichnis geschehen.
Kartons für beides sind nicht nötig.
Mit der Vorrede bin ich beschäftigt. Es ist aber noch das vervollständigte Inhaltsverzeichnis vorher anzufertigen, was ohne ein vollständiges Exemplar des neuen Abdrucks (mit den Kartons) nicht gemacht werden kann; es wäre mir lieb, zwei zu haben.

Hochachtungsvoll ganz der Ihrige
J. v. Liebig.

Ich habe so sicher gehofft, Herrn Eduard Vieweg nach seinem Besuche in Nürnberg hier zu sehen, daß es mir sehr leid war, mich getäuscht zu haben. Ich und meine Freunde hätten so gerne etwas näheres über die dortigen Verhandlungen vernommen. J. L.

München, 20. Dezember 1863

Dein Wunsch, teurer Vieweg, den Du in dem Briefe vom [?], den ich eben empfange, ausdrückst, ist in Erfüllung gegangen. Der König von Bayern hat den Herzog Friedrich von Augustenburg anerkannt und erklärt, daß er alles einsetzen werde, um ihm zu seinem Rechte zu verhelfen. Gottseidank sagen wir alle. Wenn nur die anderen kleinen und Mittelstaaten sich ihm anschließen, dann ist eine Macht vorhanden, welche den beiden deutschen und nichtdeutschen Großmächten, dieser elenden Regierung in Preußen und Österreich, die in allem Bösen und nie im Guten für Deutschland einig sind, das Gleichgewicht hält.
Über die Seidenraupen und Traubenkrankheit will ich in der Vorrede etwas sagen, da beide die Symptome sind des großen Übels, welches der Landwirtschaft droht, wenn die Landwirte das Raubsystem nicht verlassen und den Mahnungen der Vernunft und Wissenschaft nicht folgen.
Was bedeutet denn eigentlich die Anzeige des Antiquars Oberdorfer?

Von Herzen Dein treuer J. v. Liebig.

München, 20. Dezember 1863

Herrn Friedr. Vieweg u. Sohn, Braunschweig

Ich ersuche Sie ergebenst, 1 Exemplar des 1. Bandes meiner Agrikulturchemie 7. Aufl. an Herrn S. Overbeck, k. preuß. Konsul in Hongkong, unter dieser Adresse nach Lemgo (Lippe Detmold) zu schicken, sowie später den 2. Band, wenn die neue Auflage fertig ist.

Ergebenst ganz der Ihrige
J. v. Liebig.

ohne Ort und Datum
[Einordnung unsicher]

Beifolgend, lieber Vieweg, das Vorwort. Wenn Du sonst nichts dabei zu bemerken hast, so drucke es nur ab.
Ich kann mich vielleicht in Beziehung auf den Erfolg meines neuen Buches täuschen, aber es kommt mir doch vor, als wenn das, was ich darin gebe, bei weitem an Wichtigkeit für den praktischen Landwirt mein erstes Buch übertrifft. Der Himmel gebe seinen Segen dazu.

Von Herzen Dein J. Liebig.

Ich wünsche Dir und den Deinigen vergnügte Feiertage und ein glückliches Neues Jahr.

1864

20. 1.	Ein Teil der Vorrede zur Agrikulturchemie soll in der Reichszeitung publiziert werden – Klischees für Brüsseler Buchhändler – Politisches
17. 2.	Im Anhang zur Agrikulturchemie befinden sich falsche Angaben, Auslieferung der Bücher ist daher zurückzustellen
20. 2.	Der beanstandenswerte Beitrag von Crusius im Anhang der Agrikulturchemie soll durch einen anderen Beitrag ersetzt werden; Änderungskosten will Liebig übernehmen
3. 5.	Ersatz für den fehlerhaften Anhangsteil: Aufsatz Liebigs aus Augsburger Allgemeine Zeitung über Stallmistwirtschaft u. dgl. (Paoloni Nr. 711) – Finanzielles – Reisepläne; Knapp in Braunschweig
9. 5.	Änderung des Reiseplans – Zur Stallmistwirtschaft
18. 5.	Tod eines Enkelkindes – Rückruf eines Aufsatzteils
14. 7.	Umarbeitung eines Teils vom Anhang zur Agrikulturchemie – Zur Reise nach Braunschweig und Göttingen
30. 7.	Fortgang der Buchausgabe der Agrikulturchemie, es sind nur noch Vorrede und Register fertigzumachen – Sonderauflage der Streitartikel – Reisepläne – Entlassung des Kultusministers
19. 8.	Trinkgeld für einen Bediensteten Viewegs
18. 10.	Reiseerinnerungen – Vorrede zur Agrikulturchemie soll geändert werden – Beschäftigung mit Kaffeekochen und Säuglingssuppe – Neues aus England
14. 11.	Zu Vorrede und Register der Agrikulturchemie – Aufsätze über Säuglingssuppe und Kaffeebereitung; über Fleischextrat für die Reichszeitung
15. 11.	Über die Säuglingssuppe; ihre Zubereitung
19. 12.	Aufsätze über Fleischextrakt, Säuglingssuppe (=künstliche Milch), Kaffeebereitung

München, 20. Januar 1864

Lieber Vieweg!

Ich habe gestern die Vorrede an Dein Haus expediert, und ich bitte Dich, dieselbe mit aller Aufmerksamkeit durchzulesen, da es nur darauf ankommt, meinen und gegenwärtigen Standpunkt der Landwirtschaft darin anzudeuten. Auch wünschte ich, daß Du einen Teil derselben, sobald das Buch versendet wird, in Deine Reichszeitung aufnehmen möchtest, und zwar die beiden Sätze, wo von dem Unterricht auf den Universitäten, dann den anderen, wo von der Stallmisttheorie die Rede ist.
Der Brüsseler Buchhändler wünscht die Klischees zu den Figuren im 2. Bande zu haben. Da Du sie gegenwärtig nicht mehr brauchst, so bist Du wohl so gut, dies zu tun; es müßte freilich bald geschehen.
Wir sind tief erregt von dem Gange der Schleswig-Holsteinischen Sache. Wenn die kleinen und Mittelstaaten sich nicht entschließen werden, zusammen mit Bayern an der Spitze einen Großstaat zu bilden, so ist die Sache verloren. Aber bald müßte es geschehen. Daß Österreicher und Preußen gegen Sachsen, Bayern etc. in den Herzogtümern zum Kampfe sich entschließen, ist wenig wahrscheinlich, bis dahin müssen es aber die kleinen Staaten kommen lassen. Heute ist große Volksversammlung.

Dein treuer J. v. Liebig.

München, 17. Februar 1864

Herrn Friedr. Vieweg und Sohn, Braunschweig

Ich erhalte soeben die beifolgende Mitteilung von Prof. Knop, die auf mich wie ein Donnerschlag eingewirkt hat. Sie bezieht sich auf die in meinem Buche Anhang G, S. 419–440, abgedruckte Abhandlung von Crusius, welche nach Knops Erklärung, welche in Erdmanns Journal veröffentlicht werden wird, falsch ist. Was soll man denn da tun? Ein falscher Anhang kann, ohne das Buch zu ruinieren, nicht darin bleiben. Aber welche Kosten, um sie herauszunehmen. Ich denke darüber nach, ob sich nicht etwas an ihrer Stelle finden läßt, was den Raum ausfüllt. Ich bin nur froh, daß das Buch noch nicht ausgegeben ist. Die Vorrede wünschte ich ohnedies noch einmal zurückzuhaben.

Hochachtungsvoll Ihr aufrichtiger
J. v. Liebig.

PS: Ich habe bereits etwas ganz Gutes zum Ausfüllen der Lücke gefunden.

München, 20. Februar 1864

Lieber Vieweg!

Die Sache mit der Crusiusschen Abhandlung in meinem Buche ist mir höchst peinlich, und wenn die Angaben falsch sind, so siehst Du wohl ein, daß es gar nichts Nachteiligeres für das Buch geben kann, als wenn wir sie darin lassen. Ich kann den Raum von 19 Seiten sehr gut mit anderem ausfüllen, und da zum Glück das Buch noch nicht ausgegeben ist, so läßt sich das Übel beseitigen. Es versteht sich von selbst, daß ich alle Kosten des Drukkes und Papieres auf mich nehme, da Du doch am allerwenigsten darunter leiden darfst. Ich schicke morgen oder übermorgen das Material zum Ersatz der 19 Seiten.

Von Herzen Dein aufrichtiger J. v. Liebig.

München, 3. Mai 1864

Lieber Vieweg!

Ich habe in neuester Zeit eine für meine Lehre äußerst wichtige Tatsache aufgefunden, die ich in den Anhang unserer neuen Auflage an die Stelle der ausfallenden Abhandlung von Crusius aufnehmen will. Das Studium der beiden (1843 u. 1863) über den Betrieb in Hohenheim erschienenen Werke hat mir nämlich den direkten Beweis für die Theorie der Stallmistwirtschaft geliefert und daß ihr Erfolg auf der Entwertung des Bodens beruht. Ich kann durch die von der dortigen Direktion selbst gegebenen Ernteerträge jedem zeigen, daß beim Übergang von der Dreifelder- zur Fruchtwechselwirtschaft die Erträge zuerst steigen, dann eine zeitlang konstant bleiben und nun seit etwa 25 Jahren jährlich fallen, so daß die Differenz gegen früher bei allen Halmgewächsen 1/4 bis 1/3 und beim Raps 1/4 beträgt, was jetzt weniger geerntet wird. Damit ist denn das alte System vollständig aus dem Felde geschlagen. Im Laufe dieser Woche werden meine Artikel in der [Augsburger] Allgemeinen Zeitung erscheinen, und da diese etwa 2 Druckbogen je Band werden, so ist es vielleicht zweckmäßig, einen Extraabdruck davon zu machen und denselben so wohlfeil als tunlich zu verbreiten.
Meine Dividendencoupons hat der hiesige Bankier nicht angenommen. Wie steht es denn eigentlich mit der Bank? Soll man die Aktien verkaufen oder in der Erwartung besserer Zeiten behalten?
Wegen meiner projektierten Reise in den Pfingstferien schwanke ich noch sehr. Die Vegetation ist, wenigstens hier noch, sehr stark zurück, daß ich kaum hoffen kann, auf den Feldern etwas zu sehen. Wie ist es denn bei Euch?
Georg hat uns viel erzählt, und die für mich angenehmste Nachricht war, daß sich Knapps so gut in Braunschweig gefallen. Ich dachte nicht anders, als daß die Übersiedlung in ein Land, wo man Knapp richtiger zu schätzen weiß, für ihn ein glückliches Ereignis sein würde. Grüße Knapps und die Deinigen auf das herzlichste

Dein treuer J. v. Liebig.

München, 9. Mai 1864

Lieber Vieweg!

Ich wollte Dir gestern schreiben, daß ich Donnerstag den 12. von hier abreisen würde und Dir meinen Besuch zugedacht hatte, als ich einen Brief von meiner Schwester erhielt, worin sie mir [riet], in Betracht des rauhen Wetters und der noch nicht entwikkelten Vegetation die Reise im Herbst zu machen, sie sagte, daß dies auch Deine Meinung sei. Dazu kam am nämlichen Tag ein Brief des Amtsrats Rimpan [?], aus dem ich ersehe, daß die 10 Tage, die ich zu meinem Aufenthalte in Göttingen, Braunschweig etc.

verwenden konnte, zu einer wahren Hetzerei werden würden. Wenn ich außer dem Besuch bei Euch und Wöhler noch etwas anderes von der Reise haben will, so muß ich mehr Zeit dazu haben, und ich bin jetzt entschlossen, Anfang August mit meiner Frau zu kommen. Ich habe dann 4–6 Wochen vor mir und bin ein freier Mann, mich zu bewegen wohin ich will.

Der Artikel über den Stallmistbetrieb ist in 3 Nummern der Allgemeinen Zeitung erschienen, und Du wirst ihn wahrscheinlich gelesen haben. Die Stallmistwirtschaft ist damit, wie ich glaube, für immer abgetan, sie ist zu einem kläglichen Bankrott gekommen. Ich hoffe, daß Du dies in dem Absatz von unserem Buche empfinden wirst. Wir müssen noch dies Jahr oder in 2 Jahren eine wohlfeile Ausgabe davon machen, für die Mehrzahl der Pächter ist das Buch zu teuer.

Von Herzen Dein treuer J. v. Liebig.

München, 18. Mai 1864

Teurer Vieweg!

Ich komme soeben von Reichenhall zurück, um mein teures Enkelkind Elisabeth Carrière, welche heute morgen gestorben ist, noch einmal zu sehen, und schreibe Dir in Eile diese Zeilen, um Dich zu versuchen, den letzten Artikel (Nr. IV) meines Aufsatzes über Hohenheim <u>nicht</u> zu drucken, wenigstens nicht weiter als bis wo ich vom König Max spreche.

Dein treuer J. v. Liebig.

Teile doch diesen Jammerfall Knapps mit.

München, 14. Juli 1864

Lieber Vieweg!

Du hast wohl in der Allgemeinen Zeitung meine Artikel vom 1. Juli et fort über den Feldbaubetrieb in Bayern und in Hohenheim gelesen? Da Walz hinsichtlich der Erträge in den Jahren 1832–41 und 1854 und 60 falsche Angaben in seinem Buche gemacht hatte und sich in seinem Artikel vom 9. Juli auf die einstigen bezieht, so konnte ich in meinem Buche im Anhang G die als falsch erklärten Zahlen nicht lassen. Ich habe den Artikel in diesem Anhang G darum nochmals umgearbeitet und bitte Dich, denselben unvermittelt in Druck nehmen zu lassen. Du weißt, daß ich in der ersten Augustwoche von hier fort will, und ich muß darum alle Arbeiten, die mir zufallen, bis dahin erledigen. Von meiner Seite muß das Buch durchaus fertig sein, denn im August und September bin ich nicht hier und kann daran nichts tun. Hat die Versendung bis Oktober Zeit, so ist es mir auch recht. Soll ich denn die Braunschweiger Bankaktien mitbringen? Die Zinsen habe ich nicht erhoben, ich will, wie die anderen, warten.

Ich freue mich sehr auf Braunschweig und Göttingen. Ich wünschte meine Marie mitzubringen; die Frage ist, ob bei Euch Platz ist. Sie könnte auch zu Westermanns.

Herzlichst Dein treuer J. v. Liebig.

München, 30. Juli 1864

Mein teurer Vieweg!

Den fertigen Bogen Anhang G habe ich heute nach Braunschweig geschickt, so daß für die Ausgabe des Buches nur die Vorrede und das vervollständigte Register zu machen bleibt. Die Vorrede werde ich schreiben, wenn ich von meiner Reise zurückkomme. Es hat sich schon seit Monaten das Gerücht verbreitet, daß eine neue Auflage erscheinen werde, was dem Verkauf des Restes der alten schädlich gewesen sein mag.
Die Artikel in der Allgemeinen Zeitung gehören nicht in das Buch, soweit sie Hohenheim nicht betreffen; letzteres ist im Anhang G.
Um den Kampf in Bayern um eine Reform des bayerischen landwirtschaftlichen Vereins zu Ende zu führen, will Oldenbourg 1000 Exemplare der Streitartikel zu einem sehr wohlfeilen Preis (6 Kreuzer das Exemplar) in Bayern verbreiten, so daß eine besondere Ausgabe ohne Zweck sein würde. Wegen der Reise nach Marienbad sprechen wir noch. Wenn Wöhler sich dazu entschließt, habe ich große Lust dazu.
Ich komme nicht eher nach Braunschweig als bis Du da bist, also gegen Mitte August. Am 9. reise ich von hier ab. Ich denke zuerst zu Rimpan, dann nach Göttingen und Braunschweig zu gehen. Ob ich die Braunschweiger Bankaktien mitbringen soll, darüber hast Du mir nichts gesagt, einkassiert habe ich dieses Jahr noch nichts.
Mit dem Wunsche, daß Dir Marienbad die besten Dienste leisten möge, von ganzem Herzen Dein aufrichtiger

J. v. Liebig.

Soeben empfange ich die Nachricht von der Entlassung des H. v. Zwehl, unseres Kultusministers. Ich bin mit ihm sehr befreundet, aber auf meine Stellung dürfte dies Ereignis kaum Einfluß haben.
Ich werde, wenn möglich, bei Dir wohnen mit meiner Frau. Meine Marie kann zu Knapps gehen.

Hannover, 19. August 1864

Herrn Friedr. Vieweg u. Sohn, Braunschweig

Ich vergaß heute morgen, dem kleinen einäugigen Bedienten des Herrn Vieweg ein Trinkgeld zu geben und ersuche Sie, demselben einen Taler in meinem Namen einzuhändigen, im Fall Herr Vieweg, wie er vorhatte, Ihnen diesen Auftrag nicht bereits von Lehrte aus gegeben hat. Jedenfalls dürfte es gut sein, den Bedienten vorher zu fragen. Den Taler bitte ich auf Rechnung des Herrn Eduard Vieweg zu setzen und ihn nach Zurückkunft daran zu erinnern, daß er denselben von mir zuvor empfangen hat. Haben Sie die Güte, mich und Frau und Tochter nochmals Frau Vieweg angelegentlich zu empfehlen und ihr zu berichten, daß ich Herrn Geheimen Hofrat Wöhler von Göttingen hier getroffen habe und morgen nach Kiel abreisen werde.

Hochachtungsvoll
ganz der Ihrige
J. v. Liebig.

München, 18. Oktober 1864

Mein teurer Vieweg!

Deine Reise im Norden ist, wie ich aus Deinem Briefe entnehme, sehr viel glücklicher ausgefallen als wir dachten, und alle unsere Besorgnisse haben sich als grundlos erwiesen. Wir hatten nämlich die ersten 6 Tage nach unserer Trennung in Lehrte das furchtbarste Wetter, einen Sturm, der die stärksten Buchbäume entwurzelte, und wir bildeten uns ein, daß es auf dem Meere gerade so wäre. Jeden Tag sprachen wir davon und wieviel Ihr zu leiden haben würdet. Du hast eine merkwürdig starke Natur – ich glaube, ich wäre auf der Landreise zugrunde gegangen.

Wir erinnern uns stets mit neuem Vergnügen an unseren Aufenthalt in Braunschweig, den Du und die Deinigen uns so überaus angenehm gemacht habt. Wir sind dankerfüllt für die Liebe, die Ihr uns bewiesen, und wir hegen den lebhaftesten Wunsch, daß wir jedes Jahr eine Woche zusammen so zubringen könnten, abwechselnd natürlich, so daß für das nächste Jahr die Reihe an die Familie Vieweg käme, die Reise zu machen.

Was die Agrikulturchemie betrifft, so bitte ich Dich, mir einen Abdruck der bereits gesetzten Vorrede schicken zu lassen. Ich will sie kürzer machen und etwas von der Hohenheimer Stallmistwirtschaft darein setzen. Wie ist es denn mit dem Register? Es sollte doch vervollständigt werden namentlich in Beziehung auf den Anhang, in welchem manches hinzugekommen ist.

Ich beschäftige mich soeben mit Kaffee-Kochen, und ich habe eine Suppe für Kinder zu Wege gebracht, welche auch von den Alten gerne gegessen wird.

Die Bewegung in England on Sewage ist Dir wohl nicht entgangen. Lord Montagu hat einen Brief, den ich ihm schrieb, abgedruckt, und wenn die Sache gelingen soll, so müßte ich eigentlich ein paar Jahre nach England gehen.

Mit tausend herzlichen Grüßen an die Deinigen von uns allen, bis auf Marie, die wir Freitag erwarten. Meine Frau wird noch selbst schreiben.

Dein treuer J. v. Liebig.

München, 14. November 1864

Mein teurer Vieweg!

Ich schicke Dir hiermit die Vorrede. Ich bitte Dich, sie aufmerksam durchzulesen und mir Deine Meinung darüber zu sagen. Du weißt, daß ich in Beziehung auf Änderungen nicht halsstarrig bin.

Da das Register des II. Bandes bereits gedruckt ist, so bin ich mit der Beifügung des Nachtrages einverstanden.

Meinen Aufsatz über eine neue Suppe für Säuglinge sowie den über Kaffee sende ich Dir gern. Die Suppe hat sich bei meinen 2 Enkeln und in anderen Familien trefflich bewährt. Was den Artikel über Kaffeebereitung betrifft, so wünsche ich meinen Namen nicht beigesetzt zu haben; er ist doch zu unbedeutend.

Für die Anchovis meinen besten Dank, sie werden von Liebhabern sehr gerühmt. Auch möchte ich Dir für die Reichszeitung einen Artikel über Fleischextrakt schicken.

Von Herzen Dein treuer J. v. Liebig.

München, 15. November 1864

Lieber Vieweg!

Auf Dein Telegramm von gestern erwidere ich, daß meine neue Suppe nicht für Kinder, sondern für Säuglinge bestimmt ist, und daß sie demnach für Deine Schwester kaum geeignet ist. Sie wird durch Kochen von 10 Teilen Milch mit 1 Teil Weizenmehl und durch einen späteren Zusatz von 1 Teil Malzmehl bereitet, durch welches das Stärkemehl in Zucker und Dextrin übergeführt wird.

Herzlichst Dein treuer J. v. Liebig.

München, den 19. Dezember 1864

Mein teurer Vieweg!

Ich erhalte soeben Deinen Brief von 15. Dezember und eile Dir zu sagen, daß Du den Aufsatz über Fleischextrakt für die Reichszeitung morgen erhältst, nebst einer Probe desselben für Frau Vieweg. Der Extrakt ist vortrefflich, besser wie der von Pettenkofer, wahrscheinlich weil er von ganz frischem Fleische bereitet ist, ein paar Stunden nach dem Schlachten. Die Suppe für Säuglinge erhältst Du gegen Neujahr. Sie erscheint in dem Popular Science Review und darf vorher nicht gedruckt werden. Sie scheint für viele Familien zu einer wahren Wohltat zu werden. Die Leute erfahren damit, was sie eigentlich geben sollen und wie. Meine Enkel gedeihen trefflich dabei und werden dick und stark. Prof. Windscheid wendet sie mit gleichem Erfolg bei seinen Zwillingen an und hat die Amme abgeschafft, weil meine künstliche Milch (denn dies ist der rechte Name) bequemer ist.

Ich habe mir erlaubt, Dir das neue Bild von Bruckmanns Walhalla zu schicken, worauf Du mich und viele Deiner Freunde findest. Ich hoffe, daß es Dir Spaß macht und daß Du ihm einen Platz in Deinem Gartensalon gönnst.

Den Kaffeeartikel will ich noch einmal übergehen und dann schicken. Ich habe denselben einer Wiener Haushaltungszeitung versprochen und [er] kann gleichzeitig, aber nicht früher gedruckt werden. Wenn Vogt den Suppen- und Kaffeeartikel eher braucht, so könnte ich beide schicken mit dem Vorbehalt, daß sie in der Reichszeitung erst nach Neujahr erscheinen.

Mein Gott, wie traurig sind diesmal die Weihnachten für Euch alle. Seit Agnes' Tod ist gerade diese Zeit, wo sie uns antreffen würde, eine Zeit der schmerzlichen Trauer. Du kannst Dir denken, wie sehr wir mit Euch fühlen. Meine Frau ist im Augenblick bei Nanni in Erlangen, welche mit ihrem 4. Töchterchen vor wenigen Tagen glücklich entbunden wurde; wir erwarten sie aber bald zurück.

Mit treuem Herzen Dein J. v. Liebig.

Der Kaffeeartikel darf nicht mit meinem Namen erscheinen, sondern anonym; jedermann sieht, von wem er ist.

1865

23. 1.	Bezahlung einer Pelzrechnung – Korrespondenzen wegen Fleischextraktes; Preis – Honorar für Neuauflage der Agrikulturchemie – Gutachten über Verwendung von Londoner Kloakenwasser – Persönliches
13. 2.	Bestätigung eines Honorar-Wechsels für 8. Auflage der Agrikulturchemie – Kaffee- und Fleischextrakt-Sendung – Säuglingssuppe in England – Neues Gutachten über Kloakenwasser aus London angefordert
27. 2.	Beschreibung der Säuglingssuppe in der Reichszeitung; Verwendung in England
2. 4.	Zusendung des Textes einer Rede (Über Induktion und Deduktion: Paoloni Nr. 727)
3. 8.	Freundlicher Brief eines jungen Landwirts – Persönliches; Reisepläne
	1. 8. Gratulation junger Landwirte zum 25. Jahrestag des Erscheinens der Agrikulturchemie
10. 8.	Anfrage nach Eingang eines Briefes bei Eduard Vieweg
10. 8.	Vorschlag zu einem Verlagsprojekt: Buch von Tyndall über Wärme als bewegende Kraft, in deutscher Übersetzung – Persönliches; Reisepläne
18. 8.	Reiseabsichten – Kaffeeartikel, Säuglingssuppe – Gedanke, ein Kochbuch zu schreiben – Diverses
25. 8.	Besuch einer Tagung in Hannover – Rücksendung des korrigierten Kaffeeartikels – Artikel über Säuglingssuppe; Separatdruck – Zusätze für Vogts Küchenbuch – Neuer Suppenartikel für die Reichszeitung
18. 11.	Kondolation – Über Küchenbücher von Brillat-Savarin und Ule

München, 23. Januar 1865

Lieber Vieweg!

Du würdest mich sehr verbinden, wenn Du die Gefälligkeit haben wolltest, die anliegende Pelzrechnung für mich zu bezahlen und mir den Betrag in Rechnung zu stellen.

Der Fleischextraktartikel hat gewirkt. Leider zieht er mir eine sehr lästige Korrespondenz mit Anfragen nach dem Preis desselben und wo man ihn haben könne, zu, und meine Bemühungen, den Fleischextrakt frischer in den Handel zu bringen, haben wegen der großen Entfernung keinen raschen Erfolg. Das Pfund wird im Kleinverkauf auf 4 Thlr. kommen, was immer noch billig ist, aber der Nutzen, den die Agenten verlangen, ist sehr groß. Der Preis sollte 10 francs per Pfund sein, aber Fracht und Eingangszoll sowie 40% Aufschlag machen es soviel teurer.

Du schreibst mir in Deinem letzten Briefe wegen Angabe des Honorars für die neue Auflage. Bei der 7. hast Du mir 1 Gulden pro Band gegeben und ich denke, daß wir dabei bleiben.

Ich habe eine schwere Arbeit vollendet, ein Gutachten für die Corporation London, zu dem ich von dem Lord Mayor aufgefordert wurde, über die Sewage der Metropole. Es ist dies eine Sache von weittragender Bedeutung. Seit 20 Jahren bemühe ich mich, die Leute dahin zu bringen, die Kloakenstoffe für die Zwecke der Landwirtschaft zu verwenden, und der Moment scheint dazusein, wo sich meine Wünsche verwirklichen sollen. Mit Bangen und Erwartung sehe ich der Entscheidung dieser Frage entgegen, denn damit wird sich eine Aufgabe meines Lebens erfüllen – oder scheitern.

Nach meiner Berechnung kann man den Wert der Londoner Sewage zu 2 Millionen Pfund Sterling anschlagen, was vielleicht noch zu wenig ist. Das Wasser allein, wenn die in London verzehrten Fische, Kartoffeln, cabbage and cauliflower gekocht wird, enthält nach meiner Analyse nahe 1 Million Pfunde Kali u. 1/4 Million Pfund Phosphorsäure!

Unsere Marie ist mit der Familie Muspratt nach Nizza gereist, sie wird aber in 14 Tagen wieder hier sein.

Meine Frau grüßt herzlichst. Wie immer

Dein treuer J. Liebig.

Grüße Knapps und sage ihnen, ich hätte von Prof. Helferich die besten Nachrichten von Fritz in Göttingen, er erklärt ihn zu seinem besten Schüler.

München, 13. Februar 1865

Mein teurer Vieweg!

Ich eile, Dir den Empfang des Wechsels auf [fl.] 2850 als Honorar für die 8. Auflage der Agrikulturchemie I. und II. Band anzuzeigen. Quittung liegt besonders bei. Auch folgt Kaffee. Der Fleischextrakt morgen; den von Schaffleisch halte sehr zu Rate, er wird nicht mehr im Handel vorkommen (leider).

Die Suppe hat in England eine außerordentlich weite und große Verbreitung gefunden; sie war ein wahres Bedürfnis. Die armen Würmer haben keine Wahl im Essen, und wie viele gehen daran zu Grunde!

Der Anfang meines Kaffeeartikels bleibt im Druck natürlich hinweg. Nach Wien habe ich denselben noch nicht eingeschickt.
Die Corporation von London hat mich zu einem neuen Gutachten über die verschiedenen Projekte zur Verwendung der Sewage aufgefordert. Du sollst alles dies haben, paßt aber für Deutschland nicht.
Tausend Dank für die trefflichen Würste. Grüße herzlichst alle die Deinigen

Dein treuer J. v. Liebig.

Braunschweig, 27. Februar 1865

Lieber Vieweg!

Ich bitte Dich, mir, wenn möglich, noch 1/2 Dutzend Deiner Reichszeitung zu schicken, worin die Suppe für Kinder beschrieben ist. In England ist sie ganz merkwürdig schnell und allgemein verbreitet, ein Beweis, wie sehr eine solche Nahrung ein Bedürfnis war. Die Apotheker verkaufen eine Mischung, die aus Mehl, Malzmehl und doppeltkohlensaurem Kali besteht. Auch der hiesige Apotheker Widmann hat sie angekündigt und hat guten Absatz. Unser Malzmehl ist leider nicht so gut wie das englische. Hast Du denn den Fleischextrakt erhalten? Ich sandte ihn vor etwa 14 Tagen ab.
Mit herzlichen Grüßen an die Deinigen und Knapps

Dein treuer J. v. Liebig.

München, 2. April 1865

Lieber Vieweg!

Ich schicke Dir hiermit meine am 28. März gehaltene Rede. Ob sie für Deine Reichszeitung brauchbar ist, wirst Du selbst entscheiden müssen. Nächsten Donnerstag wird sie in der Beilage zur Allgemeinen Zeitung erscheinen.

Dein treuer J. Liebig.

München, den 3. August 1865

Lieber Vieweg!

Ich übersende Dir beifolgend die Abschrift eines Briefes, den ich gestern empfing, von dem ich voraussetze, daß er Dir ebensoviel Vergnügen machen wird, als er mir gemacht hat. Der 1. August 1865 ist auch der silberne Hochzeitstag unserer engen Verbindung, und ich freue mich, daß wir ihn zusammen erleben.

Es war ein langer hartnäckiger Kampf, und die Sonne scheint auf das friedliche Schlachtfeld, befruchtend und belebend. Die deutschen Landwirte sind mir schon ein kleines Landgut schuldig, und ein Engländer würde bei dieser Gelegenheit vielleicht daran gedacht haben. Wenn Du an Herrn Knüpling schreibst, so gibt er Dir sicherlich die Erlaubnis, seinen Brief in der Reichszeitung abzudrucken.
Es geht Euch hoffentlich allen gut? Was hast Du denn diesen Herbst vor? Ich beabsichtige, nach Reichenhall zu Georg zu gehen und mich dorten ruhig hinzusetzen. Nanni kommt mit ihren Kindern hin.

Von ganzem Herzen Dein treuer J. v. Liebig.

Wie steht es denn eigentlich mit den Bankaktien?

[Wortlaut der Briefbeilage:]

Am heutigen Tage als am 25. Jahrestage des Erscheinens Ihrer Agriculturchemie, fühlen wir uns verpflichtet, Ihnen unsern innigsten Glückwunsch und herzlichsten Dank auszusprechen für die großen Erfolge, die Sie durch dieses Werk errungen haben. Gerade an diesem Tage gedenken wir Ihrer Kämpfe gegen die tief eingewurzelten Vorurteile der alten Schule, die Sie so glänzend besiegt haben. Der aufopfernden Tätigkeit ihres ganzen Lebens danken wir den großen Umschwung in der Landwirtschaft während der letzten Dezennien.
Sie haben das Ihrige getan, jetzt ist es an uns, die in Ihren chemischen Briefen ausgesprochene Hoffnung an die heranwachsende Generation mit jugendlicher Kraft und Ausdauer zu erfüllen. Empfangen Sie die Versicherung unserer größten Hochachtung und unseren nochmaligen herzlichen Glückwunsch zu dem heutigen Tage.
Im Auftrage eines Kreises junger Landwirte

H. Knüpling

Domäne Pattensen bei Hannover, 1. August 1865.

München, den 10. August 1865

Herrn Friedr. Vieweg u. Sohn, Braunschweig

Es wäre mir lieb zu erfahren, ob mein Brief vom 6. an Herrn Eduard Vieweg angekommen ist und wo er sich befindet, wenn er nicht in Braunschweig ist. Die Einlage bitte ich im Fall seiner Abwesenheit an ihn befördern zu wollen.

Hochachtungsvoll
J. v. Liebig.

München, 10. August 1865

Lieber Vieweg!

Im vorigen Jahr publizierte John Tyndall (Professor of naturalphilosophy an der Royal institution und in the Royal school of mines) sein Werk „Wärme als bewegende Kraft“ (heat considered as a mode of motion), welches dieses Jahr bereits die zweite Auflage erlebt hat und von Moigev ins Französische übersetzt ist. Es ist ein populäres Werk und aus seinen Vorträgen an der Royal institution entsprungen, welches kaum Vorkenntnisse bei dem Leser voraussetzt; vortrefflich geschrieben in einer klaren durchsichtigen Sprache. Es sind darin seine wichtigen Arbeiten in diesem Gebiet verwertet und dieselben in sehr geschickter Weise durch die sog. mechanische Wärmetheorie (welche gegenwärtig als eine der wichtigsten Aufgaben alle Physiker beschäftigt) miteinander verbunden.

Prof. Bohn in Gießen hat an Tyndall geschrieben um die Erlaubnis zur Übersetzung. Er ist der Sache mächtig, da er eine Vorlesung im nächsten Winter darüber angekündigt hat. Er schreibt sehr fließend und gut und ist der rechte Mann dazu. Sein Schwiegervater Pfeufer (Obermed.Rat) war gestern bei mir, um meinen Rat zu hören, und ich ersuchte ihn, vorläufig mit Oldenbourg nicht zu sprechen, da das Buch Deinen Hauptverlag berühre und ich ziemlich sicher bin, daß Du das Buch annehmen würdest; es wird 36 bis 40 Bogen geben. Schreibe mir umgehend eine Zeile darüber. Tyndall hat auch in Deutschland einen großen Namen.

Meinen letzten Brief wirst Du erhalten haben. Schreibe mir doch etwas über Deine Bewegungen in diesem Herbste. Ich gehe in 8 oder 10 Tagen nach Prien am Chiemsee und gegen Ende des Monats nach Reichenhall, um meine Ferien dort zuzubringen. Reisen werde ich dies Jahr nicht.

Fritz Knapp ist noch hier; er ist ein prächtiger Mensch. Carrières sind nach Wetzlar abgereist. Wie steht denn die Sache mit den Braunschweiger Bankaktien?

Mit herzlichen Grüßen an die Deinigen

Dein treuer J. v. Liebig.

Bohn verlangt 2 Louisdor Honorar für die Bearbeitung von Tyndalls Buch.

München, 18. August 1865

Lieber Vieweg!

Ich gehe morgen nach Prien am Chiemsee und bleibe dort bis Ende der nächsten Woche mit Bischoff zusammen. Von da gehe ich dann nach Reichenhall, wohin Wöhler, Buff, Kopp, Weber kommen werden. Wenn Du es einrichten könntest, nach Marienbad ein paar Wochen mit uns zuzubringen, so wirst Du nicht nur eine Dir zusagende Unterhaltung finden, sondern Du wirst mir und Deinen anderen Freunden auch ein großes Vergnügen machen. Du weißt, wie gerne wir bei Dir sind und Dich bei uns haben.

Nach Hannover gehe ich nicht; ich will dies Jahr nicht reisen. Der Kaffeeartikel folgt unter Xband. Deine Zusätze sind sehr gut, und ich habe sie deshalb aufgenommen.

Das Buch von Ule möchte ich gerne einmal sehen; es würde mir Spaß machen, ein Kochbuch zu schreiben.

Ich habe in Palgrave's Central-Arabien etwas über den Yemenkaffee gefunden und schicke Dir einen Auszug davon für den Fall, daß Du dessen Aufnahme für passend erachtest. Mein Artikel ist eigentlich schon zu lang: Ich habe denselben anderen Orts nicht, auch in der Wiener Zeitschrift nicht veröffentlicht.
Für die Auskunft wegen der Braunschweiger Bankaktien meinen Dank; ich werde natürlich nicht ans Verkaufen denken.
Meinen besten Dank für die Abhandlungen von Clausius; er ist ein durchaus tüchtiger Mann.
Die Kindersuppe will ich noch einmal genau ansehen. Vielleicht läßt sich die Beschreibung durch die Hinzufügung einiger Fälle, wo sie angewandt wurde, für ihren Gebrauch noch nützlicher machen. In England und auch in Deutschland sind größere Fabriken bereits entstanden, in Kottbus unter andern und in Frankfurt a. d. Oder. Der Fabrikant in Kottbus gibt das ganze Pfund, 15 Pakete, schön verpackt, zu 4 Silbergroschen! Eine Hauptsache ist geschrotenes, nicht gemahlenes Malz; letzteres gibt stets eine schleimige Suppe.
Ich rechne sehr darauf, daß Du nach Reichenhall zu mir kommst.

Von Herzen Dein treuer J. v. Liebig.

Es folgt auch ein Entwurf zu einer Einleitung zu der Adresse der Hannoverschen Landwirte. Mache daraus das beste, aber frage mich nicht weiter darüber.

J. v. L.

Prien, den 25. August 1865

Mein teurer Vieweg!

Ich bleibe noch etwa 6 Tage in Prien und gehe dann nach Reichenhall, wo ich den ganzen September zu bleiben gedenke. Wöhler wird schwerlich nach Hannover gehen. Von München wird, wie ich glaube, Pfeufer zur Versammlung gehen, da Hänle und die Göttinger hingehen werden. Bohn wird, wenn Du ihm schreibst, wahrscheinlich auch hinkommen, und Du könntest alsdann die Sache wegen Tyndall mündlich mit ihm abmachen. Die Versammlung beginnt am 18., und wenn Du Dich einen oder zwei Tage dort sehen läßt, so wirst Du Deine Zwecke am besten erreichen; ein längerer Aufenthalt ist für Dich langweilig.
Der Kaffeeartikel folgt mit einigen Verbesserungen, auf die mich Bischoff aufmerksam machte, zurück.
Mit der Kindersuppe werde ich es so machen, wie Du mir rätst. Schicke einen Probedruck des Artikels, den ich Dir in einigen Tagen zusende, an Emil Gallenkamp in Duisburg und frage ihn, ob er ein paar hundert Abdrucke zur Versendung an Ärzte wünscht, Du würdest ihm einen billigen Preis machen. Er war gestern bei mir in Prien und teilte mir mit, daß er eine Spekulation im großen mit der Suppe beabsichtige, er habe bereits 1500 Taler für Annoncen ausgegeben. Auch ist die Fabrikation der Suppenmischung Gegenstand einer Spekulation eines Mannes in Kottbus, dessen Namen ich Dir noch schreiben werde; er wird auch ein paar hundert Abdrucke gerne abnehmen.

Ich habe nichts dagegen, wenn Du in den Anzeigen von Vogts Küchenbuch sagst, daß es einige Zusätze von mir enthält. Ich würde dann aber noch aus dem Anhange der Chemischen Briefe die Nachricht zur Verbesserung des Roggenbrotes, ferner die Suppe für Kranke (rohes Fleisch ausgezogen mit Wasser und einigen Tropfen Salzsäure) mit aufnehmen. Lehmanns Verbesserung des Mehles von ausgewachsenem Korn gehört auch hinein.
Ich freue mich sehr, Dich wiederzusehen,

Dein treuer Just Liebig.

Die Suppe für Kranke wird in den Hospitälern stark gebraucht.

München, 18. November 1865

Mein teurer Vieweg!

Die Nachricht von dem unerwarteten Tode des vortrefflichen Mannes hat uns auf das schmerzlichste ergriffen. Wir haben freilich mit ihm nur kurze Zeit zusammen verlebt, aber den seltenen Edelstein in ihm wohl erkannt, und seine Liebenswürdigkeit, seine hohe Bildung und sein echter Manneskarakter hat in mir die größte Zuneigung für ihn angefacht. Es war ihm gewiß doch noch eine große Freude, die Geburt seines Enkels von seiner Tochter Louise erlebt zu haben. Wenn Du oder eins der Deinigen Frau von Thielen sieht, so bitte ich, ihr auszudrücken, welch großen Anteil wir an ihrem Leiden nehmen, und sie unseres tiefsten Mitgefühls zu versichern.
Es freut mich, daß das Buch von Brillat-Savarin eine so gute Aufnahme gefunden hat. Was Deinen Wunsch betrifft, so bin ich jetzt, nachdem ich das Buch kenne, sehr zweifelhaft, ob meine Nachträge dazu passen. Wäre es ein Kochbuch, so wäre es etwas anderes, aber niemand auf der Welt wird eine Kindersuppe oder ein Mittel, Brot zu verbessern, in diesem Buche suchen. Für die Leute, für welche das Buch geschrieben ist, sind dies ganz gleichgültige Dinge. Mit dem Kaffee ist dies etwas anderes. Um so weniger paßt mein Name auf den Titel.
Das Buch von Ule, Chemie der Küche, ist ein unerhört grobes Plagiat. Das Buch ist zum Teil ein Auszug aus meinen chemischen Briefen, und während er Mulder und alle anderen zitiert, vermeidet er auf das sorgfältigste, meinen Namen zu erwähnen, der im Buche gar nicht vorkommt. Dies geht denn doch [zu] weit.
[Auf] Seite 44 des Brillat-Savarinschen Buches könnte man den Fleischextrakt berühren, der das Osmozom tatsächlich repräsentiert, und den in der Reichszeitung erschienenen Artikel in den Anhang bringen.
Meine Frau, Schwester und Marie grüßen das ganze Viewegsche Haus auf das herzlichste.
Den Artikel zur Vervollständigung meines Suppenrezepts erhältst Du für die Reichszeitung.

Dein treuer J. v. Liebig.

1866

2. 1.	Säuglingssuppe – Fleischextrakt (Fray Bentos), Aktienbeteiligung
3. 3.	Empfangsbestätigung für Broschüre über Säuglingssuppe; ein Fall lebensrettender Wirkung der Suppe – Aktiengeschäfte
19. 3.	Nachtrag zur kleinen Broschüre über Säuglingssuppe
16. 5.	Warnung vor einem Reklamemacher – Politisches
3. 10.	Persönliches; Gesundheitsfragen; Altersweisheit – Berufungsfragen in bezug auf Thiersch
19. 10.	Persönliches; Erkrankung Viewegs – Sonderdruck einer Rede – Aktienkauf Viewegs
10. 12.	Broschüre über Säuglingssuppe; Titelvorschlag – Gedanke, ein Kochbuch herauszugeben – Neue Auflage der Agrikulturchemie (einbändig, wohlfeil) – Grüße an Knapp, Dank für sein Buch

München, 2. Januar 1866

Mein teurer Vieweg!

Meine herzlichsten und besten Wünsche zum neuen Jahr. Möge Gott Dir und den Deinigen alles verleihen, was zum Glücke dient. Ich wünsche mir, daß die Zukunft nichts Schlimmeres bringen möge als die Vergangenheit.
Es kommen so viele Briefe an mich wegen der Anwendung und dem Gebrauch meiner Kindersuppe, daß mir ein paar Dutzend Abdrucke von dem „Nachtrag" sehr erwünscht wären; ich bitte Dich darum unter Xband recht bald.
Ich schicke Dir einen Prospectus, der Dir eine Idee gibt von dem Stande der Fleischextrakt-Angelegenheit. Pettenkofer hatte in diesem Jahr 40000 Pfund absetzen können. Die Nachfrage ist enorm. Wer einmal davon im Haus gehabt hat, der läßt ihn nicht wieder ausgehen. Giebert war hier und hat mir genügende Tatsachen mitgeteilt, um mich zu überzeugen, daß die kleine Fabrik in Fray Bentos 33–40 p.c. reinen realisiert hat, und es läßt sich erwarten, daß mit ihrer Erweiterung der Gewinn sehr beträchtlich steigen wird, da die Administrationskosten nicht in dem selben Verhältnisse steigen. Auch hat er neue und zweckmäßigere Abdampfungsapparate bestellt. Ich selbst habe mich mit 100 Aktien beteiligt, vielleicht finden sich auch in Braunschweig einige Leute, die sich dafür interessieren.
Mit herzlichen Grüßen an Dein ganzes Haus

Dein treuer J. v. Liebig.

München, den 3. März 1866

Teurer Vieweg!

Ich habe Deiner lieben Frau für ihre freundlichen Zeilen und die treffliche Wurst zu danken und muß sie bitten, mich zu entschuldigen, daß es nicht früher geschehen.
Die kleine Broschüre habe ich erhalten, und wenn es sich ereignen sollte, daß ein 2. Abdruck davon gemacht wird, so wird diese durch einen höchst merkwürdigen Fall bereichert werden, der sich in der Familie unseres Professors der Geburtshilfe, Dr. Hecker, zutrug. Hecker versuchte im vorigen Jahr, die Suppe bei seinem neugeborenen Kinde anzuwenden, aber sie bekam dem Kinde nicht und mußte ausgesetzt werden. Es war mir dies höchst unangenehm, da der Fall dazu gebraucht wurde, um die Suppe hier und in der Umgegend in Mißkredit zu bringen. Vor etwa 8 Wochen erkrankte das nämliche Kind an einer heftigen Dysenterie, und alle dagegen angewandten Mittel zeigten sich wirkungslos. Das Kind war bis zum Skelett abgemagert und hatte bereits das greisenhafte Ansehen, was dem Tode vorhergeht. Von den Ärzten war es aufgegeben. Da kam Hecker von selbst auf die Suppe zurück, und wunderbar war die Wirkung vom ersten Tage an. Das Kind ist jetzt auf dem Wege fortschreitender Genesung. Hecker hat diesen Fall in unseren Annalen beschrieben. Auch schien sich hierbei der Grund des früheren Mißlingens herausgestellt zu haben. Als nämlich die Frau Hecker die Suppe selbst zubereitete (die ersten Portionen hatte meine Frau gemacht), bekam sie dem Kinde schlecht, und es zeigte sich, daß sie die Suppe anstatt durch ein feines Haarsieb durch ein gewöhnliches Küchensieb durchgeseiht hatte, sodaß ihr von den feinen Grannen des

Malzes beigemischt blieben, die auf die Eingeweide des Kindes wie Nadeln wirkten. Beim ersten mißlungenen Versuche hatte wahrscheinlich dasselbe Sieb gedient.
Du wolltest für ein paar tausend Taler Fleischextrakt-Aktien haben, und ich habe dies in London angezeigt. Ich selbst habe 100 Stück genommen. Solltest Du keine bekommen haben, so kann ich Dir welche abtreten. Der Erfolg hängt natürlich von dem Manager ab, und ich habe auf Herrn Giebert großes Zutrauen.
Wie ist es denn mit den Braunschweiger Bankaktien? Werden dieses Jahr wieder Zinsen bezahlt?
Von dem frisch angekommenen Fleischextrakt folgt anbei eine Probe für Deine Frau. Mit den herzlichsten Grüßen von meiner Frau an Dich und die Deinigen

Dein treuer J. v. Liebig.

München, 19. März 1866

Lieber Vieweg!

Da die kleine Schrift noch nicht ausgegeben ist, so möchte ich noch ein paar Anmerkungen anhängen, die ich in den Abdruck des Nachtrages, welcher in den Annalen gedruckt wird, aufgenommen habe. Ich habe leider keine Kopie davon und muß deshalb den Korrekturbogen von Gießen abwarten.
Der ausführliche Bericht Ernst Heckers ist unzweifelhaft besser als die kurze Note, die Deinem Briefe beilag.
Ich bitte also noch einige Tage zu warten.

Herzlichst Dein J. v. Liebig.

München, 16. Mai 1866

Mein teurer Vieweg!

Lasse Dich um Himmels willen mit diesem ganz unverschämten Reklamemacher nicht ein, der meinen Namen auf die allerunverantwortlichste Weise in seinen Anzeigen mißbraucht. Seit Monaten beantworte ich keinen seiner Briefe mehr, und er suchte durch andere seiner Genossen mich zu Äußerungen über sein Präparat zu bringen, die er nachher öffentlich benutzte. Weise sein Begehren ganz einfach als unverträglich mit dem Zwecke der Broschüre ab.
Der Bürgerkrieg ist schrecklich und das Ende nicht abzusehen. Gott behüte uns dafür, ich gebe die Hoffnung noch nicht auf.

Dein treuer J. v. Liebig.

München, 3. Oktober 1866

Mein teurer Vieweg!

Wir hoffen, daß Du mit Deiner Frau und Schwestern glücklich und wohlbehalten wieder in der Heimat angekommen bist. Es war ein gelungenes Zusammensein, befriedigend in jeder Beziehung, denn ich sah Dich, alter Freund, scheidend von uns so gesund und lebenskräftig wie jemals. Im Verkehr der Welt wächst uns in unserem Alter keine neue Freundschaft mehr zu, und so konzentriert sich denn die Neigung der alten Freunde zueinander mit den Jahren in eben dem Verhältnis, als sich der Freundeskreis zusammenzieht und kleiner wird. Der größte Fehler, den wir stets in Gefahr sind zu begehen, ist der, daß wir im Gefühl der Gesundheit unsere Maschine vergessen, in der sich doch, je länger sie geht, die Reibung naturgemäß vermehrt. Die meisten in unserem Alter sterben daran, daß sie sich Dinge zumuten, die sie, weil sie sie lange vertrugen, immer glauben vertragen zu können. Dazu gehört namentlich geistige Aufregung, Ärger und Zorn. Was gehen uns zuletzt die politischen Zustände an; da wir so völlig unmächtig sind, das Allergeringste daran zu ändern. Wie töricht ist es doch, darüber leidenschaftlich zu werden und sich zu bekümmern oder zu ärgern! Die Geschichte zeigt uns, daß das Krumme, wenn es naturgemäß ist, krumm zu sein, nicht von selbst gerade wird, und daß die Ereignisse in der Welt, so bereit und zufällig sie auch uns erscheinen mögen, durch Naturgesetze regiert werden, deren Wirkung ganz bestimmt und unwiderstehlich ist. Also fort mit der Politik und mit allem, was uns aus unserem Gebiet bringt. Tun wir dies nicht, so haben wir allein den Schaden davon. Der Himmel erhalte Dich, den Deinigen und Deinen Freunden, welche das Gold, das in Dir ist, zu schätzen wissen.
Wöhler sprach mit dem Leipziger Weber, der für Thiersch schwärmt und sagt, daß – hinge er von ihm ab – er ihn primo loco vorschlagen würde. Die Sache sei aber sehr verwickelt, denn die Wiederbesetzung der Stelle an dem Jacobshospital ginge mehr von dem Magistrat als von der Universität aus, und die Stimmen der beiden Bürgermeister Dr. Stephani und Dr. Koch seien die einflußreichsten, so wie die des Magistratsmitgliedes, welches die Inspektion des Spitales hat. Letzteres sei überaus großartig. Ich dachte daran, ob nicht Dein Schwager Brockhaus unter diesen Verhältnissen nützlich wirken könne. Ich schrieb an die Wintersche Verlagshandlung und auch an Erdmann, der mit der Bürgerschaft mehr im Verkehr wie andere Professoren ist.
Du weißt, daß Thierschs Arbeiten über den Ursprung der Cholera die gegenwärtig herrschende Ansicht begründet haben. Baum nennt sein „Krebs"-Werk ein Meisterwerk. Was Thiersch entgegen ist, ist, daß er nicht wie andere, bei weitem minder begabte und erfahrene, ein Lehr- oder Handbuch geschrieben hat, aber die ihn näher kennen, stellen ihn außerordentlich hoch. An wissenschaftlicher Tüchtigkeit und praktischer Erfahrung übertrifft ihn keiner. Er hat den ersten Schleswig-Holsteinischen Krieg mitgemacht.
Ich wollte Dich mit diesen Zeilen hauptsächlich über den Stand in Leipzig unterrichten. Mit tausend herzlichen Grüßen an Deine Frau und Schwestern von meinem ganzen Hause

Dein treuer J. v. Liebig.

München, 19. Oktober 1866

Mein teurer Vieweg!

Ich habe längst eine Zeile von Dir erwartet, die mir sagt, wie Deine Reise ausgefallen ist und wie Dir es geht. Ich hörte, daß Du in Stuttgart wieder unwohl geworden seiest und dies beunruhigt uns. Dieser Brief hat keinen anderen Zweck, als Dich zu veranlassen, ein Lebenszeichen von Dir zu geben. Dein Portrait bei Albert ist vortrefflich. Du machst das liebenswürdigste Gesicht darauf, was ich jemals an Dir gesehen habe.
Meine Einleitung ist so gut wie fertig. Sobald ich mit der Abschrift fertig bin, werde ich Dir sie zum Drucke schicken. Wöhler und Buff wollen beide die ersten Abzüge sehen, um ihren Senf dazu zu tun. Da die Rede einmal gedruckt ist, so könntest Du für Dich und mich und unsere Freunde 1/2 hundert Abzüge machen lassen. In den Buchhandel kannst Du sie aber jetzt nicht bringen. Später, wenn sie ausgearbeitet und die anderen Teile fertig sind, wollen wir ein kleines Büchlein daraus machen.
Von England höre ich, daß Du 10 Aktien à £ 14, also nahe für 1000 Thlr., bekommst.
Herzliche Grüße an Deine Frau und Schwestern

Dein treuer J. v. Liebig.

Die Korrektur der Rede folgt unter Xband. Meine Frau ist noch in Reichenhall mit Frau Buff.

München, 10. Dezember 1866

Deinem Wunsche gemäß, lieber Vieweg, habe ich den Artikel zur Vervollständigung der Vorschrift zur Darstellung einer Kindersuppe fertiggemacht. Vielleicht findest Du es der Mühe wert, denselben in einer eigenen Broschüre zu drucken und zu verbreiten. Der Fabrikant unseres Suppenpulvers, Emil Sallenkamp in Duisburg, nimmt wahrscheinlich einige hundert Abdrucke, sodaß Deine Auslage gedeckt wird. Ob der Nachtrag für Deine Reichszeitung paßt, ist sehr fraglich – die Beschreibung der 4 Fälle am Ende gehört jedenfalls nicht hinein. Als Titel der kleinen Broschüre möchte ich vorschlagen

Suppe für Säuglinge
Erläuterungen? mit Nachträgen?
in Beziehung auf ihre Bereitung und Anwendung.

Es ist aber kaum der Mühe wert, daß Du die Sache druckst, denn von Verdienen kann keine Rede sein.
Das Kochbuch ließe sich schon machen, wenn ich nur eine gute Basis hätte durch ein bestehendes Buch, so daß ich nur den Kommentar dazu zu schreiben hätte. Es ist natürlich nur eine Geldsache, aber freilich eine große und dauernde.
Mit der Agrikulturchemie haben wir noch Zeit, aber die nächste Auflage muß eine wohlfeile sein, in einem Bande und mit Streichen der halben Einleitung. Die Streitigkeiten mit Lawes müssen heraus; er ist mundtot gemacht und damit der Zweck erreicht.
Grüße Knapps. Der Wunsch meiner Schwester war uns allen sehr erfreulich. Wenn sie ganz gesund ist, so ist sie immer liebenswürdig. Auch bitte ich, Knapp für sein Buch zu

danken, was er mir geschickt hat. Es ist ganz vortrefflich, guter Stil, gewissenhaft und reich. Ich kenne keines, was ich demselben an die Seite stellen könnte.
Marie kommt nach Weihnachten nach Braunschweig. Sie geht von da nach Hannover.
Mit den herzlichsten Grüßen an die Deinigen Dein treuer

J. v. Liebig.

Ich lege den Abdruck der Kindersuppe aus meinen Annalen bei, da er etwas korrekter ist als der Extraabdruck aus der Reichszeitung.

1867–1869

1867

18. 1. Einleitung zur Volksausgabe der Agrikulturchemie – Erkrankung Viewegs; Besuch eines Neffen – Knapps Arbeit über Glanzleder

18. 1. Gesundheitszustand Eduard Viewegs; Fälle von Gesundung Schwerstkranker

28. 3. Vorbereitungen zu einer Reise nach Paris – Aktiengeschäft – Fleischextraktsendung an Vieweg

1868

9. 2. Anforderung einiger Exemplare der Broschüre über Säuglingssuppe, eins für Wöhler

27. 10. Neubearbeitung der Agrikulturchemie, zusammen mit Zöller (diese 9. Auflage erschien posthum 1876) – Artikel in Auerbachs Kalender, Schwierigkeiten damit – Gesundheitszustand Eduard Viewegs

29. 11. Wegen schlechten Befindens kann kein Beitrag für das „neue Blatt" des Vieweg-Verlags (Deutsche Vierteljahresschrift für öffentliche Gesundheitspflege) geschrieben werden – Körperliche Beschwerden seit Abfassung des Artikels für Auerbachs Kalender – Besprechung mit Zöller wegen Bearbeitung der Agrikulturchemie – Befinden Eduard Viewegs

1869

8. 6. Empfang des 1. Heftes der neuen Zeitschrift – Volksausgabe der Agrikulturchemie, Bearbeitung durch Zöller; Honorarfragen

17. 9. Schriftproben und Format der neuen Agrikulturchemie; Honorar; Auflagenhöhe

12. 10. Umfang und Preis der neuen Agrikulturchemie

26. 10. Vorschlag zu einem Verlagsprojekt: Buch von Johnson in deutscher Übersetzung (durch Hermann Liebig)

München, 18. Januar 1867

Mein teurer Vieweg!

Ich bin Dir seit langem einen Brief schuldig und hätte Dir längst sagen sollen, daß ich mit der Einleitung zu unserer Volksausgabe der Agrikulturchemie sehr ernstlich beschäftigt war. Da auf die Form hierbei alles ankommt, so hat mir diese denn auch die meiste Arbeit gemacht. Mein erster Entwurf (auf etwa 20 Foliobogen!) glich einem elementaren Lehrbuch auf ein Haar. Er wurde verworfen, und Thiersch hatte die Idee, ich sollte eine Einleitung machen wie Hippokrates zu seiner Diätetik, also beginnen mit Luft, Wasser und Erde. In dem Kapitel Luft sollte ich den Sauerstoff, die Verbrennung, Verwesung etc. abhandeln, in dem über Wasser dessen Einfluß auf die Veränderungen an der Erdoberfläche auf das Wachstum der Pflanzen etc. und in dem Kapitel Erde die unorganischen Bestandteile der Gewächse. Unter diese drei „Hüte" alle chemischen Elementarlehren zu bringen, hat seine große Schwierigkeit, aber der Versuch muß gemacht werden. Bei dieser Gelegenheit fiel mir dann auf, wieviel eigentlich schon an „Elementarkenntnissen" im Buche zerstreut enthalten ist und wie sehr der Umfang des Buches schwinden muß, wenn sie aus dem Zusammenhang herausgenommen und in der Einleitung gegeben werden sollen. Es wäre mir sehr lieb, wenn ich diese Dinge mit Dir mündlich besprechen könnte, denn Du besitzt einen seltenen Takt, das Richtige zu treffen und hast mir schon manchen guten Rat in dieser Beziehung gegeben.
Wir sprechen oft und gerne von dem großen Vergnügen, welches uns Dein letzter Besuch hier gewährt hat, und beklagen umso tiefer Deine Erkrankung nach Deiner Rückkehr. Du hast aber von jeher einen starken und kräftigen Körper und so manches überwunden, was andere niederwirft, und wir alle geben uns der Hoffnung hin, daß Gott Dich uns ferner erhalten wird.
Unser Neffe Seyfert war bei uns auf einige Tage zum Besuche, zu kurz für unseren Wunsch, denn er hat bei allen Gliedern unseres Hauses den angenehmsten Eindruck hinterlassen. Ich habe ihm für Deine liebe Frau und Schwestern von der gewünschten Seife und auch etwas Fleischextrakt mitgegeben.
Die Abhandlung Knapps über Glanzleder ist ganz vortrefflich. Ich habe seit langem nichts gelesen, was mir so viel Vergnügen gemacht hat. Ich hätte gewünscht, er hätte sie uns für die Annalen gegeben; das polytechnische Journal hätte sie daraus nehmen können, aber aus dem polytechnischen Journal konnten wir sie nicht abdrucken.
Wir erwarten Georg von Reichenhall mit seinem Ältesten, und meine Frau und Marie sind auf das eifrigste mit den Vorbereitungen zu einem kleinen Balle beschäftigt. Ich wünschte, er wäre vorüber und alles wieder in Ruhe zu Hause.

Mit den freundlichsten Grüßen an die Deinigen

Dein treuer J. v. Liebig.

Alle folgenden Briefe sind nicht mehr an Eduard Vieweg, sondern an seinen Sohn Heinrich gerichtet.

München, 18. Januar 1867

Mein lieber Heinrich!

Ihre letzten Nachrichten über das Befinden Ihres Vaters sind recht traurig und so waren es alle, die ich von meinem Schwager Knapp und von Göttingen erhielt. Die Dauer seines Leidens flößt mir bei alledem Hoffnungen ein. Ein schwächerer Körper wäre solchen Anfällen längst unterlegen, und warum sollte seine starke Natur die Krankheit zuletzt nicht überwinden können? Es liegen zwei Beispiele vor, an die ich stets denke. Der eine Fall ist Hauser in Heidelberg, der berühmte Historiker.
Im Herbste war er von den Ärzten vollständig aufgegeben, und auch seine Familie sah seiner Auflösung entgegen. Er hatte ein schweres Herzleiden mit Wassersucht, und in diesem Semester hält er wieder seine Vorlesungen. Er ist noch nicht hergestellt, aber [hat] doch Aussicht dazu. Der andere Fall ist Vangerow. Er leidet an einem Diabetes und war auch aufgegeben und liest ebenfalls wieder. So lange der Mensch atmet, darf man nicht völlig verzagen. Unsere heißesten Wünsche beziehen sich auf das Viewegsche Haus, Gott lenke alles zum Besten.

Tausend freundliche Grüße an Ihre teure Mutter und Tanten

Ihr herzlich ergebener J. v. Liebig.

München, 28. März 1867

Wertester Freund!

Die Vorbereitungen zu einem längeren Aufenthalte in Paris, wohin ich im Begriff bin, als der von Bayern gewählte Vertreter der Südstaaten und als Präsident der 10. Gruppe zu gehen, und vielerlei andere Geschäfte, die ich noch zu erledigen hatte, brachte mir Ihren Brief vom 18. und namentlich den Termin zur Empfangnahme neuer Zinscoupons für meine Bankaktien aus dem Gedächtnis. Ich hoffe aber, daß dieser Termin für einen Auswärtigen nicht zwingend ist und schließe die Talons bei, mit dem Bemerken, daß ich meine Reise bis zum 7. oder 8. des nächsten Monats verschoben habe.

Ihr Brief, in welchem Sie von dem Befinden Ihres Vaters keine Nachricht geben, ist kein gutes Zeichen; ich kann ohne Schmerz gar nicht an ihn denken.

Empfehlen Sie mich den Ihrigen auf das herzlichste

Ihr aufrichtig ergebener J. v. Liebig.

Ich bitte Sie, mich zu unterrichten, ob Sie noch Vorrat von Fleischextrakt haben, damit ich Sie wieder eventuell versehen kann; der Extrakt wird in Qualität immer besser.

J. L.

Haben Sie die Güte, mir den Empfang der Talons anzuzeigen, und wenn ich die Couponsbogen vor dem 8. April nicht zurückhaben kann, so bitte ich Sie, mir dieselben aufzuheben bis zu meiner Zurückkunft von Paris.

J. L.

München, 9. Februar 1868

Herrn Friedr. Vieweg & Sohn, Braunschweig

Sollten Sie noch Exemplare der kleinen Schrift „Suppe für Säuglinge“ zur Verfügung haben, so bitte ich, an Herrn Geh.Med.Rat Wöhler nach Göttingen 1 Exemplar und an mich 6 dito per Kreuzband zusenden zu wollen.

Hochachtungsvoll
J. v. Liebig.

Mit freundlichen Empfehlungen an Herrn Eduard und Frau Louise Vieweg und vorläufigen herzlichen Dank für die Würste.

J. L.

München, 27. Oktober 1868

Mein teurer Freund!

Ich habe den Gedanken einer neuen Bearbeitung meiner Agrikulturchemie durchaus nicht aufgegeben, aber ich bin noch nicht wohl genug, um diese Arbeit in Angriff zu nehmen. Ich sprach mit Prof. Zöller darüber, der mich in den Ferien besuchte. Er schlug mir vor, ihn daran zu beteiligen. Er wollte das Buch durcharbeiten und mir in Noten auf jeder Seite bezeichnen, was er nützlich oder nötig halte, zur Ergänzung aufzunehmen, entsprechend dem gegenwärtigen Zustand der Wissenschaft. Ich bin gerne auf diesen Vorschlag eingegangen, denn eine solche Beteiligung würde meine Arbeit ganz außerordentlich erleichtern. Zöller versprach mir im November die ersten Bogen seiner Bearbeitung, und ich werde, wenn ich sie empfange, sehen, ob sich sein Vorschlag ausführen läßt. Ich würde das Honorar mit ihm teilen.
Der Artikel in Auerbachs Kalender pro 1869 ist jetzt erschienen. Er hat mich zugrunde gerichtet, da ich solche Arbeiten nur mit großem Widerstreben mache.
Da Sie mir nichts von meinem Freunde Vieweg sagen, so muß ich wohl fürchten, daß sich sein Zustand nicht geändert hat.

Empfehlen Sie mich bestens der ganzen Familie

Ihr aufrichtiger Freund J. v. Liebig.

München, 29. November 1868

Mein teurer Freund!

Ich bin leider nicht wohl genug, um einen Artikel für das neue Blatt zu schreiben, welches Sie im Begriff sind herauszugeben, und dann bin ich auch mit sehr dringenden Arbeiten überhäuft, die ich wegen meinem schlechten Befinden nicht zu erledigen die Kraft habe. Der Artikel für Auerbachs Kalender hat mich wahrhaft ruiniert, denn seit der Zeit bin ich immer leidend. Es quält mich ein Kopfweh ohne lokalen Schmerz, der

mich stets überfällt, sobald ich mich an meinen Schreibtisch setze und etwas Ernsthaftes tun will; ich muß es eben abwarten.
Prof. Zöller war vor 8 Tagen hier, und ich habe das Nötige wegen der neuen Auflage der Agrikulturchemie mit ihm besprochen. Ich selbst könnte sie für mich in meinem gegenwärtigen Zustande nicht machen.
Die Nachrichten von meinem teuren Vieweg sind doch etwas besser, da daraus hervorgeht, daß er weiter Teil an der Außenwelt und den Geschäften nimmt.

Mit den herzlichsten Grüßen an die Familie Vieweg

Ihr aufrichtig ergebener J. v. Liebig.

München, 8. Juni 1869

Mein teurer Freund!

Ich danke bestens für das 1. Heft der Vierteljahresschrift für Gesundheitspflege. Es sind einige prächtige Aufsätze darin, und wenn mir etwas zur Hand kommt, werde ich gerne einen Beitrag liefern.
Wie steht es denn mit der Bearbeitung der Volksausgabe der Agrikulturchemie? Ich habe von Zöller seit langem nichts gehört, und es dürfte nützlich sein, ihn anzutreiben. Ich habe ihm für seine Bearbeitung fl. 800 in Aussicht gestellt, vielleicht ist dies nicht genug. Ich weiß nicht mehr genau, wieviel Honorar ich für die letzte Auflage empfing, und ich bitte Sie, mir den Betrag angeben zu wollen, den das Geschäft für die neue Ausgabe in Aussicht genommen hat. Ich denke, man wird 1000–1500 Exemplare mehr drucken müssen und beim früheren Honorar bleiben. Sobald ich dessen Höhe kenne, will ich an Zöller schreiben und ihm die Hälfte für seine Arbeit anbieten.

Herzlichst Ihr treuer J. v. Liebig.

Ich habe viel Vorrat von Fleischextrakt, und wenn Viewegs oder Sie bedürfen, bitte ich um eine Zeile.

München, 17. September 1869

Mein teurer Freund!

Ich habe vorgestern nach meiner Zurückkunft von meiner Badereise die Schriftprobe und Ihren Brief vom 28. Aug. vorgefunden. Das Format halte ich für zweckgemäß, aber ich ziehe die deutsche Schrift der lateinischen vor.
In Beziehung auf das Honorar scheinen Sie sich in einem Irrtum zu befinden. Ich empfing von Freund Vieweg pro Band einen Gulden, dies macht für die beiden Bände zu 3000 Exemplaren Auflage fl. 6000.

Für die beiden Bände der Chemischen Briefe empfing ich von der Winterschen Verlagshandlung fl. 5000. Die neue Auflage der Agrikulturchemie sollte eine wohlfeile Volksausgabe sein und mindestens 6000 Exemplare gedruckt werden. Das Honorar soll, um einen niedrigen Verkaufspreis zu ermöglichen, nicht höher sein als für eine Auflage von 3000 Exemplaren.

Aufrichtigst der Ihrige J. v. Liebig.

München, 12. Oktober 1869

Mein wertester Freund!

Die mir in Ihrem Schreiben vom 28. September d. J. gemachten Vorschläge nehme ich in der Voraussetzung an, daß sie den Preis des Buches entsprechend ermäßigen.
Nach meiner Berechnung auf Grund des Formates und Druck der beigeschlossenen Probe geben die beiden Bände 40–41 Bogen, welche à $2^1/_2$ Sgr. zu dem Preise des Buches à $3^1/_2$ Thlr. führen. Zu diesem Preise wird, wie ich hoffe, das Buch einen weit größeren Leserkreis als zu den früheren finden, namentlich unter den Studierenden.
Prof. Zöller hat mir versprochen, sobald wie möglich weiteres Manuskript zu schicken.
Von den Revisionen bitte ich 2 Abzüge an Prof. Zöller und gleichzeitig an mich zu schicken.

Herzlichst ganz Ihriger J. v. Liebig.

München, 26. Oktober 1869

Mein wertester Freund!

Ich sende Ihnen per Fahrpost ein kleines Werk von meinem früheren Schüler Sam. W. Johnson, Professor der Landwirtschaft am Yale College, How crops grow. Ich finde es ganz vortrefflich und ganz besonders darin bemerkenswert, daß es alle neueren deutschen Beobachtungen im physiologischen Gebiete enthält. Das Buch ist eine wissenschaftliche Ergänzung der meinigen. Es dürfte einen bedeutenden Kreis von Lesern finden, und ich möchte Ihnen raten, dasselbe übersetzen zu lassen. Mein Sohn Hermann wird dies gerne auf sich nehmen. Über die Bedingungen werden Sie sich mit ihm leicht einigen. Wichtig ist, sogleich eine Anzeige zu machen, damit kein anderer zuvorkommt. Es wäre mir darum lieb, wenn Sie mir ohne große Verzögerung sagen wollten, was das Geschäft zu tun beabsichtigt, damit im negativen Fall ich mich an die Wintersche Buchhandlung wenden kann, die es wahrscheinlich gerne nimmt.

Herzlichst Ihr J. v. Liebig.

Am 1. Dezember 1869 verstarb Eduard Vieweg.

1870

22. 2. Beanstandungen von Knapp – Beendigung der „Gärungsarbeit" – Schwierigkeiten bei der Neubearbeitung der Agrikulturchemie – Dank für Käsesendung

21. 3. Vorschlag zum Verlegen einer Werbeschrift für Fleischextrakt – Schlechter Gesundheitszustand, deshalb Verzögerung bei der Bearbeitung der Agrikulturchemie – Verlagsprojekt: Buch von Hoppe/Basel

29. 3. Schlechte Beurteilung des Verlagsprojektes Hoppe – Skandalöse Herabsetzung Liebigs in einer Braunschweiger Zeitschrift

1. 4. Über Gärung und Ernährung – Vorwort für Johnsons Buch – Würdigung des Wirkens Liebigs durch den Nationalökonomen v. Hermann – Schlechtes Befinden

19. 11. Absendung des Vorworts zu Johnsons Buch – Neuauflage der Agrikulturchemie

München, 22. Februar 1870

Mein teurer Freund!

Im empfing heute morgen den beigeschlossenen Brief von Georg von Reichenhall, den ich mir erlaube, Ihnen zuzusenden, um durch Sie vielleicht etwas Näheres über die Aussetzungen von Knapp zu erfahren. Ein solches Manuskript liest man nicht durch, und so kann denn das einfache Zurücksenden zu einer Revision zu nichts führen. Wenn Knapp alle ihm anstößigen Stellen bezeichnet hätte, so wäre dies etwas anderes. Am einfachsten scheint es mir, die Verbesserungen anhand der Korrektur zu machen, und es reicht alsdann hin, die Stellen anzustreichen.

Das Buch ist gut und wird voraussichtlich eine gute Aufnahme finden; etwas dieser Art fehlt in der landwirtschaftlichen Literatur.

Es ist mir seit 14 Tagen nicht wohl, ich leide an Kopf- und Zahnweh, wegen letzterem mußte ich meine Vorlesungen aussetzen. Meine Gärungs-Arbeit hat mich sehr angegriffen. Sie ist jetzt, dem Himmel sei Dank, fertig und ich denke jetzt, wenn ich ein wenig ausgeruht bin, die Bearbeitung der Agrikulturchemie frisch aufzunehmen.

Ich weiß nicht, ob es nicht besser gewesen wäre, dem Buch den ursprünglichen Charakter zu lassen und lediglich solche Änderungen zu machen, die sich damit vertrugen. Auf die Anhäufung von Tatsachen kommt es nicht an. Ich werde sehen und fürchte nur, daß Zöller nicht damit sehr zufrieden sein wird, wenn ich ihn Arbeiten machen lasse, von denen ich nachher keinen Gebrauch mache.

Ich habe Ihnen noch für den vortrefflichen Käse zu danken, den Sie mir vor längerer Zeit zum Geschenk gemacht haben. Er ist in der Tat von dem echten holländischen nicht zu unterscheiden, und ich wünschte nur, daß ich davon kaufen könnte. Ein halb Dutzend dieser Käse möchte ich gerne nehmen.

Mit den besten Grüßen an die Familie Vieweg und an ihre treffliche Frau (wenn sie sich meiner noch erinnert),

Ihr treu ergebener J. v. Liebig.

München, 1. April 1870

Mein teurer Freund!

Ich habe seit langem keine so große Befriedigung und Freude empfunden als beim Lesen Ihres Briefes vom 27. März, in welchem Sie mir Ihre Zustimmung zu meinen Ansichten über Gärung und Ernährung in so entschiedener Weise ausgedrückt haben. Es wird aber noch einen langen Kampf kosten, ehe sie von den Physiologen angenommen werden werden. Ich hatte früher, wie Sie sich erinnern, gelehrt, daß nur Albumin oder Stoffe, welche die Fähigkeit haben, in Albumin übergeführt zu werden, als plastische Nährstoffe zu betrachten seien. Aber dies war ein Irrtum. Der erweiterte Begriff der Ernährung setzt voraus, daß sehr viele Derivate des Albumins in die Ernährungsprozesse mit größerem Vorteil noch als wie das Albumin eintreten können, und dies wird den Weg, wie ich glaube, zur Erklärung der Wirkung der Genußmittel und wahrscheinlich auch vieler Arzneimittel bahnen. Ich glaube sogar, daß Chinin und Morphin als Unterhalter des physiologischen Prozesses in Krankheitsfällen an der Stelle der fehlenden Ferroidderivate eintreten und dadurch den normalen Zustand wiederherstellen können. Wir haben leider bis jetzt gar keine Vorstellung über die Art der Arzneiwirkungen, und

wenn auch meine Ansicht nur eine Hypothese ist, so wird sie im Verlauf ihrer Prüfung dennoch dazu beitragen können, eine genauere Einsicht in diese Wirkungen zu gewinnen. Etwas überaus trostloses für mich liegt darin, daß seit 30 Jahren, seit ich mich mit diesen Dingen beschäftige, keine neue fruchtbare Idee in der Physiologie zur Entwicklung gekommen ist, und daß ich, an der Grenze des Lebens angelangt, kaum Hoffnung habe, mich weiter daran beteiligen zu können.
Ihr Brief ist auf der anderen Seite eine große Beruhigung für mich, daß meine Ansichten nicht unbeachtet bleiben werden.
Ich sende in der Einlage einen Brief des Generalagenten der Company Liebig, auf welchen er einer Antwort entgegensieht.
Meinen letzten Brief werden Sie erhalten haben. Sie können wohl leicht erfahren, aus welchem landwirtschaftlichen Blatte der Artikel in den Braunschweiger Mitteilungen des Vereins für Land- und Forstwirtschaft entnommen ist.
Das Vorwort für Johnsons Buch werde ich gerne schreiben. Ich bitte, mir die Bogen nach Maßgabe, als sie erscheinen, zukommen lassen zu wollen.
Ich empfing gestern von der Witwe des berühmten Nationalökonomen v. Herman das Werk desselben (Staatswirtschaftliche Untersuchungen), in welchem mir dieser Mann, mit dem ich stets in gespannten Verhältnissen lebte, eine seltene Satisfaktion auf seinem Sterbebette gab. Er sagt Seite 203: „Wie dem auch sei, gewiß ist, daß und daß vor allem der wirtschaftlichen Technik daran gelegen sein muß, von der Wissenschaft quantitative Befreiung zu empfangen und daß derjenige ihr die größten Dienste leistet, der sie in Stand setzt, bei Benutzung der technischen Mittel und Wege das Maß der Lebensanforderung an Arbeit und Vermögensnutzung scharf zu kontrollieren, das die Technik in Anspruch nimmt. Die Wirtschaftslehre erfüllt eine Verpflichtung, wenn sie anerkennt, daß, solange Wissenschaft gepflegt wird, noch kein Gelehrter der Technik umfassendere und tief eingreifendere Dienste geleistet hat als Freiherr von Liebig. Wir sehen ab von seinen so zahlreichen einzelnen Entdeckungen und Erfindungen, aber daß es ihm gelungen ist, die größte und wichtigste Technik, die alle übrigen an Bedeutung und Umfang übertrifft, die Landwirtschaft, sowohl im Landbau als in der Viehzucht zu durchgreifender quantitativer Zuratehaltung ihrer Stoffe zu bringen, ist ein Verdienst, das nur einmal möglich war. Daß man dabei nur noch teilweise zu ganz tiefen Spezialvorschriften gelangt ist, vieles noch weiterer Forschung unterliegt, mindert die Bedeutung der so unabläßig fortgesetzten Tätigkeit dieses Mannes nicht, zeigt vielmehr erst ihren rechten Wert. Er hat Aufgaben gestellt, an deren Lösung Jahrhunderte zu arbeiten haben".

Von Herzen ganz Ihr treuer J. v. Liebig.

Ich leide furchtbar an Kopfweh und werde mich wohl entschließen müssen, meine Vorlesungen in diesem Sommer aufzugeben.

München, 19. November 1870

Mein teurer Freund!

Ich sende Ihnen einliegend das gewünschte Vorwort, welches Sie, wie ich hoffe, für Ihren Zweck dienlich erachten. Das Buch von Johnson ist vortrefflich.
Die neue Auflage der Agrikulturchemie ist kräftig in Angriff genommen, und ich denke, daß mit der Wiederaufnahme des Druckes keine Unterbrechung mehr statthaben wird.
Mit freundlichen Grüßen an die Familie Vieweg und Knapp

Ihr treuer J. v. Liebig.

München, 21. März 1870

Mein teurer Freund!

Eine der berühmtesten Schriftstellerinnen im Gebiete der Kochkunst hat es übernommen, eine kleine Schrift über die Verwendung des Fleischextraktes in der Küche zu schreiben, und [es] ist für die Fleischextraktgesellchaft von Wert, diese Schrift in allen Kreisen zu verbreiten. Die ursprüngliche Idee war, diese Schrift auf Kosten der Gesellschaft zu drucken, ich hielt es aber für besser, wenn sie unter dem Namen einer anständigen Verlagshandlung erscheint. Es wäre mir darum lieb, von Ihnen zu erfahren, ob Sie diese Schrift in Verlag nehmen wollen, ein Honorar ist dafür nicht zu zahlen. Die Gesellschaft wünscht die für sie bestimmten Abdrucke zu dem Kostenpreis zu haben, der sich leicht berechnen lassen wird. Umfang und Format wie die kleine Schrift „Suppe für Säuglinge“, welche unser Freund Eduard seiner Zeit gedruckt hat. Ich bitte demnach mir zu sagen, wie hoch sich der Kostenpreis bei dem Druck von 5000 Exemplaren stellen dürfte und wie hoch bei je 5000 Exemplaren mehr?
Ich bin so in meiner Gesundheit heruntergekommen, daß ich mich kaum erholen kann. Sie werden darum in bezug auf die Bearbeitung der Agrikulturchemie noch einige Geduld haben müssen. Ich bin ganz unfähig zu arbeiten, und schon ein Brief fällt mir schwer.
Prof. Hoppe in Basel schreibt mir, daß er Ihnen sein Manuskript über die Natur des Entdeckers zugedacht habe.
Mit freundlichsten Grüßen an die ganze Familie Vieweg

Ihr treu ergebener J. v. Liebig.

München, 29. März 1870

Mein teurer Freund!

Ich habe das Manuskript von Prof. Hoppe meinem Schwiegersohn Carrière zur Begutachtung übergeben. Was er mir vorläufig darüber sagt, spricht aber nicht zu Gunsten des Autors. Ich bat ihn, mir seine Meinung schriftlich zu geben, die ich Ihnen sogleich, wenn ich sie erhalte, zusenden werde.

Nach Antwerpen habe ich den Preis der kleinen Schrift von Fräulein Derides mitgeteilt und erwarte die Verfügung des Herrn Bennert.
Die Veranlassung dieser Idee ist eigentlich eine komische. Ich empfing nämlich vor einigen Tagen das Februarheft der Mitteilungen des Vereines für Land- und Forstwirtschaft in Braunschweig, redigiert von Kammer-Kommissar Schonerwark, und fand darin S. 491 u. f. einen Artikel über Stallmistdüngung aus dem schottischen Journal The Farmer, in welchem gesagt ist, daß ich eine Reihe von Artikeln für dieses Journal geschrieben habe, welche den Gegenstand einer Korrespondenz zwischen der Redaktion des Journals und mir ausgemacht hatten, und worin ich meine neueren Erfahrungen über die Stallmistdüngung ausführlicher entwickelt habe. Der Artikel schließt mit folgenden Worten: „Diejenigen aber aus unserem älteren Leserkreise, welche sich der in früheren Nummern dieser Zeitung ausführlich wiedergegebenen neuen Theorien des französischen Professors Valle noch erinnern, werden die unverkennbare Ähnlichkeit zwischen jener Valle'schen und dieser neuen Liebig'schen Darstellung auf den ersten Blick herauserkannt haben, ein sehr schmeichelhaftes Lob für Prof. Valle, daß der großer Erfinder und Vater dieser Bodenerschöpfungstheorie die verbessernden Grundsätze seines Nachfolgers und Jüngers anzunehmen sich bewogen hat".
Das Komische ist nun, daß ich die 7 oder 8 Artikel in dem „Farmer" gar nicht geschrieben habe, sondern daß der Redakteur dieses Journals aus dem Kapitel „Die Stallmistwirtschaft" in meinem Buche diese Artikel gemacht hat; es sind zum Teil wörtliche Auszüge daraus. In dem ersten Artikel, den ich Ihnen anlege, ist dies auch klar gesagt, obwohl mein Buch nicht genannt ist. Die Redaktion des Farmers ersuchte mich im vorigen Jahr um einige Artikel für dieses Journal, die ich nicht schreiben konnte und nicht wollte, und ich gab der Redaktion den Rat, aus dem besagten Kapitel über Stallmistwirtschaft eine Reihe von Artikeln zu machen, was dann auch geschehen ist.
Es ist mir sehr merkwürdig, daß der Braunschweiger Redakteur mein Buch gar nicht zu kennen scheint, welches in Braunschweig erschienen ist, denn er würde sonst sicherlich den deutschen Artikel aus einem anderen Blatte nicht aufgenommen haben. Ich möchte eigentlich wissen, wo derselbe zuerst erschienen ist und wer der Dr. H. J. ist!
Denn ist es denn doch eine Schmach, daß ein deutsche Redakteur einer landwirtschaftlichen Zeitschrift mich zum Nachtreter Valle's macht, von dem jedermann weiß, daß er von meinem Fleisch und Blut seine wissenschaftliche Existenz fristet und keine Idee hat, die nicht aus meinem Buche stammt.
Es ist wohl zweckmäßig, daß etwas dagegen geschieht, ich möchte es nur nicht persönlich tun. In einem politischen, mehr verbreiteten Blatte wäre es am besten.

Von Herzen Ihr treuer J. v. Liebig.

Ich schreibe diesen Brief im heftigsten Kopfweh.

1871–1872

1871

6. 2. Neuauflage der Agrikulturchemie; Schwierigkeiten dabei: schlechter Gesundheitszustand, Unzufriedenheit mit Zöllers Bearbeitungsgrundsätzen. Eigene Gesichtspunkte

24. 12. Vorstellungen darüber, was bei der Neuausgabe der Agrikulturchemie bleiben und was verändert werden soll – Zöllers Berufung nach Göttingen

1872

2. 2. Grundsätze für die Bearbeitung und Herausgabe der neuen Agrikulturchemie – Neuausgabe des Lehrbuchs von Strecker, Vollhard könnte dabei mitwirken – Zum neuen Handwörterbuch

3. 6. Empfehlung, die Agrikulturchemie als unveränderten Abdruck herauszubringen

17. 6. Fehlerkorrektur in der Einleitung zur Agrikulturchemie – Reisepläne

16. 10. Honorar für den unveränderten Abdruck der Agrikulturchemie

München, 6. Februar 1871

Mein teurer Freund!

Ich hatte bereits im vorigen Herbste mit der neuen Auflage der Agrikulturchemie begonnen, und Prof. Zöller hatte die Vorarbeiten für den 1. Band so gut wie beendigt, ich bin aber steckengeblieben, indem es sich zeigte, daß meine Gesundheit noch nicht für eine so ernste Anstrengung stark genug ist. Wenn ich eine Stunde damit beschäftigt war, so überfiel mich ein dumpfes Gefühl im Gehirne, und ich war genötigt, aufzuhören. Diese noch vorhandene Schwäche zeigt sich sogar, wenn ich einen längeren Brief oder einen offiziellen Bericht zu schreiben habe. Ich muß damit noch warten.
Eine andere Schwierigkeit zeigte sich in Zöllers Bearbeitung. Er versuchte, die neu erworbenen Tatsachen und Erfahrungen in den Text meines Buches einzuschachteln, diesen gewissermaßen zu ergänzen. Es zeigte sich aber bald, daß dadurch der ganze Charakter meines Buches in seiner ursprünglichen Anlage zerstört wird. Es ist kein systematisches Buch, und es läßt sich auch kein System, wie dies für ein Schulbuch nötig ist, hineinbringen.
Das Buch war zum Verstehen der Vorgänge und zum Anregen bestimmt, und ich habe Dr. Zöller jetzt den Vorschlag gemacht, die vorhandenen Kapitel (mit den nötigen Verbesserungen) zu lassen wie sie sind, und am Ende derselben die neuesten und zuverlässigsten Erfahrungen als Ergänzung anzufügen. Selbst polemische Teile können im Texte stehenbleiben, wenn eine Anmerkung beigefügt wird, daß die Polemik jetzt zwar nicht mehr angezeigt sei und nur den Standpunkt [von] damals bezeichnen solle.
Wie gesagt, eine Umarbeitung in ein Schulbuch ist absolut unmöglich. Sie werden sich selbst bei näherer Prüfung überzeugen, daß dies unmöglich ist. Ich muß gestehen, daß ich zweifelhaft bin, ob es vielleicht nicht besser wäre, nur den 2. Band wiederaufzulegen. Bei dem Drucke der Naturgesetze des Feldbaues dachte ich eigentlich auch nicht an eine Wiederauflage des 1. Teils, der ja jetzt in der Tat als veraltet angesehen werden muß.

Ich wünsche Ihnen von Herzen Glück, daß Ihr Sohn Ihnen so glücklich erhalten worden ist, und ebenso zum Eisernen Kreuz.
Mit herzlichsten Grüßen und Empfehlungen an Herrn [Name unleserlich; Focé?], Knapps und Viewegs

Ihr treuer J. v. Liebig.

Es würde mich freuen, wenn Sie etwas tun könnten, um die Zwecke Dr. Schneiders zu fördern. Er wünscht, einige der dortigen Fabriken, namentlich die in Schöningen, zu sehen. J. v. L.

München, 24. Dezember 1871

Mein teurer Freund!

Ihr Brief vom 20. erinnert mich daran, daß ich Ihnen längst wegen der Agrikulturchemie schreiben wollte. Ich habe nämlich während der Bearbeitung gefunden, daß es unmöglich ist, aus dem Buche ein Lehr- oder Handbuch zu machen und daß die Einschaltungen und die Umsetzungen der einzelnen Kapitel den wesentlichen Charakter desselben zerstören. Es ist kein systematisches Buch und kann keins werden. Es besteht, wenn man

will, aus einer Reihe von Essays von einem gewissen inneren, aber keinem systematischen Zusammenhang. Wenn überhaupt eine neue Auflage erscheinen soll, so schlage ich vor, die Kapitel, wie sie sind, in derselben Reihenfolge mit kleinen Änderungen und Streichungen abzudrucken, und am Ende eines jeden Kapitels eingehend und ausführlich alles Neue nachzutragen, so daß es für den Leser die zu seinem Unterricht genügenden Tatsachen enthält. Jedes Kapitel soll also in einem Anhange ergänzt und vervollständigt werden. Ich weiß keinen anderen Ausweg. Ich bitte dies zu überlegen und mir Ihre Ansicht mitzuteilen. Zöller wird, wie ich hoffe, zustimmen; er behält freie Hand für den Anhang.
Sie haben wohl gehört, daß Zöller einen Ruf nach Göttingen an Wickes Stelle erhalten hat. Er kommt hierdurch wieder in sein eigentliches Fahrwasser, denn die Pharmazie war ihm zum Ekel.
Mit freundlichsten Grüßen an Ihre Frau, Viewegs und Knapps, und meinen besten Wünschen zum neuen Jahr.

Ihr treuer J. v. Liebig.

München, 2. Februar 1872

Mein teurer Freund!

Ich bin Ihnen noch Antwort auf Ihren Brief vom 3. Januar schuldig. Unsere Ansichten in Beziehung auf die Agrikulturchemie gehen nicht soweit auseinander, als Sie zu glauben scheinen. Ich bin zunächst ganz Ihrer Meinung, daß das neue Buch im ganzen Text nicht stärker werden darf als das alte, und ich dachte, durch die Hinweglassung der Analysen der Pflanzenaschen, die niemand mehr im Buche sucht, mindestens 80 Seiten für das Neuhinzukommende zu gewinnen. In der Einleitung werden ebenfalls mindestens 3 Bogen ausfallen, namentlich der Streit mit Lawes, der keinen Sinn mehr hat.
Wenn Sie meine Korrespondenz mit Eduard Vieweg nachlesen, so werden Sie sich leicht überzeugen, daß ich bei der Bearbeitung und Herausgabe der Naturgesetze des Feldbaus gar nicht der Meinung war, das frühere Buch als ersten Teil wieder abzudrucken, aber Eduard Vieweg war anderer Meinung, und buchhändlerisch bewies der Verkauf, daß er sich in den Landwirten nicht geirrt hatte; ich gab damals den ungeänderten Abdruck zu. Die Schwierigkeit der Bearbeitung des ersten Teils lag wesentlich in der Frage, ob [man] die alte Form behalten und einfach ergänzen oder das Ganze in eine neue bringen solle. Zöller meinte, daß das letztere angezeigt sei, ich meinte das Gegenteil, und dies gab sich denn auch in der Bearbeitung zu erkennen, die den ursprünglichen Charakter des Buches gänzlich verwischte, ohne nach meinem Gefühl etwas Besseres an die Stelle zu setzen. Das eigentliche Schwergewicht des Buches liegt nicht mehr in dem ersten, sondern im 2. Teil (die Naturgesetze des Feldbaus), und daran wird die Lehre noch lange zu tun haben, um der Praxis gerecht zu werden.
Sobald Zöller in Göttingen in Ruhe gekommen sein wird, wollen wir den Druck wieder aufnehmen.
Wie werden Sie es denn mit dem Strecker'schen Lehrbuch halten? Ich bin einigermaßen interessiert dabei, da ich das Buch für meine Vorlesung gebrauche. Bei Gelegenheit einer neuen Auflage möchte ich Ihre Aufmerksamkeit auf Prof. Volhard lenken. Er ist sehr

tüchtig, und da er hier wohnt, so könnte ich auf die Bearbeitung einen gewissen Einfluß ausüben, so daß die Anordnung des Stoffes für meine und seine Vorlesungen (er liest Organische Chemie) ungeändert bleibt. Er ist, wie Sie bemerkt haben werden, Mitredakteur der Annalen.
Mit den herzlichsten Grüßen an die Familie Vieweg und Knapp

Ihr treu ergebener J. v. Liebig.

Das neue Handwörterbuch wird sehr gut. Namentlich ist die ausführliche Angabe der Literatur unschätzbar.

München, 3. Juni 1872

Herrn Friedr. Vieweg & Sohn, Braunschweig

Unter den gegebenen Verhältnissen dürfte es wohl am besten sein, wenn Sie einen unveränderten Abdruck der 8. Auflage, und zwar 750 Exemplare derselben, veranstalteten.
Herr Prof. Dr. Zöller wird ein halbes Jahr und vielleicht länger bedürfen, ehe er sich in die Göttinger Verhältnisse hineingearbeitet hat, und er dürfte vor dieser Zeit kaum an die Umarbeitung oder neue Bearbeitung des Buches denken könnnen.
In Beziehung auf das Honorar bin ich mit Ihnen einverstanden.

Hochachtungsvoll der Ihrige
J. v. Liebig.

München, 17. Juni 1872

Mein teurer Freund!

Ich bin darauf aufmerksam gemacht worden, daß in der Einleitung zur 8. Auflage der Agrikulturchemie in der Note S. 107 ein Irrtum sich befindet. Am Ende derselbe ist in Parenthese gesetzt:

(Kain stirbt nicht).

Ich bitte, bei dem neuen Abdruck diese Parenthese hinwegzulassen.
Ich reise Ende dieser Woche nach Wiesbaden, um eine Badekur zu gebrauchen, werde aber gegen Ende Juli wieder hier sein.

Herzlichst Ihr J. v. Liebig.

München, den 16. Oktober 1872

Herrn Friedr. Vieweg u. Sohn, Braunschweig

Ich beehre mich, Ihnen hiermit anzuzeigen, daß ich den mir am 11. übersandten Wechsel auf Frankfurt a. M. im Betrage von fl. 1500, und damit das Honorar für den Abdruck von 750 Exemplaren der 8. Auflage meiner Agrikulturchemie, richtig empfangen habe.

Hochachtungsvoll ganz der Ihrige
J. v. Liebig.

Am 18. April 1873 verstarb Justus von Liebig.

Anhang

Es wurde im Vorwort darauf hingewiesen, warum eine Kommentierung der Briefe unterblieben ist. Wer nun mehr sucht, als den Genuß der Brieflektüre, der sei auf andere Briefeditionen hingewiesen, in denen sich Briefe gleicher Zeiträume befinden wie in vorliegender Sammlung, manchmal gut kommentiert. Publikationen über einzelne Liebigbriefe werden hier nicht erwähnt (siehe dazu Paoloni S. 213–258):

(Hrsg. William Hodson Brock) Justus von Liebig und August Wilhelm Hofmann in ihren Briefen (1841–1873). Weinheim – Derfield Beach, Florida – Basel 1984 (enthält 99 Briefe Liebigs, sehr gut kommentiert).

(Hrsg. Justus Carrière) Berzelius und Liebig – Ihre Briefe von 1831–1845. München u. Leipzig 1893 (enthält 45 Briefe Liebigs; einige Kommentare vorhanden).

(Hrsg. Echtermeyer u. Georg v. Liebig) Justus von Liebig und Theodor Reuning. Briefwechsel über landwirtschaftliche Fragen aus den Jahren 1854–1873 (enthält 54 Briefe Liebigs).

(Hrsg. A. W. Hofmann) Aus Justus Liebig's und Friedrich Wöhler's Briefwechsel in den Jahren 1829–1873. Braunschweig 1888 (2 Bände; enthalten 291 Briefe Liebigs).

(Hrsg. Georg W. A. Kahlbaum, Otto Merckens u. W. J. Baragiola) Justus von Liebig und Friedrich Mohr. Leipzig 1904 (enthält 92 Briefe Liebigs; sehr gut kommentiert).

(Hrsg. Georg W. A. Kahlbaum u. Edward Thon) Justus von Liebig und Christian Friedrich Schönbein. Briefwechsel 1853–1868. Leipzig 1900 (47 Briefe Liebigs; sehr gut kommentiert).

(Hrsg. Andreas Kleinert) Justus von Liebig „Hochwohlgeborner Freyherr". Die Briefe von Georg von Cotta und die anonymen Beiträge zur Augsburger Allgemeinen Zeitung. Mannheim – Heidelberg – Wien 1979 (enthält 10 Briefe Liebigs aus der Zeit 1841–1859; sehr gut kommentiert).

Eine Hilfe zur Auswertung unserer Liebigbriefe bieten die Inhaltsangaben, die am Anfang jedes Briefwechseljahres zusammengestellt sind, und ferner die anschließenden alphabetischen Verzeichnisse (Sachhinweise; Personen), die auf wichtige Fakten hinweisen, ohne Vollständigkeit zu garantieren. Die Zahlen, die darin angegeben werden, sind die Seitenzahlen dieser Edition.

Bei den Sachhinweisen sind die Bücher Liebigs durch Kursivdruck hervorgehoben. Es sind Arbeitstitel unserer Briefbearbeitung, die in den Inhaltsnotizen der einzelnen Jahre regelmäßig verwendet wurden, ohne Rücksicht auf Bezeichnungen in den Briefen oder auf den Titelblättern der Bücher. Die letzteren, chronologisch nach den deutschen Erstausgaben geordnet, zeigt die folgende Zusammenstellung. Sie stützt sich auf Carlo Paoloni: Justus von Liebig. Eine Bibliographie sämtlicher Veröffentlichungen. Heidelberg 1968 (mit den Nummern dieser Bibliographie zitiert als „Paoloni Nr. ...").

Probierbuch von Gay-Lussac

Gay-Lussac: Vollständiger Unterricht über das Verfahren Silber auf nassem Wege zu probiren. Braunschweig 1833 (Paoloni Nr. 152).

Organische Analyse

Justus Liebig: Anleitung zur Analyse organischer Körper. Braunschweig [1]1837 (Paoloni Nr. 237); [2]1853 (Paoloni Nr. 573).

Handwörterbuch

(Herausgeber:) J. Liebig, J. C. Poggendorff u. Fr. Wöhler: Handwörterbuch der reinen und angewandten Chemie. Braunschweig 1837–1864. (Paoloni Nr. 240: Es erschienen 9 Bände und – 1850 – ein Supplementband. Die Fertigstellung von Bd. I zog sich von 1837 bis 1842 hin; die Angabe Paolonis, daß der 1. Band mit 6 Lieferungen bereits 1837 fertig war, aber erst 1842 gebunden abgegeben wurde, trifft nicht zu).

Agrikulturchemie

Justus Liebig: Die organische Chemie in ihrer Anwendung auf Agricultur und Physiologie. Braunschweig [1]1840 (Paoloni Nr. 300); [2]1841 (P. Nr. 320); [3]1841 (P. Nr. 321); [4]1842 (P. Nr. 361); Die Chemie in ihrer Anwendung auf Agricultur und Physiologie, [5]1843 (P. Nr. 377); [6]1846 (P. Nr. 457); [7]1862 (P. Nr. 690); [8]1865 (P. Nr. 722); [9]1876 (P. Nr. 771).

Chemie in Preußen

Justus Liebig: Über das Studium der Naturwissenschaften und über den Zustand der Chemie in Preussen. Braunschweig 1840 (Paoloni Nr. 302).

Tierchemie

Justus Liebig: Die organische Chemie in ihrer Anwendung auf Physiologie und Pathologie. Braunschweig [1]1842 (Paoloni Nr. 348); Die Thierchemie oder die organische Chemie in ihrer Anwendung auf Physiologie und Pathologie, [2]1843 (P. Nr. 371, 372); [3]1846/47 (P. Nr. 462, 494).

Chemische Briefe

Justus Liebig: Chemische Briefe. Heidelberg (deutsche Ausgaben:) [1]1844, [2]1845, [3]1851, [4]1859, [5]1865, [6]1878 (Paoloni Seite 110; außerdeutsche Ausgaben Paoloni S. 108–113).

Reden von Glasgow

(Hrsg.:) Justus Liebig: Neueste Fortschritte in der Chemie und ihrer Anwendung auf Agrikultur. Braunschweig 1845 (Paoloni Nr. 430).

Säftebewegung

Justus Liebig: Untersuchungen über einige Ursachen der Säftebewegung im thierischen Organismus. Braunschweig 1848 (Paoloni Nr. 513).

Grundsätze der Agrikulturchemie

Justus von Liebig: Die Grundsätze der Agricultur-Chemie, mit Rücksicht auf die in England angestellten Untersuchungen. Braunschweig [1]1855 (Paoloni Nr. 603); [2]1855 (P. Nr. 604).

Schrift über Landwirtschaft

Justus von Liebig: Über Theorie und Praxis in der Landwirtschaft. Braunschweig 1856 (Paoloni Nr. 626).

Populäre Vorträge

(Hrsg.:) Justus von Liebig: Vorträge, wissenschaftliche, gehalten zu München im Winter 1858. Braunschweig 1858 (Paoloni Nr. 653).

Theorie des Feldbaues

Justus von Liebig: Einleitung in die Naturgesetze des Feldbaues. Besonderer Abdruck aus „Justus von Liebig, Die Chemie in ihrer Anwendung auf Agricultur und Physiologie", Siebente Auflage. Braunschweig 1862 (Paoloni Nr. 693).

Säuglingssuppe

Justus von Liebig: Suppe für Säuglinge. Braunschweig [1]1866 (Paoloni Nr. 736); [2]1866 (P. Nr. 737); [3]1877 (P. Nr. 772).

Sachhinweise

Personen

GPSR Compliance

The European Union's (EU) General Product Safety Regulation (GPSR) is a set of rules that requires consumer products to be safe and our obligations to ensure this.

If you have any concerns about our products, you can contact us on ProductSafety@springernature.com

In case Publisher is established outside the EU, the EU authorized representative is:

Springer Nature Customer Service Center GmbH
Europaplatz 3
69115 Heidelberg, Germany

Batch number: 10816188

Printed by Printforce, the Netherlands